U0263084

气旋之歌

傅　刚

诞生于浩瀚大气中的微小涡环，
成长于水汽充沛的宽广洋面。
地球母亲赋予你旋转的灵魂，
温暖海洋是你永不枯竭能量的源泉。
你携风带雨，雷鸣电闪，
你摧枯拉朽，磅礴走丸。
广袤天空中你展现螺旋形的翅膀，
滚滚乌云也无法遮挡你明亮的“眼”。
你昂首挺胸跋涉千里，
你气势如虹勇往直前。
无声无息从来不是你的品格，
惊天动地更彰显你是真正男子汉。
你不但是自然界中一种普遍的运动形式，
更是茫茫宇宙中的一大奇观。

爆发性气旋

Explosive Cyclone

傅 刚等 著

科学出版社
北 京

内 容 简 介

所谓的“爆发性气旋”(explosive cyclone)，也有学者称其为“气象炸弹”(meteorological bomb)，具有短时间内中心气压迅速降低、气旋强度急剧增大的特点，目前国内学术界系统地开展爆发性气旋研究工作的甚少。

本书共6章，首先介绍了爆发性气旋的定义，回顾了爆发性气旋的研究历史，给出了考虑风速影响的爆发性气旋的新定义。另外还对1978年以后发生在北大西洋上的7个著名的爆发性气旋个例进行了简要介绍。之后，先以“半球”为空间尺度，分别介绍了发生在“北半球”和“南半球”上的爆发性气旋空间分布、时间变化、移动路径等统计特征；后以“洋盆”为空间尺度，分别介绍了发生在“北太平洋”和“北大西洋”上的爆发性气旋的分类、季节变化等统计特征。最后聚焦到西北太平洋海域，分别介绍了发生在渤黄海、日本海—鄂霍次克海上的爆发性气旋典型个例的研究成果。

本书可供大气科学、海洋科学及其他相关专业的科研人员、高校教师和研究生阅读参考。

审图号：GS(2022)1229号

图书在版编目(CIP)数据

爆发性气旋/傅刚等著．—北京：科学出版社，2022.3

ISBN 978-7-03-071058-1

Ⅰ.①爆…　Ⅱ.①傅…　Ⅲ.①低压（气象）-研究　Ⅳ.①P424.1

中国版本图书馆CIP数据核字（2021）第262943号

责任编辑：韩　鹏　崔　妍／责任校对：张小霞

责任印制：吴兆东／封面设计：北京图阅盛世

科学出版社 出版

北京东黄城根北街16号

邮政编码：100717

http://www.sciencep.com

北京中科印刷有限公司 印刷

科学出版社发行　各地新华书店经销

*

2022年3月第　一　版　开本：787×1092　1/16

2022年3月第一次印刷　印张：26 1/2

字数：624 000

定价：328.00元

（如有印装质量问题，我社负责调换）

本书其他作者

张树钦　孙雅文　刘　娜　庞华基

王　帅　井苗苗　李昱薇

序　一

在日常天气的“舞台”上，温带气旋是重要的“演员”之一。在秋冬季节，迅速增强的温带气旋频繁出现在中高纬度海洋上，被称为“气象炸弹”或“爆发性气旋”。这些风暴是本书的主题，它们的破坏效果堪比热带气旋。与这些爆发性风暴相伴随的狂风和巨浪会严重威胁海上航运的安全。长期以来，国际气象界已充分认识到研究这种危险性天气系统的重要性，并充分利用各种可能的手段来加深对爆发性气旋的认识。

2012 年 9 月 12 日，德国汉堡气象局的 Seewetteramt 的屋顶平台上，（从左到右）中国海洋大学傅刚教授、当时担任德国海岸带研究所所长的 Hans von Storch 教授和当时担任德国气象学会主席的 Rosenhagen Gudrun 女士。

在长达几十年的中德海洋科学合作过程中，我很早就认识了傅刚教授。他曾担任中国海洋大学研究生院常务副院长，并经常访问德国的大学和研究所。我还担任了中国海洋大学的客座教授，并有幸指导了获得中国国家留学基金委员会奖学金资助来德国留学的中国研究生。

21 世纪初，我利用一些研究基金把德国侵占青岛时的原始气象数据进行了数字化处理。2014 年 4 月 8 日，应傅刚教授的请求，德国气象局把包含 1898—1909 年“德国时代”的青岛气象观测数据的原始资料和其他珍贵历史文献正式归还给青岛市政府。这是中德两国媒体广泛报道的一件大事，它在很大程度上要归结于我和傅刚教授的共同努力。因此我们也结下了深厚的友谊和牢固的兄弟情谊。

我和傅刚教授两人对风暴、特别是海洋风暴有共同的兴趣。我们于 2018 年 4 月 5—6

日在德国西部城市特里尔（Trier）举办的第 14 届国际极地低压工作组会议上会面，这是加深这一议题交流的一次重要机会。很显然，海洋风暴不仅是一个具有科学挑战性的课题，而且具有重要的实践价值，特别是对中国青岛和德国汉堡这样的海港城市而言。

傅刚教授告诉我他正在写一本名为《爆发性气旋》的新书，现在我很高兴地得知这本书已经完成。傅刚教授已经在“爆发性气旋”领域工作了十多年，他对这种猛烈的风暴有深刻的认识，并已经指导毕业了 4 名博士研究生和 8 名硕士研究生。他还在美国气象学会的机关杂志 *Journal of Atmospheric Sciences*，*Journal of Applied Meteorology and Climatology*，*Advances in Atmospheric Sciences* 等国际期刊和中文期刊上发表了 20 多篇论文。这本书主要依靠这些学术文章以及他所指导的博士研究生和硕士研究生的学位论文。

可以相信傅刚教授的这本书对那些对“爆发性气旋”感兴趣的读者而言是非常有价值的，对教师、研究生和研究人员来说也是一本很有用的参考书。这本书填补了海洋气象学领域的空白。

德国海岸带研究所退休所长

Hans von Storch（签名）

德国汉堡

2021 年 3 月 10 日

The First Foreword

Extratropical cyclone is one of the most important "actors" in the theater of daily weather. In autumn and winter seasons, rapidly-intensifying extratropical cyclones frequently emerge over middle- and high-latitude oceans, termed as "meteorological bombs" or "explosive cyclones". These storms are the subject of this book. Their damages are comparable to those of tropical cyclones. These explosive storms seriously threaten the safety of maritime shipping due to their associated strong winds and huge waves. Since a long time, the international meteorological community has fully recognized the importance of investigating this kind of dangerous weather systems, and has made good use of various possible means to deepen the understanding of explosive cyclone.

During my decades-long Sino-German cooperation in marine science, I met Professor Dr. Gang FU early on. Previously he worked as an executive vice dean of graduate school of Ocean University of China, and he had often visited universities and institutes in Germany. I also worked as guest Professor of Ocean University of China and had the privilege to supervise Chinese graduate students who came with scholarships of the Chinese Scholarship Council to Germany.

In the early 2000s, I had some funds which allowed me to have digitized the original meteorological data, which were archived during the colonial time of Qingdao. Later, on 8 April 2014, upon the request of Professor FU, the original paper documents with the meteorological observational data of Qingdao and other valuable historical files from the "German time" in Qingdao from 1898 to 1909 were officially returned from the German Weather Service to the government of Qingdao, China. This remarkable and joyous event, which was also due to the joint efforts between Professor Gang FU and me, was widely reported by the Chinese and Germany media. We also formed a deep friendship and solid brotherhood.

We two, Professor FU and me, share a joint interest in storms, particular marine storms. One opportunity to deepen the exchange on this topic was, when we met on 5-6 April 2018 at the 14th Polar Low Working Group Meeting held in Trier in Western Germany. Obviously, marine storms are a subject which is not only scientifically challenging, but also of great practical interest, in particular for harbor cities like Qingdao in China and Hamburg in Germany.

Professor Gang FU told me that he was writing a new book "Explosive Cyclone". I am very happy to learn that this book has now been finished. Professor Gang FU had worked in the field of "explosive cyclone" for more than one decade. He has a deep understanding to this kind of violent storms. He has guided 4 Ph. D. students and 8 master students. He also published more than 20 papers with his colleagues and students both in international journals such as *Journal of Atmospheric Sciences*, *Journal of Applied Meteorology and Climatology*, *Advances in Atmospheric Sciences*, and in Chinese journals. This book relies on these scholarly articles as well as on the Ph. D. theses and master theses under his guidance.

It is convinced that Professor Gang FU's book will be most valuable for readers interested in explosive cyclones, as well as a useful reference for teachers, students and researchers. This book fills a gap in the field of marine meteorology.

Retired Director of the Institute of Coastal Research, HZG
Professor Dr. Hans von Storch

Hamburg, Germany
10 March 2021

序　二

涡旋运动是自然界普遍存在的运动形式。在地球大气中“热带气旋”和“温带气旋”是两类很显眼的涡旋环流系统，对人类产生重要影响。

这两类涡旋的相似处是它们都是低气压，在北半球围绕其中心作逆时针旋转，它们都会带来狂风暴雨和暴风雪等恶劣天气，在它们成熟阶段可以在卫星云图上看到其清晰的中心结构。不同之处是热带气旋多于夏半年发生在低纬度高海温的热带洋面上，无锋面结构，呈正压状态，驱动其涡旋运动的是潜热加热。而温带气旋往往于冬半年在中高纬度地区生成，有锋面结构，呈斜压状态，驱动其涡旋运动的是大气斜压能量。从卫星的角度来看，热带气旋与温带气旋是地球大气中两个绚丽壮观的自然现象，但给人类造成的灾难却极为残暴。

温带气旋是中纬度地区重要的天气系统。1919 年挪威学派提出了温带气旋带有锋面结构的模型。20 世纪 50 年代，他们发现某些温带气旋有在短时间内急剧加强的现象。20 世纪七八十年代，有人称这类急速发展的气旋为“气象炸弹”或“爆发性气旋”，它会带来更为强烈的灾害性天气，造成大量生命财产损失。因而爆发性气旋被认为是中高纬度冬半年最危险的杀手。温带气旋急速发展的预报能力急需提高。

傅刚博士是中国海洋大学海洋与大气学院气象学系的教授，他 20 世纪 90 年代在日本东京大学攻读博士学位时就开始研究中尺度大气涡旋系统和极地低压。他研究爆发性气旋也已经有十多年的历史，他和他的同事合作，并指导了 10 余名博士生和硕士生在这一领域从事研究，在国内外学术期刊上发表论文二十余篇，他在科研工作上的勤奋和刻苦工作给我留下深刻印象。《爆发性气旋》一书概括了他对爆发性气旋研究的主要成果，这对读者了解爆发性气旋的机理很有帮助，对从事海洋气象业务工作和科研、教学的人员也是一本很有价值的参考书。

陈联寿（签名）

中国工程院院士

2021 年 4 月 12 日于北京

前　　言

温带气旋是中纬度地区每日“天气舞台”上最重要的“演员”。有一类温带气旋在其快速发展过程中会带来不亚于热带气旋的破坏效果，这类气旋被称为“爆发性气旋”(explosive cyclone) 或“气象炸弹”(meteorological bomb)。所谓的“爆发性气旋”是指气旋中心气压在24h 内下降24 hPa 以上，即气旋中心气压加深率大于1 hPa/h 的迅速发展的天气系统，其水平尺度为2000～3000 km，生命周期为2～5 d，具有在短时间内中心气压急剧下降、风速迅速增大的特点。爆发性气旋移至海上后，气旋生成(cyclogenesis) 过程迅猛发展，在卫星云图上常伴随有锋面系统和紧密的“螺旋云团”。

在国家自然科学基金面上项目“西北太平洋上爆发性气旋发展机理的研究”(编号41275049) 和“北大西洋爆发性气旋的研究”(编号41775042) 的支持下，近年来课题组对大洋上的爆发性气旋开展了系统性研究，先后有4 位博士研究生和8 位硕士研究生毕业。2011 年6 月，刘娜完成了博士学位论文《南大洋夏季爆发性气旋的统计特征与数值模拟研究》答辩后获得理学博士学位；2015 年6 月，庞华基完成了博士学位论文《高、低空急流对东亚温带气旋爆发的作用研究》答辩后获得理学博士学位；2018 年6 月，张树钦完成了博士学位论文《北太平洋爆发性气旋的统计特征及发展机理研究》答辩后获得理学博士学位；2018 年6 月，孙雅文完成了博士学位论文《1979 年～2016 年北半球爆发性气旋的统计分析和北大西洋个例研究》答辩后获得理学博士学位。硕士研究生王帅、戴晶、高力、井苗苗、李昱薇、张雪贝、孙柏堂等，以及本科生陈莅佳、倪晶先后开展了不同海域、不同类型的爆发性气旋个例分析与数值模拟研究。这些学术论文先后在国际学术刊物 *Journal of Atmospheric Science*, *Journal of Applied Meteorology and Climatology*, *Advances in Atmospheric Science*, *Journal of Ocean University of China*, 以及国内学术期刊如《气象学报》《中国海洋大学学报(自然科学版)》《海洋气象学报》等上发表。这些论文加深了人们对爆发性气旋的理解和认识，丰富了对爆发性气旋研究的内容。

在国家自然科学基金的支持下，我们出版《爆发性气旋》一书。本书的主要内容是以本课题组多位作者共同发表的多篇学术论文为基础经过系统性整理而成的，目的是把爆发性气旋的研究成果进行系统总结。

本书作者感谢中国国家自然科学基金委员会的鼎力支持，本课题组毕业的研究生都是在国家自然科学基金资助下成长起来的。另有部分研究生在国家自然科学基金经费资助下，于2018 年4 月5 日至6 日赴德国特里尔大学参加了2018 极地低压工作组会议(2018 Polar Low Working Group Conference)，并做过学术报告。可以说，如果没有国家自然科学基金经费的支持，就不会有众多研究生的茁壮成长，也不会有本书的出版。

作者傅刚十分感谢国内外有关同事和朋友在开展“爆发性气旋”研究过程中给予的热情鼓励及在本书出版过程中给予的鼎力支持。特别感谢中国气象局陈联寿院士，他不但对作者早期开展“爆发性气旋”研究给予了坚定的支持与鼓励，还在百忙之中为本书撰写了序言。另外还要感谢作者的老朋友、德国亥姆霍斯研究联合会海岸带研究所前所长 Hans von Storch 教授也为本书撰写了序言。

还要感谢以下同事和朋友，作者与他们进行过科学思想的交流，他们是：中国气象局的许小峰研究员、端义宏研究员、彭新东研究员，中国科学院大气物理研究所的张美根研究员，南京大学的谈哲敏教授、王元教授、赵坤教授，北京大学的张庆红教授、胡永云教授，清华大学林岩銮教授，中山大学的陈桂兴教授、杜宇副教授，南京信息工程大学的李青青教授，云南省气象局的琚建华教授，云南大学吴涧教授，中国气象局上海台风研究所的秦曾灏教授、李永平研究员、余晖研究员、汤杰研究员，中国海洋大学的刘秦玉教授、王启教授、孙即霖教授、张苏平教授、李建平教授、高山红教授、盛立芳教授、黄菲教授、胡瑞金教授、李春教授、李子良副教授、李鹏远博士、衣立副教授、刘敬武副教授等，以及美国国家自然科学基金委员会的陆春谷博士，美国国家大气研究中心的郭英华博士、李文兆博士，美国加利福尼亚大学圣迭戈分校斯克利普斯海洋研究所的谢尚平教授，佛罗里达州立大学的蔡鸣教授，德国不来梅大学的 Annette Ladstaetter-Weissenmayer 教授，克罗地亚斯普利特大学的 Darko Koračin 教授，塞尔维亚贝尔格莱德大学的 Fedor Mesinger 教授、Katarina Veljovic 教授。

本书在出版过程中得到了中国海洋大学李三忠教授、中国海洋大学出版社的魏建功编审的很多建议和帮助，在此一并表示衷心感谢！

特别感谢陈莅佳、鄢珅、倪晶为本书图件修改付出的辛勤劳动。

受学术视野和功力所限，本书难免有不当之处，敬请读者不吝赐教！

谨将此书奉献给我的亲人们！

傅刚

2020 年 4 月 8 日凌晨 4∶20 起草、

2021 年 5 月 14 日修订于青岛家中

目　　录

第1章　爆发性气旋概述

“气旋”（cyclone）一词来自希腊语“κυκλώνας”，其意思为“蛇的线圈”（coil of a snake）（Sarma，2013）。19世纪30年代，Henry Piddington在研究印度的强风暴时首次使用了“气旋”这个词①。在气象学上，“气旋”是一种围绕低气压中心旋转的闭合式大气环流，以向内旋转的螺旋状风场为特征，在北半球呈逆时针旋转，在南半球呈顺时针旋转②。其直径一般为2000～3000 km，通常与降水联系在一起。

Piddington（1848）在研究热带旋转风暴时，将所有环形的或高度弯曲的“风的系统”采用希腊语演变而来的“cyclone”一词。1856年后“cyclone”很快就成了一个被广泛使用的英语词汇。后来气象学家也用它来表示高纬度地区的低压扰动，因此需要限定词“tropical”来表示Piddington提出的热带低压扰动（Sarma，2013）。后来，“气旋”一词用来描述一个极具破坏性的大气低压扰动，它以环状形式围绕焦点或中心转动，同时径直或曲折前移（Piddington，1848）。

温带气旋是中纬度地区每日天气舞台上最重要的“演员”，是决定中纬度地区每日天气的最重要因素（Čampa and Wernli，2012），对其研究历史可以追溯到19世纪中叶。20世纪初，挪威的卑尔根学派提出了新的气旋模型以及气旋生命史结构（Bjerknes，1919；Bjerknes and Solberg，1922）。1954年，Tor Bergeron注意到了气旋的快速发展现象（Bergeron，1954）。20世纪70年代末80年代初，研究者（Rice，1979；Sanders and Gyakum，1980）发现，某些温带气旋存在短时间内中心气压迅速降低的现象。Rice（1979）在研究对1979年8月14日在英国举办的Fastnet帆船赛造成严重人员伤亡的一个温带气旋时，将其“快速发展”过程形象地称之为“爆发性发展”。Sanders和Gyakum（1980）则称这类气旋为“爆发性温带气旋”（explosive extratropical cyclone，EC）。这类气旋往往会伴有大风、强降水或暴风雪等恶劣天气，且多发生在中高纬度的海面上而难以预报，这给海上作业和船舶航行安全带来巨大威胁，预报失败往往会导致严重的生命和财产损失（Lamb，1991；Liberato et al.，2011，2013；Ludwig et al.，2015；Slater et al.，2017），因而“爆发性气旋”被认为是中高纬度海洋上最危险的天气系统之一。例如，1978年9月9日至12日，发生在北大西洋的一个爆发性气旋，重创了当时从欧洲驶往纽约的伊丽莎白女王2号邮轮（Gyakum，1983a，b；Uccellini，1986；Gyakum，1991）。再如2013年11月24日晚至25日凌晨，由于受到爆发性气旋的影响，两艘货船在山东海域沉没，造成25人失踪、1人死亡的严重海难事故③。因此对爆发性气旋系统开展深入的研究，不但有利于提高对爆发性气旋运动规律的认识水平，而且对保障海上活动的安全，具

---

① http://www.eolss.net/Sample-Chapters/C01/E4-06-02-03.pdf[2021-05-14]

② https://forecast.weather.gov/glossary.php?letter=c“Cyclone(abbrev. CYC)[2021-05-14]

③ http://sd.ifeng.com/zbc/detail_2013_11/25/1506118_0.shtml[2021-05-14]

有重要的学术意义和实践价值。

本章第 1 节介绍爆发性气旋的定义，第 2 节介绍爆发性气旋的分类，第 3 节对爆发性气旋的研究历史进行简单回顾，第 4 节介绍在大西洋上发生的 7 个著名的爆发性气旋个例，第 5 节简单介绍一下影响爆发性气旋发展的物理因子。

1.1　爆发性气旋的定义

早在 1954 年，作为挪威卑尔根学派重要成员的 Tor Bergeron 就注意到了气旋的快速发展现象（Bergeron，1954）。他在《热带飓风问题》（*The Problem of Tropical Hurricanes*）一文中，不但讨论了热带气旋的“快速发展”，而且还专门讨论了夏季和秋季波罗的海、斯堪的纳维亚南部地区、荷兰和德国北部地区发生的 5 个温带气旋的“快速加深”现象（Bergeron，1954），并提到了中心气压每小时下降 1 hPa 的问题。因此气旋中心气压加深率的单位也以他的名字命名，即 1 hPa/h = 1 Bergeron。Bergeron（1954）虽然发现了气旋的爆发现象，但他并没有明确给出爆发性气旋的定义。

以下逐一介绍不同学者采用的不同的爆发性气旋定义。

1.1.1　Sanders 和 Gyakum（1980）的定义

Sanders 和 Gyakum（1980）首次定义了爆发性气旋，其将气旋中心海平面气压（Sea Level Pressure）（地转调整到 60°N）在 24 h 内下降 24 hPa 以上，即气旋中心气压加深率大于 1 hPa/h 的气旋称为爆发性气旋。这个定义考虑到了气旋中心所处纬度的差异，并提出了“地转调整因子”的概念。对于定义中的纬度 60°N，Sanders 和 Gyakum（1980）在文中提到“正如 Bergeron 的描述那样，可能指的是卑尔根的纬度为 60°N……”。

气旋中心气压加深率 R 表示为

$$R=\left[\frac{P_{t-12}-P_{t+12}}{24}\right]\times\left[\frac{\sin 60^{\circ}}{\sin\varphi}\right] \tag{1.1}$$

式中，P 为气旋中心海平面气压；φ 为气旋中心纬度；下标 $t-12$ 和 $t+12$ 分别为 12 h 前和 12 h 后变量，这种定义法考虑了气旋中心所处地理位置纬度的差异。由于考虑了地转调整的影响，在加深率相同时，纬度高的 24 h 气压差要比纬度低的大一些。例如，在地球两极，气旋中心气压 24 h 下降 28 hPa 以上才能被称为爆发性气旋，而在南北纬 25°，气旋中心气压 24 h 内下降 12 hPa 以上就可被定义为爆发性气旋。但需要说明的是，地转调整到 60°N 似乎缺乏充分的科学依据。

1.1.2　Sanders 和 Gyakum（1980）定义的修正

1. 地转调整纬度的修正

Sanders 和 Gyakum（1980）对北半球 1976—1979 年冷季（9 月至翌年 5 月）发生的爆

发性气旋进行了统计，发现爆发性气旋多位于 60°N 以南，集中分布于 30°N ~ 50°N 之间，只有 2 例发生于 60°N 以北。由此可见，Sanders 和 Gyakum（1980）将爆发性气旋的中心降压值地转调整到 60°N 与爆发性气旋的多发纬度存在差异。因此，在 Sanders 和 Gyakum（1980）的爆发性气旋定义基础上，一些学者对爆发性气旋定义中的地转调整纬度进行了修正。

Roebber（1984）指出爆发性气旋多发生于 42.5°N 附近，故他将地转调整纬度选择在 42.5°N，其中心气压加深率 R 表示为

$$R=\left[\frac{P_{t-12}-P_{t+12}}{24}\right]\times\left[\frac{\sin 42.5°}{\sin\varphi}\right] \tag{1.2}$$

式中，P 为气旋中心海平面气压；φ 为气旋中心纬度；下标 $t-12$ 为 12 h 前变量；下标 $t+12$ 为 12 h 后变量。

而 Gyakum 等（1989）将 45°N 作为爆发性气旋定义中的地转调整纬度，其中心气压加深率 R 表示为

$$R=\left[\frac{P_{t-12}-P_{t+12}}{24}\right]\times\left[\frac{\sin 45°}{\sin\varphi}\right] \tag{1.3}$$

式中，P 为气旋中心海平面气压；φ 为气旋中心纬度；下标 $t-12$ 为 12 h 前变量；下标 $t+12$ 为 12 h 后变量。

相对于 Sanders 和 Gyakum（1980），Roebber（1984）和 Gyakum 等（1989）在爆发性气旋的定义中选择了较低的地转调整纬度，则要求气旋中心的 24 h 降压值大于 Sanders 和 Gyakum（1980）定义中的 24 h 降压值才能达到爆发性气旋的标准。Roebber（1984）和 Gyakum（1989）定义的 1 Bergeron 大约相当于 Sanders 和 Gyakum（1980）定义的1.2 Bergeron。

2. 时间间隔的修正

由于受使用资料时间分辨率的限制，过去一些学者在爆发性气旋的定义中多采用 24 h 时间间隔（Sanders and Gyakum，1980；Roebber，1984；Chen et al.，1992；Wang and Rogers，2001）。随着更高时间分辨率资料的出现，一些学者（Yoshida and Asuma，2004；Miller and Petty，1998）对 Sanders 和 Gyakum（1980）的爆发性气旋定义中的时间间隔进行了修正。

Yoshida 和 Asuma（2004）采用了 12 h 时间间隔，但仍将气旋中心降压值地转调整到 60°N。12 h 时间间隔能够刻画一些周期短、发展迅速的气旋，其中心气压加深率 R 表示为

$$R=\left[\frac{P_{t-6}-P_{t+6}}{12}\right]\times\left[\frac{\sin 60°}{\sin\frac{\varphi_{t-6}+\varphi_{t+6}}{2}}\right] \tag{1.4}$$

其中，P 为气旋中心海平面气压；φ 为气旋中心纬度；下标 $t-6$ 为 6 h 前变量；下标 $t+6$ 为 6 h 后变量。

为了研究发展时间更短的爆发性气旋，Petty 和 Miller（1995）甚至定义 6 h 气旋中心气压降低 10 hPa 即为爆发性气旋。

3. 考虑风速影响的修正

Sanders 和 Gyakum（1980）、Roebber（1984）、Gyakum 等（1989）、Yoshida 和 Asuma（2004）等学者对“爆发性气旋”的定义都强调气旋中心气压的快速下降，然而这些定义都没有考虑风速的影响。为了更深刻、清晰地阐释“爆发性气旋”的定义，Fu 等（2020）通过对大量的爆发性气旋个例分析，总结出爆发性气旋有以下四个主要特征：①中心气压快速下降，②快速气旋生成，③强风，④暴雨/雪。以上四个特征通常不是孤立的，而是相互关联的。在这四个特征中，强风是伴随气旋爆发性发展最重要的因素，它会像热带气旋一样造成严重的破坏。因此与热带气旋的定义类似，风速作为一个重要因素在爆发性气旋的定义中应予以考虑。Fu 等（2020）利用北半球 1979—2016 年共 38 年的 ERA-Interim 资料，对海面 10 m 高度上温带气旋风速进行了详细分析。结果表明，虽然部分温带气旋的中心气压加深速率大于 1 Bergeron，但有时风速很弱，有的最大风速甚至只有 8.2 m/s。很显然，称风速很弱的气旋为“爆发性气旋”是不合理的。

由于海上爆发性气旋对船舶航行安全的最大威胁是强风，世界气象组织也建议，当蒲氏（Beaufort）风力大于 8 级（17.2 m/s）时应发布海上大风预警，因此在爆发性气旋定义中选择 17.2 m/s 风速作为阈值是合理的。修正后的爆发性气旋定义，不仅应考虑气旋中心海平面气压要在 24 h 内下降达到 24 hPa 以上，而且海面 10 m 高度上的最大风速要大于 17.2 m/s。Fu 等（2020）的研究指出，利用 1979 年 1 月到 2016 年 12 月的 ERA-Interim 资料分析发现，共有 6392 个温带气旋满足“爆发性气旋”的定义，但其中有 1112 个气旋的最大风速小于 17.2 m/s，应该被剔除。

1.2 爆发性气旋的分类

在对爆发性气旋的研究中发现，不同强度、不同区域的爆发性气旋的移动路径、生命史等特征及其爆发机制表现出明显的差异，为了对爆发性气旋开展更加深入详细的研究，一些学者（Sanders，1986；Wang and Rogers，2001）开始按强度和区域对其进行分类。

1.2.1 按强度分类

Sanders（1986）在对 1981 年 1 月至 1984 年 11 月发生于北大西洋中西部爆发性气旋的研究中，首次依据爆发性气旋最大加深率的大小将其划分为三类，分别为“强气旋”（>1.8 Bergeron）、“中等气旋”（1.3 ~ 1.8 Bergeron）、“弱气旋”（1.0 ~ 1.2 Bergeron）。Wang 和 Rogers（2001）对 1985 年 1 月至 1996 年 3 月发生在北半球（15°N ~ 90°N）的爆发性气旋进行了统计，依据爆发性气旋最大加深率的大小，将其划分为三类，分别为“强气旋”（≥1.80 Bergeron）、“中等气旋”（1.40 ~ 1.79 Bergeron）”和“弱气旋”（1.00 ~ 1.39 Bergeron）。Wang 和 Rogers（2001）与 Sander（1986）的分类标准稍有不同，主要是在弱、中爆发性气旋的分界上存在差异，但他们均没有给出弱、中、强爆发性气旋强度界限的划分依据。

Zhang等（2017）统计发现了一些发展更为强烈的爆发性气旋个例，其最大加深率可达到3.07 Bergeron，其爆发性发展剧烈程度远远超过了Sander（1986）、Wang和Rogers（2001）所定义的强爆发性气旋。由此可见，把爆发性气旋分为三类，没有考虑到发展极为剧烈的个例是不合理的。

Zhang等（2017）利用K-均值聚类法来确定爆发性气旋的分类区间，选择1.1 Bergeron、1.5 Bergeron、2.0 Bergeron和2.7 Bergeron作为凝聚点，经过聚类运算，确定了各类爆发性气旋的分类界限，结果分别为：弱爆发性气旋（weak，WE），1.00～1.29 Bergeron；中等爆发性气旋（moderate，MO），1.30～1.69 Bergeron；强爆发性气旋（strong，ST），1.70～2.29 Bergeron；超强爆发性气旋（super，SU），≥2.3 Bergeron。

1.2.2 按区域分类

Wang和Rogers（2001）对北大西洋爆发性气旋最大加深位置（中心气压最大加深率时刻气旋中心位置）的空间分布进行平滑，依据三个高频中心的分布位置，将其划分为三个区域，分别为NWA（The Northwest Atlantic）、NCA（The North-Central Atlantic）和NEA（The Northeast Atlantic）爆发性气旋。Yoshida和Asuma（2004）根据爆发性气旋生成和爆发地点的位置，在区域上将西北太平洋爆发性气旋划分为三类，第一类是生成于大陆、发展于鄂霍次克海或日本海的爆发性气旋（The Okhotsk-Japan Sea type，OJ型）；第二类是生成于大陆、发展于太平洋的爆发性气旋（The Pacific Ocean-Land type，PO-L型）；第三类是生成于太平洋、发展于太平洋的爆发性气旋（The Pacific Ocean-Ocean type，PO-O型）。虽然他们的分类依据存在一定的差异，但都将最大加深位置的空间分布作为分类的重要依据。

Zhang等（2017）对2000—2015年整个北太平洋上冷季（10月至翌年4月）爆发性气旋最大加深位置的空间分布进行了分析，采用Cressman（1959）提出的权重计算方法，对北太平洋最大加深位置的空间分布进行平滑，将网格大小设定为1°×1°，平滑半径为5°。结果发现爆发性气旋最大加深位置在北太平洋有五个高频中心，分别位于日本海中部（41.0°N，135.0°E）、西北太平洋（37.0°N，144.5°E）、中西太平洋（45.5°N，175.0°E）、中东太平洋（46.5°N，167.5°W）和东北太平洋（48.5°N，142.5°W）。

1.3 爆发性气旋研究历史回顾

近几十年来，许多学者对爆发性气旋的发生地、移动路径、生命周期和强度等特性进行统计分析，并对北半球的爆发性气旋个例进行了分析。Sanders和Gyakum（1980）研究指出，爆发性气旋主要在冷季海上生成，北半球爆发性气旋一般出现在陆地的东部，如大西洋和太平洋的西北部。这一成果被认为是爆发性气旋研究的里程碑，为以后的研究工作指引了方向。

前人对于爆发性气旋的研究观点并不统一，由于研究的地域和目的不同，出现了很多不同的分析方法。总的来说，前人对爆发性气旋的研究主要分为三类：一是气候统计分析，二是诊断分析，三是数值模拟研究。

1.3.1　气候统计分析

Sanders 和 Gyakum（1980）对北半球三个冬半年（1976 年至 1979 年的 10 月至翌年 4 月）的海洋温带气旋进行了统计分析，他们指出，爆发性气旋主要在冷季发生，最大发生月份为 1 月。尽管有个别爆发性气旋生成于美国大陆东南部，但其主要生成地为大陆东部的海面。他们还指出，在爆发性气旋后方 500 km 处总有一个 500 hPa 的高空槽存在。

李长青和丁一汇（1989）对 1984 年 8 月至 1985 年 8 月西北太平洋上的 26 个爆发性气旋形成的大尺度条件进行了统计分析，发现大部分气旋集中在 35°N ~ 55°N、140°E ~ 165°E 的海域，并且多由陆地弱气旋入海经历爆发性增强而形成。爆发性气旋发生频数在冬季最高，夏季没有。高低空有利的斜压环境、冬季副高位置偏北时其西侧的强暖平流、高空急流出口区北侧的动力辐散、冷锋通过暖下垫面形成大气层结位势不稳定、由于东亚大陆的特殊地形而造成的东亚沿岸的强斜压区等都是气旋急剧发展的有利因素。

Chen 等（1991）对东亚地区的爆发性气旋进行了统计分析，指出东亚地区有两个爆发性气旋的主要生成地，一是亚洲大陆阿尔泰山、大兴安岭的背风坡，二是东海和日本海。前者与山区气旋生成机制有关，后者则是与靠近亚洲大陆东部沿海的气旋生成带有关。

Yoshida 和 Asuma（2004）利用日本气象厅（JMA）提供的客观分析全球数据集（GANAL）对北太平洋地区温带爆发性气旋做了详尽研究，他们按气旋发生和爆发的地点将爆发性气旋分为三类：一是生成于陆地、发展于鄂霍次克海或日本海的爆发性气旋；二是生成于陆地、发展于太平洋的爆发性气旋；三是生成于太平洋、发展于太平洋的爆发性气旋。统计结果表明，第一类爆发性气旋是三种爆发性气旋中心气压最大加深率最小的，此类爆发性气旋主要于秋季出现；第二类爆发性气旋主要发生在早冬和晚冬，中心气压最大加深率位于其他两类中间；第三类则主要发生在隆冬时期，而且中心气压最大加深率也是三类之中最大的。他们还利用两种不同的合成分析方法对北太平洋地区温带爆发性气旋的结构和引起其爆发的机制进行了研究，结果表明，亚洲大陆上空的冷气团为爆发性气旋的发展提供了有利的条件，而大尺度的大气环流条件，如涡度平流、温度平流以及湿度平流等是影响气旋爆发性发展的主要因素。

在南半球，温带天气系统影响着中高纬度的天气形势，气旋经常伴随着降雨和大风天气，给船舶航行的安全带来影响（Hennessy，2004），但是由于资料缺乏，对南半球中高纬度天气系统的研究较少。1957—1958 年是国际地球物理年（International Geophysical Year，IGY），此活动的目的是建立全球范围的观测网，随着南半球的观测资料逐渐增多，对南半球的研究也逐渐开展起来（解思梅等，1991）。前人对南半球气旋和爆发性气旋的研究多集中在气候学特征方面，部分研究（van Loon and Jenne，1972；Streten，1980；Carleton，1981）指出气旋系统的时空变化与以下因素有关：绕极地涡旋的半年际涛动，海洋极锋的位置以及南极冰盖的位置。Carleton（1979，1981）通过卫星云图来确定气旋多发区，指出南大西洋、南印度洋、太平洋东部及西部是气旋高发区。尽管气旋系统从中纬度到高纬度在全年中都频繁爆发（Streten and Troup，1973；Carleton，1979，1981；Physick，1981），冬季气旋的爆发频率比夏季的两倍还多，这些时空的多样性表明南半球气旋很复杂（Orlanski et al.，1991）。

陈锦年等（2000）利用《南极海冰和南半球气旋资料图集》对整个南半球和0°~80°S，70°E~170°E范围的气旋发生频数资料进行了分析，发现在70°E~170°E范围内的气旋发生频数与整个南半球的变化存在一定差异，但总的趋势具有相同性，这一区域是南半球气旋发生频数的最大区域。同时指出，夏季是南半球气旋发生频率最高的季节。

Simmonds和Murray（1999）利用南极第一次区域观测（Antarctic First Regional Observing Study）获得的资料，发现南极大陆海岸附近是气旋的高频发区，许多气旋系统形成于海盆的西部后向东南方向移动。他们分析了40年（1958—1997）的NCEP-NCAR（National Center for Atmospheric Research）资料，使用了墨尔本大学气旋发现与追踪方案（Simmonds et al.，1999）对南半球的气旋发生情况做了分析，并指出年平均的气旋数从1958年开始增多，在1972年达到最大（为39个），其后数量减少，1990年数量极少（Simmonds and Keay，2000a，b）。在60°S及以南区域一年中温带气旋发生频数最高，在冬季，系统的平均路径长度为2315 km，而夏季则为1946 km（Simmonds and Keay，2000a）。

Lim和Simmonds（2002）利用NCEP-DOE（National Centers for Environmental Prediction-Department of Energy）再分析资料，研究了1979—1999年共21年的南半球爆发性气旋的频率、路径、强度、尺度、周期和季节性变化等特征，并与北半球进行了比较，指出北半球平均每年发生爆发性气旋的数量几乎是南半球的两倍，并且北半球爆发性气旋多发生于冬季，夏季很少。然而由于南半球爆发性气旋的季节性变化较弱，冬夏两季爆发性气旋数量相差不大，南半球夏季（12月、1月、2月）爆发性气旋的数量却是北半球夏季（6—8月）的6倍。Lim和Simmonds（2007）使用40年ECMWF（European Centre for Medium-Range Weather Forecasts）再分析（ECMWF Reanalysis Data）ERA-40资料和墨尔本大学气旋发现和追踪方案研究了南半球1979—2001年冬季爆发性气旋的特点和轨迹，指出低层气旋比高层气旋数量更多、强度更大、范围更小、更深厚并且移动较慢，52%的南半球冬季低层气旋具有很好的垂直结构，延伸至500 hPa，这种垂向一致的气旋中80%有一个偏向西的轴，地面系统先行于高空系统。

1.3.2 诊断分析

随着人类开发海洋和利用海洋能源进行海上作业的活动日益增加，特别是航海、海洋油气田勘探等必须对海上天气系统有所了解。爆发性气旋因其发展迅速，强度大，往往伴随着狂风和巨浪等恶劣天气，给海上作业带来极大危害，而其难预报性也令其危害性大于其他天气系统。因此除了要研究它的统计特性之外，了解其结构，特别是发生发展和爆发的机制，就成为气象学者更迫切需要解决的问题。近几十年来，国内外学者利用各种动力学方程对各个地区发生的爆发性气旋进行了诊断分析，取得了不少成果。这些成果中，对于爆发性气旋发展机制的研究基本可以分为三类，一是以潜热加热为主的次天气尺度动力发展机制，这方面研究的有Anthes等（1983）、李长青和丁一汇（1989）、赵其庚

（1994）；二是以 Bleck（1974）、Uccellini（1984，1985，1986）、Hoskins 等（1985）为代表的强调以上空对流层顶折叠，急流动量下传为主要动力机制形成的爆发性气旋；三是如 Lupo 等（1992）、谢甲子等（2009）等认为爆发性气旋的发展是各种物理因子共同作用的结果。

Anthes 等（1983）对 1978 年 9 月发生在大西洋上著名的使得伊丽莎白女王 2 号邮轮受损的“Queen ElizabethⅡ”爆发性气旋进行诊断分析指出，潜热释放对风暴的强度和移动路径起着决定性的作用。对流层低层斜压性是爆发性气旋发展的过程中最主要的物理机制，潜热释放在其发展后期也起了非常重要的作用。同时文章中使用一个原始方程模式对此强爆发性气旋进行了模拟，并提出了用模式模拟爆发性气旋过程中应注意的几个问题。

李长青和丁一汇（1989）在对发生在西太平洋的爆发性气旋的大尺度条件进行了统计分析之后，对其中发生在 1983 年 1 月 6—9 日的一个爆发性气旋利用完全的 ω-方程和次级环流方程来诊断温度平流、涡度平流、大尺度凝结加热、积云加热、感热加热和积云输送等因子对气旋形成的相对贡献。结果显示：温度平流是气旋爆发性发展的先决因子或者可称之为启动因子，大尺度加热是使气旋强烈发展的主要物理因子，积云对流加热也对气旋的爆发性发展起到了很大的推进作用。对影响气旋次级环流各因子的诊断结果显示：大尺度加热相较积云对流输送来说更能强迫出利于气旋发展的次级环流且量值较大，因此可得出大尺度加热是引起气旋爆发的主要因子，积云对流输送和加热是次要因子。同时作者还指出，强烈的垂直运动是气旋爆发性发展的一个重要特征，但并不是必然现象。他们还强调，上述几个因子关系仅是根据 ω-方程的诊断得到，实际的物理过程可能更为复杂。

赵其庚等（1994）对 1982 年 3 月 11—16 日出现在西北太平洋地区的一个强温带海洋气旋的爆发性发展过程进行了诊断分析，重点讨论了在气旋初始阶段和爆发阶段斜压不稳定和非绝热加热的特点和相互作用，通过等熵位涡和湿位涡场的演变特征分析不同阶段的物理过程。此气旋在发展初期低层气旋系统位于高层正等熵位涡中心后部，不利于斜压过程发展，使得非绝热加热过程的发展也受到限制。在爆发阶段，低层气旋系统处于高空正等熵位涡中心下游 1/4 波场内，非常有利于斜压不稳定发展，此时斜压不稳定与非绝热加热耦合使得气旋得以快速发展。此结果表明，斜压不稳定是气旋生成和爆发性发展最基本的条件，同时，非绝热加热和高低层不同尺度系统之间的相互作用也对气旋发展有影响。高低空系统的有利配置可以使斜压不稳定和非绝热加热产生强烈耦合，从而使气旋可以爆发性发展。同时指出，不同的爆发性气旋的爆发过程可以有很大差别。

黄立文等（1999b）在考察两个发生在西北太平洋上的温带爆发性气旋时指出，虽然强烈的垂直运动和急流-锋区次级环流是爆发性气旋发展的一个重要特征，但是并非必然伴随气旋的爆发性发展，因此选择利用天气、位涡分析和广义 Zwack-Okossi（Z-O）发展方程来对影响气旋爆发性发展的主要强迫机制和热力-动力空间结构进行诊断分析，结果表明，近地层地转相对涡度的变化和地面气旋中心的 Lagrangian 变率可直接用于度量地面爆发性气旋的发展。他们还指出，当温度平流、积云对流和湍流加热等反映大气斜压性的热力强迫共同作用使地转相对涡度急剧增长时，气旋便会出现爆发性发展。其中对流加热贡献较大，涡度平流贡献较小。气旋减弱衰亡的主要物理过程有三个，即海洋的感热输送、大气的绝热冷却、摩擦耗散。其中，海洋的感热输送和大气的绝热冷却是对气旋爆发性发展起阻滞作用的主要热力过程，摩擦耗散是起阻碍作用的动力过程。他们还指出，爆发性气旋发展的启动因子因个例不同而不同，涡度平流、温度平流和大尺度加热都可以成为其启动因子。

Uccellini（1986）也分析了QE-Ⅱ爆发性气旋，发现在快速发展的气旋上游高空有斜压过程存在，并且在气旋初生12 h前上游400～500 km处有一个不断加深的短波槽。这个槽与以下系统相关：①中心风速为65 m/s的极地急流，这个急流有非常强的垂直和水平风切变；②300 hPa的正涡度平流和散度场；③从300 hPa一直延伸至海表面的强上升带。另外，在气旋初生12 h前上游400～500 km处有对流层顶向下折叠，延伸至700～800 hPa处。作者指出，这些发现对Gyakum之前提出的爆发性气旋的发展与对流层低层的斜压性并无重要联系提出了质疑，同样也推翻了Anthes等（1983）对于上层强迫上升流对此气旋发展影响不大的论断。作者还强调上空对流层顶折叠，急流动量下传对爆发性气旋的作用。同样，Bleck（1974）、Hoskins等（1985）也分别从不同方面印证了这一观点。

Lupo等（1992）利用Z-O方程对两个生成于新西兰地区的爆发性气旋做了诊断分析。结果显示：涡度平流、暖平流和潜热释放对爆发性气旋的发展起促进作用，同时绝热冷却的上升气流对其有抑制作用。另外，在对两个气旋的垂直分析中发现，温度平流和涡度最大值出现在200～300 hPa，潜热释放最大值出现在500 hPa以下。

谢甲子（2009）采用分辨率为2.5°×2.5°的6 h间隔的NCEP再分析格点资料，对1979年1月9—12日西北太平洋地区一个爆发性气旋进行诊断分析，重点讨论了气旋爆发的天气学特征和动力因子，结果表明：在此次爆发性气旋发展初期斜压性很强，斜压能量为气旋初期生成和发展提供了所需动能。爆发性气旋的发展具有明显的非地转特性，高低空急流的耦合作用、涡度平流和凝结潜热的释放是气旋爆发性发展的主要强迫因子；爆发性气旋处于高空急流之下的对流层锋区，该气旋的爆发性发展是以上因子共同作用的结果。

1.3.3　数值模拟研究

中尺度大气数值模式的发展使得对各种中尺度天气现象做出较好的模拟成为可能。

Anthes等（1983）使用一个原始方程模式模拟了大西洋上著名的QE-Ⅱ爆发性气旋，指出对流层低层的斜压不稳定是造成这个气旋爆发性发展的主要机制。同时在对此爆发性气旋进行数值模拟的过程中应注意以下几个方面：①模式必须有足够的垂直分层，700 hPa以下至少要有四层；②模式对大气对流层低层的风、稳定度、水汽含量和海表温度是很敏感的，所以模式初始场的这些物理量值必须要求精确；③在模式模拟过程中要不断改进大气边界层和潜热释放，这对模式的模拟过程很重要。

Kuo和Low-Nam（1990）使用PSU/NCAR中尺度模式对1981—1985年发生在大西洋上的9个爆发性气旋进行了14个数值试验，目的是找出影响爆发性气旋短期预报的关键因子。研究发现，模拟的气旋强度和结构对降水参数化方案很敏感。海表能量通量对24 h快速发展的气旋有一定的影响。改变模式的物理参数或水平、垂直分辨率对这些气旋的影响很小，但是气旋基本特性却有区别。有一些气旋主要受动力驱动，而另外一些气旋是受非绝热加热影响。他们还指出，有很多气旋对模式初始场非常敏感，这类气旋相对难以预报。他们把影响爆发性气旋小于 24 h 短期预报的因子从大到小进行排序，分别为：初始场、水平分辨率、降水参数化方案、侧边界条件。海表面能量通量的参数化方案、垂直方向分辨率对这 9 个爆发性气旋起的作用非常小。

Orlanski 等（1991）做了一个南半球温带气旋的个例研究，并进行了数值模拟以分析气旋的发展机制，结果发现当副热带地区的一个扰动合并进西风带的时候气旋便会生成，当气旋加强时，急流中形成了很强的向极热量输送的斜压系统。

徐祥德等（1996）着眼于海洋温带气旋爆发性发展热力结构的影响效应问题，采用 PSU 中尺度数值模式，对不同垂直加热率对爆发性气旋的影响做了讨论。数值模式试验采用不同垂直加热廓线特征的积云对流参数化方案，通过改变加热极值层及其潜热、感热通量和水汽湍流垂直系数的大小对发生于 1979 年的两个个例进行敏感性试验。结果表明，温带气旋的发展对于垂直加热廓线分布具有突出的敏感性。若将其垂直加热廓线形变，则有可能导致海洋气旋的爆发性发展。海洋气旋上空与潜热释放相关的加热廓线抛物线顶点位置（即最大加热层次位置）是诱发气旋爆发性发展的关键因子，而潜热释放总量即加热程度是次要因子。海洋气旋最大加热层次偏低有利于气旋爆发性发展。他们还揭示了垂直加热廓线特征在海洋气旋发展诸影响因子中的关键作用以及潜热释放分布与海洋气旋动力、热力结构形成的机理。

Xu 和 Zhou（1999）和黄立文等（1999）分别利用 PSU/NCAR MM4 中尺度预报模式对爆发性气旋进行了数值模拟和敏感性试验。其中，Xu 和 Zhou（1999）对发生于 1988 年 3 月日本暖流上空的一次爆发性气旋进行了分析。他们将分别关闭感热通量、潜热通量和潜热释放之后的模拟结果与控制试验结果相对比，得出结论：强的斜压环境是爆发性气旋得以发展的原因，但是海表温度的大小对于其发展，并没有太大的影响。低空急流在爆发性气旋生成过程中起了非常重要的作用。敏感性试验结果表明，潜热释放是爆发性气旋生成的关键因子，它使得短波槽加深，而这一结果又导致了气旋的迅速加深至爆发。但这一过程对之后气旋的加深发展的影响相对减弱。黄立文等（1999）对 5 个爆发性气旋设计了一个控制试验和多个敏感性试验，包括采用不同的积云对流方案检验湿物理过程的影响；剔除初始时刻能量频散的影响以检验能量频散对爆发性气旋发展的重要性；改变 SST 量值和切断初始时刻或者爆发时刻的海面通量，以测试海表温度和海面通量的变化在不同的发展阶段影响模拟加深率的定量大小、海气交换过程以及产生的模式热力-动力学响应；另外还讨论了侧边界、采用不同初始时刻模拟和日本岛地形对气旋爆发性发展的影响。试验结果表明微物理过程特别是网格尺度的水汽凝结、未饱和层的云滴和雨滴蒸发，是气旋爆发性发展中最重要的物理过程。能量频散影响在模拟的初始阶段是显著的，其中上层能量频散的影响更大。SST 和海面通量对气旋发展的影响也是在初期比较显著，但在爆发时对气旋加深的影响不及初始时的一半，而且爆发性发展时的海面能通量呈不均匀分布并能诱导反锋面热力环流在局部抑制气旋的加深。此外，其他试验还表明，模式对于不同的侧边界和不同初始模拟时刻都很敏感，但是地形对于其结果并没有影响。

PSU/NCAR 所研发的中尺度预报模式发展至 MM5 模式时已经相当成熟，黄立文等（2001）利用 MM5 模式做了一系列数值试验，分别为控制试验、时间平均有效位能向涡度有效位能能量转换剔除试验、暖季代替冷季试验和海面能通量（感热、潜热通量）剔除试验。由试验结果得到：不同时间尺度的有效位能转换，从季节尺度向瞬变涡度时间尺度转换时是导致气旋爆发性发展和海洋风暴形成的主要动力机制，积云尺度的凝结加热对气旋爆发性发展起了进一步增强作用，海气通量虽然不是气旋爆发性发展的直接动力，但对海洋风暴的形成至关重要。在爆发性发展阶段，感热和潜热输送不产生显著影响，但在形成初期海洋的潜热输送已经为积云对流尺度对流活动及潜热释放提供了水汽。海洋爆发性气旋的形成在时间和空间上相对集中，这是由大气和海洋气候背景的动力-热力共同作用的结果。同时作者指出，这是观测到的大多数海洋爆发性气旋的形成机制。

Martin 和 Otkin（2004）也用 MM5 模式对 1986 年 11 月太平洋中部的一个爆发性气旋进行了分析。此气旋在经过 24 h 的迅速发展阶段后立刻进入了 12 h 的快速衰减期，Martin 和 Otkin（2004）称此气旋系统为“自我毁灭”系统。之后的模拟结果表明，以静立稳定性降低为特点的对流层低层的锋生强迫作用使气旋在其发展阶段产生了大量降水。与此相关的潜热释放使得对流层中层产生非绝热位涡异常，此异常又引起了低层对流层高度下降，由此又导致了爆发性气旋的产生，形成了一个正反馈。之后他又分析得出，潜热释放不仅对此气旋的爆发性发展起了决定性作用，同时在之后的消亡阶段也有着重要贡献。

WRF（weather research forecast）是新一代中尺度预报模式和同化系统，该系统的开发计划是 1997 年由美国国家大气研究中心（NCAR）中小尺度气象处、美国国家环境预报中心（NCEP）的环境预报模式中心、预报系统试验室（FSL）的预报研究处和俄克拉荷马州立大学的风暴分析预报中心四个单位联合发起建立的，由美国国家自然科学基金和美国国家海洋和大气管理局（NOAA）共同支持。

1.4　大西洋上 7 个著名爆发性气旋个例

温带气旋是中纬度地区重要的天气系统之一，是热量和水汽向极区输送的主要机制，通常是由中纬度上副热带温暖的气团和较冷的极地气团之间相互作用而形成（Liberato et al.，2011）。在北大西洋上，温带气旋通常在海洋上经历快速加深发展阶段，向东移动并到达欧洲，强烈的气旋通常伴随着强风、暴雨或暴雪，是影响欧洲大陆最危险的天气系统之一。

自 1954 年以来，德国柏林自由大学气象研究所为了方便追踪天气图上的各种气压系统，开始对其进行命名，用女性名字命名低压系统，用男性名字命名高压系统。1998 年，考虑到需要避免性别歧视的问题，偶数年命名不变，奇数年相反，用男性名字命名低压系统，用女性名字命名高压系统*。

本节对 1978—2010 年大西洋上 7 个著名爆发性气旋个例进行简要回顾，其中“QE-Ⅱ风暴”以重创伊丽莎白女王二世号邮轮、“Braer 风暴”以重创 Braer 号油轮而分别被命名；“法斯特奈特风暴”以国际著名海上帆船比赛“法斯特奈特帆船赛”的折返点法斯特奈特岩石而被命名；“总统日风暴”以其发生日期为“总统日”而被命名；“Lothar 风

* http://www.met.fu-berlin.de/adopt-a-vortex/historie[2021-05-14]

暴”、“Klaus 风暴” 和 “Xynthia 风暴” 则以柏林自由大学的命名规则被命名。

以下逐一介绍这 7 个爆发性气旋个例的主要特征。

1.4.1 1978 年 9 月的 “QE-Ⅱ风暴”

1979 年美国国家海洋和大气管理局（NOAA）记录了 1978 年 9 月 9—11 日发生在北大西洋的一次严重风暴。伊丽莎白二世号邮轮是当时从欧洲驶往纽约的一艘邮轮，风暴使得该邮轮上大量设施被严重损坏，并有 20 余名乘客受伤，因此人们就把该风暴以邮轮的名字命名为“伊丽莎白女王二世风暴”，简称“QE-Ⅱ风暴”。尽管这一风暴发生在大西洋西部的 40°N 以北，但该气旋具有与热带气旋类似的风场、深对流和清晰的“眼状”特征。该爆发性气旋从最初浅薄的低压系统开始发展，其中心气压在 24 h 内加深了近 60 hPa，被看作 Sanders 和 Gyakum（1980）所定义的“炸弹气旋”的极端个例。

QE-Ⅱ风暴于 1978 年 9 月 9 日生成于北美五大湖地区，之后延伸至新泽西州大西洋城的一个锋面系统上，在大西洋城以西 20 km 附近出现了风暴的环流中心；同时在新泽西州沿海的对流层低层出现了较强的暖平流，在气旋式环流的北侧出现了显著的深对流。在这个阶段，上游高空的短波槽和急流的增强为 QE-Ⅱ风暴的发展提供了高空动力强迫。

QE-Ⅱ风暴在接下来的 24 h 内向东移动，在 9 月 10 日转向东北方向移动的过程中，驶过风暴中心的货轮“欧洲班轮”（Euroliner）号上搭载的气压计记录到在 1978 年 9 月 10 日 00 UTC（协调世界时）的数值约为 1010 hPa，但到了 12 UTC，气压计的数值就降为 956.1 hPa。QE-Ⅱ风暴的中心气压在 24 h 内也降低了约 60 hPa，在 9 月 10 日 12 UTC 达到了最低值，约为 945 hPa。据美国国家海洋和大气管理局记载，“伊丽莎白女王二世”号邮轮在 9 月 11 日观测到了“异常汹涌的海浪，伴随着 12 级大风”，浪高达 50 英尺（1 英尺=0.3048 米）。考虑到继续西行可能存在的潜在威胁，该邮轮的船长决定转变航线向南航行。

1978 年 9 月 10 日 03:50 UTC 的 DMSP 卫星红外云图（图略）显示，QE-Ⅱ风暴具有明显的与热带风暴相似的结构，且具有与飓风相当的强风、深厚的对流层“暖核”以及清晰的“眼”结构（Gyakum，1983a）。美国国家海洋和大气管理局指出，QE-Ⅱ风暴最为显著的特点就是它的快速增强以及其附近的海浪在很短时间内快速增大到非常危险的强度。十分遗憾的是，在这次风暴演变的过程中，美国国家气象中心（National Meteorological Center，NMC）和美国海军数值天气中心（Fleet Numerical Weather Central，FNWC）都没能预报出 QE-Ⅱ风暴的快速增强（Gyakum，1983a）。

1978 年 9 月 9 日 00 UTC 和 06 UTC 的地面天气图显示，QE-Ⅱ风暴的周围被降雨等恶劣的天气所笼罩。随着时间的推移，到 9 月 10 日 12 UTC，QE-Ⅱ风暴依然强盛。在气旋中心附近，多处风速超过 25 m/s，有的地方风速超过 32 m/s。

1.4.2 1979 年 2 月的 “总统日风暴”

1979 年 2 月 19 日，为美国的“总统日”，是以纪念第一任总统乔治·华盛顿的生日（2 月 22 日）而设定在 2 月的第三个星期一的联邦节日。“总统日风暴”是指 1979 年 2 月

18—19日发生在美国东海岸的一次爆发性气旋过程（Bosart，1981）。该爆发性气旋导致了非常强烈的降雪过程，这是华盛顿特区50年来最严重的暴风雪，也是大西洋中部地区有记录以来最严重的暴风雪之一。美国弗吉尼亚东部、马里兰州和特拉华州部分地区降雪总量达到了约60cm（Bosart，1981），纽约、巴尔的摩、华盛顿特区和费城在风暴期间被关闭。另有报告指出，该爆发性气旋从弗吉尼亚州到新泽西州南部造成45～60cm的降雪，其中包括华盛顿特区50多年来最大的24 h降雪量（Foster and Leffler，1979）。其导致的暴风雪是美国大西洋沿岸中部各州有记录以来最大的降雪之一，一些地区因这场暴风雪而达到本月正常降水量的150%以上，可见此次过程造成了比较严重的后果。

1979年2月18—19日，该风暴在美国东南部和大西洋中部海岸迅速增强。风暴为大西洋中部海岸、内陆地区乃至阿肯色州和伊利诺伊州带来了降雪。靠近风暴中心的特拉华州多佛市和马里兰州的巴尔的摩市在风暴期间降雪量均超过20英寸（1英寸=2.54厘米），弗吉尼亚州东部的大部分地区降雪量也与此相近。这场暴风雪造成4人死亡、18人受伤。

1979年2月17—19日“总统日”风暴期间的降雪记录显示，美国东海岸的多数地区的积雪厚度为10～20英寸，个别地方的积雪厚度达20～30英寸。《华盛顿邮报》这样描述该风暴：“昨天半个多世纪以来最大的暴风雪离开了华盛顿地区，它把这个城市窒息在两英尺的雪下。这一壮观的白色恐怖实际上囚禁了这座城市，并让道路工作人员为今早的通勤者重新开放街道而战斗不止。”由于积雪太厚，华盛顿地区附近的一些农民给他们的拖拉机装上了刀片，帮助清扫街道上的积雪。

多位学者对“总统日”风暴做了分析（Bosart，1981；Bosart and Lin，1984；Uccellini et al.，1984；Whitaker et al.，1988）。根据Uccellini等（1987）的总结，该气旋的演变过程可分为两个阶段，分别为气旋生成之前（1979年2月18日）和快速发展（1979年2月19日）阶段。

分析表明，“总统日”风暴于1979年2月18日12 UTC生成，之后大致沿美国东海岸向东北方向移动，并不断加强。1979年2月19日12 UTC至20日00 UTC经历了爆发的过程，在这12 h内中心气压降低了17 hPa。Manobianco（1989）认为气旋中心附近最大风速达到了约31 m/s，达到了蒲氏风力11级。

多位学者的研究都提到，当时的数值天气预报模式（如美国气象中心NMC的LFM-II和7LPE模式）没有准确预报此气旋及其导致的暴雪（Bosart，1981；Uccellini et al.，1984；Manobianco，1989），而在当时有研究表明，数值天气预报在过去的25年里取得了巨大的进步，并且也有成功预报暴风雪的案例。

1.4.3　1979年8月的“法斯特奈特风暴”

法斯特奈特岩石是位于爱尔兰南端（51°23′20.09″N，9°36′11.00″W）附近的一块岩石，有“孤独的岩石”之意；“法斯特奈特”这个词可能来源于古代斯堪的纳维亚语，意思是“尖牙之岛”。这两种描述都适用于这块位于爱尔兰最南端的“孤立的石头”。1854年，在法斯特奈特岩石上建造了第一座灯塔，对于横渡大西洋的船只来说，该灯塔往往是进出欧洲的第一个或最后一个景观。1854 年，第一座用钢铁建造的法斯特奈特灯塔建成。

法斯特奈特岩石也被用作国际著名的帆船比赛——“法斯特奈特帆船赛” 的折返点。比赛从英格兰南部海岸怀特岛的考斯城出发，沿着英格兰南部海岸线向西行驶，穿过英吉利海峡，绕过爱尔兰西南海岸的法斯特奈特岩石后向东，返回普利茅斯。

“法斯特奈特帆船赛” 始于 1925 年，每两年举行一次比赛，虽然赛程仅有 608 海里，但是严酷的天气和多变的海况使其成为全球最艰苦和最受追捧的帆船赛事之一。帆船赛一般于当年 8 月举行，通常会遭受狂风或强西风带的影响。横跨北大西洋向爱尔兰和英格兰移动的一系列 “低压系统” 提供了不断变化的天气背景，这些 “低压系统” 主要集中在英吉利海峡以北。帆船比赛的引航员必须对天气状况进行周密的预报和计划，这是比赛成功的关键因素。

1979 年 8 月 11 日开始的第 28 届法斯特奈特帆船赛是由英国皇家海洋竞赛俱乐部举办的帆船赛。在 8 月 12—13 日的帆船赛比赛中，一场 “致命的风暴” 导致 18 人死亡（15 名帆船选手和 3 名救援人员）。当时参加比赛的 303 艘帆船中，只有 86 艘帆船完成了比赛，至少有 75 艘帆船倾覆、5 艘沉没，约 4000 人参与营救，甚至动用了英国皇家海军的军舰、救生艇、直升机，以及荷兰皇家海军的驱逐舰等救援力量，共搜救出 80 艘帆船和 136 名水手，成为和平时期最大的救援行动。

这场灾难导致了人们对帆船比赛的风险和灾害预防的深刻反思。1979 年 12 月 26 日，幸存生还的随船记者 Rousmaniere John 出版了《法斯特奈特，十级风：现代帆船史上最致命的风暴》（*Fastnet*，*Force 10*：*The Deadliest Storm in the History of Modern Sailing*）一书，对这次灾难发生时的天气背景和救援过程进行了详尽的描述。另据爱尔兰媒体报道，在该 “法斯特奈特风暴” 发生 40 年后的 2019 年 10 月 11 日 15:15 UTC，在爱尔兰的都柏林北部的 Howth 帆船俱乐部，100 多名 “法斯特奈特 1979 帆船赛” 的水手、救援人员和参赛者的亲属聚集一起，纪念这一悲惨事件发生 40 周年。

1979 年 10 月，在 “法斯特奈特风暴” 悲惨事件发生后不到 2 个月，服务于天气服务公司（Weather Services Corporation）的气象学家 Robert B. Rice 就开始对这次风暴事件进行了初步的分析。他在国际航海运动的专业期刊上发表的一篇题为 “Tracking a Killer Storm” 的论文（Rice，1979）中写道：“风暴于 1979 年 8 月 13 日晚间形成，并持续到 8 月 14 日，几乎毫无预兆地在法斯特奈特帆船队中 ‘爆发’。强劲的海风吹得船队连成一列跌跌撞撞地驶过爱尔兰海。” 在这篇论文中他不经意使用了单词 “explosive”，为后来 Sanders 和 Gyakum（1980）创造的一个著名的气象术语 “气象炸弹”（meteorological bomb）创造了机会，因为 “炸弹” 具有 “explosive” 的特性。

从 Rice（1979）发表的一篇小论文 “Tracking a Killer Storm” 里，美国麻省理工学院气象系 Frederick Sanders 教授和他当时的博士研究生 John R. Gyakum 敏锐地认识到这种天气系统的危险性，把它命名为 “气象炸弹”（meteorological bomb）或 “爆发性气旋”（explosive cyclone）。1980 年 6 月，他俩联合在每月天气评论（*Monthly Weather Review*）上发表了论文 “Synoptic-Dynamic Climatology of the ‘Bomb’”（Sanders and Gyakum，1980）。至此之后，国际气象界对这种快速发展的危险的气旋系统进行了广泛深入的研究。“法斯特奈特风暴” 事件不但在国际帆船比赛历史上留下了 “浓墨重彩的一笔”，而且也促使国际气象界开启了研究“爆发性气旋”之进程。

1.4.4　1993年1月的Braer风暴

1993年1月9—10日，北大西洋上空有一个气旋经历了爆发性发展，其中心气压在24 h内加深了78 hPa，并创下了914 hPa的最低气压记录（Odell et al.，2013）。24 h的中心气压加深率为3.25 Bergeron，是北大西洋上有史以来最强的一次爆发性气旋（Lim and Simmonds，2002）。风暴以从挪威的卑尔根驶往加拿大魁北克的油轮Braer命名。1993年1月5日上午，这艘油轮失去了动力，在苏格兰北部波涛汹涌的海面上无助地漂流，后来在设得兰群岛勒维克以南25英里（1英里=1.609千米）的加思尼斯（Garths Ness）附近搁浅。随后在设得兰群岛附近超过51.4 m/s的强烈的阵风使Braer号油轮最终解体，并向北海释放了85 000t轻质原油。幸运的是没有人丧生，但是大约有1500只海鸟死亡。与较重的北海原油相比，Braer号油轮倾倒的轻质原油很容易被分解，到1月21日之后，海面上基本没有可见的油。

McCallum和Grahame（1993）对Braer风暴进行了分析。1993年1月10日，在冰岛和苏格兰之间有一个低压迅速发展，在大约15 h内其中心气压降到920 hPa以下，最低气压值出现在（62°N，15°W）附近。10日12 UTC，气旋中心气压约为914 hPa；10日18 UTC，气压值下降到912 ~915 hPa之间。在该风暴事件发生前，历史上只曾有过一次中心气压低于920 hPa的气旋，位置在格陵兰岛以西，时间是1986年12月14—15日，气旋中心气压为916 hPa（Burt，1987）。因此风暴是北大西洋历史上最强的风暴，该风暴的中心气压是有史以来记录到的北大西洋最低中心气压之一。

Braer风暴是1993年1月9日12 UTC由大西洋中部（47°N，38°W）的一个波动发展起来的。之后锋区合并形成了强温度梯度和强斜压区。伴随着向东移动的高空槽与嫩芽状的低涡的合并，该斜压区发生变形。由于斜压不稳定发生了“旋生”（cyclogenesis），巨大的能量来自非常紧密的大气斜压带。另外，气旋还被嵌入到了大约10 000 m的高空急流之下（McCallum and Grahame，1993）。

1993年1月9日06 UTC和18 UTC的METEOSAT卫星红外云图及1993年1月10日04:45 UTC和14:39 UTC的NOAA-11卫星红外云图都捕捉到了气旋的快速发展。在气旋的演变过程中，从午夜起12 h内，气旋的中心气压下降了约44 hPa。按照任何标准，Braer风暴都是异常加深的。分析还发现，Braer风暴的移动路径与大多数穿越北大西洋强爆发性气旋的移动路径相似，并且与Wang和Rogers（2001）确定的北大西洋上爆发性气旋的平均移动路径非常接近。

1.4.5　1999年12月的Lothar风暴

1999年12月24—26日，名为“Lothar”的强风暴袭击西欧，造成多人死亡的重大灾难，是近几十年来中欧地区最具破坏性的风暴之一。在穿越欧洲大陆的途中，Lothar风暴给法国、德国南部、瑞士和奥地利的建筑和森林造成了巨大的破坏。被风损毁的树木的官

方数据约为 160×10^6 m^3，其中法国为 115×10^6 m^3（占每年清除量的 268%），德国为 27×10^6 m^3（占每年清除量的 69%），瑞士为 12.8×10^6 m^3（占每年清除量的 280%），直接的物质损失高达数百亿欧元，超过 50 人在风暴中丧生。极大的风速是造成损坏的主要原因，在瑞士中部地区，观测到的最大风速高达 55 m/s，在苏黎世为 44 m/s，在巴塞尔为 41 m/s，在瑞士东北部的霍恩利山脉为 58 m/s。对许多气象站来说，这是有史以来测量到的最大风速。在阿尔卑斯山中部，风速也很大，如少女峰上的风速为 57 m/s。与瑞士中部地区不同的是，阿尔卑斯山的南侧没有受到 Lothar 风暴的影响。德国气象局由于没有对 Lothar 风暴发出警报，事后受到批评。

Ulbrich 等（2001）研究指出，形成这次风暴的大尺度特征是高空有一个超过 80 m/s 的强急流，以及很强大气斜压性背景。Lothar 风暴最初形成于大西洋西部，位于高空急流最南端，它以中等速度横越大西洋盆地，当穿过高空急流向北极方向移动时，风暴中心气压迅速下降。

1999 年 12 月 25 日 12 UTC 的 Meteosat 卫星红外云图显示，在大西洋上设得兰群岛附近，有一个非常密集的“螺旋状”云团，这是一个快速发展的气旋系统。靠近气旋“眼”区附近的云系可以围绕中心旋转几周，表明气旋中心附近的风速很高，该气旋就是要袭击欧洲大陆的 Lothar 风暴。

随着时间推移，该风暴中心不断向东移动。25 日 18 UTC，Lothar 风暴中心气压约为 990 hPa，随后风暴继续向东移动。26 日 00 UTC 中心气压约为 985 hPa。26 日 06 UTC，风暴中心向东移动到欧洲大陆上，其 Lothar 中心气压也快速下降到 960 hPa。在短短的 6h 内，Lothar 风暴中心气压由 985 hPa 下降至 960 hPa，中心气压下降率为 4.17 Bergeron，远大于 Sander 和 Gyakum（1980）所给出的“爆发性气旋”的中心气压下降率为 1.0 Bergeron 的定义。

26 日 12 UTC，Lothar 风暴中心气压从 960 hPa 回升到 975 hPa，但风暴依然在欧洲大陆上肆虐，正是这一时期 Lothar 风暴给欧洲大陆的大量建筑和森林造成了巨大破坏。之后，Lothar 风暴中心继续向东移动，26 日 12 UTC 的地面天气图显示，整个德国被狂风、暴雪或雨夹雪的恶劣天气所笼罩。风暴中心位于德国的法兰克福附近，在德国南部的斯图加特观测到大于 20m/s 的风速，风暴的中心气压为 975 hPa。26 日 18 UTC，风暴中心气压上升到 980 hPa，后来慢慢地衰亡。

1.4.6　2009 年 1 月的 Klaus 风暴

Klaus 风暴是 2009 年 1 月的一个影响意大利、西班牙、安道尔、法国、德国和瑞士的强气旋，在法国和西班牙造成了大面积的破坏，特别是在西班牙北部，最大阵风超过 200 km/h，持续风速超过 170 km/h，达到了飓风的风速。在西班牙的巴斯克地区记录到的阵风超过 150 km/h，内陆山区观测到 200 km/h 的阵风。这是自巴斯克地区政府拥有自动气象站中观测网络以来观测到的最强风。另外，巴斯克海岸记录到了高达 21 m 的海浪（Gaztelumendi et al., 2009）。在西班牙北部科卢那（Corunna）附近，Klaus 风暴把直径近 1m 的大树连根拔起，Klaus 风暴造成的经济损失约为 35 亿美元。

2009年1月20日，Klaus还是一个形成于北大西洋上的亚速尔群岛以西的温带气旋。接下来的几天，该气旋系统向东北方向移动，进入比斯开湾。Klaus风暴很快穿越了伊比利亚半岛北部的坎塔布里奇海岸，于1月23日夜间至24日凌晨影响了西班牙的巴斯克地区。2009年1月23日00 UTC的地面天气图显示，Klaus风暴的中心位于（51°N，23°W）附近，中心气压约为1000 hPa。随后其迅速向比斯开湾移动，并在此地进一步加深。2009年1月24日，风暴继续向东移动，06 UTC的卫星云图显示，一个组织紧密的“螺旋状”云团位于西班牙的上空，云团中心的“眼”清晰可见，这个云团就是Klaus风暴，其中心气压约为964 hPa。此时，Klaus风暴登陆欧洲大陆，袭击了西班牙。之后，风暴继续向东东南方向移动，24日12 UTC，中心气压回升到980 hPa。至2009年1月25日00 UTC，Klaus风暴的中心位于（50°N，5°W）附近，中心气压回升到988 hPa。之后，气旋慢慢衰减直至最后消亡。

1.4.7 2010年2月的Xynthia风暴

2010年2月27—28日，一个名为“Xynthia”的强风暴袭击了葡萄牙、西班牙、瑞士、法国、英格兰东南部部分地区、比利时、荷兰、卢森堡、德国和奥地利。Xynthia风暴造成了交通线路毁坏、电力中断、法国大西洋沿岸洪水泛滥和60多人丧生的损失，是欧洲大陆过去60年破坏性最严重的前五个风暴之一。受灾最严重的是法国，至少51人死亡。另外风暴还在德国造成6人死亡，包括一名两岁的男孩被吹进河里淹死；西班牙有3人死亡；比利时、葡萄牙和英国各有1人死亡，还有至少10人下落不明。法国的大多数死亡事件发生在一股强大的风暴潮中，海浪高达25英尺，在涨潮时冲过海滨小镇莱居伊隆（L’Aiguillon-sur-Mer）的海堤。暴风雪分别导致法国和葡萄牙100多万户家庭断电。

Xynthia风暴的最低气压为967 hPa，受其影响，树木倾倒、道路封闭。许多地方交通路线受到严重影响，铁路被迫大面积关闭，许多航班被取消或延误。幸运的是，风暴发生在周末，因此没有对上班时间的日常交通造成太大影响。尽管媒体发布了警告，但仍有60多人不幸丧生。许多地方的电力和电话线也遭到破坏。树木被连根拔起，屋顶被掀翻，尤其是在西班牙。法国大西洋沿岸的洪水冲垮了堤坝，影响了牡蛎的繁殖。暴风雨造成的大多数死亡是由洪水引起的溺水造成的。根据德意志再保险公司（Deutsche Rückversicherung）的初步估计，风暴造成的损失的保险费用在德国约为10亿欧元，在法国约为20亿欧元。

2010年2月26日，在亚速尔群岛南部，一个最初的浅薄的低压系统形成导致了Xynthia风暴的诞生。2月27日，它向东北方向移动，经葡萄牙和比斯开湾向法国的西侧移动，27日12 UTC，Xynthia风暴袭击了法国的西海岸，其中心气压约为980 hPa。之后Xynthia风暴继续向东北方向移动，并迅速增强，中心气压下降到967 hPa，在24 h内气压下降了约20 hPa。在接下来的三天里，风暴开始减弱，并沿着法国北部和北海的海岸线进一步向东北方向移动，然后穿过波罗的海南部到达芬兰南部。3月3日，中心气压为990 hPa，并进一步缓慢减弱。这样的气旋移动轨迹极不寻常，在大多数情况下风暴会在大西洋上向北发展，然后向东移动到西欧和中欧。

表 1.1　大西洋上 7 个著名爆发性气旋个例汇总表

序号	气旋名称	起止时间	发生地点	中心最低气压	最大风速	主要特征	造成损失	参考文献
1	QE-Ⅱ风暴	1978 年 9 月 9 日—9 月 11 日	40°N 以北的西北大西洋（Gyakum，1983）	945 hPa（Gyakum，1983）	50.2 m/s（Anthes et al.，1983）	在成熟阶段，气旋具有热带气旋的许多特征，如温暖干燥的中心等（Anthes et al.，1983）	重创“伊丽莎白女王二号”邮轮，船长失踪（NOAA，1979；Gyakum，1983）	Anthes 等（1983）；Gyakum（1983）；Uccellini（1986）；Kuo 等（1991）
2	总统日风暴	1979 年 2 月 17 日—2 月 19 日	美国东海岸（Bosart，1981）	990 hPa（Uccellini et al.，1985）	超过 30 m/s（Uccellini et al.，1984）	气旋发生前，中心气压为 1050 hPa 的强大反气旋入侵北美东部，冷空气爆发达到最强（Bosart，1981）	美国东岸多地暴风雪降雪量总计近 60 cm；24 h 降雪量达创纪录的水平，带来暴雪灾害（Bosart，1981）	Bosart（1981）；Bosart 和 Lin（1984）；Uccellini 等（1984）；Uccellini 等（1985）
3	法斯特奈特风暴	1979 年 8 月 9 日—8 月 15 日	爱尔兰至英格兰之间海上 Fastnet 帆船比赛航线上（Rice，1979）	979 hPa（Rice，1979）	最大风力超过 10 级（Rice，1979）	气旋发展迅速，为后来 Sanders 和 Gyakum（1980）创造术语“气象炸弹”（meteorological bomb）奠定了基础	18 人死亡，303 艘帆船中只有 86 艘完成了比赛，至少有 75 艘帆船倾覆，5 艘沉没	Rice（1979）；Sanders 和 Gyakum（1980）
4	Braer 风暴	1993 年 1 月 9 日—1 月 10 日	苏格兰西北部和冰岛之间（McCallum and Grahame，1993）	914 hPa（Odell et al.，2013）	51.4 m/s（Odell et al.，2013）	北大西洋上有历史记录以来最强的气旋，除热带风暴以外有记载的最低气压值（Burt，1993）	Braer 号油轮解体，将约 85 000 吨原油排入海洋。虽没有人丧生，但是大约有 1500 只海鸟死亡（Odell et al.，2013）	Burt（1993）；McCallum 和 Grahame（1993）；Odell 等（2013）
5	Lothar 风暴	1999 年 12 月 24—26 日	生成于西大西洋，向欧洲移动（Wernli et al.，2002）	974 hPa（Wernli et al.，2002）	57.0 m/s（Wernli et al.，2002）	1999 年 12 月底有连续两个极端风暴，分别是 Lothar 和 Martin，前者发展较快，风速强（Rivière，2010）	在穿越欧洲的途中，对法国，德国南部，瑞士和奥地利的建筑物和森林造成了巨大破坏（Wernli et al.，2002）	Ulbrich 等（2001）；Wernli 等（2002）；Rivière（2010）
6	Klaus 风暴	2009 年 1 月 23—25 日	在较低的纬度形成并东移至西欧（介于 35°N 和 45°N 之间）（Liberato et al.，2011）	980 hPa（Fink et al.，2012）	55 m/s（Liberato et al.，2011）	气旋发生在异常低的纬度上，在 24 h 内的气压下降了 37 hPa，对于此纬度而言异常高（Liberato et al.，2011）	2009 年经济损失最惨重的事件，损失超过 60 亿美元，主要来自法国和西班牙（Liberato et al.，2011）	Liberato 等（2011）；Fink 等（2012）
7	Xynthia 风暴	2010 年 2 月 26—28 日	沿 SW-NE 路径从北大西洋到西南欧（Liberato，2013）	967 hPa（Chadenas et al.，2014）	66.7 m/s（Chadenas et al.，2014）	气旋的温度通常比过去高，并伴有较强的风，在这个季节很少见（Liberato，2013）	强烈的阵风造成交通路线的破坏，电力中断，洪水泛滥，60 多人丧生（Chadenas et al.，2014）	Chadenas 等（2014）；Liberato 等（2013）

2010年2月28日00 UTC的Meteosat-9卫星云图显示，一个“螺旋状”云团盘踞在欧洲大陆的上空，并有明显的“眼”状结构，这个云团就是Xynthia风暴。随着时间推移，Xynthia风暴中心继续向东北方向移动，原来组织紧密的“螺旋状”云团开始松散，“眼”状结构开始模糊。2月28日12 UTC，Xynthia风暴中心移动到（52°N，5°E）附近，“螺旋状”云团更加松散。

2月27日，在法国海拔2877 m的比利牛斯山脉的南峰（Pic du Midi）处，观测到238 km/h的最强阵风。28日上午，强阵风袭击了法国北部、卢森堡、比利时、德国西部和西南部以及瑞士。在阿尔卑斯山附近，当地风速甚至超过140 km/h。德国气象局于28日晚上在布罗肯山观测到180 km/h的最大阵风。直到3月1日上午，暴风骤雨仍然肆虐，但已达不到飓风的风力。在阿尔卑斯山脉的一些高山上，观测到80~100 km/h的阵风。在比利时和荷兰，风速仍然超过了100 km/h。Xynthia风暴还伴随着降雨向东北方向移动。在德国西部、比利时、荷兰的一些地区，24 h降雨量达20 mm左右，局部地区超过30 mm。在法国大西洋沿岸，强风速还导致风暴潮，在拉罗谢尔海平面暂时上升了约1.50 m。这是由于2月27日晚至28日晚，Xynthia风暴到达该地区的时间正好与一股大潮的到来时间相吻合，导致洪水漫延和泛滥。

1.4.8　小结

本小节对1978—2010年大西洋上7个著名爆发性气旋个例进行简要回顾，它们都有显著的“挪威气旋模型”的锋面结构。表1.1总结了这7个气旋的名称、起止时间、发生地点、最低中心气压、最大风速、主要特征以及造成的损失等。另外还列出了主要的参考文献，更多细节可以从这些参考文献中继续搜寻，不再赘述。

1.5　影响爆发性气旋发展的物理因子

一些学者通过合成分析研究了爆发性气旋发展时的大尺度环流特征（Konrad and Collucci，1988；Kelly et al.，1994；Lackmann et al.，1996；Yoshida and Asuma，2004；Black and Pezza，2013；Zhang et al.，2017）。除此之外，前人对大西洋和太平洋诸多爆发性气旋进行了统计及个例研究，总结出许多影响气旋爆发性发展的因子，分别介绍如下。

1.5.1　斜压不稳定

Sanders和Gyakum（1980）发现爆发性气旋容易发生在海水表面温度强梯度处。Bosart（1981）对1979年2月给美国东岸带来严重降雪影响的“总统日风暴”的研究发现，锋面系统对爆发性气旋发展起到了重要作用，同时对流层低层局地不稳定性的加强是对海洋暖湿不稳定大气边界层中潜热和感热的响应。Anthes等（1983）对北大西洋上著名的“QE-Ⅱ风暴”个例进行了数值模拟，并指出对流层低层的斜压不稳定是这一气旋爆发性加强的主要因子，同时潜热释放对其发展起到了促进作用。Roebber（1984）发现爆发性气旋容易发生在大气斜压区中，大气斜压性有利于低压系统的发展和维持。同时他也指出气旋爆发性发展的机制并不只是斜压过程，而是斜压过程和其他机制共同作用的结果。Rogers 和 Bosart（1986）通过对爆发性气旋的合成分析，强调对流层低层的大气斜压环境对气旋发展至关重要。Reed 和 Albright（1986）对东太平洋爆发性气旋个例的研究表明，气旋的快速加强是由强的斜压强迫造成的。Nuss 和 Anthes（1987）利用数值模式研究了爆发性气旋发展阶段对流层低层的过程，结果表明大气斜压不稳定对气旋快速降压过程的维持十分重要。Manobianco（1989）对大西洋爆发性气旋个例的合成分析表明，爆发性气旋是在较强高层强迫条件下快速发展的一种斜压现象，它的发展最有可能受到对流层低层不稳定的影响。汤长明等（1990）对东亚沿海爆发性气旋个例的数值模拟研究表明，大气斜压性是气旋发展的最主要因子。Rogers 和 Bosart（1991）通过对 1979 年 11 月和 1982 年 1 月发生在美国东海岸的两个爆发性气旋个例研究表明，爆发性气旋是在强斜压区内形成的。寇正和欧阳子济（1999）对西北太平洋 5 个爆发性气旋个例的数值模拟研究表明，斜压强迫是爆发性气旋发展的基本因子，同时潜热释放通过增强低层的上升运动或者局地的斜压性来促使气旋加强。谢甲子等（2009）对西北太平洋爆发性气旋个例研究发现，大气斜压性是气旋发展初期能量的主要来源。Iwao 等（2012）对西北太平洋两例合成气旋的动力特征以及能量收支进行了比较，指出气旋的加强与大气湿度的增加有关，而湿度的增加是由低层斜压性和暖 SST 蒸发作用加强造成的。

1.5.2　热力强迫

Anthes 和 Keyser（1979）、Chen 等（1983）、Chen 和 Dellósso（1987）的数值模拟研究表明，没有潜热释放作用，气旋就不会快速发展。Gyakum（1983a）使用了观测站、浮标、卫星、雷达资料以及 NMC 提供的高空数据，对 1978 年 2 月“QE-Ⅱ风暴”进行了详细分析，发现该气旋起源于美国新泽西一个浅薄的斜压扰动，当其离岸的时候开始爆发性加强，这一过程与气旋中心附近的积云对流密切相关。同时在演变过程中，这一气旋出现了类似热带气旋的一些特征，如强风、深厚的“暖核”以及清晰的“眼”区。通过一个绝热、无黏性的三层准地转模型计算，结果表明，在气旋爆发阶段，对流起到了至关重要的作用。Gyakum（1983b）在他本人（1983a）工作的基础上，对“QE-Ⅱ风暴”的动力和热力结构进行了研究，通过位涡（potential vorticity，PV）分析，检验了热量释放在其中的作用，并提出一种“类 CISK”（conditional instability of second kind-like）机制，即相对弱的斜压强迫有助于产生与气旋自身规模相当的对流性热效应。这种热效应对大尺度运动是重力稳定的，对流性尺度则是重力不稳定的。积云对流释放大量潜热、使气旋中心积云内部的平均气温大幅度升高，从而产生许多风暴尺度的上升运动。这种作用会引起气旋内位涡的大幅增加。Liou 和 Elsberry（1987）对气旋快速发展过程中热量收支的分析表明，潜热释放是在气旋快速发展过程中维持其垂直运动的主要因子。Kuo 等（1991a；1991b）通过爆发性气旋的数值模拟，研究了潜热释放的作用，结果表明潜热释放使气旋的锋面结构发生了改变，降低了大气的稳定度并使降水增多，从而对爆发性气旋发展起到了重要作用。杜俊和余志豪（1991）通过对中国东部爆发性气旋个例数值模拟结果的诊断发现，爆发性气旋发展时，各个强迫项的次级环流均有所加强，而这种加强是由潜热释放造成的。徐祥德等（1996）着眼于爆发性气旋发展的热力结构，强调积云对流对气旋的爆发性发展起着关键性作用。黄立文等（1999）对西北太平洋爆发性气旋个例的研究表明，热力强迫对气旋发展起到了控制作用，其中积云对流加热的作用更主要。多位学者（Davis and Emanuel，1988；Hedley and Yau，1991；Dal Piva et al.，2011；Liberato et al.，2011；Fink et al.，2012）的研究表明，海面的热通量对爆发性气旋发展有着重要的贡献，其中潜热通量的贡献大于感热通量（Dal Piva et al.，2011）。Hirata 等（2015）通过对 2013 年 1 月发生在黑潮/黑潮延伸体区域爆发性气旋个例的数值模拟，研究了水汽对爆发性气旋快速发展的影响，结果表明充足的水汽为气旋发展提供大量的潜热，而潜热释放通过在对流层低层产生正的位涡促使气旋快速加深。孙雅文等（2017）利用 WRF（weather research forecast model）数值模式对 2009 年超强台风 LUPIT 变性后再次爆发性发展的过程进行了研究，发现潜热释放在此次过程中至关重要：潜热通过影响环流促使气旋快速加深，同时在这一过程中存在一个正反馈机制，即深厚的对流系统使潜热释放的位置发生在对流层的中高层，受高空槽前西南气流的影响，热量向下游的高压脊内输送，使高层位势高度升高，涡度平流随高度增加，促使气旋的上升运动加强，气旋降压，从而有利于水汽辐合上升，释放潜热。但也有研究指出，热通量对气旋的降压过程无影响（Kuo and Reed，1988；Kuo and Low-Nam，1990；汤长明等，1990；Reed and Simmons，1991）。

1.5.3　涡度平流和温度平流

Petterssen 和 Smebye（1971）结合气旋的天气尺度特征将气旋分为两类：一类气旋是由对流层低层的扰动向高层发展，对这类气旋温度平流的作用至关重要；另一类气旋是由于高空正涡度平流叠加低层的锋区或暖平流，从而促使气旋快速降压。Bosart 和 Lin（1984）对“总统日风暴”进行了诊断分析，结果表明气旋的加强是由伴随高空槽加深、气旋垂向涡度平流的加强造成的。Sanders（1986）对两例发生在西-中北大西洋爆发性气旋个例进行诊断分析，发现 500 hPa 气旋式涡度平流与地面气旋及其加深率表现出很高的相关性，并提出爆发性气旋是对高层强迫响应的一种斜压扰动。李长青和丁一汇（1989）对 1983 年 1 月 6—9 日发生在渤海爆发性气旋个例的诊断分析表明，大尺度加热和积云对流加热是爆发性气旋发展的主要因子，而温度平流是这二者起作用的启动因子。Uccellini（1986）对“QE-Ⅱ风暴”研究表明，对流层中层气旋位置上游的短波槽是其快速发展的启动因子。Lupo 等（1992）使用 Z-O 方程对发生在 1979 年 1 月湾流上空和美国东南部上空的两个爆发性气旋的诊断分析表明，气旋式涡度平流、暖平流以及潜热释放对气旋的发展起到了促进作用。丁一汇和朱彤（1993）通过对一次发生在中国华北地区爆发性气旋个例的动力分析和数值模拟，发现涡度平流和温度平流是促使气旋爆发性发展的启动因子。Rausch 和 Smith（1996）对 1989 年 1 月 4—5 日发生在大西洋上的一个爆发性气旋进行了数值模拟，由于该气旋发生在 ERICA 项目的第 4 加密观测期（intensive observational period 4）内，故被命名为 ERICA-IOP 4 Storm。Z-O 方程的诊断分析表明在发展的初期，气旋受到暖平流、气旋式涡度平流以及潜热释放作用的共同影响。Strahl 和 Smith（2001）对一个存在

500 hPa 槽合并现象的爆发性气旋分析指出，气旋的爆发性发展是对高层气旋式涡度平流和暖平流作用的响应。Yoshida 和 Asuma（2004）指出涡度平流和温度平流等大尺度环流条件均是气旋爆发性发展的有利因素。项素清和龚奕（2010）对发生在东海爆发性气旋的数值模拟表明，涡度平流和温度平流是气旋发展和维持的有利条件。

1.5.4 PV 和对流层顶折叠（tropopause folding）

对于高空的位涡，Bosart 和 Lin（1984）、Uccellini 等（1985）、Hoskins 等（1985）和 Whitaker 等（1988）研究均发现在气旋快速发展之前，存在位涡大值空气的下沉并伴随对流层顶折叠的现象。Reader 和 Moore（1995）通过对发生在拉布拉多海爆发性气旋个例的研究表明，气旋的发生发展是高层位涡异常和低层大气斜压性共同作用的结果。吕筱英和孙淑清（1996）对不同路径爆发性气旋的研究指出，高空位涡大值空气的下传是气旋爆发性加强的重要条件。Wang 和 Rogers（2001）通过对冰岛附近爆发性气旋的合成分析指出，平流层低层的位涡大值有助于形成强的高层强迫，结合有利的天气尺度条件就会促使气旋爆发性加强。而在对流层低层，Binder 等（2016）对暖输送带以及低层位涡正异常的研究表明，暖输送带中非绝热 PV 的产生对大多数爆发性气旋的发展都是至关重要的，暖输送带对气旋发展的影响取决于气旋中心位涡产生的位置。Cordeira 和 Bosart（2011）对北大西洋爆发性气旋个例的研究表明，爆发性气旋的快速加深是由高层、低层位涡的耦合造成的。

1.5.5 干侵入（dry intrusion）

“干侵入”（Danielsen，1964）是指温带气旋在发展过程中，平流层或对流层高层的干空气下沉至对流层低层气旋内部的现象。Zehnder 和 Keyser（1991）的个例研究表明“干侵入”与爆发性气旋的加强密切相关。Browning 和 Golding（1995）对爆发性气旋的数值模拟研究表明，“干侵入”有利于加强气旋的爆发性。于玉斌和姚秀萍（2003）对“干侵入”进行了详细的回顾，并指出“干侵入”对气旋的爆发性发展起着促进作用。张伟等（2006）利用 MM5 数值模式对一次黄海气旋过程进行了模拟，分析了气旋的三维动力学与热力学结构，详细研究了“干侵入”与气旋发展之间的关系，并指出“干侵入”对气旋的发展有着重要的作用。

1.5.6 高空急流

Uccellini 和 Johnson（1979）通过对气旋的数值模拟研究指出，高空急流是气旋发展的有利条件，急流出口区北侧非地转风的质量调整可以使对应下方的气压降低，从而使气旋加强。Uccellini 等（1984）研究表明，高空急流和低空急流的耦合作用为气旋的爆发性发展提供了有利的环境条件。Uccellini 等（1985）认为高空急流为气旋快速降压提供了动力支持。田生春和刘苏红（1988）研究指出，高、低空急流的共同作用促使了气旋系统的发展。Ruscher和Condo（1996）对1989年11月发生在美国和加拿大爆发性气旋个例的研究表明，气旋的发展是对500 hPa短波槽以及250 hPa急流的响应。吕筱英和孙淑清（1996）研究发现高空急流对气旋发展有着重要影响，爆发性气旋有向急流出口区北侧强辐散区移动的趋势。丁治英等（2001）对大西洋与太平洋地区16个爆发性气旋进行了合成分析，结果表明强爆发性气旋与南–北向反气旋式弯曲的高空急流密切相关。这种高空急流通过强辐散、斜压性和斜压不稳定促使气旋发展，同时反气旋式曲率可使重力惯性波在北传时能量得到发展，从而有利于气旋的降压。Yoshida和Asuma（2004）研究发现在三类（OJ类、PO-L类和PO-O类）爆发性气旋的高空均有明显的高空急流。谢甲子等（2009）对西北太平洋爆发性气旋个例研究指出，高空、低空急流的耦合作用是气旋爆发性发展的有利条件。Rivière等（2010）通过数值模拟表明，高空急流的动力强迫作用是爆发性气旋发展的重要因子。

综合上述前人研究的结果，不难发现影响爆发性气旋发展的物理因子不是单一的，其发展受到多种因子共同影响（Bullock and Gyakum，1993；仪清菊和丁一汇，1996；谢甲子等，2009；Nesterov，2010）。同时也有一些其他因素会对爆发性气旋产生影响，比如地形（江敦春和党人庆，1995；Kristjánsson et al.，2009）、北大西洋涛动（Nesterov，2010）、使用数据分辨率的精度（Kouroutzoglou et al.，2011）以及气旋之间的相互影响（戴晶等，2017）等。

第2章　北半球的爆发性气旋

2.1　资料和分析方法

2.1.1　资料说明

本章使用的资料如下：

（1）1979年1月—2016年12月欧洲中期天气预报中心（ECMWF）公布的ERA-Interim再分析数据。

（2）2000年10月—2016年9月美国国家环境预报中心（NCEP）公布的FNL全球格点再分析数据。

（3）1981年12月—2016年12月美国国家海洋和大气管理局（NOAA）公布的最优插值月平均SST格点资料。

（4）2002年1月30日—2月2日和2012年9月2—4日美国国家航空航天局（NASA）提供的EOSDIS极轨卫星云图。

本章使用的资料详情及下载地址请参见附录。

2.1.2　爆发性气旋的定义及其特征

1. 气旋的识别与追踪方法

利用修正的识别和追踪温带气旋方法（Hart，2003），对1979年1月—2016年12月北半球（0°～360°，20°N～90°N）的气旋进行识别追踪。结合计算区域内的地理条件和温带气旋特性，增加限制条件以剔除热带气旋和生命周期较短的气旋。其具体的判别方法如下：

（1）在5°×5°区域内海平面气压场的最小值要低于1020 hPa，且该气压最小值所处位置不在5°×5°区域的边界上。

（2）气旋的生命周期要持续至少24 h。

（3）5°×5°区域内海平面气压变化不小于2 hPa。

（4）海拔阈值为1500 m，以排除高原热低压的干扰。

（5）5°×5°的判别区域在研究区域内移动并与前一块判别区域重叠，以保证所有的气旋都位于识别的范围内。

对于气旋的追踪，同样基于Hart（2003）的方法，假设$t-\delta t$时刻存在气旋A，t时刻存在气旋 B，二者距离为 δd，追踪气旋的限制条件为：

（1）δt 不大于 24 h。

（2）t 时刻的气旋 B 是距离 $t-\delta t$ 时刻的气旋 A 位置最近的气旋。

（3）气旋 A 至气旋 B 的移动速度（$\delta d/\delta t$）小于 45 m/s。

（4）$\delta d<\delta d_{max}$（d_{max} 为 δt 时段内最大的移动距离），$\delta d_{max}=\max$（500 km，$3\times\delta t\times V_{prev}$），$V_{prev}$ 是气旋 A 在 $t-2\delta t$ 至 $t-\delta t$ 时段内的移动速度。

（5）气旋从 $t-2\delta t\rightarrow t-\delta t$ 至 $t-\delta t\rightarrow t$ 时段内运动方向角度的改变要在一定范围之内。

2. 爆发性气旋的定义

由 Sanders 和 Gyakum（1980）最早给出的"爆炸性气旋"定义虽然强调了气旋中心气压的快速下降，但没有考虑风速。以下我们将讨论在"爆炸性气旋"定义中风速的重要性。

传统的"爆发性气旋"的定义主要突出气旋中心气压加深率的大小，如 Yoshida 和 Asuma（2004）给出的气旋中心气压加深率 R 的计算公式为：

$$R=\left(\frac{P_{t-6}-P_{t+6}}{12}\right)\times\left(\frac{\sin 60^{\circ}}{\sin\dfrac{\varphi_{t-6}+\varphi_{t+6}}{2}}\right) \tag{2.1}$$

式中，P 为气旋中心海平面气压；φ 为气旋中心纬度；下标 $t-6$ 表示 6 h 前变量；下标 $t+6$ 表示 6 h 后变量。

利用 Yoshida 和 Asuma（2004）的定义，对识别出的气旋计算其中心气压加深率，并挑选出所有中心气压加深率≥1 Bergeron 的气旋个例。他们发现在 1979 年 1 月—2016 年 12 月共有 6392 个这样的气旋个例。Yoshida 和 Asuma（2004）的定义只考虑了海平面中心气压加深率，没有考虑风速的大小。我们对距离气旋中心 500 km 范围内的 10 m 高度风场资料进行了分析，发现有时虽然气旋的中心气压加深率大于 1 Bergeron，但其风速较小，风速最小值甚至只有 8.2 m/s。

为了深入地理解"爆发性气旋"的定义，有必要回顾一些著名的爆发性气旋个例，如 1978 年 9 月 10 日至 11 日的"QE-Ⅱ 气旋"（Gyakum，1983a、b；Uccellini，1986；Gyakum，1991）和 1979 年 2 月 18 日至 19 日"总统日气旋"（Bosart，1981；Bosart and Lin，1984；Uccellini et al.，1984，1985；Whitaker et al.，1988）。"QE-Ⅱ气旋"在 24 h 内中心气压迅速下降达 60 hPa，而对于"总统日气旋"，华盛顿特区的降雪量在 24 h 内达到了 18.7 英寸（Dickson，1979）。通过对这些气旋的深入分析，可以发现爆发性气旋的共同特征包括：①气旋中心气压快速下降；②有快速旋生现象；③伴随有强风；④有强降雨或降雪。通常以上这些特征不是孤立的，而是相互关联的。在这四个特征中，与"爆炸性发展"紧密相关联的强风可能像热带气旋一样是造成严重破坏的最主要因素。

对于热带气旋，世界气象组织台风委员会（Typhoon Committee of World Meteorological Organization）通常使用 Saffir-Simpson 飓风风力*（基于在 1 min 内估计的最大持续风速）

---

* http://glossary.ametsoc.org/wiki/Saffir-simpson_hurricane_scale［2021 年 5 月 14 日访问］。

等级对热带气旋的强度进行分类。在西太平洋，亚太经社会/世界气象组织台风委员会（ESCAP/WMO Typhoon Committee）也根据10min内估计的最大持续风速把热带气旋分为四类。与热带气旋的定义类似，与温带气旋相关联的“风速”应该作为一个重要因素纳入“爆发性气旋”的定义中。

考虑到海洋上大风是最主要的致灾物理因素，结合世界气象组织关于蒲福风级（Beaufort scale）定义的“大风警报”（gale warning），选择风力为8级风（即17.2 m/s）作为定义“爆发性气旋”的一个重要参数，即规定气旋爆发性发展阶段至少有1个时刻气旋中心附近最大风速不小于17.2 m/s。

基于以上分析，我们把以前统计出的气旋再次进行筛选，剔除最大风速小于17.2 m/s的1112个气旋（约占17.4%），还剩余5280个气旋。

在北半球，两个主要的大洋是北大西洋和北太平洋。考虑北大西洋和北太平洋的地理位置，把北半球均匀地划分为A区域（90°W～90°E，20°N～90°N）和P区域（90°E～90°W，20°N～90°N）（图2.1）。这样划分的A区域和P区域不但覆盖了整个北半球，还分别涵盖北大西洋与北太平洋，约90%的气旋位于北大西洋和北太平洋上空，约10%的气旋发生在欧亚大陆、北美大陆以及北冰洋上空。

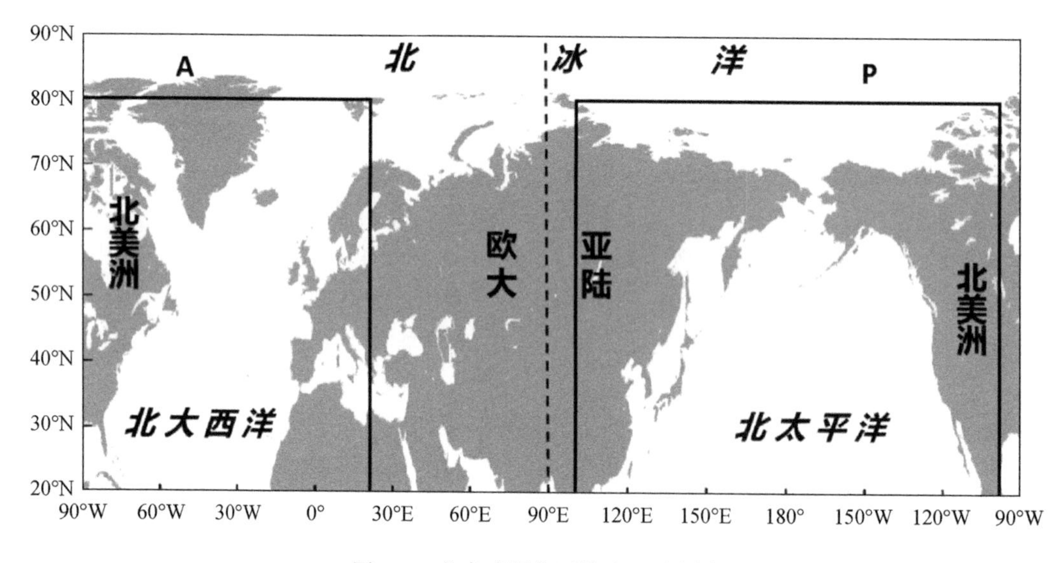

图2.1　北半球研究区域地理示意图

注：左侧为A区域，其中黑框区域为北大西洋区域；右侧为P区域，其中黑框区域为北太平洋区域

由于气旋主要分布在北大西洋和北太平洋上空，我们分别计算了位于北大西洋（90°W～20°E，20°N～80°N）和北太平洋（100°E～100°W，20°N～80°N）上空所有中心气压加深率达到最大时刻的气旋的中心平均纬度：在北大西洋，平均纬度为49.96°N；在北太平洋，平均纬度为44.16°N。其中北太平洋平均纬度与Zhang等（2017）使用FNL数据对2000—2015年15个冷季（10月至次年4月）统计得到的北太平洋爆发性气旋中心的平均纬度（42.7°N）非常接近。而A区域和P区域内所有气旋中心气压加深率达到最大时刻的爆发性气旋中心的平均纬度分别为49.53°N和43.21°N，与北大西洋和北太平洋上空爆

发性气旋中心的平均纬度相差不大。为了便于计算，分别取 50°N 和 45°N 对 A 区域和 P 区域爆发性气旋定义中的纬度进行修正，其中在北太平洋取 45°N 与 Gyakum 等（1989）和 Zhang 等（2017）结果一致。

我们给出考虑了 10 m 高度风速影响的修正的“爆发性气旋”定义如下：

海平面中心气压加深率≥1 Bergeron，且其生命周期不小于 24 h，并在降压过程中至少一个时刻气旋中心附近 10 m 高度最大风速不小于 17.2 m/s 的温带气旋被称为“爆发性气旋”。计算气旋中心海平面气压加深率 R 的公式为：

$$R=\left(\frac{P_{t-6}-P_{t+6}}{12}\right)\times\left(\frac{\sin\varphi_s}{\sin\dfrac{\varphi_{t-6}+\varphi_{t+6}}{2}}\right) \tag{2.2}$$

式中，P 为气旋中心海平面气压；φ 为气旋中心纬度；下标 t–6 为 6 h 前变量；下标 t+6 为 6 h 后变量；φ_s 为地转调整纬度，其数值在 A 区域为 50°N，在 P 区域为 45°N。

以下给出本书中与爆发性气旋有关的 11 个术语的定义：

（1）初始生成时刻（initial formation moment）：低压系统中海平面气压场至少出现一条闭合等压线的时刻。受研究区域的限制，对于在研究区域外生成、移入研究区域并发展成为爆发性气旋的低压系统，我们将其在研究区域内海平面中心气压最高的时刻作为初始生成时刻。初始生成时刻爆发性气旋中心的位置称为初始生成位置（initial formation position）。

（2）初始爆发时刻（initial explosive-deepening moment，IDM）：气旋中心气压加深率首次大于等于 1 Bergeron 的时刻。

（3）最后爆发时刻（last explosive-deepening moment，LDM）：气旋中心气压加深率最后一次大于等于 1 Bergeron 的时刻。

（4）爆发时长（duration time of explosive-deepening，DTD）：气旋从初始爆发时刻到最后爆发时刻的时间长度，即气旋海平面中心气压加深率大于等于 1 Bergeron 的时间长度，单位为天（d）。

（5）最大加深率时刻（maximum-deepening-rate moment，MDM）：气旋中心气压加深率达到最大值的时刻。

（6）中心气压最低时刻（minimum central sea level pressure moment，MCM）：气旋中心气压达到最小值的时刻。

（7）气旋的初始爆发源地（origin area of initial explosive-deepening of cyclone，OAC）：气旋在初始爆发时刻集中出现的区域。

（8）爆发性气旋的快速加深区（rapid-deepening area of explosive cyclone，DAC）：爆发性气旋在最大加深率时刻集中出现的区域。

（9）爆发前移动路径（pre-explosive-developing track，PRET）：气旋从生成时刻到初始爆发时刻期间的移动路径。

（10）爆发时移动路径（explosive-developing track，EXT）：气旋从初始爆发时刻到最后爆发时刻期间的移动路径。

（11）爆发后移动路径（post-explosive-developing track，POET）：气旋从最后爆发时刻

到气旋消亡（或不再记录）期间的移动路径。

2.1.3 不同数据对爆发性气旋统计结果的影响

Wang 和 Rogers（2001）使用空间分辨率为 2.5°×2.5°、时间分辨率为 12 h 的 ECMWF 数据，采用 Sanders 和 Gyakum（1980）的爆发性气旋定义，对 1985 年 1 月至 1996 年 3 月北半球爆发性气旋进行了统计，得到北大西洋有 569 个爆发性气旋，北太平洋有 800 个爆发性气旋。本章我们使用空间分辨率为 1°×1°、时间分辨率为 6 h 的 ECMWF 数据，根据 Yoshida 和 Asuma（2004）的爆发性气旋定义，对 1985 年 1 月至 1996 年 3 月北半球的爆发性气旋进行了统计。与 Wang 和 Rogers（2001）的结果相比，北大西洋有 784 个爆发性气旋，多出了 215 个，北太平洋有 1165 个爆发性气旋，多出了 365 个。Yoshida 和 Asuma（2004）定义与 Sanders 和 Gyakum（1980）定义的差别仅仅在于计算气旋中心气压加深率时的时间间隔。我们使用的数据、Wang 和 Rogers（2001）使用的数据均由 ECMWF 提供，但时空分辨率不同。由此可见，时空分辨率的改变会对爆发性气旋的个数产生影响，时空分辨率越高、分辨出的爆发性气旋个数就越多。

此外，我们还使用 FNL 再分析数据人工统计了 2000 年 10 月—2016 年 9 月发生在北大西洋的爆发性气旋个数，与 ERA-Interim 数据结果进行对比。两种不同来源的、再分析数据的空间分辨率均为 1°×1°，时间分辨率均为 6 h。采用相同的爆发性气旋定义，由 FNL 数据得到北大西洋区域有 1172 个爆发性气旋，由 ERA-Interim 数据得到北大西洋区域有 1082 个爆发性气旋，前者比后者多 90 个爆发性气旋，约占 ERA-Interim 结果的 8.3%。

不同数据统计结果的差异，一方面可能是由不同数据的差异造成的，另一方面则可能来自程序识别爆发性气旋的误差。由于相对误差较小，本书中识别爆发性气旋的方法是可靠的。

2.2 北半球爆发性气旋的空间分布

2.2.1 爆发性气旋的空间分布及环流背景特征

根据修订的爆发性气旋定义，A 区域有 1824 个爆发性气旋，P 区域有 2092 个爆发性气旋，北半球总共有 3916 个爆发性气旋，相比于只考虑 10 m 高度风速得到的结果，纬度订正剔除了 1364 个爆发性气旋（25.83%）。与 Yoshida 和 Asuma（2004）的定义相比，总共剔除了 2476 个爆发性气旋，约占 Yoshida 和 Asuma（2004）定义得到爆发性气旋个数的 38.74%。

根据爆发性气旋在最大加深率时刻的中心地理位置，按照 5°×5°的经纬度网格统计每个网格内所包含的爆发性气旋个数，并画出以每个网格中心为基点的爆发性气旋个数空间分布的等值线，得到爆发性气旋发生个数的地理分布（图 2.2）。从图中可以发现，北半球爆发性气旋快速加深区主要位于北大西洋和北太平洋上空，北美大陆东部沿海以及欧亚大陆东部沿海上空也有少量爆发性气旋发生。

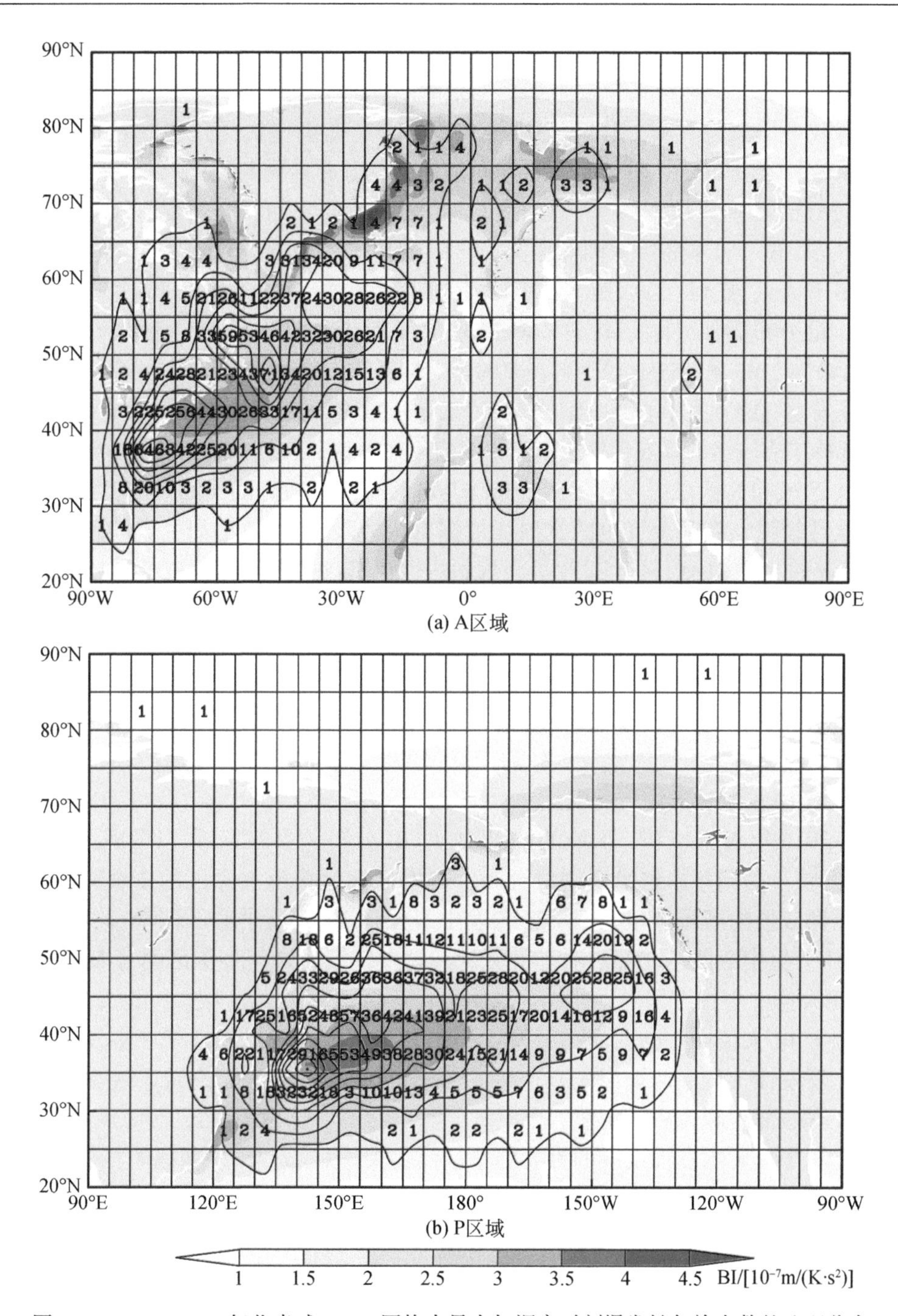

(a) A区域

(b) P区域

图 2.2　1979—2016 年北半球 5°×5°网格内最大加深率时刻爆发性气旋个数的地理分布

填色为对应时段内由式（2.3）计算得到的 850 hPa 的 BI 值

在 A 区域，爆发性气旋快速加深区的分布从大洋西部向东北方向延伸，气旋分布的主体位于海上，基本与湾流和北大西洋暖流分布对应一致。A 区域上空有两个爆发性气旋个数在 60 以上的频发中心，分别位于美国东海岸（77.5°W～72.5°W，37°N～39°N）和纽芬兰岛东侧大洋（50°W～45°W，46°N～50°N）附近，爆发性气旋个数分别为 64 与 71。

与 Wang 和 Rogers（2001）发现结果的空间分布较为一致，格陵兰岛—冰岛以南的区域也有较多爆发性气旋，但在数量上远不如美国东海岸和纽芬兰岛东侧大洋上多。此外纽芬兰岛以北也有较多爆发性气旋。P 区域上空，爆发性气旋快速加深区也呈西南—东北向分布，但爆发性气旋分布更倾向于向偏东方向延伸。其分布走向与黑潮/黑潮延伸体-北太平洋暖流有较好的对应关系。与 A 区域相比，P 区域上空只有 1 个爆发性气旋个数在 60 以上的频发中心，位于日本岛以东的洋面（140°E ~ 145°E，35°N ~ 37°N）附近，但爆发性气旋个数远多于 A 区域，达到了 91 个。基本上爆发性气旋在北太平洋上空的分布与 Zhang 等（2017）的分布类似，除了在日本岛以东的洋面上，日本海上空和北太平洋东北部（155°W ~ 140°W，45°N ~ 55°N）也有较多的爆发性气旋。Zhang 等（2017）发现北太平洋中部有两个爆发性气旋频发中心，分别位于 170°E 和 170°W 附近，而本章的研究结果表明，北太平洋中部确实有较多的爆发性气旋，但主要集中在 180° ~ 165°W，35°N ~ 50°N 附近。

由于 A 区域和 P 区域爆发性气旋分布均与暖流分布有较好的空间对应关系，而暖流北侧往往斜压性较强，有利于气旋的发展。根据 Iwao 等（2012）的研究，我们引入斜压性指数 BI（baroclinic index）来定量度量大气斜压性，其表达式如下：

$$\mathrm{BI} = \frac{f}{\sigma}\left|\frac{\partial \vec{V}}{\partial p}\right| \tag{2.3}$$

式中，f 为科氏数；$\vec{V}$ 为水平风矢量；p 为气压；$\sigma = R\overline{T}/C_pP - \partial\overline{T}/\partial p$ 为大气稳定性参数。σ 的表达式中，R 为气体常数；C_p 为干空气的定压比热；T 为气温；“-”代表大气基本场，即使用 10 d 滑动平均进行低通滤波。

1979—2016 年 A 区域和 P 区域的 850 hPa 的 BI 分布见图 2. 2。可以发现，在 A 区域上空 BI 大值区位于美国东岸且沿海岸线分布，爆发性气旋快速加深区的 2 个频发中心均位于大气斜压性较强的区域上空，但一个频发中心位于 BI 大值中心的西南部，另一个频发中心位于 BI 大值中心的东北部。对于 P 区域，爆发性气旋快速加深区的分布与 BI 分布基本重叠，BI 大值中心位于黑潮延伸体区域附近，且数值大于 A 区域。P 区域，爆发性气旋频发中心位于 BI 大值中心的西侧，但与 A 区域相比，P 区域爆发性气旋多发区更接近 BI 大值中心。爆发性气旋快速加深区分布和 BI 分布的结果表明，无论是在 A 区域还是 P 区域上空，大洋西部受暖流影响明显，上空大气斜压性强，爆发性气旋个数多。这表明大气斜压性是有利于气旋爆发性发展的重要因子，而在大洋东部，斜压性减弱，但也有较多的爆发性气旋发生，可能大洋东部爆发性气旋更多的是受其他因子影响。Wang 和 Rogers（2001）、Zhang 等（2017）分别对东北大西洋与东北太平洋爆发性气旋进行了合成分析，表明大洋东北部的爆发性气旋主要受高空强迫的影响。

同样考虑 1979—2016 年北半球环流分布的气候特征，使用 10 d 滑动平均对数据进行了滤波处理，得到 500 hPa 和 200 hPa 的环流分布（图 2. 3）。从图可以看出，北半球爆发性气旋快速加深区分布均位于 500 hPa 槽前，对应槽前的正涡度平流为气旋发展提供了有利的环流背景。A 区域和 P 区域相比，可以明显看出北美大槽振幅的南—北向分量大于东亚大槽，对应爆发性气旋分布在 A 区域向东北方向延伸的偏北分量更大。由于 P 区域上空东亚大槽振幅的东—西分量更大，基本横跨整个北太平洋，会引导气旋向东移动。在地面

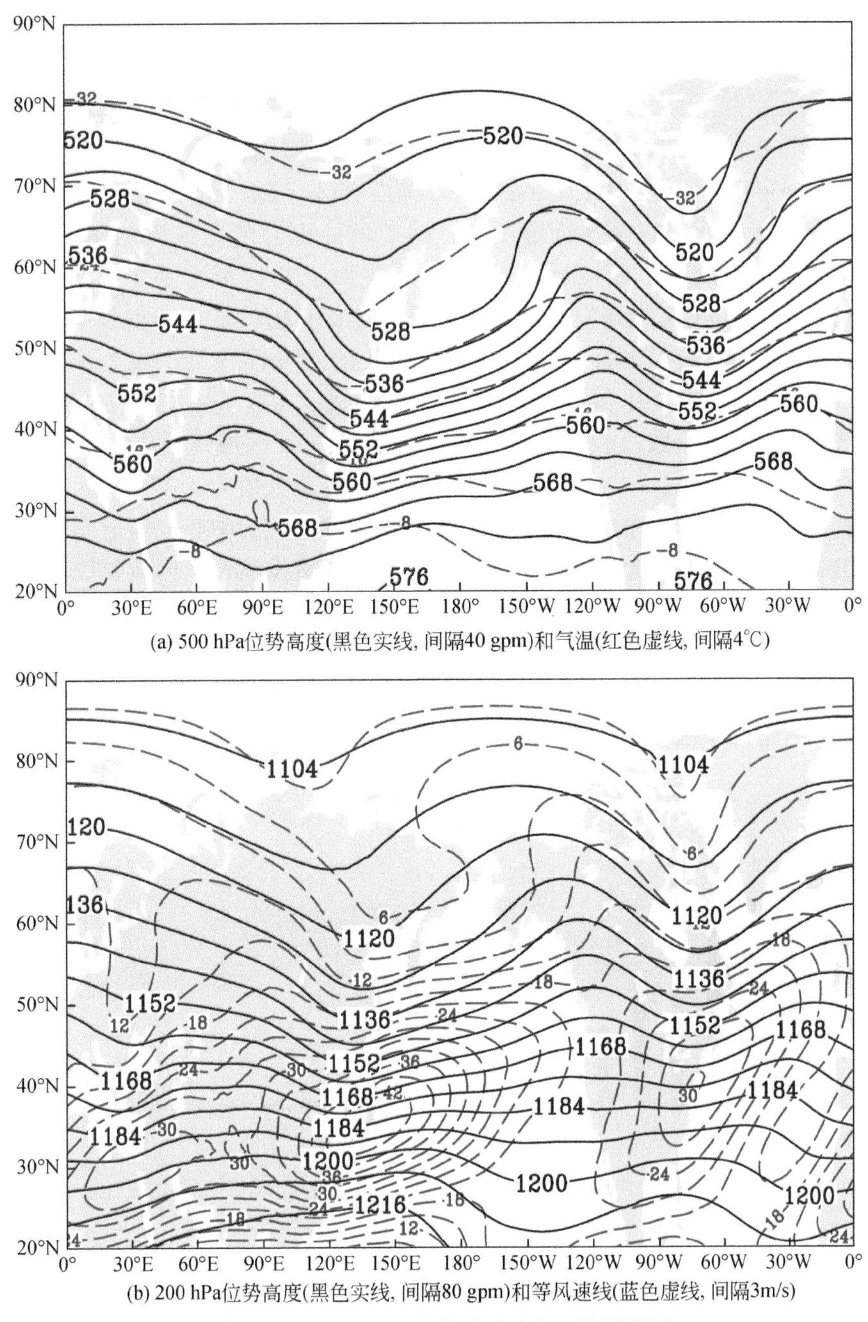

(a) 500 hPa位势高度(黑色实线, 间隔40 gpm)和气温(红色虚线, 间隔4℃)

(b) 200 hPa位势高度(黑色实线, 间隔80 gpm)和等风速线(蓝色虚线, 间隔3m/s)

图 2.3　1979—2016 年北半球大气环流形势图

气旋东侧偏南风的作用下，易使来自南方的暖湿空气卷入气旋内部，上升释放凝结潜热，从而有利于爆发性气旋的发展维持。对于 200 hPa 环流，P 区域高空急流（风速不小于 30 m/s）更明显。A 区域，在东海岸上空只有一小部分区域高空风速达到了急流的强度。而在 P 区域，从日本岛自西向东爆发性气旋快速加深区的分布由急流轴向急流出口区北侧延伸，对应较强的辐散作用。

2.2.2　中心气压最大加深率的空间分布

图 2.4 给出了 1979—2016 年 A 区域和 P 区域爆发性气旋个数与海平面气旋中心气压最大加深率的分布直方图①。从 1.1 Bergeron 开始，基本上随气旋中心气压加深率的增大，A 区域和 P 区域爆发性气旋个数逐渐减少。对于气旋中心气压最大加深率为 1.0 ~ 1.8 Bergeron 的爆发性气旋，A 区域爆发性气旋个数少于 P 区域，除 1.0 Bergeron 和 1.7 Bergeron 外，A 区域和 P 区域爆发性气旋个数差值均大于 10 个。对于气旋中心气压最大加深率大于 1.8 Bergeron 的爆发性气旋，即发展较快的爆发性气旋，除 2.0 Bergeron、2.2 Bergeron、3.0 Bergeron 和 3.1 Bergeron 的爆发性气旋外，A 区域爆发性气旋个数多于或者等于 P 区域爆发性气旋个数（仅在 2.5 Bergeron 相等）。A 区域气旋中心气压最大加深率的平均值为 1.46 Bergeron，气旋中心气压最大加深率的最大值为 3.47 Bergeron，而 P 区域平均气旋中心气压最大加深率的平均值为 1.42 Bergeron，气旋中心气压最大加深率的最大值为 3.37 Bergeron。这样看起来似乎是 A 区域爆发性气旋发展比 P 区域要快，但由于 A 区域和 P 区域定义中地转调整的纬度并不相同，导致相同纬度 A 区域爆发性气旋中心气压加深率在数值上约为 P 区域的 1.08 倍，因此将 A 区域和 P 区域爆发性气旋中心气压最大加深率的平均值和最大值换算到同一标准②，发现 P 区域爆发性气旋中心气压最大加深率的平均值和最大值均大于 A 区域，表明 P 区域爆发性气旋比 A 区域的爆发性气旋降压更快。

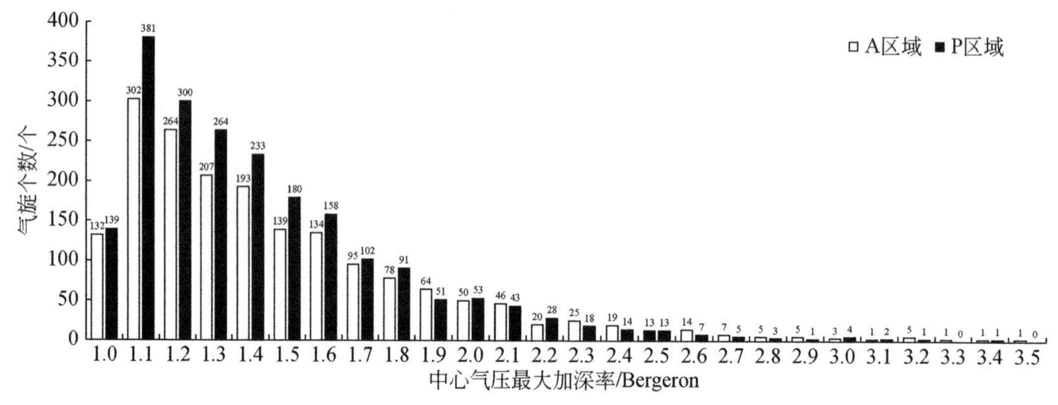

图 2.4　1979—2016 年 A 区域和 P 区域爆发性气旋个数与海平面气旋中心气压最大加深率的分布直方图

2.2.3　气旋中心最小气压的空间分布

对于爆发性气旋个数与气旋中心气压最小值的分布直方图（图 2.5），无论在 A 区域

---

① 需要说明的是，气旋中心气压加深率数值均保留两位小数，图 2.4 中心气压加深率的数值间隔为 0.1 Bergeron，在统计加深率为 1.0 Bergeron 的爆发性气旋个数时，根据四舍五入的原则，没有考虑加深率为 0.95 ~ 0.99 Bergeron 的气旋个数，故得到加深率为 1.0 Bergeron 的爆发性气旋个数少于 1.1 ~ 1.6 Bergeron 的爆发性气旋个数。

② 仅在对 A 区域和 P 区域爆发性气旋进行比较时把爆发性气旋定义中的纬度均订正到 50°N。

还是在 P 区域，爆发性气旋的分布均近似于正态分布，中间分布数量多，两端分布数量少。A 区域和 P 区域爆发性气旋个数随气旋中心气压最小值的减小变化规律完全一致，均是位于 965.1 ~ 975.0 hPa 的爆发性气旋个数最多，其次按照 955.1 ~ 965.0 hPa，975.1 ~ 985.0 hPa，945.1 ~ 955.0 hPa，985.1 ~ 995.0 hPa，>995.0 hPa，925.1 ~ 935.0 hPa 以及 ≤925.0 hPa 依次减少。A 区域爆发性气旋与 P 区域相比，在 985.0 ~ 955.1 hPa 范围内，A 区域爆发性气旋个数少于 P 区域，而在其他区域则相反，P 区域爆发性气旋个数更多。从所有爆发性气旋最低中心气压的平均值和最小值来看，A 区域平均值为 966.5 hPa，最小值为 913.1 hPa，P 区域平均值为 967.8 hPa，最小值为 925.4 hPa，二者均是 A 区域数值更低，与 P 区域相比，气旋中心最小气压的平均值相差 1.3 hPa，最小值相差 12.3 hPa。以上结果表明，整体上 A 区域爆发性气旋的强度强于 P 区域。结合中心最小气压爆发性气旋个数的分布，可以推断出，对于北半球爆发性气旋，P 区域爆发性气旋强度较弱，但不同强度爆发性气旋分布更集中，极端（强、弱）情况相对较少。而在 A 区域，爆发性气旋强度更强，但不同强度爆发性气旋分布更分散，极端（强、弱）情况较多。

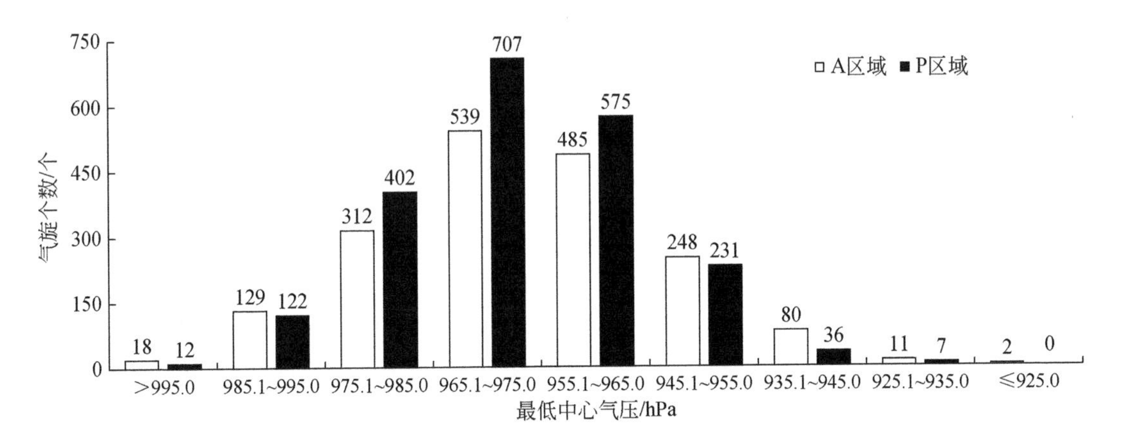

图 2.5　1979—2016 年 A 区域和 P 区域爆发性气旋个数与海平面气旋最低中心气压的分布直方图

2.2.4　气旋爆发时长的空间分布

对于整个北半球的爆发性气旋，气旋爆发时长不超过 2.00 d，且爆发性气旋个数随爆发时长的增加依次递减（图 2.6）。除爆发时长为 2.00d 的个例外，其他时长 A 区域爆发性气旋个数均少于 P 区域。此外，爆发时长在 0.50 ~ 2.00 d 范围内，A 区域和 P 区域爆发性气旋个数差异逐渐减小。

从 A 区域和 P 区域爆发时长的平均值来看，A 区域（0.567 d）略小于 P 区域（0.574 d）。虽然如此，对于爆发时长达到 2.00 d 的爆发性气旋，1979—2016 年 38 年中仅有 5 个，其中 4 个发生在 A 区域。这表明 A 区域爆发性气旋爆发时长略短，但爆发性气旋爆发时长的分布更分散，有更多极端（爆发时长长）个例，而 P 区域爆发性气旋爆发时长略长，但爆发性气旋爆发时长的分布相对集中。

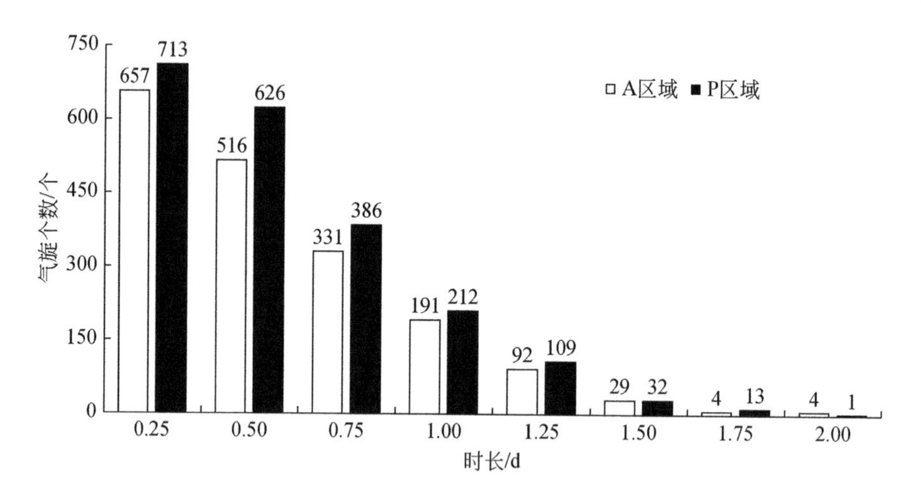

图 2.6　1979—2016 年 A 区域和 P 区域爆发性气旋个数与爆发时长的分布直方图

2.2.5　小结

我们把北半球划分为 A 区域（90°W～90°E，20°N～90°N）和 P 区域（90°E～90°W，20°N～90°N）。1979—2016 年 A 区域和 P 区域分别有 1824 个和 2092 个爆发性气旋。

在空间分布方面，爆发性气旋快速加深区主要集中在北大西洋和北太平洋上空。对于 A 区域，有 2 个爆发性气旋多发区，分别位于美国东海岸（77.5°W～72.5°W，37°N～39°N）和纽芬兰岛东侧大洋（50°W～45°W，46°N～50°N）附近，同时格陵兰岛—冰岛以南区域也有较多容易快速加深的爆发性气旋。对于 P 区域，主要有 3 个爆发性气旋多发区，其中位于日本以东洋面（140°E～145°E，35°N～37°N）附近的多发区最明显，爆发性气旋个数最多；其次为北太平洋中部（180°～165°E，35°N～50°N）和北太平洋东北部（155°W～140°W，45°N～55°N）。此外，日本海上空也有较多容易快速加深的爆发性气旋。

从环流背景分布来看，在 A 区域和 P 区域，大气斜压性均为有利于气旋爆发性发展的重要因子且 P 区域的大气斜压性强于 A 区域。北半球爆发性气旋快速加深区的分布均位于 500 hPa 槽前，A 区域上空北美大槽振幅的南—北向分量更大，对应爆发性气旋向东北方向延伸的偏北分量更大。P 区域上空，东亚大槽振幅的东—西向分量大，东亚大槽横跨北太平洋，易使气旋东移，受地面气旋东侧偏南风的影响，使来自南方的暖湿空气卷入气旋，上升释放凝结潜热，从而有利于爆发性气旋的发展。高空急流的作用在 P 区域更明显。在 P 区域，从日本岛以东至北太平洋东北部，爆发性气旋分布由急流轴南侧向急流出口区北侧延伸，高空辐散作用是爆发性气旋发展的有利条件。

整体上，A 区域与 P 区域相比，A 区域爆发性气旋降压速度较慢，发展较慢，爆发时长略短，但爆发性气旋强度更强。P 区域爆发性气旋降压速度更快，发展较快，爆发时长略长，但爆发性气旋强度较弱。

2.3　北半球爆发性气旋的时间变化

2.3.1　爆发性气旋快速加深区的季节变化

爆发性气旋是快速发展的温带气旋，其季节变化与温带气旋有明显不同。

对于温带气旋，张颖娴和丁一汇（2014）统计了1958—2001年北半球温带气旋年平均个数（表2.1），其中强气旋定义为气旋中心气压小于1000 hPa的气旋。由表2.1可知，春季温带气旋个数最多，其次为秋季，再次为冬季，夏季气旋个数最少，但不同季节温带气旋个数相差不大。对于强气旋，个数约为温带气旋总个数的一半，冬季个数最多，其次为秋季，再次为春季，夏季依然个数最少。

表2.1　利用ERA-40资料统计的1958—2001年温带气旋平均个数（引自张颖娴和丁一汇，2014）

	春	夏	秋	冬
气旋/个	258	223	249	239
强气旋/个	107	92	125	130

1979—2016年A区域和P区域爆发性气旋个数的月际变化见图2.7。从多年月平均发生爆发性气旋个数来看，无论是A区域还是P区域，1月份发生爆发性气旋个数最多。在A区域，其次为2月份，再次为12月份；而在P区域，其次为12月份，再次为3月份。从图中可以看出，A区域从1月份至12月份爆发性气旋个数先减少后增加，爆发性气旋个数最少的月份为7月，38年里仅有11个。对于P区域，3月份和11月份爆发性气旋个数较多，7月份同样为P区域发生爆发性气旋个数最少的月份，但是在爆发性气旋个数上少于A区域，仅有两个。

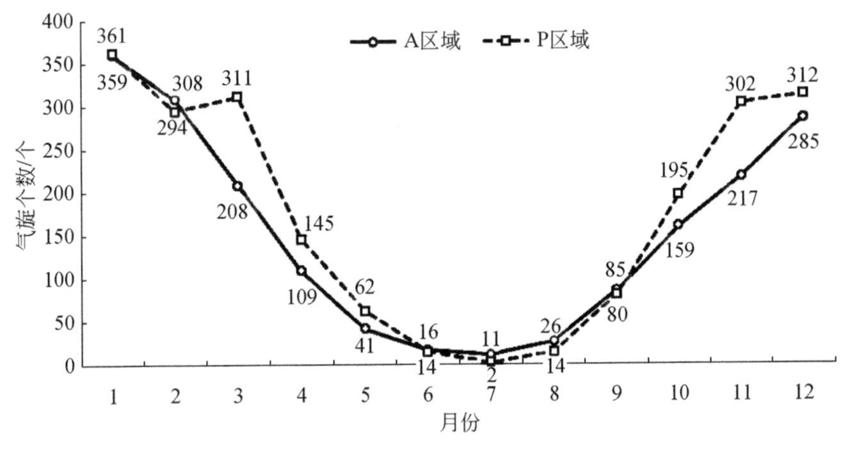

图2.7　1979—2016年A区域和P区域爆发性气旋个数的月际变化

由于 A 区域和 P 区域爆发性气旋个数月际变化有明显差异，我们按照季节对 1979—2016 年 A 区域和 P 区域进行了划分，每个季节爆发性气旋个数的分布见表 2.2。其中冬季为 12 月、1 月和 2 月*，春季为 3 月、4 月和 5 月，夏季为 6 月、7 月和 8 月，秋季为 9 月、10 月和 11 月。可以发现，虽然统计的冬季只有 37 年，但爆发性气旋个数多于统计了 38 年的秋季、春季和夏季。A 区域和 P 区域爆发性气旋个数由多至少依次对应冬季、秋季、春季和夏季。

表 2.2　1979—2016 年爆发性气旋个数的季节变化

	春	夏	秋	冬
A 区域/个	358	53	461	927
P 区域/个	518	30	577	939

除了夏季，其他季节爆发性气旋个数分布均是 P 区域多于 A 区域，且这种差异在冬季最小，在春季最大。同时冬季、秋季和春季之间爆发性气旋个数的差异在 A 区域更明显。由此可以认为总体上 A 区域爆发性气旋个数的季节变化更显著。

1. 冬季

在统计的 37 年中，A 区域冬季有 927 个爆发性气旋，P 区域冬季有 939 个爆发性气旋，仅相差 12 个。图 2.8 给出了冬季 A 区域和 P 区域爆发性气旋快速加深区的空间分布和对应时段的 BI 分布。基本上冬季 A 区域和 P 区域爆发性气旋的分布特征与整个时段分布特征（图 2.2）类似，这也符合冬季爆发性气旋个数最多的情况。虽然如此，也有一些明显的不同。在 A 区域上空，爆发性气旋快速加深区冬季的分布呈西南—东北向，在纽芬兰岛以东和格陵兰岛—冰岛以南区域的爆发性气旋分布及与 BI 的配置关系和整个时段的分布基本一致，但在美国东海岸近海上空，爆发性气旋分布有较大差异。整个时段分布上，此处对应 1 个爆发性气旋快速加深区的频发中心，而在冬季爆发性气旋分布上，此处有 2 个爆发性气旋频发中心，另 1 个频发中心（70°W ~ 65°W，40°N ~ 45°N）位于 BI 大值区内。对于 P 区域上空冬季爆发性气旋快速加深区的分布和与 BI 的配置关系，从日本海开始向东延伸至北太平洋中部，其分布基本与 P 区域整个时段分布一致，区别较大的是在北太平洋东北部。在 P 区域整个时段分布上，此处有 1 个明显的爆发性气旋频发中心，但从冬季爆发性气旋快速加深区的分布来看，这种特征并不明显。值得一提的是，冬季北大西洋湾流处 BI 大值中心达到了6×10^{-7} m/(K · s^2)，而在北太平洋黑潮延伸体区域，BI 大值中心为5.5×10^{-7}m/(K · s^2)，冬季北大西洋大气斜压性强于北太平洋，这可能是造成 A 区域爆发性气旋个数显著增多，A 区域和 P 区域爆发性气旋个数差异减小的原因之一。

从冬季高空的环流形势来看（图 2.9），A 区域和 P 区域无论是在 500 hPa 还是 200 hPa，高空槽的振幅都明显增大，特别是在 P 区域，这种增幅更明显。在 500 hPa 上，A 区域爆发性气旋快速加深区分布与槽的分布走向一致，而在 P 区域，主要在北太平洋中

* 由于冬季定义为 12 月至翌年 2 月份，因此所研究的 38 年中只有 37 个冬季（1979/1980 年—2015/2016 年）。

部和东北部，不同于整个时段该区域槽的分布较为平直，冬季该区域槽前曲率增大，从而有利于正涡度平流加强；在 200 hPa 上，A 区域和 P 区域冬季高空风速明显增大。A 区域美国大陆东岸和纽芬兰岛以东的爆发性气旋位于高空急流轴附近，但格陵兰岛—冰岛以南的爆发性气旋位于急流出口区北侧。而在 P 区域，高空急流的位置与整个时段分布相比略微偏南，爆发性气旋分布位于急流轴北侧至急流出口区北侧。冬季由于高空风速的增大，急流出口区北侧的辐散作用会加强。

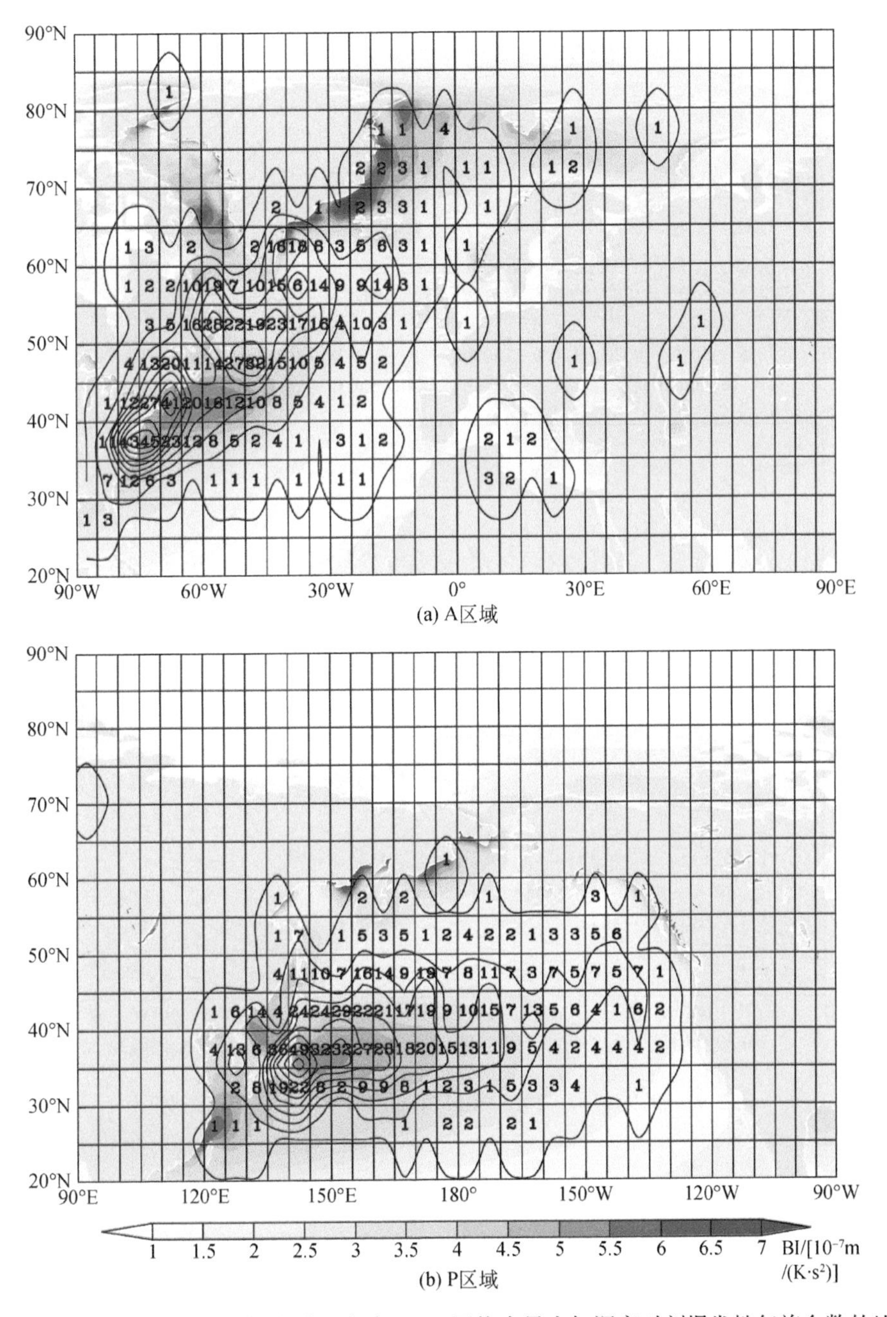

(a) A区域

(b) P区域

图 2.8　1979/1980—2015/2016 年冬季北半球 5°×5°网格内最大加深率时刻爆发性气旋个数的地理分布

填色为对应时段内由式（2.3）计算得到的 850 hPa 的 BI 值

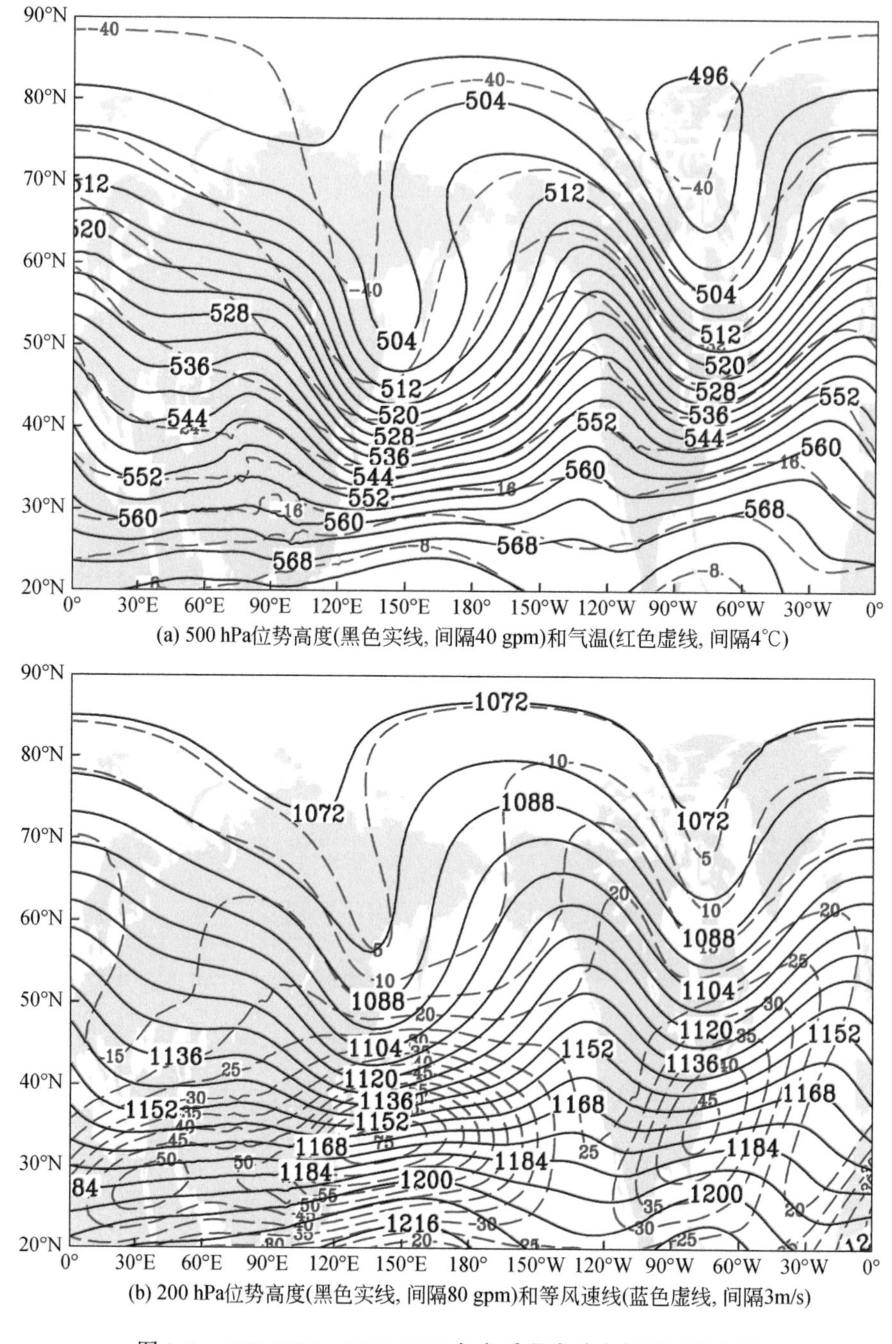

(a) 500 hPa位势高度(黑色实线, 间隔40 gpm)和气温(红色虚线, 间隔4℃)

(b) 200 hPa位势高度(黑色实线, 间隔80 gpm)和等风速线(蓝色虚线, 间隔3m/s)

图 2.9　1979/1980—2015/2016 年冬季北半球大气环流形势图

在 A 区域，气旋中心气压最大加深率大于 3.00 Bergeron 的爆发性气旋均发生在冬季，最大加深率的平均值为 1.52 Bergeron。同时仅有的 2 个气旋中心气压低于 920.0 hPa 的爆发性气旋也发生在冬季，气旋中心最小气压的平均值为 964.1 hPa。由前文可知，A 区域爆发时长达到 2.00 d 的爆发性气旋有 4 个，其中 3 个发生在冬季。冬季 A 区域爆发性气旋的平均爆发时长为 0.60 d。在 P 区域，虽然冬季爆发性气旋中心气压最大加深率的平均值在 4 个季节中最大，为 1.45 Bergeron，但加深率最大的个例发生在春季。冬季，P 区域气旋中心最小气压的平均值为 966.6 hPa，最小值为 925.4 hPa。P 区域爆发性气旋爆发时长的平均值为 0.59 d，虽然爆发时长最长（2.00 d）的个例同样发生在春季，但大部分爆发时长在 1.00 d 以上的爆发性气旋发生在冬季。A 区域和 P 区域相比，冬季 A 区域爆发性气旋强度更强，爆发时长更长，而 P 区域爆发性气旋发展速度更快（换算到 50°N）。

2. 春季

在统计的 38 年中，A 区域春季有 358 个爆发性气旋，P 区域春季有 518 个爆发性气旋，是爆发性气旋个数相差最多的季节，达到了 160 个。图 2.10 给出了春季 A 区域和 P 区域爆发性气旋快速加深区的空间分布和对应时段的 BI 分布。从春季北半球爆发性气旋快速加深区的分布来看，与冬季差异较大。在 A 区域上空有 5 个爆发性气旋快速加深区的频发中心，在（77.5°W～60°W，35°N～45°N）附近有 2 个相邻的频发中心，纽芬兰岛以东和以北的洋面上分别有 1 个频发中心，还有 1 个频发中心位置与冬季类似，位于格陵兰岛—冰岛以南，但该中心与冬季相比位置更偏西。

在 P 区域上空，有 3 个爆发性气旋快速加深区的频发中心。与冬季类似，在日本岛以东有 1 个频发中心，且该中心爆发性气旋个数最多。不同于冬季，春季在北太平洋中部偏西（160°E～175°E，37.5°N～47.5°N）及北太平洋东北部上空各有 1 个频发中心，且春季北太平洋东北部上空的频发中心与整个时段该区域频发中心的位置基本一致。从 A 区域和 P 区域大气斜压性来看，首先，春季大气斜压性远弱于冬季，这可能是造成春季爆发性气旋个数远少于冬季的原因之一。其次，A 区域和 P 区域相比，A 区域大气斜压性弱于 P 区域，这可能是 A 区域爆发性气旋个数少于 P 区域的原因之一。

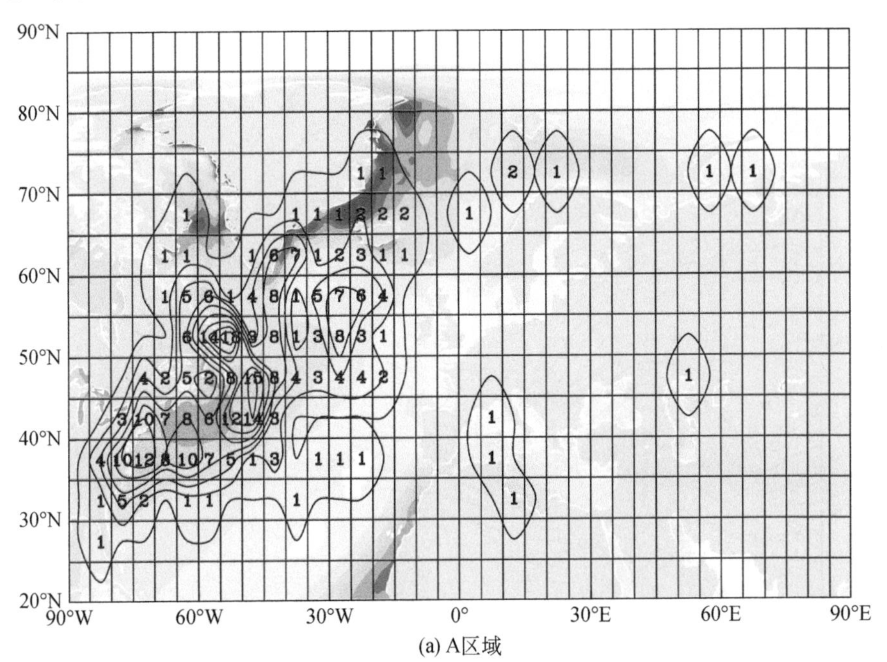

(a) A区域

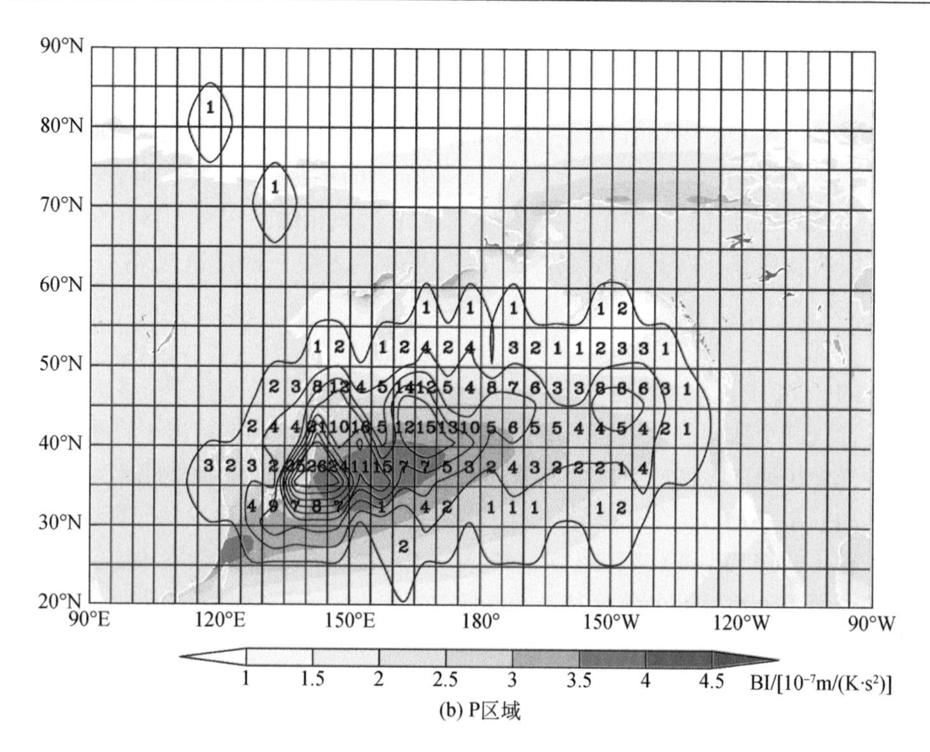

(b) P区域

图 2.10　1979—2016 年春季北半球 5°×5°网格内最大加深率时刻爆发性气旋个数的地理分布

填色为对应时段内由式（2.3）计算得到的 850 hPa 的 BI 值

从 500 hPa 和 200 hPa 环流形势（图 2.11）来看，春季的环流弱于冬季，其分布与整个时段高空环流的分布更相似。500 hPa 上，A 区域和 P 区域槽的振幅小于冬季。200 hPa

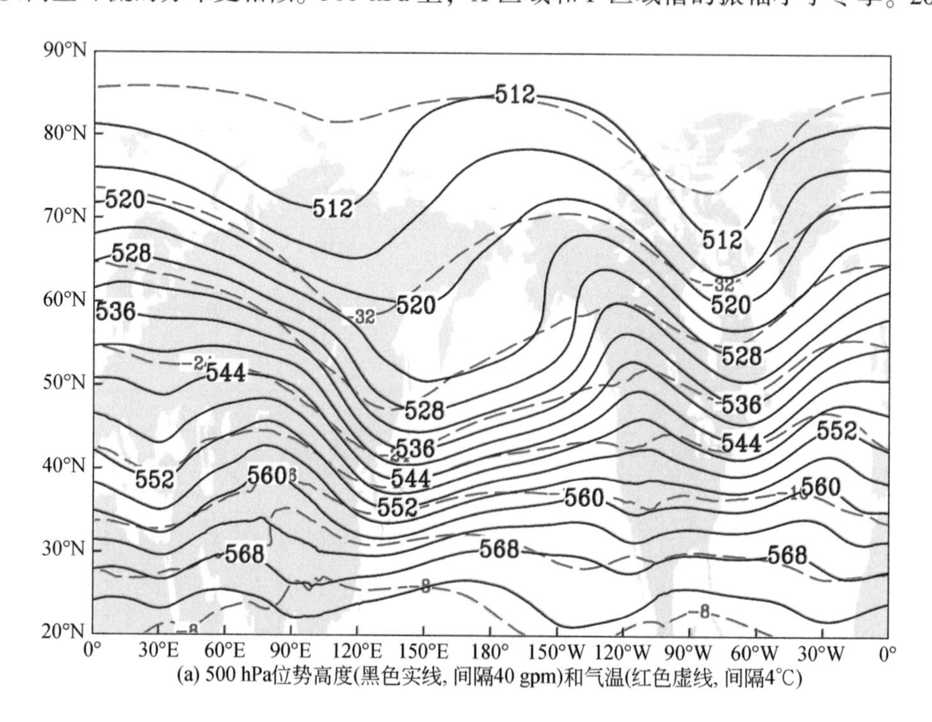

(a) 500 hPa位势高度(黑色实线, 间隔40 gpm)和气温(红色虚线, 间隔4℃)

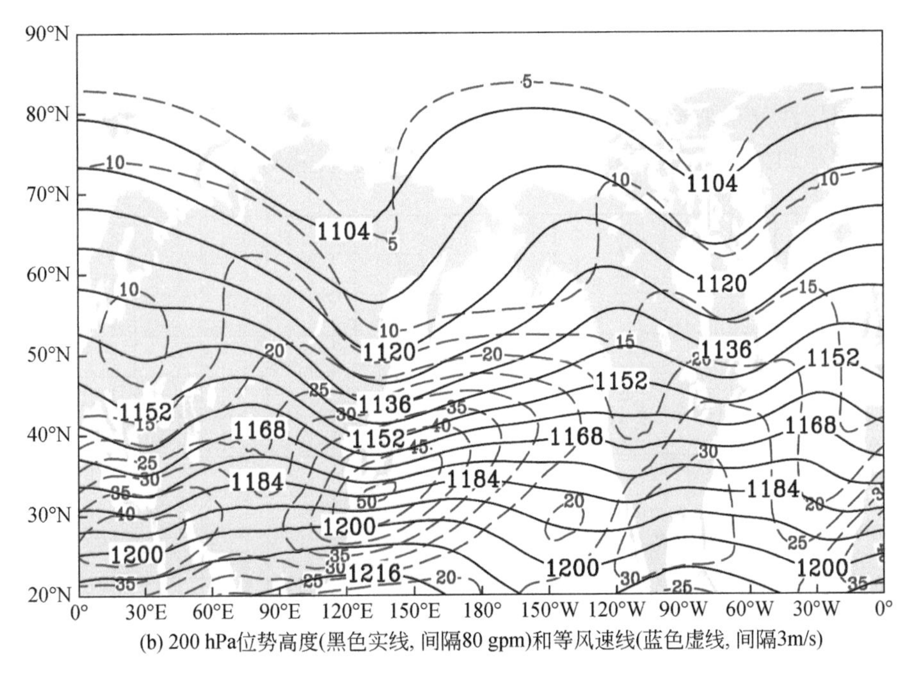

(b) 200 hPa位势高度(黑色实线, 间隔80 gpm)和等风速线(蓝色虚线, 间隔3m/s)

图 2.11　1979—2016 年春季北半球大气环流形势图

上，A 区域上空无明显高空急流，而在 P 区域，急流的位置与冬季类似，但高空风速减小。因此在春季，P 区域高空急流对爆发性气旋发展能起到一定的促进作用，但整体上不如冬季作用更明显。

对于 A 区域的爆发性气旋，春季气旋中心气压最大加深率的平均值为 1.37 Bergeron，低于整个时段加深率的平均值（1.46 Bergeron）。同时，春季 A 区域爆发性气旋加深率的最大值为 3.00 Bergeron。从气旋中心最小气压来看，春季平均值为 971.3 hPa，最小值为 926.6 hPa。

在气旋爆发时长方面，春季的平均值为 0.51 d，时长最长的爆发性气旋达到了 1.75 d 且仅有 1 个。在 P 区域，春季爆发性气旋中心气压最大加深率的平均值为 1.40 Bergeron，低于 P 区域整个时段加深率的平均值（1.42 Bergeron）。P 区域加深率的最大值为 3.37 Bergeron，同时也是整个时段内 P 区域加深率最大的个例。在气旋中心最小气压方面，春季的平均值为 970.2 hPa，最小值为 932.5 hPa。从爆发时长来看，春季的平均值为0.59 d，最大值为 2.00 d 且仅有 1 个。A 区域和 P 区域相比，春季 P 区域爆发性气旋强度更强、发展速度更快、爆发时长更长。同时，春季爆发性气旋与冬季相比，无论是爆发性气旋的发展速度、气旋强度还是爆发时长，均弱于或者不强于冬季，这种差异在 A 区域更明显。

3. 夏季

夏季是爆发性气旋个数最少的季节，38 年中 A 区域只有 53 个爆发性气旋，P 区域更少，只有 30 个。图 2.12 为夏季北半球爆发性气旋快速加深区的空间分布，在 A 区域，有 1 个个例数为 5 的中心，位于 60°W ~ 55°W，40°N ~ 45°N 附近，其次有 3 个个例数为 3 的中心。在 P 区域，只有 2 个个例数为 3 的中心，分别位于日本岛以东（145°E ~ 150°E，

40°N～45°N）和北太平洋中部偏东（170°W～160°W，45°N～50°N）的大洋上空。由于夏季爆发性气旋个数非常少，因此A区域和P区域爆发性气旋快速加深区的分布比较分散。从大气斜压性分布来看，虽然夏季大气斜压性在4个季节中最弱，但A区域和P区域爆发性气旋快速加深区相对的频发中心均位于大气斜压性相对较强的区域上空。

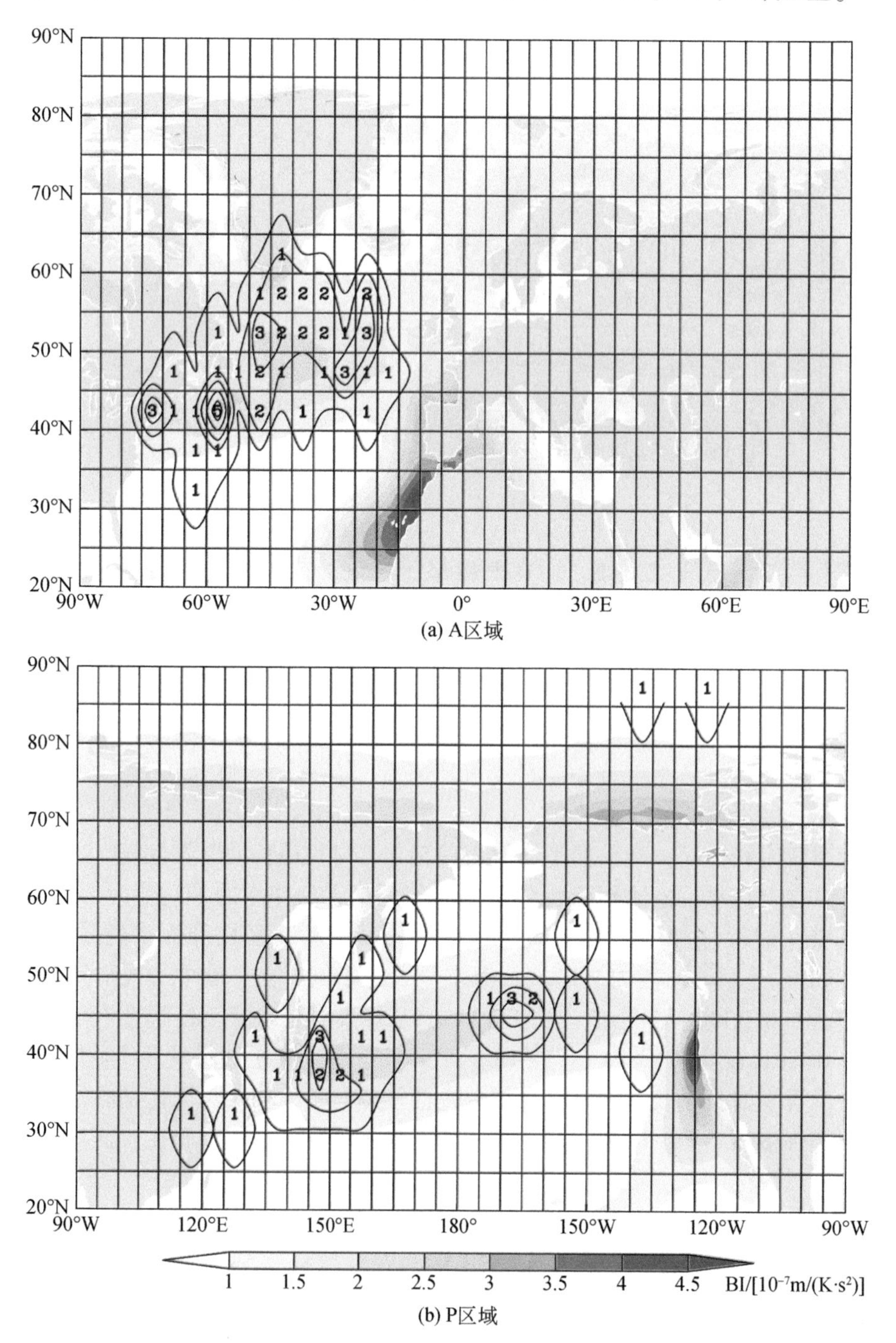

图2.12　1979—2016年夏季北半球5°×5°网格内最大加深率时刻爆发性气旋个数的地理分布

填色为对应时段内由式（2.3）计算得到的850 hPa的BI值

在高空环流分布方面（图 2. 13），500 hPa 和 200 hPa 槽、脊振幅较弱。同时高空风速减小，总体而言，夏季季节内时间尺度上无明显高空急流。

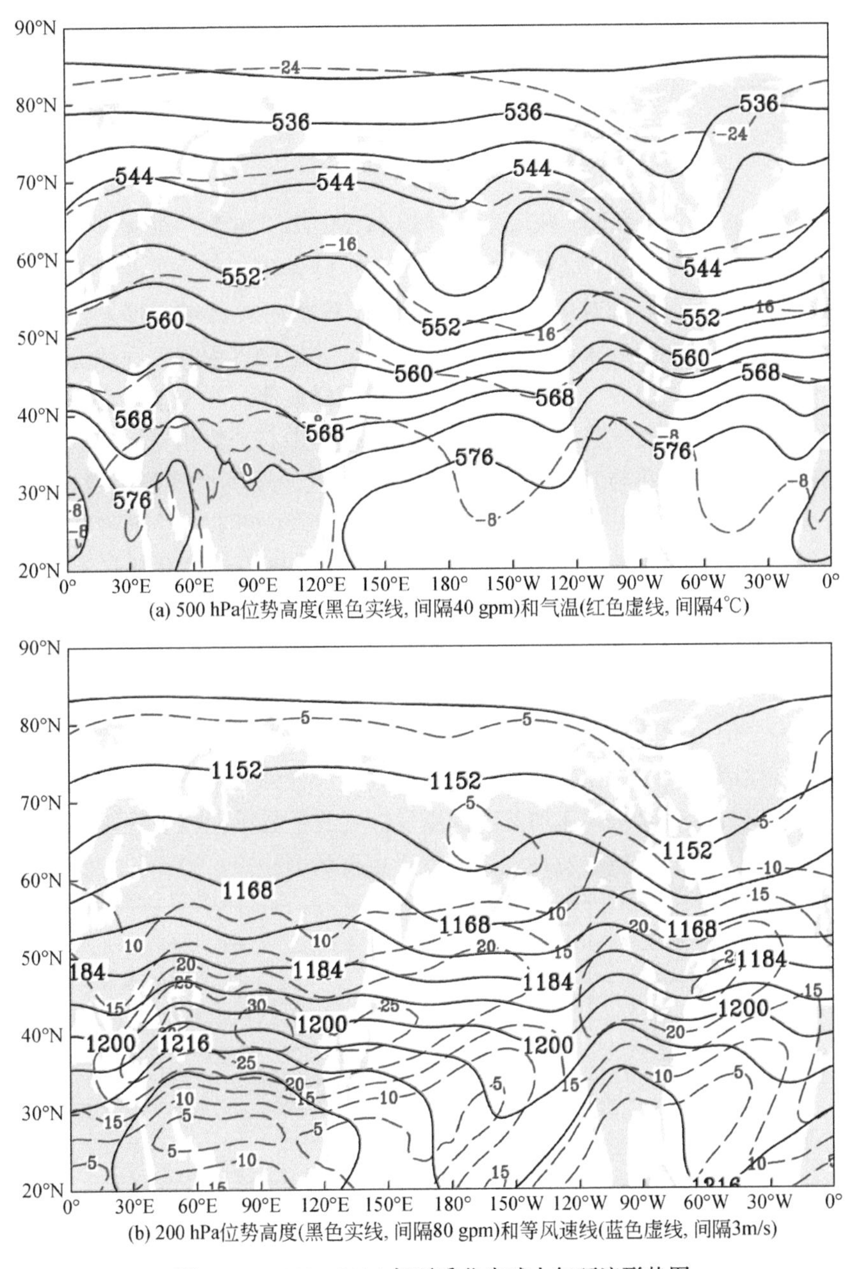

(a) 500 hPa位势高度(黑色实线, 间隔40 gpm)和气温(红色虚线, 间隔4℃)

(b) 200 hPa位势高度(黑色实线, 间隔80 gpm)和等风速线(蓝色虚线, 间隔3m/s)

图 2. 13　1979—2016 年夏季北半球大气环流形势图

夏季爆发性气旋强度在所有季节中最弱。A 区域的爆发性气旋，气旋中心气压最大加深率的平均值为 1. 26 Bergeron，但 A 区域加深率的最大值相对较大，达到了 1. 80 Bergeron。在气压方面，气旋中心最小气压的平均值为 976. 3 hPa，最小值为 962. 1 hPa。在气旋爆发时长方面，A 区域的平均值为 0. 44 d，爆发时长的最大值为 1. 00 d 且仅有 1 个个例。在 P 区域，气旋中心气压最大加深率的平均值为 1. 25 Bergeron，气旋中心最小气压的平均值为 972. 7 hPa，爆发时长的平均值为 0. 40 d；而在极值方面，P 区域加深率的最大值较大，为 1. 95 Bergeron，气旋中心气压的最小值为954. 6 hPa，爆发时长的最大值为0. 75 d 且有3 个个例。因此，A 区域和P 区域相比，夏季 P 区域爆发性气旋强度更强且发展速度更快，但 A 区域爆发性气旋爆发时长更长。

4. 秋季

在统计的 38 年中，秋季北半球爆发性气旋个数仅次于冬季，在 A 区域有 461 个，在 P 区域有 577 个，爆发性气旋个数相差 116 个。图2. 14 给出了秋季 A 区域和 P 区域爆发性气旋快速加深区的空间分布和对应时段的 BI 分布。秋季在 A 区域，爆发性气旋快速加深区的分布与春季类似。在美国东海岸有两个频发中心，但位置偏北。在纽芬兰岛以东和以北各有 1 个频发中心，但纽芬兰岛以东的中心位置同样偏北。在格陵兰岛—冰岛以南区域有两个频发中心，且爆发性气旋个数与美国东海岸频发中心个数相当。在 P 区域，秋季爆发性气旋快速加深区的分布与其他季节差异较大。P 区域爆发性气旋个数在 13 个以上的频发中心有 5 个，仅在 165°E ~ 170°E，45°N ~ 55°N 范围内就有 3 个频发中心。此外，在日本岛以东仍有 1 个频发中心，但秋季这个中心不再是 P 区域爆发性气旋个数最多的中心。同时，分季节来看，北太平洋东北部上空的频发中心在秋季最明显，这表明秋季北太平洋东北部更有利于气旋的爆发性发展。从 A 区域和 P 区域大气斜压性来看，A 区域 BI 分布与春季类似，强度相当，这也许是造成秋季 A 区域爆发性气旋快速加深区分布与春季类似的原因之一。但由于秋季 A 区域爆发性气旋个数远多于春季，因此秋季爆发性气旋的快速发展还受其他因子影响。在 P 区域，秋季大气斜压性强于春季，特别是在黑潮延伸体和日本海上空。但日本岛以东快速加深区的爆发性气旋个数反而没有春季多，由此可以推断秋季大气斜压性不是 P 区域爆发性气旋发展最重要的因子。

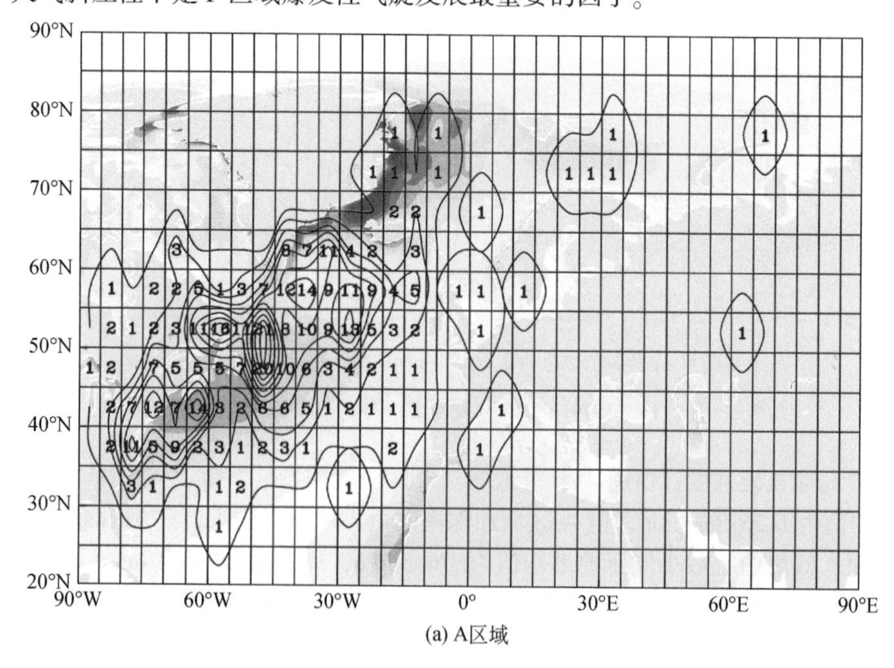

(a) A区域

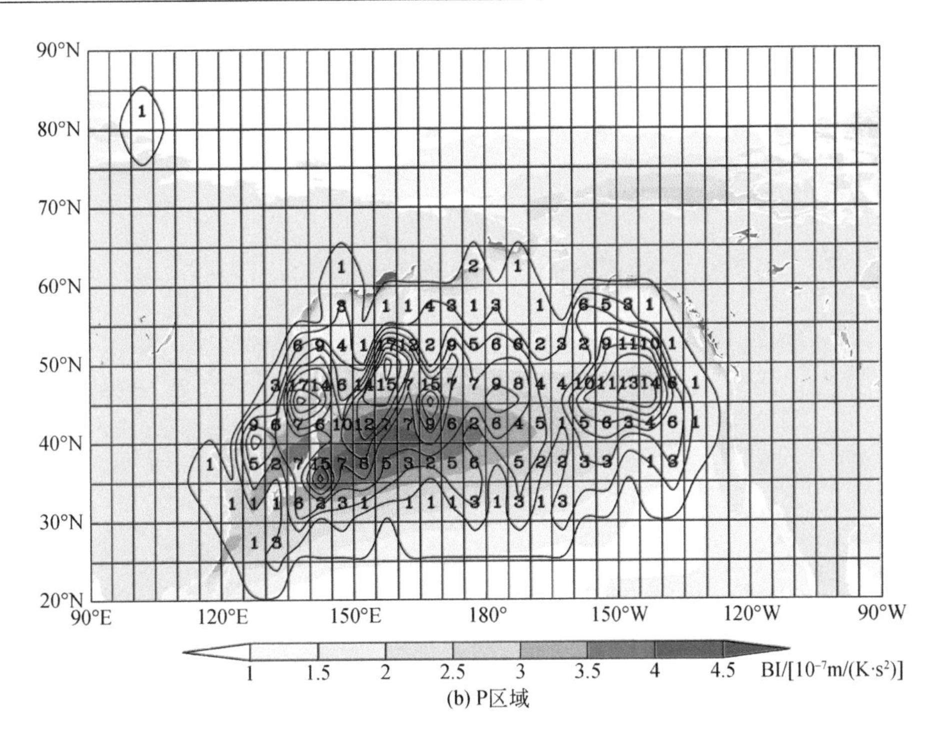

(b) P区域

图 2.14　1979—2016 年秋季北半球 5°×5°网格内最大加深率时刻爆发性气旋个数的地理分布

填色为对应时段内由式（2.3）计算得到的 850 hPa 的 BI 值

从秋季北半球高空环流分布来看（图 2.15），爆发性气旋快速加深区上空对应500 hPa槽的振幅略小于春季。虽然如此，在 P 区域，南方副热带高压的存在，一方面使东亚大槽位置偏北，另一方面使原本横跨北太平洋的偏东气流向北凸起，500 hPa 的槽由原本的

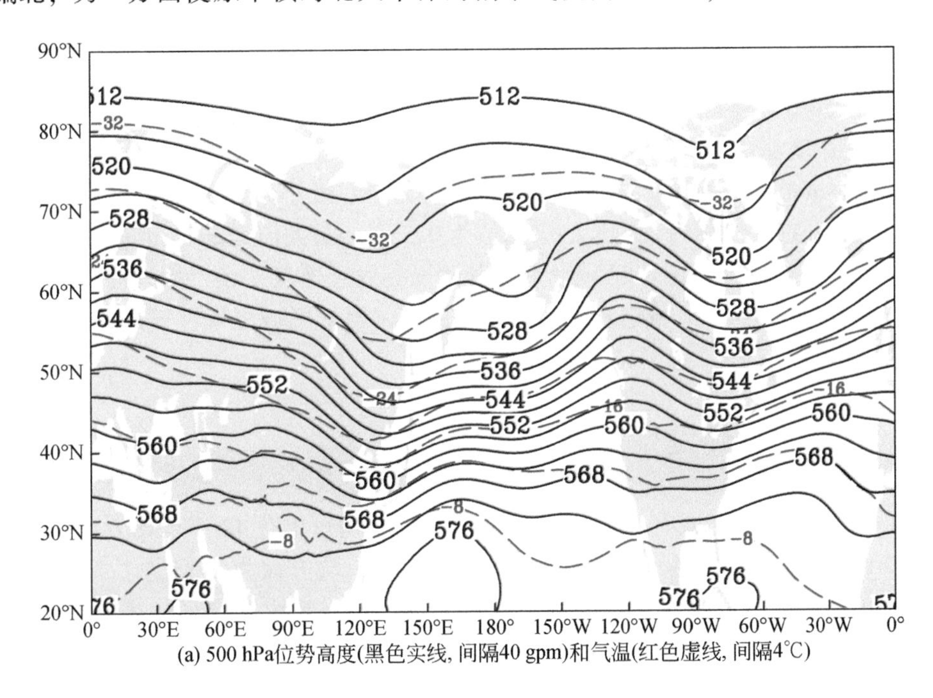

(a) 500 hPa位势高度(黑色实线, 间隔40 gpm)和气温(红色虚线, 间隔4℃)

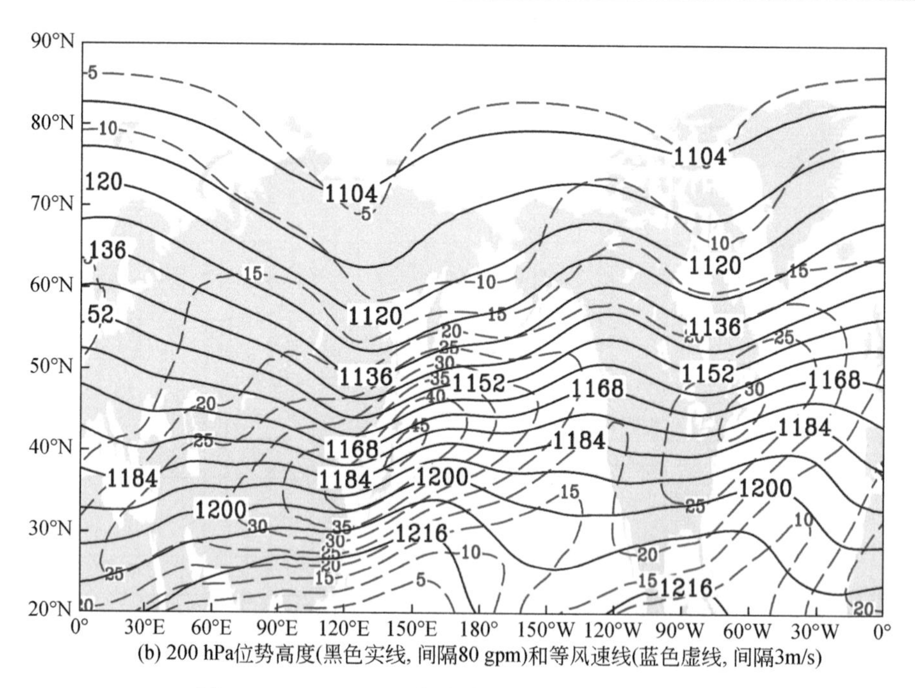

(b) 200 hPa位势高度(黑色实线, 间隔80 gpm)和等风速线(蓝色虚线, 间隔3m/s)

图 2.15　1979—2016 年秋季北半球大气环流形势图

1 个变为 2 个，这很可能是导致 P 区域秋季爆发性气旋快速加深区分布不同于春季的主要原因。在 200 hPa 上，与春季相比，高空风速减小，高空急流位置偏北。秋季，在 A 区域纽芬兰岛上空有一块区域的风速达到 30 m/s，即达到高空急流的风速，美国东海岸位于高空急流的南部，纽芬兰岛以北位于急流出口区北侧。而在 P 区域，急流轴的北移可能是影响爆发性气旋快速加深区分布的又一重要因子。

秋季，A 区域爆发性气旋最大加深率的平均值为 1. 39 Bergeron，最大值为 2. 96 Bergeron。气旋中心最小气压的平均值为 966. 6 hPa，最小值为 926. 4 hPa。气旋爆发时长的平均值为 0. 54 d，最大值为 2. 00 d（仅 1 个）。与春季相比，秋季 A 区域爆发性气旋强度加强，发展速度加快，爆发时长变长。而在 P 区域，秋季爆发性气旋最大加深率的平均值为 1. 39 Bergeron，最大值为 3. 09 Bergeron；气旋中心最小气压的平均值为 967. 3 hPa，最小值为 930. 3 hPa。气旋爆发时长的平均值为 0. 55 d，最大值为 1. 75 d（仅 1 个）。与春季相比，除了气旋强度加强，P 区域秋季爆发性气旋发展速度变慢，爆发时长变短。A 区域和 P 区域相比，秋季 A 区域爆发性气旋强度更强，但 P 区域爆发性气旋发展速度更快，爆发时长更长。

2. 3. 2　爆发性气旋发生个数的年际变化

1979—2016 年，A 区域有 1824 个爆发性气旋，平均每年有 48 个，均方差为 6. 78 个。P 区域有 2092 个爆发性气旋，平均每年约有 55. 05 个，均方差为 5. 85 个。A 区域和 P 区域爆发性气旋个数相差 268 个，爆发性气旋年平均个数相差约 7. 05 个，均方差相差 0. 93 个。结合 A 区域和 P 区域爆发性气旋个数的年际变化（图 2. 16），除 1985 年、1989 年、

1995年、2002年、2013年和2015年外，P区域爆发性气旋个数均多于A区域且1979—2016年P区域爆发性气旋个数的年际变化较小。而A区域虽然爆发性气旋个数少于P区域，但均方差较大，意味着A区域爆发性气旋个数年际变化的差异较大。

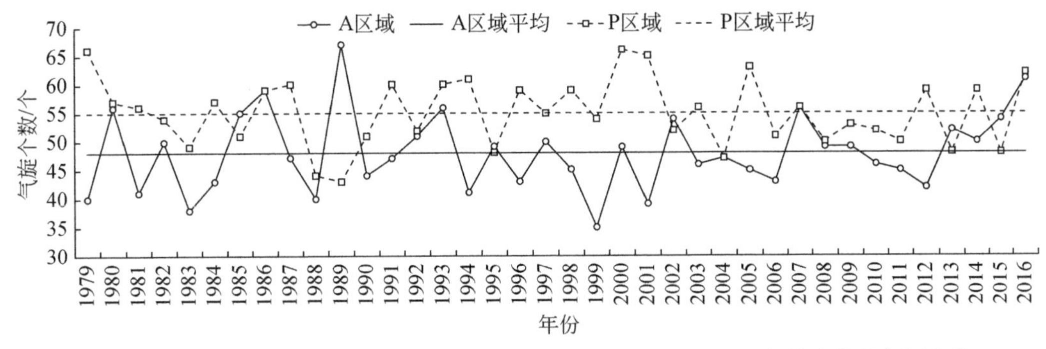

图2.16　1979—2016年A区域（实线）和P区域（虚线）爆发性气旋个数的年际变化

1. 冬季

冬季，A区域和P区域爆发性气旋个数年际变化（图2.17）与整个时段爆发性气旋个数的年际变化有很大差异。北半球爆发性气旋个数的年际变化是，38年中有32年P区域爆发性气旋个数多于A区域且A区域爆发性气旋个数的年际变化差异更大，但对于冬季爆发性气旋个数的年际变化，37年中有14年A区域爆发性气旋个数多于P区域，有17年则相反，P区域爆发性气旋个数更多，还有6年A区域和P区域爆发性气旋个数相等。冬季A区域和P区域爆发性气旋的年平均个数基本相等，前者为25.05个，后者为25.38个。此外，A区域和P区域爆发性气旋个数年际变化的均方差大小与整个时段爆发性气旋年际变化的均方差相反，冬季P区域的均方差（4.41）大于A区域（3.73）。这表明在冬季，反而是P区域爆发性气旋个数年际变化差异较大，A区域每年爆发性气旋发生个数差异较小。

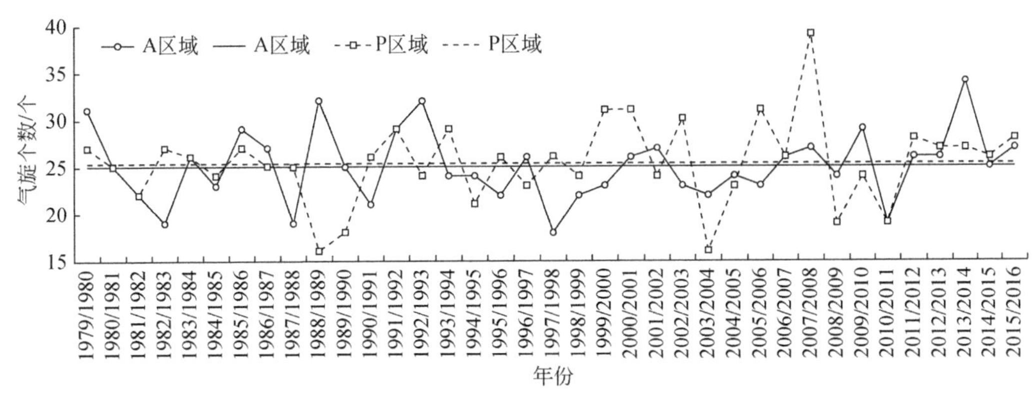

图2.17　1979/1980—2015/2016年冬季A区域（实线）和P区域（虚线）爆发性气旋个数的年际变化

2. 春季

在A区域和P区域春季爆发性气旋个数的年际变化方面（图2.18），与整个时段爆发性气旋个数的年际变化有部分相似。1979—2016 年，春季仅有 5 年 A 区域爆发性气旋个数多于 P 区域，分别为 1985 年、1989 年、2007 年、2015 年和 2016 年；同时这 5 年中有 3 年（1985 年、1989 年和 2015 年）对应整个时段 A 区域爆发性气旋个数多于 P 区域。A 区域和 P 区域爆发性气旋年平均个数分别为 9.42 个和 13.63 个，差距较大。从爆发性气旋个数年际变化的均方差来看，A 区域为 2.98 个，P 区为 2.68 个，仅相差 0.3 个，A 区域和 P 区域爆发性气旋个数年际变化的幅度较为接近。同时，春季 A 区域和 P 区域的均方差均小于冬季，这表明春季爆发性气旋个数的年际变化较冬季更平稳。

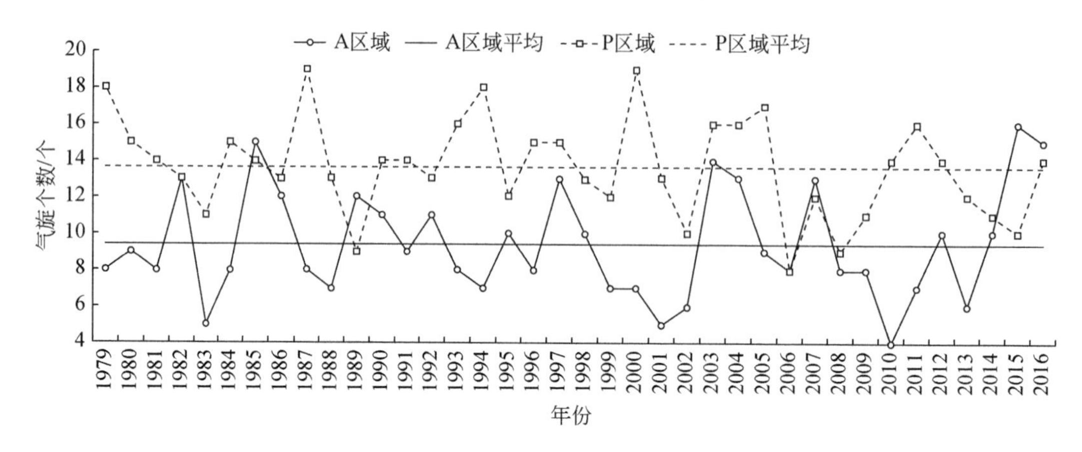

图 2.18　1979—2016 年春季 A 区域（实线）和 P 区域（虚线）爆发性气旋个数的年际变化

3. 夏季

从夏季爆发性气旋的年际变化来看（图 2.19），A 区域爆发性气旋个数的平均值为 1.39 个，均方差为 1.14 个。此外，A 区域 38 年中有 8 年没有爆发性气旋发生，在 2010 年有 5 个爆发性气旋，在 2012 年有 4 个。P 区域爆发性气旋个数的平均值为 0.79 个，均方差为 0.73 个，38 年中有 15 年没有爆发性气旋发生，且在发生爆发性气旋的年份其个数不超过两个。由于夏季爆发性气旋个数较少，爆发性气旋的年际变化较小。

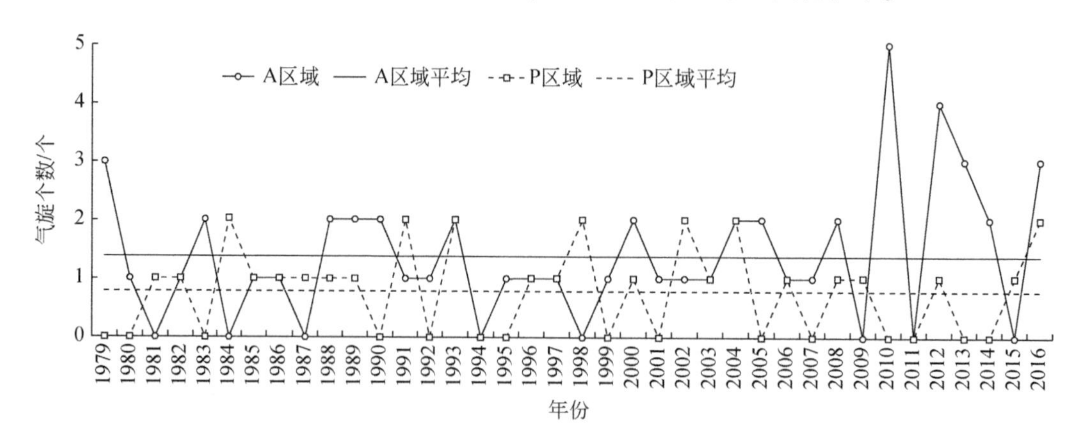

图 2.19　1979—2016 年夏季 A 区域（实线）和 P 区域（虚线）爆发性气旋个数的年际变化

夏季A区域和P区域爆发性气旋个数时间序列的功率谱分析均未能通过95%信度检验，因此无明显的爆发性气旋个数年际变化周期。

4. 秋季

从A区域和P区域秋季爆发性气旋个数的年际变化来看（图2.20），38年中仅有5年A区域爆发性气旋个数多于P区域，分别为1984年、1987年、1989年、1993年和2008年。同时有3年A区域和P区域爆发性气旋个数相等，分别为1982年、1986年和2002年。其余年份均是P区域爆发性气旋个数更多。从每年发生爆发性气旋个数的平均值来看，A区域为12.13个，P区域为15.18个，相差3.05个；均方差上前者为2.70个，后者为2.78个，仅相差0.08个，这表明秋季A区域和P区域爆发性气旋个数年际变化的幅度更接近。

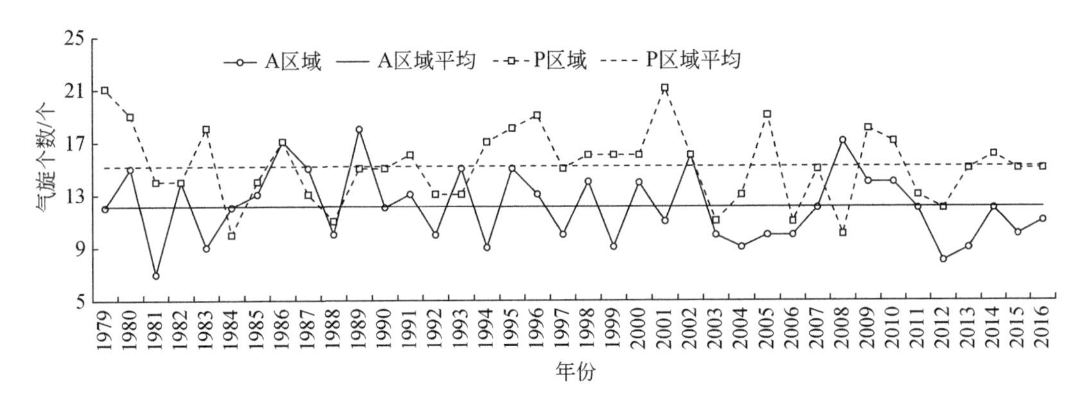

图2.20 1979—2016年秋季A区域（实线）和P区域（虚线）爆发性气旋个数的年际变化

2.3.3 小结

我们对A区域和P区域爆发性气旋分布的季节变化和爆发性气旋个数的年际变化进行了比较，部分特征量随季节的变化见表2.3。

表2.3 不同区域、不同季节爆发性气旋（平均值）的比较

	气旋年均个数/个		气旋个数的均方差/个		最大加深率/Bergeron		中心最小气压/hPa		爆发时长/d	
	A	P	A	P	A	P	A	P	A	P
冬季	25.05	25.38	3.73	4.41	1.52	1.45（*1.57*）	964.1	966.6	0.60	0.59
春季	9.42	13.63	2.98	2.68	1.37	1.40（*1.51*）	971.3	970.2	0.51	0.59
夏季	1.39	0.79	1.14	0.73	1.26	1.25（*1.35*）	976.3	972.7	0.44	0.40
秋季	12.13	15.18	2.70	2.78	1.39	1.39（*1.50*）	966.6	967.3	0.54	0.55
整个时段	48	55.05	6.78	5.85	1.46	1.42（*1.53*）	966.5	967.8	0.567	0.574

注：A代表A区域，P代表P区域。括号内斜体数值为换算到50°N后P区域气旋中心气压加深率大小

整体上，A 区域和 P 区域爆发性气旋个数 1 月份最多、7 月份最少，两区域爆发性气旋个数由多至少依次对应冬季、秋季、春季和夏季；在爆发性气旋个数的年际变化上，P 区域爆发性气旋个数的年际变化更平稳，其周期 2 ~ 3 年。A 区域爆发性气旋个数年际变化更显著，无明显变化周期。

冬季虽然 P 区域爆发性气旋个数多于 A 区域，但差值较小，爆发性气旋年平均个数仅相差 0. 33 个。与整个时段爆发性气旋变化特征不同，冬季 A 区域爆发性气旋个数年际变化的均方差较小，这表明 A 区域爆发性气旋个数年际变化更平稳。相反，冬季 P 区域爆发性气旋个数年际变化的均方差更大，这表明 P 区域爆发性气旋个数年际变化差异较大，同时其周期 5 ~ 10 年。在空间分布上，A 区域有 5 个爆发性气旋快速加深区中心，美国东海岸近海有 2 个，纽芬兰岛以东和以北各有 1 个以及格陵兰岛—冰岛以南区域 1 个，其中格陵兰岛—冰岛以南区域爆发性气旋个数少于其他频发中心。P 区域有 1 个明显的爆发性气旋快速加深区中心，位于日本岛以东。冬季，大气斜压性、槽的振幅加大和高空急流加强均为爆发性气旋发展的有利环流背景。在平均强度、发展速度和爆发时长方面，A 区域爆发性气旋强度更强，爆发时长更长，但发展速度较慢。P 区域爆发性气旋强度较弱，爆发时长略短，但发展速度更快。

春季 A 区域和 P 区域相比，爆发性气旋个数差值最大，爆发性气旋年平均个数相差 4. 21 个。爆发性气旋个数年际变化的均方差上，A 区域更大，爆发性气旋个数年际变化差异大，其周期 3 ~ 5 年。P 区域均方差较小，爆发性气旋个数年际变化更平稳，其周期 2. 5 ~ 3. 5 年。在空间分布上，A 区域春季爆发性气旋快速加深区分布与冬季类似，有 5 个频发中心，但位置略有不同。在 P 区域，有 3 个爆发性气旋快速加深区中心，分别位于日本岛以东，北太平洋中部偏西和北太平洋东北部。春季在 A 区域和 P 区域上空，850 hPa 大气斜压性和 500 hPa 槽均对爆发性气旋发展起到一定促进作用，但高空急流的影响在 P 区域更显著。在平均强度、发展速度和爆发时长方面，不同于冬季，P 区域爆发性气旋强度更强、发展速度更快、爆发时长更长；A 区域爆发性气旋强度较弱，发展速度较慢，爆发时长较短。

夏季爆发性气旋个数远少于其他季节。尽管如此，A 区域爆发性气旋个数约为 P 区域的 1. 77 倍。A 区域每年发生爆发性气旋个数不超过 5 个，P 区域每年发生爆发性气旋个数不超过 2 个。空间分布上，由于爆发性气旋个数较少，快速加深区的分布较为分散。A 区域有 1 个个例数为 5 的中心和 3 个个例数为 3 的中心，而 P 区域只有 2 个个例数为 3 的中心。夏季，大气斜压性、槽的振幅和高空急流的作用均减弱。A 区域和 P 区域相比，虽然 P 区域爆发性气旋强度更强、发展速度更快，但 A 区域爆发时长更长。

秋季 P 区域爆发性气旋年平均个数多于 A 区域，相差 3. 05 个。A 区域爆发性气旋个数年际变化更平稳，其周期 2 ~ 3 年。P 区域爆发性气旋个数年际变化起伏稍大，无明显变化周期。在爆发性气旋快速加深区的空间分布方面，A 区域与春季类似，美国东海岸近海有两个频发中心，纽芬兰岛以东和以北各有 1 个频发中心，这 4 个中心位置比春季偏北。此外，在格陵兰岛—冰岛以南区域有两个频发中心。P 区域上空，有 5 个爆发性气旋快速加深区中心，分别位于日本海北部、日本岛以东、堪察加半岛以南、北太平洋中部偏西和北太平洋东北部。在秋季，大气斜压性、槽的振幅加大和高空急流的作用均为爆发性气旋快速发展的有利条件。A 区域和 P 区域相比，A 区域爆发性气旋强度更强，P 区域爆发性气旋发展速度更快、爆发时长更长。

2.4　北半球爆发性气旋初始爆发源地和移动路径特征

2.4.1　气旋初始爆发源地分布和季节变化特征

本小节分析爆发性气旋初始爆发源地的特征。

图 2.21 和图 2.22 给出了初始爆发时刻 A 区域和 P 区域爆发性气旋个数的空间分布。由图可知，与热带气旋源地位于相对远离（5°以外）赤道的高水温海洋上空不同，温带爆发性气旋不但出现在北太平洋、北大西洋、北冰洋上空，也出现在地中海及大陆上空。约 82% 的爆发性气旋初始爆发源地位于北大西洋和北太平洋上空，呈西南—东北向的带状分布。从大气斜压性指数 BI 或 SST 水平梯度的配置来看，爆发性气旋初始爆发源地主要位于大气斜压性强或 SST 梯度大的区域附近。考虑到爆发性气旋分布的主体位于北大西洋和北太平洋靠近沿海陆地的上空，基本可以确定北半球爆发性气旋初始爆发源地分别位于美国东海岸和日本岛以东。如果把出现10 个以上个例的区域作为爆发性气旋的相对多发区，则 A 区域上空爆发性气旋初始爆发源地主要位于 85°W ~ 20°W，30°N ~ 65°N，呈西南—东北走向的带状分布（约占 A 区域爆发性气旋个数的 86%），而 P 区域上空爆发性气旋初始爆发源地主要位于 125°E ~ 140°W，30°N ~ 50°N（约占 P 区域爆发性气旋个数的 87%）。

比较图 2.21 和图 2.22 中爆发性气旋初始爆发源地的位置、空间分布及与 BI 和 SST 水平梯度之间配置的密切程度，可以看出 A 区域和 P 区域上空爆发性气旋初始爆发源地有明显的差异。在 A 区域，爆发性气旋初始爆发源地分布更倾向于向偏北方向延伸，而 P 区域上空爆发性气旋初始爆发源地分布更倾向于向偏东方向延伸。通过前文的分析发现，A 区域和 P 区域上空爆发性气旋发生个数具有不同的季节变化特征，那么在爆发性气旋初始爆发源地上是否也具有不同季节变化特征？下面我们将分别对 A 区域和 P 区域上空爆发性气旋初始爆发源地进行讨论。

1. A 区域

在 A 区域，爆发性气旋个数最多的区域位于 35°N ~ 45°N 之间，在 75°W 附近有 1 个最大值中心。爆发性气旋分布由这一中心向东北方向平行于海岸线延伸，呈带状分布。这种分布表明 A 区域爆发性气旋的发生与海陆分布热力性质差异密切相关，即当北大西洋水温偏暖，陆地气温偏冷，或者北美大槽加深时，有利于爆发性气旋发生。1988/1989 年冬季 A 区域爆发性气旋个数明显偏多且 P 区域爆发性气旋个数较少，因此分析 1988/1989 年冬季 500 hPa 位势高度场和位势高度异常场（图 2.23）发现，北极冷空气主体（极涡）偏向北美大陆，北美大槽异常偏强时，槽前强的正涡度平流可能是有利于爆发性气旋发展的重要因子。

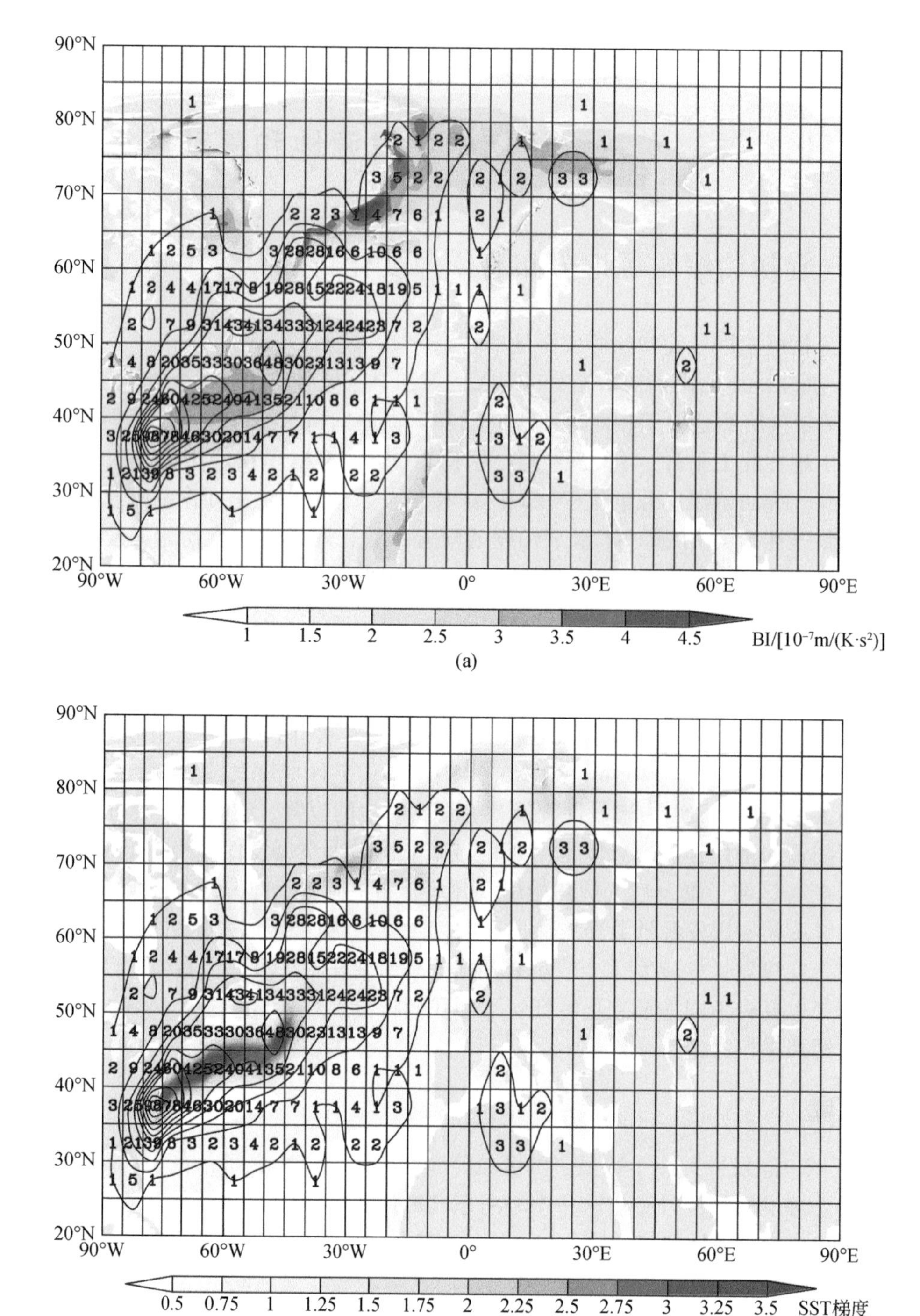

图 2.21　1979—2016 年 A 区域 5°×5°网格内初始爆发时刻爆发性气旋个数的空间分布

（a）填色为对应时段内 850 hPa 的 BI 值［1×10^{-7} m/（K·s^2）］；（b）填色为 1981 年 12 月—2016 年 12 月 SST 梯度（1×10^{-5} K/m）

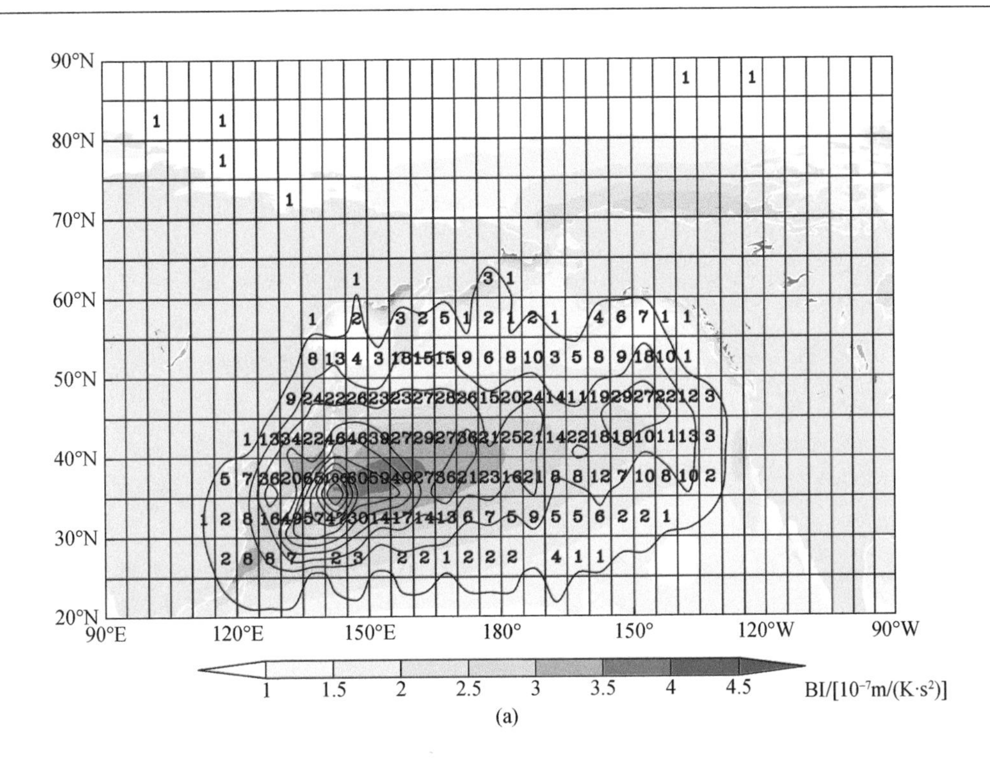

(a)

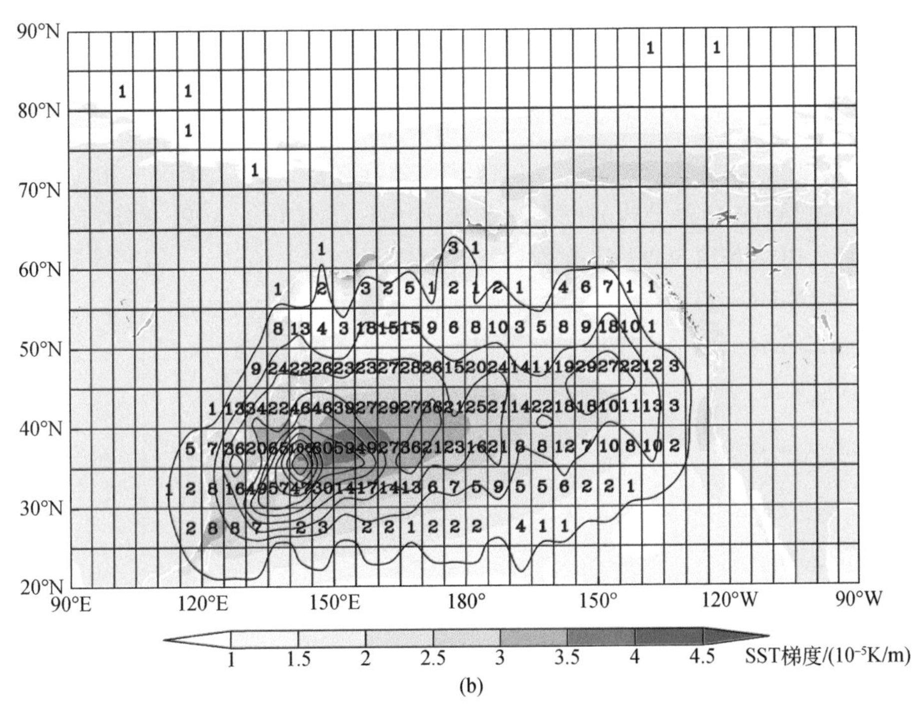

(b)

图 2.22　1979—2016 年 P 区域 5°×5°网格内初始爆发时刻爆发性气旋个数的空间分布

（a）填色为对应时段内 850 hPa 的 BI 值 [1×10^{-7} m/(K · s^2)]；（b）填色为 1981 年 12 月—2016 年 12 月 SST 梯度（1×10^{-5} K/m）

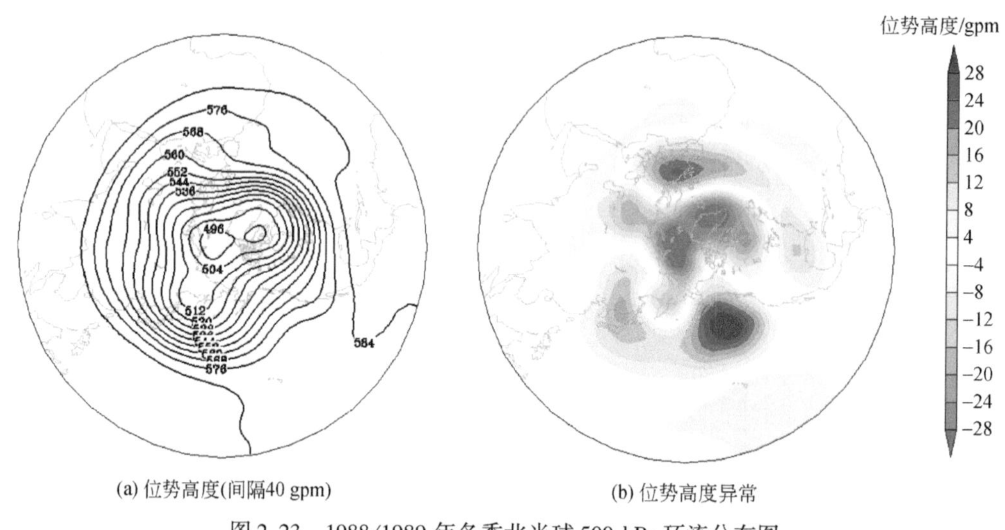

图 2.23　1988/1989 年冬季北半球 500 hPa 环流分布图

对热带西北太平洋台风的研究表明，大气季节内振荡（intraseasonal oscillation，ISO）对台风的生成起调制作用，ISO 活跃期台风数量增加（李崇银等，2012）。热带 ISO 的机制——“WAVE-CISK 机制”（Li，1993）与台风发生发展的正反馈机制——“CISK”机制（Charney and Ellassen，1964）都与大气中非绝热潜热释放有关。类比于台风发生发展和热带 ISO 的关系，中、高纬度同样有 ISO 且在冬季较强，那么 ISO 是否也可影响爆发性气旋的发生呢？

以 A 区域爆发性气旋个数偏多季度——2013/2014 年冬季为例（图 2.24），发现在北大西洋75°W～30°W，35°N～55°N 区域 90 d 内基本存在 2 个 BI 大值区。相应的，爆发性气旋发生个数也具有一定季节内时间尺度的变化特征，即随 BI 改变，整体上爆发性气旋个数发生改变。BI 大值区出现后，爆发性气旋个数增多。

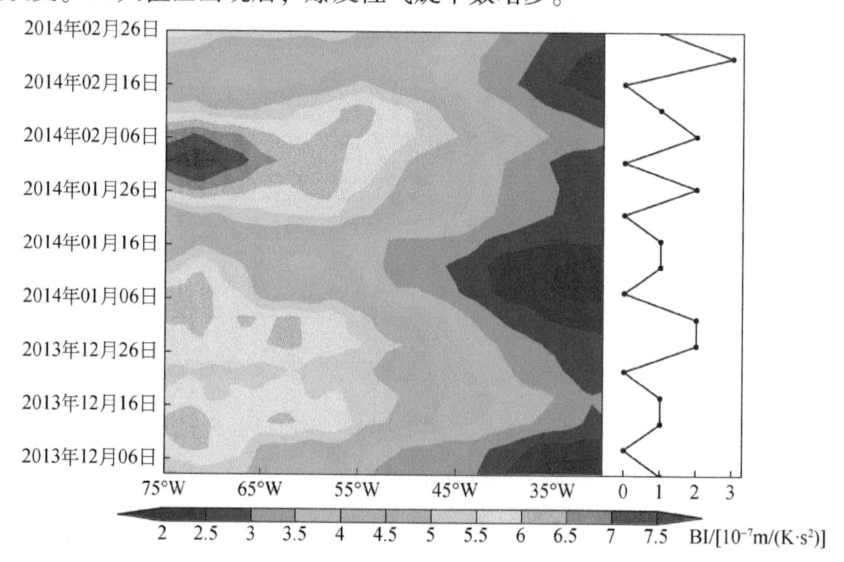

图 2.24　2013/2014 年冬季 75°W～30°W，35°N～55°N 区域 850 hPa 的 BI 值填色［1×10^{-7} m/(K·s^2)］经度-时间剖面图及对应爆发性气旋的候个数（实线）分布

季节变化是影响中、高纬度大气和海洋变化的强信号，爆发性气旋个数具有明显的季节变化特征。那爆发性气旋初始爆发源地受季节变化的影响有什么特点呢？

图 2. 25 ~ 2. 38 分别给出了 A 区域冬季、春季、夏季和秋季初始爆发时刻爆发性气旋的空间分布。从图中看出，冬季 A 区域，从美国东海岸 37°N ~ 38°N 沿海岸线向东北方向延伸至纽芬兰岛附近有较多爆发性气旋发生，对应较强的大气斜压性和 SST 水平梯度。春季爆发性气旋个数相对冬季大幅减少，对应的大气斜压性和 SST 水平梯度均减弱，但爆发性气旋初始爆发源地的分布与冬季类似，但在纽芬兰岛以北有 1 个爆发性气旋频发中心。夏季爆发性气旋个数最少、爆发性气旋初始爆发源地基本位于 75°W ~ 20°W，40°N ~ 60°N。与冬季和春季相比，夏季爆发性气旋多发区不再位于沿海地区，而是主要位于远离大陆的北大西洋上空。不同于冬、春、秋三季地中海地区、65°N 以北至北冰洋均有爆发性气旋发生，在本小节统计的 38 年里，地中海附近和高纬度海区上空夏季没有爆发性气旋发生。秋季爆发性气旋分布与春季类似，在美国东海岸陆地上空有 1 个爆发性气旋频发中心。但不同于春季，秋季在纽芬兰岛以东 45°N ~ 50°N 的爆发性气旋频发中心更显著。需要注意的是，秋季高纬度及北冰洋上空有较多的爆发性气旋发生。

2. P 区域

与 A 区域爆发性气旋初始爆发源地分布相比，P 区域爆发性气旋初始爆发源地空间分布（图 2. 22）既与大气斜压性和 SST 水平梯度密切相关，在欧亚大陆东侧受东亚大槽影响明显，也有其他独特的空间分布和时间变化特征。此外，相比于 A 区域的西北大西洋，P 区域的西北太平洋上空大气斜压性更强，但 SST 水平梯度却相对偏弱。

P 区域上空爆发性气旋个数多于 A 区域，且爆发性气旋初始爆发源地向东延伸的尺度范围更大。P 区域位于日本岛及以东大洋上空的爆发性气旋频发中心最明显，其次在北太平洋东北部上空也有 1 个频发中心。

以 1999/2000 年冬季为例分析 P 区域爆发性气旋发生个数偏多且 A 区域爆发性气旋发生个数偏少年份 500 hPa 位势高度场和位势高度异常场（图 2. 29），我们发现不同于 1988/1989 年冬季（图 2. 23，A 区域爆发性气旋个数多 P 区域爆发性气旋少），极涡的位置并没有偏向欧亚大陆一侧，但与 A 区域相同的是，东亚大槽槽前的正涡度平流有可能是影响气旋爆发性发展的重要因子。从图 2. 29 可以看出，北太平洋上空位势高度异常偏高，东北亚上空位势高度无异常变化，因此北太平洋和东北亚上空东—西向位势高度梯度增加（偏南风分量加大），东亚大槽加深，从而有利于 P 区域爆发性气旋发生。

不仅如此，如果我们考察 P 区域爆发性气旋个数多的年份初始爆发时刻爆发性气旋的空间分布（如 2007/2008 冬季，图 2. 30）就很容易看出北太平洋上空爆发性气旋发生位置的分布比较分散，遍及整个北太平洋。由此可以推测，P 区域爆发性气旋发生发展机制可能与 A 区域存在明显差异。同时，由对应大气斜压性的分布（图 2. 30）可以发现，沿海陆地上空对应的 BI 更大，但该区域无爆发性气旋发生，爆发性气旋频发中心主要位于日本岛以东近海上空，这表明大气斜压性是影响爆发性气旋发生发展的重要因子，但受海陆热力效应影响的东亚大槽可能是爆发性气旋发生发展更重要的因子。

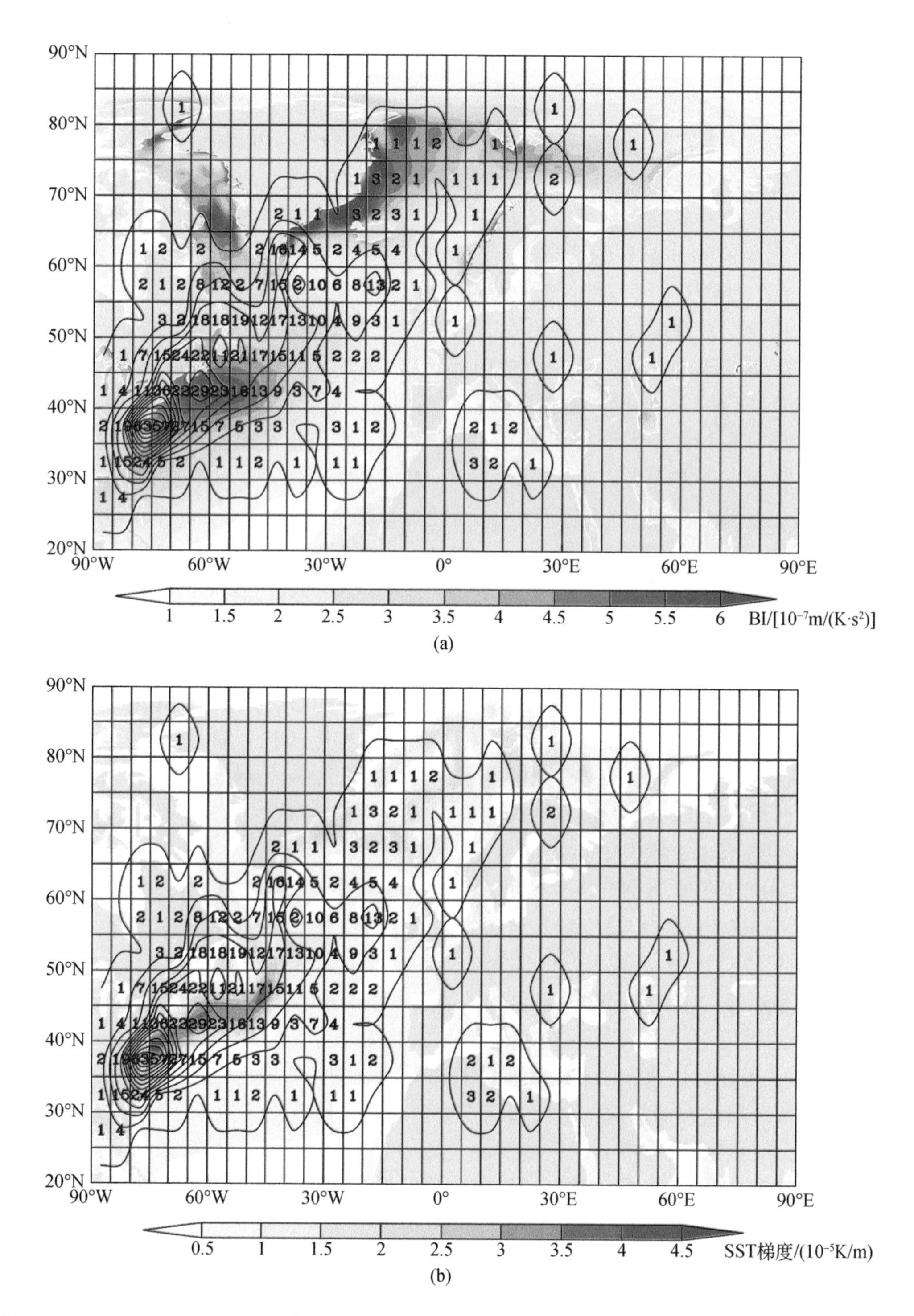

图 2.25 1979/1980—2015/2016 年冬季 A 区域 5°×5°网格内初始爆发时刻爆发性气旋个数的空间分布

（a）填色为对应时段内 850 hPa 的 BI 值［1×10^{-7} m/(K · s^2)］；（b）填色为 1981 年 12 月—2016 年 12 月 SST 梯度（1×10^{-5} K/m）

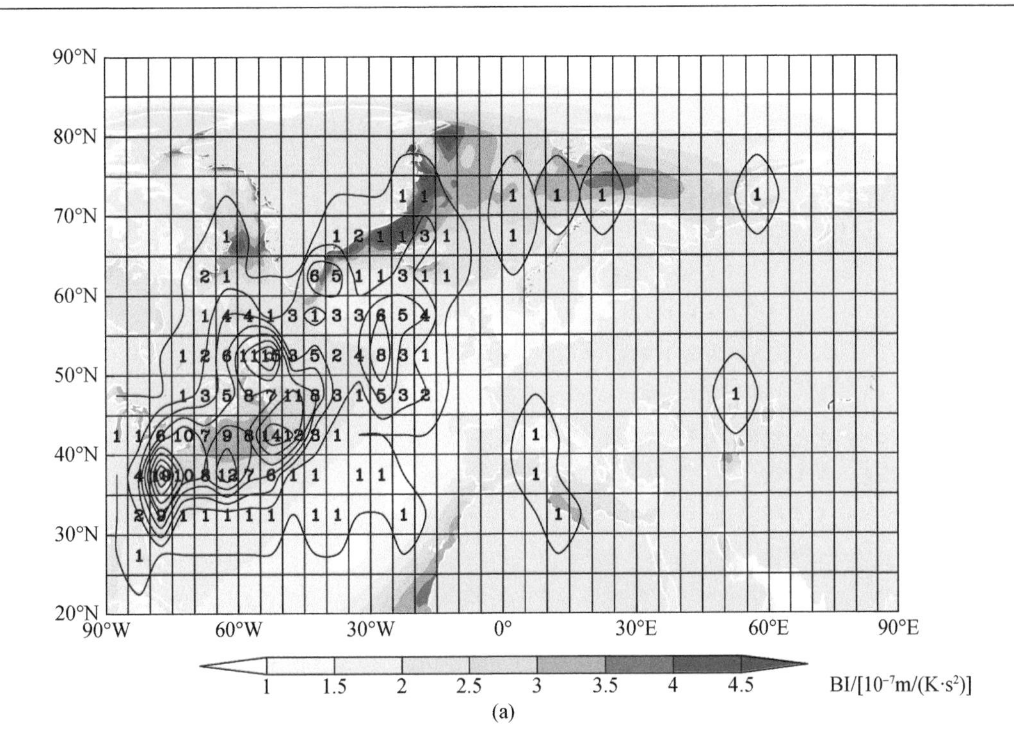

(a)

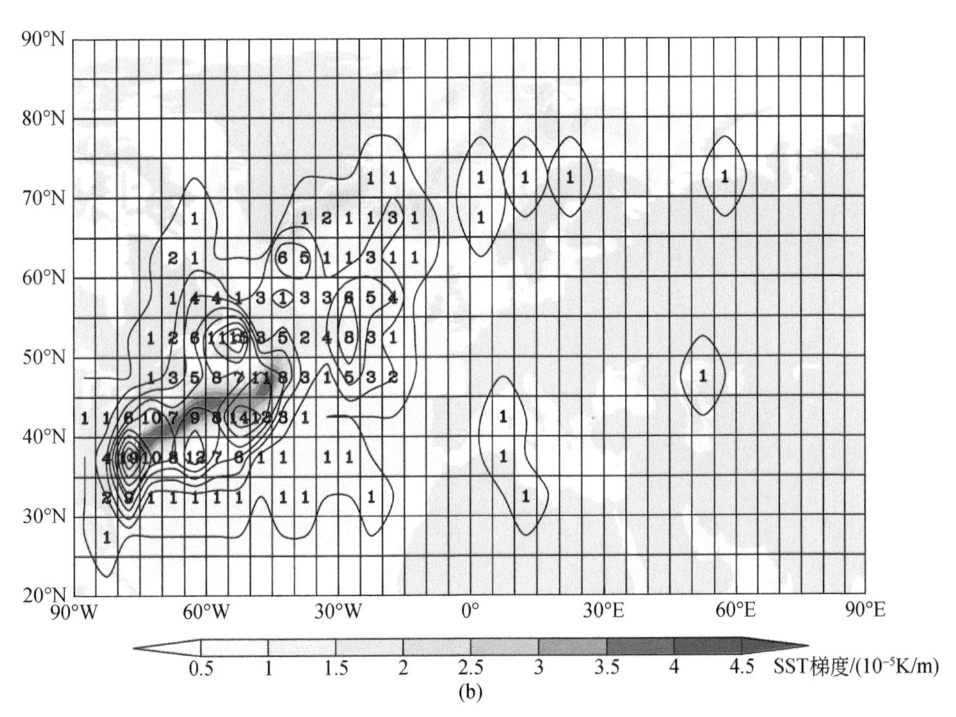

(b)

图 2.26　1979—2016 年春季 A 区域 5°×5°网格内初始爆发时刻爆发性气旋个数的空间分布

（a）填色为对应时段内 850 hPa 的 BI 值［1×10^{-7} m/（K · s^2）］；（b）填色为 1981 年 12 月—2016 年 12 月 SST 梯度（1×10^{-5} K/m）

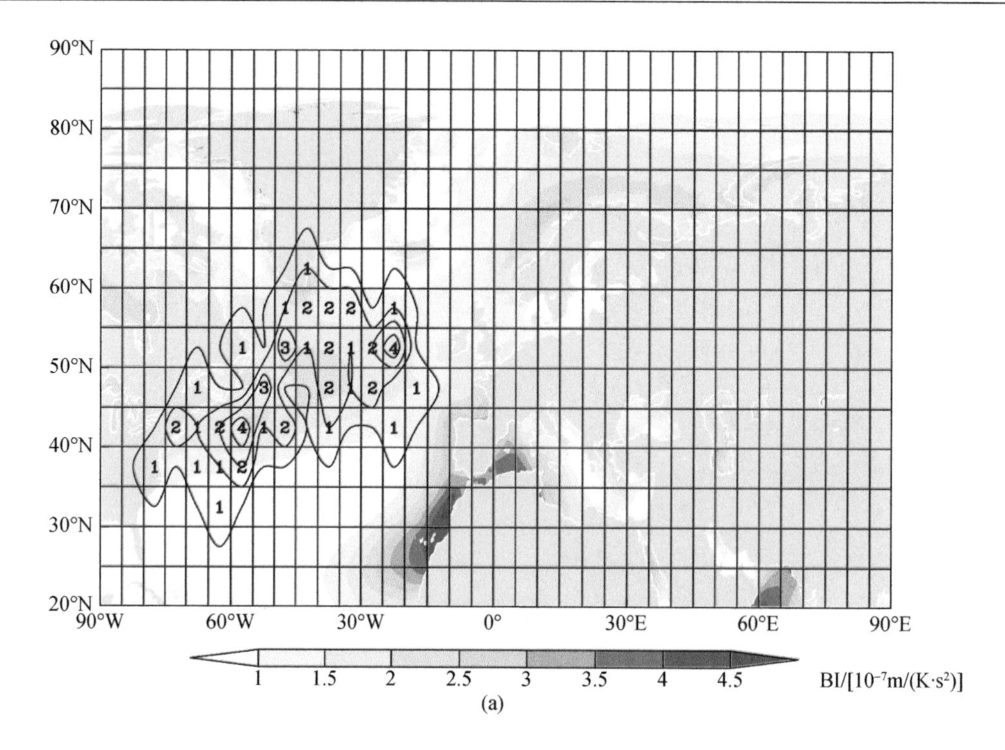

(a)

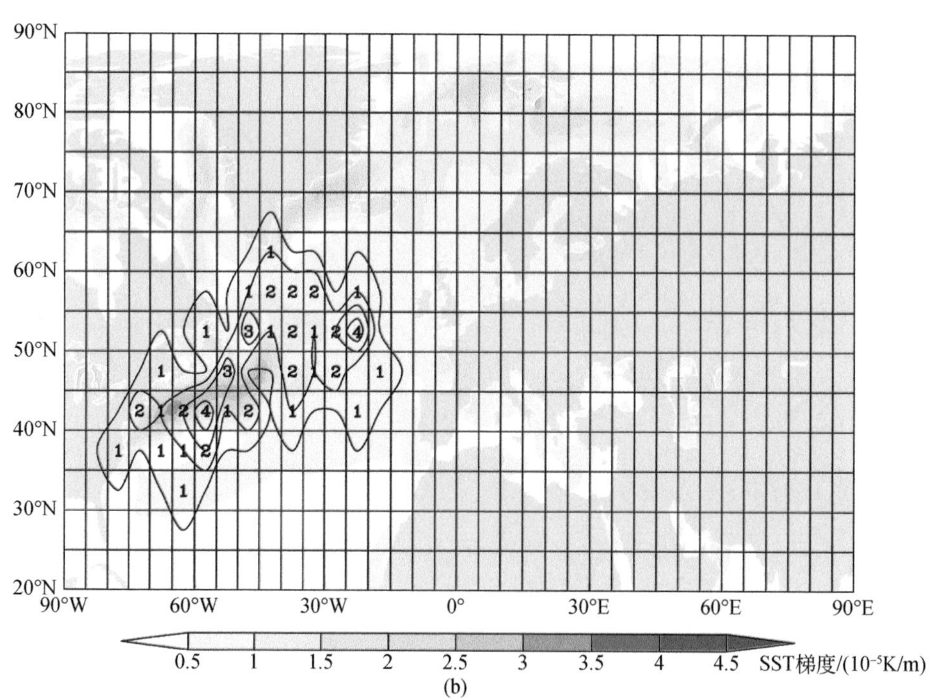

(b)

图 2.27　1979—2016 年夏季 A 区域 5°×5°网格内初始爆发时刻爆发性气旋个数的空间分布

（a）填色为对应时段内 850 hPa 的 BI 值［1×10^{-7} m/(K·s^2)］；（b）填色为 1981 年 12 月—2016 年 12 月 SST 梯度（1×10^{-5} K/m）

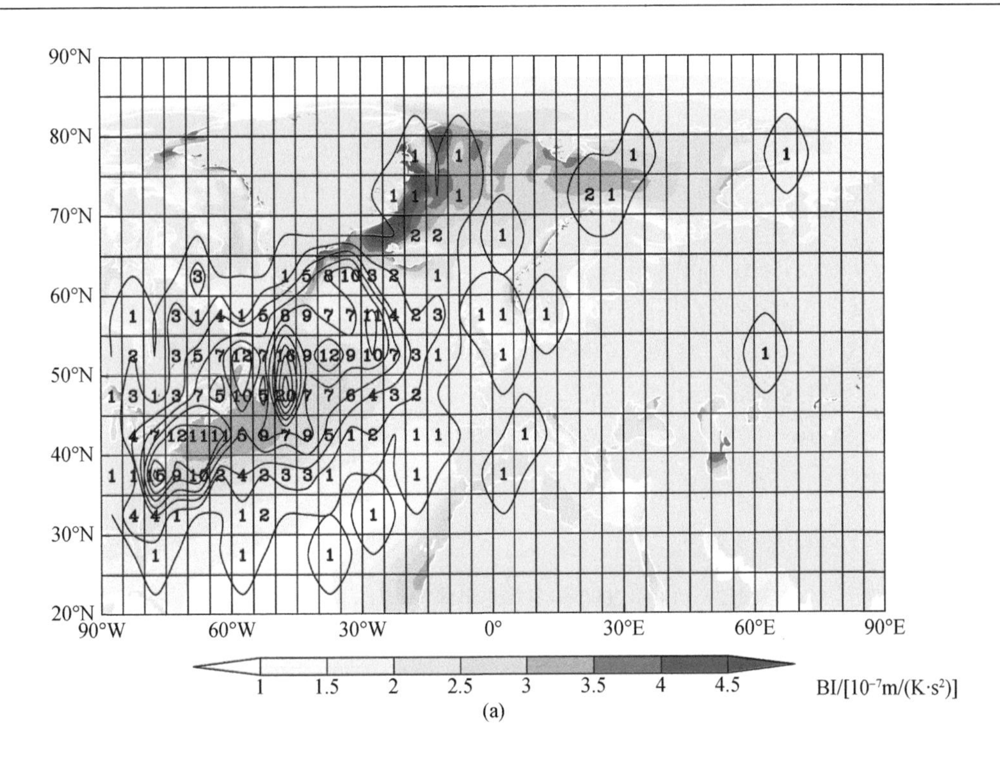

(a)

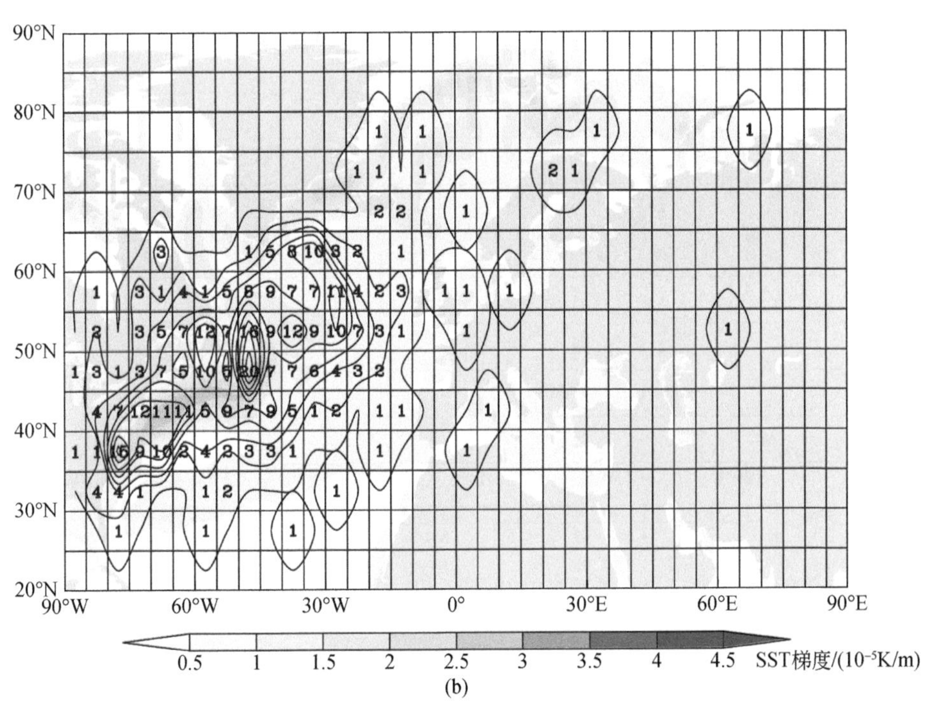

(b)

图 2.28　1979—2016 年秋季 A 区域 5°×5°网格内初始爆发时刻爆发性气旋个数的空间分布

(a) 填色为对应时段内 850 hPa 的 BI 值 [1×10^{-7} m/(K · s^2)]；(b) 填色为 1981 年 12 月—2016 年 12 月 SST 梯度 (1×10^{-5} K/m)

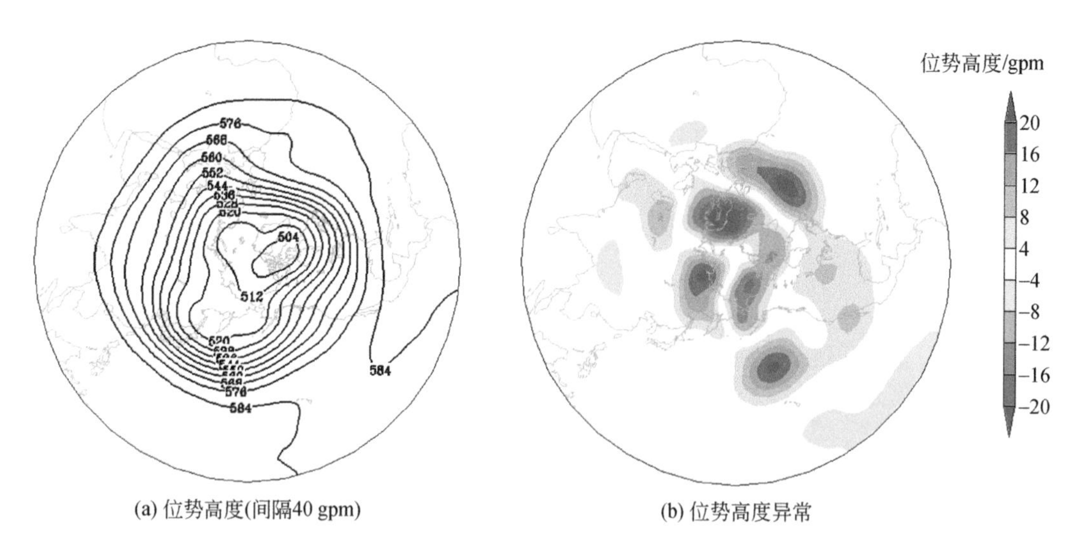

图 2.29　1999/2000 年冬季北半球 500 hPa 环流分布图

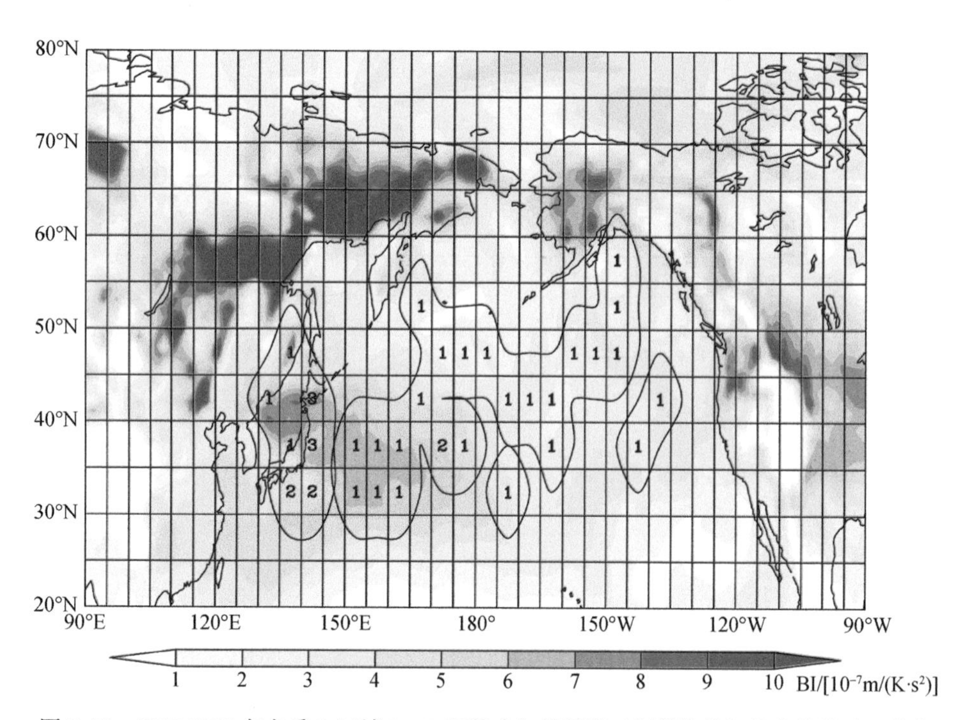

图 2.30　2007/2008 年冬季 P 区域 5°×5°网格内初始爆发时刻爆发性气旋个数的地理分布

填色为对应时段内 850 hPa 的 BI 值

图 2.31 给出了 P 区域爆发性气旋发生个数偏多年份，1999/2000 年和 2005/2006 年冬季，北太平洋 130°E～180°，30°N～50°N 区域 850 hPa 的 BI 经度-时间剖面图和对应的爆发性气旋候平均（5 d 平均）个数分布。从中我们发现 1999/2000 年冬季 BI 有 2 个大值中心，与爆发性气旋个数有较好的对应关系，即 BI 大值区出现后，爆发性气旋个数增多，表明 ISO 对爆发性气旋发生起到了一定的调制作用。在 2005/2006 年冬季，BI 虽然表现出

季节内尺度强度变化的特征，但对爆发性气旋发生无明显调制作用，这一年冬季爆发性气旋的发生可能受其他因子影响更大。

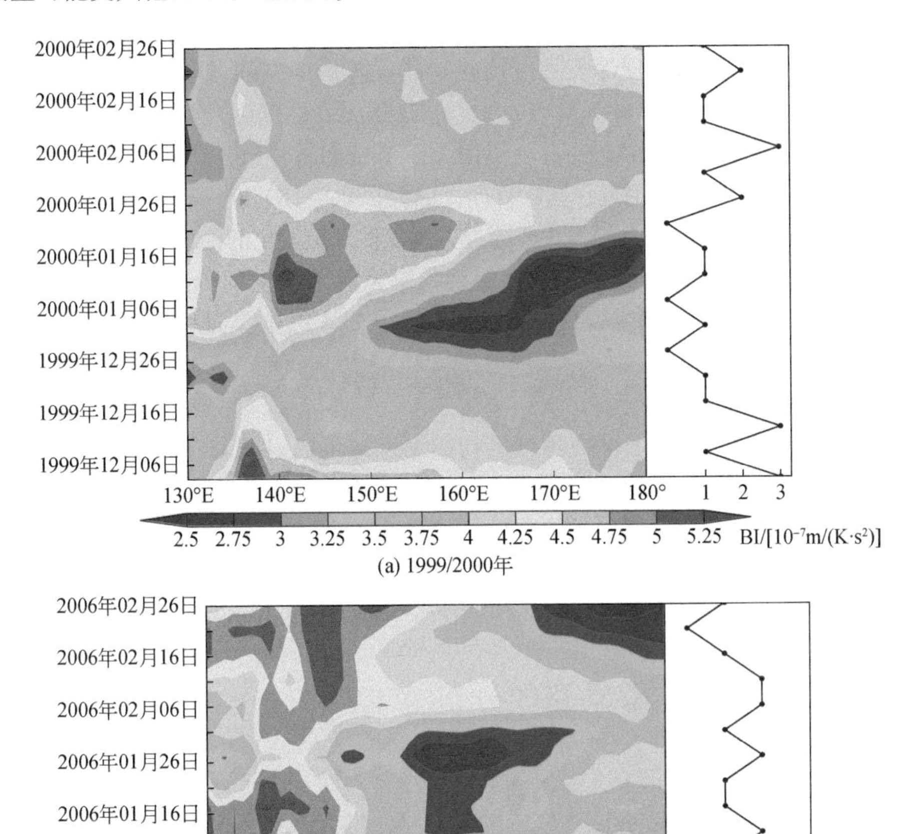

图 2. 31　（a）1999/2000 年冬季 130°E～180°，30°N～50°N 区域 850 hPa 的 BI 值［（填色，1×10^{-7}m/（K · s^2））］经度-时间剖面图及对应爆发性气旋的候个数（实线）分布；（b）2005/2006 年冬季 130°E～180°，30°N～50°N 区域 850 hPa 的 BI 值［（填色，1×10^{-7}m/（K · s^2））］经度-时间剖面图及对应爆发性气旋的候个数（实线）分布

图 2. 32 描述了冬季 P 区域爆发性气旋初始爆发源地的空间分布特征。类似于 A 区域爆发性气旋初始爆发源地的空间分布，冬季 P 区域爆发性气旋集中发生在日本以东洋面上，可能是受东亚大槽影响。不同于 A 区域爆发性气旋初始爆发源地的空间分布，日本以东洋面上爆发性气旋频发中心位置基本不随季节变化。另外，由于日本以东洋面对应 BI

和 SST 水平梯度都较大，为爆发性气旋的发生提供了良好的外部环境条件，这里冬季爆发性气旋发生的最大个数为 33 个，在全年四个季节中，爆发性气旋发生个数的比重位列第一。

图 2.33 描述了春季 P 区域爆发性气旋初始爆发源地的空间分布特征。可以看到，日本以东洋面上仍然有一个爆发性气旋频发中心，这里爆发性气旋发生的个数没有冬季爆发性气旋发生的个数多，只有 25 个，占全年四个季节中爆发性气旋发生个数的比重位列第二。另外在（170°E，40°N）附近、国际日期变更线以东（150°W，45°N）附近还有两个爆发性气旋的频发中心。在这两个频发中心附近，爆发性气旋发生的最大个数分别为 13 和 9。

图 2.34 描述了夏季 P 区域爆发性气旋初始爆发源地的空间分布。从图中可以看到，夏季整个北太平洋上极少有爆发性气旋发生，虽然在日本以东洋面和国际日期变更线以东海域各有一个爆发性气旋频发中心，但个数最少，为 1 ~ 3 个。这表明北太平洋海域的夏季不是爆发性气旋频发的季节。

图 2.35 描述了秋季 P 区域爆发性气旋初始爆发源地的空间分布特征。可以看到，秋季是北太平洋爆发性气旋频繁发生的季节。在日本以东洋面的上空、国际日期变更线以东（150°W，45°N）附近有两个爆发性气旋的频发中心。在日本以东洋面上爆发性气旋发生的最大个数为 16 个，国际日期变更线以东（150°W，45°N）附近爆发性气旋发生的最大个数为 15 个，占全年四个季节中爆发性气旋发生个数的比重位列第三。

2.4.2 爆发性气旋的移动路径分布

受副热带高压外围气流影响，台风的移动路径分为西行类、西北行类和转向类。东亚陆地上温带气旋中的北方气旋和南方气旋的移动路径虽有差别，但都与大气平均层上槽前气流的影响有关。因此，根据爆发性气旋分布基本位于 500 hPa 槽前判断，爆发性气旋大概的移动方向应当呈西南—东北走向。从爆发性气旋初始爆发源地分布和季节变化特征可以看出，A 区域和 P 区域上空爆发性气旋初始爆发源地存在明显的差别，A 区域爆发性气旋初始爆发源地相对集中且更靠近陆地。因此，在 A 区域和 P 区域，爆发性气旋的移动路径可能也有不同的特征。

图 2.36 为 1979—2016 年各个月份北半球爆发性气旋的移动路径。从图中可以看出，A 区域上空爆发性气旋的移动路径大致可分为沿大陆与近海向高纬度移动的近陆地向北东北方向移动类和从爆发性气旋初始爆发源地向东北方向移动类（这类路径出现的概率最大，可称为主流路径）。这两种移动路径相比，虽然都呈西南—东北向，但前者移动路径更倾向于偏北方向。而在 P 区域上空，爆发性气旋的移动路径除了东亚近海向东北移动类和最大概率出现的日本岛以东爆发性气旋初始爆发源地向东北东方向移动类（主流路径）外，还有一类大洋东部向北东北方向移动类，它更倾向于偏北方向，甚至会向西北方向移动。A 区域和 P 区域爆发性气旋移动路径有明显的季节变化特征。一般来说，5 月份至 9 月份，爆发性气旋个数大幅减少，其中近海向高纬度移动类路径发生个数很少或者为零；而从 10 月至次年 4 月，爆发性气旋个数先增多后减少，其中近海向高纬度移动类路径比较常见。在 P 区域，北太平洋东北部每个月都有向高纬度移动的爆发性气旋。

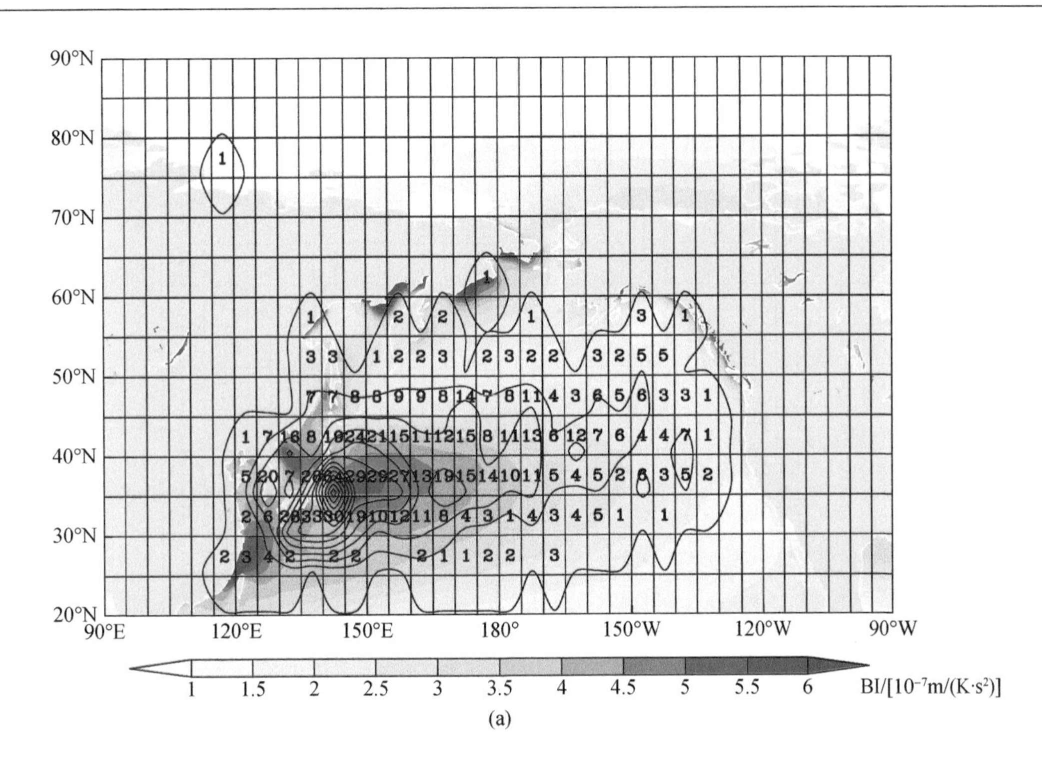

(a)

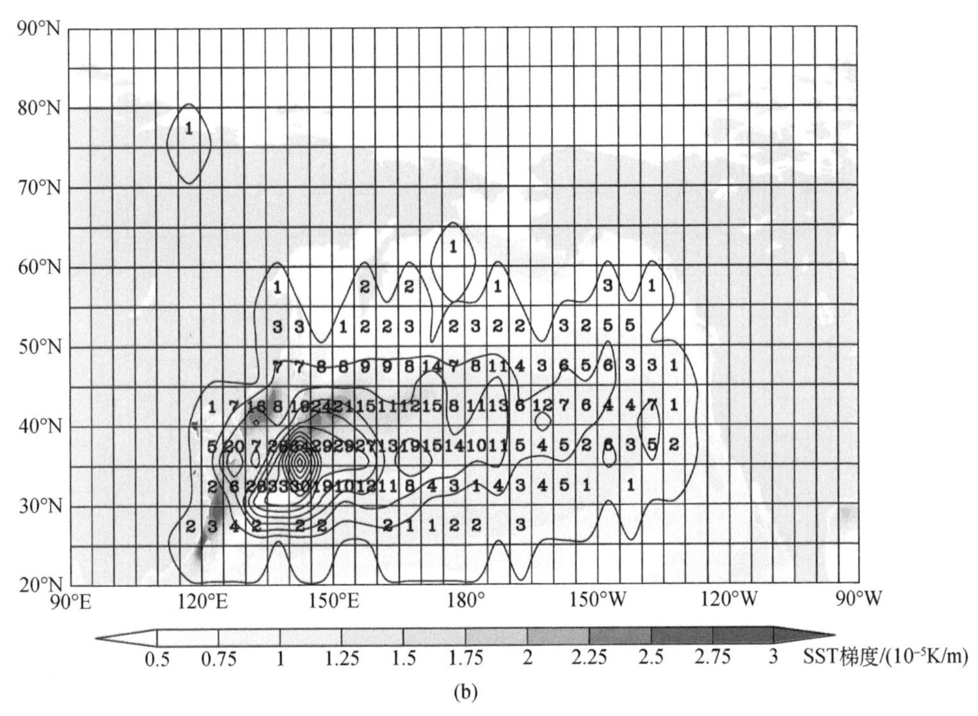

(b)

图 2.32　1979/1980—2015/2016 年冬季 P 区域 5°×5°网格内初始爆发时刻爆发性气旋个数的空间分布

(a) 填色为对应时段内 850 hPa 的 BI 值 [1×10^{-7} m/(K · s^2)]；(b) 填色为 1981 年 12 月—2016 年 12 月 SST 梯度 (1×10^{-5} K/m)

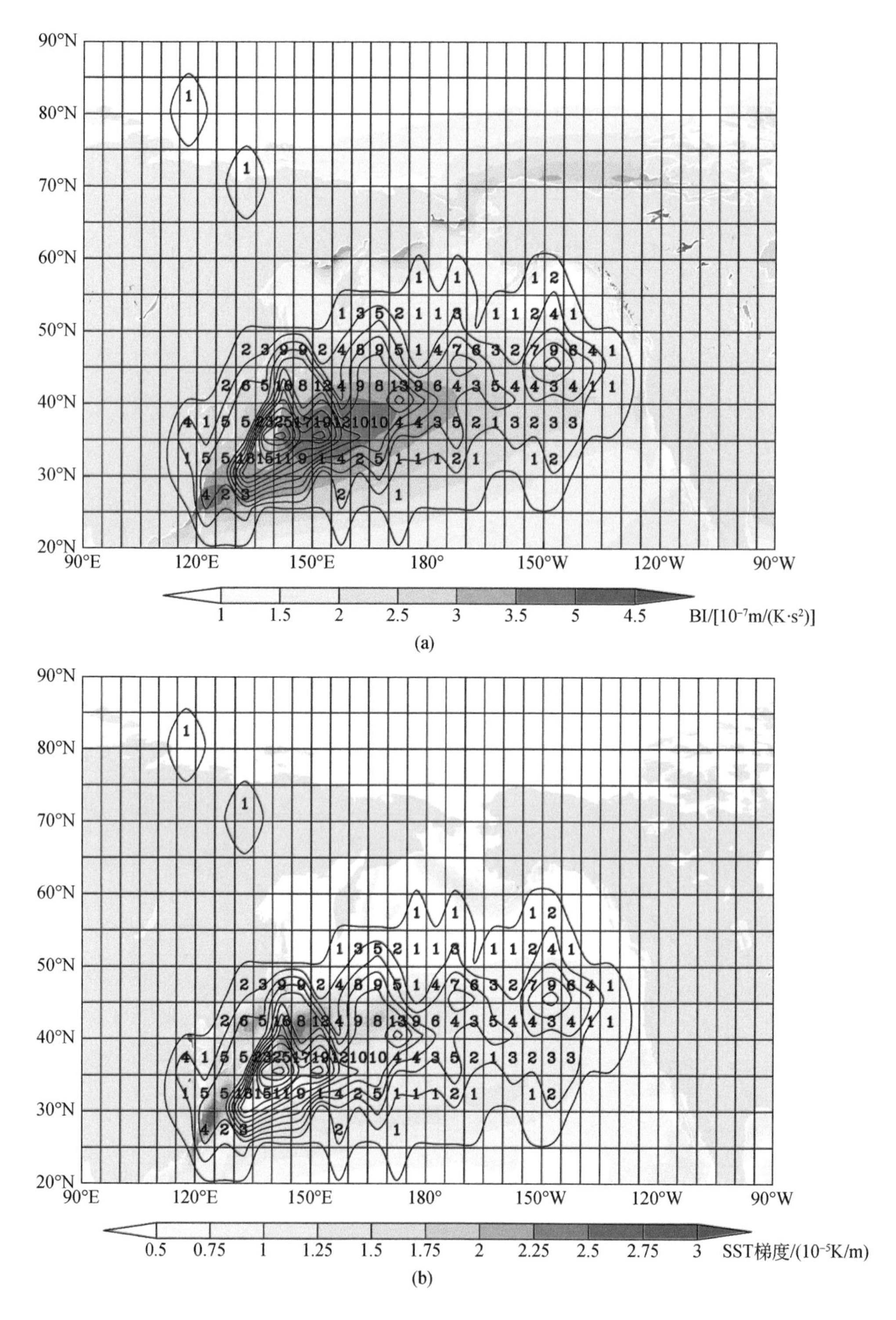

图 2.33　1979—2016 年春季 P 区域 5°×5°网格内初始爆发时刻爆发性气旋个数的空间分布

（a）填色为对应时段内 850 hPa 的 BI 值［1×10^{-7} m/(K · s^2)］；（b）填色为 1981 年 12 月—2016 年 12 月 SST 梯度（1×10^{-5} K/m）

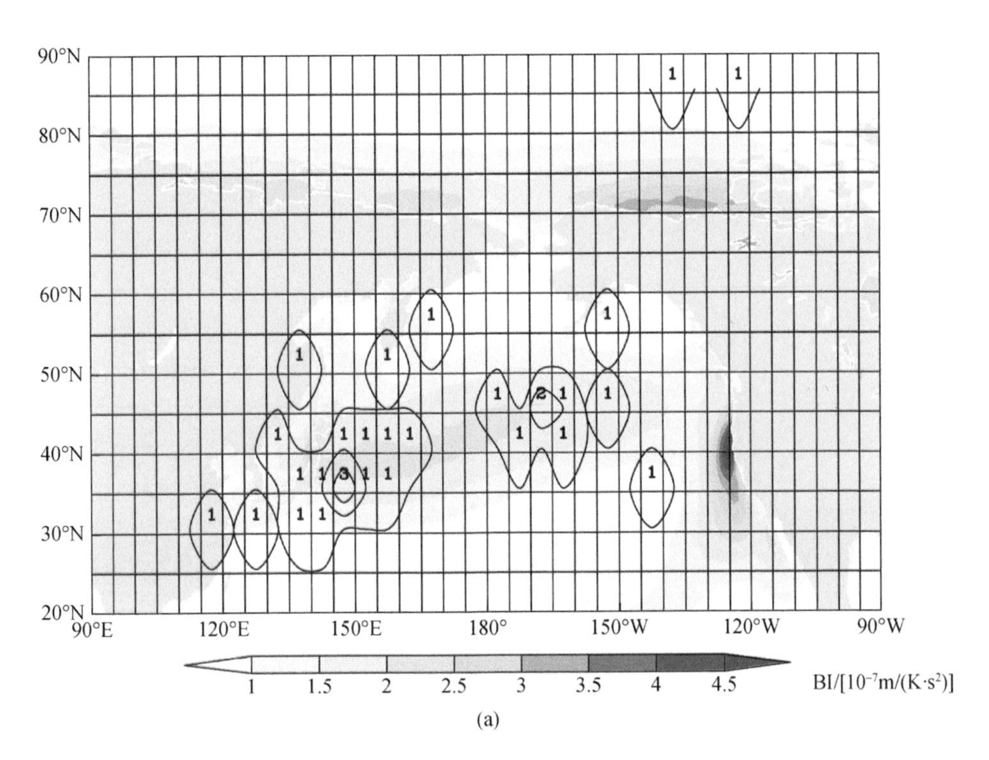

(a)

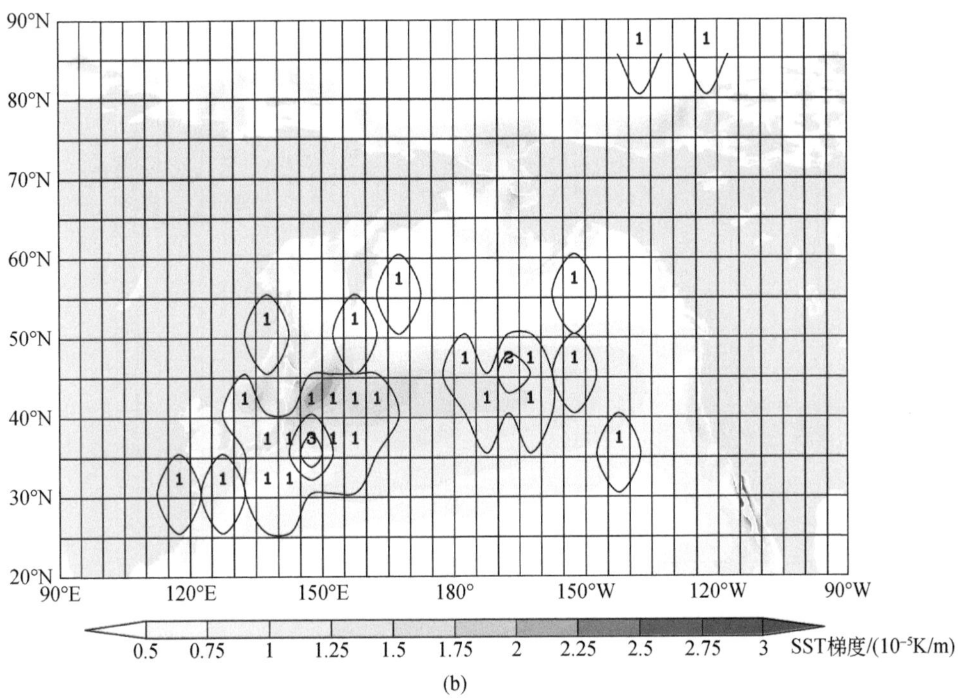

(b)

图 2.34　1979—2016 年夏季 P 区域 5°×5°网格内初始爆发时刻爆发性气旋个数的空间分布

（a）填色为对应时段内 850 hPa 的 BI 值 [1×10^{-7} m/(K · s^2)]；（b）填色为 1981 年 12 月—2016 年 12 月 SST 梯度（1×10^{-5} K/m）

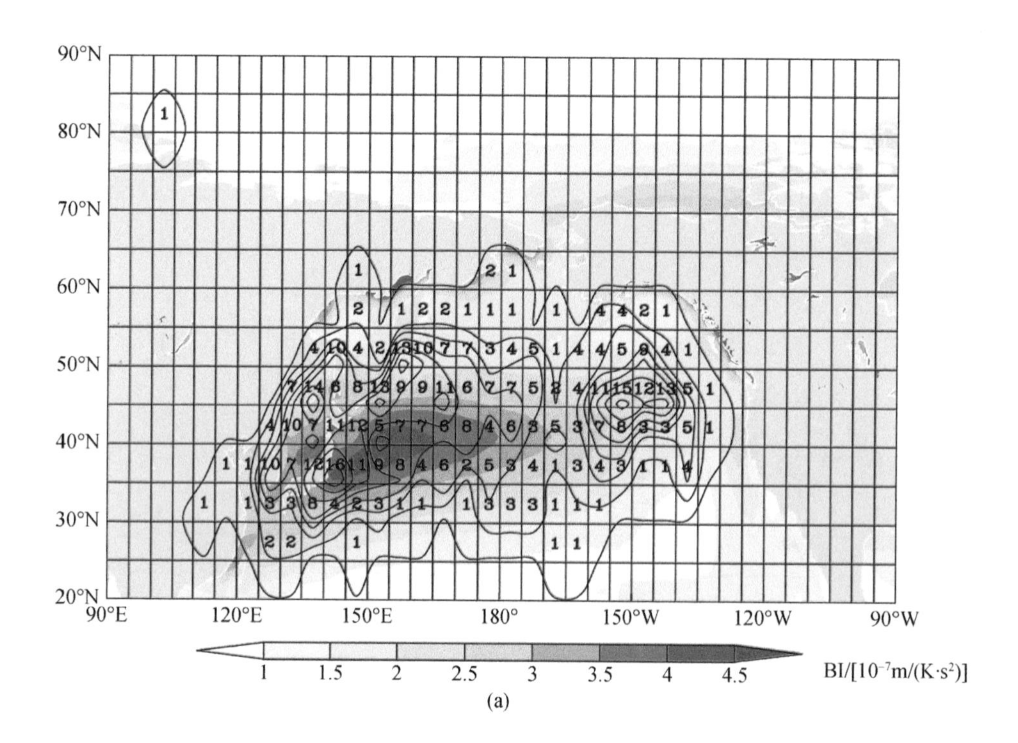

(a)

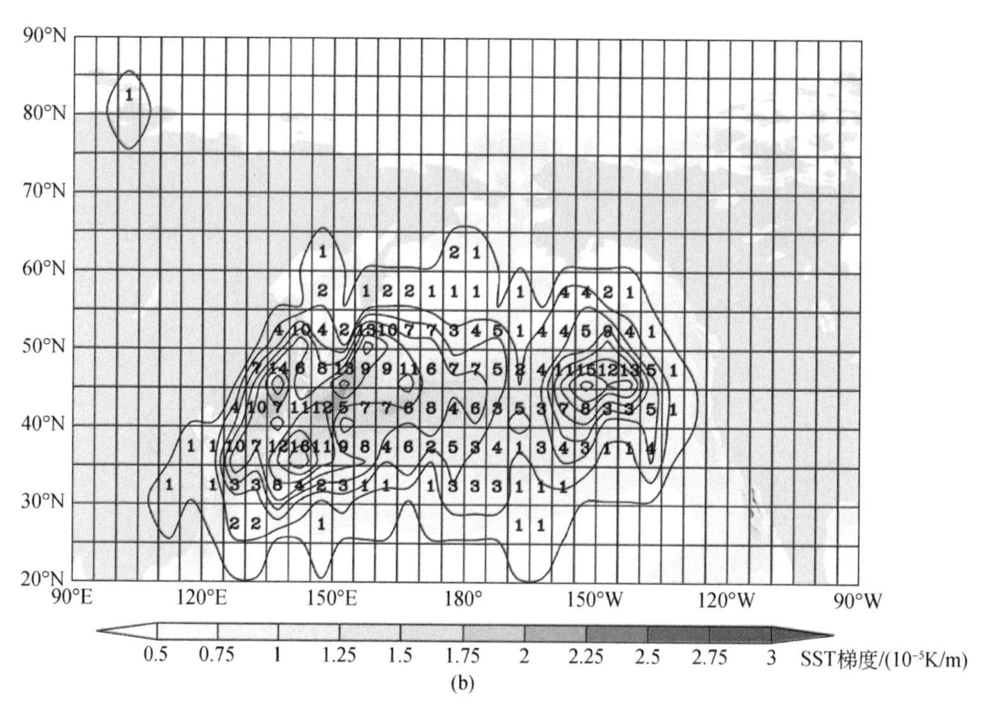

(b)

图 2.35　1979—2016 年秋节 P 区域 5°×5°网格内初始爆发时刻爆发性气旋个数的空间分布

(a) 填色为对应时段内 850 hPa 的 BI 值 [1×10^{-7} m/(K · s^2)]；(b) 填色为 1981 年 12 月—2016 年 12 月 SST 梯度 (1×10^{-5} K/m)

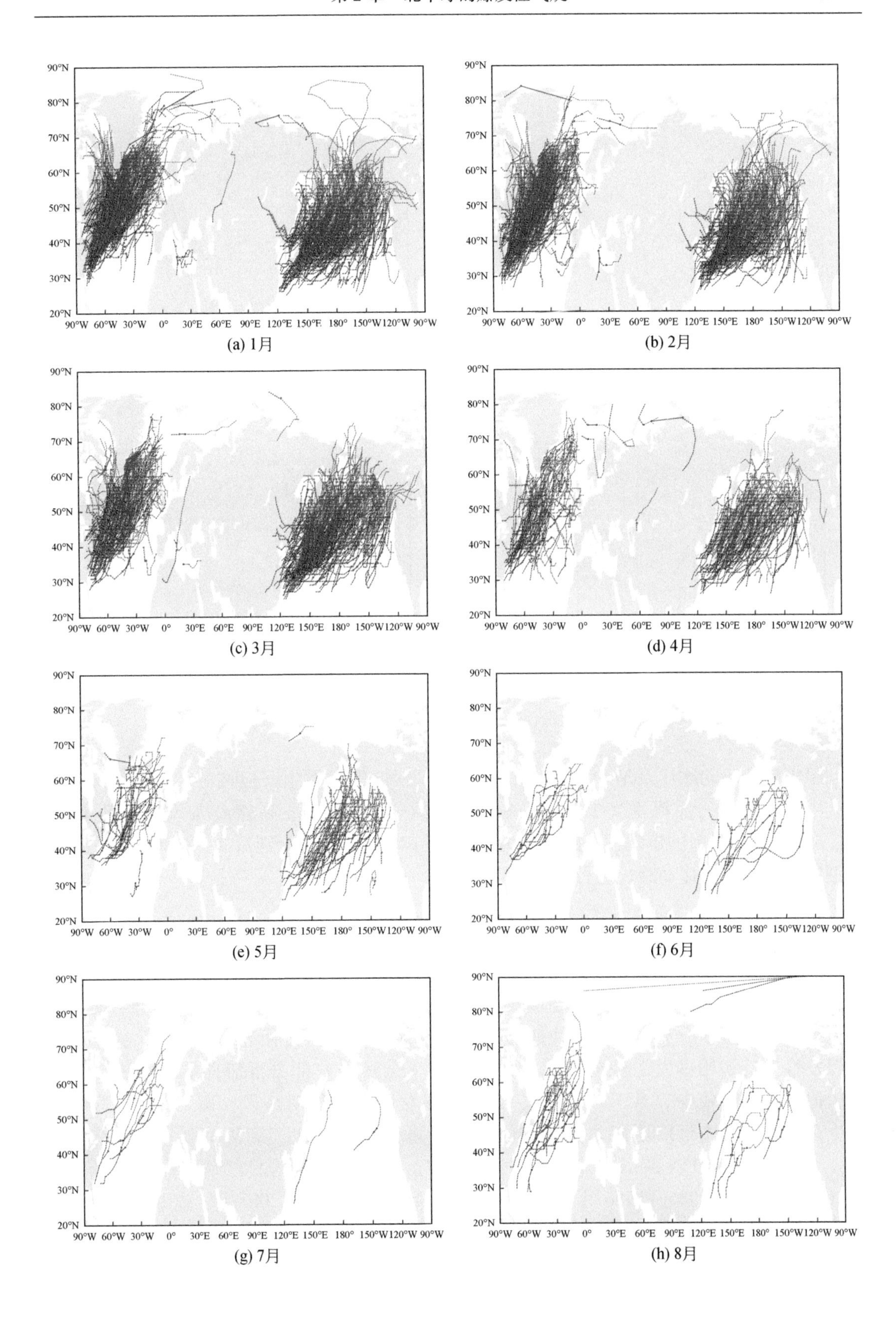

(a) 1月　(b) 2月

(c) 3月　(d) 4月

(e) 5月　(f) 6月

(g) 7月　(h) 8月

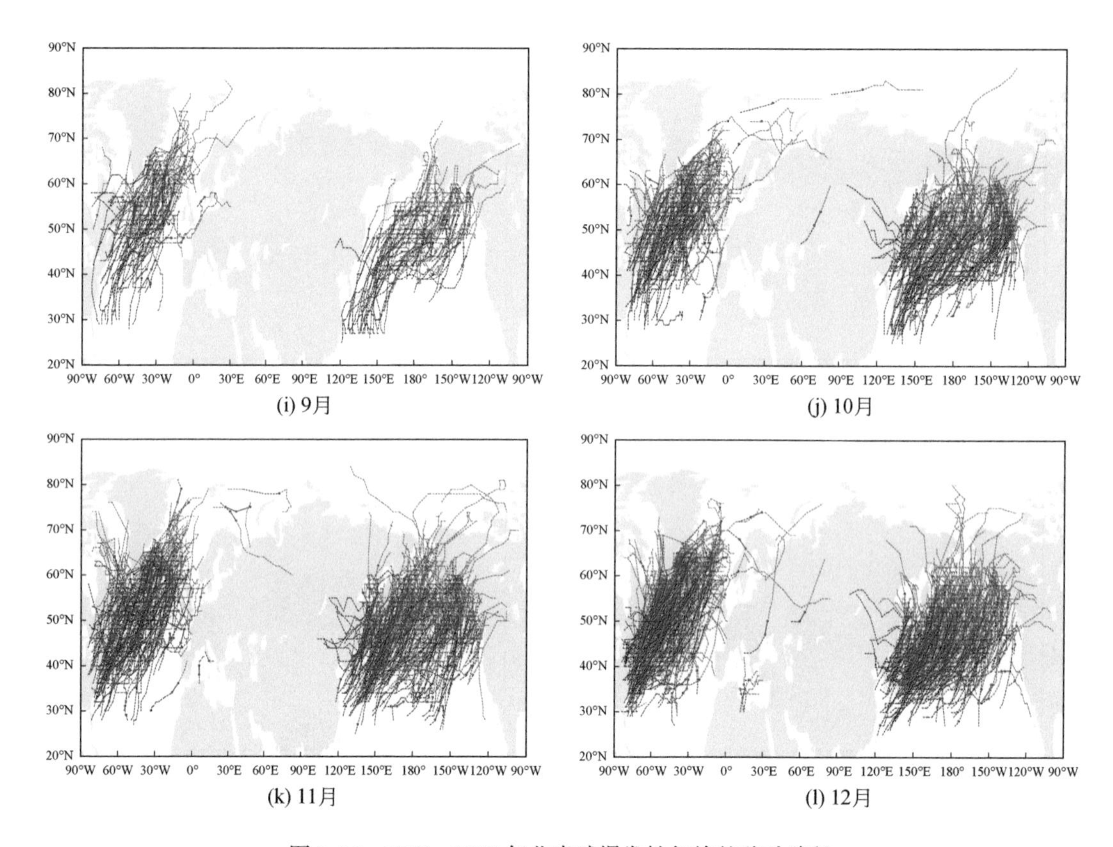

图 2.36　1979—2016 年北半球爆发性气旋的移动路径

黑线为爆发前移动路径，红线为爆发时移动路径，蓝线为爆发后移动路径

尽管陆地、北冰洋及地中海附近上空也有爆发性气旋发生，但在 A 区域（图 2.37）气旋中心气压最大加深率≥2 Bergeron 的爆发性气旋和 10 m 高度最大风速达到 12 级（32.6 m/s）及以上的爆发性气旋分别为 189 个和 41 个。下文分别对 A 区域和 P 区域不同类型的爆发性气旋移动路径进行讨论。

1. A 区域

A 区域爆发性气旋的移动路径主要为近陆地向北东北方向移动类和从爆发性气旋初始爆发源地向东北方向移动的主流类型。整体上 A 区域气旋爆发时的移动路径分布为西南—东北向的带状分布。A 区域快速加深的爆发性气旋移动路径（图 2.37），大部分为从爆发性气旋初始爆发源地向东北方向移动类，虽然也有部分近海向北东北方向移动类，但数量相对较少。对于风力超过 12 级的爆发性气旋移动路径（图 2.37），大部分发生在冬季，其中近陆地向北东北方向移动类路径的爆发性气旋初始爆发源地纬度偏高，大部分位于 40°N 及以北地区。对比图 2.7，在 A 区域爆发性气旋个数相对偏多年份（如 1980 年、1985—1986 年、1989 年、1993 年、2002 年、2007 年、2015—2016 年）和相对偏少年份（如 1979 年、1981 年、1983 年、1988 年、1994 年、1999 年、2001 年、2006 年、2012 年）的移动路径，分别以 1989 年（图 2.39）和 1983 年（图 2.40）为例，发现一般情况下，A 区域近陆地向北东北方向移动类路径少的年份常常是爆发性气旋个数偏少的年份。

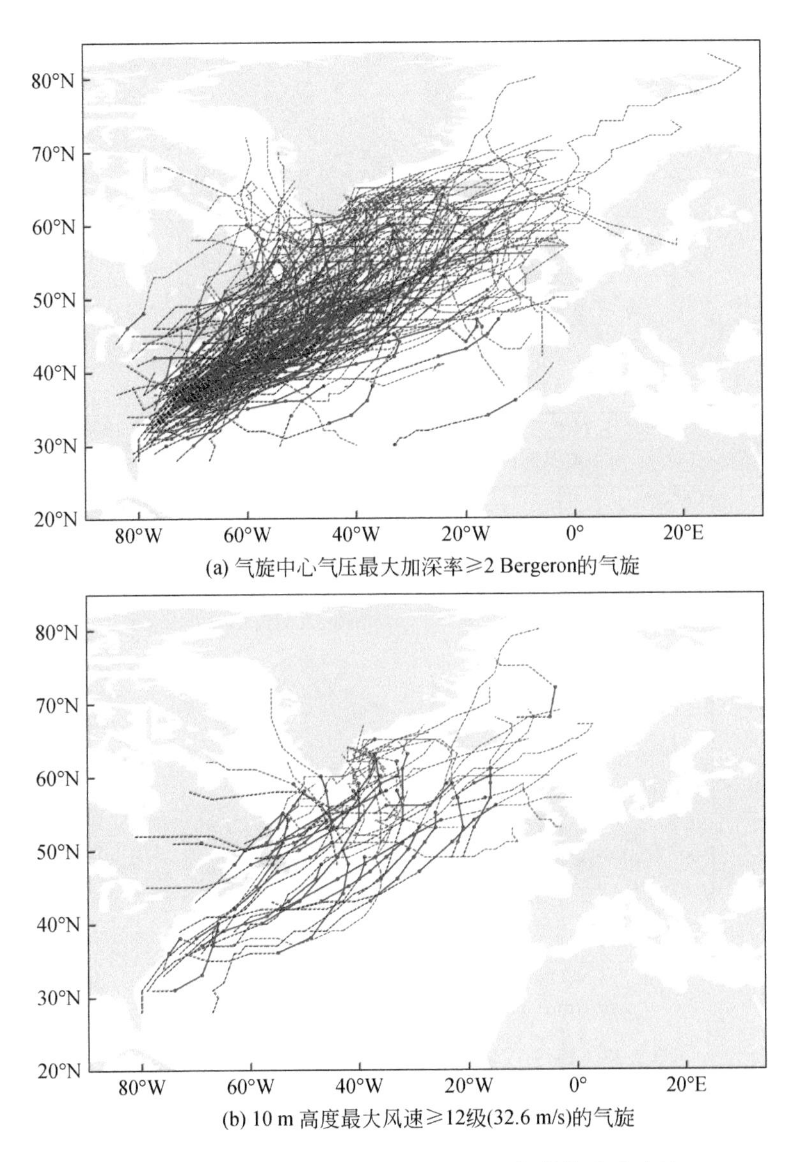

图 2.37 1979—2016 年 A 区域爆发性气旋的移动路径

黑线为爆发前移动路径，红线为爆发时移动路径，蓝线为爆发后移动路径

2. P 区域

在 P 区域（图 2.38），气旋中心气压最大加深率≥2 Bergeron 的爆发性气旋和 10 m 高度最大风速达到 12 级（32.6 m/s）及以上的爆发性气旋，分别为 157 个和 67 个。

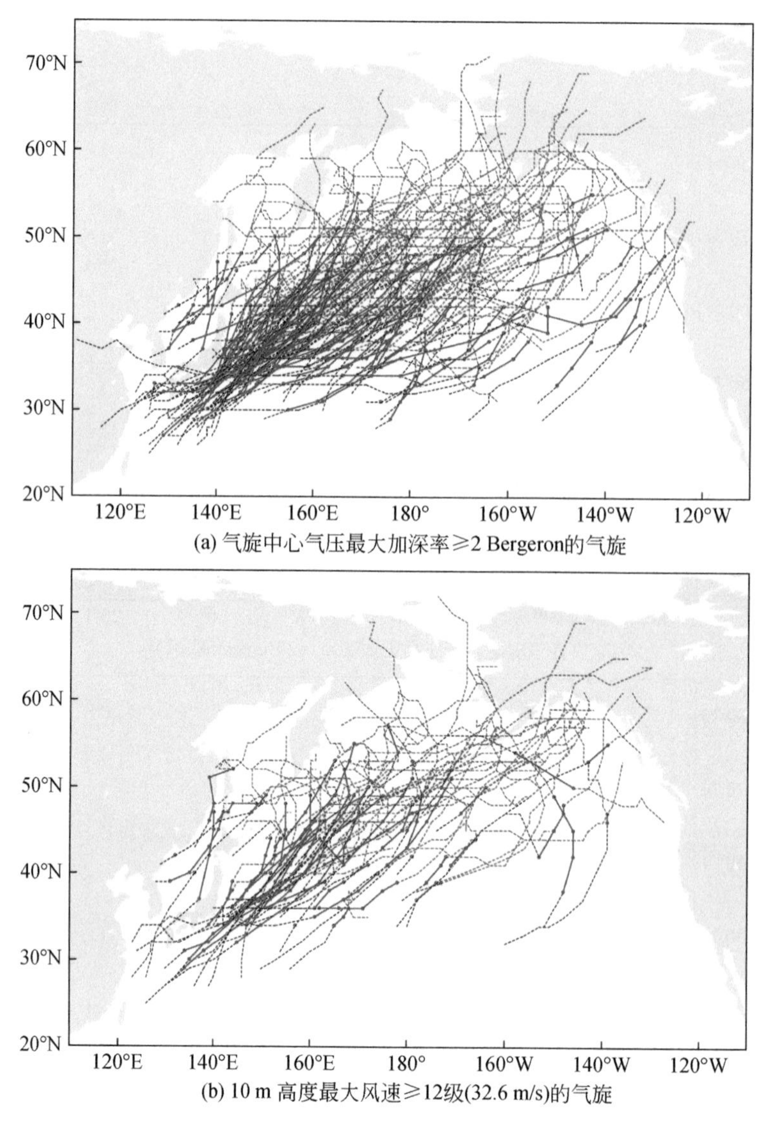

图 2.38　1979—2016 年 P 区域爆发性气旋的移动路径

黑线为爆发前移动路径，红线为爆发时移动路径，蓝线为爆发后移动路径

与 A 区域不同，P 区域爆发性气旋最显著的初始爆发源地位于日本岛以东的大洋上空，其快速加深的爆发性气旋移动路径（图 2.38）主要从爆发性气旋初始爆发源地向东北方向呈发散状分布。同时在日本海和北太平洋东北部上空，也有若干快速加深的爆发性气旋发生，分别对应东亚近海向东北移动类和大洋东部向北东北方向移动类路径。对于风力超过 12 级的爆发性气旋移动路径（图 2.38），一方面其分布与快速加深的爆发性气旋移动路径分布类似，从日本岛以东爆发性气旋初始爆发源地向东北方向呈发散状。另一方面与 A 区域相比，P 区域爆发性气旋移动路径分布更集中。比较 P 区域爆发性气旋个数相对偏多年份（如 1979 年、1986—1987 年、1991 年、1993—1994 年、1996 年、1998 年、2000—2001 年、2005 年、2016 年）和相对偏少年份（如 1983 年、1985 年、1988—1989

年、1995 年、2004 年、2008 年、2011 年、2013 年、2015 年）的移动路径，以 2016 年（爆发性气旋个数偏多，图 2.41）、1989 年（爆发性气旋个数偏少，图 2.39）和 1983 年（爆发性气旋个数偏少，图 2.40）为例，发现东亚近海向东北方向移动类或大洋东部向北东北方向移动类路径偏多时，常对应爆发性气旋个数偏多的年份。而 P 区域上空爆发性气旋个数较少的年份，东亚近海向东北方向移动类或大洋东部向北东北方向移动类路径也相对偏少（除 2015 年主流路径偏少以外）。

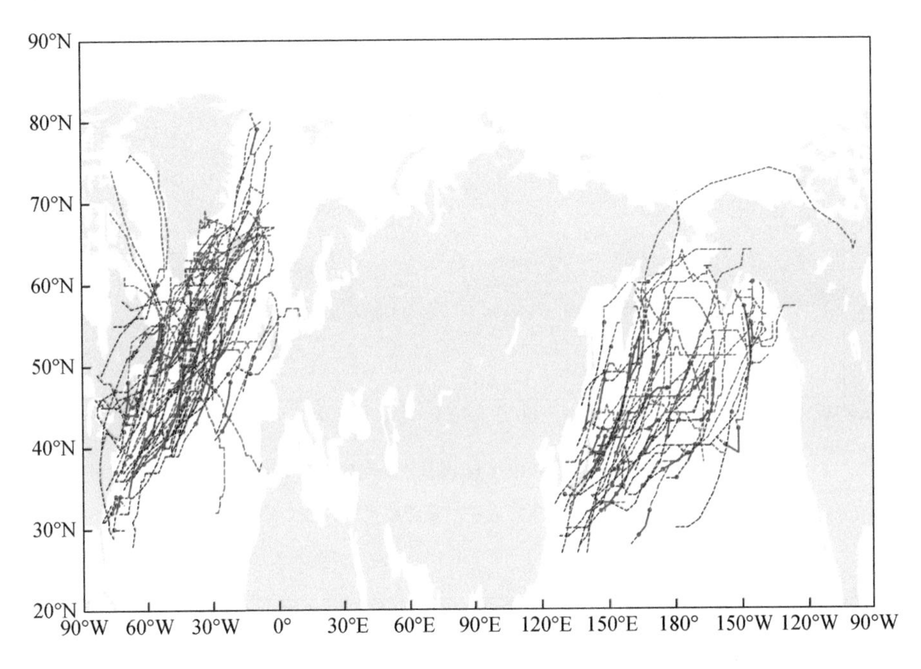

图 2.39　1989 年北半球爆发性气旋的移动路径
黑线为爆发前移动路径，红线为爆发时移动路径，蓝线为爆发后移动路径

A 区域爆发性气旋偏多而 P 区域爆发性气旋偏少的年份，如 1989 年（图 2.39），北大西洋近陆地向北东北方向移动类路径较多，北太平洋西部近海向东北方向移动类和大洋东部向北东北方向移动类路径均较少。A 区域和 P 区域爆发性气旋均偏少的年份，如 1983 年（图 2.40），北大西洋和北太平洋近海类移动路径均较少。A 区域和 P 区域爆发性气旋均偏多的年份，如 2016 年（图 2.41），北大西洋和北太平洋近海类移动路径明显偏多。

2.4.3　小结

本部分对 1979—2016 年北半球爆发性气旋初始爆发源地及移动路径进行了分析比较。

从北半球爆发性气旋初始爆发源地分布来看，基本位于 A 区域和 P 区域斜压性强的区域上空，呈西南—东北向的带状分布。A 区域和 P 区域相比，A 区域爆发性气旋初始爆发源地分布更倾向于向偏北方向延伸，而 P 区域爆发性气旋初始爆发源地分布更倾向于向偏东方向延伸。

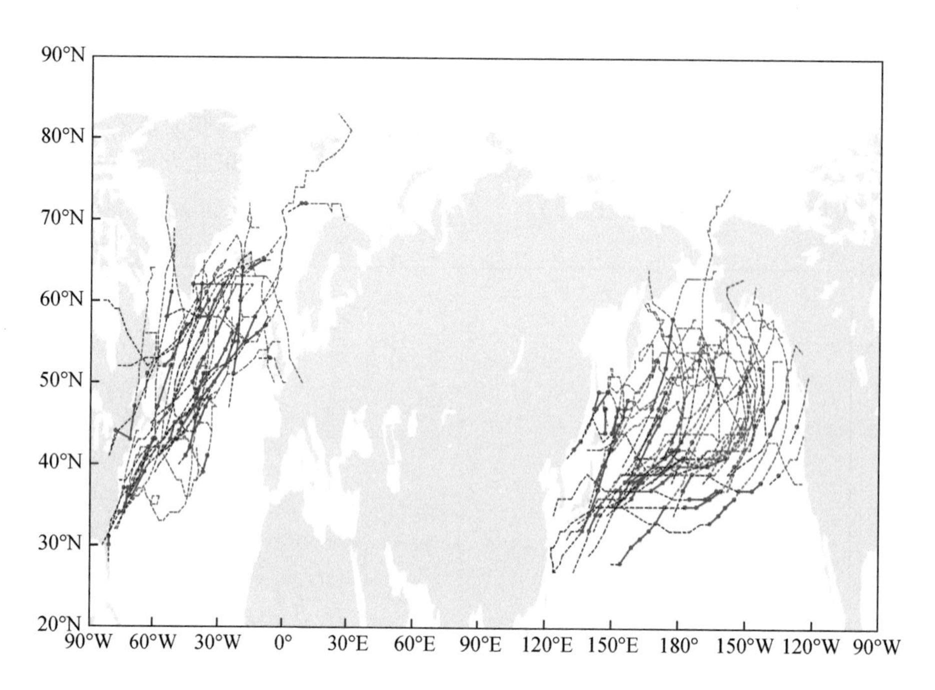

图 2.40　1983 年北半球爆发性气旋的移动路径

黑线为爆发前移动路径，红线为爆发时移动路径，蓝线为爆发后移动路径

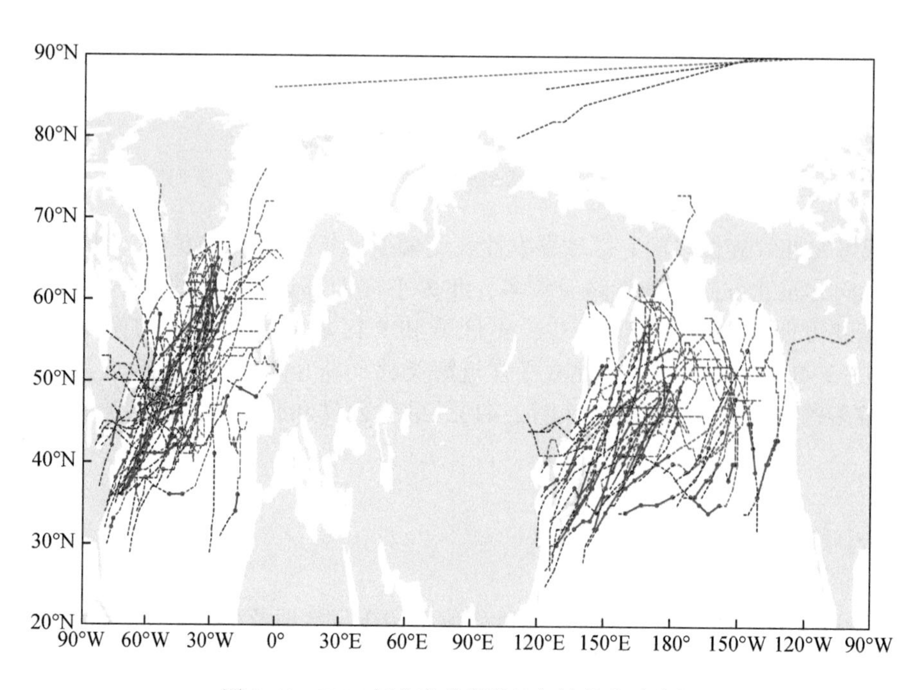

图 2.41　2016 年北半球爆发性气旋的移动路径

黑线为爆发前移动路径，红线为爆发时移动路径，蓝线为爆发后移动路径

分季节来看，冬季，A 区域爆发性气旋初始爆发源地从北美大陆近岸沿海岸线向纽芬兰岛延伸。春季与冬季类似，但在纽芬兰岛以北出现 1 个爆发性气旋频发中心。夏季，爆发性气旋初始爆发源地不再位于近海，而是位于远离大陆的大洋内部上空。秋季，除了北美大陆近岸有爆发性气旋频发中心之外，纽芬兰岛以东爆发性气旋个数更多。对于 P 区域，日本岛以东是爆发性气旋初始爆发源地且最明显。冬季，朝鲜半岛有 1 个爆发性气旋频发中心。冬季和秋季，日本海北部上空也有较多爆发性气旋发生。北太平洋东北部，春季、夏季和秋季均有明显的爆发性气旋频发中心且该中心在秋季最明显。

从北半球爆发性气旋移动路径（图 2.42）来看，A 区域主要为近陆地向北东北方向移动类和从爆发性气旋初始爆发源地向东北方向移动类两类。P 区域主要为西部近海向东北方向移动类、日本岛以东爆发性气旋初始爆发源地向东北东方向移动类以及大洋东部向北东北方向移动类三类。基本上，所有移动路径均呈西南—东北向，但 A 区域近陆地向北东北方向移动类爆发性气旋更倾向于向偏北方向移动。在 P 区域，大洋东部向北东北方向移动类爆发性气旋路径更加偏北，其次为西部近海向东北方向移动类。

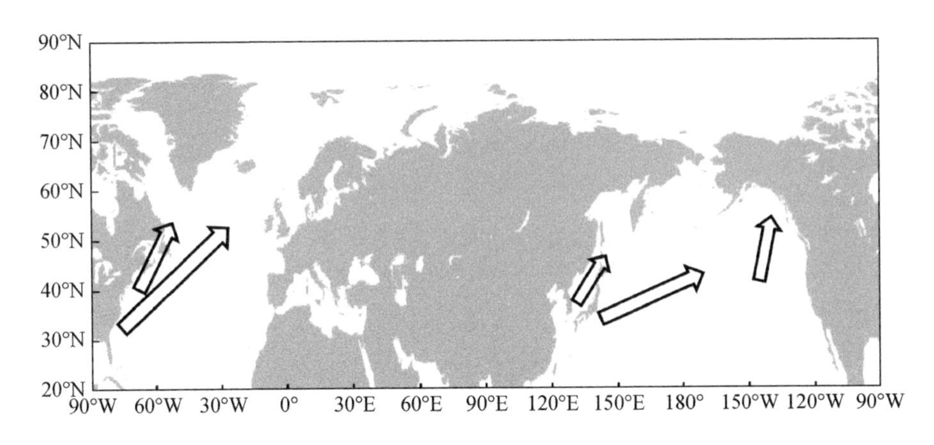

图 2.42　北半球爆发性气旋移动路径示意图

2.5　本 章 小 结

我们利用 ECMWF 的 1979 年 1 月—2016 年 12 月 ERA-Interim 再分析数据，将北半球（20°N ~ 90°N）按照北大西洋与北太平洋所在位置划分为 A 区域（90°W ~ 90°E，20°N ~ 90°N）和 P 区域（90°E ~ 90°W，20°N ~ 90°N），考虑了风力不小于 8 级（17.2 m/s）这一因子，修正了 Yoshida 和 Asuma（2004）给出的爆发性气旋定义，并对 A 区域和 P 区域上空爆发性气旋进行了统计分析。我们得到了北半球爆发性气旋初始爆发源地、快速加深区域、移动路径、季节等时空分布和变化的特征，并指出了大尺度大气环流的影响。经研究发现，A 区域和 P 区域上空爆发性气旋的时空变化具有不同的特征。得到的主要结论如下：

（1）结合 10 m 高度风速和爆发性气旋分布的纬度，对 Yoshida 和 Asuma（2004）的爆发性气旋定义进行了修正，即气旋海平面中心气压加深率≥1 Bergeron，且其生命周期不小于 24 h，并在其降压过程中至少一个时刻气旋中心附近 10 m 高度最大风速不小于 17. 2 m/s。

（2）北半球爆发性气旋初始爆发源地和快速加深区的空间分布主要集中在北大西洋和北太平洋上空，均呈西南—东北向分布的带状分布，但 A 区域爆发性气旋分布更倾向于向偏北方向延伸。同时，北半球爆发性气旋数量、初始爆发源地和快速加深区的分布具有明显随时间变化的特征。1 月份发生爆发性气旋个数最多、7 月份最少。P 区域爆发性气旋个数多于 A 区域，但不同季节两区域发生爆发性气旋个数的差异在冬季爆发性气旋最多，秋季、春季和夏季依次减少。夏季 A 区域爆发性气旋个数多于 P 区域，冬季 A 区域和 P 区域上空爆发性气旋个数非常接近，春、秋两季 P 区域爆发性气旋个数多于 A 区域，但春季这种差异更显著。P 区域爆发性气旋个数年际变化更平稳，变化的周期约 2 ~ 3 年。而 A 区域爆发性气旋个数年际变化起伏较大且无明显变化周期。

（3）A 区域爆发性气旋发展较慢，爆发时长稍短，但强度较强。北美大陆近岸在冬季、春季和秋季均有明显的爆发性气旋初始爆发源地。冬季在纽芬兰岛周围有较多的爆发性气旋发生。春季和秋季，纽芬兰岛以北和以东分别有 1 个爆发性气旋频发中心。夏季，爆发性气旋初始爆发源地位于远离陆地的大洋内部。爆发性气旋快速加深区在 A 区域有 2 个频发中心，分别位于美国东海岸和纽芬兰岛东侧大洋上空，同时格陵兰岛—冰岛以南也有较多爆发性气旋。冬季，爆发性气旋快速加深区从东海岸沿海岸线向纽芬兰岛延伸。春季和秋季，快速加深区分布与冬季类似，纽芬兰岛附近有较多爆发性气旋分布，但在春季爆发性气旋分布更偏南。夏季，快速加深区主要集中在 40°N ~ 60°N 的北大西洋中部。A 区域爆发性气旋个数年际变化周期在春季和秋季明显，分别为 3 ~ 5 年和 2 ~ 3 年。850 hPa 大气的斜压性和 500 hPa 北美大槽的存在为爆发性气旋快速发展提供了有利的环流背景，200 hPa 高空急流的作用在冬季更明显。

（4）P 区域爆发性气旋发展更快，爆发时长稍长，但强度相对较弱，呈带状向东北东方向延伸，并在日期变更线以东存在另一个相对集中的多发区。日本岛以东是一个爆发性气旋初始爆发源地且最明显。冬季朝鲜半岛有较多爆发性气旋生成。春季和秋季北太平东部有较多爆发性气旋生成且这种分布在秋季更明显。爆发性气旋快速加深区在 P 区域有两个中心，分别位于日本岛以东和北太平洋东北部，同时日本海上空也有较多爆发性气旋生成。冬季爆发性气旋快速加深区主要位于日本岛以东，并向东延伸。春季北太平洋中部和东北部各有 1 个爆发性气旋快速加深区中心；秋季在 45°N 以北出现 3 个爆发性气旋快速加深区中心，同时，北太平洋东北部爆发性气旋快速加深区的中心在秋季最明显。夏季爆发性气旋快速加深区分布比较分散。P 区域爆发性气旋个数年际变化周期在冬季和春季明显，分别为 5 ~ 10 年和 2. 5 ~ 3. 5 年。850 hPa 大气的斜压性为气旋爆发性发展提供了有利的环境。500 hPa 东亚大槽在冬季振幅最大。除了夏季，P 区域高空急流的分布均为爆发性气旋发展提供了有利的环流背景。

（5）北半球爆发性气旋的移动基本与大洋上空 500 hPa 槽前气流一致，有相对的集中区。A 区域爆发性气旋的移动路径主要有两类，分别为近陆地向北东北方向移动类和从爆发性气旋初始爆发源地向东北方向移动类。P 区域有三类，分别为东亚近海向东北移动类，日本岛以东爆发性气旋初始爆发源地向东北东方向移动类和大洋东部向北东北方向移动类。所有移动路径基本上均为西南—东北向，但 A 区域近陆地向北东北方向移动类爆发性气旋和 P 区域大洋东部向北东北方向移动类爆发性气旋更倾向于向偏北方向移动。A 区域风速超过 12 级的爆发性气旋移动路径两种类型都有，但近陆地向北东北方向移动路径的爆发性气旋的初始爆发源地的纬度偏高。P 区域风速超过 12 级的爆发性气旋移动路径绝大部分为爆发性气旋初始爆发源地向东北东方向移动类，近海移动路径和大洋东部移动路径相对较少。

第3章　南半球的爆发性气旋

相对于北半球而言，人们对南半球的天气系统关注较少。过去已有的关于爆发性气旋的研究多集中在北半球，受观测资料缺乏、地理环境复杂等条件的限制，人们对南半球爆发性气旋的特征知之甚少。Lim 和 Simmonds（2002）利用 NCEP-DOE（National Centers for Environmental Prediction-Department of Energy）再分析资料，研究了 1979—1999 年的南半球爆发性气旋的发生频率、移动路径、强度、空间尺度、周期和季节性变化等特征，并与北半球的爆发性气旋进行了比较。结果发现，北半球爆发性气旋平均每年发生的数量几乎是南半球的两倍，这是由于南半球除了南极大陆外，大部分陆地位于低纬度地区，没有明显的海陆温差。南半球爆发性气旋的季节性变化较弱，南半球夏季（12 月、次年 1 月和 2 月）爆发性气旋的数量却是北半球夏季（6—8 月）的 6 倍。陈锦年等（2000）也曾指出，南半球夏季是南半球气旋发生最多的时期。

由于南半球的观测资料不如北半球丰富，我们只选取了 2004—2008 年南大洋四个夏季（12 月、1 月和 2 月）的资料进行统计分析，旨在对南大洋这四个夏季除热带地区以外的气旋及爆发性气旋的特征进行研究，以便能够增进对南半球气旋及爆发性气旋的理解。

3.1　南半球气旋与爆发性气旋的统计

3.1.1　资料和方法

本章所使用的资料如下，详情及下载地址请参见附录。

（1）美国国家环境预报中心的 FNL 格点资料。我们共选取南半球 2004 年 12 月、2005 年 1—2 月、12 月、2006 年 1—2 月、12 月、2007 年 1—2 月、12 月、2008 年 1—2 月四个夏季共 12 个月的资料，分析范围为 0°～360°，40°S～90°S。

（2）澳大利亚气象局发布的每日两张天气图。

（3）美国威斯康星大学网站发布的地球静止环境业务卫星 GOES-9 红外卫星云图。

（4）美国怀俄明大学提供的大气探空资料。

3.1.2　分析区域和方法

图 3.1 为本章的研究区域，覆盖范围（0°～360°，40°S～90°S）。

1. 统计方法

我们利用 FNL 再分析资料，对南半球 2004—2008 年四个夏季（12 月、1 月和 2 月）

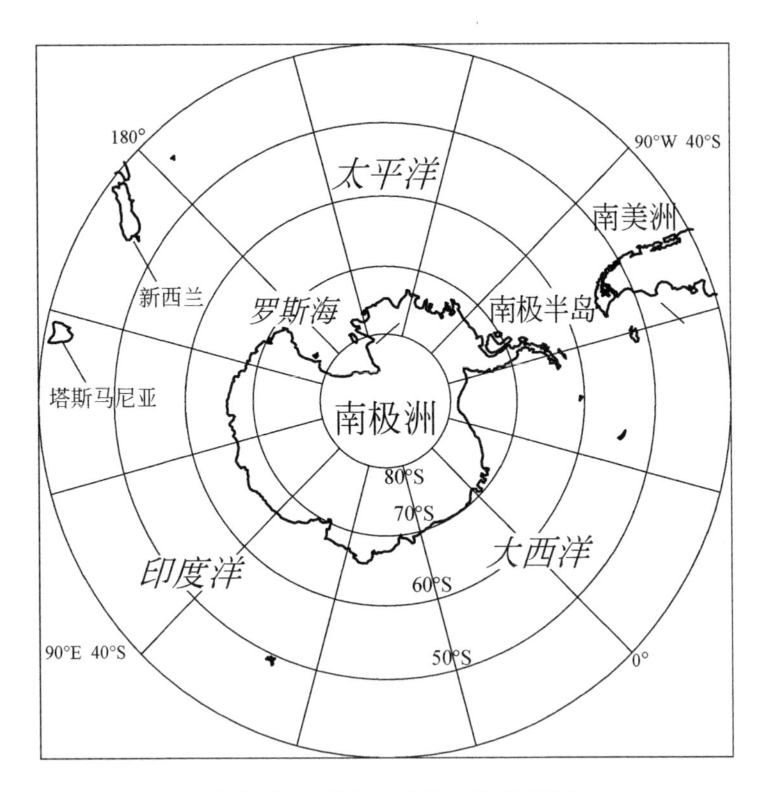

图3.1　南半球各大洋地理位置示意图（纬度范围为40°S~90°S）

的气旋和爆发性气旋进行统计分析，把海平面气压场第一次出现闭合等压线的时刻定义为气旋和爆发性气旋的初始时刻，闭合等压线的中心为气旋中心。

合成分析时，将每个爆发性气旋的中心定义为中心点，分别向东、向西各取20 km，向南、向北各取15 km，把此范围内爆发性气旋的有关物理量进行叠加后求平均值。

2. 数值模拟与三维变分同化

使用美国国家大气研究中心（NCAR）、美国国家海洋和大气管理局（NOAA）和美国空军气象局（AFWA）等单位联合开发的下一代中尺度数值预报系统WRF（Weather Research and Forecasting Model）模式对所选取个例进行数值模拟，使用FNL再分析资料作为WRF模式初始场。

利用WRF模式的三维变分同化系统WRF 3DVAR对下列数据进行同化：

（1）美国国家大气研究中心（NCAR）提供的COSMIC GPSRO（Constellation Observing System for Meteorology Ionosphere and Climate Global Positioning System Radio Occultation）卫星数据。

（2）美国国家大气研究中心（NCAR）提供的QuickSCAT（海面风场）资料、SHIP（船舶观测）资料、SYNOP（地面天气观测）资料、BUOY（浮标观测）资料、SATOB（卫星观测）资料。

3.1.3　大尺度环境场

前人通过对大量的观测资料和气象卫星云图资料进行研究分析，发现南半球气旋高空环流有以下特点：

（1）南半球多年平均大气环流具有带状分布的特点，南极大陆周围为低压带所环绕。

（2）南半球气旋从 40°S ~ 90°S 气旋活动到处都有，并且气旋中心气压低，大部分气旋中心气压都低于 985 hPa。

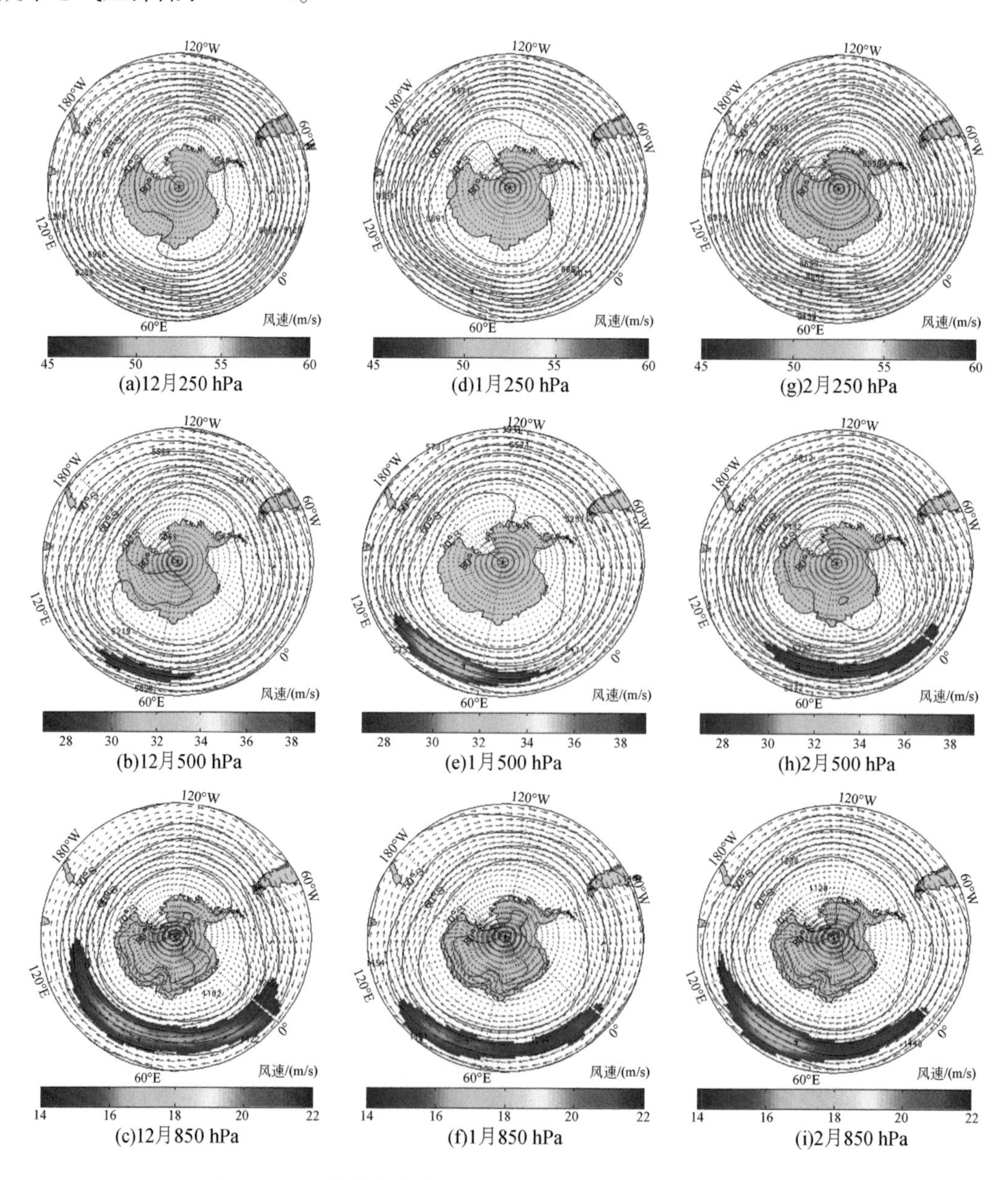

(a)12月250 hPa　(d)1月250 hPa　(g)2月250 hPa

(b)12月500 hPa　(e)1月500 hPa　(h)2月500 hPa

(c)12月850 hPa　(f)1月850 hPa　(i)2月850 hPa

图 3.2　月平均位势高度（gpm）、风矢量和风速（m/s）分布

（3）气旋的移动速度超过 100 km/h。

（4）副热带及南极大陆沿岸为反气旋多发区。

（5）南大洋高空大气斜压性很强，并且在南极大陆周围始终有绕极槽的存在。南半球气旋与北半球气旋一样，大气斜压性在其发展过程中起了非常重要的作用，但是不同的是，南半球的大气斜压性的季节性变化很小。

（6）南半球纬向移动气旋的最大风速大约是北半球的两倍，平均西风极大值也比北半球夏季大一倍左右。

图 3.2 给出了南半球 12 月、1 月和 2 月三个月份在 250 hPa、500 hPa 和 850 hPa 的月平均位势高度场和风速，可以看出，在南印度洋和南大西洋上空，始终存在一个槽，而且在 500 hPa 和 850 hPa 的中低空也存在一个急流带。这个急流带随着时间推移，向南极大陆靠拢。图 3.3 为月平均海表面温度场示意图，它表明，随着月份的推移，海表面温度逐渐升高，而陆地温度则持续降低，南极大陆附近的海陆温差逐渐增大。

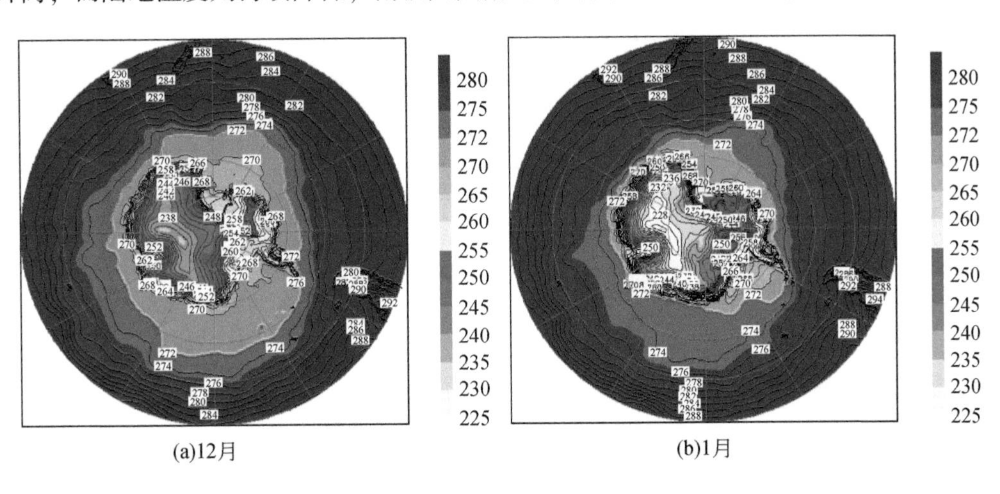

(a)12月　(b)1月

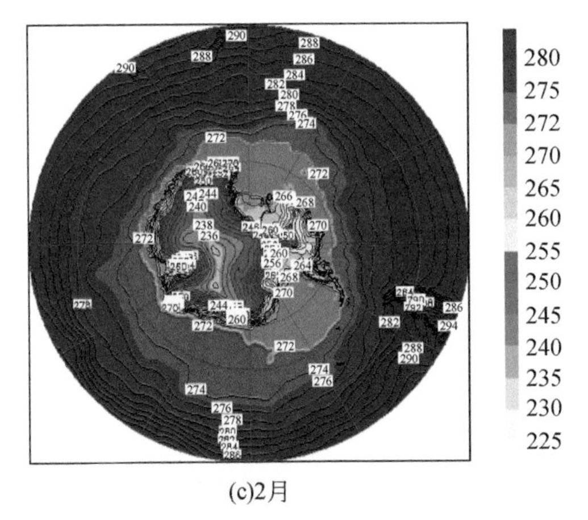

(c)2月

图 3.3　月平均的海表面温度分布（单位：K）

3.1.4 气旋与爆发性气旋个数对比

根据前文对爆发性气旋和气旋的定义，我们发现南半球四个夏季共有959个气旋发生（表3.1），爆发性气旋为181个，约占气旋总数的18.9%。12月至2月，气旋的个数分别为314、338和307个，爆发性气旋的个数为58、63、60个，爆发性气旋占本月份气旋总数的比例为18.5%、18.6%和19.5%。1月份气旋和爆发性气旋的个数在夏季三个月中最多，因此1月份是南半球夏季气旋和爆发性气旋的频发月，2月份爆发性气旋所占本月份气旋个数比例最大。

表3.1 南大洋夏季气旋与爆发性气旋个数的逐月分布

	气旋个数/个	爆发性气旋个数/个	爆发性气旋个数占气旋个数的比例/%
12月	314	58	18.5
1月	338	63	18.6
2月	307	60	19.5
总数	959	181	18.9

3.1.5 气旋与爆发性气旋的统计特征

1. 气旋发生位置和移动路径

与北半球不同的是，南半球的陆地（除南极洲外）大部分位于亚热带地区。由于海洋多、陆地少和南半球中纬度地区“咆哮西风带”的存在，南半球气旋表现出了比北半球气旋水平尺度大、中心气压低、发生频率高等特点。我们利用6 h间隔FNL资料对南大洋四个夏季所发生的气旋从起始至消亡时刻进行统计，得到南半球气旋和爆发性气旋的发生位置及移动路径。

2. 气旋移动路径

图3.4是南半球气旋的移动路径分布图（统计时间间隔为6 h，蓝色点代表气旋初始位置）。图3.4（a）为四个夏季所有气旋移动路径的分布图。从图中可以看到，围绕南极大陆气旋到处都有，大部分气旋集中在中高纬度。从40°S～50°S范围内，气旋分布较少。绝大部分的气旋移动路径走向为东向或东南向，极少数为北向。向北移动的气旋大多发生在50°S附近和南极大陆周围。在非常靠近南极大陆的地方很少有气旋出现，这可能是南极海冰的存在导致的，这也解释了在南极大陆周围出现气旋北向运动的原因。这个结果与Carleton（1988）所得到的研究结果一致。Carleton（1988）曾指出在南半球冬季，南极大陆周围会有向北走向的气旋存在，这与南极海冰的扩张和下滑风密切相关。

观察南半球四个夏季各月气旋移动路径分布情况（图 3.4b、图 3.4c、图 3.4d）可以发现，随着时间的推移，气旋活动密集区域向南极大陆靠拢。统计结果表明，在 12 月和 1 月，气旋活动密集区在 50°S ~ 70°S 之间。12 月份，在 40°S ~ 50°S 之间，仍有不少气旋出现，至 2 月份气旋数量则迅速减少，尤其在 90°W ~ 120°W 和 60°E ~ 90°E 的范围内，几乎看不到气旋。2 月份气旋活动的密集区向南移动至 60°S ~ 70°S。气旋活动出现这种现象，与 12 月至 1 月南极大陆附近海陆温差逐渐增大（图 3.2）和 500 hPa、850 hPa 层急流带向极地移动密切相关（图 3.3）。

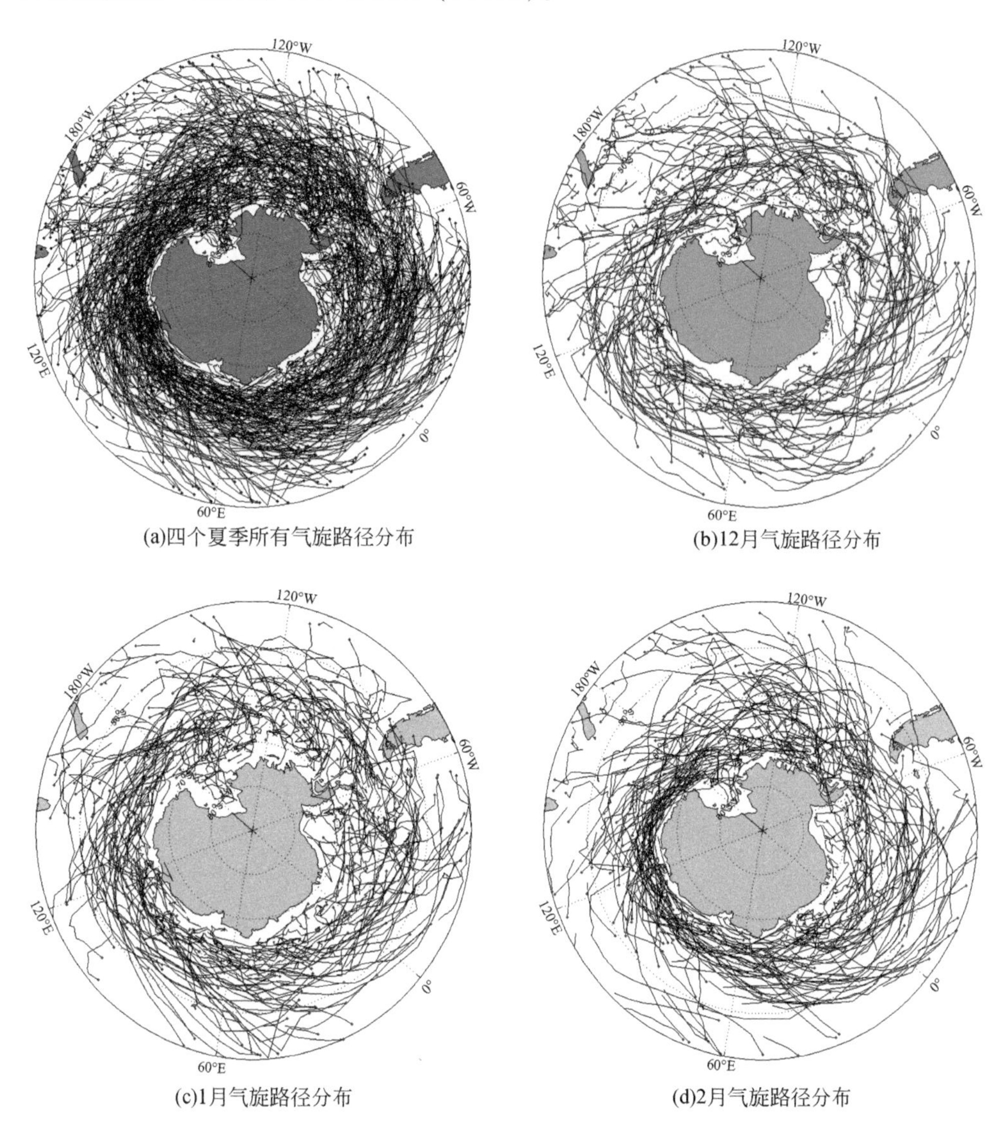

(a)四个夏季所有气旋路径分布　(b)12月气旋路径分布

(c)1月气旋路径分布　(d)2月气旋路径分布

图 3.4　南半球四个夏季各月份气旋移动路径分布

◆代表气旋初生时刻位置

3. 爆发性气旋移动路径

图 3. 5 给出了爆发性气旋的移动路径、气旋初生时刻位置、气旋中心气压最大加深率位置和气旋最低中心气压位置的分布情况。爆发性气旋的移动路径分布与气旋相似，在所研究的范围内，爆发性气旋处处都有发展，并且呈现出向东、东南的路径走向。但与气旋移动路径径向分布比较均匀不同，爆发性气旋的移动路径在南美洲至澳大利亚之间形成了一条狭长的地带，大部分爆发性气旋发生于南印度洋和南大西洋，南太平洋区域则相对较

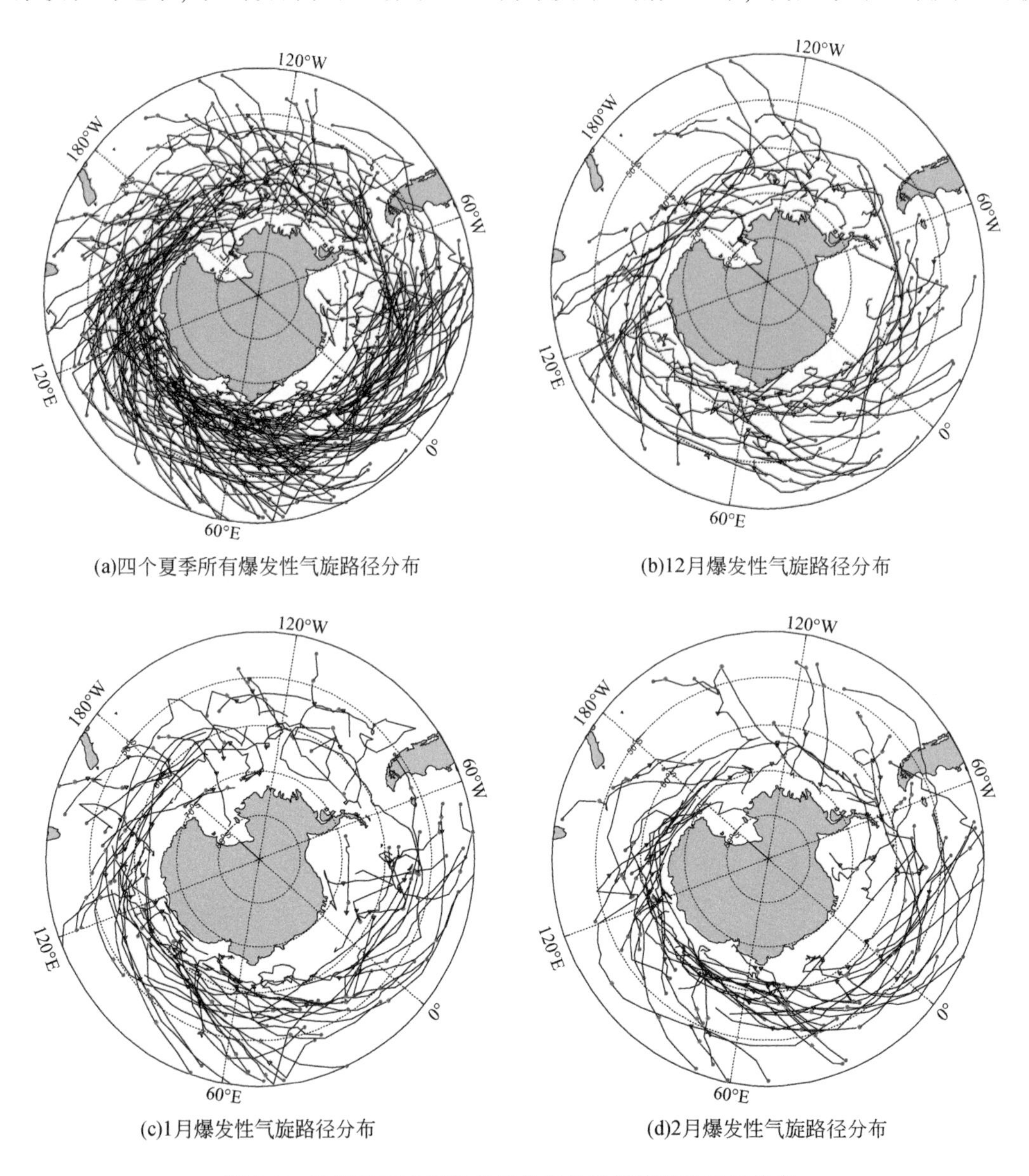

(a)四个夏季所有爆发性气旋路径分布

(b)12月爆发性气旋路径分布

(c)1月爆发性气旋路径分布

(d)2月爆发性气旋路径分布

图 3. 5　南半球四个夏季各月份爆发性气旋移动路径分布

蓝色●表示气旋初生时刻位置，红色＊表示气旋中心气压最大加深率位置，黑色▽表示气旋最低中心气压位置

少。中心气压最大加深率的位置即爆发性气旋“爆发性发展”的位置集中在 45°S ~ 60°S，且不随月份推移而改变，而这一纬度正是南半球西风带所在的位置。相比之下，最低中心气压的位置大多在 60°S ~ 70°S，这说明爆发性气旋“爆发性发展”后仍有向南运动的趋势；同时在南美大陆和南极半岛周围发现有极少数的爆发性气旋向北移动。12 月至 2 月，爆发性气旋活动的密集区也向南极大陆靠近。

4. 气旋和爆发性气旋发展和衰亡位置随纬度分布

为了更细致地分析气旋和爆发性气旋的纬向分布特征，我们将气旋和爆发性气旋中心气压加深率大于零的时刻定义为发展时刻、加深率小于零的时刻定义为衰退时刻，统计所研究范围内气旋和爆发性气旋发展和“气旋衰亡”位置随纬度分布。图 3. 6 为气旋个数与“气旋生成”与“气旋衰亡”位置随纬度分布直方图。从图中可知，南大洋四个夏季，气旋在 40°S ~ 80°S 的纬度范围内都可发展，发展频数最大值出现在 60°S（图 3. 6a）。气旋的发展在 55°S ~ 65°S 纬度内最为活跃，约占气旋发展总频数的 59%。与此位置分布情况相同，12 月、1 月和 2 月的发展频数最大值都出现在 60°S（图 3. 6b、图 3. 6c、图 3. 6d），12 月至 2 月，45°S 以北的气旋活动越来越少，60°S 以南气旋活动越来越频繁。

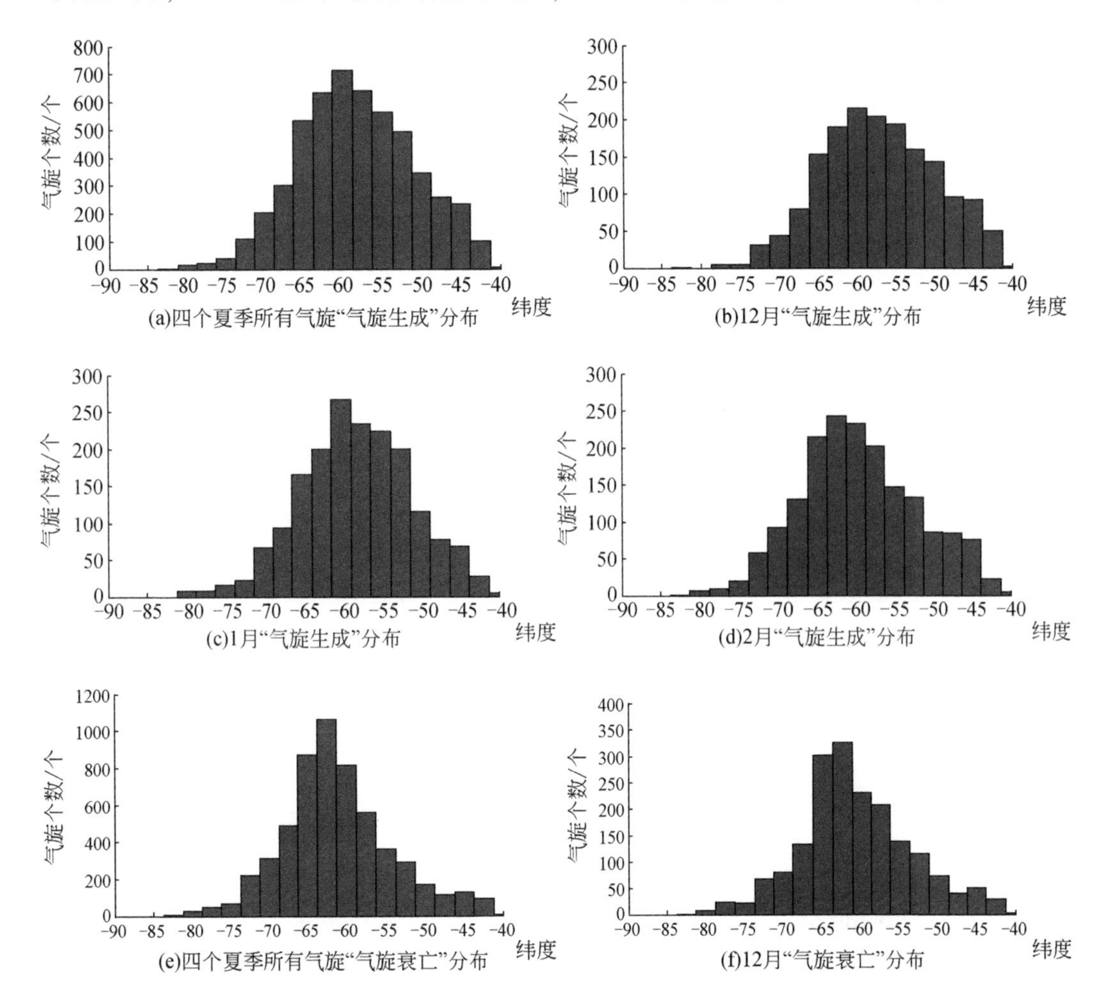

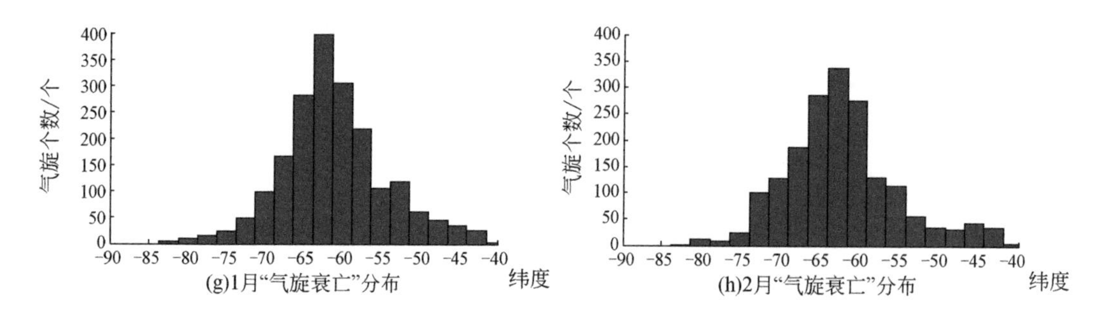

图 3.6　气旋个数与“气旋生成”和“气旋衰亡”位置随纬度分布直方图

图 3.6（e～h）示意气旋的“气旋衰亡”位置随纬度的分布。读图可知，最大值出现在 62.5°S，密集区出现在 60°S～65°S，约占消亡总数的 49%，绝大多数的气旋消亡位置位于 55°S～70°S，占总数的 79%。这一结果与气旋“气旋生成”位置分布结果相比位置偏南，说明气旋发展后还有继续向南运动的趋势。与此同时，各月高值区都出现在 60°S～65°S，并且随着月份推移，65°S～70°S 范围内的气旋衰退活动数量逐渐增加，而 55°S 以北活动数量减少。

图 3.7 为爆发性气旋个数与“气旋生成”和“气旋衰亡”位置随纬度分布直方图，从中可以发现绝大多数的爆发性气旋“气旋生成”位置都位于 65°S 以北，有 78% 的气旋“气旋生成”位置位于 50°S～65°S 内，与气旋“气旋生成”位置相比，平均北移 5 个纬度。各月最大值出现在 60°S，这与气旋“气旋生成”位置分布情况相同。除此之外，爆发性气旋“气旋生成”位置的纬度分布也有随月份推移向南极靠拢的趋势。爆发性气旋的“气旋衰亡”位置的峰值位于 62.5°S，约有 74% 的爆发性气旋衰退活动发生在55°S～65°S。各月爆发性气旋“气旋衰亡”位置分布表明，12 月在 65°S 有一个明显的峰值，1 月和 2 月份分别在 62.5°S 和 60°S 有不明显的峰值出现，与 12 月相比略偏北。

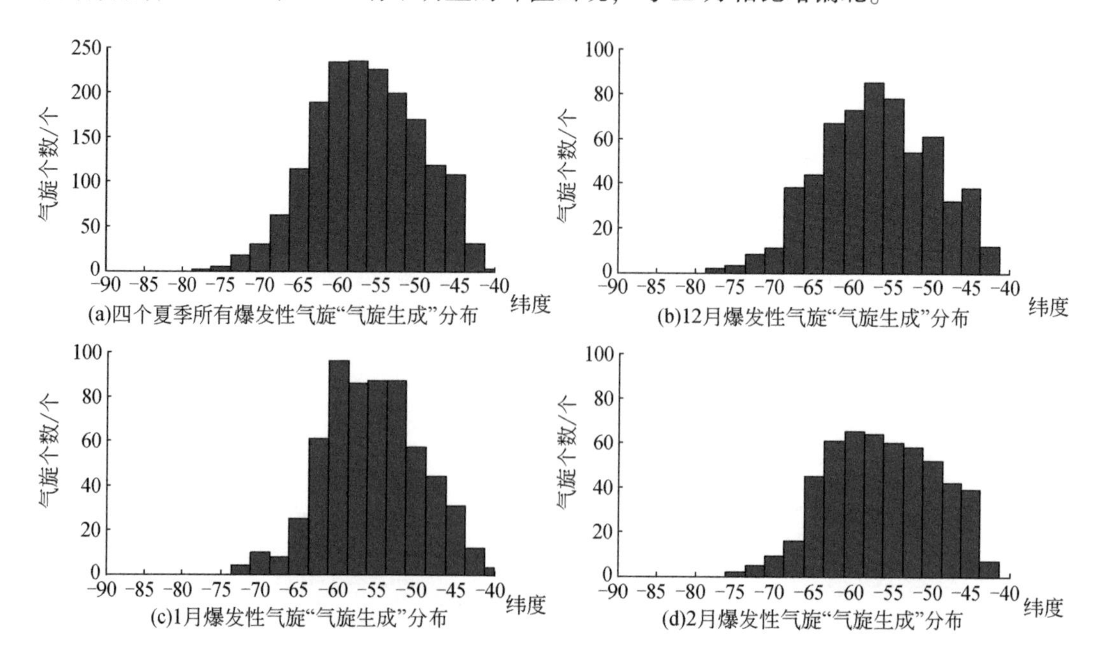

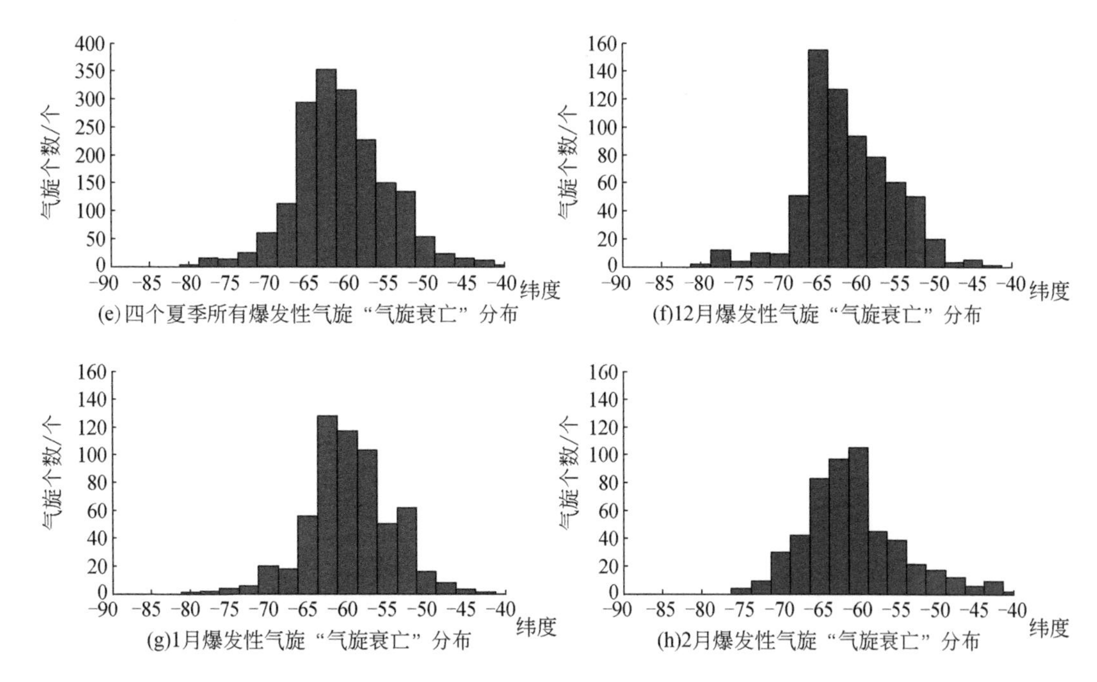

图3.7 爆发性气旋个数与“气旋生成”和“气旋衰亡”位置随纬度分布直方图

综合以上统计结果得到，气旋和爆发性气旋的“气旋生成”和“气旋衰亡”活动，在40°S～80°S范围内都有出现，气旋活动大多集中在55°S～70°S内，爆发性气旋则相对略偏北。12月至2月，受南半球西风带南移和南极大陆附近海陆温差逐渐增大的影响，越来越多的气旋和爆发性气旋出现在55°S～70°S以南，以北地区相对减少。

5. 气旋和爆发性气旋的强度

曲维正等（2001）指出，一般而言，南半球气旋的中心气压值比北半球低。统计发现，南半球气旋和爆发性气旋的最低中心气压值分别可达到940 hPa、923 hPa。有约67%的南半球气旋中心气压值都低于980 hPa，且比例由12月至2月逐渐增大，中心气压高于980 hPa的气旋比例减小。这说明夏初至夏末南半球气旋的强度增加。

Sanders（1986）按照气旋中心气压加深率的大小对爆发性气旋强度进行了划分，中心气压加深率在1.0～1.2 Bergeron的气旋为“弱爆发性气旋”，中心气压加深率在1.3～1.8 Bergeron的气旋为“中等爆发性气旋”，中心气压加深率大于1.8 Bergeron的气旋为“强爆发性气旋”。分析发现，南半球2004—2008年的四个夏季，共有102个弱爆发性气旋生成，是三类爆发性气旋中最多的；其次是中等爆发性气旋，有58个；强爆发性气旋最少，只有21个。

图3.8为爆发性气旋个数与其中心气压最大加深率分布直方图，爆发性气旋的平均中心气压加深率为1.35 Bergeron，12月、1月和2月的月平均中心气压加深率分别为1.33 Bergeron、1.37Bergeron和1.33 Bergeron。1月份的中心气压最大加深率为1.37Bergeron，爆发性气旋强度最大。爆发性气旋中心气压加深率的峰值在1.1～1.2 Bergeron之间，各月

的峰值也基本与此一致，爆发性气旋个数随加深率增大而减少。四个夏季爆发性气旋中心气压最大加深率为 2.9 Bergeron，生成于 2008 年 2 月。

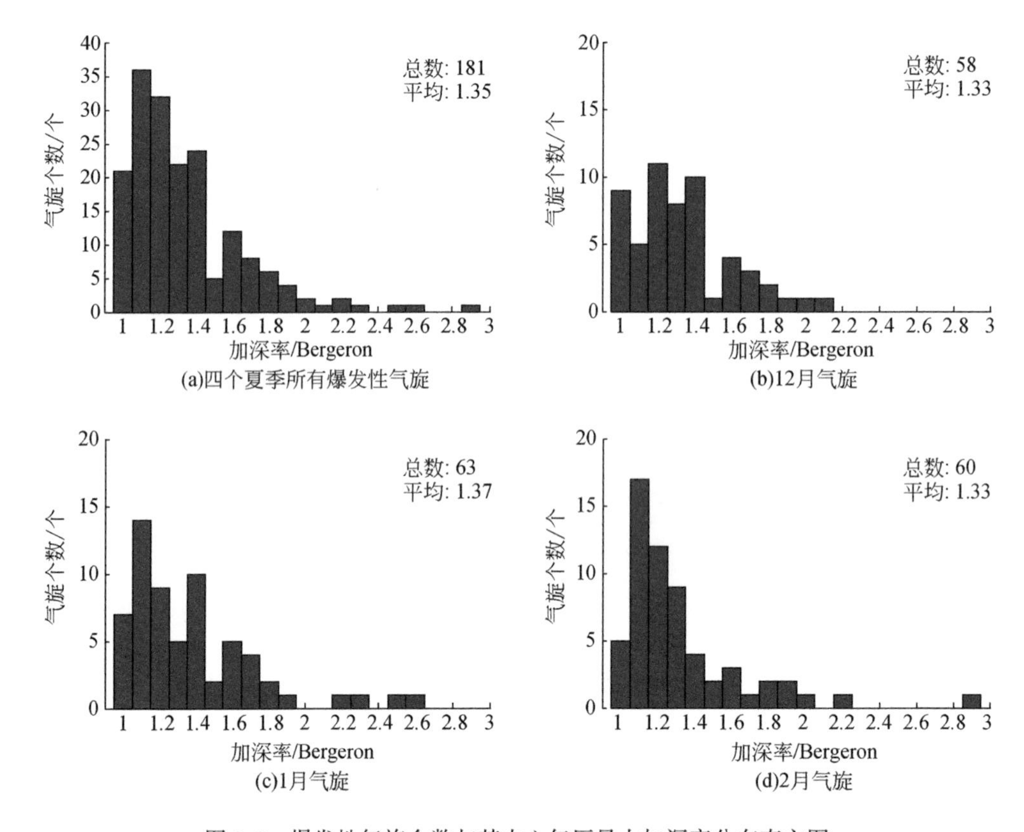

图 3.8　爆发性气旋个数与其中心气压最大加深率分布直方图

6. 生命周期和水平尺度特征

南半球有着独特的地理环境，热带以外地区几乎都是广袤无垠的海洋（除了南极大陆以外），特殊的地理环境使得南半球气旋具有发生频率高、中心气压值低、水平尺度大等特点。南大洋的爆发性气旋具有明显的温带气旋即锋面气旋的特征。对南半球 2004—2008 年四个夏季共 12 个月的气旋生命周期进行统计后发现，气旋的生命周期最长为 10.5 d，平均周期为 2 ~ 6 d，爆发性气旋的生命周期一般为 3 ~ 5 d。由于南半球多海洋、少陆地，缺少陆地的阻挡，南半球气旋的水平尺度较北半球要大。南半球气旋的平均直径约为 1000 km，最大直径可达 4000 km 以上。爆发性气旋大多属于温带气旋，有明显的锋面气旋特性，平均直径约为 3000 km。

7. 卫星云图特征

图 3.9 为 2005 年 1 月 31 日 18 UTC 南大洋上的 GOES-9 红外卫星云图。如图所示，A、B、C 为非爆发性气旋，D、E 为爆发性气旋。气旋 E 是处于成熟时期的爆发性气旋，中心气压值为 954 hPa，中心气压最大加深率 1.85 Bergeron，为强爆发性气旋；D 为初生时期

的爆发性气旋，中心气压值为992 hPa，最大加深率1.01 Bergeron，为弱爆发性气旋。气旋A、B、C均为成熟的温带气旋，中心气压值分别为971 hPa、970 hPa和960 hPa。从云图中可以看出，南半球气旋与北半球不同，为顺时针旋转。在热带以外地区，气旋大多伴随有长锋面（气旋E的锋面长度约有3000 km，而气旋C的锋面长度则可达5000 km左右），并且没有明显的眼区，此云图大致可反映出南半球气旋及爆发性气旋的一般形态。

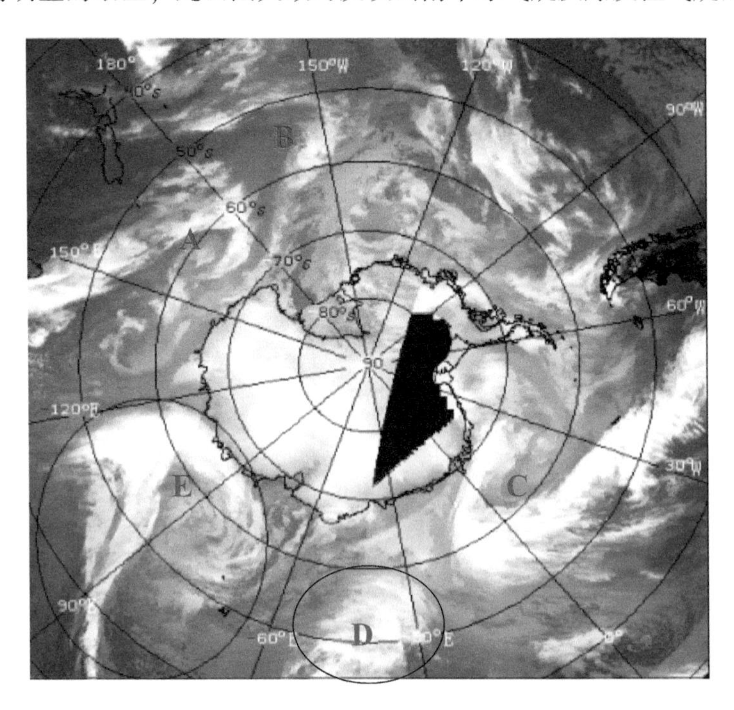

图3.9　2005年1月31日18 UTC南大洋上的GOES-9红外卫星云图

A，B和C为非爆发性气旋，D和E为爆发性气旋

8. 合成分析

为了探寻爆发性气旋的共性特征，我们对爆发性气旋做了合成分析，为了更好地体现气旋爆发性发展的特性，仅合成分析中心气压加深率大于1.3 Bergeron的爆发性气旋。把每个爆发性气旋的中心作为合成分析的中心，向东、向西各20 km，向南、向北各15 km作为合成分析的区域范围，分别获得250 hPa、500 hPa和850 hPa的位势高度、水平风速和温度梯度分布图（图3.10）。从图3.10上可以看到，在850 hPa上有非常明显的位势高度闭合等值线，气旋的闭合位势高度等值线特征比250 hPa、500 hPa显著。气旋中心位于急流出口区的右侧，处于250 hPa、500 hPa和850 hPa高空槽前，都伴随有急流存在；气旋中心附近温度梯度较大、斜压性较强，其中850 hPa上大气斜压性最强。气旋中心西侧温度相对较低，有与高度槽对应的冷槽。这些现象表明，气旋的爆发性发展与高空槽相伴随，槽后有冷空气。高、中、低空急流和大气斜压带的出现，是气旋得以爆发性发展的重要条件。

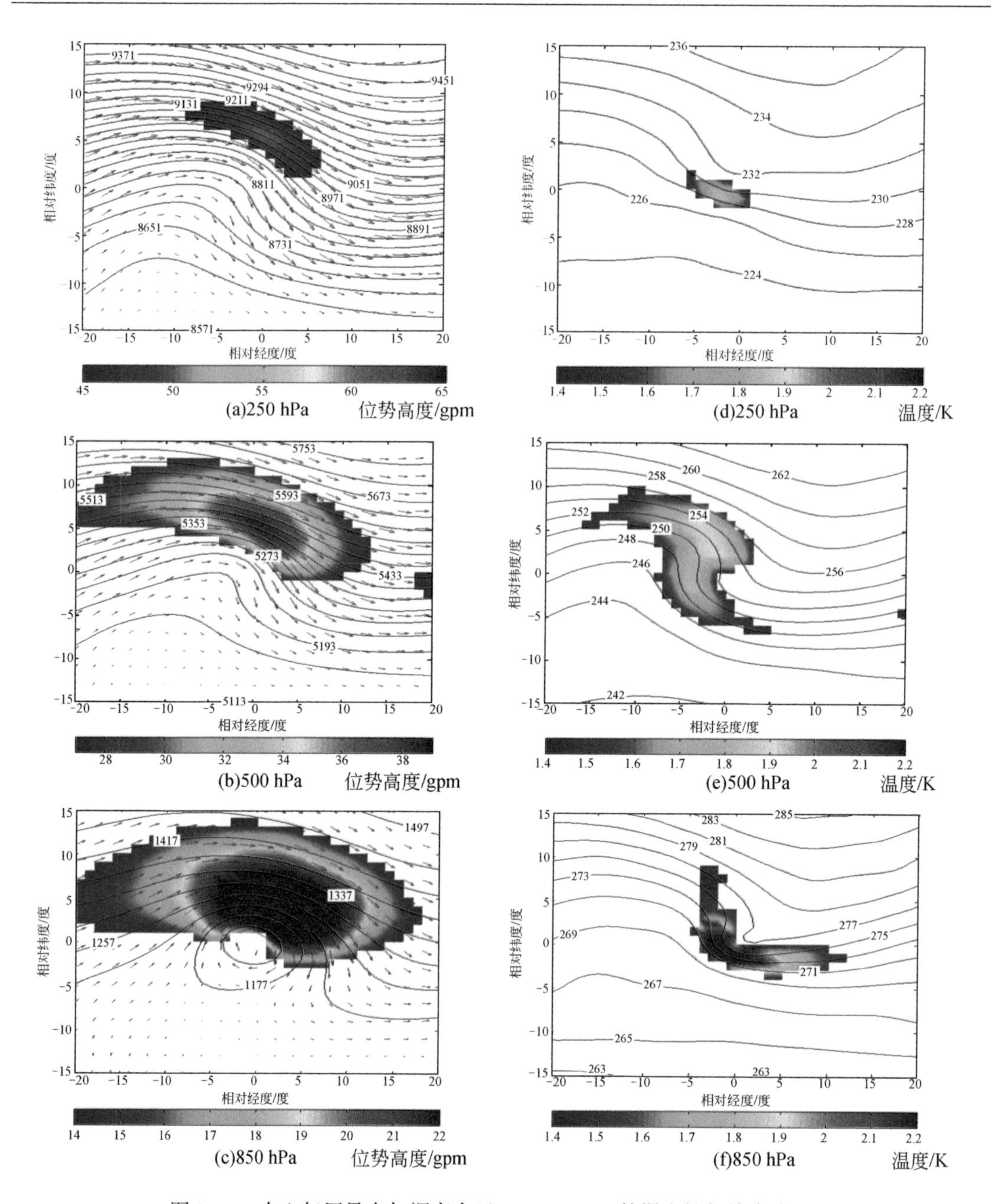

图 3.10　中心气压最大加深率大于 1.3 Bergeron 的爆发性气旋合成图

左列图：位势高度（gpm）、风向、风速（m/s）合成图；右列图：温度（K）和温度梯度合成图

3.1.6　小结

我们利用美国国家环境预报中心 NCEP 提供的 FNL 格点资料对南大洋 2004—2008 年四个夏季（12 月、1 月、2 月）热带地区以外的气旋及爆发性气旋的发生位置和移动路径

等特征进行统计分析，发现1月份为南半球夏季气旋与爆发性气旋发生的高峰期。随着夏季向秋季过渡，南极大陆附近海陆温差增大，南半球气旋的发生位置分布向高纬度集中。55°S～70°S纬度内气旋分布最为密集，气旋移动路径大多为东—东南走向，但在50°S及南极大陆附近发现有个别气旋向北移动。约67%的南半球气旋中心气压值都低于980 hPa，夏初至夏末，该比例还会逐渐增大。气旋生命周期约为2～6 d，水平尺度约为1000 km。

南半球夏季爆发性气旋多生成于中纬度地区，即南大西洋和南印度洋50°S～60°S纬度内，南太平洋相对较少。爆发性气旋中心气压最大加深率的位置集中在45°S～60°S范围内，即南半球西风带内气旋较易爆发性发展。最低中心气压位置一般位于60°S～70°S。移动路径多为东—东南走向，极个别向北或东北方向移动。爆发性气旋生命周期一般为3～5 d，水平尺度约为3000 km。气旋中心气压最大加深率为2.9 Bergeron，最低中心气压值为923 hPa。

合成分析表明，高空槽、高中低空急流和大气斜压带有利于爆发性气旋的快速发展。

为了更细致地了解南大洋爆发性气旋的结构和其发生与发展的物理机制，需要进一步研究有代表性的典型个例。

3.2　2008年2月强爆发性气旋的观测分析及数值模拟

由3.1节可知，南大西洋和南印度洋为爆发性气旋的频繁发生区，而罗斯海周围即南太平洋地区的爆发性气旋相对较少。统计分析表明，大多数的爆发性气旋属于弱爆发性气旋，约占爆发性气旋总数的56%，只有12%的爆发性气旋可以达到强爆发性气旋的强度。为了多方面探究爆发性气旋的时空结构及发展机制，本小节选取发生在南印度洋上的一个有代表性的强爆发性气旋Q。该气旋于2008年2月25日生成，中心气压最大加深率为2.9 Bergeron，是南半球四个夏季中气旋中心气压加深率最大的一个气旋，属于强爆发性气旋。

3.2.1　观测分析

1. 地面天气图分析

澳大利亚气象局提供了爆发性气旋Q发生期间南印度洋地区的地面天气图。图3.11给出了2008年2月25日00 UTC至26日12 UTC的天气图，时间间隔为12 h。气旋Q于2月25日00 UTC生成于（50°S，68°E）附近，此时中心气压为994 hPa（图3.11a），从气旋Q的中心向北呈逆时针螺旋延伸出一条冷锋，东面是一条暖锋。气旋Q的东西两侧各有一个高压系统，同时在南侧的南极大陆周围有一个处于消亡期的低压系统（称之为气旋Q_d）。至25日12 UTC，气旋Q迅速加深，此时中心气压已达969 hPa，气旋Q_d向Q靠近，有与其合并的趋势（图3.11b）。26日00 UTC，气旋Q_d赶上Q与其合并，使Q迅速发展，其中心气压已降低为948 hPa，冷锋合并后成为跨越25个纬度的东南—西北走向的冷锋带，并且形成锢囚锋（图3.11c）。12 h后，气旋Q继续加深，中心气压达到最小值 928 hPa，气旋开始西退（图 3.11d）。

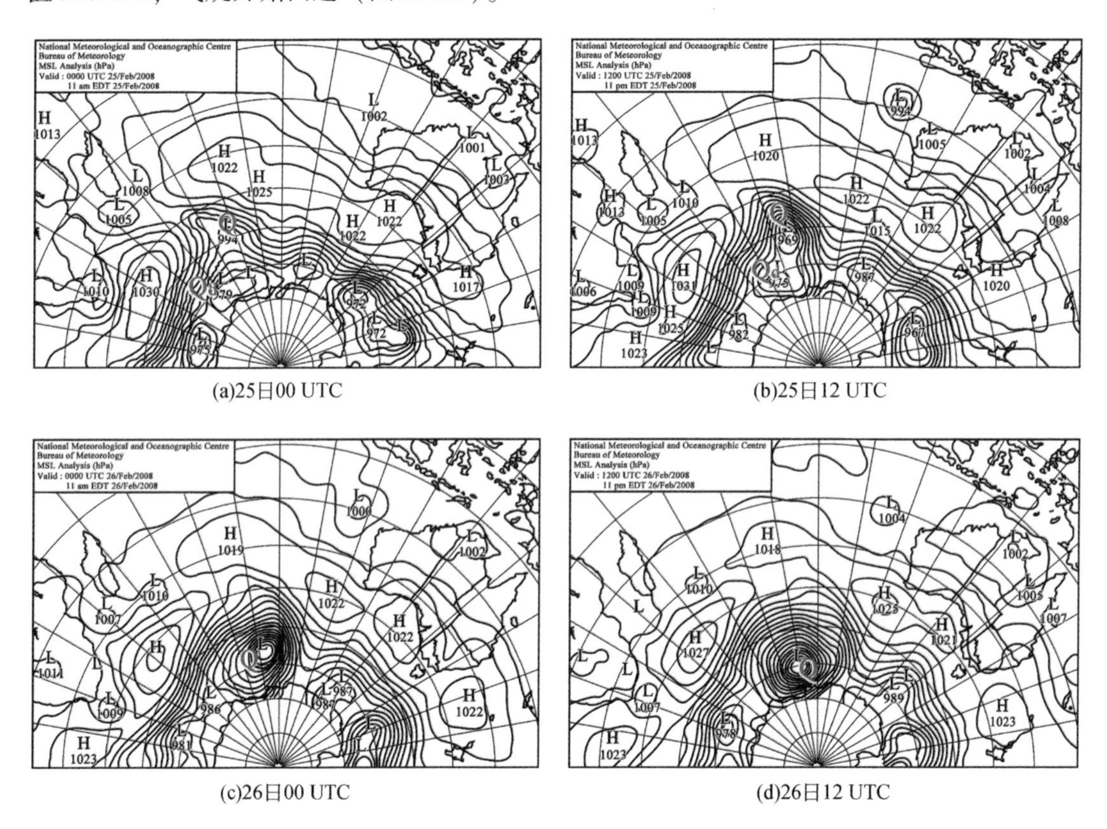

(a)25日00 UTC　　(b)25日12 UTC

(c)26日00 UTC　　(d)26日12 UTC

图 3.11　澳大利亚气象局提供的 2008 年 2 月 25-26 日南印度洋的天气图

字母 Q 和 Q_d 代表气旋 Q 和 Q_d 的中心位置

27 日 00 UTC 气旋 Q 中心东北侧、冷锋带西侧出现另外一条冷锋（图 3.12a），27 日 12 UTC 气旋 Q 继续发展（图 3.12b），并于 28 日 00 UTC 形成一个闭合低压系统（图 3.12c），称之为 Q 的子气旋 Q_z。在子气旋 Q_z 冷锋带出现的同时，气旋 Q 开始减弱（图 3.12d），并于 29 日 00 UTC 消亡（图略）。子气旋 Q_z 将 Q “吞并”，进入迅速发展阶段。

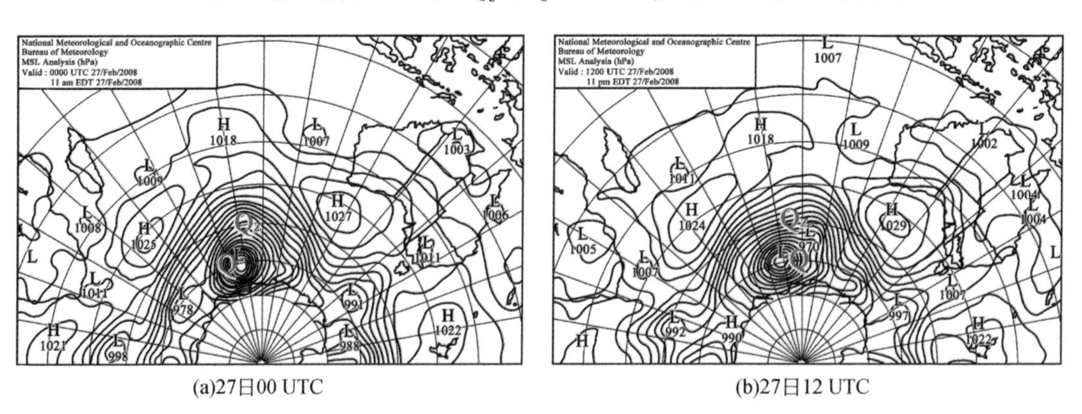

(a)27日00 UTC　　(b)27日12 UTC

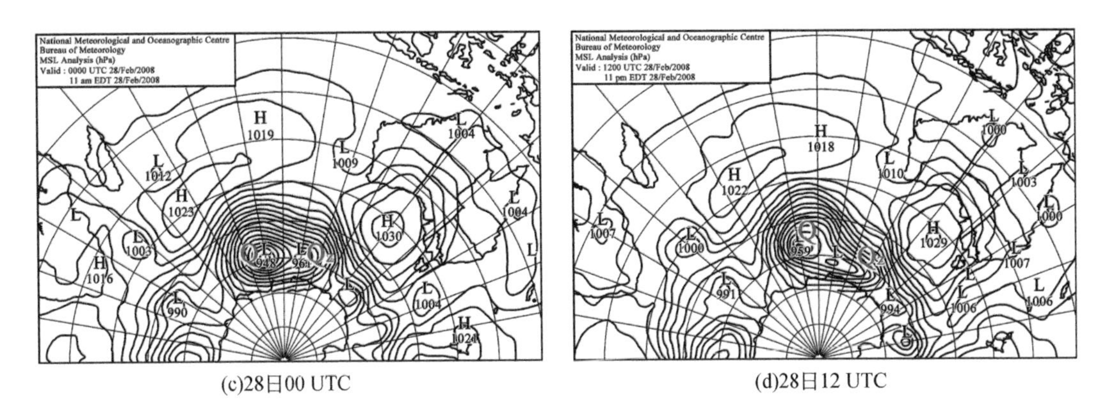

(c)28日00 UTC　　(d)28日12 UTC

图 3.12　澳大利亚气象局提供的 2008 年 2 月 27–28 日南印度洋的天气图
字母 Q 和 Q_d 代表气旋 Q 和 Q_d 的中心位置

2. 气旋爆发性发展过程

由于澳大利亚气象局提供的地面天气图时间间隔为 12 h，不能满足精确地描述气旋爆发性发展过程的需要，因此我们使用时间间隔为 6 h 的 FNL 资料来分析此次气旋的强爆发过程。该强爆发性气旋生成于 2008 年 2 月 25 日 06 UTC，于 2008 年 2 月 29 日 00 UTC 消亡，发展过程历时 90 h。如图 3.13 所示，气旋 Q 生成时其中心气压值为 984 hPa，之后 Q 向南移动进入迅速发展的阶段，中心气压迅速降低，6 h 后，中心气压降低到 969 hPa，下降幅度达 15 hPa，此时气旋中心气压加深率达 2.9 Bergeron，为气旋 Q 的最大中心气压加深率。12 h 后，气旋 Q 的中心气压为 952 hPa，12 h 内下降为 31 hPa。此时气旋 Q 的中心气压加深率为 2.5 Bergeron。之后，气旋 Q 继续迅速加强，于 25 日 18 UTC 和 26 日 00 UTC 连续爆发性发展，但加深率逐渐减小，分别为 1.9 Bergeron 和 1.1 Bergeron。缓慢发展 12 h 后，于 26 日 12 UTC 中心气压达到最小值 928 hPa，之后气旋缓慢西移，于 27 日 00 UTC 开始向北—东北方向移动，气旋移动路径呈现出“γ”字符形状。此爆发性气旋属于连续爆发性发展的气旋，从气旋生成开始，就一直处于迅速发展的状态。我们把 25 日 06 UTC 至 25 日 18 UTC 称为气旋 Q 的“初次爆发阶段”，25 日 18 UTC 至 26 日 12 UTC 称为“后续爆发阶段”，25 日 06 UTC 称为“初始时刻”，4 个中心气压加深率大于 1.0 Bergeron 的时刻为 25 日 12 UTC、25 日 18 UTC、26 日 00 UTC 及 26 日 06 UTC 称为“爆发时刻”，26 日 12 UTC 为气旋中心气压最低时刻。

3. 卫星云图特征

卫星云图可以展示气旋的演变过程。在 25 日 00 UTC 的 GOES-9 红外卫星云图上（图 3.14a）可以看到，在（50°S，70°E）附近有一个水平范围较大的云团，此为气旋 Q 对应的云团。在云团南侧有一个明显处于消散阶段的锋面云带，为气旋 Q_d 对应的云带。25 日 06 UTC，云团向南逼近，并迅速增厚增亮，气旋 Q_d 对应云带继续消散并向东南运动（图 3.14b）。25 日 12 UTC，气旋 Q 对应的云团已初步形成一个宽厚的锋面云系，并移向

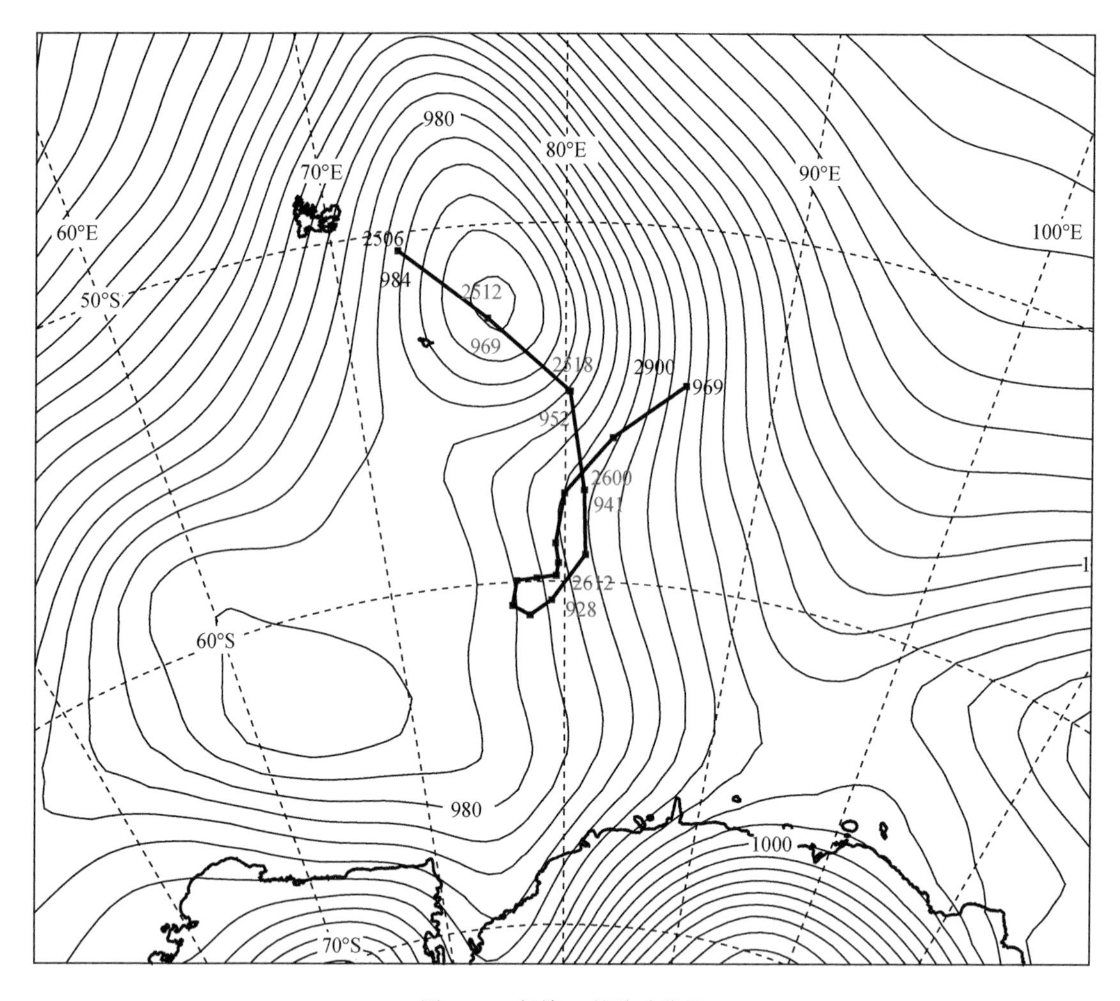

图 3.13　气旋 Q 的移动路径

背景场为 Q 中心气压最大加深率所在时刻 2008 年 2 月 25 日 12 UTC FNL 资料海平面气压（hPa），等值线间隔为 2 hPa。从 25 日 06 UTC，每隔 6 h 标记一次，数字代表时间和气旋当时气压值，例如，2506 代表 25 日 06 UTC，984 代表气压值为 984 hPa。黑色■代表气旋 Q 在 FNL 资料海平面气压场的闭合中心的位置，红色字符表示此时刻中心气压加深率大于1 Bergeron，蓝色数字表示中心气压最低时刻

东南追赶上 Q_d（图 3.14c）。25 日 18 UTC，两个锋面云带合并，形成一个气旋性的“逗点”状云系，锋面云系已完全形成（图 3.14d）。

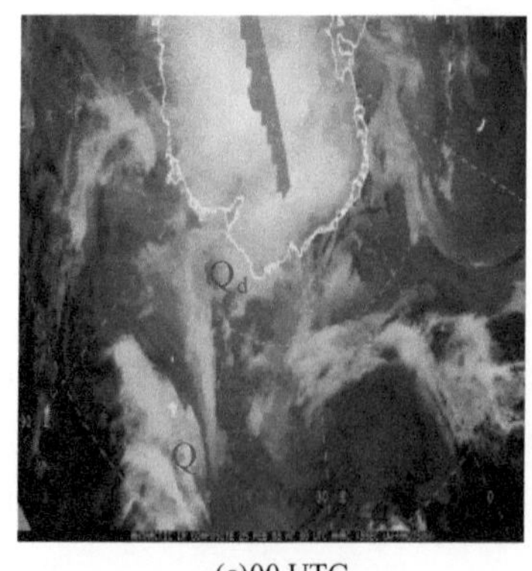

(a)00 UTC

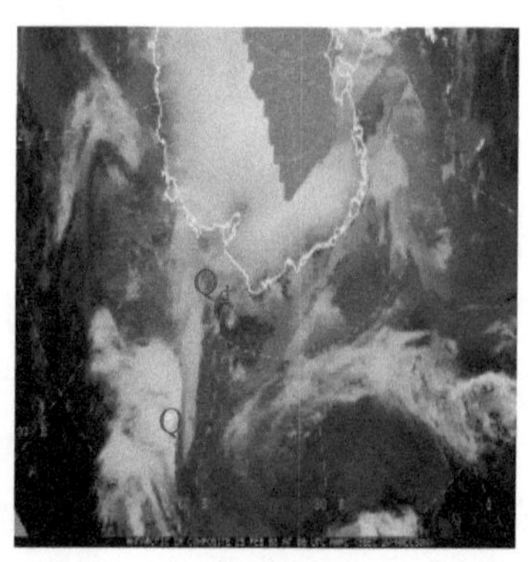

(b)06 UTC

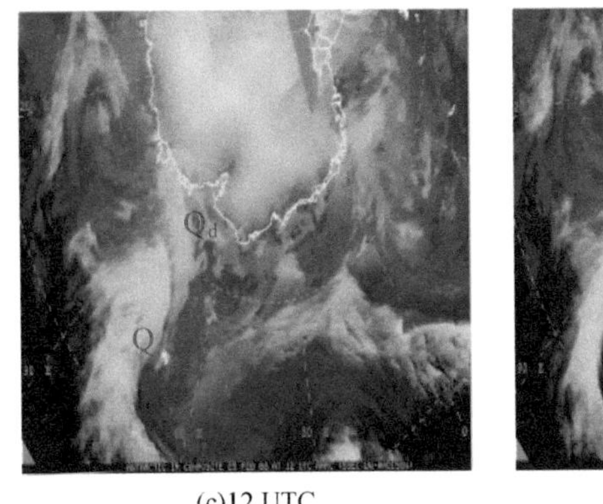
(c)12 UTC

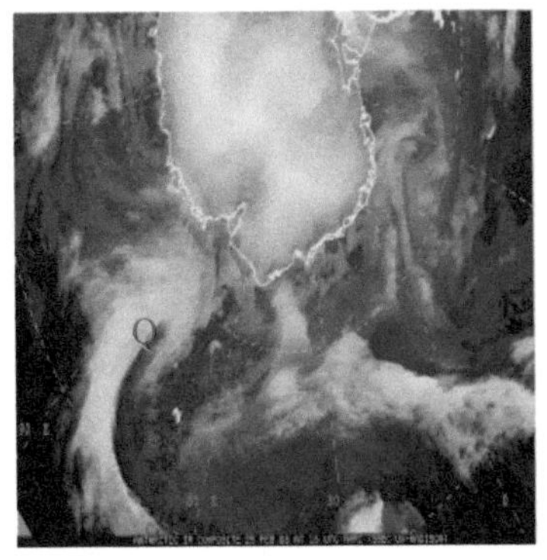
(d)18 UTC

图3.14　2008年2月25日印度洋上空的GOES-9红外卫星云图
字母Q和Q_d代表气旋Q和Q_d的中心位置

26日00 UTC，锋面云带气旋性弯曲加强，并继续向东南移动，此时云带对应地面天气图中的冷锋系统，云带的厚度和亮度都达到最强。从云带的态势看，气旋已处于成熟阶段（图3.15a）。之后，锋面云带弯曲虽增强，但是变窄、变薄，并已呈现出破碎态势，气旋开始消散（图3.15b）。至26日12 UTC，锋面云带的破碎态势已很明显（图

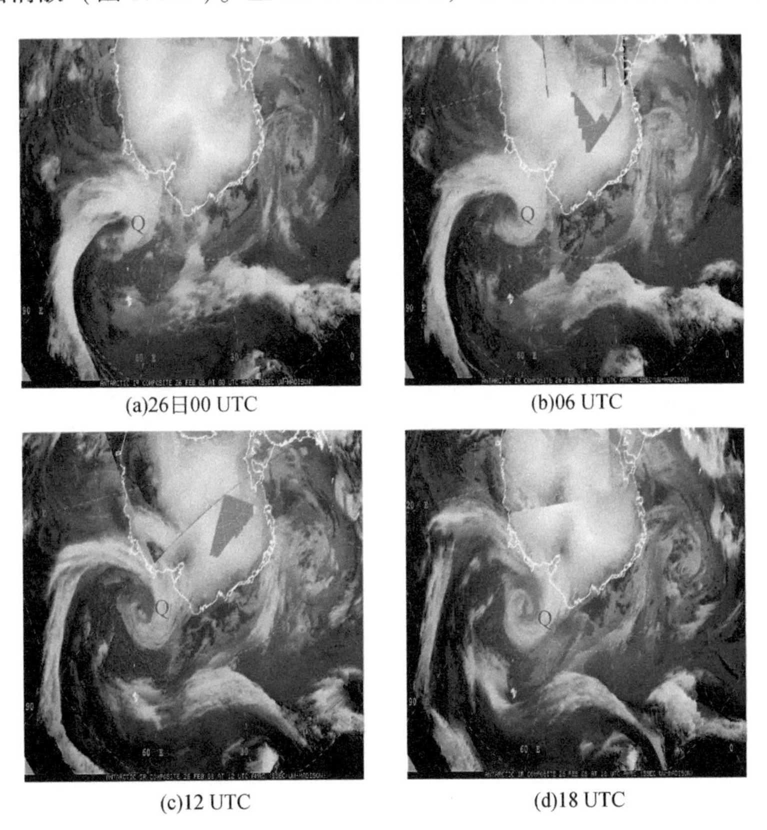
(a)26日00 UTC　(b)06 UTC　(c)12 UTC　(d)18 UTC

图3.15　2008年2月26日印度洋上空的GOES-9红外卫星云图
字母Q和Q_d代表气旋Q和Q_d的中心位置

3. 15c)，并于 6 h 后的 26 日 18 UTC 时断裂为两个云带（图 3. 15d）。我们注意到在气旋 Q 锋面云带后方有一个浅薄的云团迅速向东行进、缓慢发展，至 26 日 18 UTC 与气旋 Q 对应的云带的距离已经很近，之后，在气旋 Q 伴随的锋面云带断裂后与其合并发展，气旋 Q 伴随的云带消亡（图略）。气旋从初生至消亡，没有明显的“眼”状结构，这一点与发生在高纬度的极地低压的气旋更多地呈现出温带锋面气旋的特征不同。

4. 天气过程分析

利用 FNL 资料可以分析气旋 Q 发生和发展的过程。图 3. 16 为气旋生成前和初始时刻海平面气压场和 500 hPa 位势高度场。由图可见在 25 日 00 UTC 的海平面气压场上，有一

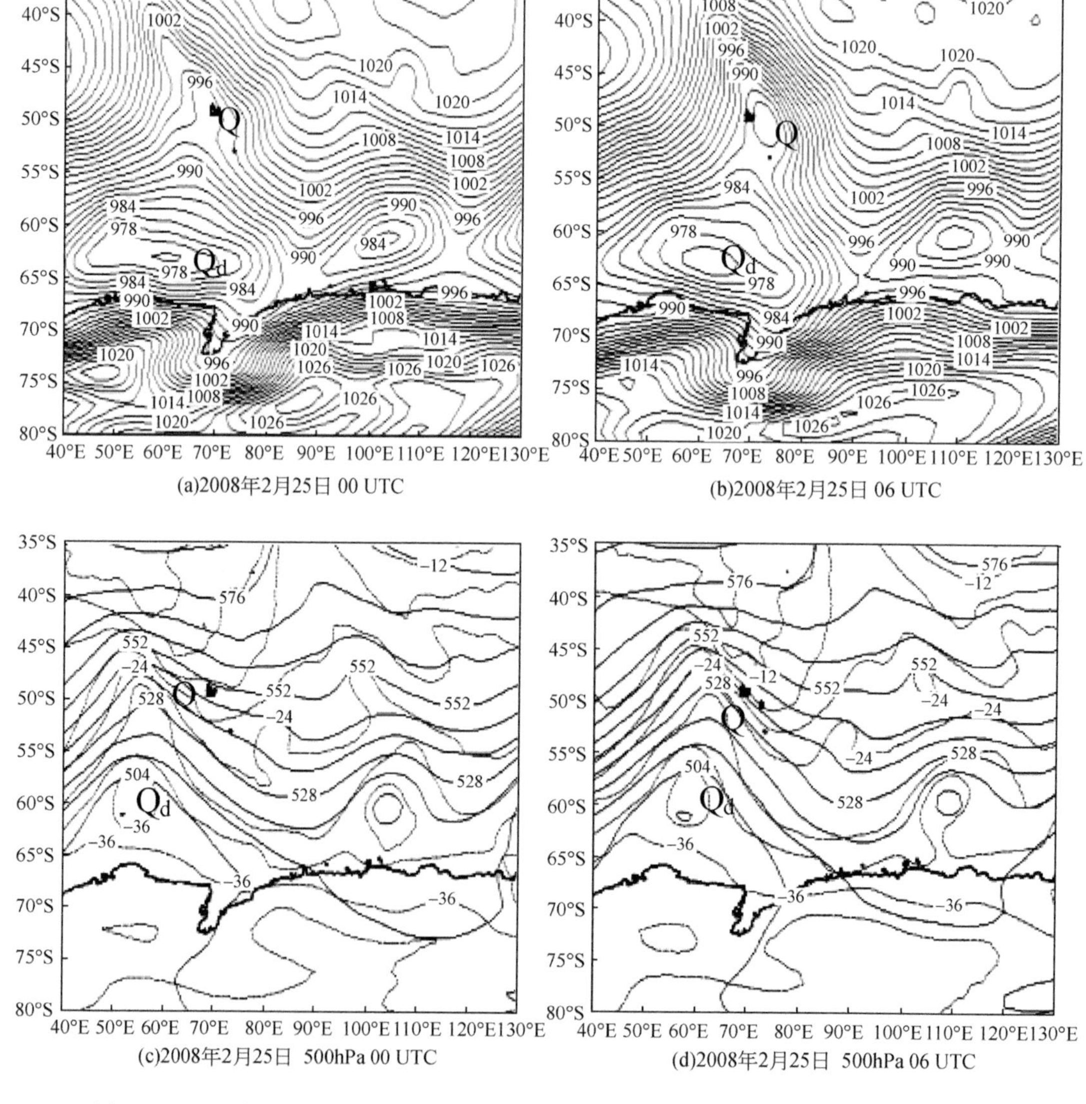

图 3. 16　2008 年 2 月 25 日 00 UTC、06 UTC 海平面气压场（hPa）和 500 hPa 天气形势图

实线代表的位势高度等值线（间隔为 80 gpm），虚线表示温度等值线（间隔为 4℃）

字母 Q 和 Q_d 代表气旋 Q 和 Q_d 的中心位置

个低压槽出现，但还并未形成闭合的低压中心，在槽南部靠近南极大陆的区域有一个中心气压为 978 hPa 的低压系统（图 3. 16a）。25 日 06 UTC，海平面低压槽发展成为闭合的低压中心（图 3. 16b），这一时刻定为气旋的“初始时刻”，与澳大利亚气象局提供的天气图相比滞后 6 h。25 日 00 UTC，在 500 hPa 图上（图 3. 16c），气旋中心左后方有一高空槽，槽的下方有一个−38℃冷涡，此冷涡位置与下层气旋 Q_d相对应，同时在气旋右前方有一暖的温度脊。25 日 06 UTC，500 hPa 高空槽继续发展，暖脊向东南方向伸展，气旋中心附近温度为−16℃（图 3. 16d）。

25 日 12 UTC，气旋向东南方向移动并迅速加深，气旋 Q_d有与气旋 Q 合并的趋势（图 3. 17a）。至 18 UTC，气旋 Q_d与气旋 Q 完全合并，气旋迅速发展，中心气压降至 952 hPa，12 h 下降 26 hPa，此时气旋的水平尺度也达到 45 个纬度（图 3. 17b）。25 日 12 UTC 的 500 hPa 图上（图 3. 17c），我们发现与气旋 Q_d相对应的冷涡温度升高并向气旋方向移动，高空槽

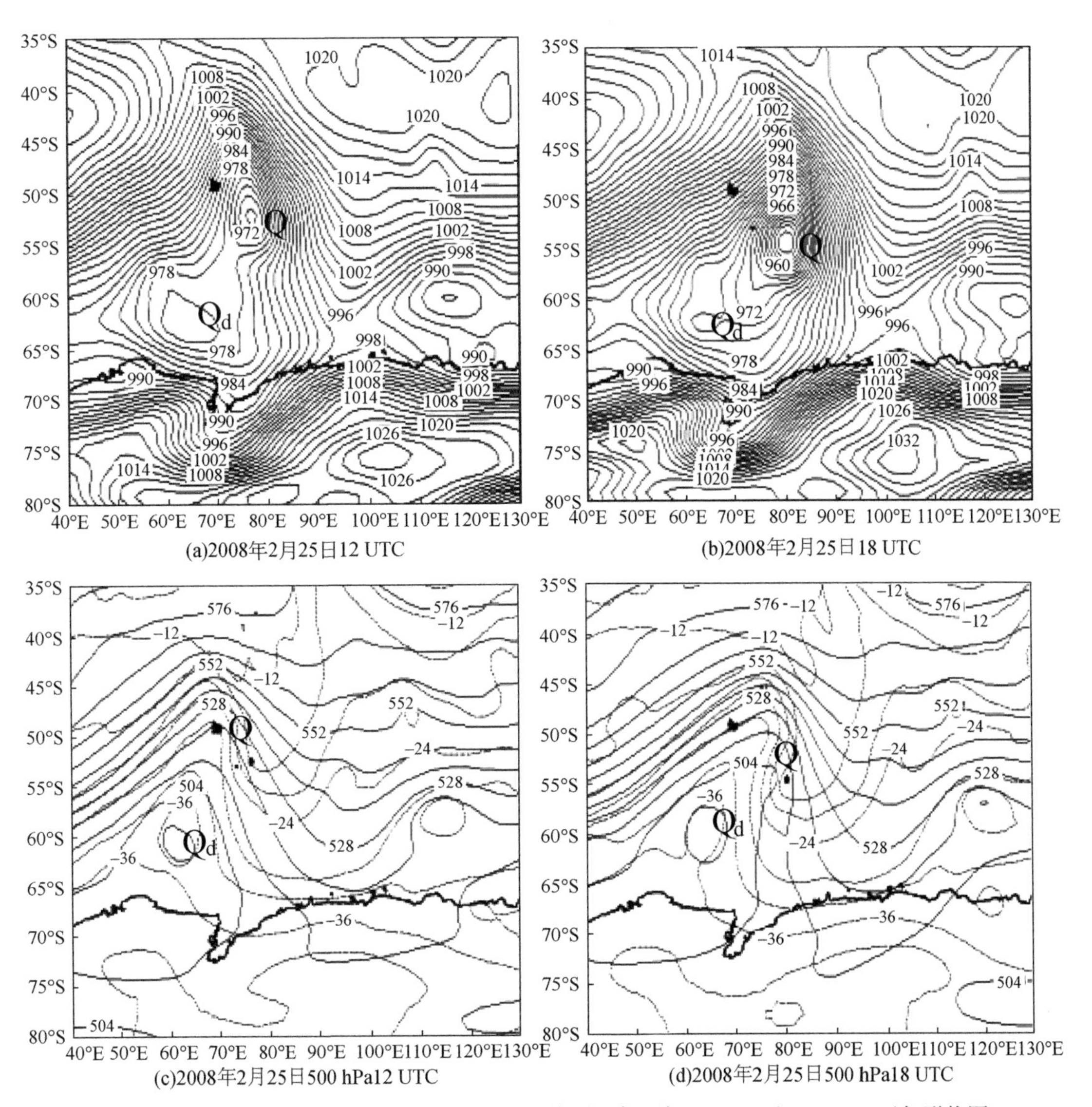

(a)2008年2月25日12 UTC

(b)2008年2月25日18 UTC

(c)2008年2月25日500 hPa12 UTC

(d)2008年2月25日500 hPa18 UTC

图 3. 17　2008 年 2 月 25 日 12 UTC、18 UTC 海平面气压场（hPa）和 500 hPa 天气形势图

字母 Q 和 Q_d 代表气旋 Q 和 Q_d 的中心位置

与气旋中心已十分接近，暖脊继续南伸。18 UTC 的 500 hPa 图上，对应的高空槽已赶上气旋，暖脊向西南方向延伸形成了一个暖舌，地面气旋中心正位于暖舌中心位置（图 3. 17d）。

26 日 00 UTC，地面气旋已发展成为一个相当庞大和深厚的系统，中心气压达到最小值即 940 hPa（图 3. 18a）。6 h 后的 26 日 06 UTC，气旋的等压线还在不断加密，中心气压达到最小值即 928 hPa（图 3. 18b）。在 500 hPa 图上，26 日 00 UTC，高空槽形成一个低涡，低涡中心几乎与地面气旋中心重合，-16℃等温线标识的暖舌向西南推进(图 3. 18c)，并于 26 日 06 UTC 生成中心温度为-16℃的暖涡，低涡中心与地面气旋中心重合（图 3. 18d）。

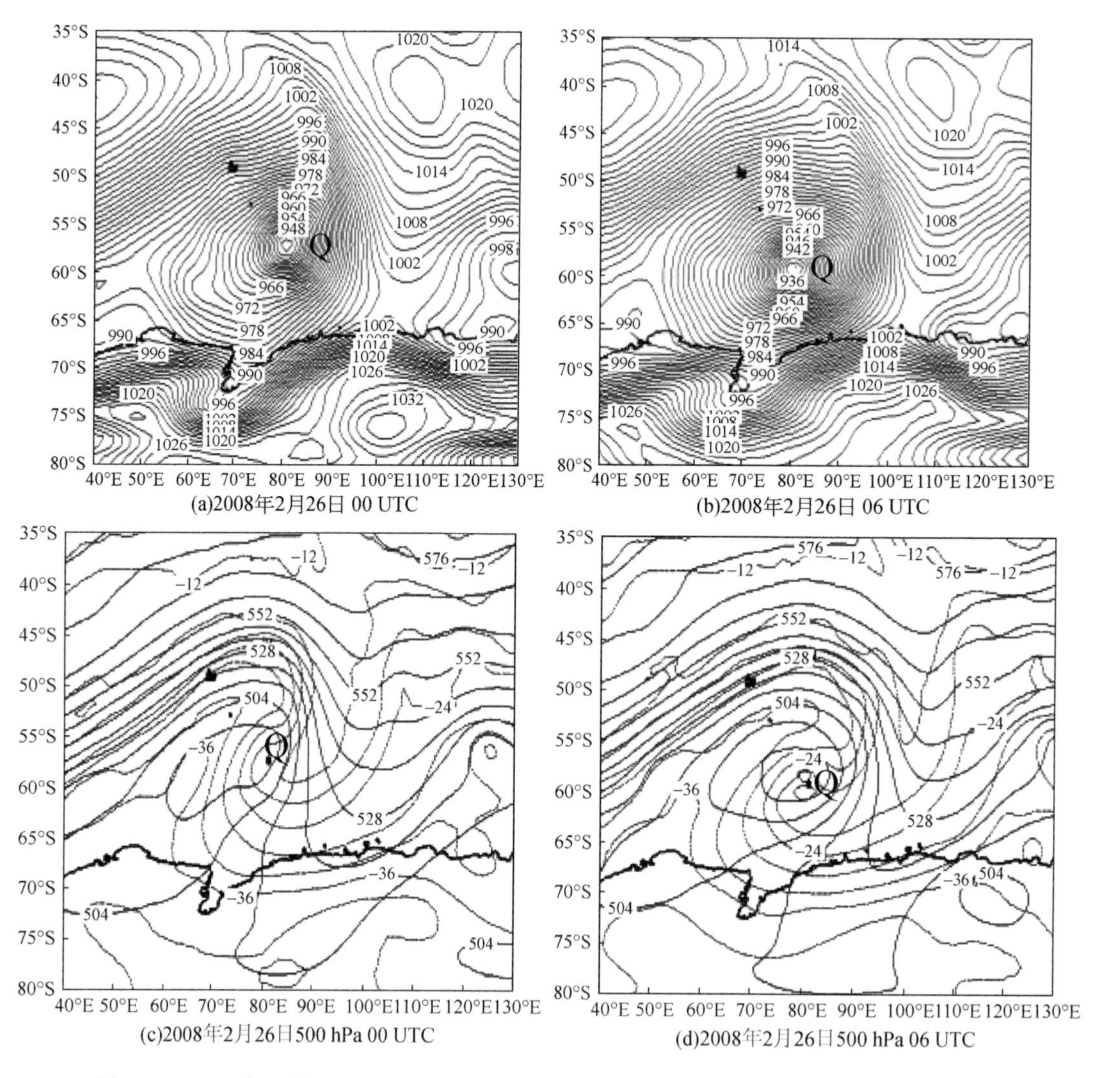

图 3. 18　2008 年 2 月 26 日 00 UTC、06 UTC 海平面气压场（hPa）和 500 hPa 天气形势图
字母 Q 代表气旋 Q 的中心位置

从此时的海平面气压图中我们可以看到，气旋左右两侧都存在一个高压系统，南极大陆也有高压存在。气旋进入衰退期后，受两侧高压和南极大陆的影响，气旋基本在原地顺时针旋转，直至 27 日 18 UTC 气旋右侧出现子气旋 Q_z，形成一个气旋对，子气旋迅速发展

并向西南移动，Q迅速衰退并向东北向移动，直至两个气旋合并（图略）。

26日12 UTC，地面气旋已发展成为一个相当庞大、深厚的系统，中心气压最低值小于928 hPa（图3.19a）。6 h后的26日18 UTC，气旋中心的等压线还在不断加密，中心气压最低值小于926 hPa（图3.19b）。在500 hPa图上，26日12 UTC，低涡中心与地面气旋中心重合，暖涡中心的温度-20℃（图3.19c），26日18 UTC暖涡中心温度为-20℃，低涡中心与地面气旋中心重合（图3.19d）。

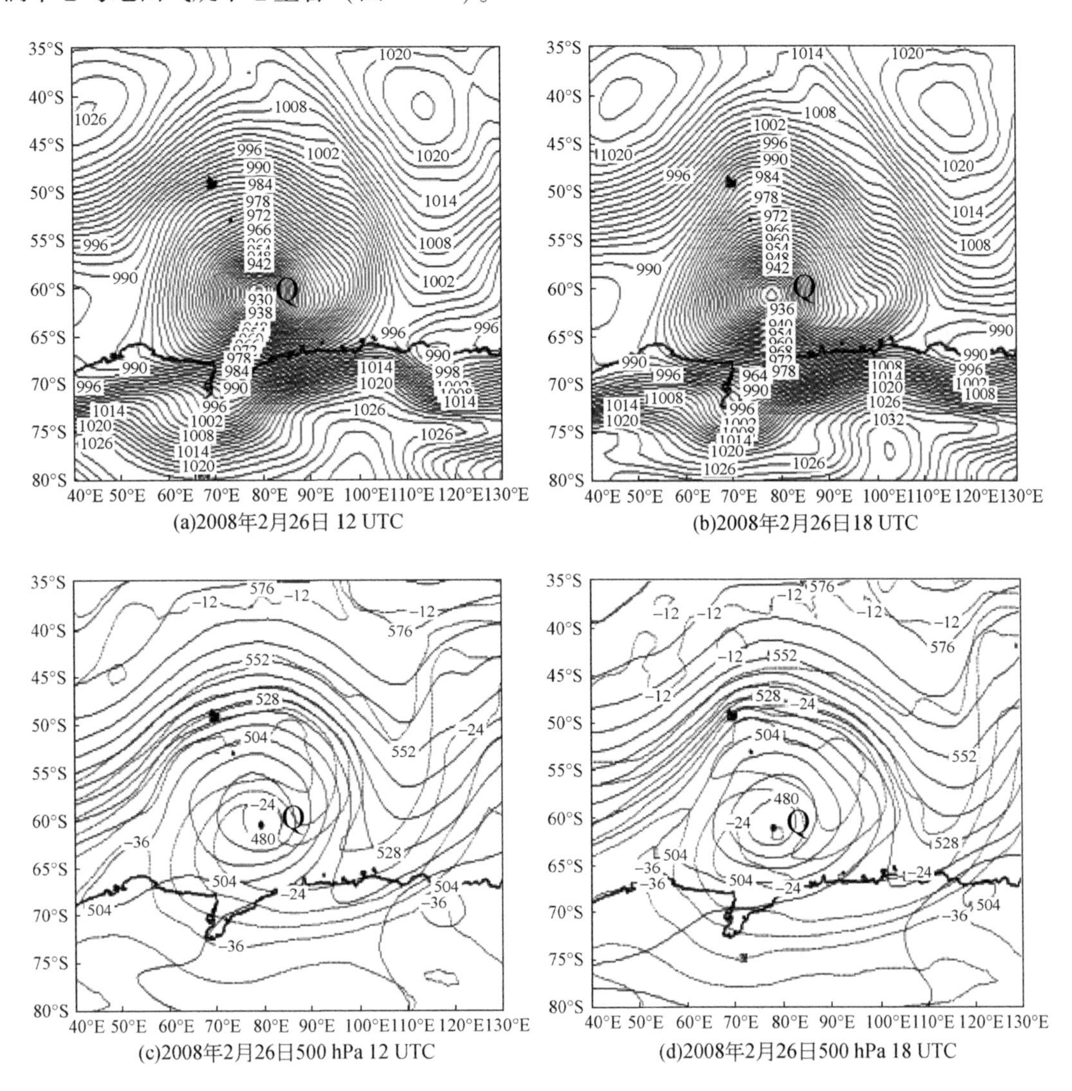

图3.19 2008年2月26日12 UTC、18 UTC海平面气压场（hPa）和500 hPa天气形势图
字母Q代表气旋Q的中心位置

海表面风速在气旋发展阶段迅速增大（图3.20、图3.21），25日00 UTC至18 UTC风速增大10 m/s。在气旋发展过程中，其周围风速大值区主要出现在气旋中心北侧，随气旋顺时针旋转。25日18 UTC开始，气旋南侧也开始出现大风区，至26日12 UTC气旋中心周围风速达到最大值34 m/s（图3.21c），之后海表面风速开始减小。

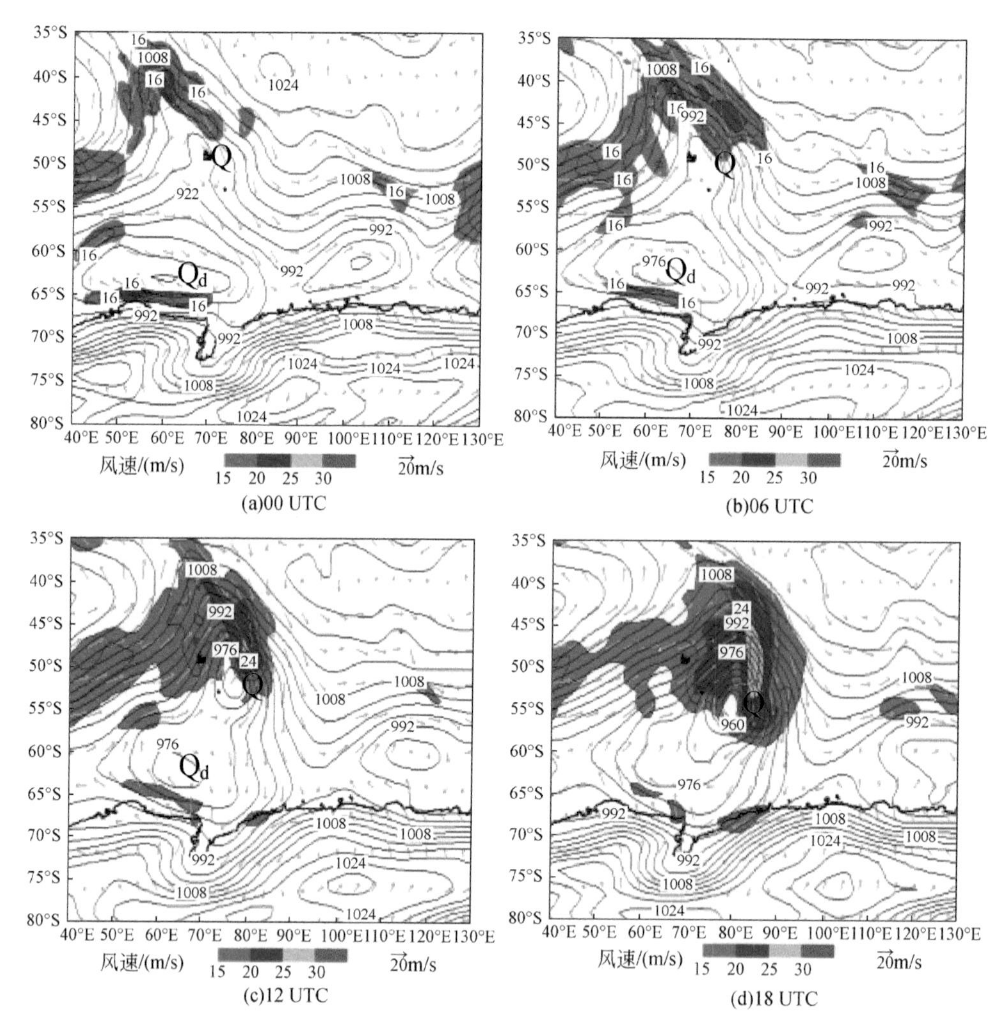

图 3.20　2008 年 2 月 25 日海平面气压场（实线，hPa）、海表面风场（箭头）和风速（虚线和阴影，m/s）字母 Q 和 Q_d 代表气旋 Q 和 Q_d 的中心位置

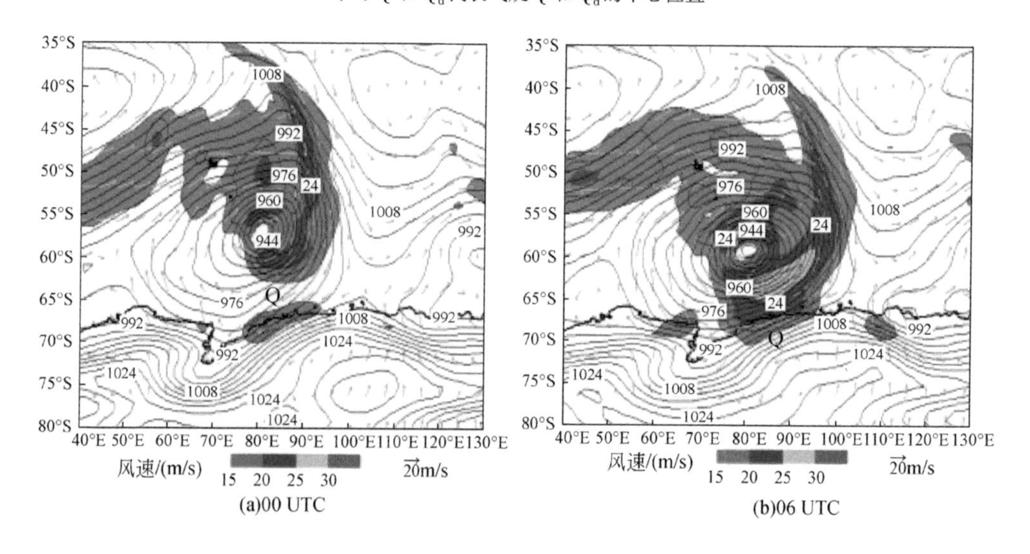

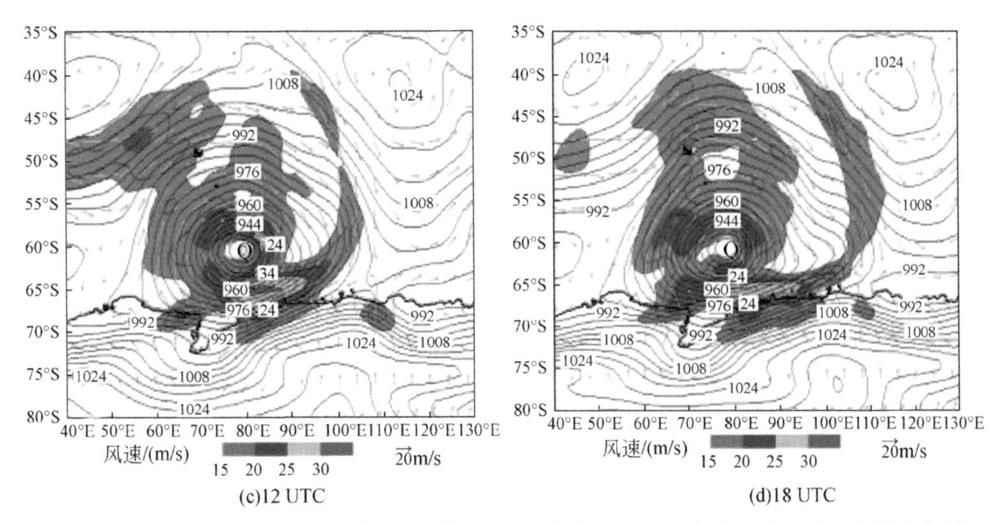

图3.21　2008年2月26日海平面气压场（实线，hPa）、海表面风场（箭头）和风速（虚线和阴影，m/s）
字母Q代表气旋Q的中心位置

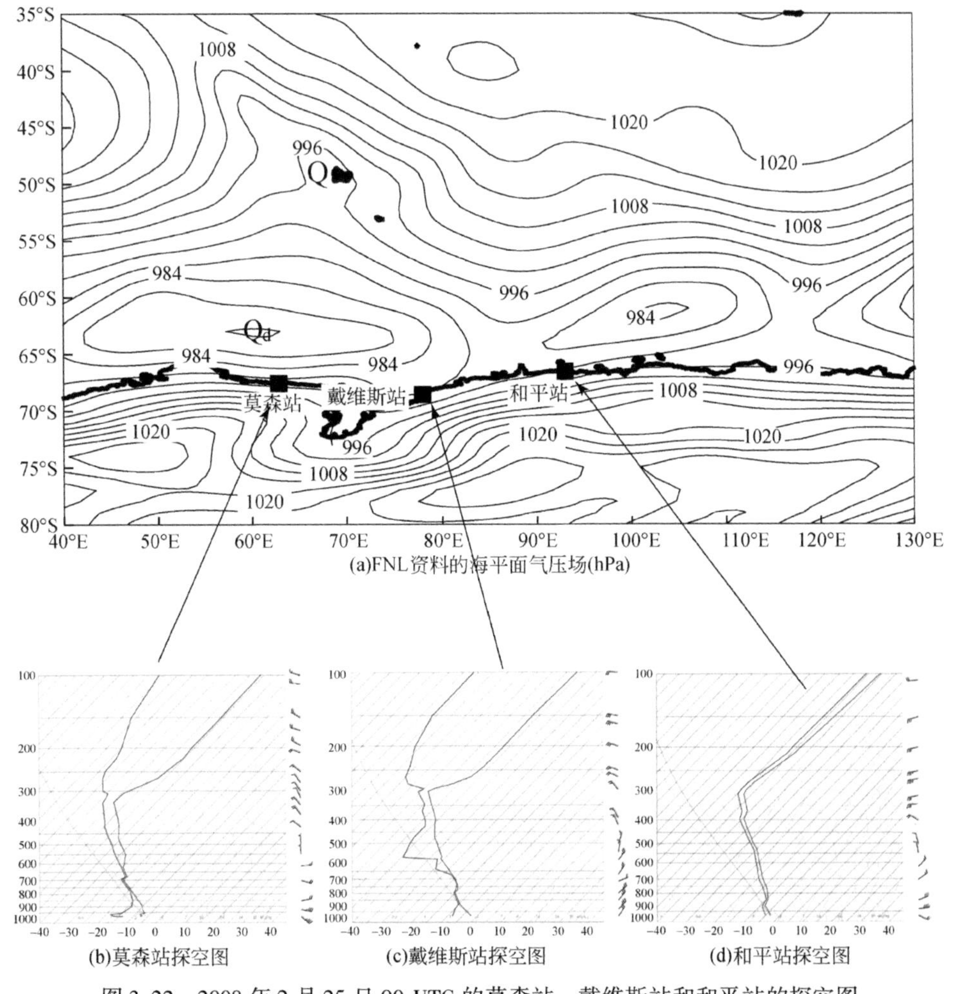

图3.22　2008年2月25日00 UTC的莫森站、戴维斯站和和平站的探空图
短风羽代表5节，长风羽代表10节，三角形代表50节（5节约为2.572m/s）。字母Q和Q_d代表气旋Q和Q_d的中心位置

5. 探空资料分析

南极大陆探空站分布比较疏散，探空资料有限。我们搜集到了南极大陆的三个测站莫森站（Mawson）（67.6°S，62.86°E）、戴维斯站（Davis）（68.58°S，77.96°E）、和平站（Mirnyi）（66.55°S，93.01°E）的探空资料，时间为2008年2月25日00 UTC、26日00 UTC、27日00 UTC、28日00 UTC，包括气压、位势高度、温度、露点温度、相对湿度、混合比、风速风向、位温和假相当位温等物理量。

图3.22为2月25日00 UTC的海平面气压场图与三个测站的探空图。此时气旋Q尚未形成闭合的低压中心，只有一低压槽存在。在槽南侧，三个探空站附近有两个低压系统，此时三个探空站主要受这两个低压控制。

由海平面气压场可知，25日06 UTC气旋Q形成，至26日00 UTC（图3.23），气旋Q与气旋Q_d合并后继续发展，其中心气压低于948 hPa。25—26日随着气旋Q向南移动，

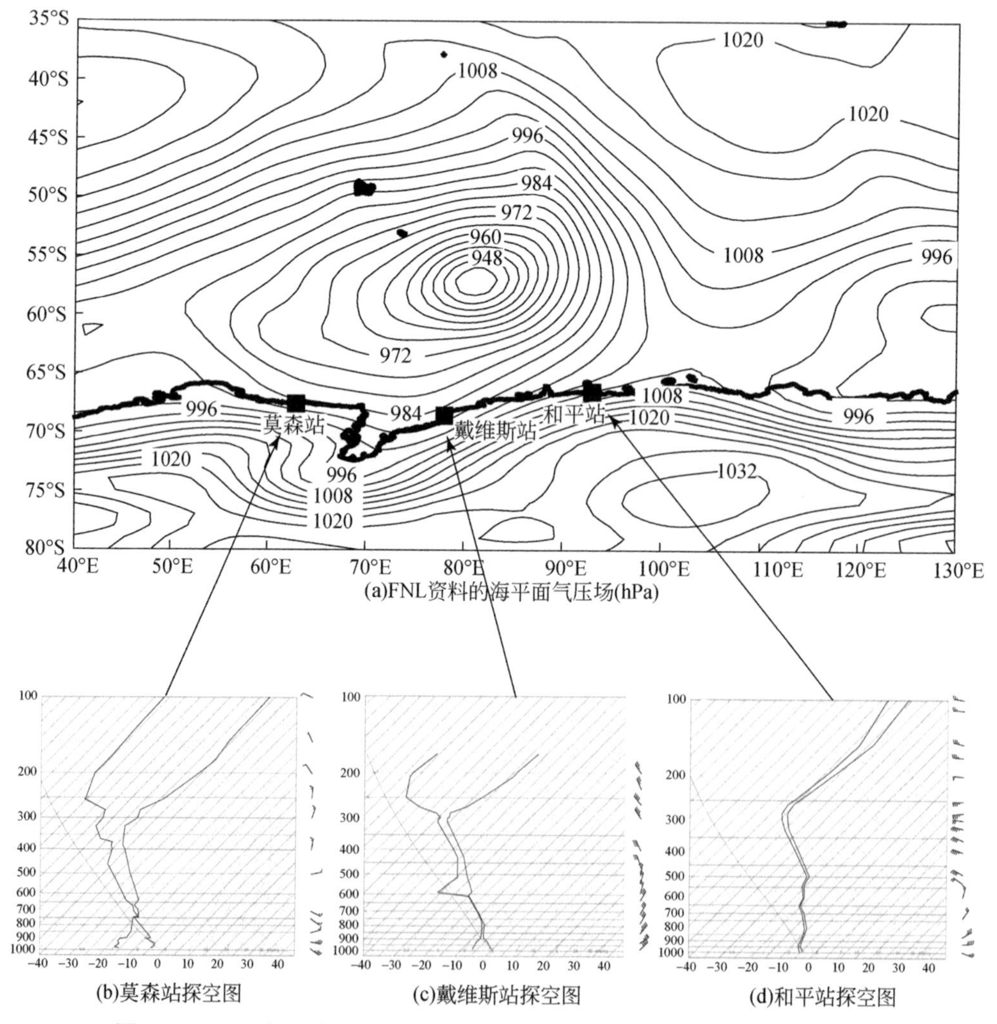

图3.23　2008年2月26日00 UTC的莫森站、戴维斯站和和平站的探空图

短风羽代表5节，长风羽代表10节，三角形代表50节（5节约为2.572 m/s）。字母Q和Q_d代表气旋Q和Q_d的中心位置

三个测站的地面气压下降。从25日00 UTC到26日00 UTC的24 h内，莫森站和戴维斯站的地面气压分别从987 hPa下降到983 hPa（下降4 hPa），从986 hPa下降到983 hPa（下降3 hPa）。这一阶段由于莫森站距离Q相对较远，之前影响此站的气旋东移，测站气压从988 hPa上升到994 hPa（上升6 hPa）。

26日00 UTC至27日00 UTC（图3.24），气旋Q继续向东南移动，其中心气压低于936 hPa（图3.24a）。随着与测站距离减小，三个测站受气旋Q的影响增大，在24 h内莫森站从983 hPa下降到975 hPa（下降8 hPa），戴维斯站从983 hPa下降到976hPa（下降7 hPa），而和平站则从994 hPa下降到975 hPa（下降达19 hPa）。

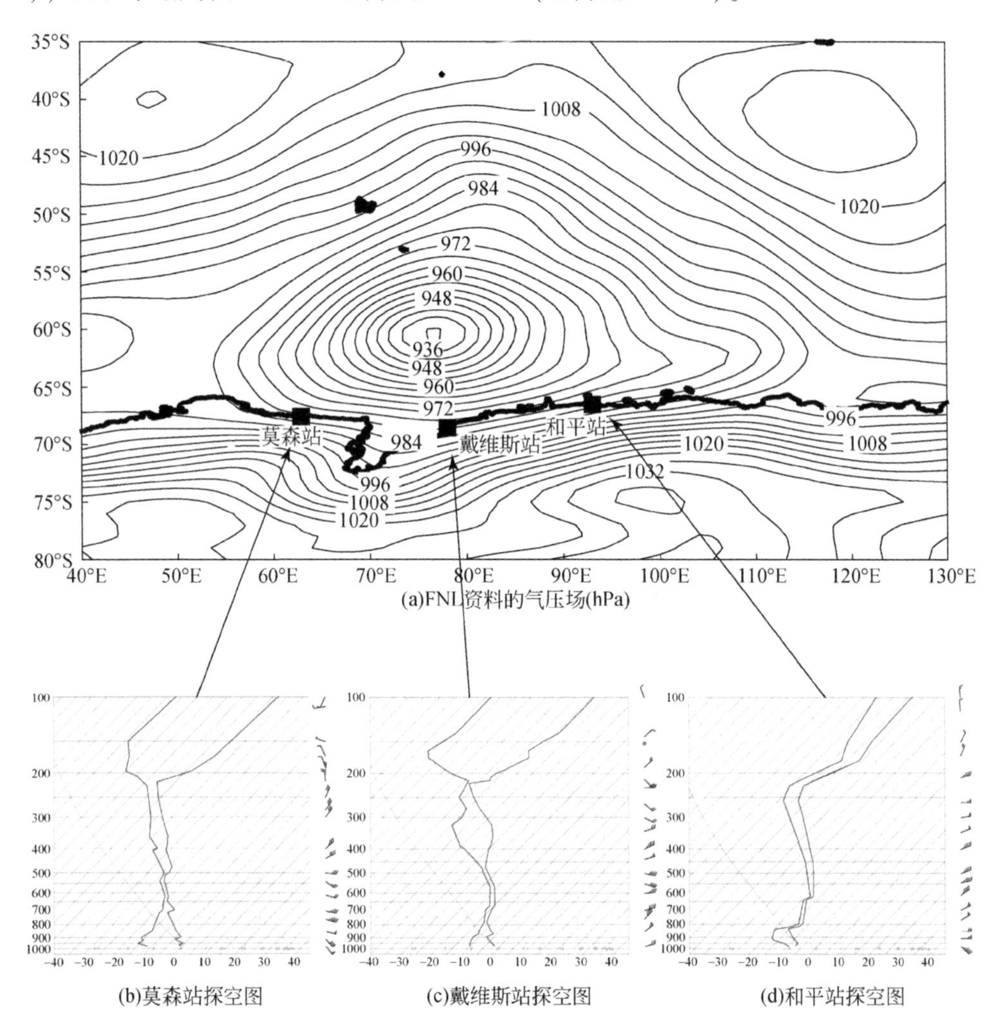

图3.24　2008年2月27日00 UTC的莫森站、戴维斯站和和平站的探空图

短风羽代表5节，长风羽代表10节，三角形代表50节（5节约为2.572 m/s）。字母Q和Q_d代表气旋Q和Q_d的中心位置

由于气旋Q临近，探空站风速也迅速增大。在25日00 UTC，莫森站风速为18.5 m/s，测站受气旋Q南侧低压Q_d影响，风向为东南。随着Q的发展，26—27日风速增大了6 m/s。戴维斯站受气旋Q气流的影响，风向为东北，24 h风速增大10.3 m/s。和平站受南极大陆

高压影响比较大，风向为东南。25 日 00 UTC 三个站的风向从低到高都为逆时针偏转，低层有暖平流，三个测站地面温度持续升高，27 日 00 UTC 气旋开始西退，暖气流继续影响莫森站，气温升高，另外两个测站气温开始下降（表 3. 2）。同时，受南极大陆东南气流影响，测站的相对湿度降低，莫森站受其影响较大，24 h 降幅为 20%（表 3. 2）。

表 3. 2　莫森，戴维斯，和平三个观测站的探空资料

站名	莫森（67. 6°S，62. 86°E）			戴维斯（68. 58°S，77. 96°E）			和平（66. 55°S，93. 01°E）		
海拔	16 m			22 m			40 m		
日期	25 日	26 日	27 日	25 日	26 日	27 日	25 日	26 日	27 日
时刻	00UTC	00UTC	00UTC	00UTC	00UTC	00UTC	00UTC	00UTC	00UTC
地面气压/hPa	987	983	975	986	983	976	988	994	975
地面温度/℃	-7. 5	-4. 7	-0. 5	-2. 3	-0. 5	-1. 9	-3. 5	-4. 5	-7. 5
地面露点温度/℃	-13. 5	-16. 7	-11. 5	-8. 3	-6. 5	-9. 9	-4. 9	-5. 5	-9. 6
相对湿度/%	62	42	43	63	64	54	90	93	85
抬升凝结高度的温度/K	255. 88	253. 77	256. 35	263. 26	265. 07	260. 86	260. 38	266. 02	258. 81
抬升凝结高度的气压/hPa	842. 61	786. 51	776. 21	891. 04	883. 53	847. 88	937. 31	949. 09	871. 03
1000 ~ 500 hPa 位势厚度/gpm	5085	5137	5240	5135	5209	5263	5173	5208	5219
风向	130°	125°	140°	35°	45°	75°	115°	110°	130°
风速/(m/s)	18. 5	19. 0	24. 7	9. 8	20. 0	14. 9	10. 8	13. 9	22. 1

在 25 日 00 UTC（图 3. 22），莫森站（图 3. 22b）的抬升凝结高度为 842. 61 hPa，约为 1160 m，戴维斯站（图 3. 22c）抬升凝结高度为 891. 04 hPa，云底高度较莫森站低，约为 800 m。由于气旋东侧的气流由北向南携带大量水汽，和平站（图 3. 22d）的温度曲线与露点温度曲线靠得很近，表明水汽近于饱和状态，明显多于其他两个站，和平站的抬升凝结高度是 937. 31 hPa（表 3. 2），从抬升凝结高度向高空直到 200 hPa 温度曲线和露点温度曲线的距离才开始增大，表明云顶高度达到 200 hPa 附近。

26 日 00 UTC（图 3. 23），莫森站（图 3. 23b）的抬升凝结高度为 786. 51 hPa，云底高度升高，云顶高度约在 660 hPa，与上一时刻基本相同。戴维斯站（图 3. 23c）的抬升凝结高度为 883. 53 hPa，云底高度较上一时刻低，云顶高度有所升高，在 600 hPa 上下。此时和平站（图 3. 23d）水汽依旧处于饱和状态。

27 日 00 UTC（图 3. 24），莫森站（图 3. 24b）的抬升凝结高度为 776. 21 hPa，云顶高度有所上升。戴维斯站（图 3. 24c）的抬升凝结高度为 847. 88 hPa，云顶高度有所升高。此时和平站（图 3. 24d）的抬升凝结高度为 871. 03 hPa，水汽依旧处于饱和状态。

28 日 00 UTC（图 3. 25），莫森站（图 3. 25b）和戴维斯站（图 3. 25c）云底高度也同时升高，云顶高度降低，水汽减少。和平站（图 3. 25d）的水汽饱和程度才有明显降低，同时云底高度升高，云顶高度也降低。以上信息表明气旋 Q 开始衰退。

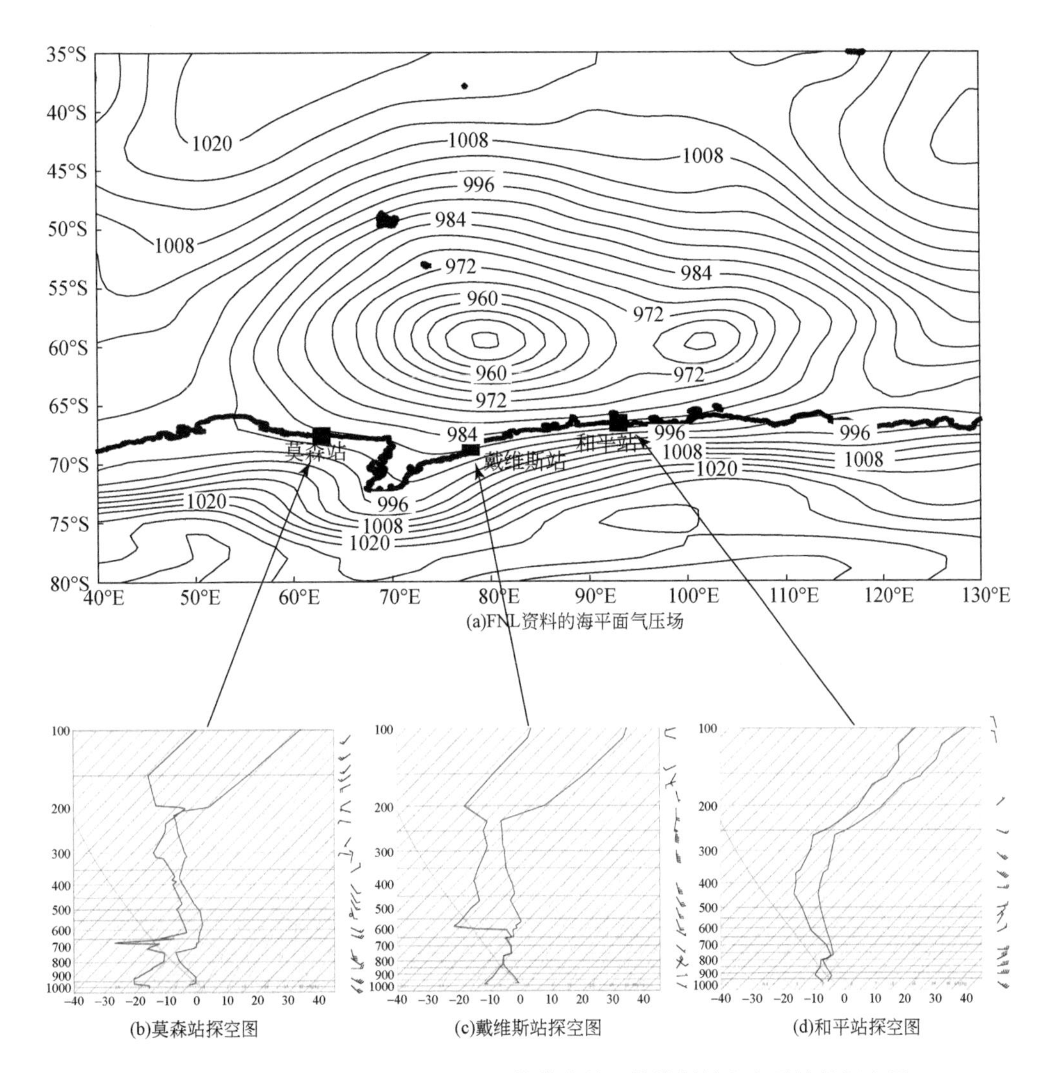

图 3.25 2008 年 2 月 28 日 00 UTC 的莫森站、戴维斯站和和平站的探空图

短风羽代表 5 节，长风羽代表 10 节，三角形代表 50 节（5 节约为 2.572 m/s）。字母 Q 和 Q_d代表气旋 Q 和 Q_d的中心位置

6. 垂直结构分析

前面分析了气旋 Q 的快速发展过程，本小节将对该气旋的初始时刻（25 日 06 UTC）、爆发时刻［25 日 12 UTC（气旋中心气压加深率最大时刻）、25 日 18 UTC、26 日 00 UTC、26 日 06 UTC］以及气旋中心气压最低时刻（26 日 12 UTC）的垂直结构进行重点分析。

过气旋 Q 的中心做垂直剖面分析（图 3.26 ~ 3.32），对相对涡度场、位涡场、假相当位温、比湿、垂直速度的垂直结构进行分析。

图 3.26 为 25 日 06 UTC 的海平面气压场（图 3.26a）及垂直剖面图（沿图中 A1-B1 线做垂直剖面）。由位势涡度场垂直剖面图（图 3.26b）看到，气旋 Q 地面中心上方 950 hPa 附近有一极大值中心，约为 2.25 PVU，对应的相对涡度（图 3.26c）约为 12×10^{-5}/s，此时气旋 Q 没有对应的相对涡度大值中心，在气旋 Q 西侧 950 hPa 有一极大值中心，中心值为

20×10^{-5}/s，此中心对应的为气旋 Q_d。由上面的讨论得知，此气旋在之后 12 个小时将与 Q 合并。由比湿（图 3.26d）和假相当位温 θ_{se}（图 3.26e）的剖面图可以看到，950 hPa

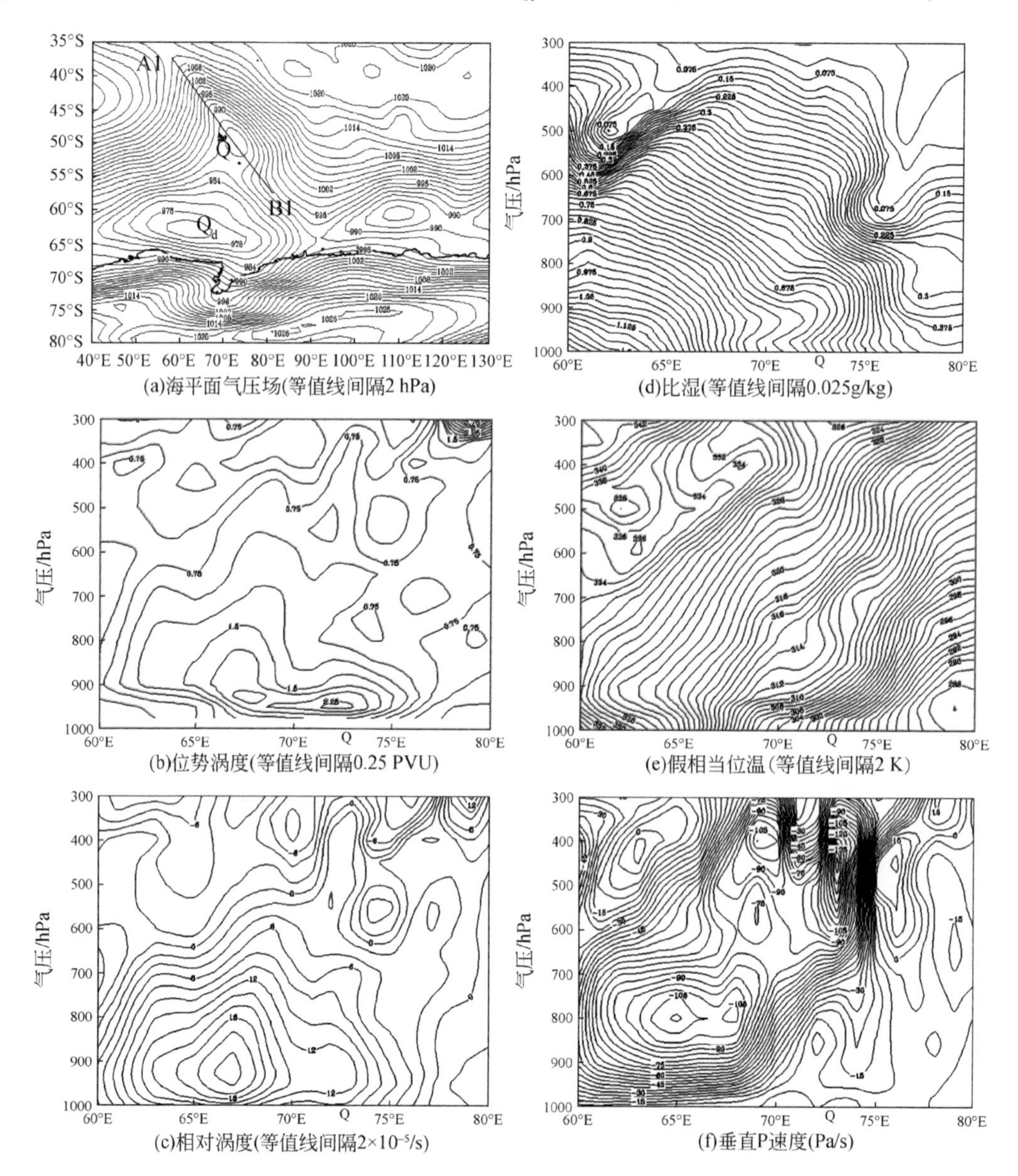

(a)海平面气压场(等值线间隔2 hPa)

(d)比湿(等值线间隔0.025g/kg)

(b)位势涡度(等值线间隔0.25 PVU)

(e)假相当位温(等值线间隔2 K)

(c)相对涡度(等值线间隔2×10^{-5}/s)

(f)垂直P速度(Pa/s)

图 3.26　2008 年 2 月 25 日 06 UTC 沿 A1B1 线垂直剖面图（图左侧为 A1，右侧为 B1）
字母 Q 和 Q_d 代表气旋 Q 和 Q_d 的中心位置

与气旋中心相对应有一个向东侧弯曲的湿舌。在垂直速度的垂直剖面图（图 3.26f）中，300～600 hPa 气旋中心有非常强的上升气流，中心东侧为下沉气流，同时与 Q_d 相对应，以 800 hPa 为中心也有很强的上升气流。

25 日 12 UTC（图 3.27）是气旋中心气压加深率最大时刻，气旋中心气压低于 970 hPa（图 3.27a）。沿 A2B2 作垂直剖面分析，我们发现气旋中心的 PV 极大值出现在 975

hPa 附近，数值为 2.75 PVU（图 3.27b），同时在 750 hPa 附近的 PV 值为 2 PVU，此时相对涡度值也增大到 24×10^{-5}/s（图 3.27c），气旋中心垂直运动以上升运动为主。

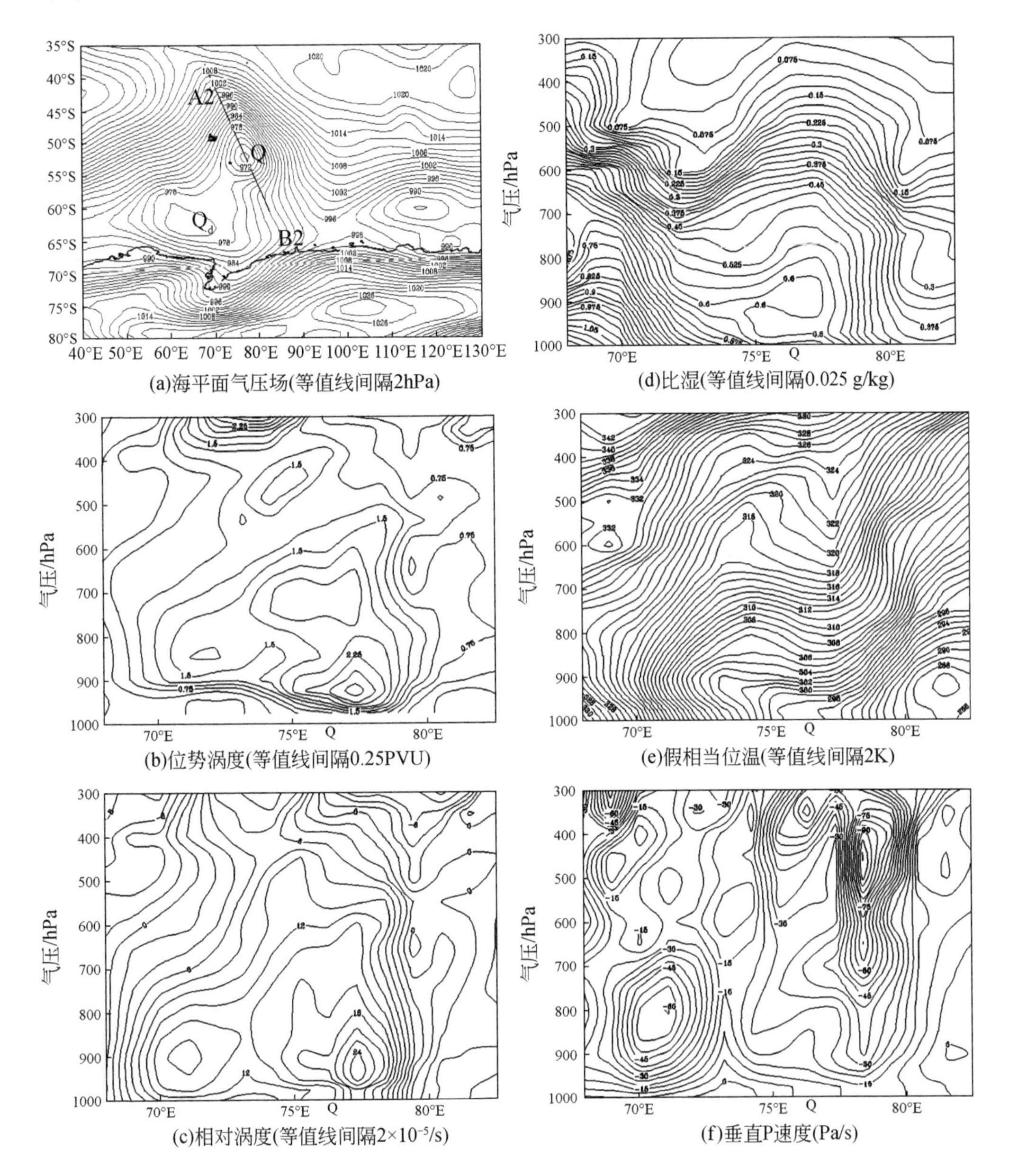

(a)海平面气压场(等值线间隔2hPa)

(b)位势涡度(等值线间隔0.25PVU)

(c)相对涡度(等值线间隔2×10^{-5}/s)

(d)比湿(等值线间隔0.025 g/kg)

(e)假相当位温(等值线间隔2K)

(f)垂直P速度(Pa/s)

图 3.27　2008 年 2 月 25 日 12 UTC 沿 A2B2 垂直剖面图（图左侧为 A2，右侧为 B2）
字母 Q 和 Q_d 代表气旋 Q 和 Q_d 的中心位置

6 h 之后的 25 日 18 UTC（图 3.28），位势涡度（图 3.28b）和相对涡度（图 3.28c）最大值区向上伸展至 400 hPa 和 300 hPa 高度，气旋发展成一个上下一致的“柱”。

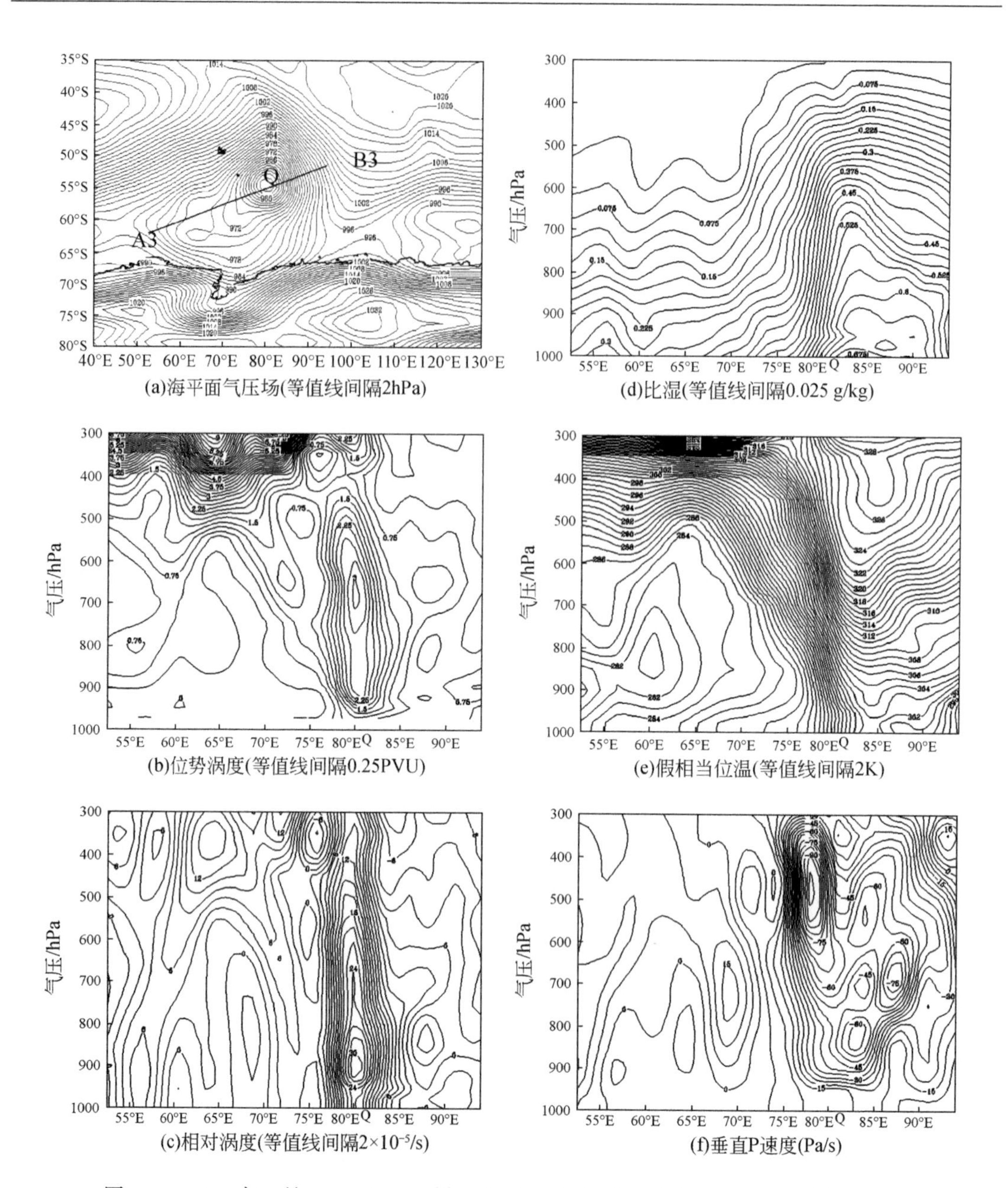

图 3.28　2008 年 2 月 25 日 18 UTC 沿 A3B3 垂直剖面图（图左侧为 A3，右侧为 B3）
字母 Q 和 Q_d 代表气旋 Q 和 Q_d 的中心位置

26 日 00 UTC（图 3.29），位势涡度和相对涡度达到气旋发展过程最大值，分别为 3.5 PVU、32×10^{-5}/s，与初始时刻相比分别增加了 1.25 PVU 和 20×10^{-5}/s，最大值中心分别位于 750 hPa 和 900 hPa（图 3.29b、图 3.29c）。气旋中心对应比湿最大值为 0.525g/kg（图 3.29 d）。气旋中心上升气流增强至 100 Pa/s，中心两侧为下沉气流（图 3.29 f）。

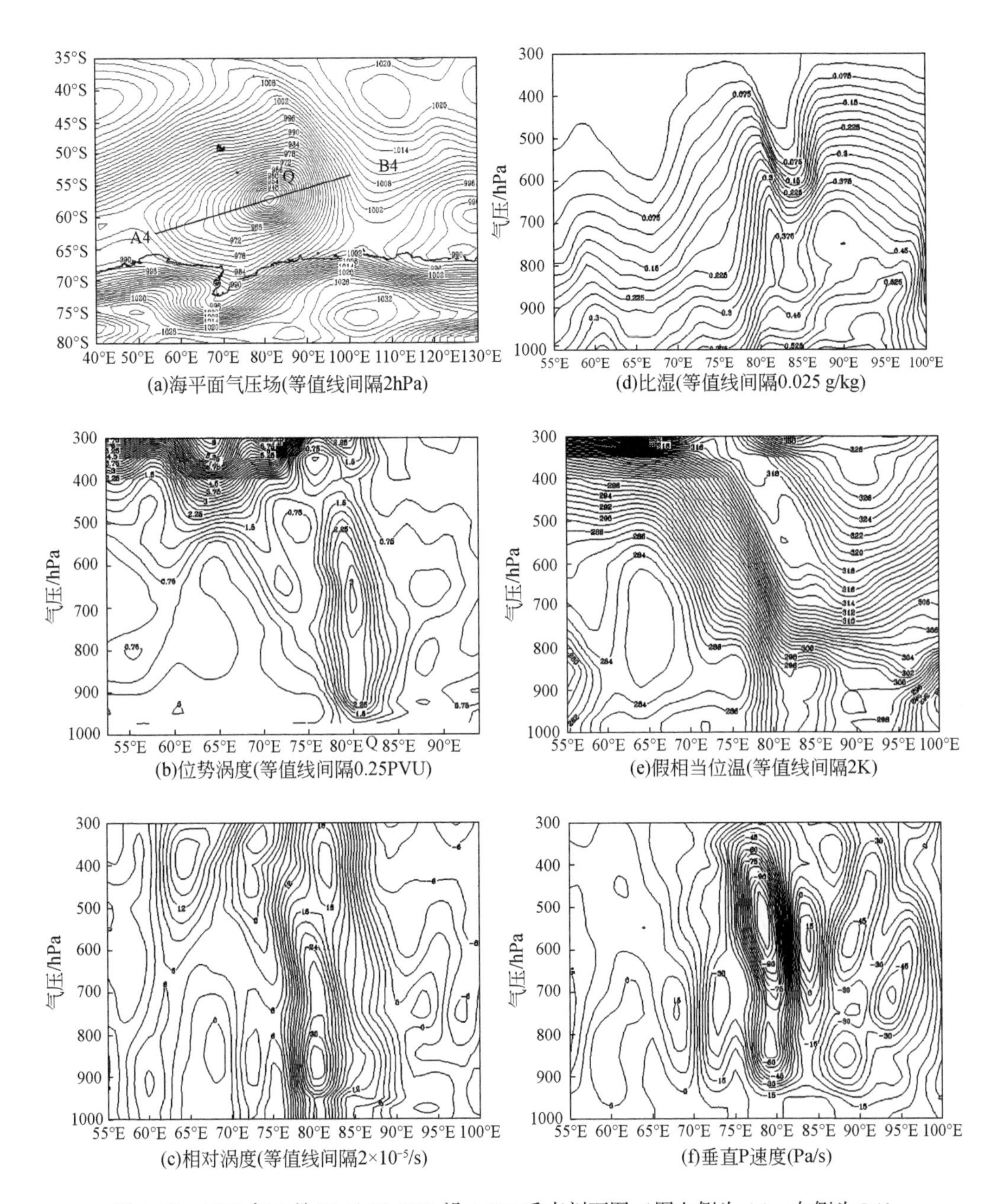

(a)海平面气压场(等值线间隔2hPa)　(d)比湿(等值线间隔0.025 g/kg)

(b)位势涡度(等值线间隔0.25PVU)　(e)假相当位温(等值线间隔2K)

(c)相对涡度(等值线间隔2×10^{-5}/s)　(f)垂直P速度(Pa/s)

图 3.29　2008 年 2 月 26 日 00 UTC 沿 A4B4 垂直剖面图（图左侧为 A4，右侧为 B4）

字母 Q 和 Q_d 代表气旋 Q 和 Q_d 的中心位置

26 日 06 UTC（图 3.30）为气旋最后一次爆发时刻，各个物理量相对于上一时刻已开始衰减，位涡减小 0.25 PVU（图 3.30b），相对涡度减小 4×10^{-5}/s（图 3.30c），同时气旋中心上升运动减弱（图 3.30f），只有比湿稍微增加了 0.025g/kg（图 3.30d），假相当位温基本没变（图 3.30e），但至 26 日 12 UTC 即中心气压最低时刻（图略），比湿和假相当位温两物理量也开始减小。这种趋势几乎维持到 26 日 18 UTC（图略）。

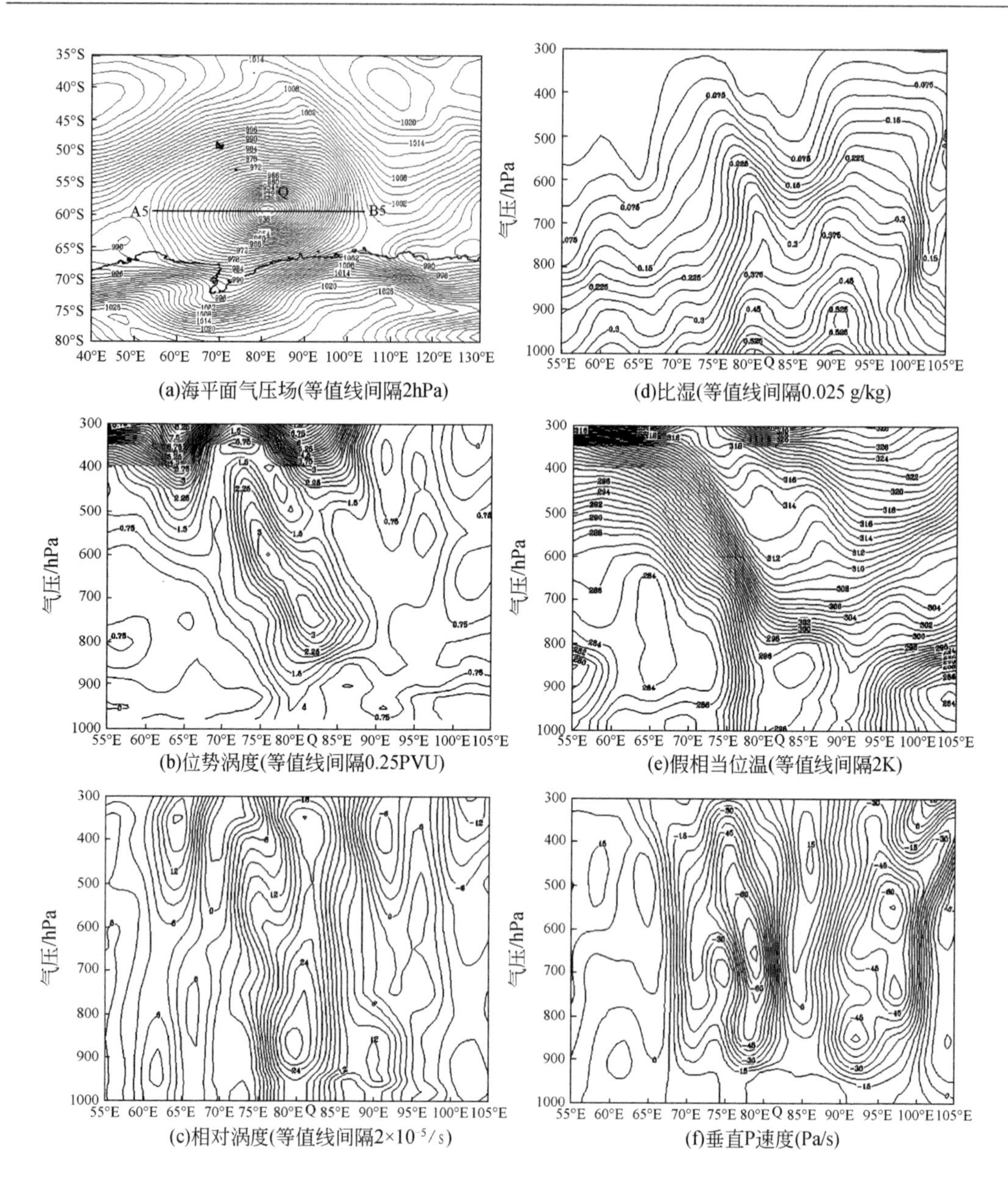

图 3.30　2008 年 2 月 26 日 06 UTC 沿 A5B5 垂直剖面图（图左侧为 A5，右侧为 B5）
字母 Q 代表气旋 Q 的中心位置

3.2.2　WRF 模拟结果分析

由于南大洋特别是靠近南极的观测资料很少，我们可以得到的资料时间和空间精度都不够高，因此很难对气旋的演变过程进行详尽描述。利用中尺度模式对其进行数值模拟，在此基础上进行分析研究，将对高纬度气象的研究工作开展有很大的帮助。目前国内对于高纬度地区天气现象的数值模拟研究进行得很少，对于南半球高纬度地区的研究工作几乎是空白。因此寻求有效的大气模式并进行高分辨率的数值模拟研究是十分必要的。本小节使用由美国国家大气研究中心（NCAR）、美国国家环境预报中心（NCEP）等机构于 2000 年联合开发的 WRF（Weather Research and Forecasting）模式，对发生于南极附近的爆发性气旋 Q 的演变进行高分辨率的数值模拟，并利用模拟结果对气旋对的内部结构、发展过程和发展机制进行讨论。

1. WRF 模式介绍

WRF 是新一代中尺度预报模式和同化系统，采用高度模块化、并行化和分层设计技术，集成了在中尺度方面的研究成果。WRF 数值模式的发展历史和详细介绍可以参见以下网站：https://www.mmm.ucar.edu/weather-research-and-forecasting-model。

为了更好地研究南大洋南极大陆周围地区的爆发性气旋，我们用到的是 NCAR（National Center for Atmospheric Research）和俄亥俄州立大学提供的 WRF 极地版（Polar WRF）。WRF 极地版由美国俄亥俄州立大学极地研究中心的极地气象小组研发，在 PSU/NCAR MM5 极地版的基础上，对 WRF 普通版进行修改，改进了 Noah LSM 表层方案使其更适应南北极地等表层冰雪覆盖较多的地区的天气系统反演。

本节模拟了气旋 Q 发生、发展、消亡的演变过程，并使用模拟结果更细致地探讨了该爆发性气旋的结构和发展机制。在本研究中，WRF 模式模拟区域覆盖了此爆发性气旋发生和发展的地理范围（图 3.31），其详尽参数设置参见表 3.3。

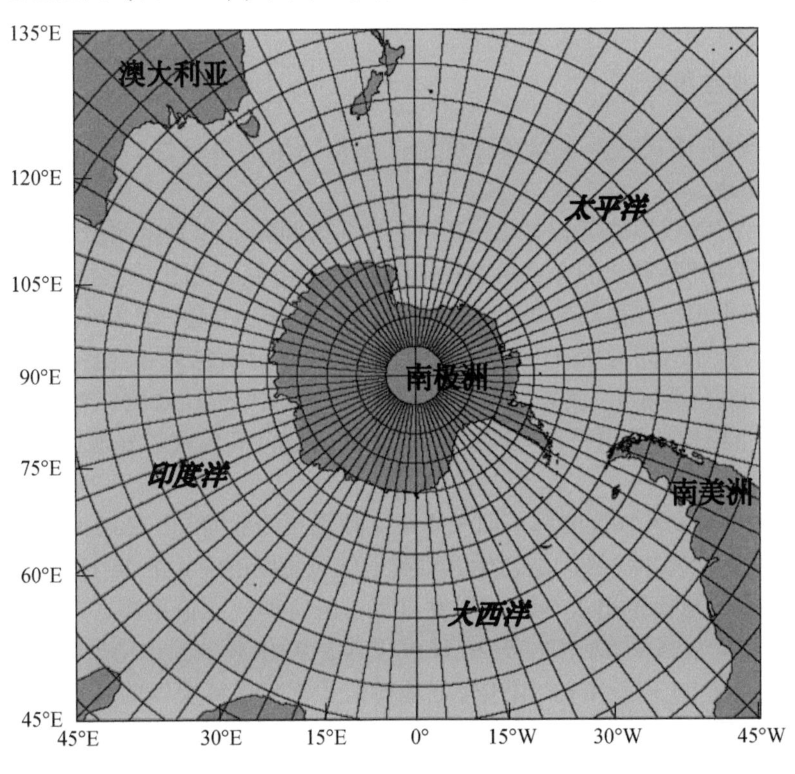

图 3.31　WRF 模式计算区域

表 3.3 WRF 模式主要参数设置表

WRF 参数	模式设置
基本方程	非静力学雷诺平均原始方程组
垂直坐标	σ_z地形追随坐标
积分区域中心位置	90°S，0°E
格点数	220 × 220
垂直分层	非均匀分成 50 层
地图投影	极射赤面投影
水平分辨率	60 km × 60 km
积分时间	2008 年 02 月 24 日 00 UTC ~ 29 日 00 UTC
积分时间步长	180 s
结果输出	每 3 h 输出一次
积云对流参数化方案	Kain-Fritsch 方案（Kain，2004）
长波辐射方案	RRTM（Rapid Radiative Transfer Model）方案（Mlawer et al.，1997）
短波辐射方案	Dudhia 方案（Dudhia，1989）
地表方案	Unified Noah Land-Surface Model 方案（Niu et al.，2011），
初值场	FNL 资料
边界条件	用 FNL 资料每 6 h 修正
下垫面温度	FNL 资料提供的表面温度场每 6 h 更新一次
大气边界层方案	Mellor-Yamada-Janjić方案（Janjić，1994）
微物理过程	WRF Single-Moment 6-Class 方案（Hong et al.，2004）

2. WRF 模拟结果验证

为了验证 WRF 模式在南半球高纬度地区模拟结果的可靠性，首先对模拟的结果和 FNL 资料进行对比。

图 3.32 为 WRF 模拟的气旋移动路径（以 3 h 为间隔）和 FNL 再分析资料（以 6 h 为间隔）的气旋移动路径对比图，可见，模拟路径与 FNL 路径相比虽然整体略向东南偏离，但两者之间距离很小，且移动趋势基本一致，都由东南—西退—北上东移三个过程组成。模式结果中气旋初始时间为 25 日 03 UTC，与 FNL 资料分析结果相比提前 3 h，但考虑到 FNL 资料的时间间隔为 6 h，澳大利亚气象局所提供的地面气压观测资料的起始时刻为 25 日 00 UTC，这个模拟结果也是较为理想的。由此可见 WRF 模式较好地模拟了此次爆发性气旋的演变过程。

对比模拟中的爆发性气旋的海平面气压与实际观测的地面气压随时间变化（图 3.33），发现两者的变化趋势基本一致，从初始时刻起，气压急剧下降，至 26 日 12 UTC 达到最小值，WRF 模式很好地模拟出了气旋的爆发过程，但所得气压值偏高。FNL 分析中，气旋爆发性发展的时间为 25 日 12 UTC 至 26 日 06 UTC，WRF 模式模拟结果为 25 日 09 UTC 至 26 日 03 UTC，相差约 3 h。WRF 模式较好地模拟了气旋连续爆发的特征。气旋中心气压最大加深率时刻都为各自第一次爆发时刻，两者结果基本一致。FNL 最大加深率为 2.9 Bergeron，WRF 模式模拟结果最大值为 2.2 Bergeron，“爆发性”虽偏弱，但也模拟出了强爆发性气旋的特性（气旋中心气压值和气压加深率随时间变化见表 3.4）。

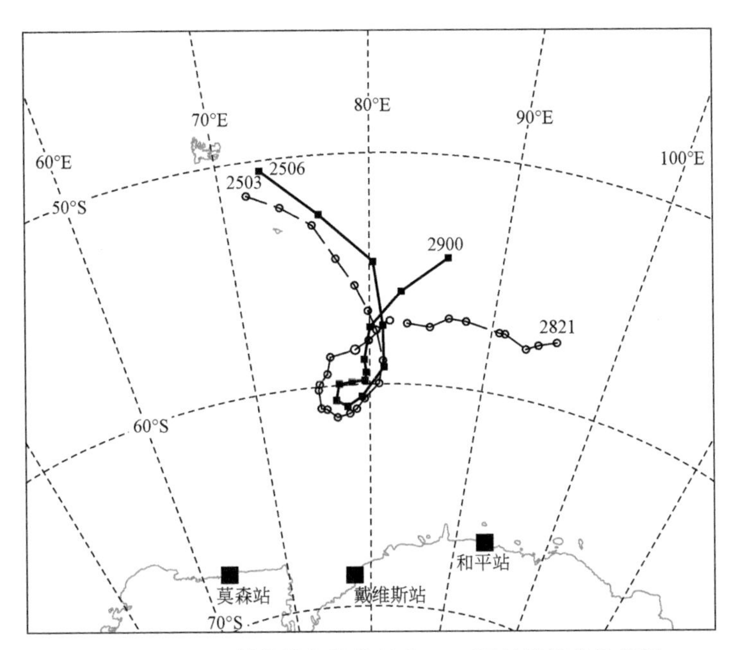

图 3.32　WRF 模拟的气旋路径和 FNL 资料路径的比较图

■为 FNL 资料的气旋中心位置，时间间隔 6 h；○为 WRF 模拟的结果中气旋海平面气压中心的位置，时间间隔为 3 h。图中数字表示气旋起始时间和结束时间（如 2506 表示气旋起始时间为 25 日 06 UTC）

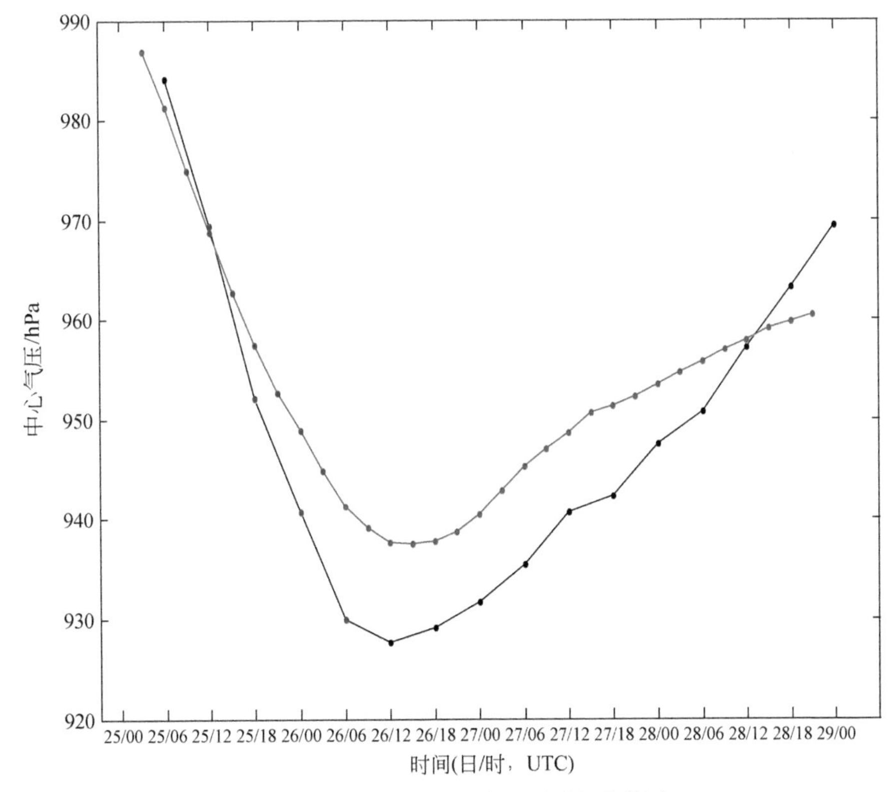

图 3.33　气旋 Q 中心的气压随时间变化图

黑点线为 FNL 分析值，红点线为 WRF 模拟结果，蓝点表示气旋中心气压加深率大于 1 Bergeron 的时刻

表 3.4 WRF 模式模拟结果与 FNL 资料比较

	FNL 资料		WRF 模拟结果	
时间	海平面气压/hPa	加深率>1.0（Bergeron）	海平面气压/hPa	加深率> 1.0（Bergeron）
25 日 03 UTC			987	
25 日 06 UTC	984		981	
25 日 12 UTC	969	2.9	969	2.2
25 日 18 UTC	952	2.5	957	1.7
26 日 00 UTC	941	1.9	949	1.3
26 日 06 UTC	930	1.1	941	
26 日 12 UTC	928		938	
26 日 18 UTC	929		938	
27 日 00 UTC	935		940	

为进一步验证模拟结果，对比分析了莫森站（67.6°S，62.86°E）、戴维斯站（68.58°S，77.96°E）与和平站（66.55°S，93.01°E）三个探空站的海平面气压与 WRF 模拟的地面气压，发现数值虽略有差别，但变化趋势相同（表 3.5）。

由以上分析看出，WRF 模式很好地模拟了此次气旋 Q 的发展过程，其移动路径与气压变化过程基本一致，气旋的爆发时间以及强度等都给出了较为理想的模拟结果，表明此次模拟结果是合理且可信的。

表 3.5 三个探空测站上观测地面气压（hPa）与模拟结果的比较

测站	莫森站（67.6°S，62.86°E）			戴维斯站（68.58°S，77.96°E）			和平站（66.55°S，93.01°E）		
时间	25 日 00 UTC	26 日 00 UTC	27 日 00 UTC	25 日 00 UTC	26 日 00 UTC	27 日 00 UTC	25 日 00 UTC	26 日 00 UTC	27 日 00 UTC
观测	987	983	975	986	983	976	988	994	975
WRF	987	981	980	982	980	979	989	998	980

3. 天气过程分析

基于 WRF 高分辨率模拟结果，发现气旋 Q 于 25 日 03 UTC 形成于（51.47°S，71.67°E）（图 3.34a）。在 Q 南侧南极大陆附近有一个处于衰退期的低压系统 Q_d，500 hPa 高空有一个闭合低涡和一个-36℃冷涡处于气旋 Q 西南方（图 3.34e），Q 位于槽前高空暖脊中。6 h 之后的 25 日 09 UTC 气旋 Q 爆发，其中心气压加深率为 2.2 Bergeron（图 3.34c），6 h 下降 12 hPa。连续爆发性发展 21 h 后，于 26 日 06 UTC 开始缓慢且稳定地发展。

随着气旋 Q 强度的加深，Q_d东北向移动向 Q 逼近，并于 12 h 之后的 25 日 15 UTC 与 Q 合并（图 3.35a），Q 快速发展。与此同时，高空位势高度低值中心和冷涡迅速赶上地面气旋，暖脊继续发展形成暖舌向西南延伸（图 3.35e），26 日 00 UTC，冷涡消失，高空被暖平流控制（图 3.35h）。26 日 06 UTC（图略），位势高度低值中心与 Q 地面低压中心重

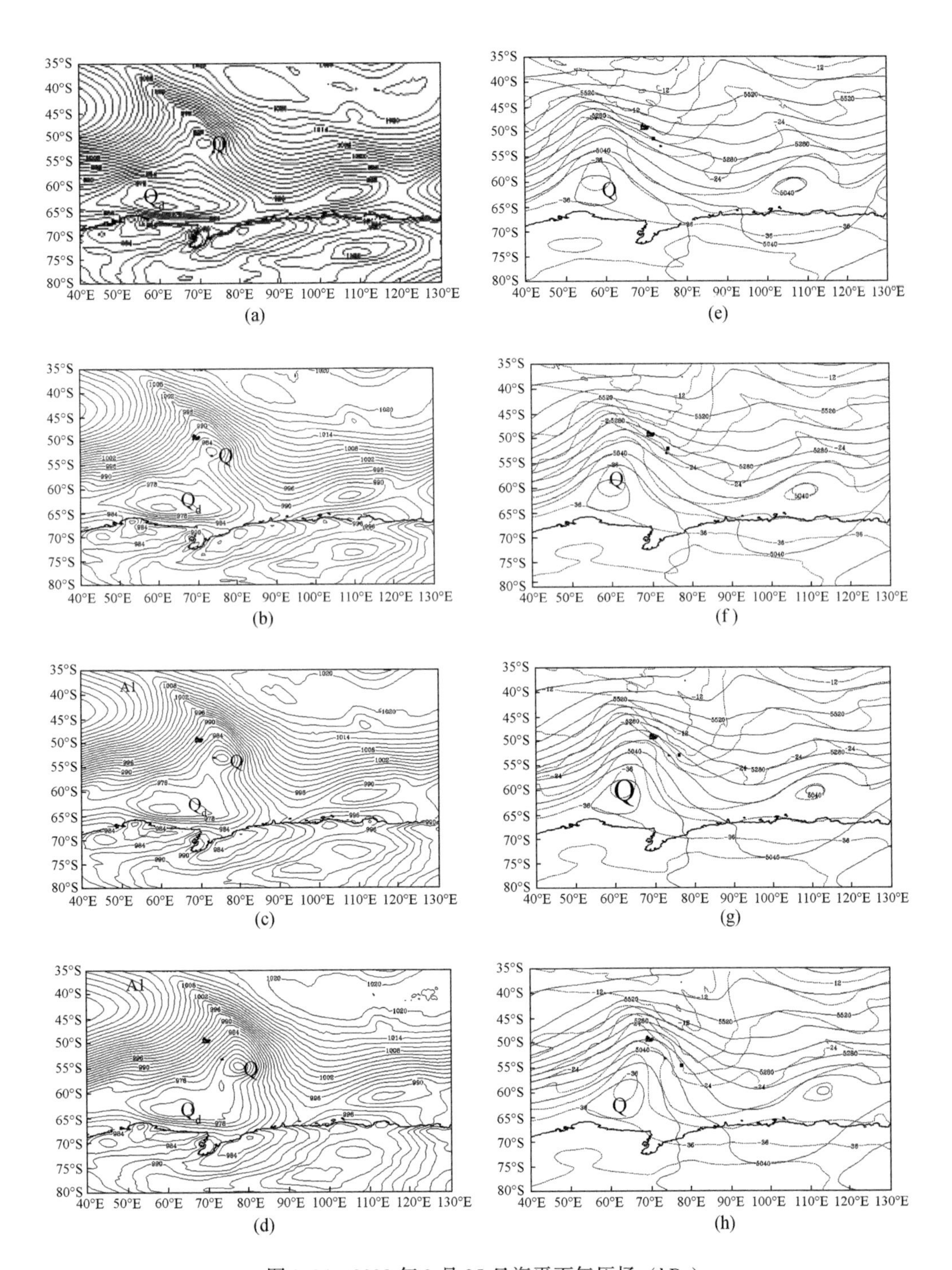

图 3.34　2008 年 2 月 25 日海平面气压场（hPa）

（a）03 UTC，（b）06 UTC，（c）09 UTC，（d）12 UTC。500 hPa 位势高度图（实线，gpm）和温度（虚线，℃），（e）03 UTC，（f）06 UTC，（g）09 UTC，（h）12 UTC 字母 Q 和 Q_d 代表气旋 Q 和 Q_d 中心位置

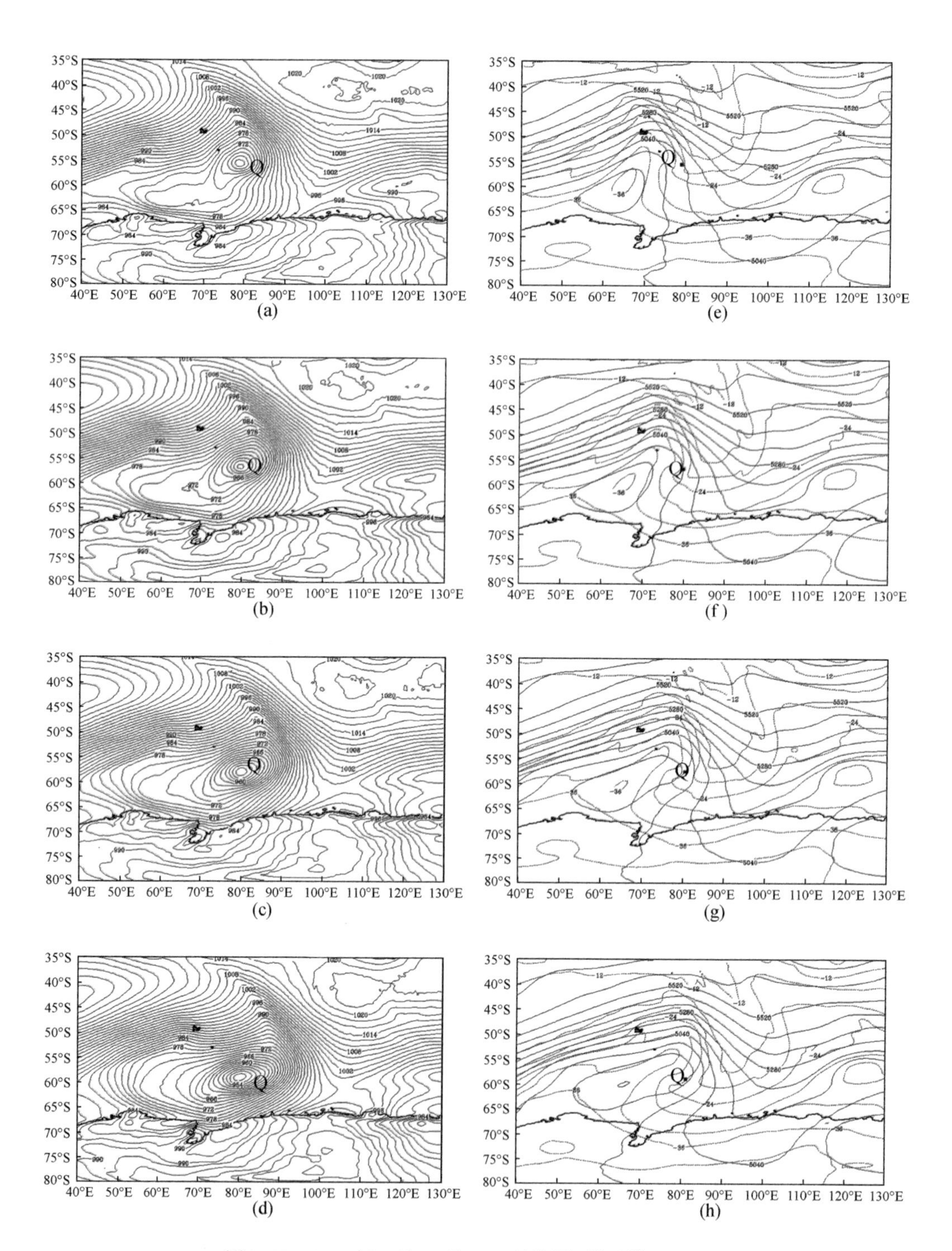

图 3.35　2008 年 2 月 25 日—26 日海平面气压场（hPa）

（a）25 日 15 UTC，（b）18 UTC，（c）21 UTC，（d）26 日 00 UTC。500 hPa 位势高度图（实线，gpm）和温度（虚线，℃），（e）25 日 15 UTC，（f）18 UTC，（g）21 UTC，（h）26 日 00 UTC。字母 Q 代表气旋 Q 中心位置

合，气旋进入稳定发展阶段。6 h之后气压达到最小值938 hPa，之后迅速衰退。这一结果与我们自FNL资料分析所得结果基本一致。

3.2.3　物理机制分析

以上利用各种观测资料和WRF模拟结果对强爆发性气旋Q的发展过程和结构进行了详细描述，为了加深对爆发性气旋的理解，我们需要对影响其发生和发展的物理机制进行探讨，下面利用WRF高分辨率模拟结果和敏感性试验来对此进行分析。

1. 发展机制

（a）高低空配置

从图3.34e中我们发现，气旋生成时对应于地面气旋中心西南侧有一冷涡（图3.34e），附近伴随有强锋区，大气斜压性明显。冷涡中心对应有一低涡中心，低涡中心值为4880 gpm，低涡区有强的冷平流，槽前暖平流，该槽在发展过程中东移南下，槽前脊向东南方向伸展，发展后期由于槽向东推进和暖舌西南向延展，脊线转而向西南延伸。槽脊系统经向度加大，槽线和脊线之间距离缩短，槽前负涡度平流（南半球气旋性环流为负涡度环流）增强，利于地面气旋发展。之后气旋迅速发展，至09 UTC气压下降12 hPa，气压加深率为2.2 Bergeron，气旋Q第一次爆发性发展。

25日09 UTC，气旋Q开始爆发性发展，中心位涡高值中心向上移动至850 hPa，500 hPa倾斜位涡中心移至气旋中心上方，与地面气旋重叠。25日12 UTC，气旋Q的位势涡度增大0.6 PVU，气旋中心气压加深率减小至2.1 Bergeron，相对涡度降至20×10^{-5}/s，Q_d位涡值和相对涡度值持续减小，迅速衰退。25日15 UTC开始，气旋中心正上方出现向下伸展的高值位涡舌，位涡极大值区向上延伸至500 hPa，相对涡度高值区伸展至650 hPaQ与Q_d合并。25日18 UTC，湿对流开始缓慢发展。气旋中心西侧受南极大陆带来的冷空气影响为干冷气流，东侧暖湿气流，与500 hPa高空槽前暖平流，槽后冷平流相对应。800～400 hPa气旋中心附近有弱的湿对流。25日21 UTC，气旋Q中心位涡和相对涡度值达到其最大值后开始减小，不再详细分析（图略）。

（b）高低空急流

Uccellini（1984）指出强爆发性气旋的形成与高空急流非纬向性密切相关，当气旋位于高空急流下游方位时，非纬向的高空急流可为气旋的爆发性发展提供强的辐散、斜压性、斜压不稳定场，促使气旋快速加深（Uccellini，1984）。此次爆发性气旋形成过程中，高空急流的作用明显。

在25日03 UTC 250 hPa图上（图略），气旋北部有一迅速发展并逐渐南压的西北—东南向高空急流，该急流有一个大风核，大风核中心风速超过65 m/s，气旋中心处于高空急流中心的右下方出口区，急流使气旋上空产生强烈的辐散运动，对气旋系统迅速发展极为有利。随着气旋系统东进南移，250 hPa气旋北部的高空急流迅速发展，中心风速迅速增大。25日09 UTC（图略），急流区出现3个大风核，中心风速最大值大于70 m/s，此时为气旋爆发性最强时刻。随气旋南移，急流向东南方向移动，风速减小并与气旋距离增大，气旋逐渐脱离急流影响，发展逐渐减慢。同时，高空急流区下方的500 hPa和850 hPa存在一支迅速发展的西北风中低空急流，该急流位于地面气旋中心的北部，25日03 UTC（图略），500 hPa急流最大风速大于50 m/s，850 hPa低空急流最大风速35 m/s（图略）。到25日15 UTC 850 hPa风速已超过45 m/s，在12 h内增加大约10 m/s，这支低空急流为气旋发展带来强的暖平流和丰富水汽。同时由垂直风速剖面图中得到，爆发性气旋伴随着上升运动强烈发展，对应气旋中心与高低空急流的配置，上升运动区高层强辐散，低层强辐合。由上述分析可得，爆发性气旋Q发生在非纬向的高空急流出口区，气旋在其南侧的强辐散环境中爆发性发展，当气旋逐渐脱离高空急流的控制时发展缓慢。气旋爆发性发展过程中低空有西北风急流为其提供强的暖平流和丰富的水汽通道。

2. 敏感性数值试验

在前人的研究中，对于潜热释放是爆发性气旋爆发性发展的决定性因素的论断有很多（Authes等，1983；李长青和丁一汇，1989；赵其庚等，1994），他们认为潜热释放会使静力稳定度减小，促使斜压不稳定增长，有利于气旋的发展。因此在本小节中我们利用WRF模式把潜热释放项关闭，以研究其对气旋Q发展的影响。模式参数设置除了将潜热释放关闭外，其他设置与控制试验相同。

对比FNL资料和关闭潜热释放试验（将试验命名为NO-LR）结果表明，NO-LR的路径完全偏离FNL资料分析路径（图3.36），气旋的整个运动过程偏向观测结果的东南方，初始时刻也推迟12 h，于25日18 UTC生成。气旋中心气压值明显偏大，最低气压值与FNL资料比较相差31 hPa（图3.37），12 h最大下降率仅0.8 Bergeron，气旋没有爆发性发展过程。

另外通过对探空资料对比图分析可知，NO-LR试验中莫森站和戴维斯站的温度较观测值低5℃左右，300 hPa以上相对湿度较小，尤其是和平站相对湿度减小50%左右（图3.38）。由以上结果可以看出，关闭潜热释放后气旋Q没有爆发性发展过程，因此潜热释放是此气旋爆发性发展的关键因子。

另外，我们利用WRF模式把SST对气旋Q的影响做了三个敏感性试验：①将初始场海表温度升高2℃（SST+2℃）；②初始场海表温度降低2℃（SST−2℃）；③将初始SST场设为定常值（初始时刻模拟区域平均值）。结果发现，三个试验结果与控制试验结果基本一致，即海表面温度的变化对于爆发性气旋的发展影响不大，我们猜测这是由于南极大陆附近海面多被冰层覆盖的缘故。这与Sanders和Gyakum（1980）对北半球爆发性气旋的研究结果相一致：他们提出爆发性气旋多发生于冷水区域，对水温要求不高，可以在一个很广泛的海温范围内发展。

3.2.4　小结

我们利用各种观测资料对强爆发性气旋演变过程和空间结构进行了分析，发现气旋Q的结构在爆发前后有明显的变化，在爆发时刻气旋涡度、位势涡度以及垂直上升速度增加

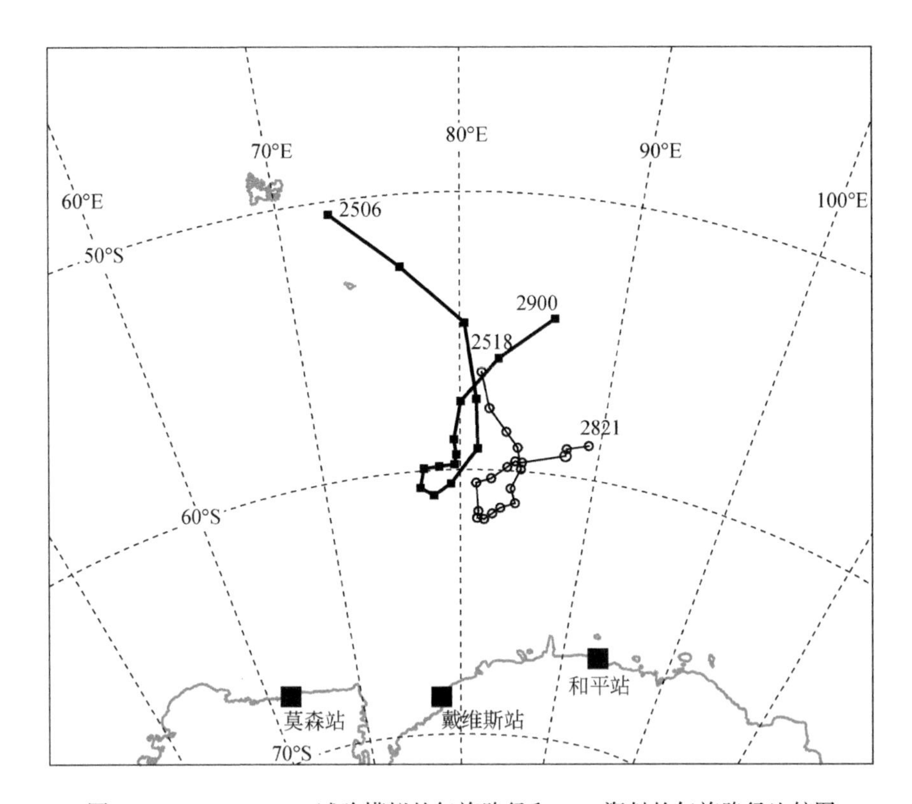

图 3.36　WRF NO-LR 试验模拟的气旋路径和 FNL 资料的气旋路径比较图

■为 FNL 资料的气旋中心位置，时间间隔 6 h；○为 NO-LR 模拟的结果中气旋海平面气压中心的位置，时间间隔为 3 h，图中数字表示气旋起始时间和结束时间（如 2506 表示气旋起始时间为 25 日 06 UTC）

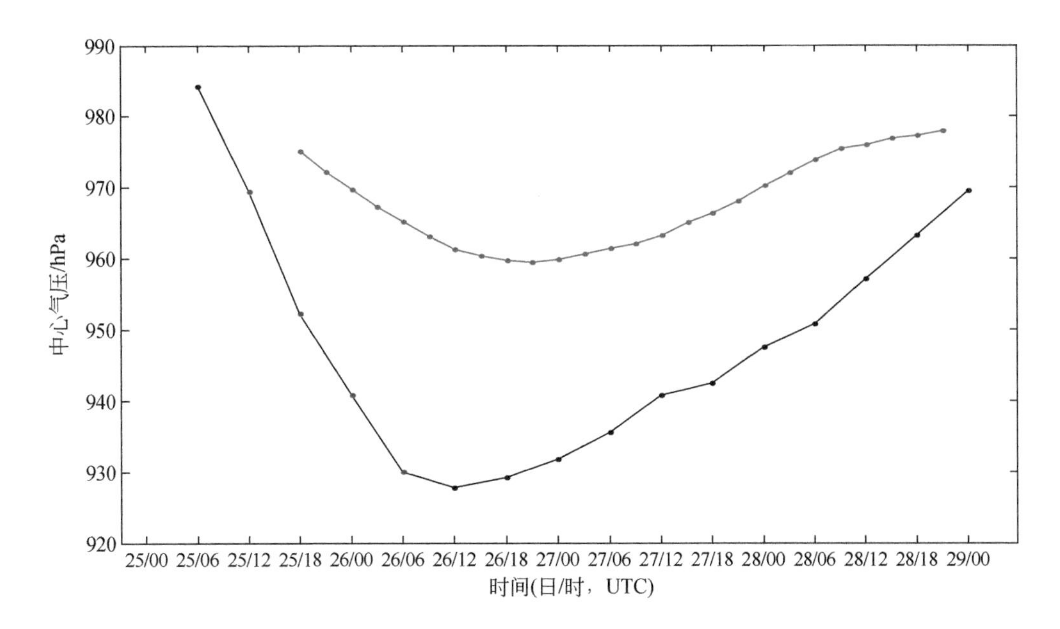

图 3.37　气旋 Q 中心气压随时间变化图

黑点线为 FNL 分析值，红点线为 WRF NO-LR 模拟结果，蓝点表示气旋中心气压加深率大于 1 Bergeron 的时刻

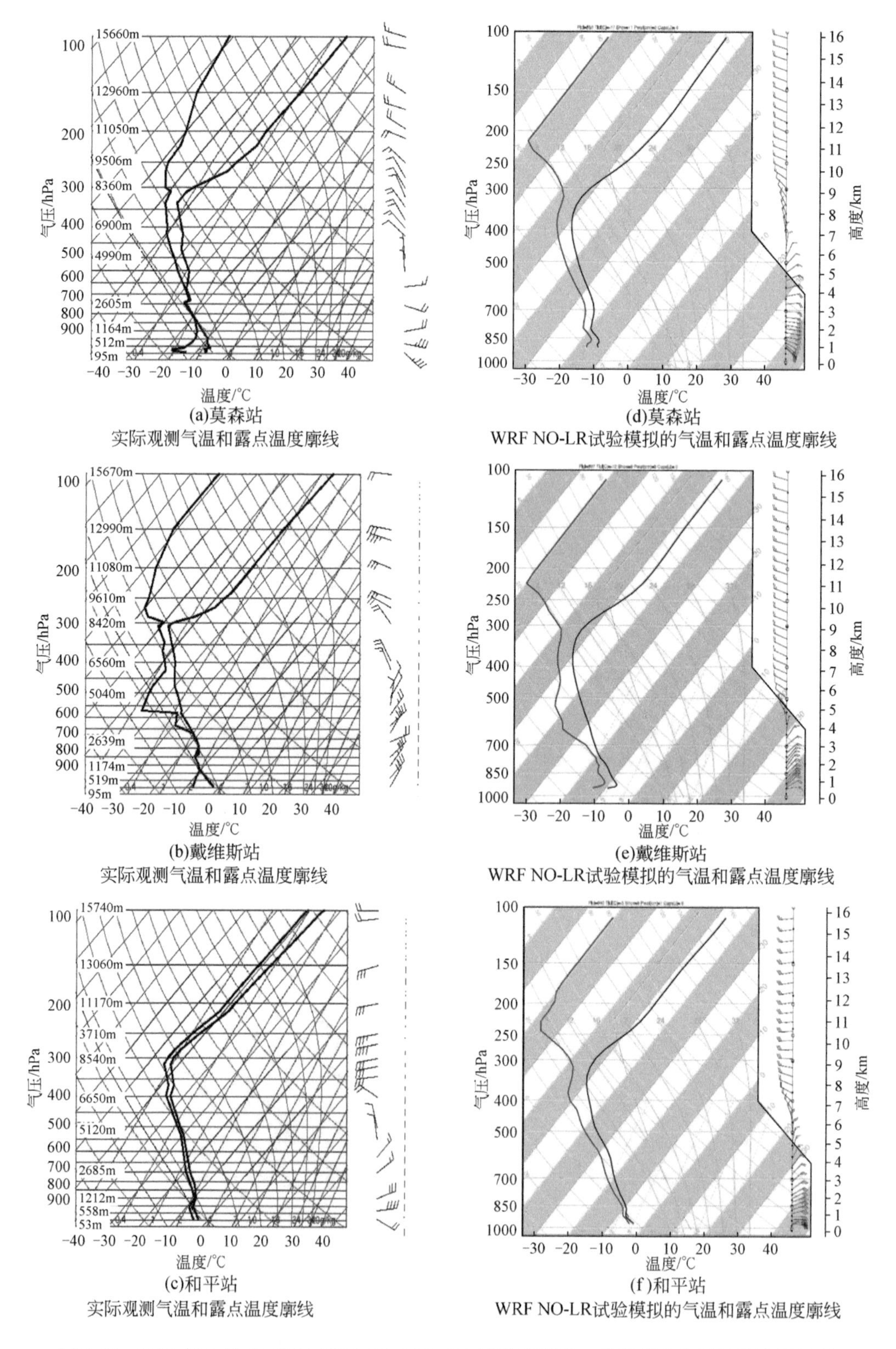

图 3.38　2008 年 2 月 25 日 00 UTC WRF NO-LR 试验和莫森、戴维斯和和平站探空图比较

并达到最大，在爆发结束后气旋进入成熟稳定状态。气旋 Q 中心偏干冷，有明显锋面云带无眼区，呈现出温带锋面气旋的特征。

另外，我们还利用高分辨率的 WRF 模拟结果，更细致地刻画了强爆发性气旋 Q 的演变过程。我们发现气旋高空有比较深厚的低涡，大尺度高空槽通过槽前负涡度输送和槽后槽前冷暖平流对斜压不稳定的加强作用为气旋发展和维持提供有利的环境。气旋发展初期，斜压能量是其生成和发展的主要能量来源。同时，非纬向高空急流通过其出口区的辐散和暖平流，低空通过西北风急流所提供的暖平流和水汽通道为气旋发展和维持提供有利的环境。高空大值位涡中心的出现为气旋中后期持续快速发展提供了能量。敏感性试验显示潜热释放是影响气旋爆发性发展的关键因子，但爆发性气旋的发展与海表温度大小关系不大，可以在一个很广泛的温度范围内发生和发展。

3.3 本章小结

本章利用美国国家环境预报中心提供的 FNL 格点资料分析了南大洋 2004—2008 年四个夏季（12 月、1 月、2 月）的气旋和爆发性气旋的特征，并利用各种观测资料和 WRF 模式的高分辨率数值模拟结果对 2008 年 2 月 25 日发生在南印度洋的一个中心气压加深率大于 1.8 Bergeron 的强爆发性气旋的形成和发展过程进行了详尽的刻画，并对其形成与发展机制进行了数值模拟研究。我们得到的主要结论如下：

（1）1 月份为南半球爆发性气旋发生、发展的高峰。在 55°S ~ 70°S 纬度内气旋分布最为密集，气旋移动路径走向大多为东—东南向，但在 50°S 及南极大陆附近发现有个别气旋向北移动；约有 67% 的南半球气旋中心气压值都低于 980 hPa，随夏季逐渐向秋季过渡，比例也逐渐增大；夏初至夏末，由于南极大陆附近海陆温差增大，南半球气旋活跃带向高纬度地区集中；气旋的生命周期平均为 2 ~ 6 d，水平尺度平均约为 1000 km。

（2）南半球爆发性气旋一般生成于中纬度地区。较多的爆发性气旋生成于南大西洋和南印度洋，南太平洋相对较少。爆发性气旋中心气压最大加深率的位置集中在 45°S ~ 60°S 范围内，即南半球西风带内气旋较易爆发性发展。爆发性气旋最低中心气压位置一般位于 60°S ~ 70°S、路径走向为东—东南，极个别向北或东北方向移动。其生命周期一般 3 ~ 5 d，水平尺度平均约为 3000 km。爆发性气旋中心气压最大加深率为 2.9 Bergeron，最低气压值为 923 hPa。由四个夏季 250 hPa、500 hPa 和 850 hPa 层的月平均风速分布可以看出，南印度洋 45°S ~ 60°S 纬度带上空常年存在中低空急流，这为气旋的爆发性发展提供了有利环境。对中心气压加深率大于 1.3 Bergeron 的爆发性气旋的合成分析结果也表明，气旋在爆发性发展时，其北侧高中低空有急流，气旋中心位于 250 hPa 高空急流右侧出口区。850 hPa 斜压性较强，500 hPa 和 250 hPa 也有斜压带出现并呈反气旋式弯曲，气旋中心位于斜压带东侧和 500 hPa 高空槽前。

（3）强爆发性气旋生成于 2008 年 2 月 25 日 06 UTC，生成区域为南印度洋。该气旋自生成至消亡共 90 h，并伴有强烈的连续爆发性发展过程，爆发时间持续 24 h，中心气压最大加深率为 2.9 Bergeron，为四个夏季最大加深率。气旋生成后在与其南侧低压系统合并的过程中得到迅速发展。观测分析发现该强爆发性气旋属于温带锋面气旋，气旋中心偏干冷，有明显的锋面云带无眼区。气旋的结构在爆发前后有明显的变化，气旋中心涡度、位势涡度以及垂直上升速度的最大值出现在爆发时，而不是中心气压降到最低时。气旋在爆发结束后就进入成熟稳定状态。高分辨率的WRF模拟结果表明，气旋附近500 hPa有比较深厚的低涡和冷气团，随气旋发展向东移动，同时气旋中心东侧暖舌南压，500 hPa槽通过槽前负涡度输送和槽后槽前冷暖平流对斜压不稳定的加强作用为气旋发展和维持提供有利的环境。气旋发展初期位于其上空斜压带东侧，发展过程中斜压带迅速向气旋靠近并增强，是气旋生成和爆发性发展的主要能量来源。非纬向高空急流与中低空急流上下贯通，急流向下传输引起高空动量下传，这也是导致气旋爆发的重要因素。同时，高空急流通过其出口区的辐散和暖平流，低空通过西北风急流所提供的强的暖平流和水汽通道为气旋发展和维持提供有利的环境。敏感性试验结果表明潜热释放是影响气旋爆发性发展的关键因子，但爆发性气旋的发展与海表温度的高低关系不大。

第 4 章　北太平洋的爆发性气旋

4.1　资料和方法

4.1.1　资料

本章使用的资料如下：

(1) 日本气象厅提供的 MTSAT-1R（Multi-functional Transport Satellites-1R）卫星红外波段反照率资料。

(2) 美国国家环境预报中心公布的 FNL 格点资料。

(3) 美国国家环境预报中心的 CFSR 格点资料。

本章使用的资料详情及下载地址请参见附录。

4.1.2　分析方法

使用 FNL 再分析资料以 1 hPa 为间隔绘制海平面气压场图，对 2000—2015 年冷季发生于北太平洋的爆发性气旋进行统计，图 4.1 为研究区域。

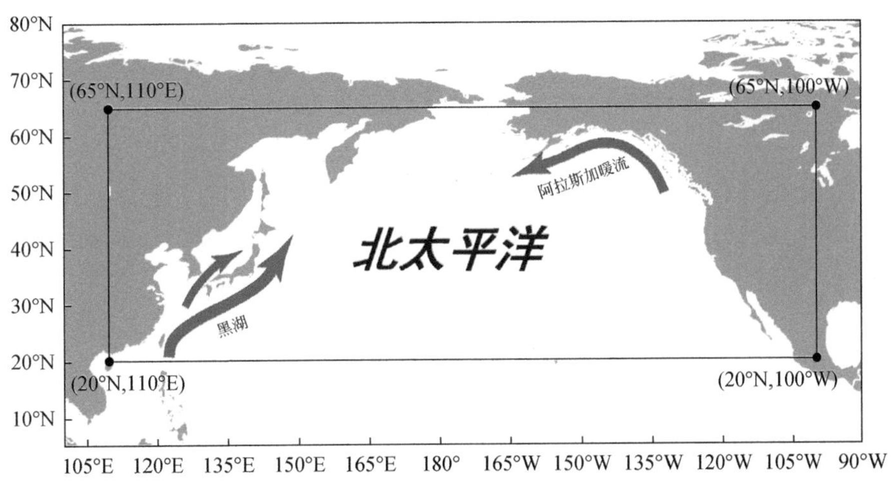

图 4.1　北太平洋地理位置及北太平洋的暖流（粗实线箭头）示意图
实线方框为研究区域

为了便于后面分析，我们将从初始生成时刻至中心气压最低时刻气旋的生命史长称为发展史长。

我们还定义了爆发性气旋的不同发展阶段：

（1）爆发前发展阶段（before explosive-developing stage，BES）：即从初始生成时刻至初始爆发时刻，即气旋中心加深率大于1 Bergeron之前的发展阶段，此阶段的移动路径称为爆发前移动路径（before explosive-developing track，BET）。

（2）爆发性发展阶段（explosive-developing stage，EXS）：即从初始爆发时刻至最后爆发时刻，即气旋中心加深率大于1 Bergeron的发展阶段，此阶段的移动路径称为爆发中移动路径（explosive-developing track，EXT）。

（3）爆发后发展阶段（after explosive-developing stage，AES）：从最后爆发时刻至中心气压最低时刻，即气旋中心加深率降至小于1 Bergeron之后的发展阶段，此阶段的移动路径称为爆发后移动路径（after explosive-developing track，AET）。

4.2 爆发性气旋定义的修正

过去的研究对爆发性气旋定义的修正主要有三种，一是Sanders和Gyakum（1980）的爆发性气旋定义，即地转调整到60°N和使用24 h时间间隔（Sanders and Gyakum，1980；Chen et al.，1992；Wang and Rogers，2001），但将地转调整到60°N，主观性较强，缺乏充分的科学依据，且与爆发性气旋频发纬度存在差异。二是地转调整到较低纬度（42.5°N或45°N）和使用24 h时间间隔（Roebber，1984；Gyakum et al.，1989）。此定义虽然修正了Sanders和Gyakum（1980）爆发性气旋定义中的地转调整纬度的偏差，但24 h时间间隔对于高时间分辨率资料显然太大，不利于细致地刻画爆发性气旋的急剧发展过程。三是地转调整到60°N和使用12 h时间间隔（Yoshida and Asuma，2004），修正了Sanders和Gyakum（1980）的爆发性气旋定义中的降压时间间隔，虽然能够满足高时间分辨率资料的要求，但其地转调整到60°N与爆发性气旋频发的纬度不符。因此需要依据所用资料的时间分辨率和爆发性气旋的空间分布特征对其定义进行再修正。

4.2.1 地转调整纬度的修正

首先我们依据Sanders和Gyakum（1980）的爆发性气旋定义，统计发现2000—2015年冷季在北太平洋共有761个爆发性气旋。对这761个爆发性气旋的最大加深位置所处纬度（表4.1a）的统计分析发现，最大加深位置的频数峰值位于40°N～45°N，集中分布在35°N～50°N（占84.4%），30°N以南和55°N以北发生个例较少（占2.2%），最大加深位置的平均纬度为42.7°N。由此可见，北太平洋爆发性气旋多发生在中纬度海洋上，Sanders和Gyakum（1980）爆发性气旋定义中的地转调整纬度为60°N与大多数爆发性气旋爆发性发展时的中心纬度有偏差，综合其最大加深位置频数峰值的分布纬度和最大加深位置的平均纬度，并为方便运算，将地转调整纬度选择在45°N。

4.2.2 降压时间间隔的修正

随着资料时间分辨率的提高，特别是6 h高时间分辨率资料的广泛应用，更加细致地描述爆发性气旋的发展过程成为可能。我们在研究中所使用的是时间分辨率为6 h的FNL资料，因此可以把爆发性气旋的海平面中心气压降压时间间隔修正为12 h。

综合考虑地转调整纬度和降压时间间隔，我们将Sanders和Gyakum（1980）的爆发性气旋定义修改为地转调整纬度为45°N，海平面中心气压12 h平均降低率达到1 hPa/h以上的天气系统，气旋中心气压加深率 R 的计算公式为：

$$R = \left[\frac{P_{t-6} - P_{t+6}}{12}\right] \times \left[\frac{\sin 45^\circ}{\sin \frac{\varphi_{t-6} + \varphi_{t+6}}{2}}\right] \tag{4.1}$$

式中，P 为气旋海平面中心气压；φ 为气旋中心纬度；下标 $t-6$ 表示6 h前变量；下标 $t+6$ 表示6 h后变量。

4.2.3　修正后爆发性气旋定义的检验

根据修正的爆发性气旋定义，对研究时间和区域范围内的爆发性气旋进行了重新统计，共发现783例爆发性气旋，分析其最大加深位置的经向分布特征（表4.1b）可知，其最大加深位置频数的最大值分布在40°N～45°N（244例，占31.16%），集中分布在35°N～50°N（631例，占80.6%），平均纬度为43.3°N。由上分析可知，北太平洋爆发性气旋多发生于中纬度地区，将地转调整纬度选择在45°N，符合爆发性气旋多发生于中纬度的观测事实，也说明修正的爆发性气旋定义对本研究区域是合理的。另外，虽然使用修正的爆发性气旋定义统计的爆发性气旋的数量（783例），与使用Sanders和Gyakum（1980）的爆发性气旋定义的统计结果（761例）相差较小，但通过对比发现，其中有98例（12.5%）是不相同的，新修订的爆发性气旋定义能够发现一些短时间内急剧发展的爆发性气旋个例。

表4.1　2000～2015年冷季北太平洋爆发性气旋最大加深位置的分布特征（频数为每5个纬度带上最大加深位置的个数之和）

（a）为依据Sanders和Gyakum（1980）的爆发性气旋定义的统计结果

纬度（°N）	20～25	25～30	30～35	35～40	40～45	45～50	50～55	55～60	60～65
频数	0	3	51	209	243	190	51	13	1
比例	0.00%	0.39%	6.70%	27.46%		24.97%	6.70%	1.71%	0.13%

（b）为依据修正的爆发性气旋定义的统计结果

纬度（°N）	20～25	25～30	30～35	35～40	40～45	45～50	50～55	55～60	60～65
频数	0	2	53	194	244	193	77	18	2
比例	0.00%	0.26%	6.77%	24.78%	31.16%	24.65%	9.83%	2.30%	0.26%

4.3　北太平洋爆发性气旋的分类

Sander（1986）在对1981年1月至1984年11月发生于北大西洋中西部的爆发性气旋的统计分析中，首次依据爆发性气旋最大加深率的大小，按加深率将其划分为三类，分别为“强爆发性气旋”（>1.8 Bergeron）、“中爆发性气旋”（1.3～1.8 Bergeron）和“弱爆发性气旋”（1.0 ~ 1.2 Bergeron）。Wang 和 Rogers（2001）对 1985 年 1 月至 1996 年 3 月发生于北半球（15°N ~ 90°N）的爆发性气旋进行了统计，并对北大西洋的爆发性气旋进行了强度分类，分别为“强爆发性气旋”（≥1.80 Bergeron）、“中爆发性气旋”（1.40 ~ 1.79 Bergeron）和“弱爆发性气旋”（1.00 ~ 1.39 Bergeron）。在区域分类上，其通过对最大加深位置的空间分布进行平滑后，依据三个高频中心的位置将其划分为三类，分别为“西北大西洋”（The Northwest Atlantic，NWA）、“北大西洋中部”（The North-Central Atlantic，NCA）、“东北大西洋极端”（The Extreme Northeast Atlantic，NEA），共计九类爆发性气旋。Yoshida 和 Asuma（2004）对 1994—1999 年冷季（10 月至翌年 3 月）发生于西北太平洋（20°N ~ 65°N，100°E ~ 180°）的爆发性气旋进行了统计，按加深率采用 Sander（1986）的分类标准，将其划分为三类；在区域上根据爆发性气旋生成和爆发位置，将其划分为三类：一是生成于陆地，发展于鄂霍次克海或日本海的爆发性气旋；二是生成于陆地，发展于太平洋的爆发性气旋；三是生成于太平洋且发展于太平洋的爆发性气旋，共计九类爆发性气旋。

前人根据爆发性气旋最大加深率的大小对其分为三类（Sander，1986；Wang and Rogers，2001）：强爆发性气旋、中爆发性气旋和弱爆发性气旋。Wang 和 Rogers（2001）与 Sander（1986）的分类标准稍有不同，主要是在弱爆发性气旋和中爆发性气旋的分界上有差异，但均没有给出分类的依据。在区域上，Wang 和 Rogers（2001）依据爆发性气旋最大加深位置的空间分布，对北大西洋的爆发性气旋进行分类，Yoshida 和 Asuma（2004）根据爆发性气旋生成和爆发位置，对西北太平洋的爆发性气旋进行分类，他们均把最大加深位置的空间分布特征作为分类的主要依据。但到目前为止，鲜有学者对整个北太平洋的爆发性气旋进行分类。爆发性气旋的爆发性发展是区别于非爆发性气旋的本质特征，其爆发性发展的剧烈程度用加深率来衡量，而最大加深率则表示其爆发性发展最剧烈的程度，能够表现其最突出的特征。因此，根据最大加深率和最大加深位置的空间分布特征对爆发性气旋分别进行强度和区域分类是合理的。

4.3.1 北太平洋爆发性气旋的强度分类

图 4.2 为研究区域范围内爆发性气旋最大加深率频数随气旋爆发强度的分布特征，频数峰值处于 1.0 Bergeron，其频数随着加深率的增大而减少，且在 1.3 Bergeron、1.8 Bergeron 和 2.3 Bergeron 处急剧减小，呈现出“四级阶梯状”减小的特征。Sander（1986）和 Wang 和 Rogers（2001）把爆发性气旋按加深率大小分为三类，我们在统计中发现了最大加深率可达到 3.07 Bergeron 的极端个例，其剧烈发展程度远远超过了 Sander（1986）和 Wang 和 Rogers（2001）所定义的强爆发性气旋。由此可见，在按加深率把爆发性气旋分为三类时，没有考虑到发展剧烈的极端个例是不合理的。结合最大加深率频数呈“四级阶梯状”分布逐渐减小的特征，我们把爆发性气旋按加深率大小分为四类更为合理，分别称之为：弱爆发性气旋、中爆发性气旋、强爆发性气旋和超强爆发性气旋。

我们把气旋中心气压最大加深率作为样品，把最大加深率频数作为变量，使用 K-均值聚类法来确定爆发性气旋的分类区间；选择 1.1 Bergeron、1.5 Bergeron、2.0 Bergeron 和 2.7 Bergeron 作为凝聚点，经过聚类运算，确定了各类爆发性气旋的分类界线，分类结

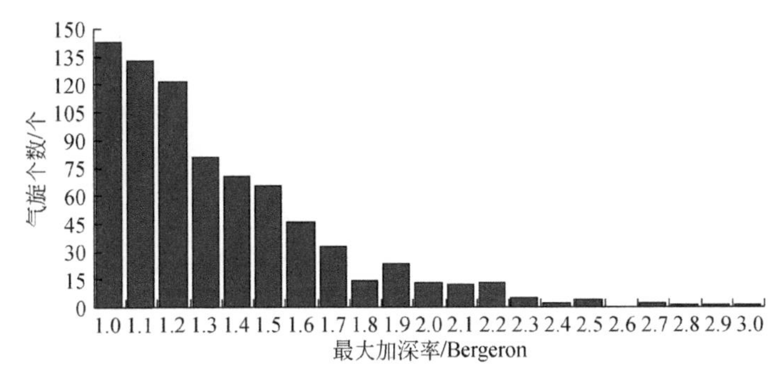

图4.2　2000—2015年冷季北太平洋爆发性气旋中心气压最大加深率对爆发性气旋个数直方图

果见表4.2，分别为：弱（Weak，WE）爆发性气旋（1.00～1.29 Bergeron）、中（Moderate，MO）爆发性气旋（1.30～1.69 Bergeron）、强（Strong，ST）爆发性气旋（1.70～2.29 Bergeron）、超强（Super，SU）爆发性气旋（≥2.3 Bergeron）。

表4.2　爆发性气旋的强度分类

强度类别	气旋中心气压加深率/Bergeron
弱	1.00～1.29
中	1.30～1.69
强	1.70～2.29
超强	≥2.30

4.3.2　北太平洋爆发性气旋的区域分类

1. 北太平洋爆发性气旋最大加深位置的空间分布特征

Sanders和Gyakum（1980）对1976—1979年冷季（9月至翌年5月）发生于北半球（130°E～10°E）的爆发性气旋进行了统计分析，显示北太平洋爆发性气旋存在四个高频中心，分别位于日本列岛东部海域、北太平洋中西部、中东部和东北部海域。Roebber（1984）对1976—1982年冷季发生于北半球的爆发性气旋进行了统计分析，发现其最大加深位置在北太平洋有三个高频中心，分别位于日本列岛东部海域、北太平洋的中西部和东北部海域。Gyakum等（1989）对发生于北太平洋（30°N～70°N，120°E～120°W）冷季（1975年10月—1983年3月）的爆发性气旋进行了统计分析，发现其最大加深位置存在四个高频中心，分别位于日本列岛东部海域、北太平洋中西部、中东部和东北部海域。在上述的研究中，均使用了9点平滑方法对爆发性气旋最大加深位置的空间分布进行平滑，采用5°×5°（Sanders and Gyakum，1980；Roebber，1984；Gyakum et al.，1989）或2.5°×2.5°（Chen et al.，1992）的网格，其空间分辨率较高且上述平滑方法精度相对较低。

为提高计算精度，我们采用Cressman（1959）提出的权重计算方法，对北太平洋最大加深位置的空间分布进行平滑，并将网格大小设定为1°×1°，平滑半径为5°。结果显示（图4.3），爆发性气旋最大加深位置在北太平洋有五个高频中心，分别位于日本海中部

(41. 0°N, 135. 0°E)、西北太平洋(37. 0°N, 144. 5°E)、中西太平洋(45. 5°N, 175. 0°E)、中东太平洋(46. 5°N, 167. 5°W)和东北太平洋(48. 5°N, 142. 5°W)。

2. 北太平洋爆发性气旋的区域分类

Wang 和 Rogers(2001)对 NWA 和 NEA 的强爆发性气旋进行了合成和对比分析，发现这两类爆发性气旋爆发性发展的动力机制存在很大不同。Yoshida 和 Asuma(2004)对西北太平洋 OJ 型、PO-L 型和 PO-O 型的 MO 爆发性气旋(1. 3 ~ 1. 8 Bergeron)进行了合成和对比分析，发现使该三类爆发性气旋爆发性发展的主要因子存在显著差异。由于大气和海洋物理环境背景场因区域不同而存在较大差异，如东亚大槽冬季的平均位置位于东亚沿岸、冬季西风急流主要位于日本上空、日本海存在对马暖流、北太平洋西北部存在黑潮及黑潮延伸体、中部存在北太平洋暖流、东北部存在阿拉斯加暖流等，这些因素都影响爆发性气旋的产生和发展，使得不同区域爆发性气旋的爆发机制各有特点，相近区域爆发性气旋的爆发机制存在相似之处，且其爆发性发展特征在最大加深率时刻表现最为突出。因此，根据最大加深位置的空间分布特征对其进行区域分类，既有利于探寻相近区域爆发性气旋爆发机制的共性，也有利于对比分析不同区域爆发性气旋爆发机制的异同。

我们根据北太平洋爆发性气旋最大加深位置五个高频中心的空间分布特征，将其划分为五类：第一类，高频中心位于日本海中部(40. 5°N, 135. 0°E)，其最大加深位置分布于日本海和鄂霍次克海，称之为 JOS(the Japan-Okhotsk Sea)爆发性气旋；第二类，高频中心位于西北太平洋(37. 0°N, 145. 0°E)，其最大加深位置分布于西北太平洋海域，称之为 NWP(the Northwest Pacific)爆发性气旋；第三类，高频中心位于中西太平洋(40. 5°N, 175. 0°E)，其最大加深位置分布于中西太平洋海域，称之为 WCP(The West-central Pacific)爆发性气旋；第四类，高频中心位于中东太平洋(41. 5°N, 167. 8°W)，其最大加深位置位于中东太平洋海域，称之为 ECP(the East-central Pacific)爆发性气旋；第五类，高频中心位于东北太平洋(49. 5°N, 142. 3°W)，其最大加深位置分布于东北太平洋海域，称之为 NEP(the Northeast Pacific)爆发性气旋。JOS 爆发性气旋与 NWP 爆发性气旋是以日本列岛、千岛群岛和堪察加半岛为分界，其余各类爆发性气旋分界线确定的原则如下：一是分界线尽量简单，有利于各类爆发性气旋的识别；二是分界线处于两类爆发性气旋最大加深位置的稀疏区域，其分界线的具体位置详见图 4. 3。

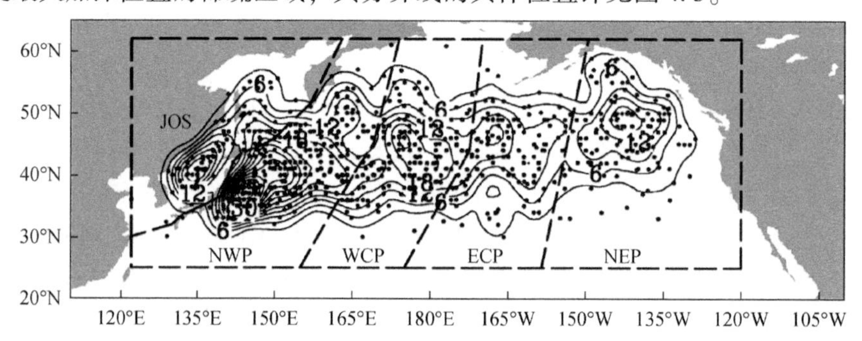

图 4. 3　2000—2015 年冷季北太平洋爆发性气旋最大加深位置(圆点)的空间分布

细实线为利用 Cressman(1959)权重计算法平滑(平滑半径为 5 个经纬度)的最大加深位置的空间分布，粗虚线为五个爆发性气旋发生区域的分界线

4.4　北太平洋爆发性气旋的统计特征

4.4.1　爆发性气旋频数特征

分析北太平洋各类爆发性气旋频数特征（表4.3）可知，2000—2015年冷季北太平洋共发生783例爆发性气旋，NWP爆发性气旋最多（274例），其次为WCP爆发性气旋（166例），再次为ECP（120例）和NEP（120例）爆发性气旋，JOS爆发性气旋最少（103例）。由此可见，北太平洋爆发性气旋发生频数自西向东逐渐减少，呈现出“西多东少”的特点。总体上，WE、MO、ST、SU爆发性气旋发生频数依次减小，WE、MO爆发性气旋共发生659例（约占84.16%），ST和SU爆发性气旋共发生124例（约占15.84%），因此，北太平爆发性气旋多为WE和MO爆发性气旋，ST和SU爆发性气旋较少。各区域的WE、MO、ST、SU爆发性气旋频数也依次减小，但其所占比例在各区域中存在较大差异。WE、MO爆发性气旋在JOS爆发性气旋中所占比例最高（94.18%），其他依次为NEP、ECP、WCP和NWP爆发性气旋，ST和SU爆发性气旋所占比例则相反。NWP和WCP爆发性气旋的ST和SU爆发性气旋共发生了78例，占总体ST和SU爆发性气旋的70%，特别是NWP爆发性气旋中的ST和SU爆发性气旋频数最大（50例），即西太平洋是ST和SU爆发性气旋的多发海域。由上分析可见，北太平洋是爆发性气旋的多发海域，爆发性气旋发生频数自西向东逐渐减少，呈现“西多东少”的分布特征，爆发性气旋多为WE和MO爆发性气旋，ST和SU爆发性气旋相对较少，且主要分布于西太平洋。

表4.3　爆发性气旋发生频数及百分比

类别	总体		JOS		NWP		WCP		ECP		NEP	
	频数	比例	频数	比例	频数	比例	频数	比例	频数	比例	频数	比例
总体	783	100%	103	13.15%	274	35.00%	166	21.20%	120	15.33%	120	15.33%
弱	397	50.70%	67	65.05%	125	45.62%	73	43.98%	64	53.33%	68	56.67%
中	262	33.46%	30	29.13%	91	33.21%	64	38.55%	38	31.67%	39	32.50%
强	108	13.79%	4	3.88%	51	18.61%	26	15.66%	16	13.33%	11	9.17%
超强	16	2.04%	2	1.94%	7	2.55%	3	1.81%	2	1.67%	2	1.67%

4.4.2　年际频数变化特征

分析北太平洋爆发性气旋年际频数变化特征（图4.4）可知，总体及各类爆发性气旋年际频数的起伏均较大，总体爆发性气旋年际频数的标准差为7.1，JOS、NWP、WCP、ECP和NEP爆发性气旋年际频数的标准差分别为2.1、3.8、2.7、3.5和3.3，总体及各类爆发性气旋的协方差均较大，即其年际频数变化特征较为显著。通过使用最小二乘法对总体及各类爆发性气旋年际频数的变化趋势进行线性拟合，发现总体上北太平洋爆发性气旋年际频数呈现出微弱的增长趋势（回归系数为 0.40），而各区域爆发性气旋年际频数的变化趋势存在显著差异，JOS 和 NWP 爆发性气旋年际频数呈现微弱的减少趋势（线性回归系数分别为-0.15 和-0.04），WCP、ECP 和 NEP 爆发性气旋年际频数则表现为增长趋势（线性回归系数分别为 0.30、0.05 和 0.16），即中东太平洋爆发性气旋年际频数呈现增长趋势，而西北太平洋呈现减小趋势，总体爆发性气旋年际频数的增长主要是由于中东太平洋爆发性气旋的增多，且中太平洋增多最为显著。

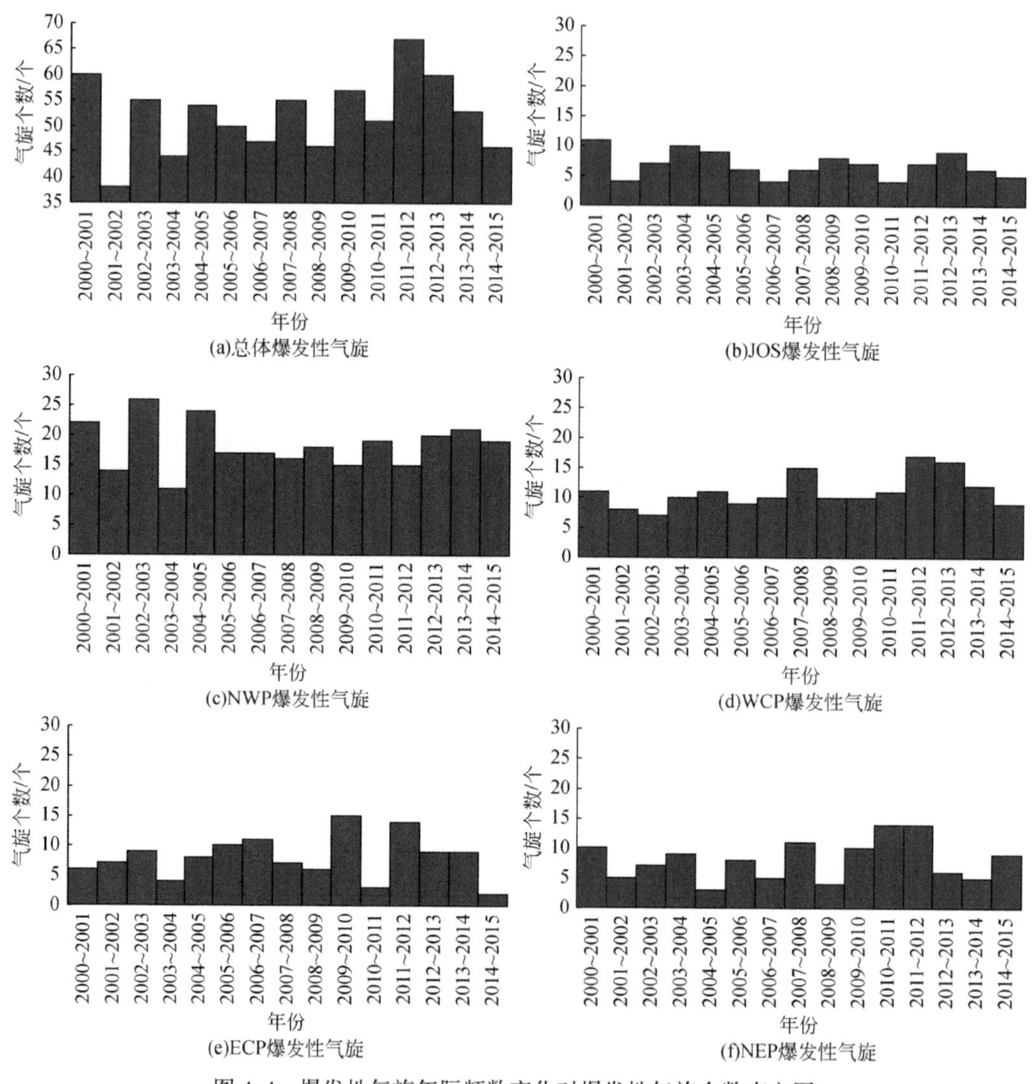

图 4.4　爆发性气旋年际频数变化对爆发性气旋个数直方图

将每年发生的爆发性气旋最大加深率的平均值定义为年际平均爆发强度，总体爆发性气旋年际平均爆发强度的平均值为 1.39 Bergeron，在各类爆发性气旋中，NWP 爆发性气旋年际平均爆发强度最大（1.44 Bergeron），其次为 WCP（1.41 Bergeron）、ECP（1.40 Bergeron）和 NEP（1.35 Bergeron）爆发性气旋，JOS 爆发性气旋年际平均爆发强度最小（1.28 Bergeron）。使用最小二乘法对总体及各类爆发性气旋年际平均爆发强度的变化趋势进行线性拟合，发现近 15 年冷季北太平洋爆发性气旋的年际平均爆发强度呈现出微弱的增强趋势（回归系数为 0.0072），其中 JOS、NWP、ECP 和 NEP 爆发性气旋年际平均爆发强度呈现增强趋势，且 NWP 爆发性气旋增强趋势最为显著（回归系数为 0.0147），其次为 ECP（回归系数为 0.0114）和 JOS 爆发性气旋（回归系数为 0.0057），NEP 爆发性气旋最弱（回归系数为 0.0012），而 WCP（回归系数为-0.0007）呈现减弱趋势。

由上分析可知，NWP 爆发性气旋发生频数最多、平均爆发强度最大，JOS 爆发性气旋发生频数最少、平均爆发强度最小，且在北太平洋自西向东（NWP、WCP、ECP、NEP 爆发性气旋）平均爆发强度逐渐减小，呈现“西强东弱”的分布特征，结合频数分布特征（西多东少）可知，北太平洋爆发性气旋呈现出“频数大、强度强，频数小、强度弱”的特征。总体爆发性气旋年际频数和年际平均爆发强度均呈现出增多和增强的趋势，总体爆发性气旋年际频数的增多主要是由于北太平洋中东部爆发性气旋的增多，而日本海和鄂霍次克海及西北太平洋爆发性气旋年际频数呈现减小的趋势。总体年际平均爆发强度的增强主要是由于 JOS、NWP、ECP 和 NEP 爆发性气旋年际平均爆发强度的增强，而 WCP 爆发性气旋强度呈现减弱趋势。

4.4.3　月际频数变化特征

分析北太平洋爆发性气旋月际频数变化特征（图 4.5）可知，总体上爆发性气旋月际频数峰值出现在 12 月（163 例），最小值出现在 4 月（43 例），从 10—12 月其频数逐渐增多，而 3—4 月急剧减少；JOS 爆发性气旋月际频数存在两个峰值，分别为 11 月（25 例）和 3 月（14 例），最小值出现在 4 月（5 例）；NWP 爆发性气旋月际频数也存在两个峰值，分别为 12 月（56 例）和 2 月（49 例），最小值出现在 10 月（16 例）；WCP 爆发性气旋月际频数峰值处于 1 月（39 例），最小值出现在 4 月（9 例）；ECP 爆发性气旋月际频数峰值处于 12 月（35 例），最小值出现在 4 月（7 例）；NEP 爆发性气旋月际频数存在两个峰值，分别为 10 月（24 例）和 3 月（21 例），最小值出现在 4 月（2 例）。

由上分析可见，总体爆发性气旋多发生于冬季（12 月、1 月和 2 月）和早春（3 月），特别是冬季。JOS 和 NEP 爆发性气旋多发生于秋季（10 月和 11 月）和早春，NWP 和 WCP 爆发性气旋多发生于冬季和早春，而秋季发生个例较少，ECP 爆发性气旋多发生冬季，特别是初冬（12 月），而在秋季和春季（3 月和 4 月）发生个例较少，发生时间较为集中。由秋季到冬季，JOS 和 NEP 爆发性气旋呈现减少的趋势，而 NWP、WCP 和 ECP 爆发性气旋急剧增多，总体上爆发性气旋在冬季的增多，也主要是由于这三类爆发性气旋的增多所致；在春季，3 月各类爆发性气旋频数基本维持，但从 3 月至 4 月各类爆发性气旋频数均急剧减小。

将每月爆发性气旋最大加深率的平均值定义为月际平均爆发强度，分析其变化特征（图 4.6）可知，总体爆发性气旋月际平均爆发强度最大值发生在 2 月，最小值发生在 10 月。JOS、NWP、WCP 和 NEP 爆发性气旋月际平均爆发强度的最大值均发生在冬季（分别处于 12 月、1 月、2 月和 12 月），ECP 爆发性气旋月际平均爆发强度存在两个峰值，分别发生在 11 月和 2 月。JOS 和 NWP 爆发性气旋月际平均爆发强度最小值出现在秋季（10 月），ECP 和 NEP 爆发性气旋月际平均爆发强度最小值出现在春季（3 月），WCP 爆发性气旋月际平均爆发强度最小值发生在 1 月①。由上分析可知，除 ECP 爆发性气旋外，总体及各类爆发性气旋月际平均爆发强度的峰值均处于冬季，即冬季爆发性气旋的爆发强度较强，而秋季和春季爆发性气旋的爆发强度较弱。

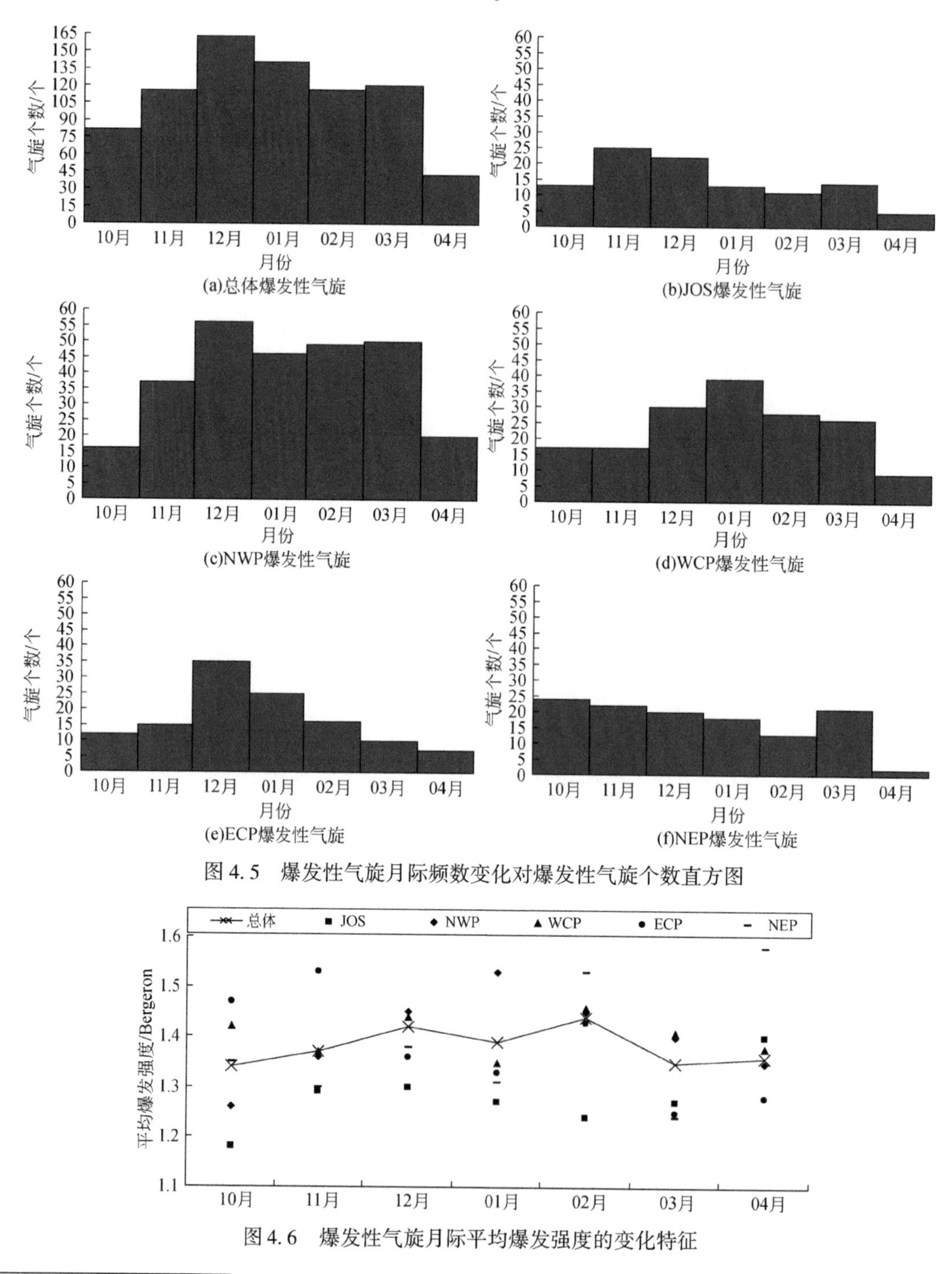

图 4.5　爆发性气旋月际频数变化对爆发性气旋个数直方图

图 4.6　爆发性气旋月际平均爆发强度的变化特征

① 由于 NEP 爆发性气旋 4 月份发生个例较少，其月际平均爆发强度不具有代表意义，在上述分析中不做讨论。

4.4.4　最低中心气压频数分布特征

图 4.7 为北太平洋爆发性气旋最低中心气压频数分布特征，总体爆发性气旋最低中心气压的最大值为 998.8 hPa，最小值为 933.6 hPa，平均值为 967.2 hPa；频数峰值处于 960～965 hPa，集中分布于 955～980 hPa（575 例，占 73.4%），大部分爆发性气旋中心气压可降低至 975 hPa 以下（600 例，占 76.6%），总体爆发性气旋最低中心气压频数分布表现为类似正态分布的特征。JOS、NWP 和 WCP 爆发性气旋最低中心气压频数峰值分别处于 970～975 hPa、965～970 hPa 和 965～970 hPa，ECP 和 NEP 爆发性气旋最低中心气压频数有两个峰值，分别处于 960～965 hPa 和 950～955 hPa、975～980 hPa 和 960～965 hPa。JOS 和 NEP 爆发性气旋最低中心气压集中分布于 960～985 hPa，高于 NWP 爆发

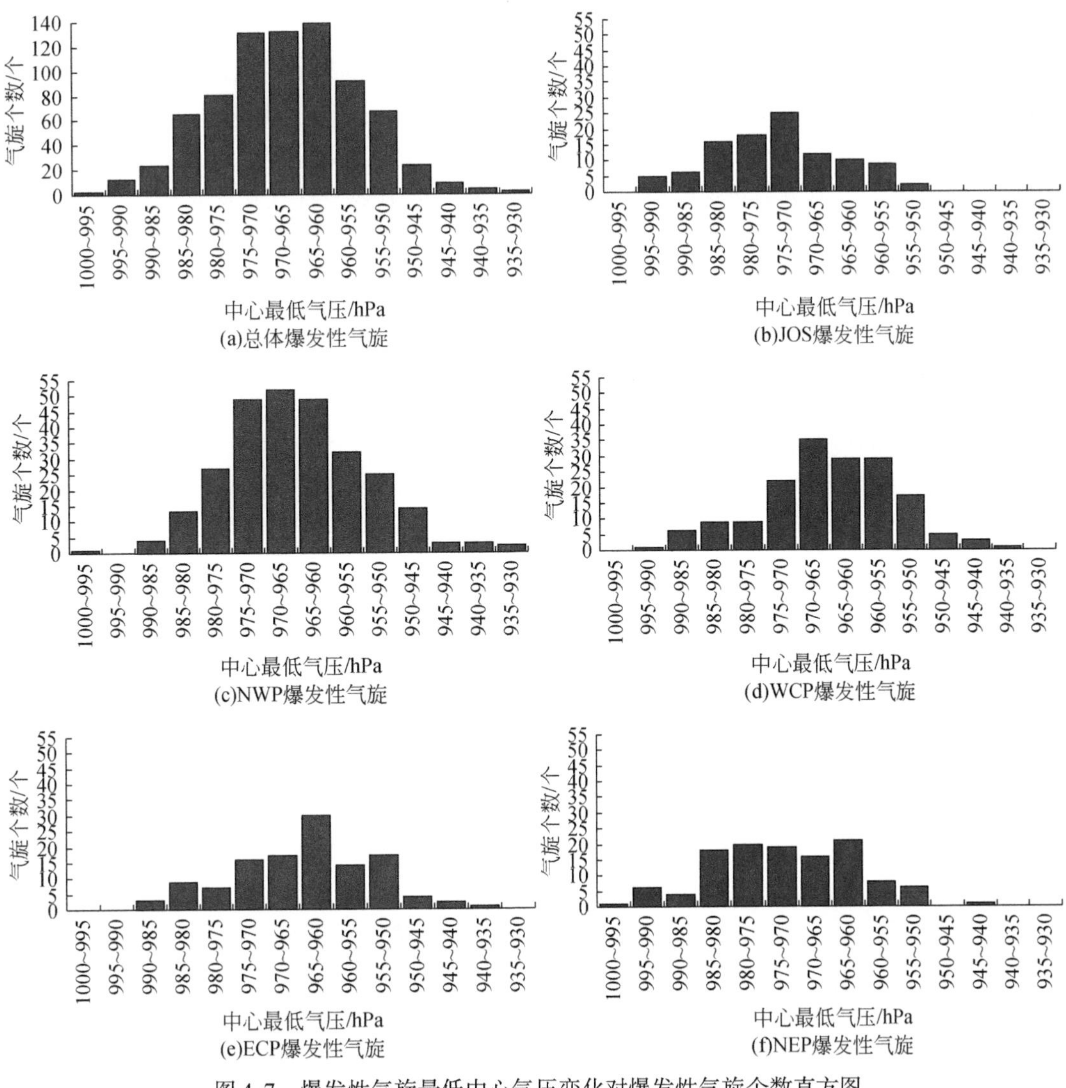

图 4.7　爆发性气旋最低中心气压变化对爆发性气旋个数直方图

性气旋集中分布区 5 hPa（955 ~ 980 hPa），高于 WCP 和 ECP 爆发性气旋集中分布区 10 hPa（950 ~ 975 hPa）。多数 JOS 和 NEP 爆发性气旋最低中心气压可降低至 980 hPa 以下（分别占 73.8%、75.8%）；多数 NWP 爆发性气旋中心气压可降低至 975 hPa 以下（83.6%），低于 JOS 和 NEP 爆发性气旋 5 hPa；而多数 WCP 和 ECP 爆发性气旋最低中心气压可降低至 970 hPa 以下（分别占 71.7%、75.8%），低于 JOS 和 NEP 爆发性气旋 10 hPa。最低中心气压的平均值 JOS 爆发性气旋最大（973.6 hPa），其次为 NEP 爆发性气旋（971.9 hPa），再次为 NWP（965.1 hPa）和 WCP（965.1 hPa）爆发性气旋，ECP（964.7 hPa）爆发性气旋最小。因此，总体上，NWP、WCP 和 ECP 爆发性气旋最低中心气压要低于 JOS 和 NEP 爆发性气旋，即西北、中东太平洋爆发性气旋中心气压可发展至较低。

4.4.5 最大加深率频数分布特征

图 4.8 为北太平洋爆发性气旋最大加深率频数分布特征，在 4.3.1 节中分析了总体爆发性气旋最大加深率频数的分布特征，其频数峰值处于 1.0 Bergeron，频数随着加深率的增大呈现减小趋势，且在 1.3 Bergeron、1.8 Bergeron 和 2.3 Bergeron 处急剧减小，呈现出“四级阶梯状”减少的特征。JOS 和 NEP 爆发性气旋最大加深率频数峰值均处于 1.0 Bergeron，且随着加深率的增大，其频数迅速减小，这是由于其 ST 和 SU 爆发性气旋发生个例较少，最大加深率的最大值分别为 2.58 Bergeron 和 2.97 Bergeron；NWP 和 WCP 爆发性气旋最大加深率频数峰值分别处于 1.1 Bergeron 和 1.2 Bergeron，随着加深率的增大，其频数逐渐减小，但减少趋势较缓慢，这是由于 ST 和 SU 爆发性气旋个例多发生于西北和中太平洋，最大加深率的最大值分别为 2.53 Bergeron 和 3.07 Bergeron；ECP 爆发性气旋最大加深率频数峰值处于 1.1 Bergeron，随着加深率的增大整体上呈现减小趋势，但在 1.5 Bergeron 处频数出现明显的增加，最大加深率的最大值为 2.77 Bergeron。

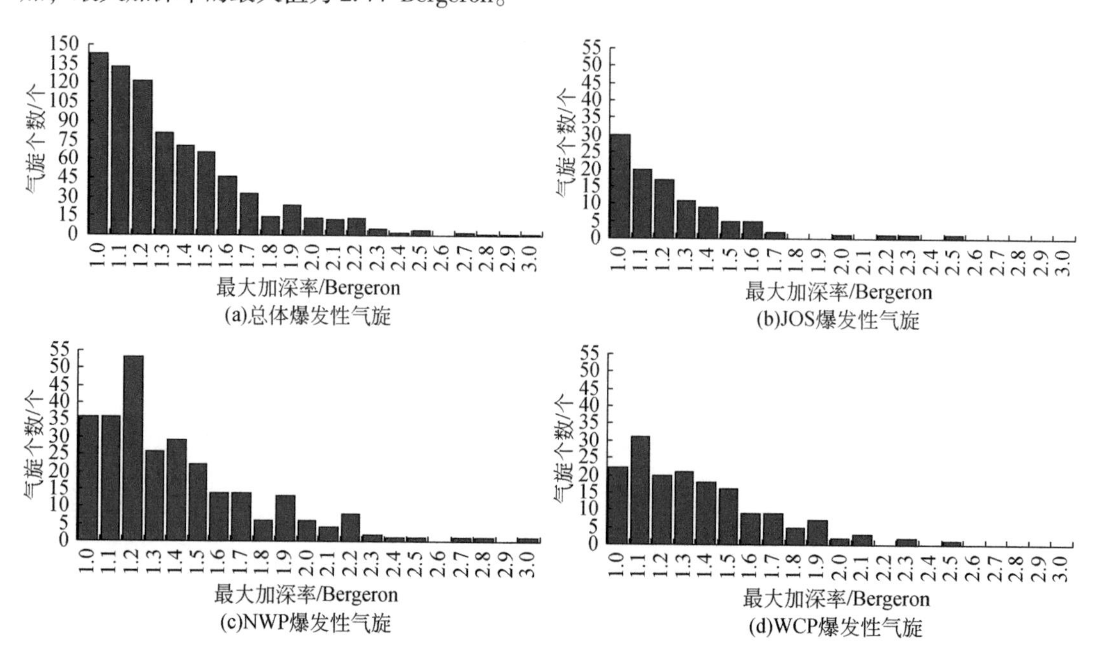

(a)总体爆发性气旋

(b)JOS爆发性气旋

(c)NWP爆发性气旋

(d)WCP爆发性气旋

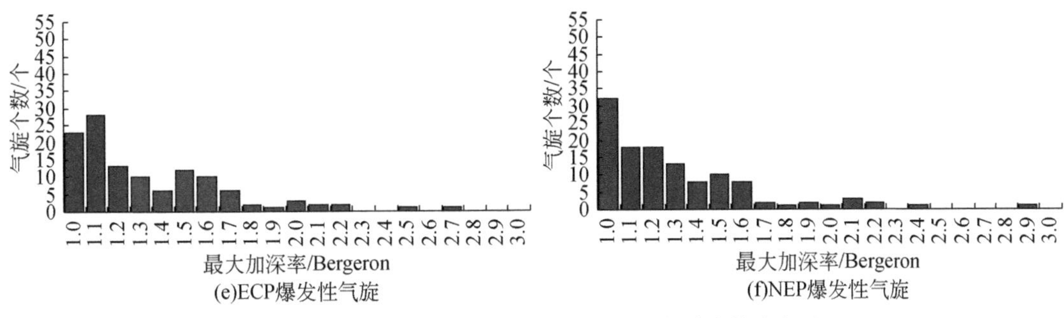

图 4.8　爆发性气旋最大加深率对爆发性气旋个数直方图

由上分析可知，在各类爆发性气旋中均有发展剧烈的个例，总体及各类爆发性气旋最大加深率频数的分布基本都呈现为随着加深率的增大而减小的趋势，JOS 和 NEP 爆发性气旋减小趋势较为迅速，NWP 和 WCP 爆发性气旋减小趋势较为缓慢，ECP 爆发性气旋则出现了减小-增大-减小的变化特征。

4.4.6　爆发时长频数分布特征

图 4.9 为北太平洋爆发性气旋爆发时长频数分布特征，总体爆发性气旋爆发时长频数随着爆发时长的增长而减小，频数峰值处于 0.5 d，爆发时长大多短于 1 d（占 77.5%），最长为 2 d，平均值为 0.87 d。JOS 和 NEP 爆发性气旋爆发时长频数峰值处于 0.50 d，NWP、WCP 和 ECP 爆发性气旋爆发时长频数峰值处于 0.75 d。JOS 和 NEP 爆发性气旋爆发时长大多短于 0.75 d（分别占 78.6% 和 74.8%），WCP 和 ECP 爆发性气旋爆发时长多短于 1 d（分别占 76.5% 和 81.7%），NWP 爆发性气旋爆发时长多短于 1.25 d（占 82.5%）。平均爆发时长 NWP 爆发性气旋最长（0.97 d），其次为 WCP 爆发性气旋（0.88 d），再次为 ECP 爆发性气旋（0.83 d），JOS 和 NEP 爆发性气旋最短（均为 0.74 d）。

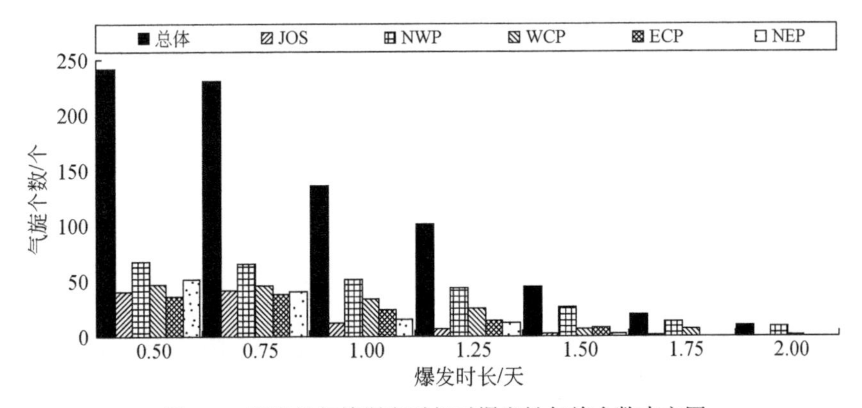

图 4.9　爆发性气旋爆发时长对爆发性气旋个数直方图

由此可见，总体及各类爆发性气旋爆发时长多数处于 1 d 以下，频数均随着爆发时长的增大而减少，NWP、WCP、ECP 爆发性气旋爆发时长要明显长于 JOS 和 NEP 爆发性气旋，即在北太平洋的西北部和中东部爆发性气旋的爆发时长会更长。NWP、WCP、ECP 和 NEP 爆发性气旋的爆发时长平均值逐渐减小，即在北太平洋由西向东，爆发性气旋的爆发时长逐渐缩短。

4.4.7　发展史长频数分布特征

分析北太平洋爆发性气旋发展史长的频数分布特征（图 4.10）可知，总体爆发性气旋发展史长最大值为 6.75 d，平均值为 2.34 d，频数峰值处于 2.00 ~ 2.25 d，集中分布于 1.00 ~

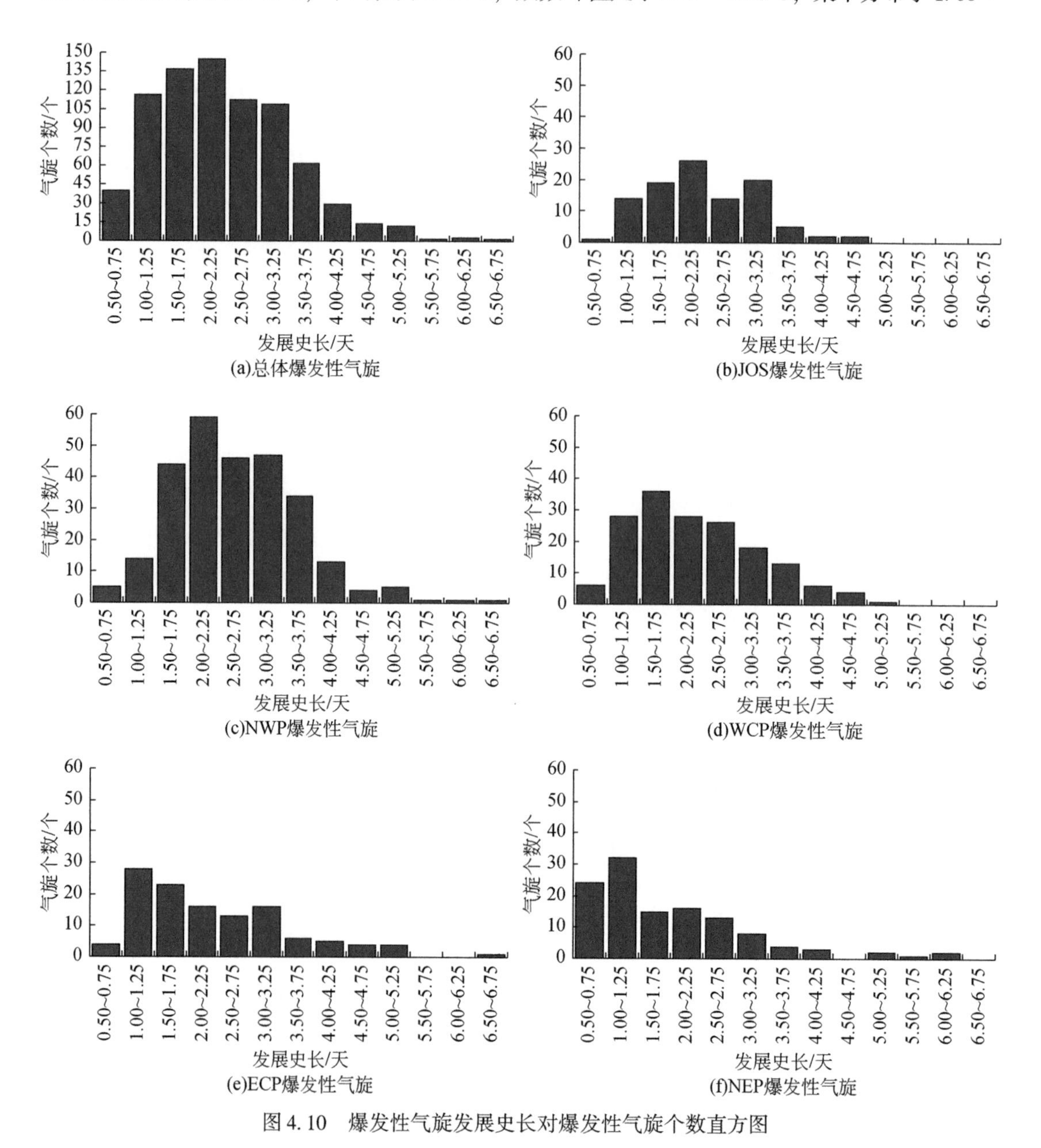

图 4.10　爆发性气旋发展史长对爆发性气旋个数直方图

3.25 d（79.1%）；在发展史长大于3.25 d时，随着发展史长的增大，其频数迅速减小。WCP爆发性气旋发展史长频数峰值处于1.50～1.75 d，其他四类爆发性气旋发展史长频数均具有两个峰值，JOS和NWP爆发性气旋处于2.00～2.25 d和3.00～3.25 d，ECP爆发性气旋处于1.00～1.25 d和3.00～3.25 d，NEP爆发性气旋处于1.00～1.25 d和2.00～2.25 d。NWP爆发性气旋发展史长集中分布于1.25～3.50 d（占83.9%），比JOS，WCP和ECP爆发性气旋发展史长集中分布区（1.00～3.25 d，分别占90.3%、81.9%和80.0%）长0.25 d，比NEP爆发性气旋发展史长集中分布区（0.75～3.00 d，占83.3%）长0.50 d。发展史长平均值由大到小依次为NWP（5.63 d）、JOS（5.32 d）、ECP（5.31 d）、WCP（5.26 d）和NEP（1.85 d）爆发性气旋。

因此，北太平洋爆发性气旋的发展史长一般为1.00～3.25 d，总体上NWP爆发性气旋的发展史长较长，其次为JOS爆发性气旋，再次为WCP和ECP爆发性气旋，NEP爆发性气旋最小。JOS和NWP爆发性气旋发展史长频数分别在3.00～3.25 d和3.50～3.75 d处出现跳跃性减小的特征，而WCP、ECP和NEP爆发性气旋发展史长频数跳跃性减小的特征并不明显，是由于部分WCP、ECP和NEP爆发性气旋形成于西北太平洋，在爆发性发展的前期经历了较长的发展过程，导致其发展史长较长。

4.4.8　北太平洋爆发性气旋的空间分布特征

1. JOS爆发性气旋的空间分布特征

图4.11示意JOS爆发性气旋移动路径的空间分布，表4.4为JOS爆发性气旋初始生成位置、最大加深位置和中心气压最低位置的经向分布。JOS爆发性气旋初始生成位置经向频数峰值处于40°N～45°N，主要分布于35°N～50°N（80例，约占77.7%），对应东北亚大陆、中国东部和东北部海域，为JOS爆发性气旋的集中生成区。最大加深位置经向频数峰值处于40°N～45°N，主要分布于35°N～50°N（87例，约占84.5%），对应日本海和鄂霍次克海，为JOS爆发性气旋最大加深位置的集中分布区。中心气压最低位置经向频数峰值处于45°N～50°N，主要分布于45°N～60°N（88例，约占85.4%），对应鄂霍次克海和堪察加半岛附近海域，为JOS爆发性气旋中心气压最低位置的集中分布区。

初始生成位置与最大加深位置经向频数峰值处于相同纬度，中心气压最低位置经向频数峰值则向北移动5个纬度。初始生成位置和最大加深位置的主要分布区处于相同纬度，而中心气压最低位置则向北移动10个纬度。形成于东北亚大陆的JOS爆发性气旋的移动路径主要为东偏北向，而形成于中国东部和东北部海域的爆发性气旋的移动路径多为西南—东北向。

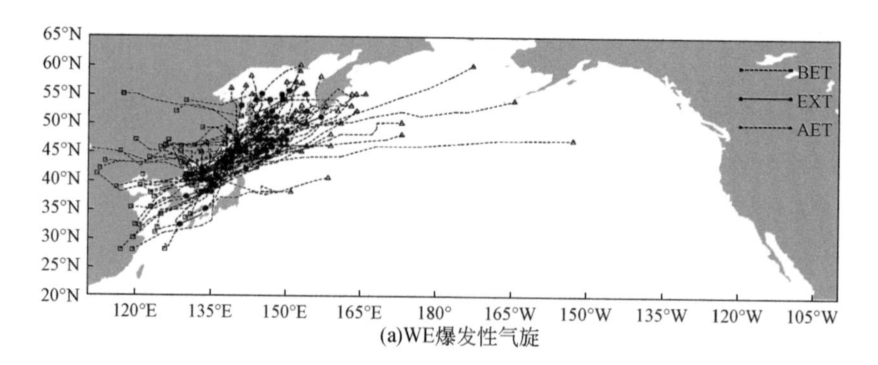

(a)WE爆发性气旋

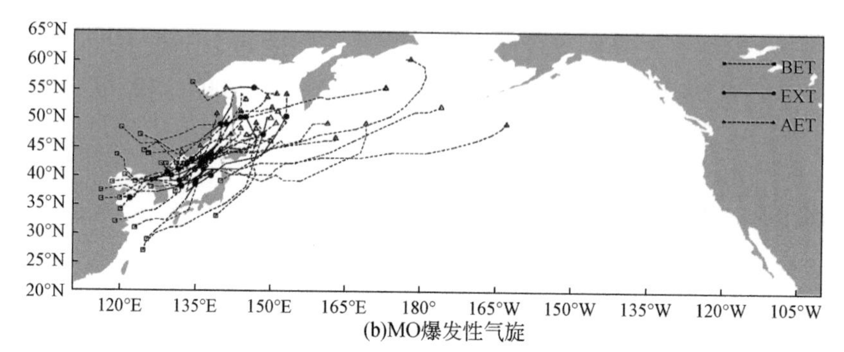

(b)MO爆发性气旋

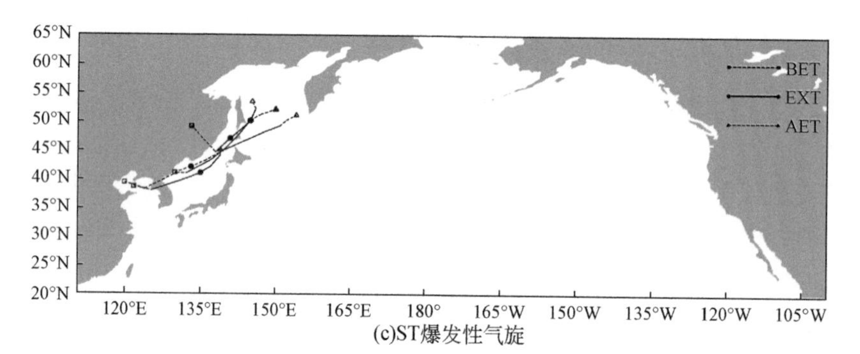

(c)ST爆发性气旋

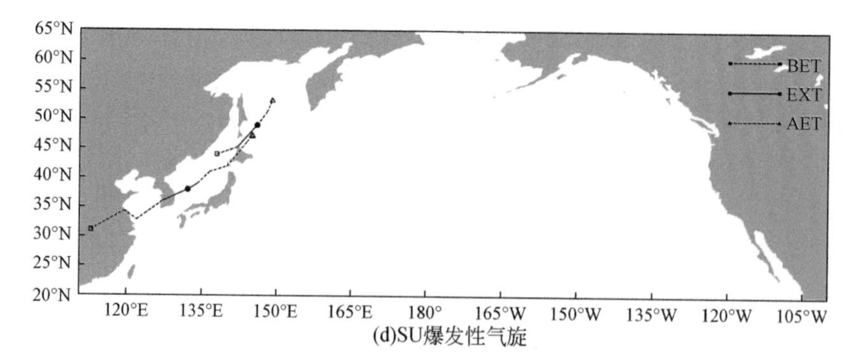

(d)SU爆发性气旋

图 4.11 JOS 爆发性气旋移动路径的空间分布

“□”为初始生成位置，“●”为最大加深位置，“Δ”为中心气压最低位置；“BET”为爆发前移动路径，“EXT”为爆发中移动路径，“AET”为爆发后移动路径

表4.4　2000～2015年冷季JOS爆发性气旋的初始生成位置、最大加深位置和最低中心气压位置的分布

JOS	20°N～25°N	25°N～30°N	30°N～35°N	35°N～40°N	40°N～45°N	45°N～50°N	50°N～55°N	55°N～60°N	60°N～65°N
初始生成位置	0	5	13	26	36	18	3	2	0
最大加深位置	0	0	1	19	39	29	12	3	0
最低中心气压位置	0	0	0	1	12	38	36	14	2

注：表中数字为每5个纬度带内的频数之和

由以上分析可知，JOS爆发性气旋移动路径以东偏北向和西南—东北向为主，主要生成于东北亚大陆、中国东部和东北部海域，在日本海和鄂霍次克海爆发性发展达到最强，并在鄂霍次克海和堪察加半岛附近海域中心气压降至最低。WE JOS爆发性气旋最大加深位置在日本海和鄂霍次克海均有分布，而MO JOS爆发性气旋则集中分布于日本海，在鄂霍次克海分布较少，有3例ST JOS爆发性气旋（共4例）和1例SU JOS爆发性气旋（共2例）在日本海达到最强。因此，JOS爆发性气旋中发展较为迅速的个例多分布于日本海且这类爆发性气旋多形成于中国的东部和东北部海域，移动路径多为西南—东北向。

2. NWP爆发性气旋的空间分布特征

分析NWP爆发性气旋初始生成位置、最大加深位置和中心气压最低位置的经向分布特征（表4.5）及移动路径的空间分布特征（图4.12）可知，①NWP爆发性气旋初始生成位置经向频数峰值处于30°N～35°N，主要分布于25°N～40°N（214例，约占78.1%），对应于中国的东南部海域和日本列岛的南部海域，此海域为NWP爆发性气旋的集中生成区。②NWP爆发性气旋最大加深位置经向频数峰值处于35°N～40°N，主要分布于35°N～50°N（214例，约占81.8%），对应于西北太平洋海域，此海域为其最大加深位置的集中分布区。③NWP爆发性气旋中心气压最低位置经向频数峰值处于45°N～50°N，主要分布于40°N～55°N（232例，约占84.7%），对应于鄂霍次克海南部海域、堪察加半岛东南部海域和阿留申群岛附近海域，此海域为其中心气压最低位置的集中分布区。

经向频数峰值所处区域从初始生成位置到最大加深位置向北移动5个纬度，再到中心气压最低位置向北移动10个纬度。主要分布区从初始生成位置到最大加深位置向北移动10个纬度，从最大加深位置到中心气压最低位置向北移动5个纬度。NWP爆发性气旋移动路径多为西南—东北向，少数为东偏北方向。

表4.5　2000～2015年冷季NWP爆发性气旋的初始生成位置、最大加深位置和最低中心气压位置的分布

NWP	20°N～25°N	25°N～30°N	30°N～35°N	35°N～40°N	40°N～45°N	45°N～50°N	50°N～55°N	55°N～60°N	60°N～65°N
初始生成位置	13	64	100	50	26	12	8	1	0
最大加深位置	0	0	28	105	83	36	18	3	1
最低中心气压位置	0	0	1	11	62	99	71	27	3

注：表中数字为每5个纬度带内的频数之和

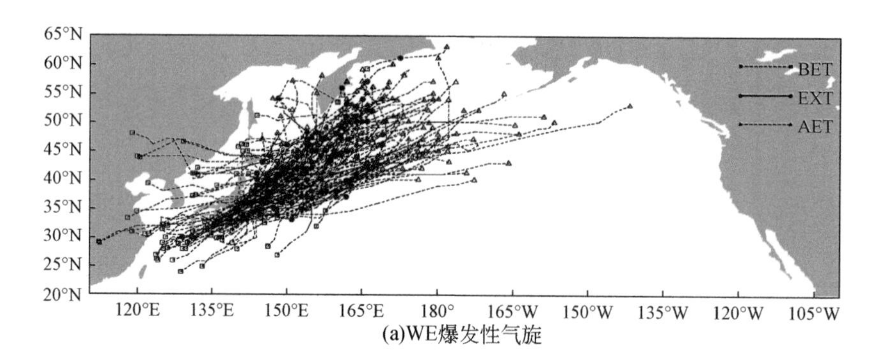

(a)WE爆发性气旋

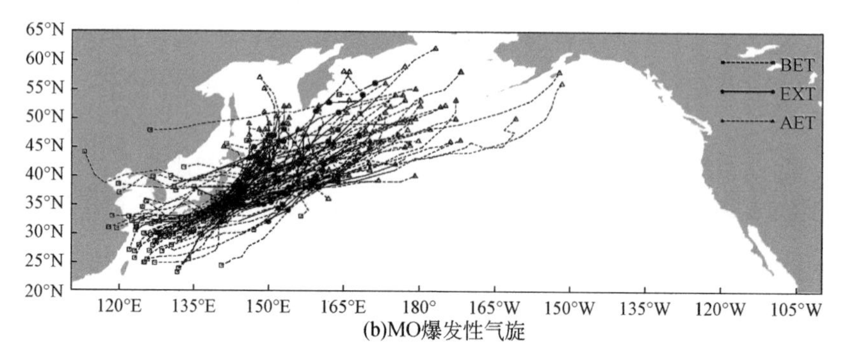

(b)MO爆发性气旋

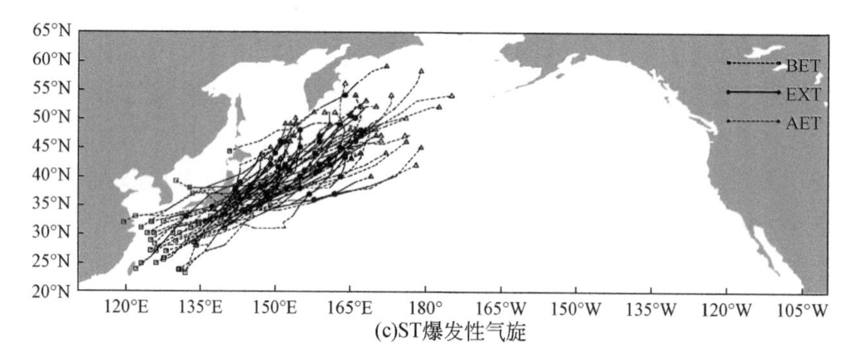

(c)ST爆发性气旋

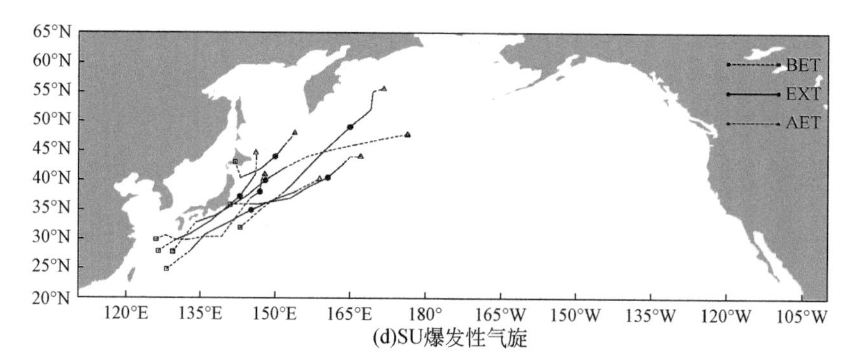

(d)SU爆发性气旋

图 4.12　NWP 爆发性气旋移动路径的空间分布

“□”为初始生成位置，“●”为最大加深位置，“Δ”为中心气压最低位置；“BET”为爆发前移动路径，“EXT”为爆发中移动路径，“AET”为爆发后移动路径

由此可见，NWP 爆发性气旋主要生成于中国的东南部海域和日本列岛的南部海域，在西北太平洋海域达到最强，并在鄂霍次克海南部海域、堪察加半岛东南部海域和阿留申群岛附近海域中心气压降至最低，移动路径多为西南—东北向，少数为东偏北方向。WE 爆发性气旋的最大加深位置在堪察加半岛南部海域分布较多，而 MO、ST 和 SU 爆发性气旋的最大加深位置则集中分布于日本列岛的东部和东南部海域。一些 WE 爆发性气旋和少量 MO 爆发性气旋形成于东北亚大陆或者日本海，而 ST 和 SU 爆发性气旋则集中形成于中国东南部海域和日本列岛南部海域。因此，随着爆发性气旋爆发强度的增强，其初始生成位置、最大加深位置的分布区域更加集中，且移动路径的行为特征更趋于一致。随着 NWP 爆发性气旋爆发强度的增强，其最大加深位置趋向于集中分布在西北太平洋的黑潮和黑潮延伸体海域，前人（Sanders and Gyakum，1980；Gyakum et al.，1989；Chen et al.，1992）也发现类似的现象。黑潮及黑潮延伸体区域的海表面温度较高，向大气输送大量的感热和潜热，促使 NWP 爆发性气旋急剧发展（Davis and Emanuel，1988）。

3. WCP 爆发性气旋的空间分布特征

分析 WCP 爆发性气旋初始生成位置、最大加深位置和中心气压最低位置的经向分布特征（表 4.6）及移动路径的空间分布特征（图 4.13）可知，①WCP 爆发性气旋初始生成位置经向频数峰值处于 30°N ~ 35°N，主要分布于 30°N ~ 45°N（131 例，约占 78.9%），对应日本列岛的南部及东南部海域和中西太平洋海域，此海域为 WCP 爆发性气旋的集中生成区。②WCP 爆发性气旋最大加深位置经向频数峰值处于 40°N ~ 45°N，主要分布于 35°N ~ 50°N（140 例，约占 84.3%），对应中太平洋海域，此海域为其最大加深位置的集中分布区。③中心气压最低位置经向频数峰值处于 50°N ~ 55°N，主要分布于 40°N ~ 55°N（127 例，约占 76.5%），对应阿留申群岛附近海域，此海域为其中心气压最低位置的集中分布区。

表 4.6　2000—2015 年冷季 WCP 爆发性气旋的初始生成位置、最大加深位置和最低中心气压位置的分布

WCP	20°N ~ 25°N	25°N ~ 30°N	30°N ~ 35°N	35°N ~ 40°N	40°N ~ 45°N	45°N ~ 50°N	50°N ~ 55°N	55°N ~ 60°N	60°N ~ 65°N
初始生成位置	3	18	53	50	28	9	4	1	0
最大加深位置	0	2	6	40	56	44	16	1	1
最低中心气压位置	0	0	2	9	33	46	48	23	5

注：表中数字为每 5 个纬度带内的频数之和

经向频数峰值所处区域从初始生成位置到最大加深位置再到中心气压最低位置依次向北移动 10 个纬度，主要分布区从初始生成位置到最大加深位置再到中心气压最低位置依次向北移动 5 个纬度。生成于日本列岛南部及东南部海域的 WCP 爆发性气旋移动路径前期为东偏北向，后期折向西北，移动路径较长。生成于中西太平洋海域的 WCP 爆发性气旋移动路径多为西南—东北向，移动路径较短。

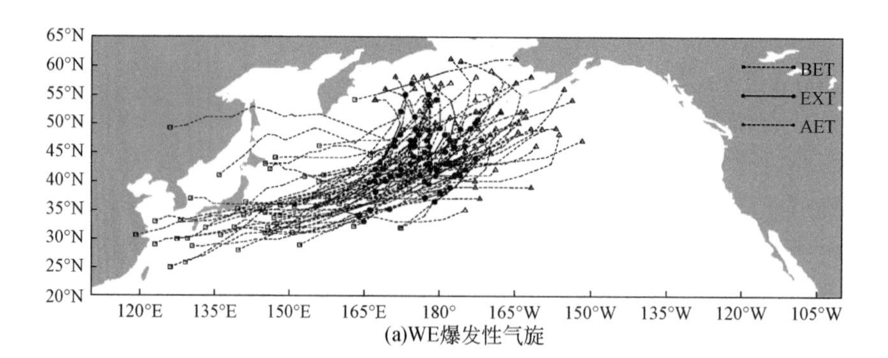

(a)WE爆发性气旋

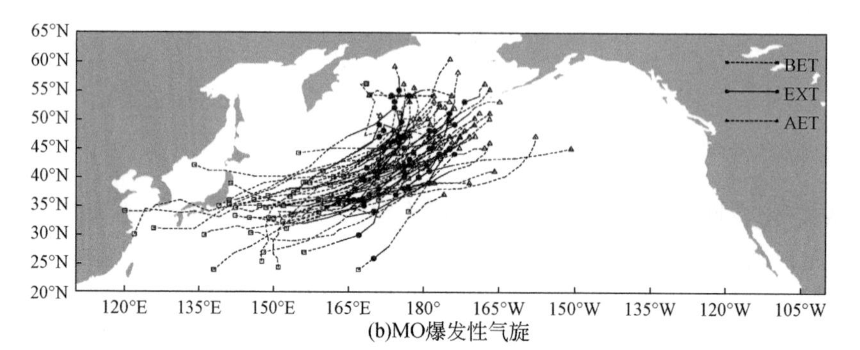

(b)MO爆发性气旋

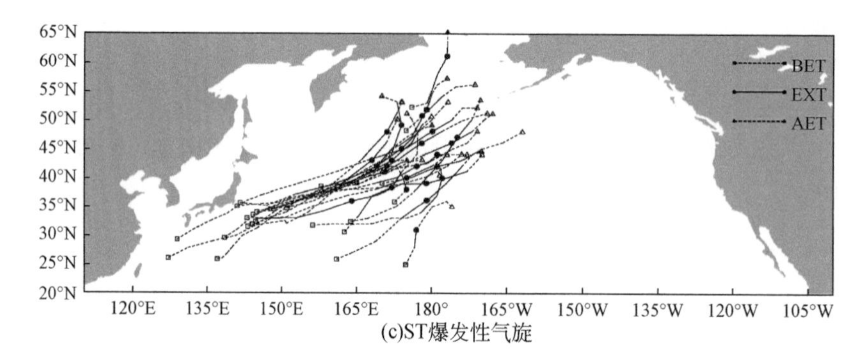

(c)ST爆发性气旋

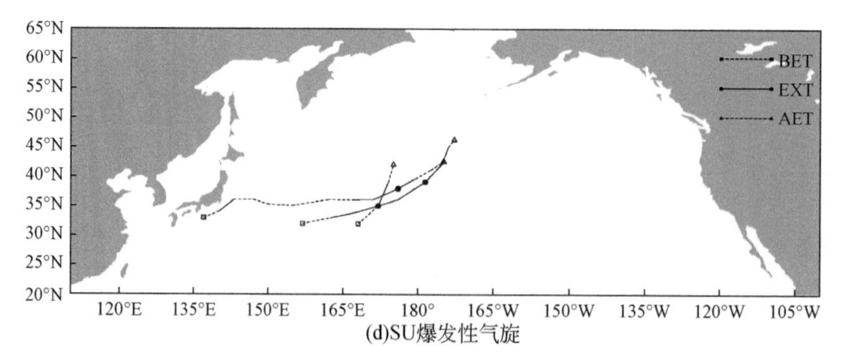

(d)SU爆发性气旋

图 4.13 WCP 爆发性气旋移动路径的空间分布

“□”为初始生成位置，“●”为最大加深位置，“Δ”为中心气压最低位置；“BET”为爆发前移动路径，“EXT”为爆发中移动路径，“AET”为爆发后移动路径

因此，WCP 爆发性气旋的移动路径方向因生成位置不同而表现出显著差异，生成于日本列岛南部及东南部海域的 WCP 爆发性气旋移动路径前期为东偏北向，后期折向西北，移动路径较长。生成于中西太平洋海域的 WCP 爆发性气旋移动路径多为西南—东北向，移动路径较短，均在中太平洋海域爆发性发展达到最强，并在阿留申群岛附近海域中心气压降至最低。在中西太平洋海域生成 WCP 爆发性气旋多为 WE 和 MO 爆发性气旋，而 ST 和 SU 爆发性气旋多形成于日本列岛的南部及东南部海域，即 WCP 爆发性气旋的爆发强度因生成位置不同也表现出显著差异。形成于日本列岛南部及东南部海域的 WCP 爆发性气旋在移动至中太平洋海域时，通常与此海域的气旋发生合并现象而获得急剧发展，此与 JOS 和 NWP 爆发性气旋的爆发性发展过程存在显著差异。部分 WE 和 MO 爆发性气旋的中心气压最低位置可位于阿留申群岛的北部海域，而 ST 和 SU 爆发性气旋的中心气压最低位置多位于阿留申群岛的南部海域。

4. ECP 爆发性气旋的空间分布特征

分析 ECP 爆发性气旋初始生成位置、最大加深位置和中心气压最低位置的经向分布特征（表4.7）及移动路径的空间分布特征（图4.14）可知，①ECP 爆发性气旋初始生成位置经向频数峰值处于 35°N ~ 40°N，主要分布于 30°N ~ 45°N（91 例，约占 75.8%），对应日本列岛东南部海域、中西太平洋和中太平洋海域，此海域为 ECP 爆发性气旋的集中生成区。②ECP 爆发性气旋最大加深位置经向频数峰值处于 45°N ~ 50°N，主要分布于 35°N ~ 50°N（95 例，约占 79.2%），对应中东太平洋海域，此海域为其最大加深位置的集中分布区。③ECP 爆发性气旋中心气压最低位置经向频数峰值处于 50°N ~ 55°N，主要分布于 45°N ~ 60°N（91 例，约占 75.8%），对应阿拉斯加半岛南部海域，此海域为其中心气压最低位置的集中分布区。经向频数峰值和主要分布区从初始生成位置到最大加深位置向北移动 5 个纬度，从最大加深位置到中心气压最低位置向北移动 10 个纬度。类似于 WCP 爆发性气旋，ECP 爆发性气旋的移动路径方向也因生成位置不同而表现出显著差异，生成于日本列岛东南部海域和中西太平洋的 ECP 爆发性气旋移动路径前期为东偏北向，后期折向西北，移动路径较长；生成于中太平洋海域的 ECP 爆发性气旋移动路径多为西南—东北向，移动路径较短。

表 4.7　2000 ~ 2015 年冷季 ECP 爆发性气旋的初始生成位置、最大加深位置和最低中心气压位置的分布

ECP	20°N ~ 25°N	25°N ~ 30°N	30°N ~ 35°N	35°N ~ 40°N	40°N ~ 45°N	45°N ~ 50°N	50°N ~ 55°N	55°N ~ 60°N	60°N ~ 65°N
初始生成位置	3	13	31	32	28	10	3	0	0
最大加深位置	0	0	13	22	34	39	10	2	0
最低中心气压位置	0	0	2	8	18	24	39	28	1

注：表中数字为每 5 个纬度带内的频数之和

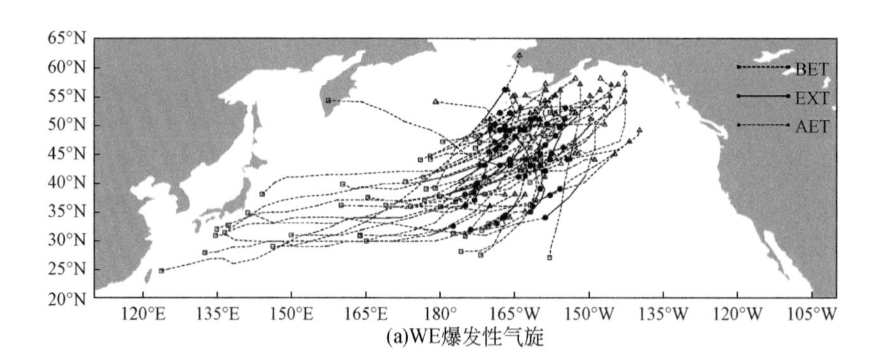

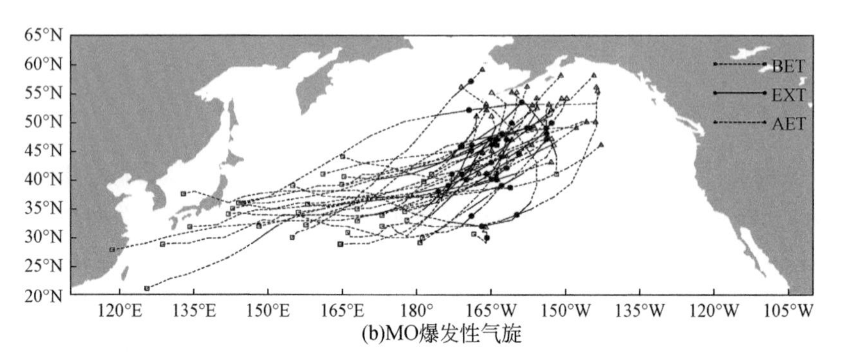

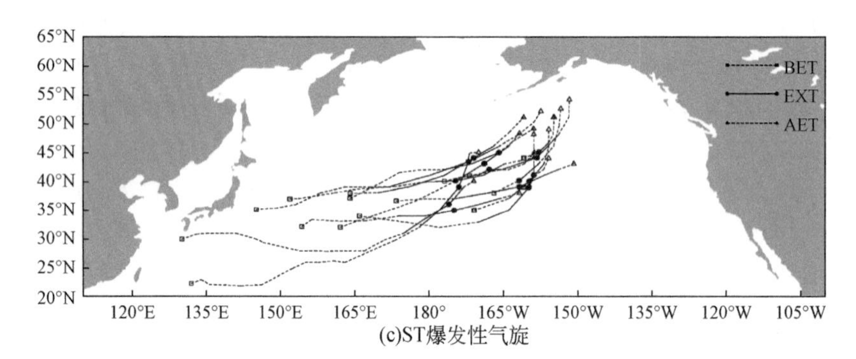

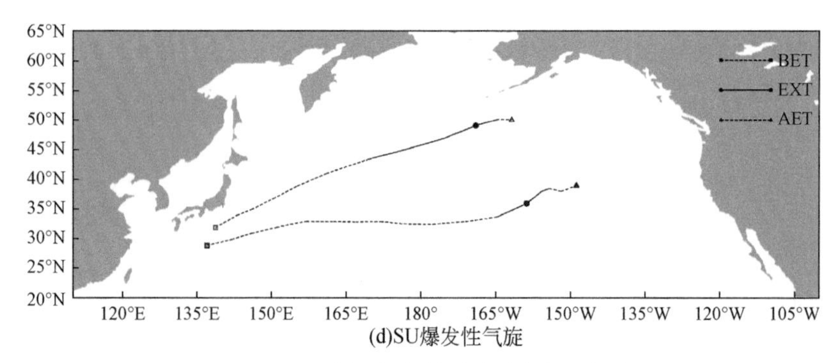

图 4. 14　ECP 爆发性气旋移动路径的空间分布

“□”为初始生成位置，“●”为最大加深位置，“Δ”为中心气压最低位置；“BET”为爆发前移动路径，“EXT”为爆发中移动路径，“AET”为爆发后移动路径

由以上分析可知，ECP爆发性气旋主要生成于日本列岛东南部海域、中西太平洋和中太平洋海域，在中东太平洋爆发性发展达到最强，并在阿拉斯加半岛南部海域中心气压降至最低。WE WCP爆发性气旋主要生成于中太平洋，而MO ECP和ST ECP爆发性气旋则一般是生成于日本列岛东南部和中西太平洋，即ECP爆发性气旋的爆发强度也因生成位置不同而表现出显著差异。生成于日本列岛东南部和中西太平洋的ECP爆发性气旋多是通过吸收、合并中太平洋海域的、减弱的气旋而获得急剧发展，而生成于中太平洋海域的ECP爆发性气旋多是由当地成熟的气旋分裂形成，并通过吸收、合并母气旋而获得急剧发展。

5. NEP爆发性气旋的空间分布特征

分析NEP爆发性气旋初始生成位置、最大加深位置和中心气压最低位置的经向分布特征（表4.8）及移动路径的空间分布特征（图4.15）可知，①NEP爆发性气旋初始生成位置经向频数峰值处于40°N～45°N，主要分布于35°N～50°N（80例，约占66.7%），对应中西太平洋、中太平洋和中东太平洋海域，此海域为NEP爆发性气旋的集中生成区，但少量爆发性气旋可生成于日本列岛的东南部海域。②NEP爆发性气旋最大加深位置经向频数峰值处于45°N～50°N，主要分布于40°N～55°N（98例，约占81.7%），对应东北太平洋海域，此海域为其最大加深位置的集中分布区。③NEP爆发性气旋中心气压最低位置经向频数峰值处于50°N～55°N，主要分布于45°N～60°N（109例，约占90.8%），对应阿拉斯加湾及美国和加拿大西海岸，此海域为其中心气压最低位置的集中分布区。经向频数峰值和主要分布区从初始生成位置到最大加深位置再到中心气压最低位置均依次向北移动了5个纬度。生成于中西太平洋和中太平洋海域的NEP爆发性气旋移动路径前期为东偏北向，后期折向西北，移动路径较长；而生成于中东太平洋海域的NEP爆发性气旋移动路径多为西南—东北向，移动路径较短。

表4.8　2000—2015年冷季NEP型爆发性气旋的初始生成位置、最大加深位置和最低中心气压位置的分布

NEP	20°N～25°N	25°N～30°N	30°N～35°N	35°N～40°N	40°N～45°N	45°N～50°N	50°N～55°N	55°N～60°N	60°N～65°N
初始生成位置	1	7	23	23	31	26	6	2	1
最大加深位置	0	0	5	8	32	45	21	9	0
最低中心气压位置	0	0	0	4	9	29	54	24	0

注：表中数字为每5个纬度带内的频数之和

因此，NEP爆发性气旋主要生成于中西太平洋、中太平洋和中东太平洋，在东北太平洋爆发性发展达到最强，并在阿拉斯加湾南部海域及加拿大和美国的西海岸中心气压降至最低。NEP爆发性气旋一部分是生成后获得急剧发展，另一部分是类似于WCP和ECP爆发性气旋，通过吸收、合并现象而获得急剧发展。NEP爆发性气旋的中心气压最低位置几乎全部分布于阿拉斯加湾及美国和加拿大西海岸，没有个例位于北美大陆，表明陆上海气相互作用的消失及摩擦力的增大不利于爆发性气旋的急剧发展。

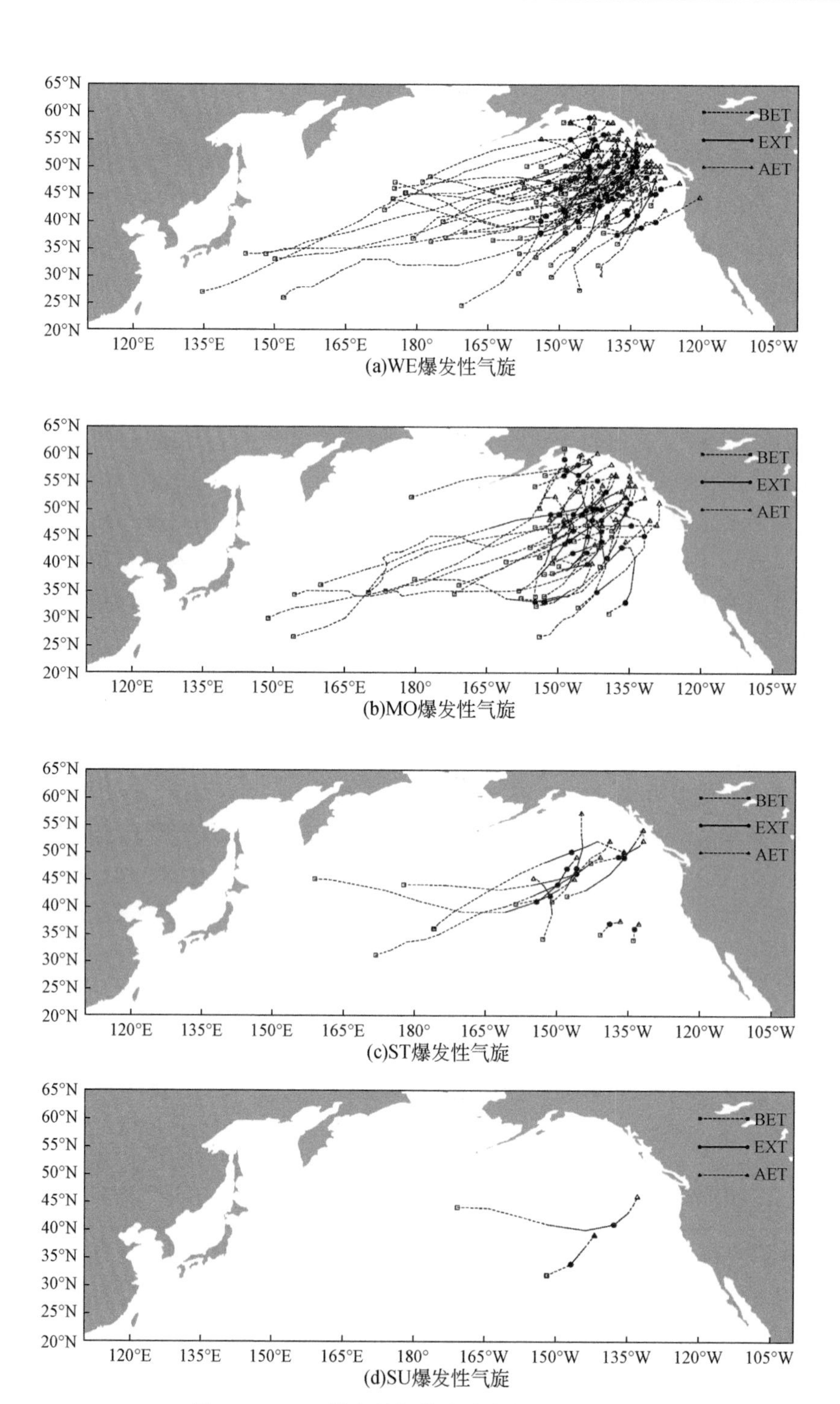

图 4. 15　NEP 爆发性气旋移动路径的空间分布

“□”为初始生成位置，“●”为最大加深位置，“Δ”为中心气压最低位置；“BET”为爆发前移动路径，“EXT”为爆发中移动路径，“AET”为爆发后移动路径

4.4.9　小结

（1）2000—2015年冷季北太平洋共发生783例爆发性气旋，爆发性气旋多为WE和MO爆发性气旋，ST和SU爆发性气旋相对较少且主要分布于西太平洋。爆发性气旋发生频数自西向东逐渐减少，呈现“西多东少”的分布特征，其平均爆发强度自西向东逐渐减弱，呈现“西强东弱”的分布特征，因此，北太平洋爆发性气旋呈现出“频数大、强度强，频数小、强度弱”的特征。北太平洋爆发性气旋年际频数和年际平均爆发强度均呈现出增大的趋势，其年际频数的增大主要是由于北太平洋中东部爆发性气旋的增多，而年际平均爆发强度的增大主要来自JOS、NWP、ECP和NEP爆发性气旋年际平均爆发强度的增大。

（2）北太平洋爆发性气旋多发生于冬季和早春，特别是冬季；JOS和NEP爆发性气旋多发生于秋季和初春；NWP和WCP爆发性气旋多发生于冬季和早春，而秋季发生个例较少；ECP爆发性气旋多发生冬季，特别是初冬，而在秋季和春季发生个例较少，发生时间较为集中。除ECP爆发性气旋外，总体及各区域爆发性气旋月际平均爆发强度的峰值均处于冬季，即冬季爆发性气旋的爆发强度较强，而秋季和春季较弱。

（3）总体及各类爆发性气旋最大加深率频数均随着加深率的增大而减小，而JOS和NEP爆发性气旋减小趋势较为迅速，NWP、WCP和ECP爆发性气旋减小趋势较为缓慢。北太平洋爆发性气旋的发展史长一般为1.00～3.25 d，爆发时长多数短于1 d；NWP、WCP、ECP爆发性气旋的爆发时长要明显长于JOS和NEP爆发性气旋，即北太平洋的西北部和中东部爆发性气旋的爆发时长会更长。NWP、WCP和ECP爆发性气旋最低中心气压要低于JOS和NEP爆发性气旋，即西北、中东太平洋爆发性气旋中心气压可降至较低。

（4）爆发性气旋的移动路径和空间分布特征在不同区域差异较大，而在相同区域表现出较大的相似性，且随着爆发强度的增强，其移动路径和空间分布特征更趋于一致。①JOS爆发性气旋移动路径以东偏北向和西南—东北向为主，其发展较为迅速的个例多分布于日本海，移动路径多为西南—东北向。②NWP爆发性气旋移动路径多为西南—东北向，少数为东偏北方向；爆发性发展较强个例的最大加深位置集中分布于日本列岛的东部和东南部海域，即黑潮和黑潮延伸体海域。③WCP、ECP和NEP爆发性气旋的移动路径和爆发强度因生成位置不同而表现出显著差异，其爆发性发展较强的个例通常由西部较远的海域移动而来，通过吸收、合并各自海域的气旋而获得爆发性发展，其移动路径前期为东偏北向，后期折向西北，移动路径较长；爆发性发展较弱的个例，通常形成于其较近的西南部海域，移动路径多为西南—东北向，移动路径较短。④JOS和NEP爆发性气旋的分布区域较NWP、WCP和ECP位置偏北，JOS和NWP爆发性气旋多是生成后即获得爆发性发展，而在WCP、ECP和NEP爆发性气旋爆发性发展的过程中，存在吸收合并的现象，即气旋之间的相互作用对其爆发性发展具有重要影响。

4.5　北太平洋爆发性气旋的季节变化特征

4.5.1　高空急流

过去研究发现高空急流对爆发性气旋的生成和分布具有重要影响，爆发性气旋多生成于最大西风带上或其北部（Sanders and Gyakum，1980）。

由北太平洋2000—2015年冷季平均的300 hPa高空急流（图4.16a）的分布特征可知，西北太平洋的中纬度地区存在较强的高空急流，其中心位于日本列岛南部上空，风速大于60 m/s，从急流中心向东，风速逐渐减小。高空急流轴位于中纬度地区（30°N～40°N），在160°E以西呈现为东偏北向，在160°E～165°W之间为东—西向，在165°W以东为西南—东北向。各类爆发性气旋最大加深位置的高频中心均位于高空急流轴的左侧，NWP爆发性气旋最大加深位置的高频中心紧邻急流轴，JOS、WCP、ECP和NEP爆发性气旋最大加深位置的高频中心距离急流轴大约10个纬度。北太平洋爆发性气旋发生频数自西向东逐渐减少，呈现为“西多东少”的分布，与高空急流强度自西向东逐渐减弱的变化特征基本一致，表明北太平洋高空急流对爆发性气旋的空间分布具有重要影响。

图4.16b～h为北太平洋冷季高空急流的季节变化特征，在北半球冷季各月，爆发性气旋均多发生于高空急流轴的左侧。从10月至翌年1月（图4.16b～e），伴随着高空急流中心的逐渐增强（急流中心强度由45 m/s逐渐增强至75 m/s）及高空急流轴的逐渐南移（由40°N逐渐移至30°N），爆发性气旋的发生频数逐渐增加，且其分布区域逐渐向南移动。同时我们还发现，随着高空急流的增强，爆发性气旋分布区域逐渐集中于高空急流轴的左侧。从1—4月（图4.16e～h），高空急流逐渐减弱，且高空急流轴的位置逐渐向北移动，对应的爆发性气旋的发生频数逐渐减少，且分布区域逐渐北移。由以上分析可见，爆发性气旋的分布区域和发生频数与高空急流的位置和强度呈现出正相关关系。在秋季（10月和11月），高空急流位置偏北且扩展至东北太平洋，导致JOS和NEP爆发性气旋多发生于秋季（见4.3节）。10月份高空急流的形态特征与其他月份表现出显著的差异，在日本列岛的东海岸，呈现为反气旋式弯曲，Ziv和Paldor（1999）指出，高空急流反气旋式弯曲的左侧不利于爆发性气旋的发生发展，使得10月份西北太平洋发生的爆发性气旋较少。

虽然大量研究指出，爆发性气旋多发生于高空急流轴的左侧（Sanders and Gyakum，1980；Wash et al.，1988；Yoshida and Asuma，2004），但爆发性气旋发生频数、分布区域与高空急流强度和位置的季节变化的关系鲜有学者进行研究。上述分析表明，北太平洋高空急流对爆发性气旋的空间分布具有重要的影响，在季节变化上，爆发性气旋的分布区域和发生频数与高空急流的位置和强度呈现出明显的正相关关系。强辐散场和正涡度平流场常出现在平直或者气旋式弯曲的高空急流的左侧，为爆发性气旋的急剧发展提供了有利的大尺度大气物理环境背景场（Uccellini and Kocin，1987；Wash et al.，1988；Cammas and Ramond，1989；Nakamura，1993）。

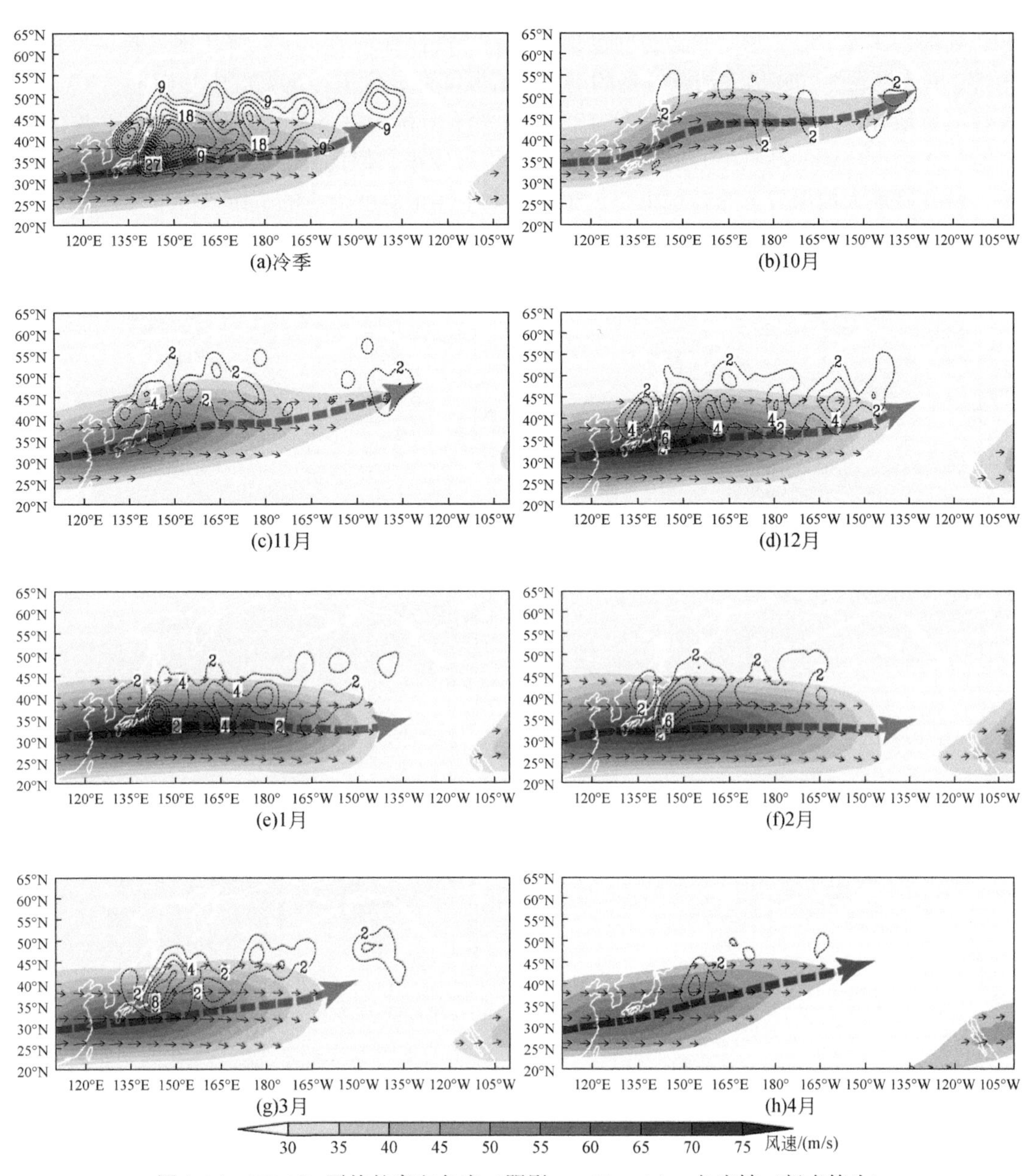

图 4.16　300 hPa 平均的高空急流（阴影，≥30 m/s）、急流轴（粗虚箭头）和水平风矢量（细实线箭头，≥30 m/s）

虚线为利用 Cressman（1959）权重计算法平滑（平滑半径为5个经纬度）的最大加深位置的空间分布［图（a）：≥9、间隔3；图（b）~（h）：≥2、间隔2］

4.5.2　中层正涡度

图 4.17a 为北太平洋 2000—2015 年冷季 500 hPa 平均的正涡度场，在北太平洋的中高

纬度地区（40°N～55°N）存在较强的正涡度场，在西北太平洋和东北太平洋分别有较强和较弱的正涡度中心，中太平洋正涡度值较小。爆发性气旋多发生在强正涡度场区域或其南部，JOS 爆发性气旋最大加深位置的高频中心紧邻西北太平洋正涡度中心南部，NWP 爆发性气旋最大加深位置的高频中心位于西北太平洋正涡度中心下游，WCP 和 ECP 爆发性气旋最大加深位置的高频中心的上游正涡度值相对较小，但仍处于强正涡度场区域，NEP 爆发性气旋最大加深位置的高频中心位于东北太平洋正涡度中心的下游。

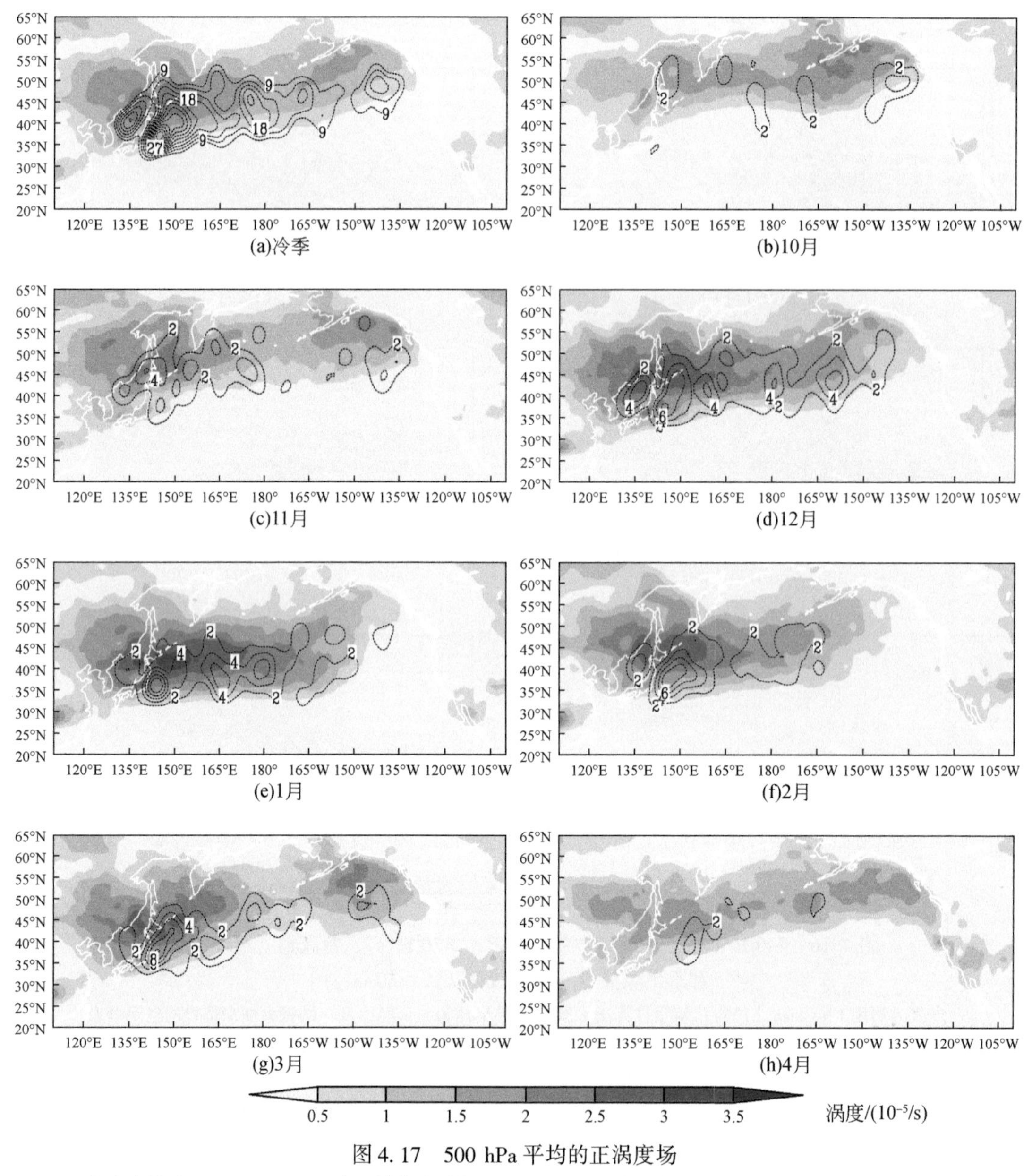

图 4.17　500 hPa 平均的正涡度场

虚线为利用 Cressman（1959）权重计算法平滑（平滑半径为 5 个经纬度）的最大加深位置的空间分布

［图（a）：≥9、间隔 3；图（b）～（h）：≥2、间隔 2］

在季节变化上（图4.17b～f），10月强正涡度场只在东北太平洋存在正涡度中心，使得NEP爆发性气旋常发生于秋季。从10月至翌年1月（图4.17b～e），东北太平洋的正涡度中心逐渐减弱并消失，而西北太平洋正涡度场逐渐增强，并在11月出现正涡度中心，且其位置逐渐向南移动。在此期间，东北太平洋爆发性气旋发生频数逐渐减小，而西北太平洋爆发性气旋发生频数逐渐增大，且分布区域也逐渐向南移动。从1—4月（图4.17e～h），正涡度场呈现减弱的趋势，且其位置逐渐向北移动，对应的北太平洋爆发性气旋发生频数逐渐减少，分布区域也向北移动。特别是在3月，正涡度中心再次出现在东北太平洋，使得NEP爆发性气旋在早春季节发生频数较大。

上述分析表明，北太平洋爆发性气旋多发生在强正涡度场区域或其南部，在季节变化上，爆发性气旋的分布区域和发生频数与正涡度场的位置和强度呈现正相关关系。Sanders（1986）指出在爆发性气旋快速发展时期，气旋中心位于500 hPa正涡度中心下游，且正涡度中心增强与气旋快速发展具有较高的相关性，当气旋中心上游存在较强的正涡度场时，中高层的西风分量易把较大的正涡度平流到气旋中心区域，为爆发性气旋的急剧发展提供有利的大尺度大气物理环境背景场（Sanders，1986；Lupo et al.，1992）。

4.5.3　SST和SST梯度

过去大量研究表明，爆发性气旋多发生于海洋暖流区或强SST梯度区（Sanders and Guakum，1980；Roebber，1984；Gyakum，1989），且当其穿过强SST梯度区时会获得快速发展（Sanders，1986）。北太平洋中纬度海域存在3支暖流，分别为黑潮、北太平洋暖流和阿拉斯加暖流（图4.1），使得北太平洋中纬度海区（30°N～45°N）形成强SST梯度区（图4.18a）。在日本海东部有对马暖流，SST梯度较强。JOS爆发性气旋最大加深位置的高频中心位于对马暖流西北部，NWP爆发性气旋最大加深位置的高频中心位于黑潮区域，WCP和ECP爆发性气旋的高频中心均位于北太平洋暖流区域，NEP爆发性气旋的高频中心位于北太平洋暖流末端，即阿拉斯加暖流的起始区域。由此可见，各类爆发性气旋均位于暖流附近及强SST梯度区域，且北太平洋暖流和SST梯度自西向东逐渐减弱，与北太平洋爆发性气旋发生频数的空间分布特征吻合，表明海洋暖流对爆发性气旋的发生和发展具有重要影响（Chen et al.，1992；Yoshiike and Kawamura，2009；Hirata et al.，2015）。

虽然北太平洋SST和SST梯度的季节变化特征不明显（图4.18b～h），但西北太平洋的感热和潜热通量存在明显的季节变化特征（图4.19）。从10月至翌年1月，西北太平洋的感热和潜热通量逐渐增大（中心强度由250 W/m^{2}逐渐增强至350 W/m^2），而从1—4月，感热和潜热通量逐渐减小，在冬季达到最大，主要是亚洲大陆冷空气的入侵使得海气温差较大所致。而在东北太平洋，感热和潜热通量较小且其季节变化特征较小。

在西北太平洋，爆发性气旋多发生于黑潮和黑潮延伸体，较强的海表面感热和潜热通量降低了大气的稳定性，并增加了气旋内部的潜热释放（Kuo et al.，1991b；Neiman and Shapiro，1993；Reed et al.，1993；Takayabu et al.，1996；Booth et al.，2012），为爆发性气旋的发生发展提供了有利的海洋物理环境背景场（Davis and Emanuel，1988；Kuwano-Yoshida and Asuma，2008；Kuwano-Yoshida and Enomoto，2013）。虽然北太平洋暖流和阿

拉斯加暖流位于东北太平洋的中纬度海域，但其海表面感热和潜热通量的强度及季节变化要弱于西北太平洋，是由于东北太平洋的爆发性气旋多形成于中太平洋的中低纬度海域或西北太平洋，形成于中太平洋中低纬度海域的爆发性气旋在形成初期，其中低层大气的温度与湿度与海表面相近，而形成于西北太平洋的爆发性气旋在穿越距离较长的海域时，气团的中低层发生了变性。因此，东北太平洋海表面感热和潜热通量对爆发性气旋发展的影响要弱于西北太平洋。

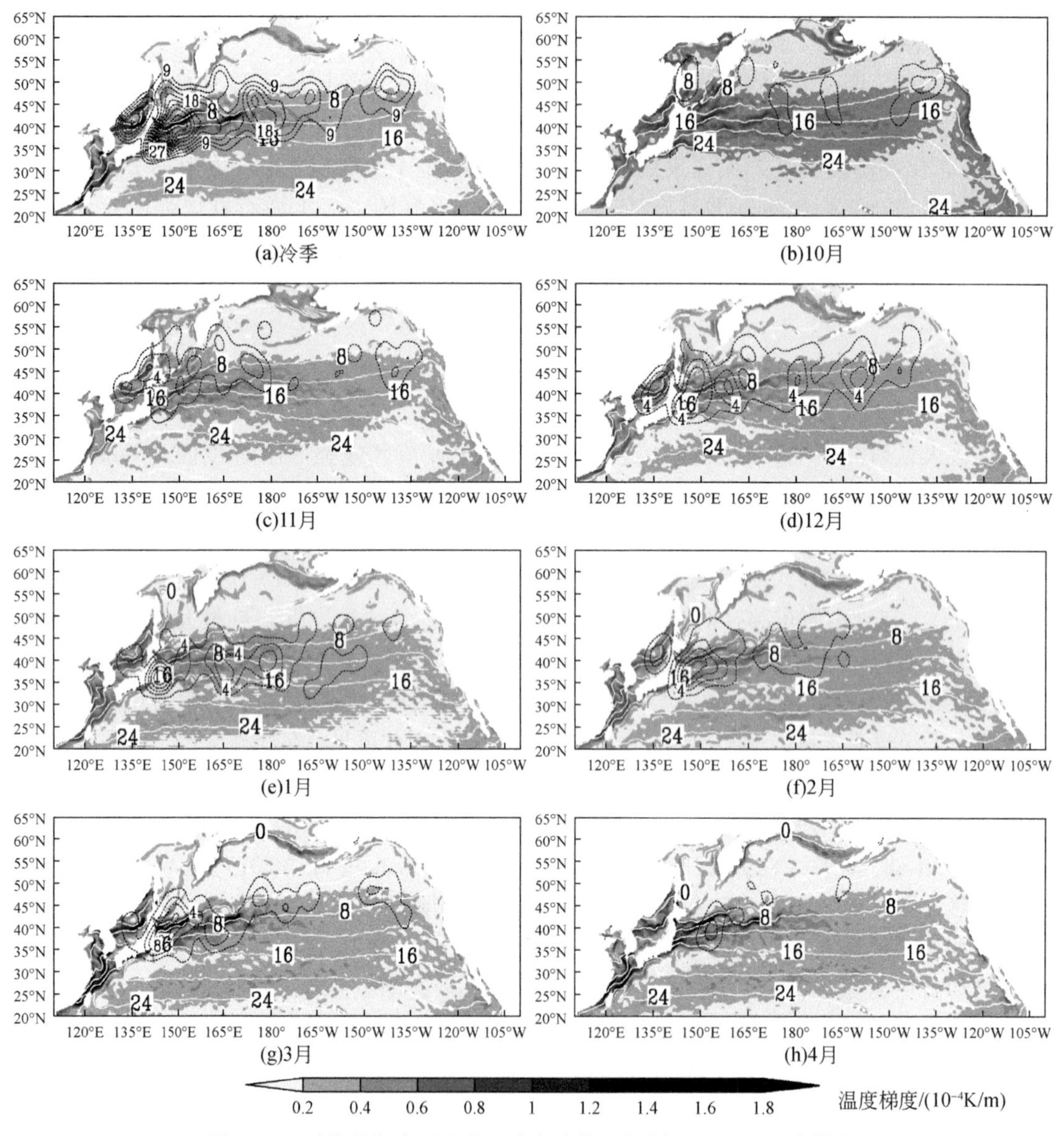

图 4.18　平均的海表面温度（白色实线，间隔 4 ℃）和温度梯度

虚线为利用 Cressman（1959）权重计算法平滑（平滑半径为 5 个经纬度）的最大加深位置的空间分布

［图（a）：≥9、间隔 3；图（b）~（h）：≥2、间隔 2］

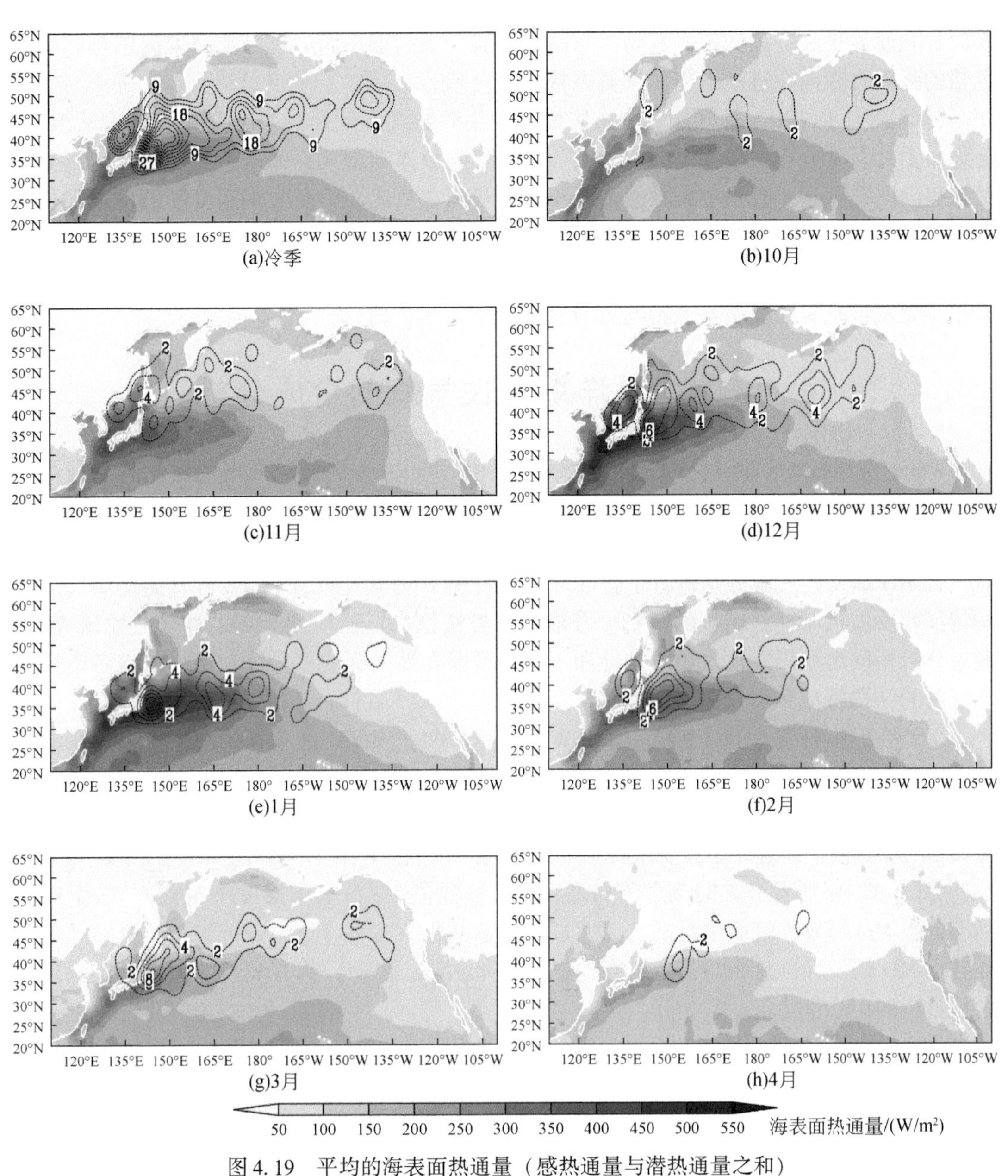

图 4.19　平均的海表面热通量（感热通量与潜热通量之和）

虚线为利用 Cressman（1959）权重计算法平滑（平滑半径为 5 个经纬度）的最大加深位置的空间分布

[图（a）：≥9、间隔 3；图（b）~（h）：≥2、间隔 2]

4.5.4　小结

（1）北太平洋爆发性气旋多发生于高空急流带上或其北部、中高层正涡度场区域或其南部、海洋暖流及强 SST 梯度区域。

（2）北太平洋自西向东，爆发性气旋发生频数逐渐减小、平均爆发强度逐渐减小、爆发时长和发展史长逐渐变短，其与冷季高空急流、中高层正涡度场以及海表面感热和潜热通量的强度自西向东逐渐减弱的气候态特征相一致。

（3）北太平洋爆发性气旋的分布区域和发生频数存在明显的季节变化特征，从10月至翌年1月，其分布区域逐渐向南移动，且发生频数逐渐增大；而从1月至4月，其分布区域逐渐向北移动，且发生频数逐渐减小；其与高空急流、中高层正涡度场的位置和强度的季节变化呈现出正相关关系。北太平洋中纬度海域的海洋暖流及强SST梯度区为爆发性气旋的生成和发展提供了有利的海洋物理环境背景场，且海洋暖流和强SST梯度区对西北太平洋爆发性气旋的发生发展影响更为显著。

4.6 北太平洋爆发性气旋的合成分析

Wang和Rogers（2001）对发生于西北大西洋和东北大西洋的强爆发性气旋进行了合成分析，发现两类强爆发性气旋在静力稳定度和斜压性等方面存在较大差异。Yoshida和Asuma（2004）依据爆发性气旋生成和爆发位置，把西北太平洋爆发性气旋分为三类，并对三类MO爆发性气旋分别进行了合成分析，发现不同类型的MO爆发性气旋的中尺度结构特征和发展机制存在明显的区别。合成分析方法已被广泛应用于爆发性气旋的研究中，通过分析相同类型爆发性气旋的共性和不同类型爆发性气旋的差异性，深入认识各类爆发性气旋的结构特征和爆发机制。

本节我们拟分别对MO JOS、MO NWP、MO WCP、MO ECP和MO NEP爆发性气旋进行合成分析，以揭示北太平洋不同海域爆发性气旋的结构特征，并对比分析它们之间的异同。合成分析采用“相对地理坐标法”，即把最大加深率时刻作为中心时刻（T_0时刻），分析24 h的连续变化特征，要求爆发性气旋必须存在T_{-12}、T_{-6}、T_{+6}和T_{+12}时刻（下标“-”和“+”分别表示T_0时刻之前和之后，下标数值“n”表示第n个时刻）。按上述标准对各类MO爆发性气旋进行筛选，通过对筛选结果（表4.9）的分析可知，所筛选个例在各类MO爆发性气旋中均占有较高比例（最低占62.2%），具有较强的代表性，保证了合成分析的可靠性。

表4.9 5个区域MO爆发性气旋合成分析个例的数量

类别	JOS	NWP	WCP	ECP	NEP
个数	20	83	52	34	24
比例	74.1%	91.2%	81.3%	89.5%	61.5%

4.6.1 MO JOS爆发性气旋的合成分析

MO JOS爆发性气旋共有27例，我们筛选了20例（占74.1%，见表4.9）进行合成分析，分析其T_{-12}、T_{-6}、T_0、T_{+6}和T_{+12}时刻合成的海平面中心气压及其加深率（表4.10）

可知，从 T_{-12} 至 T_{+12} 时刻的 24 h 内气旋中心降压达 25.8 hPa，从 T_{-6} 至 T_{+6} 时刻的 12 h 内，气旋中心气压快速降低了 16.8 hPa。T_{-6} 时刻为其初始爆发时刻，T_{+6} 时刻为其最后爆发时刻，即从 T_{-6} 至 T_{+6} 时刻为其爆发性发展阶段，爆发时长为 12 h，T_0 时刻加深率为 1.45 Bergeron。

表 4.10　MO JOS 爆发性气旋在 T_{-12}、T_{-6}、T_0、T_{+6} 和 T_{+12} 时刻合成的海平面气压和中心气压加深率

项目	T_{-12}	T_{-6}	T_0	T_{+6}	T_{+12}
海平面气压/hPa	1005.9	1002.2	993.7	985.4	980.1
中心气压加深率/Bergeron	—	1.07	1.45	1.13	—

1. 海平面气压场特征

分析 MO JOS 爆发性气旋海平面气压的合成场（图 4.20）可知，MO JOS 爆发性气旋中心的西部和东南部分别有冷高压和暖高压。根据 MO JOS 爆发气旋所处位置可判断冷高压为蒙古高压，暖高压为西太平洋高压。从 T_{-12} 至 T_0 时刻，冷高压逐渐增强并向该爆发性气旋的西南部入侵，暖高压位置维持不变，但强度逐渐增强。冷高压和暖高压分别向 MO JOS 爆发性气旋输送大量的干冷空气和暖湿空气，有利于增强大气的斜压性；而从 T_0 至 T_{+12} 时刻，冷高压继续向该类爆发性气旋的西南部入侵，强度基本维持不变，而暖高压逐渐减弱并向西南方向后撤。在 T_{+12} 时刻，气旋直径在东西方向达到 23 个经度，南北方向达到 20 个纬度。

2. 850 hPa 位势高度场、温度场和温度梯度场

分析 MO JOS 爆发性气旋 850 hPa 位势高度、温度和温度梯度的合成场（图 4.21）可知，在 T_{-12} 时刻，爆发性气旋中心位于低压槽中，低压槽逐渐加深；在 T_{-6} 时刻，出现低涡中心，从 T_{-6} 至 T_0 时刻，低涡快速降低了 80 gpm，气旋中心位于低涡中心的西侧；从 T_0 至 T_{+12} 时刻，低涡继续增强，气旋中心逐渐与低涡中心重合。在 T_{-12} 时刻，气旋中心位于弱的温度脊中；从 T_{-12} 至 T_0 时刻，温度脊逐渐加深；从 T_0 至 T_{+12} 时刻气旋中心南部等温线逐渐向东部发生弯曲，预示着冷空气已入侵到气旋中心南部。在 T_{-12} 时刻，强大气斜压区（$\geqslant 1.5\times10^{-5}$ k/m）分布于气旋中心西北部，呈现为西南—东北向的条形分布；从 T_{-12} 至 T_0 时刻，强大气斜压区范围逐渐增大，强度逐渐增强，特别是 T_{-6} 至 T_0 时刻大气斜压性快速增强，且斜压区逐渐发展气旋中心的西南部；从 T_0 至 T_{+12} 时刻，南部强大气斜压区与该爆发性气旋中心附近的强大气斜压区分离，并呈现减弱趋势。因此，在 MO JOS 爆发性气旋的快速发展过程中，伴随有低层大气斜压性的快速增强。

3. 850 hPa 低空急流、比湿和水汽辐合场

分析 MO JOS 爆发性气旋 850 hPa 低空急流、比湿和水汽辐合的合成场（图 4.22）可知，低空存在西南和西北向两支低空急流，西南向低空急流在 T_{-12} 时刻已经形成，但强度较弱，西北向低空急流从 T_{-6} 时刻开始形成；从 T_{-12} 至 T_{+12} 时刻，西南向和西北向低空急流

均逐渐增强。空气比湿从 T_{-12} 至 T_0 时刻逐渐增大，但该类爆发性气旋中心及中心附近空气比湿较小；从 T_0 至 T_{+12} 时刻，空气比湿逐渐减小。在爆发性气旋中心东北部和东南部存在强度较弱、范围较小的水汽辐合区，且在气旋的快速发展过程中，水汽辐合区变化较小。由于空气比湿较小，T_{-12} 至 T_0 时刻西南向低空急流的增强并没有使得水汽辐合增大，由此可以推断，潜热加热对 MO JOS 爆发性气旋的快速发展贡献不大。

4. 500 hPa 位势高度场、涡度场和涡度平流场

分析 MO JOS 爆发性气旋 500 hPa 位势高度、涡度和涡度平流的合成场（图 4.23）可知，从 T_{-12} 至 T_0 时刻，500 hPa 低压槽逐渐加深，气旋中心位于低压槽的下游，低压槽逐渐移近气旋中心；从 T_0 至 T_{+12} 时刻，高空槽继续加深；在 T_{+12} 时刻，等高线出现闭合中心。从 T_{-12} 至 T_0 时刻，正涡度逐渐增强，强正涡度区位于气旋中心的上游，特别是从 T_{-6} 至 T_0 时刻，正涡度快速增大并移近气旋中心；从 T_0 至 T_{+12} 时刻，正涡度继续增大，正涡度中心逐渐与气旋中心重合。从 T_{-12} 至 T_0 时刻，正涡度平流逐渐增强，特别是 T_{-6} 至 T_0 时刻增强较为剧烈（正涡度中心从 8.0×10^{-5}/s 增至 14.0×10^{-5}/s），气旋中心与正涡度平流中心重合；从 T_0 至 T_{+12} 时刻，正涡度平流逐渐减弱，气旋中心由正涡度平流中心的中部逐渐移至上游。因此，在气旋快速发展的过程中，500 hPa 槽的加深、正涡度及正涡度平流的快速增大，对 MO JOS 爆发性气旋的快速发展具有重要贡献。

5. 300 hPa 高空急流和辐散场特征

分析 MO JOS 爆发性气旋 300 hPa 高空急流和辐散场的合成场（图 4.24）可知，气旋中心在 T_{-12} 时刻位于高空急流的左侧，从 T_{-12} 至 T_0 时刻，300 hPa 高空急流快速增强，并由东西走向逐渐变为东偏北走向；在 T_0 时刻，气旋中心位于高空急流的左前侧，即高空急流出口区的左侧；从 T_0 至 T_{+12} 时刻，300 hPa 高空急流继续增强，但在 T_{+6} 时刻，气旋中心已移至高空急流的左前侧边缘，并随后移出急流区。高空辐散场从 T_{-12} 至 T_0 时刻快速增强，气旋中心与强辐散中心重合；从 T_0 至 T_{+6} 时刻高空辐散场强度基本维持不变，随后减弱，气旋中心移至强辐散区上游，并逐渐移出强辐散区。因此，在 MO JOS 爆发性气旋的快速发展过程中，300 hPa 高空急流及辐散场的快速增强，对其爆发性发展具有重要影响。

由以上分析可知，在海平面气压场分布图上，MO JOS 爆发性气旋的西部和东南部分别有冷高压和暖高压，西部冷高压携带大量干冷空气向气旋中心西南部入侵，使得中低层的大气斜压性更强；中低层湿舌较弱使得中低层的水汽辐合较小。在中高层，气旋中心上空具有较强的正涡度平流。气旋中心位于高空急流出口区的左侧，其东北部有较强的辐散场。因此，中低层较强的大气斜压性、中高层强正涡度平流及高空强动力强迫是 MO JOS 爆发性气旋快速发展的主要影响因子，而中低层（850 hPa）的水汽辐合较弱，即潜热释放对其发展贡献较小。

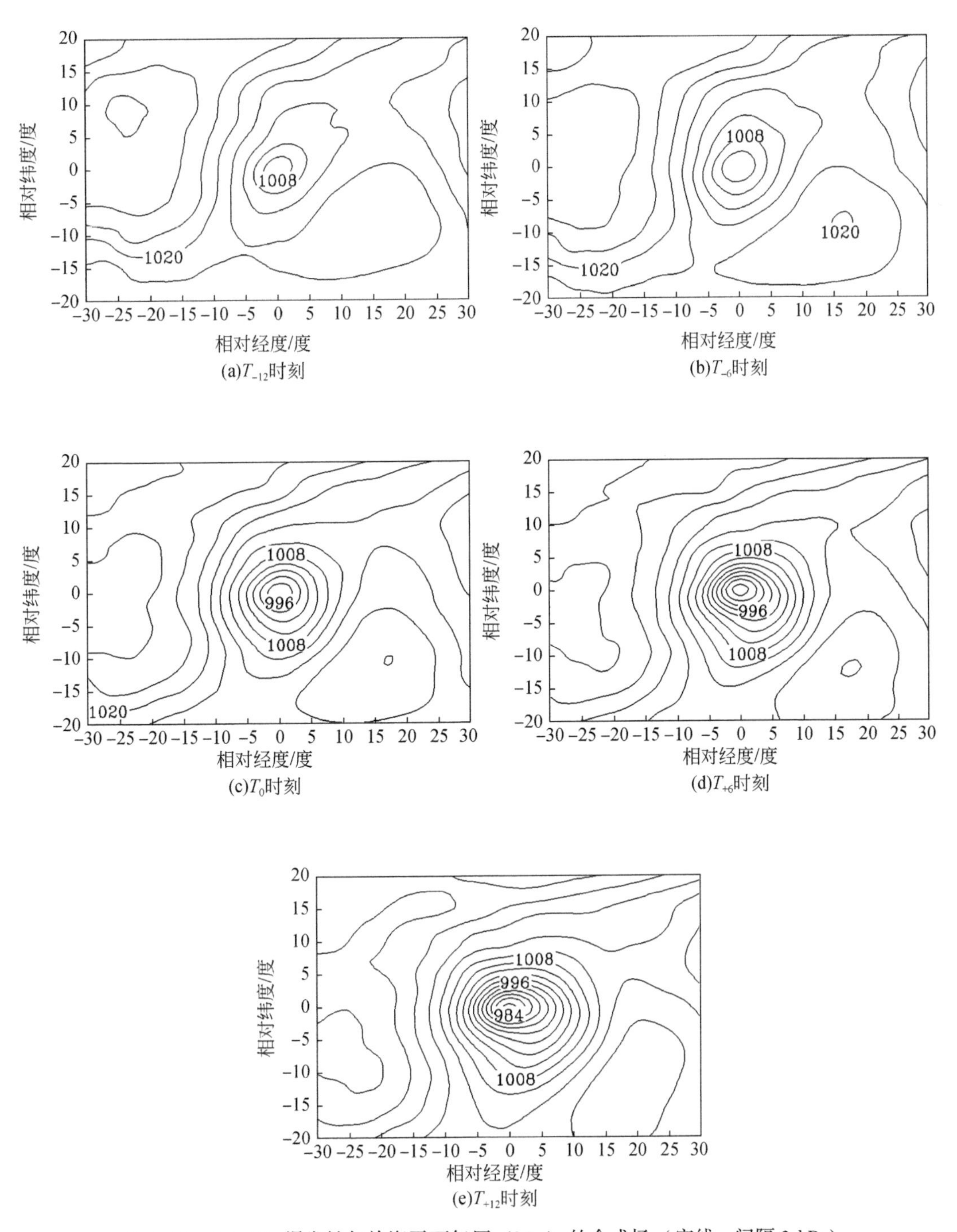

图 4.20　MO JOS 爆发性气旋海平面气压（hPa）的合成场（实线，间隔 3 hPa）

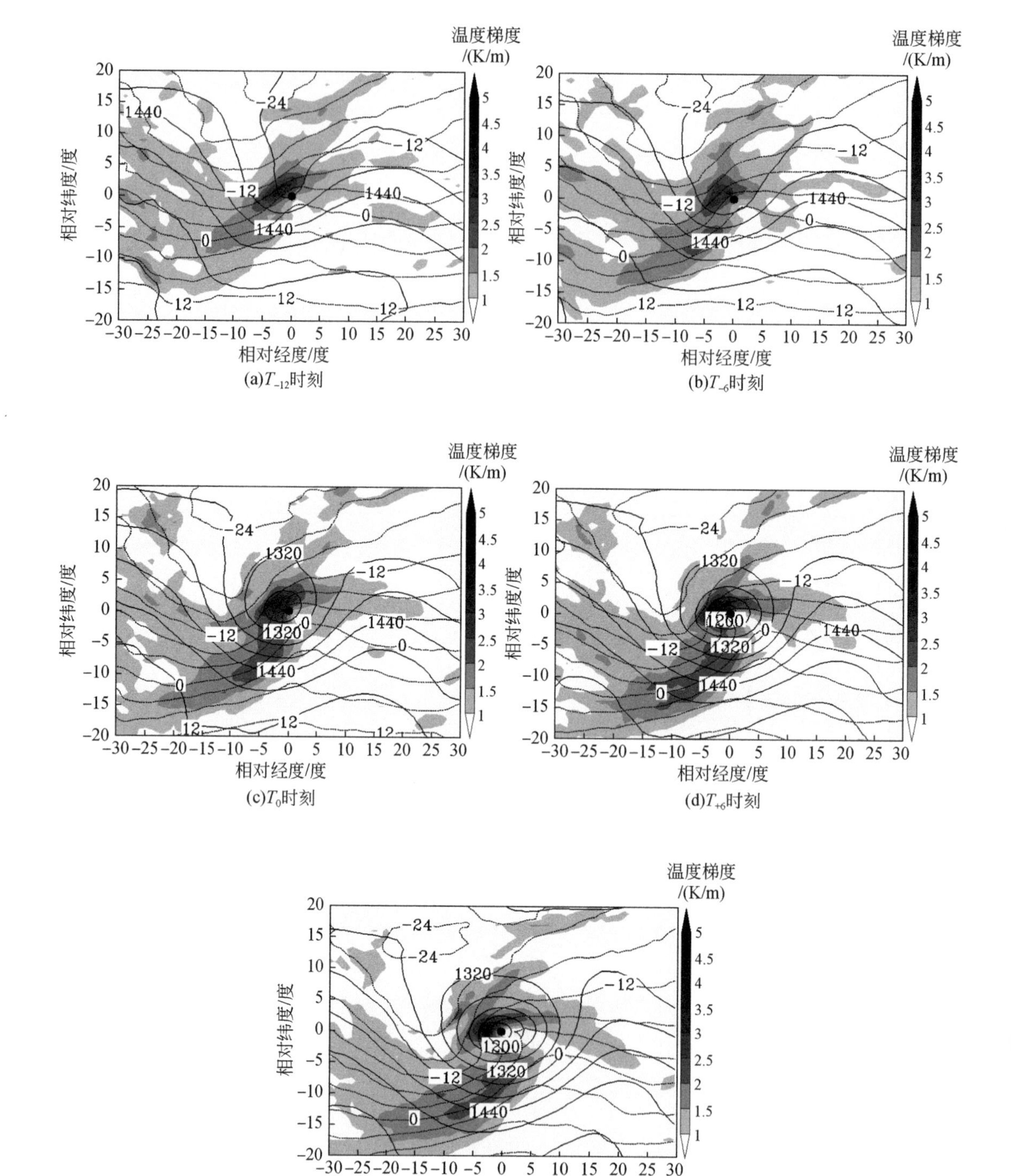

图 4.21　MO JOS 爆发性气旋 850 hPa 位势高度场、温度和温度梯度的合成场

图中实线表示位势高度场（间隔 40 gpm），虚线表示温度（间隔 4℃）；黑色圆点为爆发性气旋中心

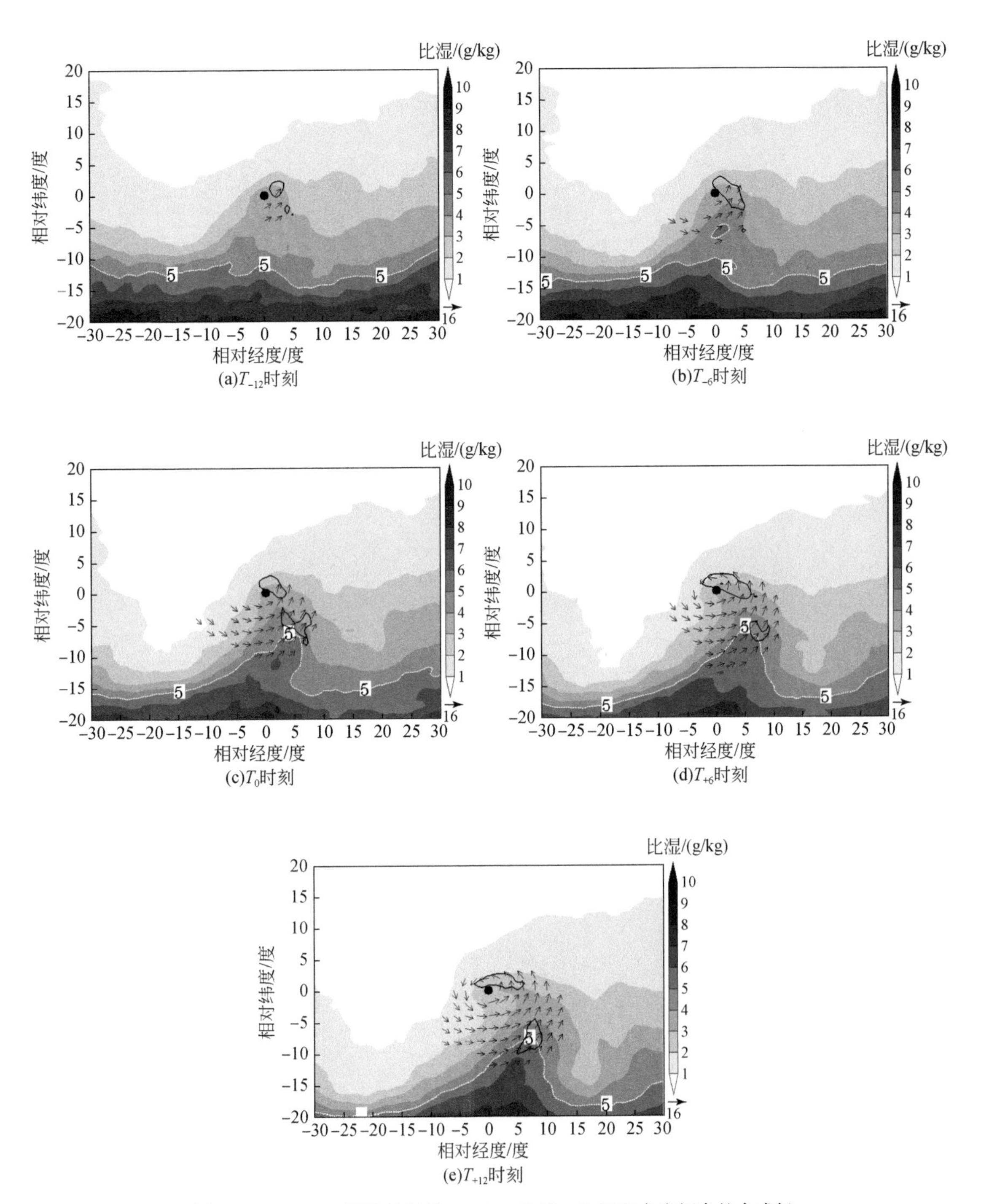

图 4.22　MO JOS 爆发性气旋 850 hPa 急流、比湿和水汽辐合的合成场

图中箭头表示急流（≥16 m/s），实线表示水汽辐合［间隔为 10^{-4} g/(kg · s)］；黑色圆点为爆发性气旋中心

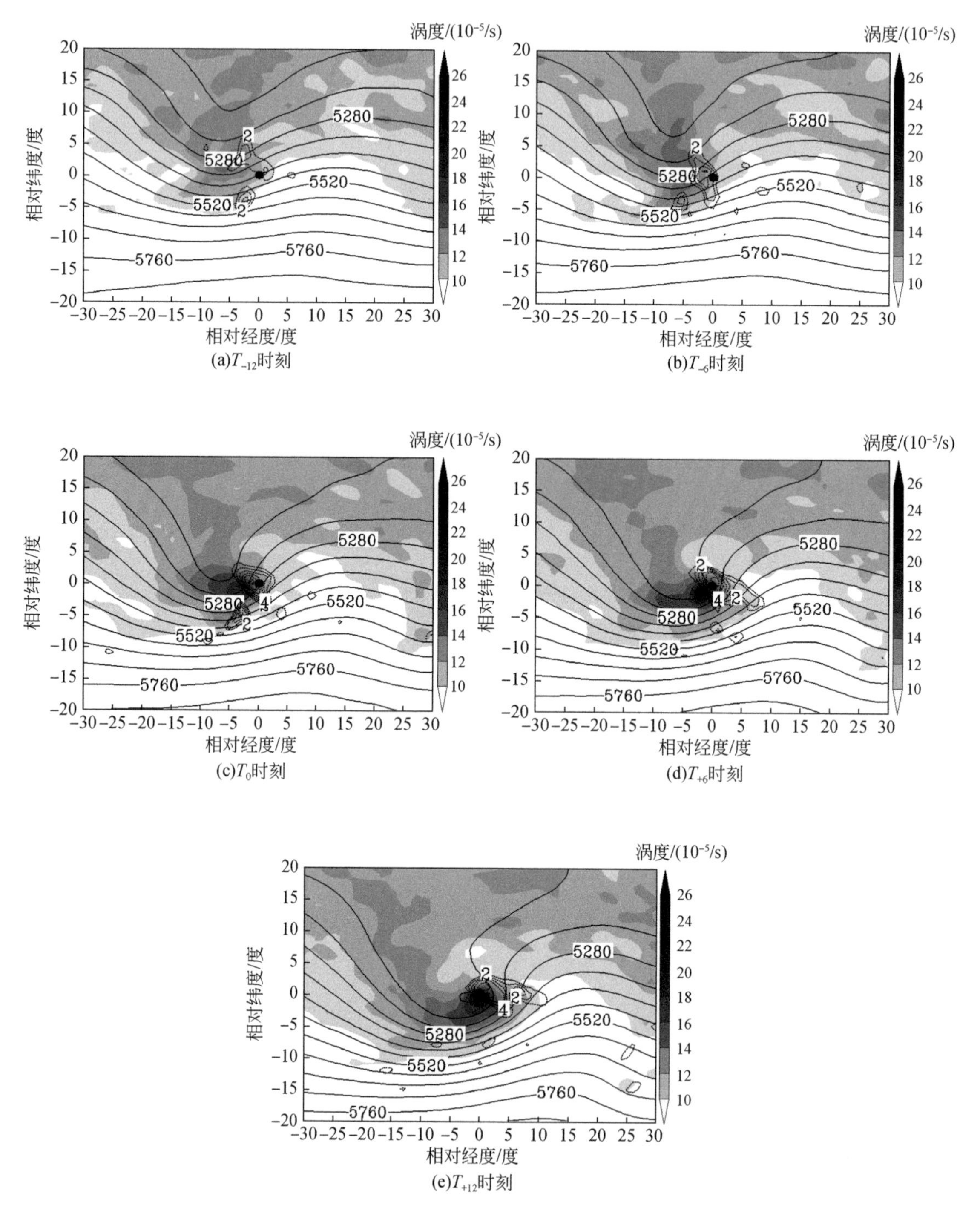

图 4.23　MO JOS 爆发性气旋 500 hPa 位势高度场、涡度和涡度平流的合成场

图中实线表示位势高度场（间隔 40 gpm），虚线表示涡度平流（间隔 $1\times10^{-9}/s^2$）；黑色圆点为爆发性气旋中心

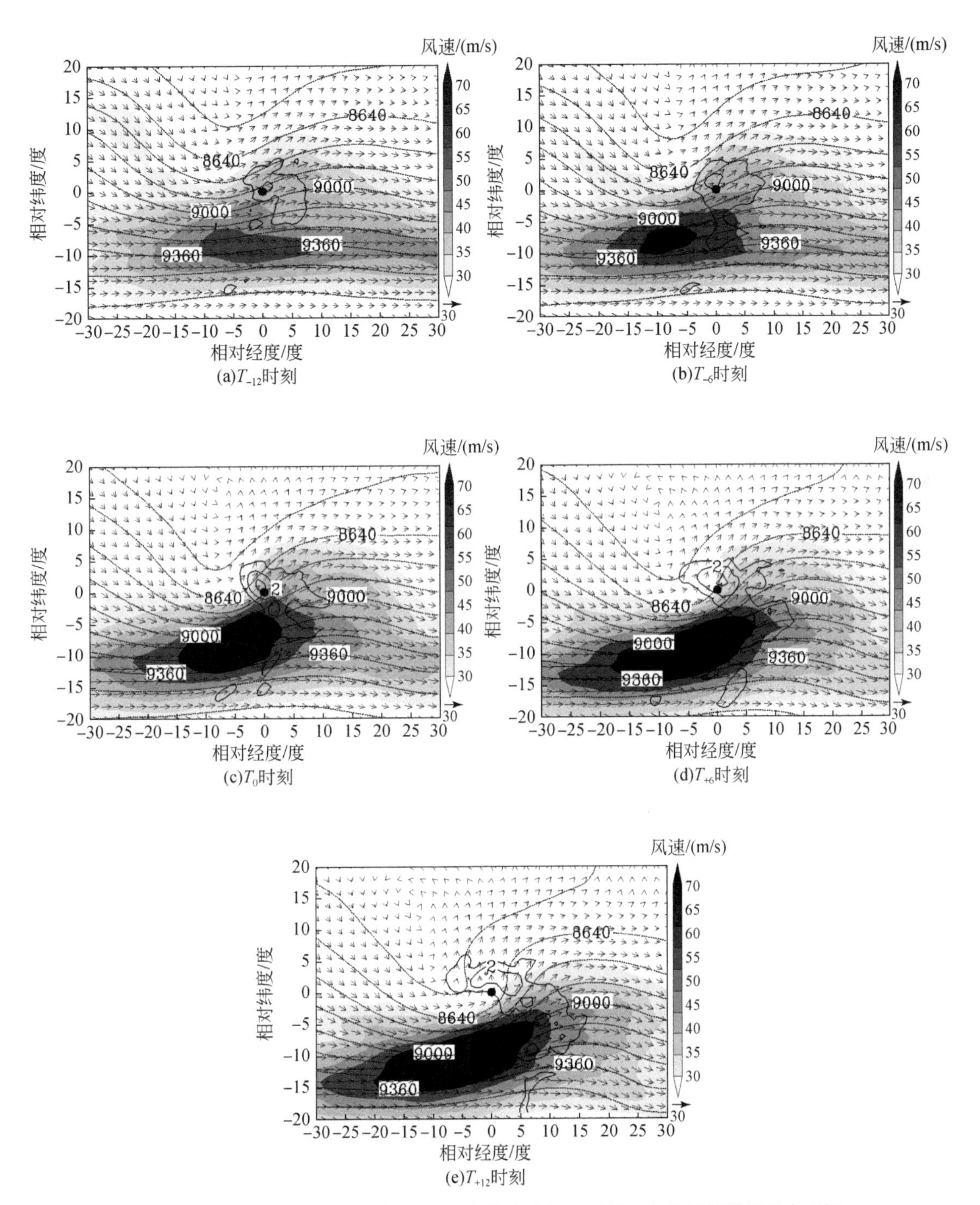

图 4.24　MO JOS 爆发性气旋 300 hPa 位势高度场、风场和急流及辐散场的合成场

图中虚线表示位势高度场（间隔 120 gpm），箭头表示风场（m/s），

实线表示辐散场（间隔 1×10^{-5}/s）；黑色圆点为爆发性气旋中心

4.6.2 MO NWP 爆发性气旋的合成分析

MO NWP 爆发性气旋共有 91 例，我们筛选了 83 例（约占 91.2%，见表 4.9）进行合成分析，分析其 T_{-12}、T_{-6}、T_0、T_{+6}和 T_{+12}时刻合成的海平面中心气压及其加深率（表 4.11）。结果显示，从 T_{-12}至 T_{+12}时刻的 24 h 内气旋中心降压达到 26.5 hPa；从 T_{-6}至 T_{+6}时刻的 12 h 内，气旋中心气压快速降低了 15.9 hPa。T_{-6}时刻为其初始爆发时刻，T_{+6}时刻为其最后爆发时刻，从 T_{-6}至 T_{+6}时刻为其爆发性发展阶段，爆发时长为 12 h，T_0时刻加深率为 1.47 Bergeron。

表 4.11 MO NWP 爆发性气旋在 T_{-12}、T_{-6}、T_0、T_{+6}和 T_{+12}时刻合成的海平面中心气压加深率

	T_{-12}	T_{-6}	T_0	T_{+6}	T_{+12}
海平面气压/hPa	1000.5	995.7	987.9	979.8	974.0
中心气压加深率/Bergeron	—	1.21	1.47	1.23	—

1. 海平面气压场特征

分析 MO NWP 爆发性气旋海平面气压的合成场（图 4.25）可知，MO NWP 爆发性气旋的西北部和东南部均有高压系统，根据该气旋所处位置可以判断，西北部高压为亚洲大陆高压向东南方向入侵到海上形成的冷高压，东南部高压为副热带暖高压。在 T_{-12}时刻，冷高压位于气旋中心的西北部，暖高压位于气旋中心的东南部；从 T_{-12}至 T_0时刻，冷高压增强并向气旋西南部入侵，暖高压位置维持不变而强度增强，气旋中心气压快速降低；从 T_0至 T_{+12}时刻，冷高压继续向气旋西南部入侵，但强度逐渐减弱，而暖高压逐渐增强，位置基本维持不变。在 T_{+12}时刻，气旋直径在东西方向达到 20 个经度，南北方向达到 17 个纬度。

2. 850 hPa 位势高度场、温度场和温度梯度场

分析 MO NWP 爆发性气旋 850 hPa 位势高度、温度和温度梯度的合成场（图 4.26）可知，在 T_{-12}时刻，气旋中心上空的 850 hPa 等高线已出现闭合中心，在等高线闭合中心的上游有温度槽，且温度槽落后于高度槽，为典型的斜压波扰动；从 T_{-12}至 T_{+12}时刻，低涡系统持续增强。在 T_{-12}时刻，强的大气斜压区分布于气旋中心西北部，呈现西南—东北向的长条形分布；从 T_{-12}至 T_0时刻，强的大气斜压区范围逐渐增大，强度逐渐增强，并以气旋为中心发生弯曲，对气旋中心形成“合围”趋势，至 T_0时刻强的大气斜压区发展至气旋中心的西南部；从 T_0至 T_{12}时刻，大气斜压性逐渐减弱，大气斜压区范围逐渐减小，特别是西南部斜压性减弱较为迅速，并与气旋中心分离。MO NWP 爆发性气旋的大气斜压性要远弱于 MO JOS 爆发性气旋的大气斜压性，这是由于 MO NWP 爆发性气旋多发生于日本列岛的东部海域，即黑潮和黑潮延伸体区域，冷空气在流经暖海水表面时发生变性，致

使大气的斜压性减弱。

3. 850 hPa 低空急流、比湿和水汽辐合场

分析 MO NWP 爆发性气旋 850 hPa 低空急流、比湿和水汽辐合的合成场（图 4.27）可知，西南向低空急流在 T_{-12}时刻已经形成，西北向低空急流在 T_{-6}时刻开始形成；从 T_{-12}至 T_{+12}时刻，两支低空急流均逐渐增强，特别是从 T_{-6}至 T_0时刻，西南向低空急流增强较为迅速。在气旋中心南部有湿舌，从 T_{-12}至 T_0时刻，湿舌强度和范围基本维持不变；而从 T_0至 T_{+12}时刻，其强度和范围迅速减弱。水汽辐合区位于气旋中心东北部，从 T_{-12}至 T_0时刻，水汽辐合呈现逐渐增强趋势；在 T_0时刻，其强度达到最强，范围达到最大，这是由于较强的西南向低空急流配合着较强的湿舌所致；从 T_0至 T_{+12}时刻，其强度减弱，范围减小。在 T_0时刻，较强的水汽辐合区伴随气旋内部上升运动可导致大量潜热释放，促进气旋的快速发展。而从 T_0至 T_{+12}时刻，西北向低空急流的增强，逐渐切断西南向低空急流向气旋中心输送的暖湿空气，致使气旋内部的水汽辐合减弱，并远离气旋中心，不利于气旋的快速发展。在 MO NWP 爆发性气旋快速发展的过程中，其水汽辐合远强于 MO JOS 爆发性气旋，黑潮及黑潮延伸体为其水汽辐合提供了大量的暖湿空气。

4. 500 hPa 位势高度场、涡度场和涡度平流场

分析 MO NWP 爆发性气旋 500 hPa 位势高度、涡度和涡度平流的合成场（图 4.28）可知，在 T_{-12}时刻，气旋中心位于 500 hPa 高空槽前，正涡度中心位于气旋中心上游，正涡度平流分布于气旋中心北部；从 T_{-12}至 T_0时刻，高空槽逐渐加深，正涡度及正涡度平流逐渐增强，高空槽和正涡度中心逐渐移近气旋中心；在 T_0时刻，气旋中心紧邻正涡度中心下游且气旋中心与正涡度平流中心基本重合；从 T_0至 T_{+12}时刻，正涡度及正涡度平流继续增强，但气旋中心已偏离至正涡度平流区的上游。MO NWP 爆发性气旋的正涡度平流弱于 MO JOS 爆发性气旋。因此，500 hPa 正涡度平流对 MO NWP 爆发性气旋的快速发展具有一定贡献，但要小于其对 MO JOS 爆发性气旋快速发展的贡献。

5. 300 hPa 高空急流和辐散场特征

分析 MO NWP 爆发性气旋 300 hPa 高空急流和辐散场的合成场（图 4.29）可知，300 hPa 高空急流为平直西风急流，在 T_{-12}时刻，气旋中心位于高空急流的前侧；从 T_{-12}至 T_0时刻，高空急流逐渐增强，T_0时刻气旋中心位于高空急流的左前侧，也即高空急流出口处的左侧。从 T_0至 T_{+12}时刻，高空急流强度维持不变，但气旋中心逐渐移出高空急流区。在 T_{-12}时刻，辐散场分布于气旋中心东北部，辐散场强度较弱；从 T_{-12}至 T_0时刻，辐散场逐渐增强，特别是从 T_{-6}至 T_0时刻辐散场增强迅速；从 T_0至 T_{+6}时刻，辐散场继续增强，之后逐渐减弱，气旋中心逐渐移出强辐散区。相对于 MO JOS 爆发性气旋，MO NWP 爆发性气旋的高空急流更加狭长，在其左前侧的水平风速切变更大，由此产生的高层动力强迫更强，对 MO NWP 爆发性气旋的快速发展贡献较大。

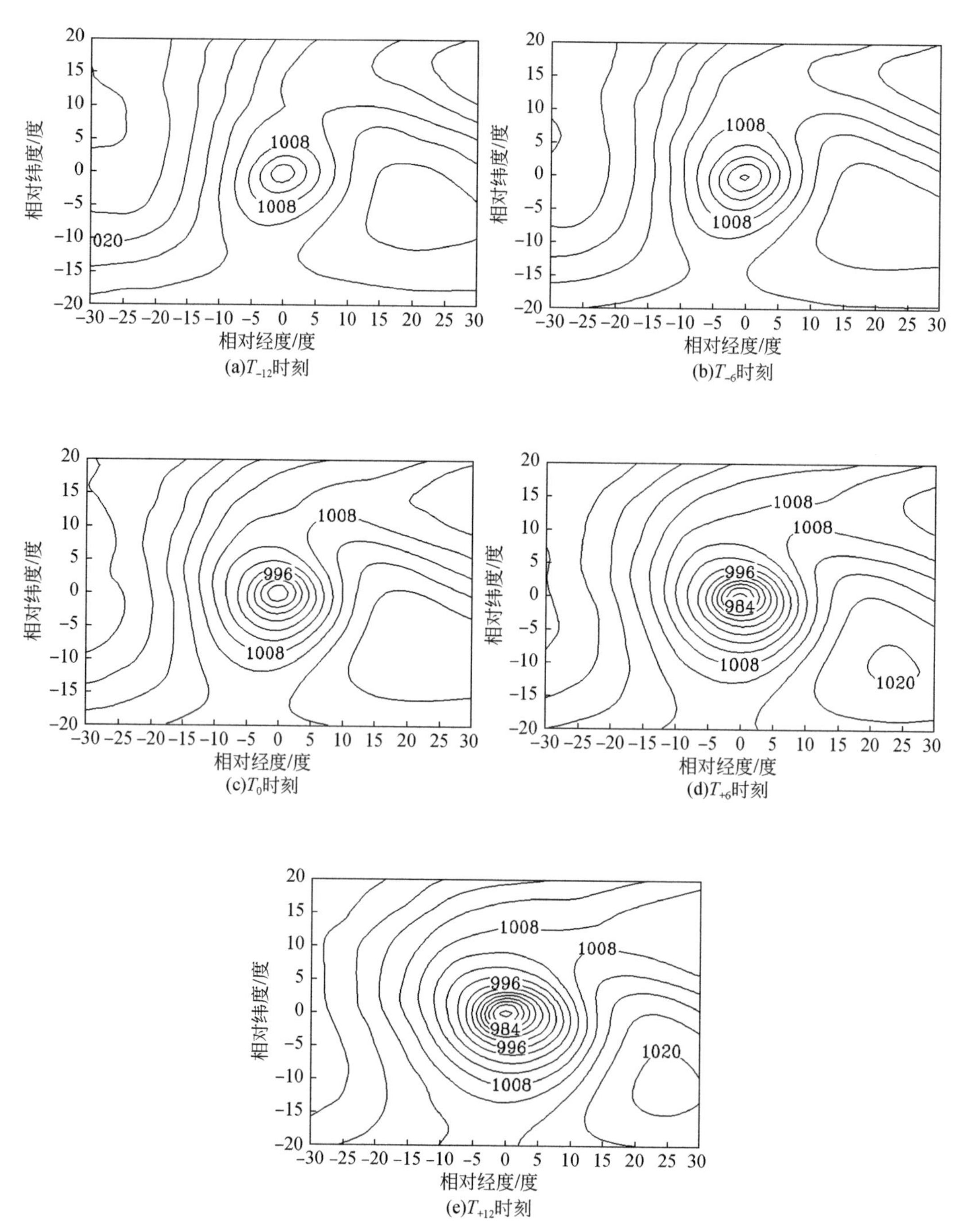

图 4.25　MO NWP 爆发性气旋海平面气压（hPa）的合成场（实线，间隔 3 hPa）

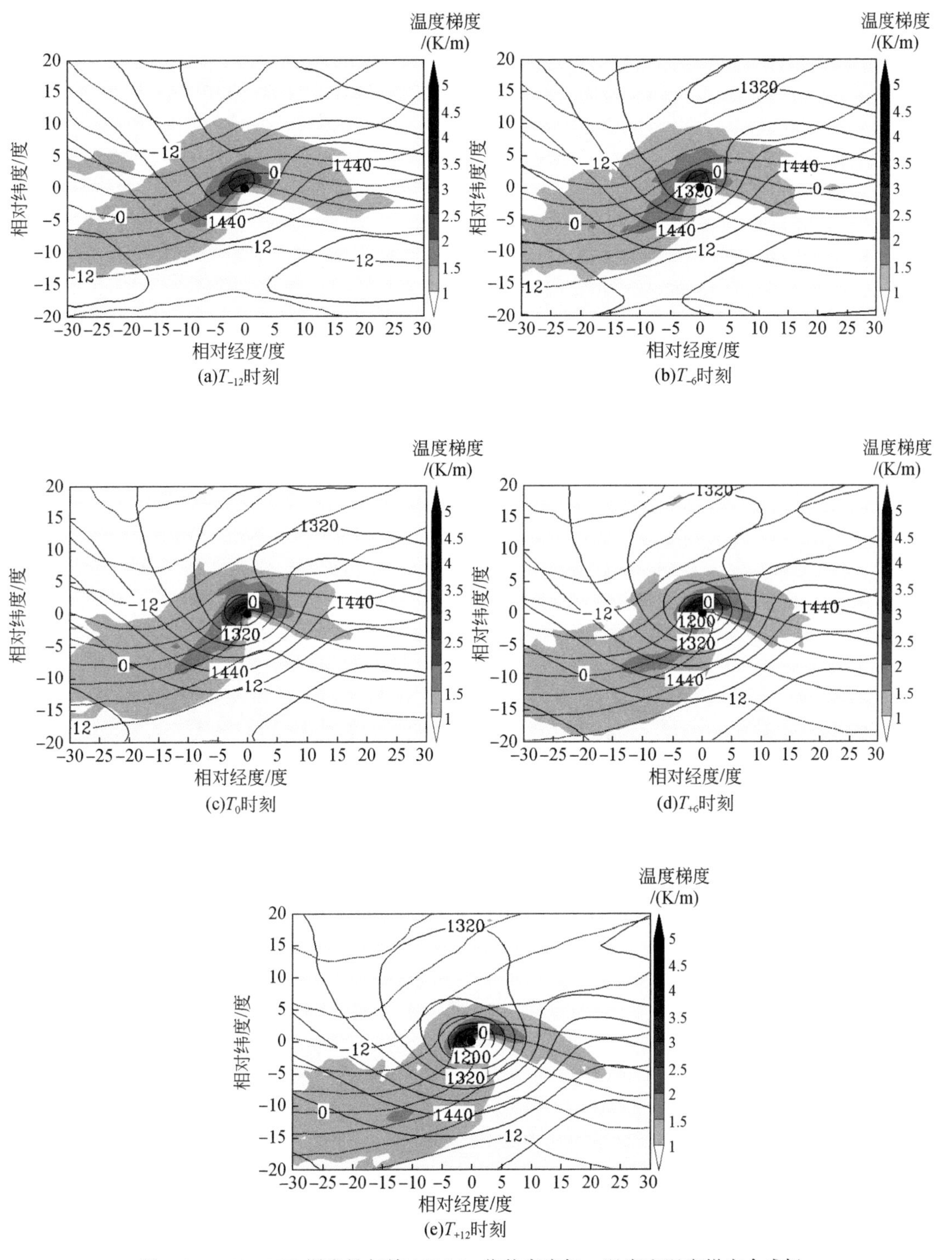

图 4.26　MO NWP 爆发性气旋 850 hPa 位势高度场、温度和温度梯度合成场

图中实线表示位势高度场（间隔 40 gpm），虚线表示温度（间隔 4℃）；黑色圆点为爆发性气旋中心

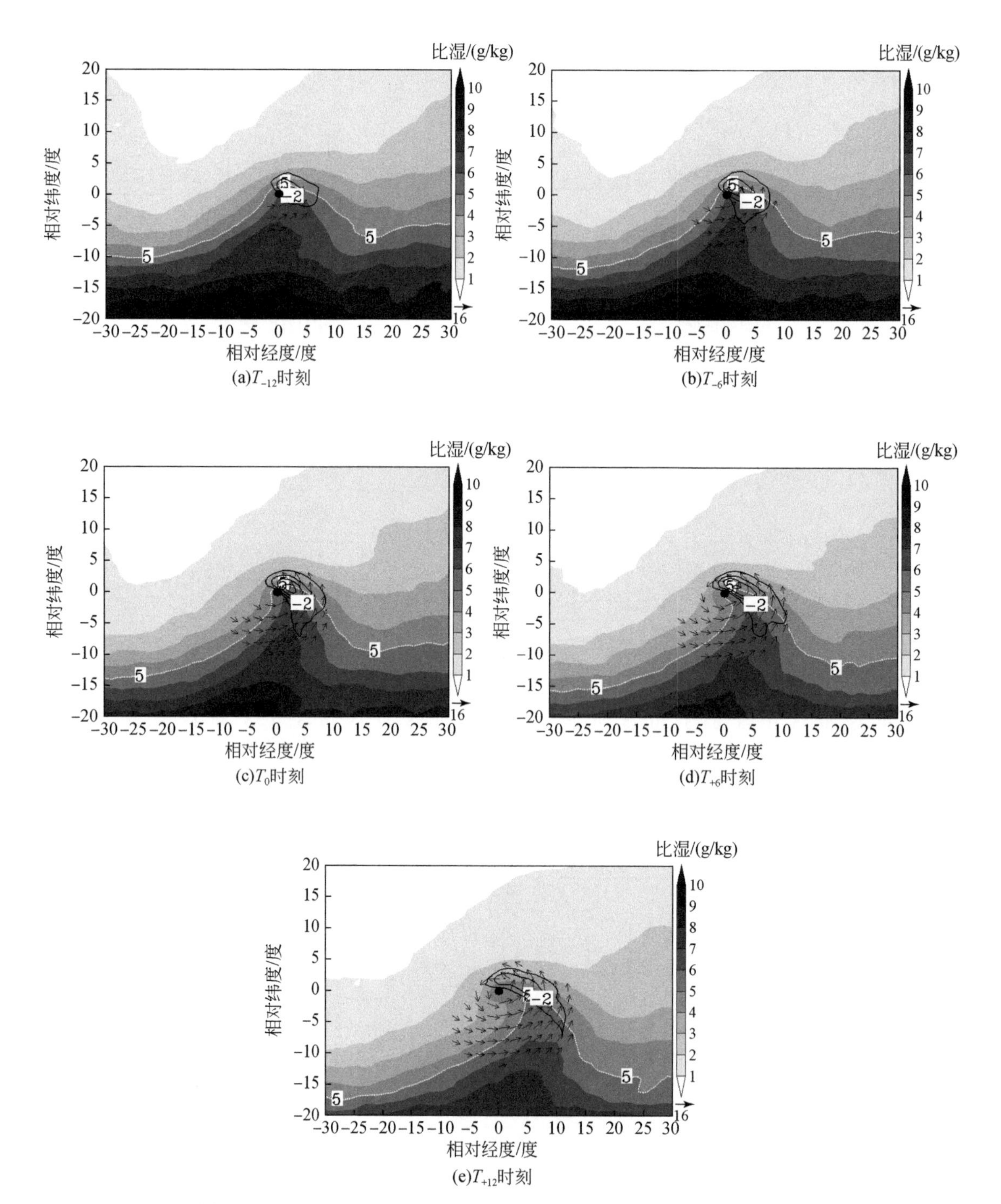

图 4.27　MO NWP 爆发性气旋 850 hPa 急流、比湿和水汽辐合的合成场

图中箭头表示急流（≥16 m/s），实线表示水汽辐合［间隔为 10^{-4} g/(kg · s)］；黑色圆点为爆发性气旋中心

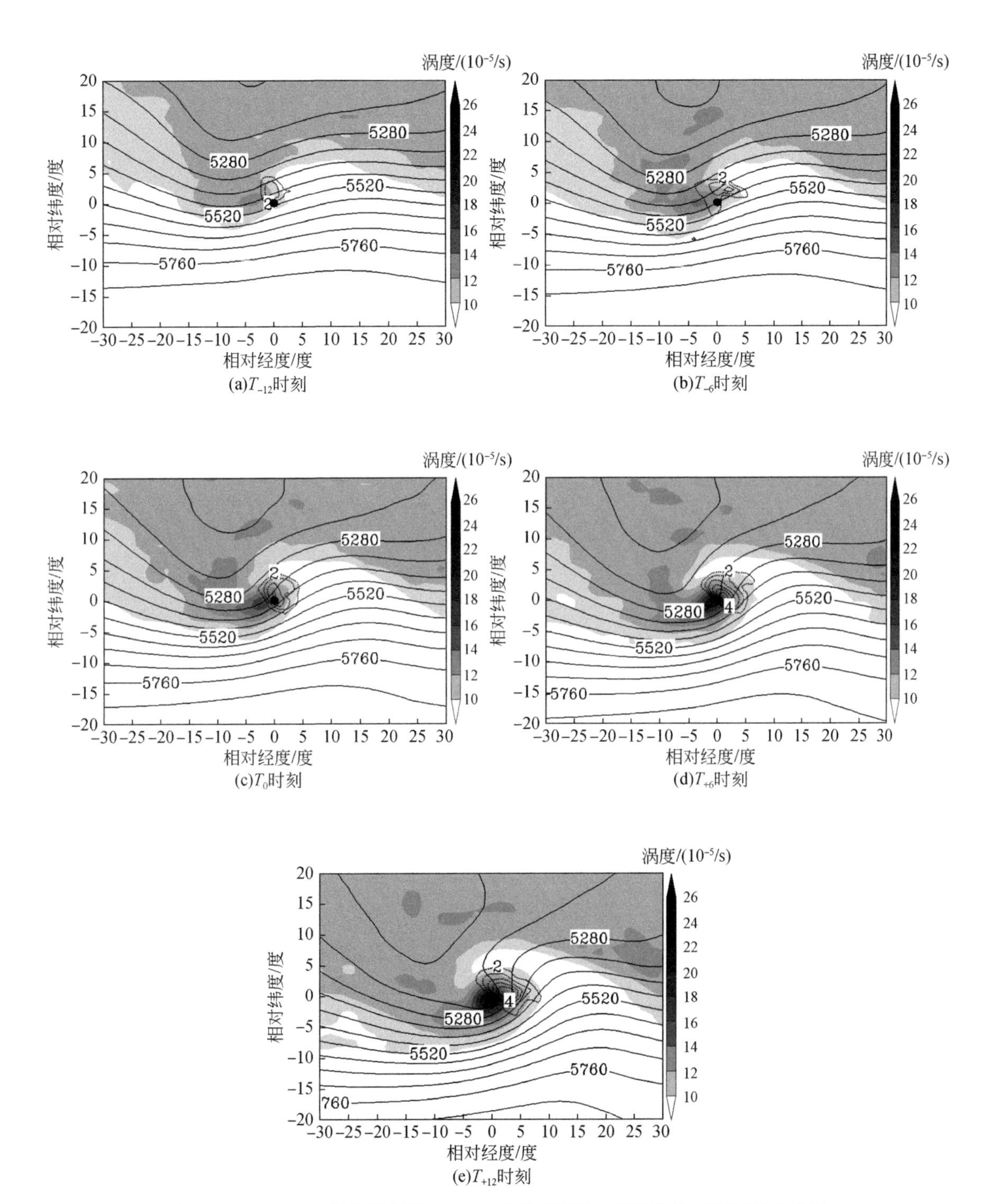

图 4.28　MO NWP 爆发性气旋 500 hPa 位势高度场、涡度和涡度平流的合成场

图中实线表示位势高度场（间隔 40 gpm），虚线表示涡度平流（间隔 $1\times10^{-9}/s^2$）；黑色圆点为爆发性气旋中心

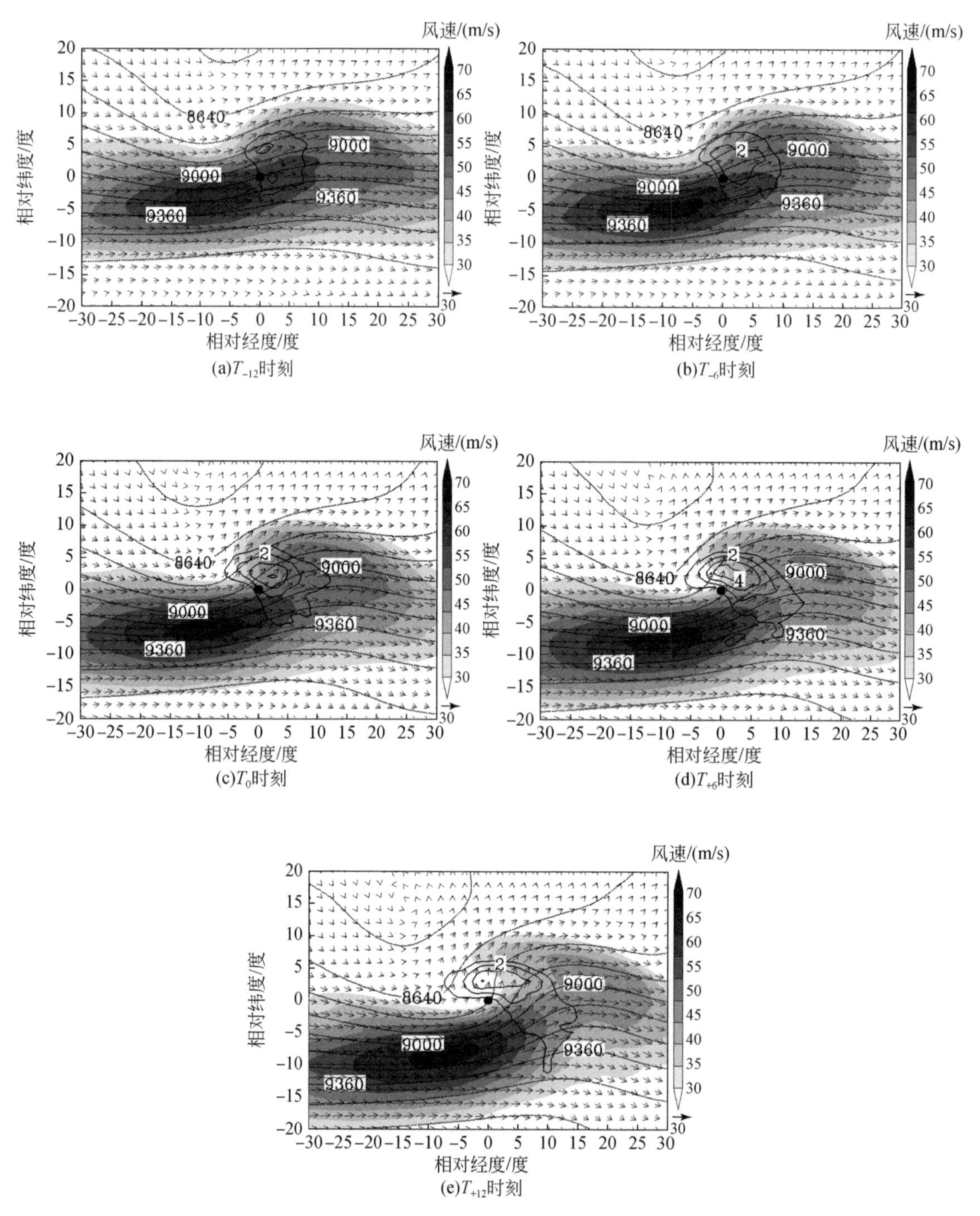

图 4.29　MO NWP 爆发性气旋 300 hPa 位势高度场、风场和急流、辐散场的合成场

图中虚线表示位势高度场（间隔 120 gpm），箭头表示风场（m/s），

实线表示辐散场（间隔 1×10^{-5}/s）；黑色圆点为爆发性气旋中心

由以上分析可知，在海平面气压分布图上，MO NWP 爆发性气旋的西北部和东南部分别有冷高压和暖高压，西北部冷高压携带大量干冷空气向气旋中心西南部入侵，同时东南部暖高压携带大量暖湿空气向其东北部输送。在中低层，气旋中心上游有发展的斜压波，气旋中心附近大气斜压性较强；低空湿舌向气旋中心延伸，配合着强西南向低空急流，为气旋输送了大量暖湿空气，使气旋的东北部形成强水汽辐合区，伴随气旋内部强上升运动，可导致大量潜热释放。在中高层，气旋中心上空正涡度平流较弱，但正涡度平流中心基本与气旋中心重合。气旋中心位于高空急流出口区的左侧，其东北部有强辐散场。因此，MO NWP 爆发性气旋是由中低层的大气斜压波扰动而形成和发展的，中低层强潜热释放为其爆发性发展提供了重要的能量来源，中高层的正涡度平流及高空辐散场为其爆发性发展提供了动力强迫。

4.6.3　MO WCP 爆发性气旋的合成分析

MO WCP 爆发性气旋共有 64 例，我们筛选了 52 例（约占 81.3%，见表 4.9）进行合成分析，分析其 T_{-12}、T_{-6}、T_0、T_{+6} 和 T_{+12} 时刻合成的海平面中心气压及其加深率（表 4.12）可知，从 T_{-12} 至 T_{+12} 时刻的 24 h 内气旋中心降压达到 27.7 hPa，从 T_{-6} 至 T_{+6} 时刻的 12 h 内，气旋中心气压快速降低了 16.9 hPa。T_{-6} 时刻为其初始爆发时刻，T_{+6} 时刻为其最后爆发时刻，即从 T_{-6} 至 T_{+6} 时刻为其爆发性发展阶段，爆发时长为 12 h，T_0 时刻加深率为 1.47 Bergeron。

表 4.12　MO WCP 爆发性气旋在 T_{-12}、T_{-6}、T_0、T_{+6} 和 T_{+12} 时刻合成的海平面气压和中心气压加深率

项目	T_{-12}	T_{-6}	T_0	T_{+6}	T_{+12}
海平面气压/hPa	994.1	988.9	980.4	972.0	966.4
中心气压加深率/Bergeron	—	1.24	1.47	1.18	—

1. 海平面气压场特征

分析 MO WCP 爆发性气旋海平面气压的合成场（图 4.30）可知，在 T_{-12} 时刻，气旋中心东南部和北部分别有高压和低压系统，根据 MO WCP 爆发气旋所处位置可判断高压为东太平洋暖高压，低压为位于阿留申群岛东部的低压系统，该低压系统多是从西北太平洋生成、移至阿留申群岛附近后减弱的低压系统。从 T_{-12} 至 T_0 时刻，北部弱低压逐渐被吸收合并，MO WCP 爆发性气旋快速发展，水平尺度快速增大。在 T_{+12} 时刻，爆发性气旋直径在东西方向达到 35 个经度，南北方向达到 25 个纬度，其水平尺度大于 MO JOS 和 MO NWP 爆发性气旋的水平尺度。在海平面气压场上，MO WCP 爆发性气旋与 MO JOS 和 MO NWP 爆发性气旋表现出明显的差异。

2. 850 hPa 位势高度场、温度场和温度梯度场

图 4.31 为 MO WCP 爆发性气旋 850 hPa 位势高度、温度和温度梯度的合成场。在 T_{-12} 时刻，气旋中心位于低压槽中，其北部有一低涡系统；在 T_{-6} 时刻，等高线出现闭合中心，

且与北部低涡的距离逐渐缩小；从 T_{-6} 至 T_0 时刻，气旋中心上空低涡吸收合并了北部低涡，使其快速降低了 80 gpm；从 T_0 至 T_{+12} 时刻，该低涡系统继续加深。在 T_{-12} 时刻，强的大气斜压区中心位于爆发性气旋中心的北部，范围较小、强度较弱，呈现为西南—东北向的长条形分布；从 T_{-12} 至 T_{+12} 时刻，大气斜压性逐渐减弱，在 T_0 时刻，气旋中心东南部的大气斜压区已开始消散。MO WCP 爆发性气旋 850 hPa 的大气斜压性明显弱于 MO JOS 和 MO NWP 爆发性气旋，也即大气斜压性对 MO WCP 爆发性气旋的快速发展贡献较小，而对北部低涡系统的吸收合并，是促进其爆发性发展的主要因素之一。

3. 850 hPa 低空急流、比湿和水汽辐合场

分析 MO WCP 爆发性气旋 850 hPa 低空急流、比湿和水汽辐合的合成场（图 4. 32）可知，在 T_{-12} 时刻，气旋内部已出现较强的西南向低空急流和弱的西北向低空急流；从 T_{-12} 至 T_{+12} 时刻，两支低空急流均逐渐增强。在气旋中心南部有湿舌，从 T_{-12} 至 T_0 时刻，湿舌强度和范围基本维持不变；而从 T_0 至 T_{+12} 时刻，其强度和范围迅速减小。在 T_{-12} 时刻，水汽辐合位于气旋中心的东部；从 T_{-12} 至 T_0 时刻，水汽辐合缓慢增强，并由气旋中心的东部逐渐向其东北部移动；在 T_0 时刻，其强度和范围都达到最大，这是较强的西南向低空急流配合着较强的湿舌所致；从 T_0 至 T_{+12} 时刻，水汽辐合逐渐减弱，并逐渐移至气旋中心的北部。MO WCP 爆发性气旋的水汽辐合强度要弱于 MO NWP 爆发性气旋，但明显强于 MO JOS 爆发性气旋。

4. 500 hPa 位势高度场、涡度场和涡度平流场

分析 MO WCP 爆发性气旋 500 hPa 位势高度、涡度和涡度平流的合成场（图 4. 33）可知，在 T_{-12} 时刻，气旋中心位于 500 hPa 高空槽的下游，在其西北部有低涡系统；从 T_{-12} 至 T_{+6} 时刻，低压槽逐渐加深，并在 T_{+12} 时刻出现闭合中心；北部低涡从 T_{-12} 至 T_0 时刻逐渐减弱，并在 T_{+6} 时刻消失，与低压槽呈现“此消彼长”的变化特征。正涡度从 T_{-12} 至 T_{+12} 时刻持续增大，且从气旋中心的上游逐渐移至气旋中心。正涡度平流从 T_{-12} 至 T_0 时刻逐渐增强，在 T_{-6} 时刻，正涡度中心与气旋中心基本重合；从 T_{+6} 至 T_{+12} 时刻，正涡度平流逐渐减弱，且气旋中心逐渐移至其上游。从 T_{-12} 至 T_0 时刻，MO WCP 爆发性气旋正涡度平流的强度及增强的速度要小于 MO JOS 爆发性气旋，但强于 MO NWP 爆发性气旋。

5. 300 hPa 高空急流和辐散场

分析 MO WCP 爆发性气旋 300 hPa 高空急流和辐散场的合成场（图 4. 34）可知，MO WCP 爆发性的 300 hPa 高空急流为平直西风急流，从 T_{-12} 至 T_{-6} 时刻，高空急流强度略微增强，气旋中心位于高空急流的左前侧；从 T_{-6} 至 T_{+12} 时刻，高空急流强度逐渐减弱，且气旋中心由高空急流的左前侧逐渐移出高空急流区。在 T_{-12} 时刻，辐散场位于气旋中心东部，至 T_0 时刻缓慢增强，同时强辐散中心逐渐移至气旋中心的东北部；从 T_0 至 T_{+12} 时刻，强辐散区逐渐移至气旋中心的北部，强度基本维持不变。MO WCP 爆发性气旋高空急流的形态特征与 MO NWP 爆发性气旋相似，但其强度要弱于 MO NWP 爆发性气旋，且高空辐散场的强度也小于 MO NWP 爆发性气旋。

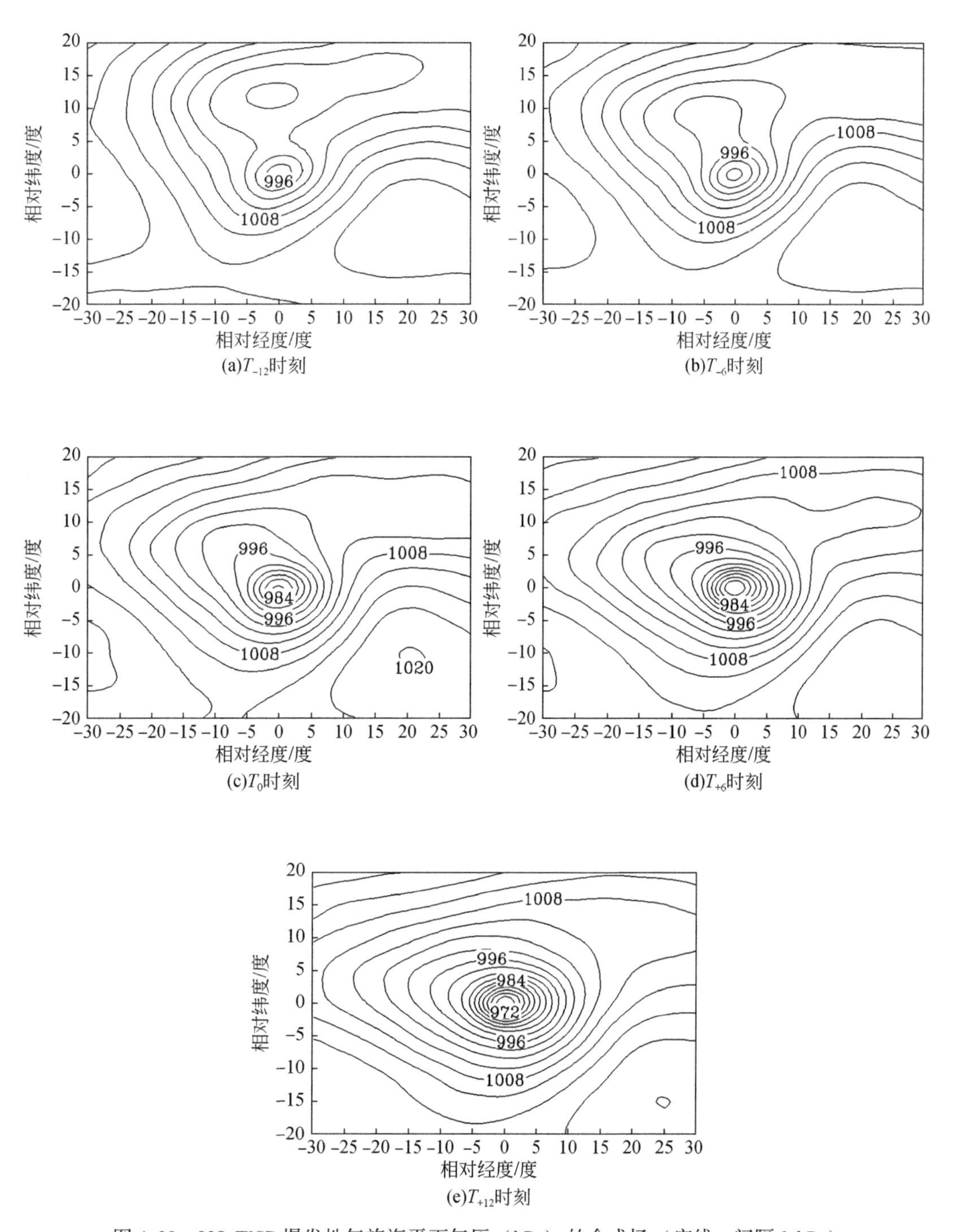

(a)T_{-12}时刻　(b)T_{-6}时刻　(c)T_0时刻　(d)T_{+6}时刻　(e)T_{+12}时刻

图 4.30　MO WCP 爆发性气旋海平面气压（hPa）的合成场（实线，间隔 3 hPa）

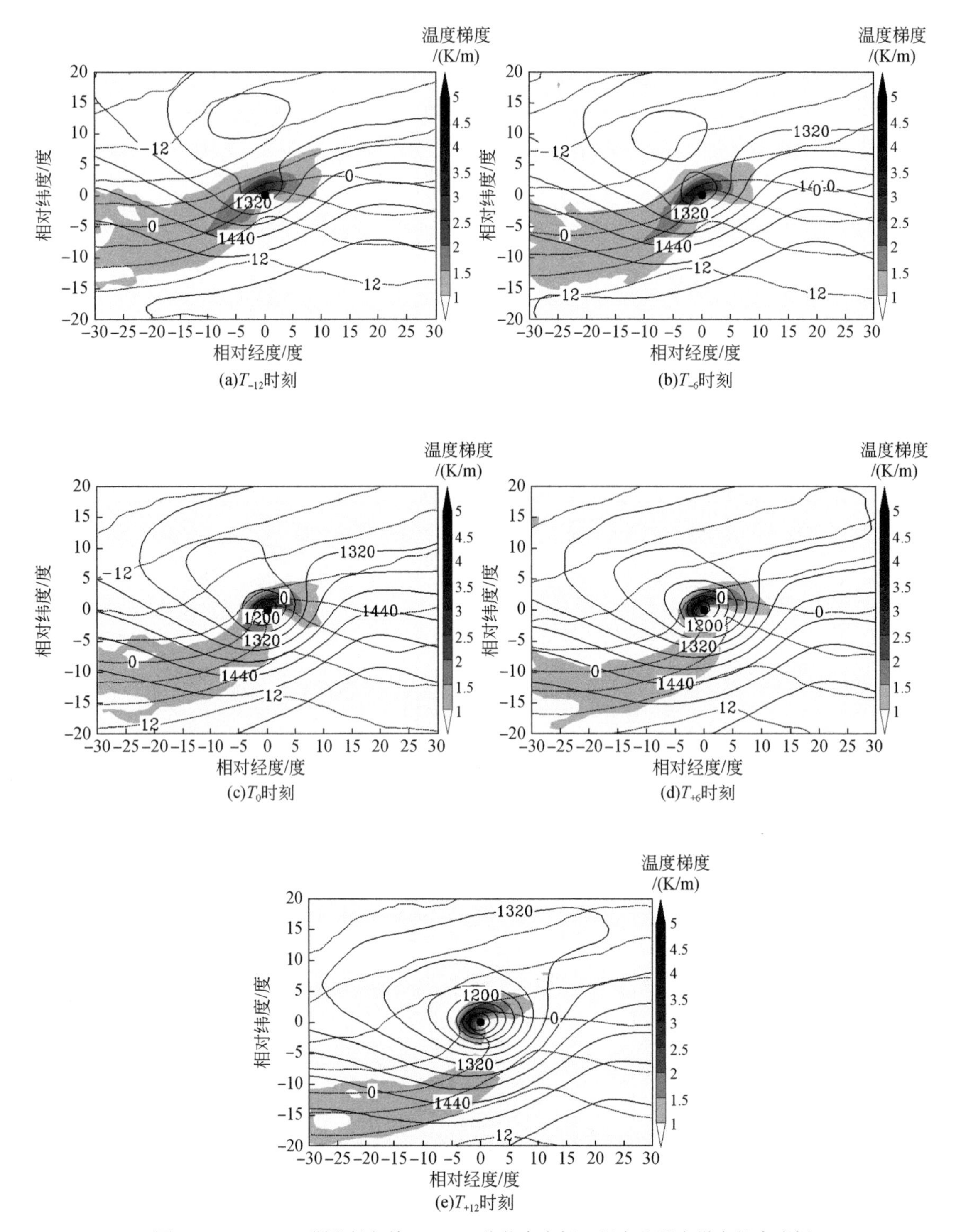

图 4.31　MO WCP 爆发性气旋 850 hPa 位势高度场、温度和温度梯度的合成场

图中实线表示位势高度场（间隔 40 gpm），虚线表示温度（间隔 4℃）；黑色圆点为爆发性气旋中心

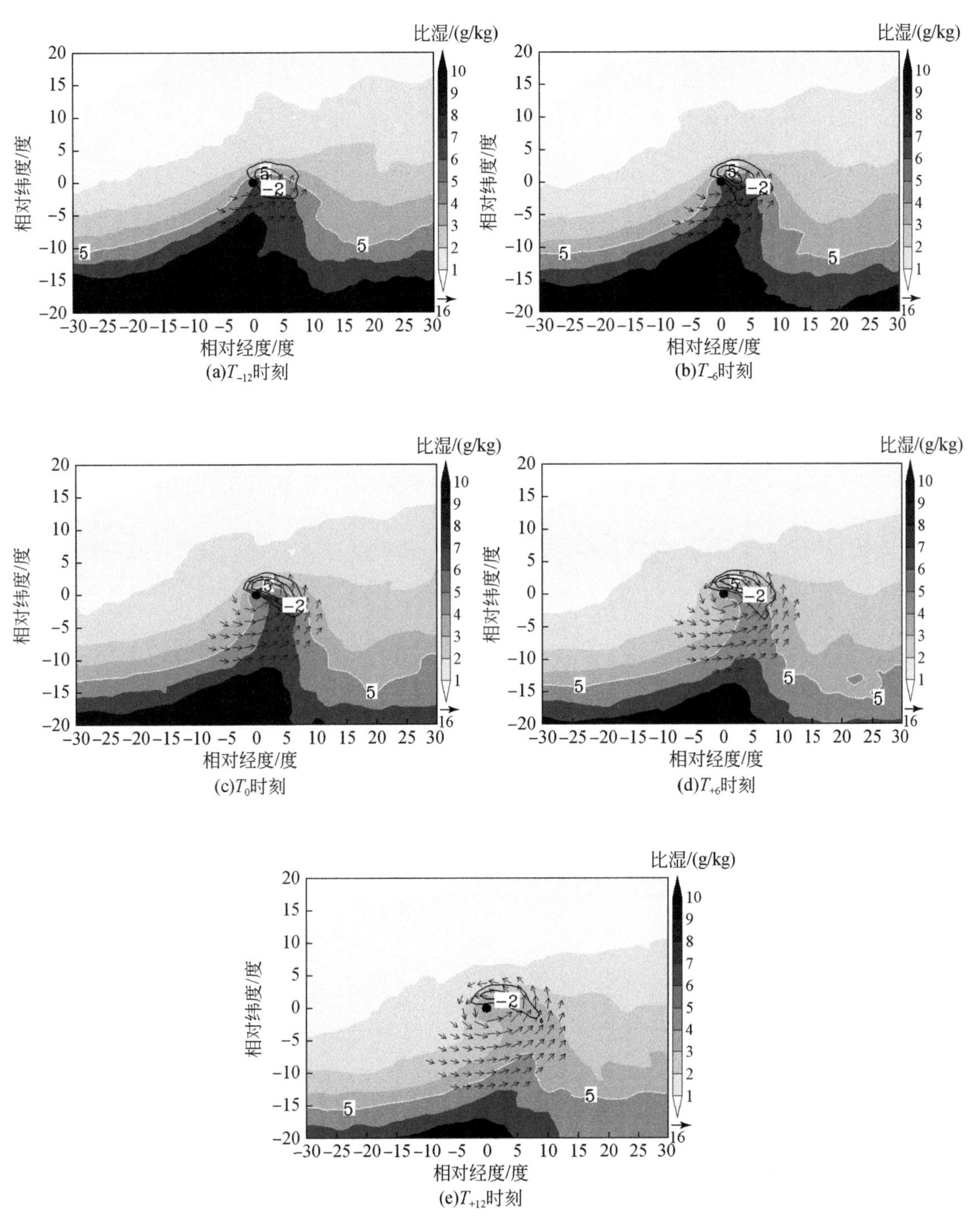

图 4.32　MO WCP 爆发性气旋 850 hPa 急流、比湿和水汽辐合的合成场

图中箭头表示急流（≥16 m/s），实线表示水汽辐合［间隔为 10^{-4} g/(kg · s)］；黑色圆点为爆发性气旋中心

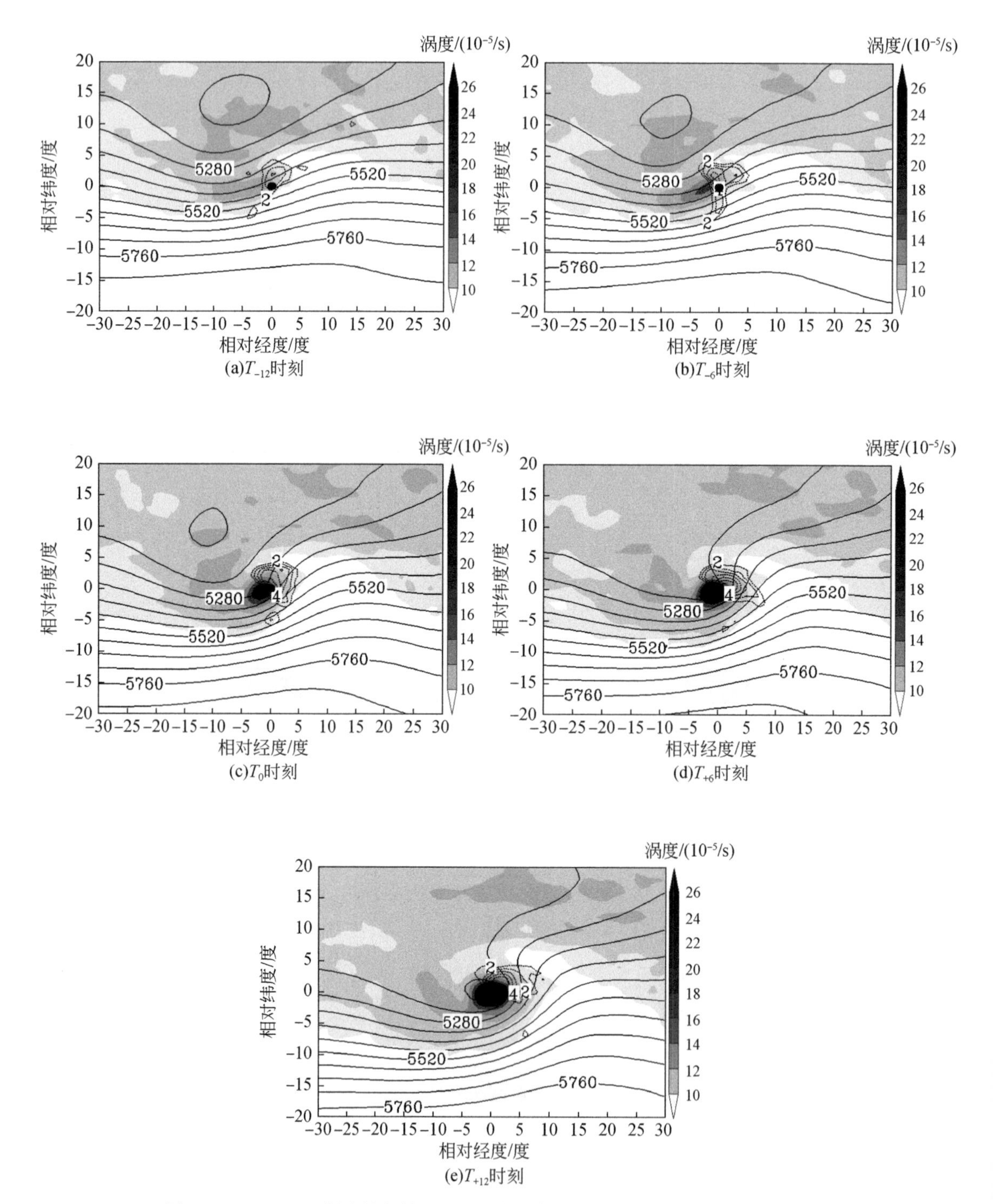

图 4.33 MO WCP 爆发性气旋 500 hPa 位势高度场、涡度和涡度平流的合成场

图中实线表示位势高度场（间隔 40 gpm），虚线表示涡度平流（间隔 $1\times10^{-9}/s^2$）；黑色圆点为爆发性气旋中心

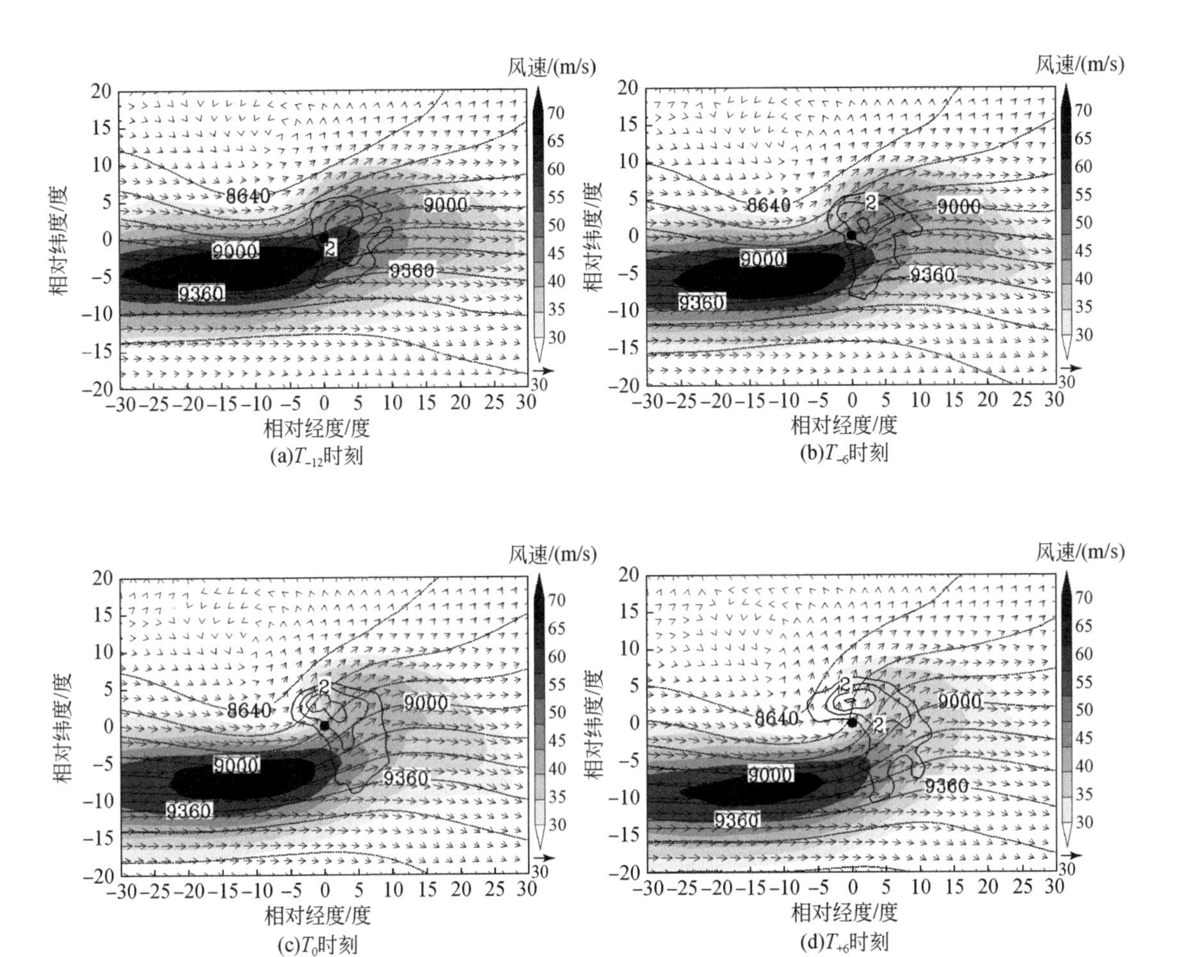

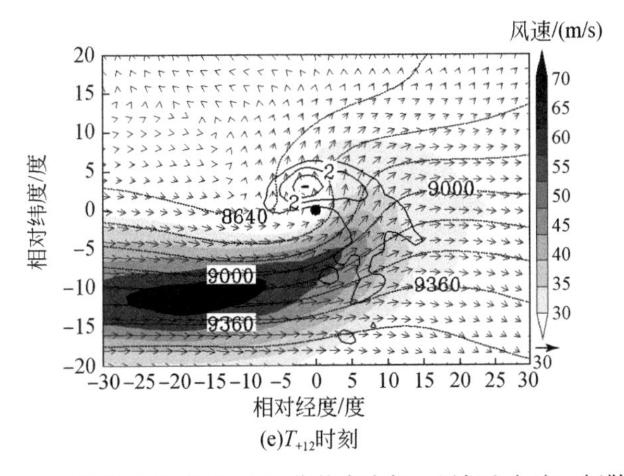

图 4.34　MO WCP 爆发性气旋 300 hPa 位势高度场、风场和急流、辐散场的合成场

图中虚线表示位势高度场（间隔 120 gpm），箭头表示风场（m/s），

实线表示辐散场（间隔 1×10^{-5}/s）；黑色圆点为爆发性气旋中心

由以上分析可知，在 MO WCP 爆发性气旋快速发展的过程中，在海平面气压场的分布图上，气旋中心北部的低压系统被逐渐吸收合并；在中低层同样可发现气旋中心北部低涡被吸收合并的现象；中低层大气斜压性要弱于 MO JOS 和 MO NWP 爆发性气旋；西南向低空急流配合着较强的湿舌，使得气旋中心西北部存在较强的水汽辐合区；在中高层，气旋中心上部有较强的正涡度平流；高空急流和高空辐散场较强，但在气旋快速发展的过程中，其增强幅度较小。因此，对北部低压系统的吸收合并、中低层的潜热释放及中高层的强正涡度平流，是 MO WCP 爆发性气旋快速发展的主要影响因子。

4.6.4 MO ECP 爆发性气旋的合成分析

MO ECP 爆发性气旋共有 38 例，我们筛选了 34 例（约占 89.5%，见表 4.9）进行合成分析，分析其 T_{-12}、T_{-6}、T_0、T_{+6} 和 T_{+12} 时刻合成的海平面中心气压及其加深率（表 4.13）可知，从 T_{-12} 至 T_{+12} 时刻的 24 h 内气旋中心降压达 28.0 hPa，从 T_{-6} 至 T_{+6} 时刻的 12 h 内，气旋中心气压快速降低了 17.5 hPa，T_{-6} 时刻为其初始爆发时刻，T_{+6} 时刻为其最后爆发时刻，即从 T_{-6} 至 T_{+6} 时刻为其爆发性发展阶段，爆发时长为 12 h，T_0 时刻加深率为 1.51 Bergeron。

表 4.13 MO ECP 爆发性气旋在 T_{-12}、T_{-6}、T_0、T_{+6} 和 T_{+12} 时刻合成的海平面气压和中心气压加深率

项目	T_{-12}	T_{-6}	T_0	T_{+6}	T_{+12}
海平面气压/hPa	993.6	988.3	979.8	970.8	965.6
中心气压加深率/Bergeron	—	1.24	1.51	1.19	—

1. 海平面气压场特征

分析 MO ECP 爆发性气旋海平面气压的合成场（图 4.35）可知，MO ECP 爆发性气旋海平面气压场与 MO WCP 爆发性气旋的海平面气压场有很好的相似性，气旋中心东南部和北部分别有高压和低压系统，根据 MO ECP 爆发气旋所处纬度可判断高压为东太平洋高压，低压为阿留申低压。从 T_{-12} 至 T_0 时刻，北部低压迅速减弱；从 T_{-6} 至 T_0 时刻，北部低压中心消失，被 MO ECP 爆发性气旋吸收合并，其获得快速发展。相对于 MO WCP 爆发性气旋，MO ECP 爆发性气旋的北部低压强度较强。在 T_{+12} 时刻，MO ECP 爆发性气旋的直径在东西方向达到 42 个经度，南北方向达到 28 个纬度，其水平尺度大于 MO JOS、MO NWP 和 MO WCP 爆发性气旋的水平尺度。

2. 850 hPa 位势高度场、温度场和温度梯度场

图 4.36 为 MO ECP 爆发性气旋 850 hPa 位势高度、温度和温度梯度的合成场。在 T_{-12} 时刻，气旋中心处于低压槽中，同时其北部存在着尺度较大的低涡系统；从 T_{-12} 至 T_{-6} 时刻，低压槽出现闭合中心，同时北部低涡强度缓慢减弱；从 T_{-6} 至 T_0 时刻，北部低涡被爆发性气旋中心上空低涡吸收、合并；从 T_0 至 T_{+12} 时刻，气旋中心上空低涡继续增强。大气斜压区在 T_{-12} 时刻强度最强，但范围较小、强度较弱，位于气旋中心的西北部，呈现西

南—东北向的长条形分布；从 T_{-12}至 T_{+12}时刻，其强度逐渐减弱。因此，类似于 MO WCP 爆发性气旋，850 hPa 大气斜压性对 MO ECP 爆发性气旋的快速发展贡献不大，而对北部低涡的吸收合并是促使其爆发性发展的主要因素之一。

3. 850 hPa 低空急流、比湿和水汽辐合场

分析 MO ECP 爆发性气旋 850 hPa 低空急流、比湿和水汽辐合的合成场（图4.37）可知，气旋内部存在西南向和西北向两支低空急流，从 T_{-12}至 T_{+12}时刻，两支低空急流均逐渐增强。在 T_{-12}时刻，在气旋中心南部存在湿舌中心，并在 T_0时刻消失；从 T_{-12}至 T_{+12}时刻，湿舌强度逐渐减弱。水汽辐合从 T_{-12}至 T_0时刻缓慢增强，主要位于气旋中心的东南部区域；从 T_0至 T_{-12}时刻，水汽辐合迅速减弱，并逐渐移至气旋中心的北部。由以上分析可知，从 T_{-12}至 T_0时刻，虽然西南向低空急流逐渐增强，但空气比湿逐渐减小，使得水汽辐合增强缓慢。MO ECP 爆发性气旋水汽辐合的变化特征与 MO WCP 爆发性气旋相似，但其强度要强于 MO WCP 爆发性气旋。

4. 500 hPa 位势高度场、涡度场和涡度平流场

分析 MO ECP 爆发性气旋 500 hPa 位势高度、涡度和涡度平流的合成场（图4.38）可知，MO ECP 爆发性气旋 500 hPa 位势高度、涡度和涡度平流的合成场的形态特征和变化特征与 MO WCP 爆发性气旋相似，即在 MO ECP 爆发性气旋快速发展的过程中（从 T_{-12}至 T_0时刻），气旋中心上游高空槽不断加深，正涡度中心逐渐增强，并移近气旋中心。在 T_{-12}时刻，正涡度平流中心位于气旋中心的北部；从 T_{-12}至 T_0时刻，正涡度平流逐渐增强，且其中心逐渐与气旋中心重合；而从 T_0至 T_{+12}时刻，正涡度中心逐渐移至气旋中心的下游。对比 MO WCP 爆发性气旋可发现，MO ECP 爆发性气旋正涡度平流的强度要远大于 MO WCP 爆发性气旋，即正涡度平流对 MO ECP 爆发性气旋快速发展的贡献要大于其对 MO WCP 爆发性气旋快速发展的贡献。

5. 300 hPa 高空急流和辐散场

分析 MO ECP 爆发性气旋 300 hPa 高空急流和辐散场的合成场（图4.39）可知，MO ECP 爆发性气旋 300 hPa 高空急流为平直西风急流，强度较弱，从 T_{-12}至 T_0时刻，气旋中心从高空急流的前侧逐渐移至其左前侧边缘；从 T_0至 T_{+12}时刻，逐渐移出高空急流区。在 T_{-12}时刻，高空辐散场位于气旋中心东部，至 T_0时刻缓慢增强，且辐散中心逐渐移至气旋中心的东北部。相对于 MO JOS、MO NWP 和 MO WCP 爆发性气旋，MO ECP 爆发性气旋高空急流的强度较弱，对 MO ECP 爆发性气旋的动力强迫作用也较弱。

由以上分析可知，MO ECP 爆发性气旋的结构特征与 MO WCP 爆发性气旋存在很大的相似性，在其快速发展的过程中，在海平面气压场及其中低层的分布图上，气旋中心北部的低压系统逐渐被吸收合并；中低层大气斜压性较弱；中低层的水汽辐合及中高层的正涡度平流较强，而高空急流较弱。因此，中低层水汽辐合伴随上升运动所导致的潜热释放及中高层强正涡度平流对 MO ECP 爆发性气旋的快速发展具有重要贡献，而中低层的大气斜压性和高空动力强迫贡献较小。与 MO WCP 爆发性气旋相比，MO ECP 爆发性气旋北部低涡及中高层正涡度平流的强度要大于 MO WCP 爆发性气旋。

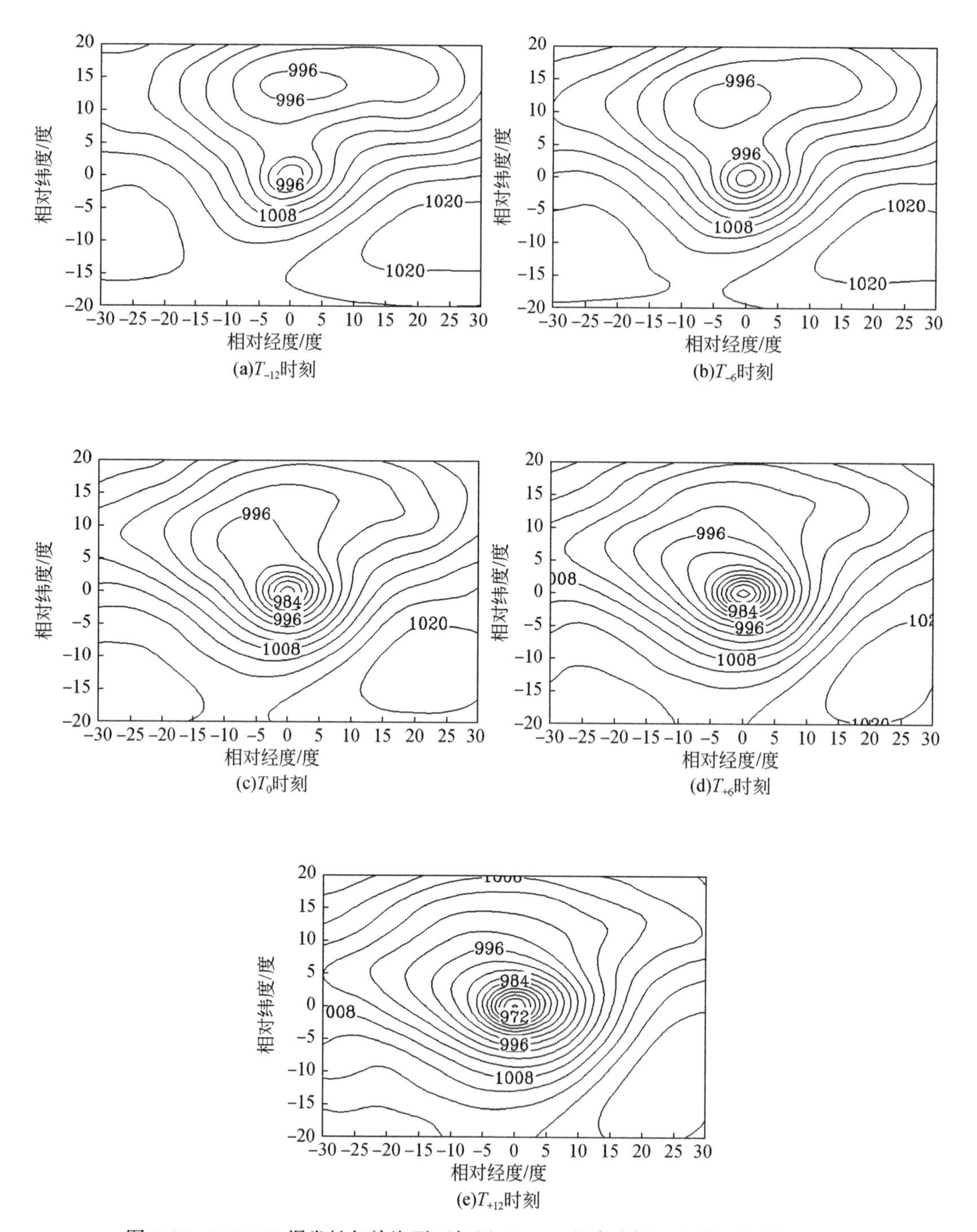

(a)T_{-12}时刻　(b)T_{-6}时刻　(c)T_{0}时刻　(d)T_{+6}时刻　(e)T_{+12}时刻

图 4.35　MO ECP 爆发性气旋海平面气压（hPa）的合成场（实线，间隔 3 hPa）

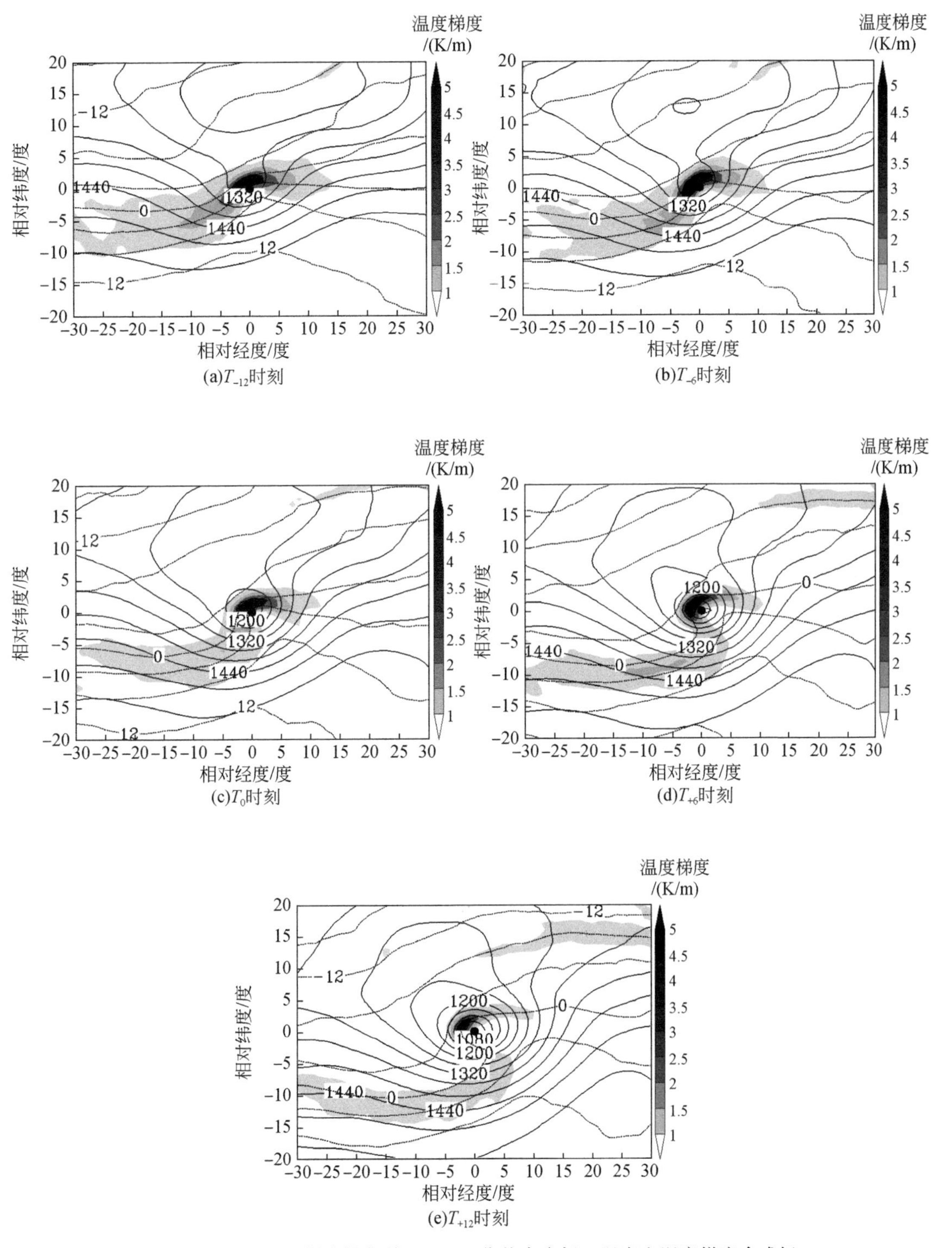

图 4. 36　MO ECP 爆发性气旋 850 hPa 位势高度场、温度和温度梯度合成场

图中实线表示位势高度场（间隔 40 gpm），虚线表示温度（间隔 4℃）；黑色圆点为爆发性气旋中心

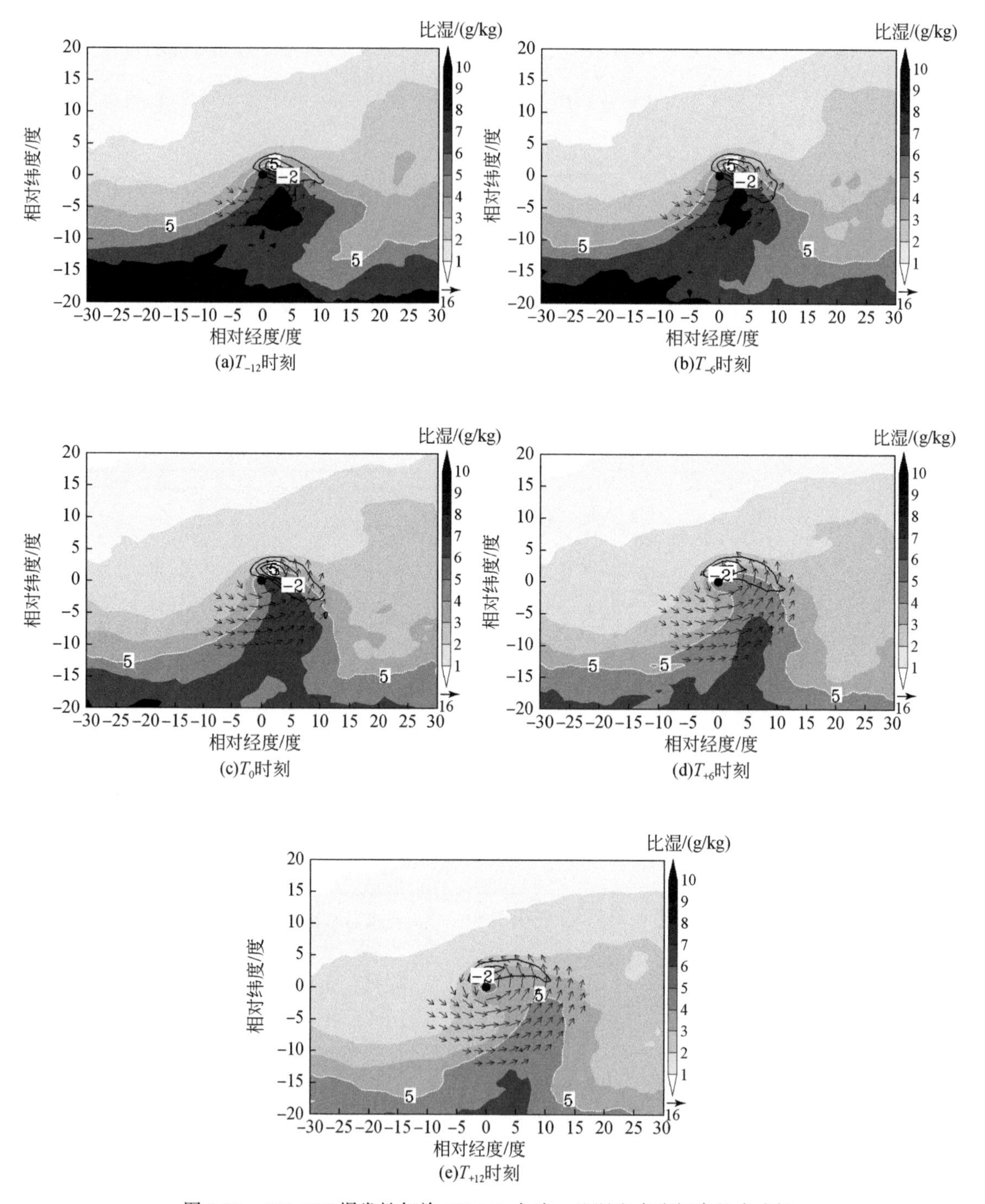

图 4.37　MO ECP 爆发性气旋 850 hPa 急流、比湿和水汽辐合的合成场

图中箭头表示急流（≥16 m/s），实线表示水汽辐合［间隔为 10^{-4} g/(kg · s)］；黑色圆点为爆发性气旋中心

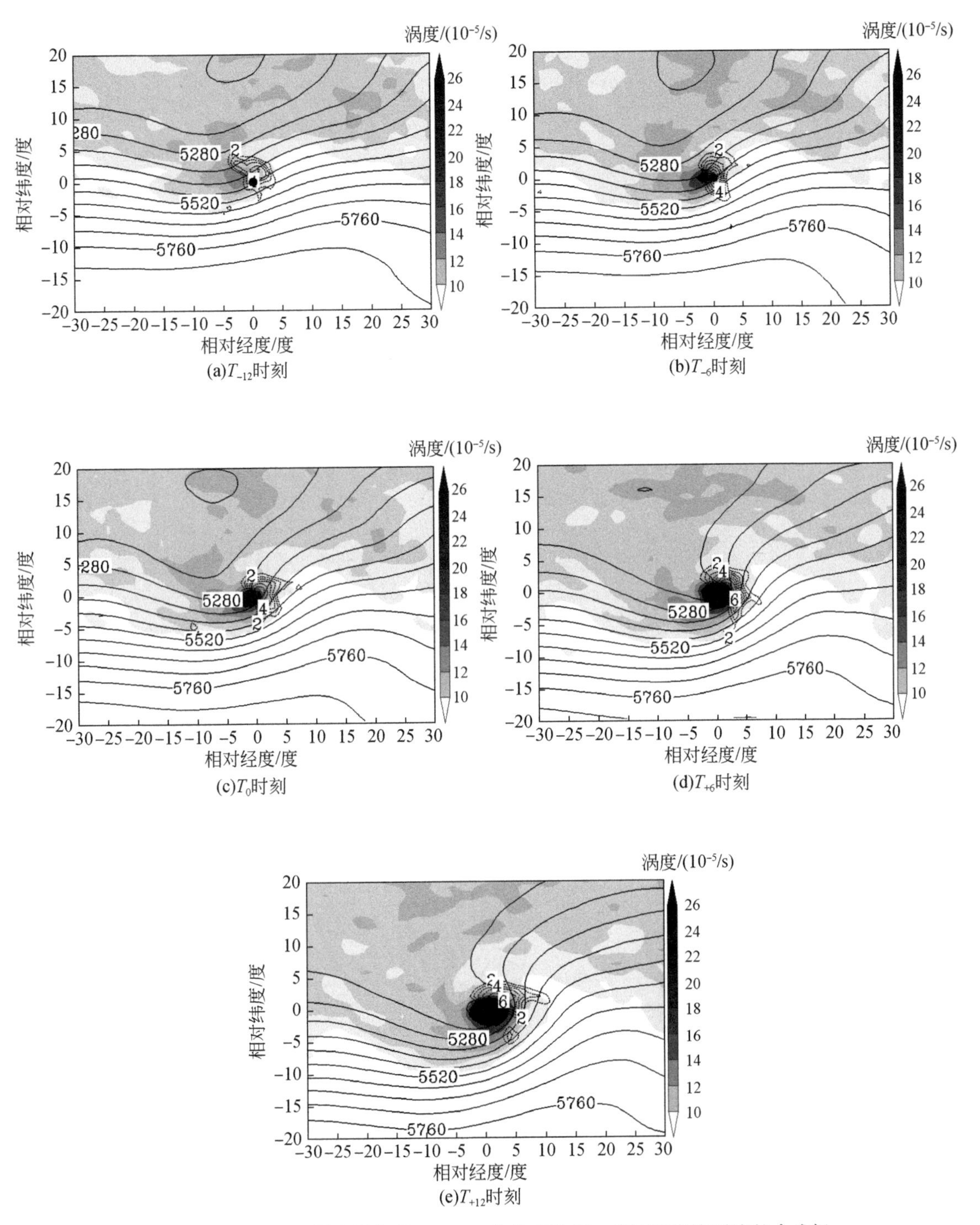

图 4.38　MO ECP 爆发性气旋 500 hPa 位势高度场、涡度和涡度平流的合成场

图中实线表示位势高度场（间隔 40 gpm），虚线表示涡度平流（间隔 $1\times10^{-9}/s^2$）；黑色圆点为爆发性气旋中心

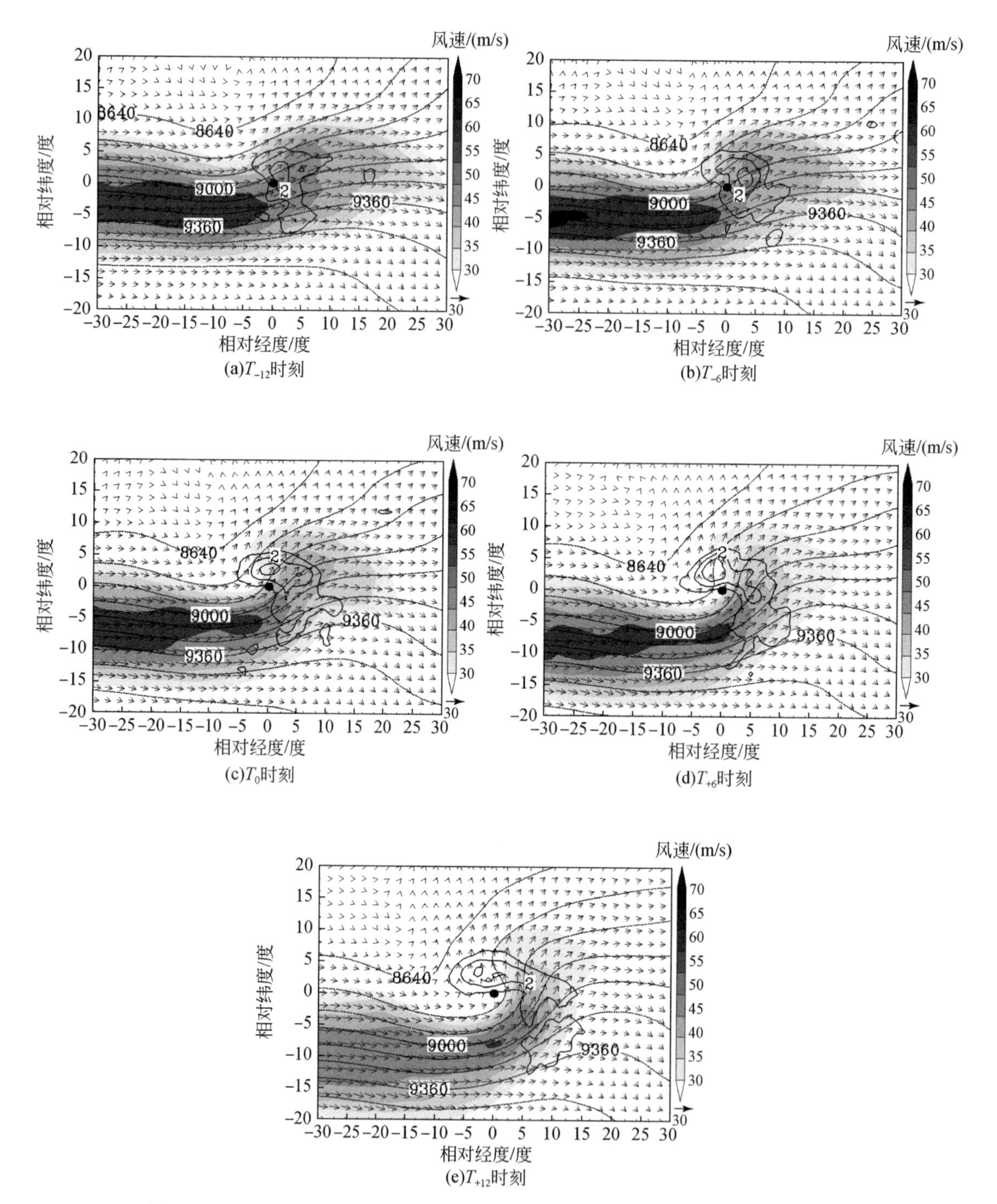

图 4.39　MO ECP 爆发性气旋 300 hPa 位势高度场、风场和急流辐散场的合成场

图中虚线表示位势高度场（间隔 120 gpm），箭头表示风场（m/s），实线表示辐散场（间隔 1×10^{-5}/s）；黑色圆点为爆发性气旋中心

4.6.5　MO NEP爆发性气旋的合成分析

MO NEP爆发性气旋共有39例，我们筛选了24例（约占61.5%，见表4.9）进行合成分析，分析其T_{-12}、T_{-6}、T_0、T_{+6}和T_{+12}时刻合成的海平面中心气压及其加深率（表4.14）可知，从T_{-12}至T_{+12}时刻的24 h内气旋中心降压达到28.2 hPa，从T_{-6}至T_{+6}时刻的12 h内，气旋中心气压快速降低了18.0 hPa。T_{-6}时刻为其初始爆发时刻，T_{+6}时刻为其最后爆发时刻，即从T_{-6}至T_{+6}时刻为其爆发性发展阶段，爆发时长为12 h，T_0时刻的加深率为1.46 Bergeron。

表4.14　MO NEP爆发性气旋在T_{-12}、T_{-6}、T_0、T_{+6}和T_{+12}时刻合成的海平面气压和中心气压加深率

项目	T_{-12}	T_{-6}	T_0	T_{+6}	T_{+12}
海平面气压/hPa	1001.8	996.2	988.2	978.2	973.6
中心气压加深率/Bergeron	—	1.15	1.46	1.15	—

1. 海平面气压场特征

分析MO NEP爆发性气旋海平面气压的合成场（图4.40）可知，在T_{-12}时刻，MO NEP爆发性气旋的东南部和西南部分别有高压系统，同时在其北部有一低压系统。该低压系统为阿留申群岛东部的低压系统，其强度弱于MO ECP爆发性气旋北部的低压系统；在T_{-6}时刻，北部低压中心消失，逐渐被MO NEP爆发性气旋吸收合并；在T_0时刻，北部低压完全被吸收合并，MO NEP爆发性气旋中心气压加深率达到最大。在T_{+12}时刻，MO NEP爆发性气旋直径在东西方向达到30个经度，南北方向达到20个纬度。

2. 850 hPa位势高度场、温度场和温度梯度场

分析MO NEP爆发性气旋850 hPa位势高度、温度和温度梯度的合成场（图4.41）可知，在T_{-12}时刻，该气旋中心上空850 hPa等高线已出现闭合中心，同时在气旋中心的西北部有低涡系统，大气斜压区呈现西南—东北向的条状分布，范围较小、强度较弱，大气斜压区中心位于气旋中心西北部。在T_{-6}时刻，气旋中心西北部低涡被吸收合并，大气斜压区强度及形状基本维持不变。在T_0时刻，大气斜压区以气旋中心为中心发生弯曲，向气旋的东部及南部发展，斜压区中心强度基本维持不变。从T_0至T_{+12}时刻，斜压区逐渐减弱且气旋中心南部的斜压区逐渐与其分离。MO NEP爆发性气旋中低层的大气斜压性要弱于以上四类爆发性气旋。

3. 850 hPa 低空急流、比湿和水汽辐合场

图 4. 42 为 MO NEP 爆发性气旋 850 hPa 低空急流、比湿和水汽辐合的合成场，它在低空也存在西南向和西北向两支急流，从 T_{-12} 至 T_{+12} 时刻，两支低空急流均逐渐增强。湿舌从气旋南部向气旋中心扩展，在 T_{-12} 时刻，其强度达到最强，之后逐渐减弱，特别是从 T_0 时刻后，其强度迅速减弱。水汽辐合区位于气旋中心东北部，从 T_{-12} 至 T_0 时刻，水汽辐合呈现缓慢增强的趋势；从 T_0 至 T_{+12} 时刻，其强度减弱、范围减小。较弱的低空急流和湿舌使得其水汽辐合较弱，即潜热释放对其快速发展的贡献不大。

4. 500 hPa 位势高度场、涡度场和涡度平流场

分析 MO NEP 爆发性气旋 500 hPa 位势高度、涡度和涡度平流的合成场（图 4. 43）可知，在 T_{-12} 时刻，气旋中心位于 500 hPa 高空槽及正涡度中心下游，正涡度平流位于气旋中心东北部。在 T_{-6} 时刻，高空槽加深，正涡度及正涡度平流增强，气旋中心移至正涡度平流区域中部。从 T_{-6} 至 T_0 时刻，伴随着高空槽的加深及正涡度的增强，正涡度平流快速增强，气旋中心与正涡度平流中心基本重合。从 T_0 至 T_{+12} 时刻，位势高度线逐渐形成闭合中心，正涡度中心与气旋中心基本重合，气旋中心位于正涡度平流区的上游。MO NEP 爆发性气旋中高层的正涡度平流要强于 MO ECP 爆发性气旋，特别是从 T_{-6} 至 T_0 时刻，其强度快速增强，促进了 MO NEP 爆发性气旋的快速发展。

5. 300 hPa 高空急流和辐散场特征

分析 MO NEP 爆发性气旋 300 hPa 高空急流和辐散的合成场（图 4. 44）可知，该气旋高空急流与 MO JOS、MO NWP、MO WCP 和 MO ECP 爆发性气旋对应的高空急流表现出较大的差异，其高空急流经向性较强，在气旋中心的西部和东北部分别有急流中心，但强度较弱，且从 T_{-12} 至 T_{+12} 时刻其强度逐渐减弱。从 T_{-12} 至 T_0 时刻，辐散场缓慢增强，主要分布于气旋中心东北部；从 T_0 至 T_{+12} 时刻，辐散场呈现减弱趋势且逐渐分裂成两个中心，分别位于气旋中心的北部和东南部。

由以上分析可知，在 MO NEP 爆发性气旋快速发展的过程中，在其海平面气压分布图上，气旋中心的北部低压逐渐被吸收合并；在中低层，同样可发现气旋中心北部低涡被吸收合并的现象；中低层大气的斜压性较弱且西南向低空急流配合较弱的湿舌，使得气旋中心西北部水汽辐合较弱；在中高层，正涡度平流快速增强，在气旋中心上部形成了强正涡度平流区；而在高层，高空急流较弱。因此，对低压系统的吸收合并及中高层的强正涡度平流，是 MO NEP 爆发性气旋快速发展的主要影响因子，而中低层大气的斜压性、潜热释放及高空动力强迫较弱，对 MO NEP 爆发性气旋的快速发展贡献较小。

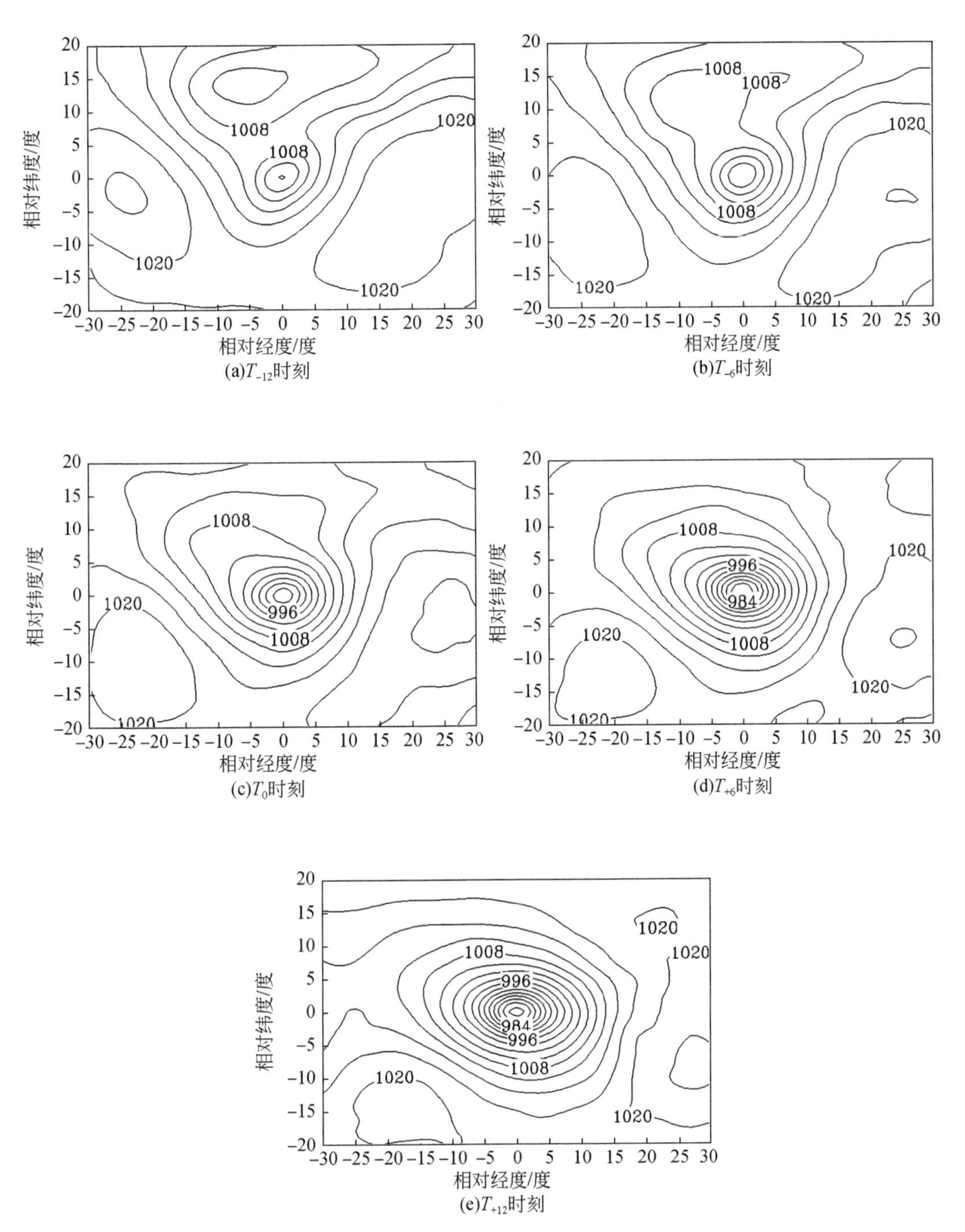

图4.40　MO NEP爆发性气旋海平面气压（hPa）的合成场（实线，间隔3 hPa）

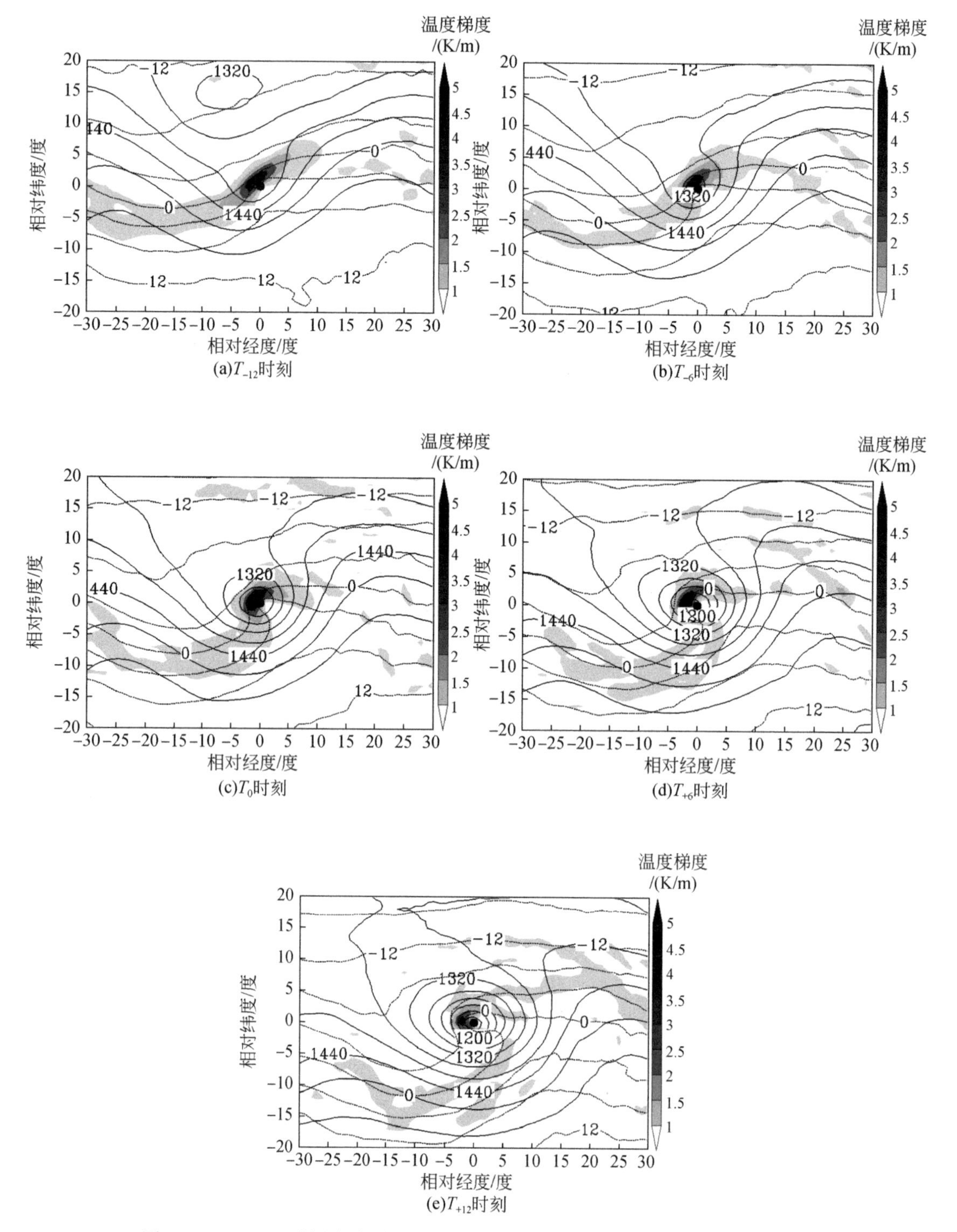

图 4.41　MO NEP 爆发性气旋 850 hPa 位势高度场、温度和温度梯度的合成场

图中实线表示位势高度场（间隔 40 gpm），虚线表示温度（间隔 4℃）；黑色圆点为爆发性气旋中心

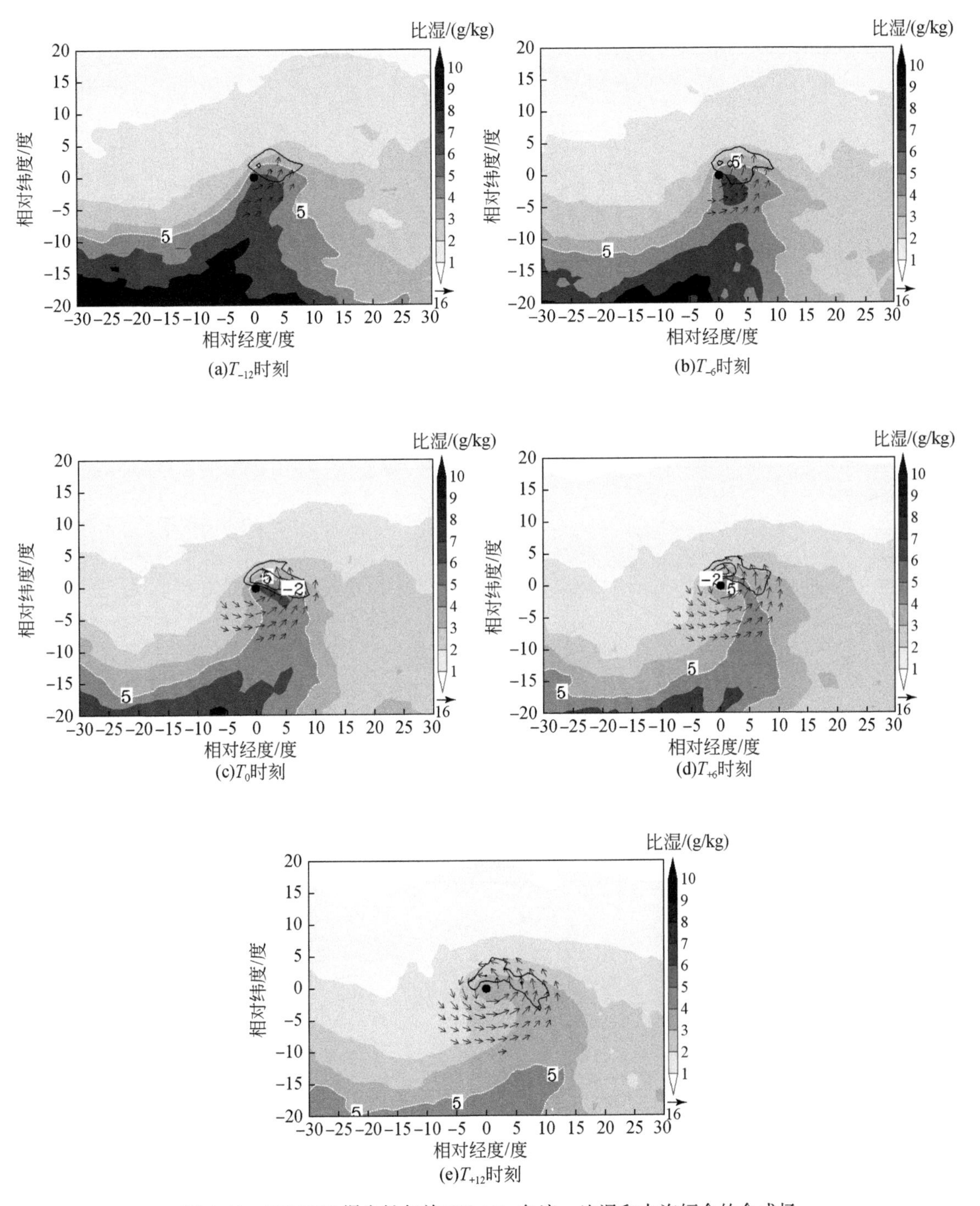

图 4.42　MO NEP 爆发性气旋 850 hPa 急流、比湿和水汽辐合的合成场

图中箭头表示急流（≥16 m/s），实线表示水汽辐合［间隔为 10^{-4} g/(kg · s)］；黑色圆点为爆发性气旋中心

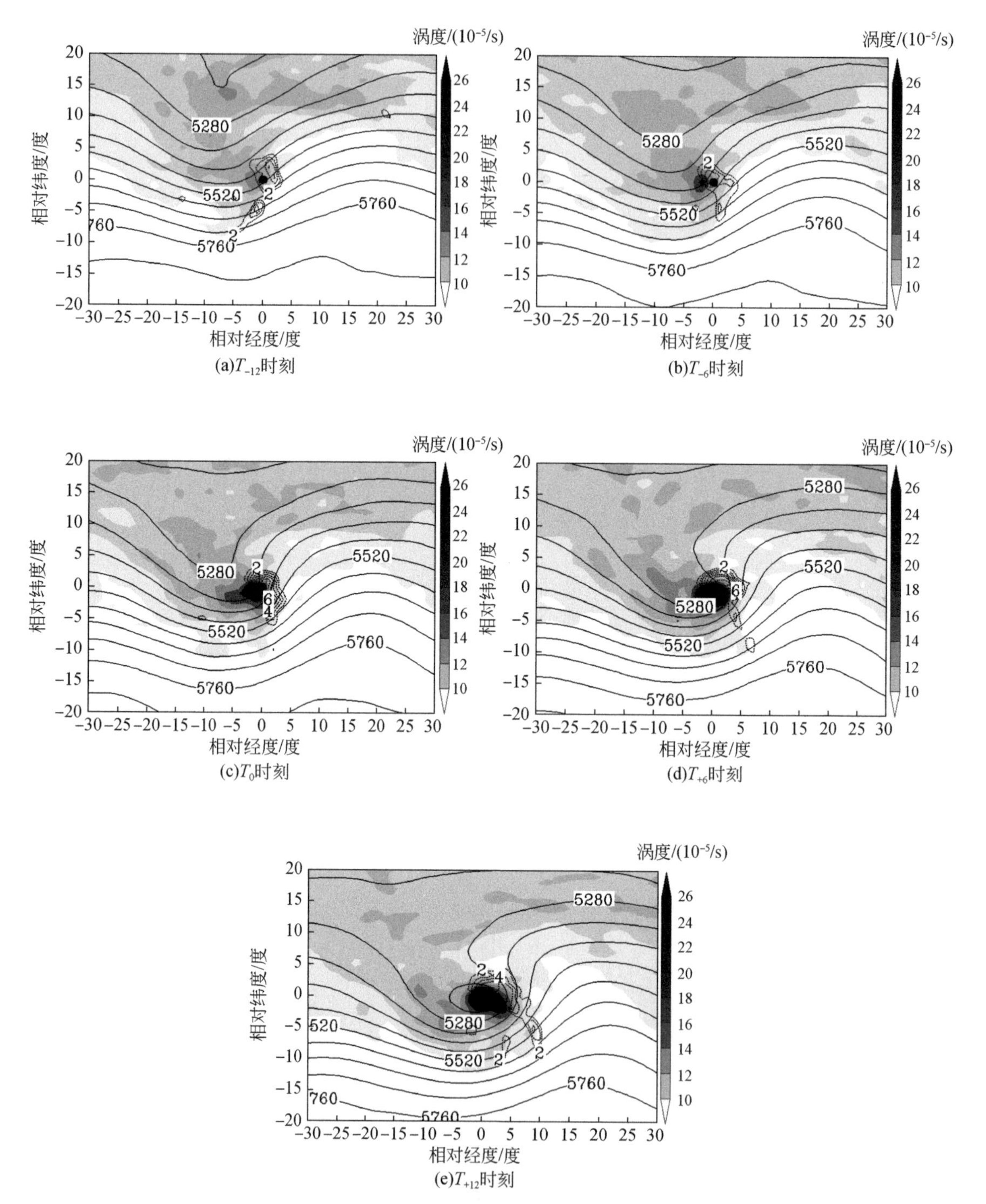

图 4.43　MO NEP 爆发性气旋 500 hPa 位势高度场、涡度和涡度平流的合成场

图中实线表示位势高度场（间隔 40 gpm），虚线表示涡度平流（间隔 $1\times10^{-9}/s^2$）；黑色圆点为爆发性气旋中心

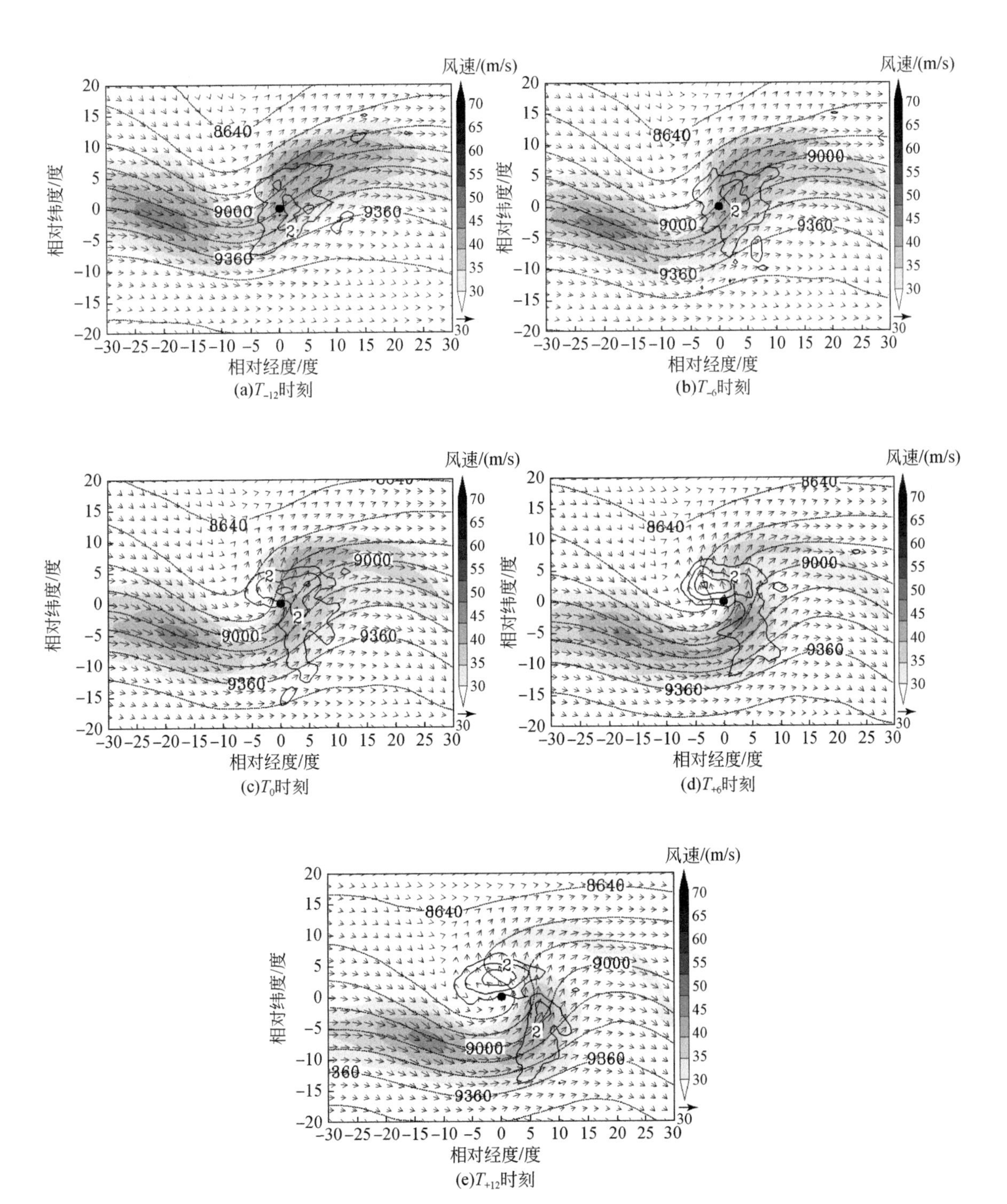

图 4.44　MO NEP 爆发性气旋 300 hPa 位势高度场、风场和急流辐散场的合成场

图中虚线表示位势高度场（间隔 120 gpm），箭头表示风场（m/s），

实线表示辐散场（间隔 1×10^{-5}/s）；黑色圆点为爆发性气旋中心

4.6.6 各类 MO 爆发性气旋结构特征对比分析

1. 海平面气压场特征

对比分析 MO JOS、MO NWP、MO WCP、MO ECP 和 MO NEP 五类爆发性气旋海平面气压的合成场（图 4.20、图 4.25、图 4.30、图 4.35 和图 4.40）可知，这五类爆发性气旋的海平面气压场分布特征存在着明显差异。MO JOS 和 MO NWP 爆发性气旋在其中心的西部和东南部分别有冷高压和暖高压，因其多发生于亚洲大陆东部，冬季亚洲大陆冷空气比较活跃，东移入海后，形成位于其西部的冷高压；在其西北太平洋常年有副热带高压分布，其构成了 MO JOS 和 MO NWP 爆发性气旋东部的暖高压。冷高压和暖高压分别输送大量干冷和暖湿空气，有利于增强大气的斜压性，为 MO JOS 和 MO NWP 爆发性气旋的快速发展提供了有利条件。在 MO WCP、MO ECP 和 MO NEP 爆发性气旋的北部均存在低压系统，对北部低压的吸收合并为其快速发展创造了有利条件，MO ECP 爆发性气旋的北部低压要强于 MO WCP 和 MO NEP 爆发性气旋且它们对北部低压的吸收合并过程存在差异（见 4.8.3、4.8.4、4.8.5 节）。MO WCP、MO ECP 和 MO NEP 爆发性气旋的水平尺度要大于 MO JOS 和 MO NWP 爆发性气旋的水平尺度。

2. 中低层大气斜压性

对比分析 MO JOS、MO NWP、MO WCP、MO ECP 和 MO NEP 五类爆发性气旋 850 hPa 位势高度、温度和温度梯度的合成场（图 4.21、图 4.26、图 4.31、图 4.36 和图 4.41）可知，MO JOS、MO NWP、MO WCP、MO ECP 和 MO NEP 爆发性气旋的大气斜压性依次减弱，即在北太平洋自西向东，爆发性气旋的大气斜压性依次减弱；在气旋的爆发性发展过程中（T_{-12}至 T_0时刻），对于 MO JOS 和 MO NWP 爆发性气旋，大气斜压性逐渐增强，并向气旋的西南部发展，而对于 MO WCP、MO ECP 和 MO NEP 爆发性气旋，大气斜压性逐渐减弱，这表明大气斜压性对 MO JOS 和 MO NWP 爆发性气旋快速发展的贡献较大，而对 MO WCP、MO ECP 和 MO NEP 爆发性气旋快速发展的贡献不大。由于 MO JOS 和 MO NWP 爆发性气旋爆发性发展于日本海和西北太平洋上，亚洲大陆冷高压所携带的干冷空气与海上暖湿空气交汇使得 MO JOS 和 MO NWP 爆发性气旋的大气斜压性较强。对 MO JOS 爆发性气旋而言，大气斜压性要强于 MO NWP 爆发性气旋，这是由于影响 MO NWP 爆发性气旋的冷高压入海后，受暖洋面的影响发生了变性。MO WCP、MO ECP 和 MO NEP 爆发性气旋由于爆发于北太平洋的中西部，受来自亚洲大陆冷空气的影响相对较弱，气团性质相对均匀，故大气的斜压性较弱。

3. 中低层潜热释放

对比分析 MO JOS、MO NWP、MO WCP、MO ECP 和 MO NEP 爆发性气旋 850 hPa 低空急流、比湿和水汽辐合的合成场（图 4.22、图 4.27、图 4.32、图 4.37 和图 4.42）可知，从 T_{-12}至 T_0时刻，各海域西南和西北向低空急流均逐渐增强。MO JOS 爆发性气旋的比湿最小，MO NWP爆发性气旋的比湿最大，且北太平洋自西向东MO WCP、MO ECP和MO NEP爆发性气旋的比湿依次减小。由于MO JOS爆发性气旋多爆发于日本海上，位置较为偏北，海表面温度较低，海域面积较为狭小且受日本列岛的阻挡，黑潮暖湿空气难以输送至日本海，导致其空气比湿较小；而MO NWP爆发性气旋多位于黑潮及黑潮延伸体，海表面温度较高，空气比湿较大；MO WCP、MO ECP和MO NEP爆发性气旋也多位于暖流带上，空气比湿也较大，但其暖流强度要弱于黑潮，导致其比湿也小于MO NWP爆发性气旋。从T_{-12}至T_0时刻，逐渐增强的西南向低空急流将比湿较大的空气输送至爆发性气旋中心东部或其东北部使得该区域水汽辐合呈现增强趋势，但水汽辐合的强度及增强的速率在各类MO爆发性气旋中存在较大差异。在气旋的快速发展过程中（T_{-12}至T_0时刻），MO NWP爆发性气旋水汽辐合值较大且增强较快；MO JOS爆发性气旋水汽辐合值较小且增强较慢；MO WCP、MO ECP和MO NEP爆发性气旋则维持较大的水汽辐合值，但增强较缓慢。水汽辐合配合气旋中心上升运动，使得空气凝结释放潜热。因此，结合上述水汽辐合强度及发展变化分析可知，潜热释放对MO NWP爆发性气旋的快速发展贡献最大，而对MO JOS爆发性气旋而言贡献最弱，对MO WCP、MO ECP和MO NEP爆发性气旋的快速发展有一定贡献。

4. 中高层正涡度平流

对比分析MO JOS、MO NWP、MO WCP、MO ECP和MO NEP五类爆发性气旋500 hPa位势高度、涡度和涡度平流的合成场（图4.23、图4.28、图4.33、图4.38和图4.43）可知，从T_{-12}至T_0时刻，500 hPa高空槽均经历了快速的加深过程，气旋中心位于高空槽的下游；伴随着槽的加深，槽前形成强正涡度平流，强正涡度平流从气旋中心的上游逐渐移近气旋中心，在气旋发展最快速的时刻（T_0时刻），气旋中心基本与正涡度平流中心重合。各类MO爆发性气旋正涡度平流的强度和增长速率存在较大差异，MO JOS、MO WCP和MO NEP爆发性气旋的正涡度平流从T_{-6}至T_0时刻快速增强，且强度较强；MO ECP爆发性气旋的正涡度平流则从T_{-12}至T_{-6}时刻快速增强，早于气旋快速发展6 h，强度较强；而MO NWP爆发性气旋的正涡度平流从T_{-12}至T_0时刻增长较为缓慢且强度较弱。在T_0时刻，MO NEP爆发性气旋正涡度平流最强，其次为MO JOS和MO ECP爆发性气旋，再次为MO WCP爆发性气旋，MO NWP爆发性气旋最弱。因此，中高层正涡度平流对MO NEP爆发性气旋的快速发展影响最大，其次为MO JOS、MO ECP和MO WCP爆发性气旋，而对MO NWP爆发性气旋的影响相对较小。

5. 高空动力强迫

对比分析MO JOS、MO NWP、MO WCP、MO ECP和MO NEP五类爆发性气旋300 hPa高空急流和辐散场的合成场（图4.24、图4.29、图4.34、图4.39和图4.44）可知，从T_{-12}至T_0时刻，爆发性气旋中心均是由高空急流的前部逐渐移至气旋中心的左前部，MO JOS和MO NWP爆发性气旋高空急流逐渐增强，而MO WCP、MO ECP和MO NEP爆发性气旋高空急流则维持不变或者呈现减弱的变化趋势；在T_0时刻，MO JOS和MO NWP爆发性气旋高空急流强度较强，MO WCP、MO ECP和MO NEP爆发性气旋则依次减弱，尤以

MO NEP 爆发性气旋最弱。MO NWP、MO WCP、MO ECP 爆发性气旋高空急流为平直西风急流，MO JOS 爆发性气旋高空急流为东偏北向，均存在一个急流中心，而 MO NEP 爆发性气旋有两个急流中心。冷季在西北太平洋上空有较强的西风急流，其中心位于日本列岛的上空，自日本列岛向东，西风急流强度逐渐减弱，使得 MO JOS 和 MO NWP 爆发性气旋高空急流较强，MO WCP、MO ECP 和 MO NEP 爆发性气旋高空急流较弱。因此，高层动力强迫对 MO JOS 和 MO NWP 爆发性气旋快速发展的贡献较大，而对 MO WCP、MO ECP 和 MO NEP 爆发性气旋快速发展的贡献较小。

4.6.7 小结

（1）MO JOS 爆发性气旋的西部和东南部分别有冷高压和暖高压，中低层的大气斜压性、中高层的正涡度平流、高层辐散场和高空急流较强，而中低层比湿及水汽辐合较弱。中低层强大气斜压性、中高层强正涡度平流和高空强动力强迫是 MO JOS 爆发性气旋快速发展的主要影响因子。

（2）MO NWP 爆发性气旋的西北部和东南部分别有冷高压和暖高压，中低层的大气斜压性和潜热释放、高层辐散场和高空急流较强，而中高层的正涡度平流较弱。MO NWP 爆发性气旋是由中低层的大气斜压波扰动而形成和发展而来的，中低层潜热释放为其爆发性发展提供了重要的能量来源，高空辐散场和高空急流为其爆发性发展提供了动力强迫。

（3）MO WCP 爆发性气旋在快速发展的过程中，气旋中心北部的低压系统逐渐被吸收合并，中低层水汽辐合和中高层正涡度平流较强，而中低层大气的斜压性较弱。对北部低压系统的吸收合并、中低层的潜热释放及中高层的强正涡度平流，是 MO WCP 爆发性气旋快速发展的主要影响因子。

（4）MO ECP 爆发性气旋中心北部存在低压系统，在其发展过程中，北部低压逐渐被吸收合并，中低层的水汽辐合及中高层的正涡度平流较强，而中低层大气的斜压性和高空急流较弱。这对北部低压系统的吸收合并、中低层的潜热释放以及中高层的强正涡度平流，对 MO ECP 爆发性气旋的快速发展具有重要贡献。

（5）MO NEP 爆发性气旋的北部也存在低压系统，并逐渐被吸收合并，中高层正涡度平流较强，而中低层的大气斜压性、水汽辐合和高空急流均较弱。对北部低压系统的吸收合并以及中高层的强正涡度平流是 MO NEP 爆发性气旋快速发展的主要影响因子。

（6）各区域大尺度的大气和海洋环境背景场的差异使得各区域爆发性气旋的结构特征存在明显不同。亚洲大陆冷高压向日本海及西北太平洋的入侵使得 MO JOS 和 MO NWP 爆发性气旋具有较强的大气斜压性；黑潮和北太平洋暖流为 MO NWP、MO WCP 和 MO ECP 爆发性气旋的发展提供了大量暖湿空气，导致潜热释放。西北太平洋上空的副热带西风急流为 MO JOS 和 MO NWP 爆发性气旋的快速发展提供了高层动力强迫。中东太平洋的阿留申低压使得 MO WCP、MO ECP 和 MO NEP 爆发性气旋爆发性发展的过程中常出现吸收合并的现象。

4.7 一个超级JOS爆发性气旋的诊断分析和数值模拟

前文介绍了北太平洋爆发性气旋的统计特征、大尺度的大气和海洋物理环境背景场特征和各类爆发性气旋合成场的结构特征。为了进一步探究爆发性气旋的结构特征和爆发性发展机制，我们拟选取SU爆发性气旋个例进行研究。由于JOS和NWP爆发性气旋多发生于日本海和西北太平洋沿岸，对人们生产生活和海上航行安全的威胁巨大。因此，我们分别选取了2000—2015年冷季JOS和NWP爆发性气旋中发展最为剧烈的一个超级爆发性气旋进行分析。我们选取的超级JOS爆发性气旋（命名为SJ爆发性气旋）发生在2012年4月2日00 UTC至8日00 UTC，其最大加深率达2.70 Bergeron，最低中心气压降至954.2 hPa；选取的超级NWP爆发性气旋（命名为SN爆发性气旋）发生在2013年1月13日00 UTC至21日00 UTC，其最大加深率达到3.41 Bergeron，最低中心气压降至936.8 hPa。在本节和下一节分别对SJ和SN爆发性气旋进行诊断分析和数值模拟研究。

4.7.1 气旋演变过程

依据爆发性气旋加深率的大小，我们将SJ爆发性气旋演变过程划分为三个发展阶段：①爆发前发展阶段，②爆发性发展阶段，③爆发后发展阶段，分析其移动路径、海平面中心气压和加深率、海平面气压场和卫星云图的演变特征。

1. 爆发前发展阶段（2012年4月2日00 UTC至18 UTC）

2012年4月2日00 UTC，SJ爆发性气旋在中国东部大陆上空形成，向西北方向移动，并于2日12 UTC进入黄海（图4.45），在此期间，气旋中心气压变化较小（图4.46）。图4.47示意SJ爆发性气旋的红外卫星云图、海平面气压场和大风区（≥16 m/s）。从红外卫星云图（图4.47）上可以看到，2日00 UTC在气旋中心的北部有结构较为紧密的片状云系（图4.47a），为暖锋云系，至2日12 UTC（图4.47c），片状云系更为紧密。在气旋中心的西北部和东部分别有冷高压和暖高压，从2日00～12 UTC，东部暖高压相对于气旋中心的位置基本不变，而西北部冷高压逐渐向东南方向移动。大风区位于气旋中心的东部，范围较小。

2. 爆发性发展阶段（2012年4月2日18 UTC至3日12 UTC）

从2日12 UTC至18 UTC，该爆发性气旋向西北方向快速移动，穿过黄海到达朝鲜半岛（图4.45）；气旋中心气压开始快速下降（图4.46），加深率快速增大，于2日18 UTC达到1.99 Bergeron，开始爆发性发展。在其初始爆发时刻，气旋中心气压加深率达到了ST爆发性气旋的标准，说明其爆发性发展较为突然。3日00 UTC为其最大加深率时刻，加深率达到2.70 Bergeron，爆发性发展最为剧烈。在从2日18 UTC至3日06 UTC的12 h内，其中心气压降低了28.1 hPa。3日06 UTC气旋中心位于朝鲜半岛东部海域，加深率依然为 2.21 Bergeron，且从 3 日 00 UTC 至 06 UTC 的 6 h 内，其中心气压快速降低了 16.6 hPa，为 6 h 降压最大值。在爆发性发展阶段，特别是最大加深率的前后 6 h 内，气旋移速较慢。从红外卫星云图上可见（图 4.47），2 日 18 UTC 初步呈现为“逗点状”云系，至 3 日 00 UTC 发展为“逗点状”云系，在气旋中心东南部出现明显的冷锋云系，3 日 06 UTC 在气旋中心东南部的冷锋云系的长度超过 3000 km。在此阶段，西部暖高压相对于气旋中心位置基本不变，而西北部冷高压快速南下，入侵气旋中心的西南部，使得冷锋云系快速增强。在气旋中心的西南部和东南部存在范围较广的大风区。爆发性发展史长为 12 h。

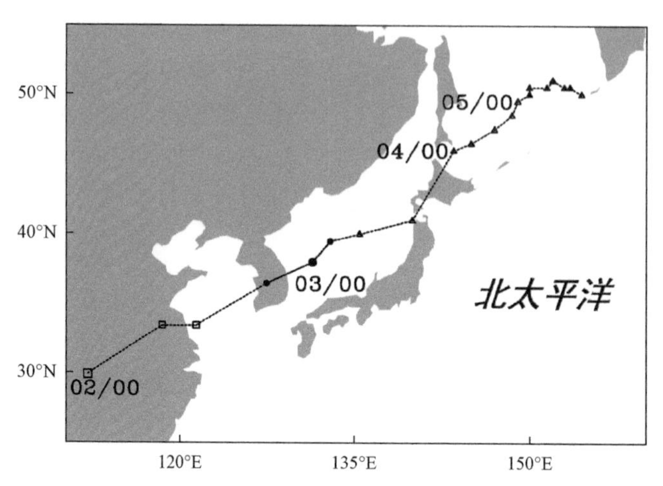

图 4.45　SJ 爆发性气旋的移动路径（基于 CFSR 海平面气压资料）
“□”为爆发前气旋中心位置，“●”为爆发中气旋中心位置，“Δ”为爆发后气旋中心位置；
“---□---”为爆发前移动路径，“—●—”为爆发中移动路径，“---Δ---”为爆发后移动路径

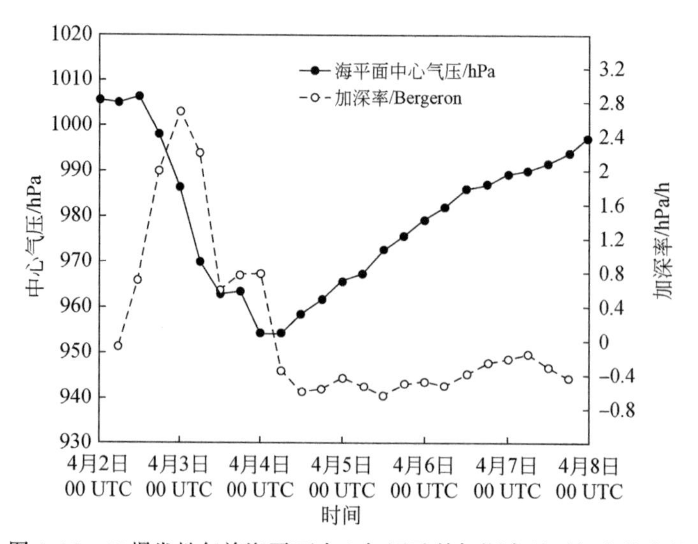

图 4.46　SJ 爆发性气旋海平面中心气压及其加深率随时间变化曲线

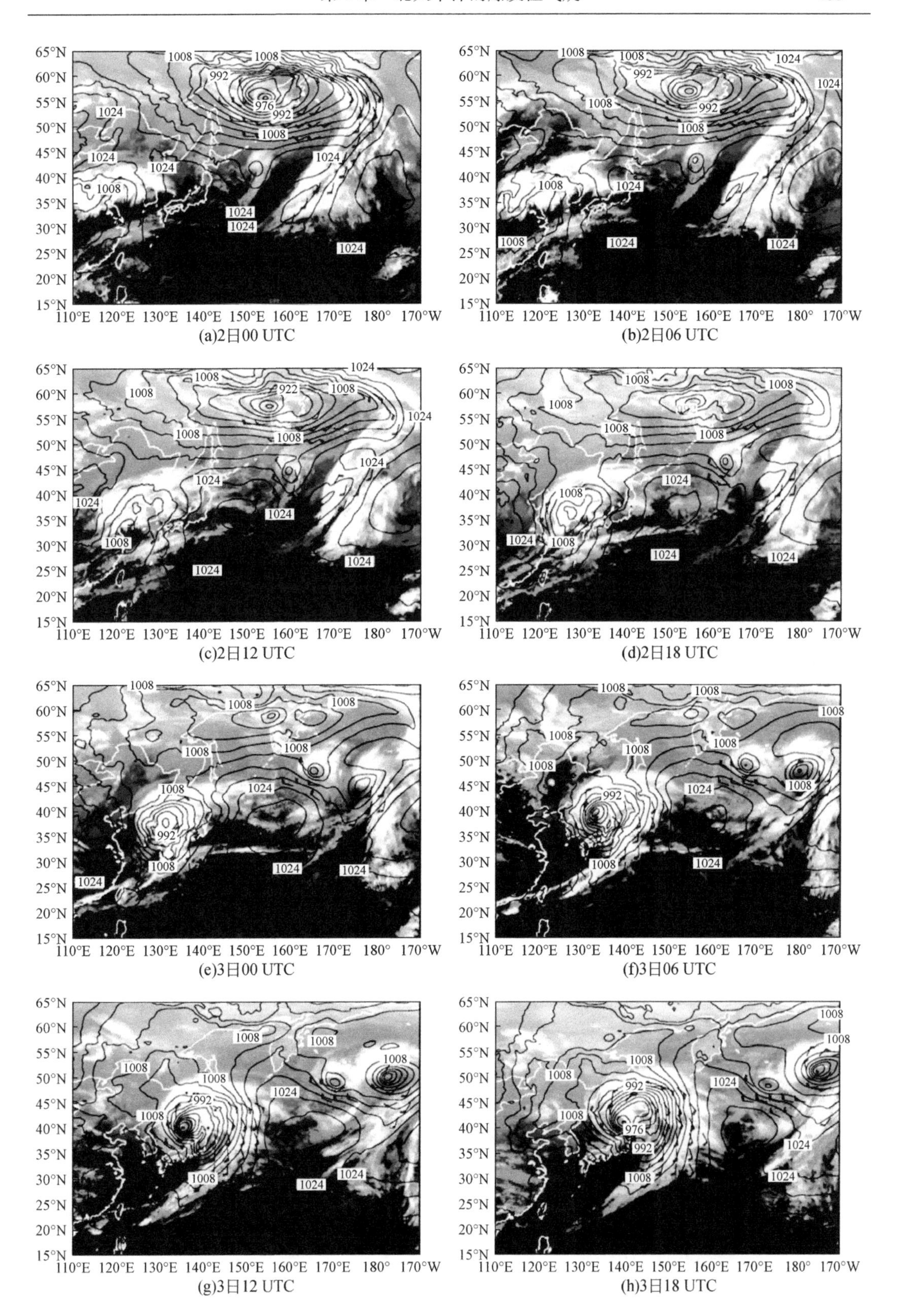

(a)2日00 UTC　(b)2日06 UTC

(c)2日12 UTC　(d)2日18 UTC

(e)3日00 UTC　(f)3日06 UTC

(g)3日12 UTC　(h)3日18 UTC

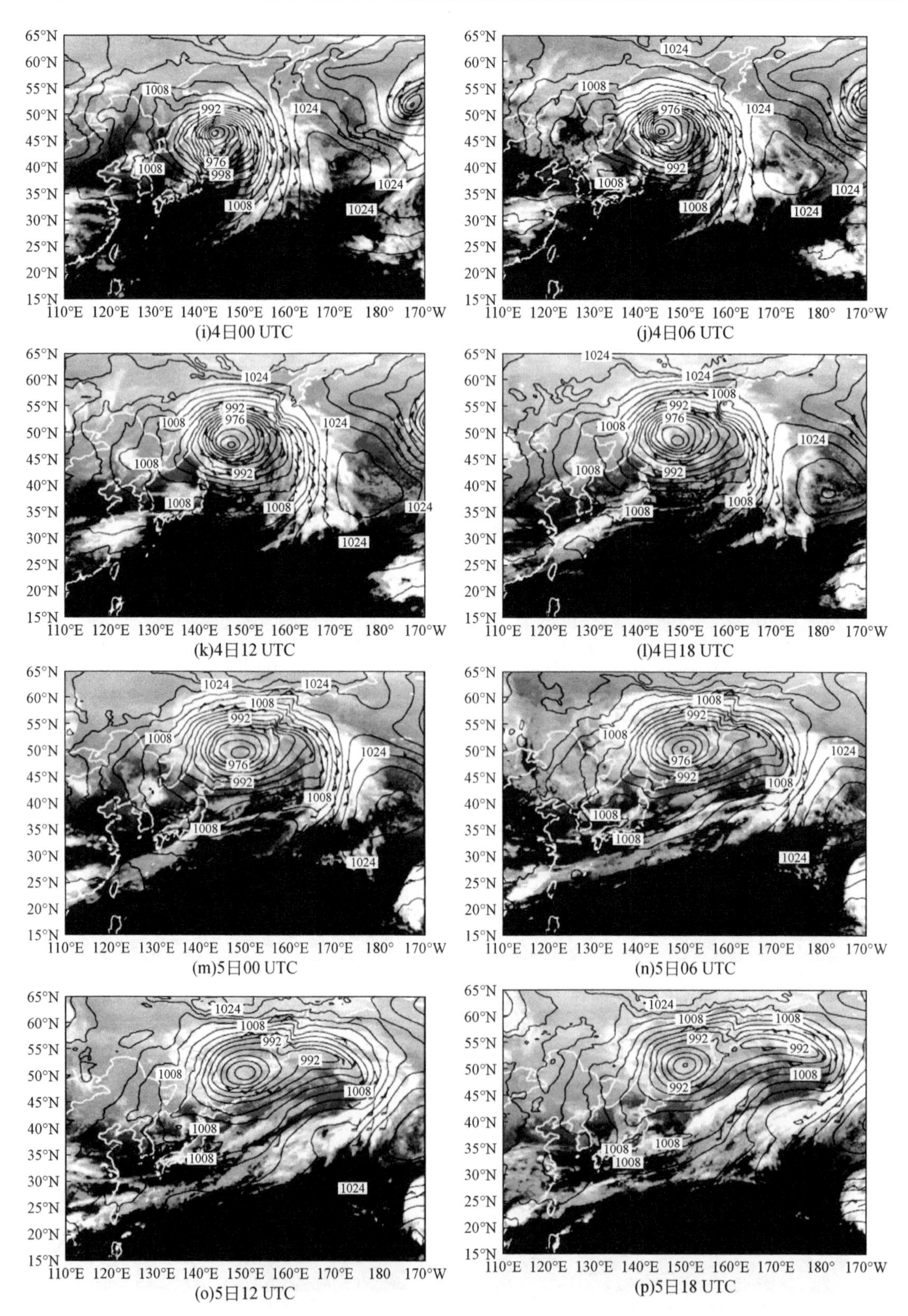

图 4.47　SJ 爆发性气旋的 MTSAT-1R 红外卫星云图（阴影）、海平面中心气压（实线，间隔 4 hPa）和大风（风羽，≥16 m/s）

3. 爆发后发展阶段（2012年4月3日12 UTC至8日00 UTC）

从3日12 UTC至4日00 UTC，该气旋继续向西北方向移动至鄂霍次克海的西部海域（图4.45），移动速度较快，海平面中心气压缓慢降低，加深率减小（图4.46），并在鄂霍次克海的西部海域（4日00 UTC）中心气压降至最低（954.2 hPa）。在中心气压降至最低后，其移动速度减慢，并最终在鄂霍次克海的东部海域消散。

从红外卫星云图上可见（图4.47），3日12 UTC为较强的螺旋云系，但已开始逐渐变得较为松散；在中心气压最低时刻（4日00 UTC），冷锋和暖锋云系已变得较为松散。西南部冷高压和东部暖高压相对于气旋中心的位置变化较小且在其中心气压降至最低后，冷高压消失。气旋中心附近均为大风区，且在东部和东南部大风区范围较大。

4.7.2　环流形势和结构特征

本节选取SJ爆发性气旋的2日06 UTC（爆发前发展阶段代表时刻），2日18 UTC（初始爆发时刻）、3日00 UTC（最大加深率时刻）和4日00 UTC（中心气压最低时刻）四个节点分析SJ爆发性气旋快速发展的大气和海洋物理环境背景场特征。

2日00 UTC（图4.48），气旋中心位于中国大陆的中东部，在黄海地区有海洋“暖舌”（图4.48a）。在850 hPa（图4.48b），气旋中心位于低压槽中，1440 gpm等高线出现低涡中心，位于气旋中心的东北部；气旋中心西北部等温线较为密集，温度梯度较大，存在强锋区，呈现西南—东北向的条状分布，且等高线与等温线的交角较大，表明中低层的大气斜压性较强。在500 hPa（图4.48c），低压槽位于气旋中心上游8个经度左右，温度槽落后于低压槽，槽后存在冷平流，为发展的斜压波扰动，低压槽将继续加深；在气旋中心的北部存在潜热释放区，主要为暖锋云系降水所致（图4.47b），强度较弱。在300 hPa（图4.48d），气旋中心的上游10个经度左右有高空槽，其强度要强于500 hPa低压槽；高空槽中有强PV区，主要分布于气旋中心西偏北部；在气旋中心的北部和南部存在西风急流，北部西风急流“宽而短”，南部急流较为狭长，南部急流中心位于日本列岛南部上空。

2日18 UTC（图4.49），气旋在短时间内快速发展，其初始爆发时刻中心气压加深率达到了1.99 Bergeron。气旋穿过黄海区域的“暖舌”到达朝鲜半岛南部，在气旋中心的西部海域即黄海“暖舌”区出现弱海表面潜热和感热通量区（图4.49a）。850 hPa低涡中心位于气旋中心的北部（图4.49b），气旋中心西北部等温线加密，锋区强度增强、范围增大，并由原先较直的锋区发生弯折，弯折的两段锋区北部为暖锋、西南部为冷锋，等温线与等高线几乎垂直，大气的中底层斜压性相对于12 h前快速增强。500 hPa低压槽快速加深并移近气旋中心（图4.49c），位于气旋中心上游大约7个经度左右，温度槽移近低压槽，但仍落后于低压槽；在气旋中心上空及其东北部出现了强潜热释放区，其均为暖锋云系降水所至，同时在气旋中心的西南部有狭长的潜热释放区，其为冷锋云系降水所致（图4.49e）。300 hPa高空槽发展变化类似于500 hPa低压槽（图4.49d），高空槽中的PV继续增强，发展至气旋中心的西部和西南部，并在气旋中心的西部形成了PV大值中心；气旋中心依然位于南部和北部高空急流的中部，北部高空急流有所减弱，南部高空急流有所增强。

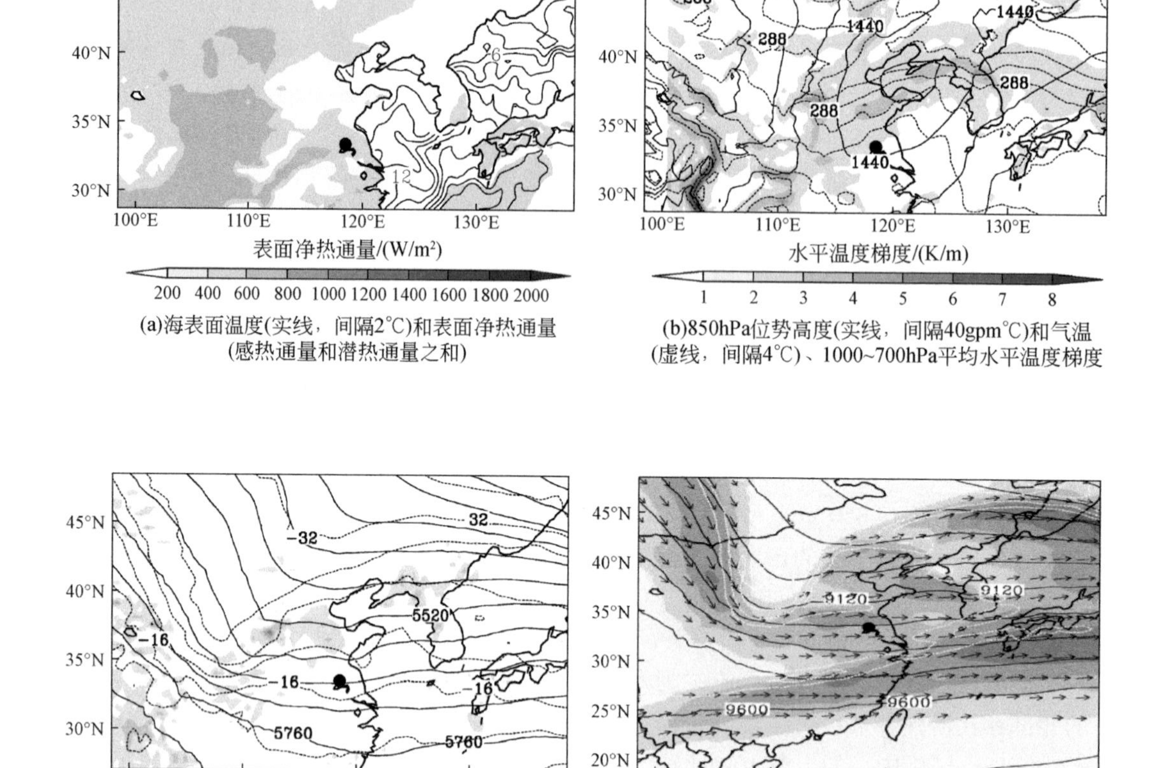

(a)海表面温度(实线，间隔2℃)和表面净热通量(感热通量和潜热通量之和)

(b)850hPa位势高度(实线，间隔40gpm℃)和气温(虚线，间隔4℃)、1000~700hPa平均水平温度梯度

(c)500hPa位势高度(实线, 间隔60gpm)、气温(虚线, 间隔4℃)和975~2hPa垂直积分的显热

(d)300hPa位势高度(实线, 间隔120gpm)、水平风矢量(箭头, ≥30m/s)、高空急流(阴影, ≥30m/s)和位涡(白色虚线, 间隔2PVU)

图 4.48　2012 年 4 月 2 日 06 UTC 的 SJ 爆发性气旋天气图

区域为以气旋中心为中心的东西向 40 个经度和南北向 30 个纬度

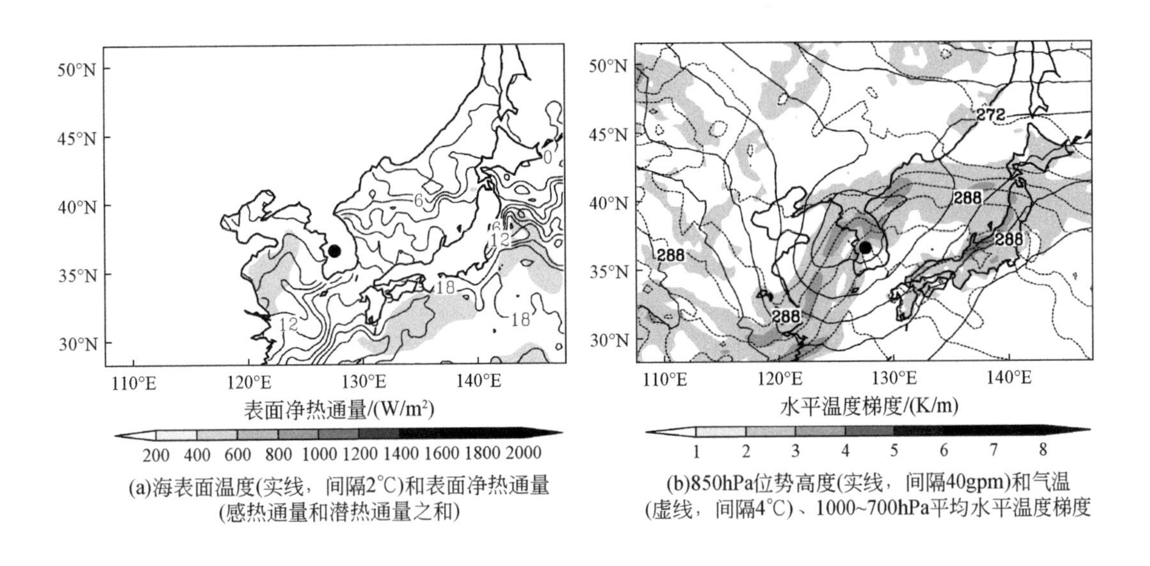

(a)海表面温度(实线，间隔2℃)和表面净热通量(感热通量和潜热通量之和)

(b)850hPa位势高度(实线，间隔40gpm)和气温(虚线，间隔4℃)、1000~700hPa平均水平温度梯度

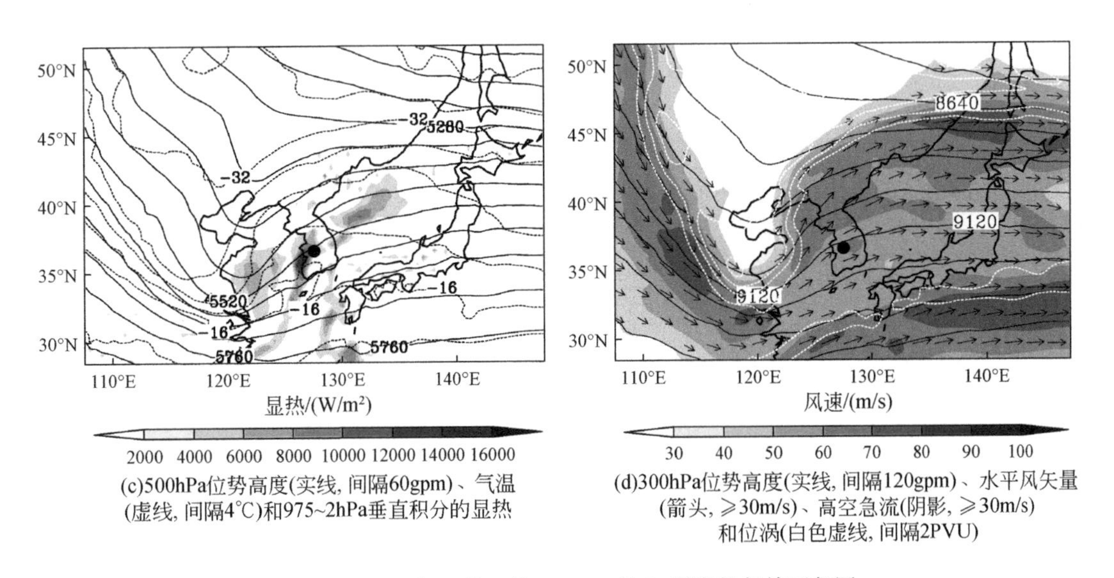

(c)500hPa位势高度(实线, 间隔60gpm)、气温(虚线, 间隔4℃)和975~2hPa垂直积分的显热

(d)300hPa位势高度(实线, 间隔120gpm)、水平风矢量(箭头, ≥30m/s)、高空急流(阴影, ≥30m/s)和位涡(白色虚线, 间隔2PVU)

图 4.49　2012 年 4 月 2 日 18 UTC 的 SJ 爆发性气旋天气图

区域为以气旋中心为中心的东西向 40 个经度和南北向 30 个纬度

3 日 00 UTC（图 4.50），气旋中心位于朝鲜半岛的东部海域，气旋继续快速发展，其中心气压加深率达到最大（5.70 Bergeron）。在朝鲜半岛的东部海域有“暖舌”（图 4.50a），气旋从朝鲜半岛到达此海域，穿过了该“暖舌”区，气旋中心南偏西部有较强的海表面感热和潜热通量区，但距离气旋中心较远。850 hPa 低涡继续增强（图 4.50b），气旋中心与低涡中心基本重合；北部暖锋继续增强，西南部冷锋发展至气旋中心的南部，等温线与等高线也几乎垂直，相对于 6 h 前（2 日 18 UTC），大气斜压性继续增强。500 hPa 低压槽继续加深并紧邻气旋中心上空（图 4.50c），温度槽已接近赶上高度槽；在气旋中心上空存在较强的潜热释放区，相对于 6 h 前，暖锋云系潜热释放范围增大，强度基本维持，而冷锋云系潜热释放的强度快速增强，表明有较强的冷空

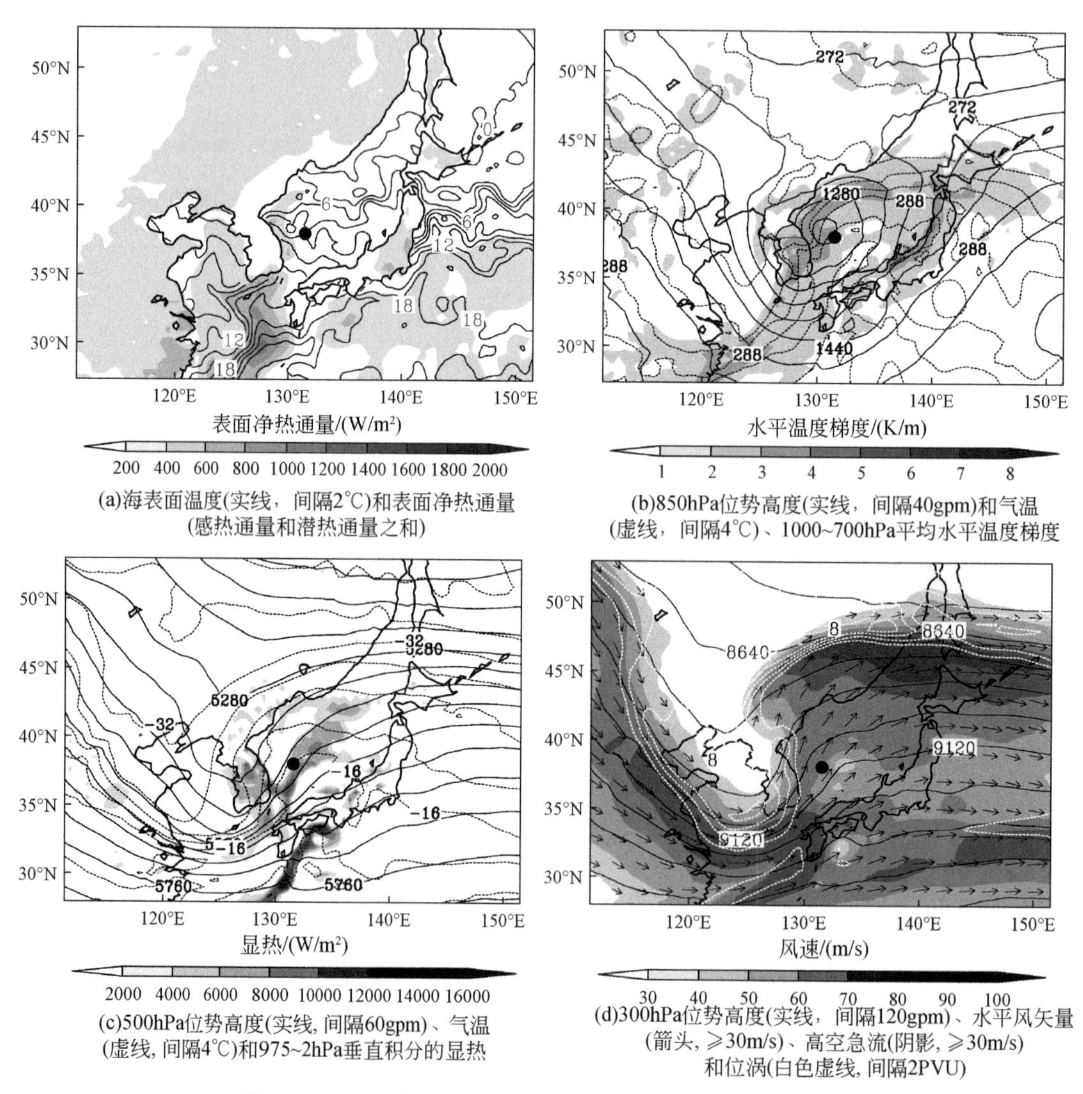

(a)海表面温度(实线，间隔2℃)和表面净热通量(感热通量和潜热通量之和)

(b)850hPa位势高度(实线，间隔40gpm)和气温(虚线，间隔4℃)、1000~700hPa平均水平温度梯度

(c)500hPa位势高度(实线, 间隔60gpm)、气温(虚线, 间隔4℃)和975~2hPa垂直积分的显热

(d)300hPa位势高度(实线，间隔120gpm)、水平风矢量(箭头, ≥30m/s)、高空急流(阴影, ≥30m/s)和位涡(白色虚线, 间隔2PVU)

图 4.50　2012 年 4 月 3 日 00 UTC 的 SJ 爆发性气旋天气图

区域为以气旋中心为中心的东西向 40 个经度和南北向 30 个纬度

气继续向气旋南部入侵。300 hPa 高空槽也继续加深并移近气旋中心（图 4.50d），气旋中心位于高空槽下游 5 个经度左右；高空槽中的 PV 有所增强，并继续向气旋中心的南部入侵；北部高空急流继续减弱，在高空槽的南部有高空急流中心，气旋中心位于该高空急流中心的左前侧。

在 4 日 00 UTC（图 4.51），气旋中心移动至北海道的北部，即鄂霍次克海的西南部海域，其中心气压降至最低。在从朝鲜半岛东部海域移至鄂霍次克海西南部海域的过程中，气旋中心穿越了“冷舌”区域（图 4.51a）。850 hPa 低涡继续增强（图 4.51b），低涡中

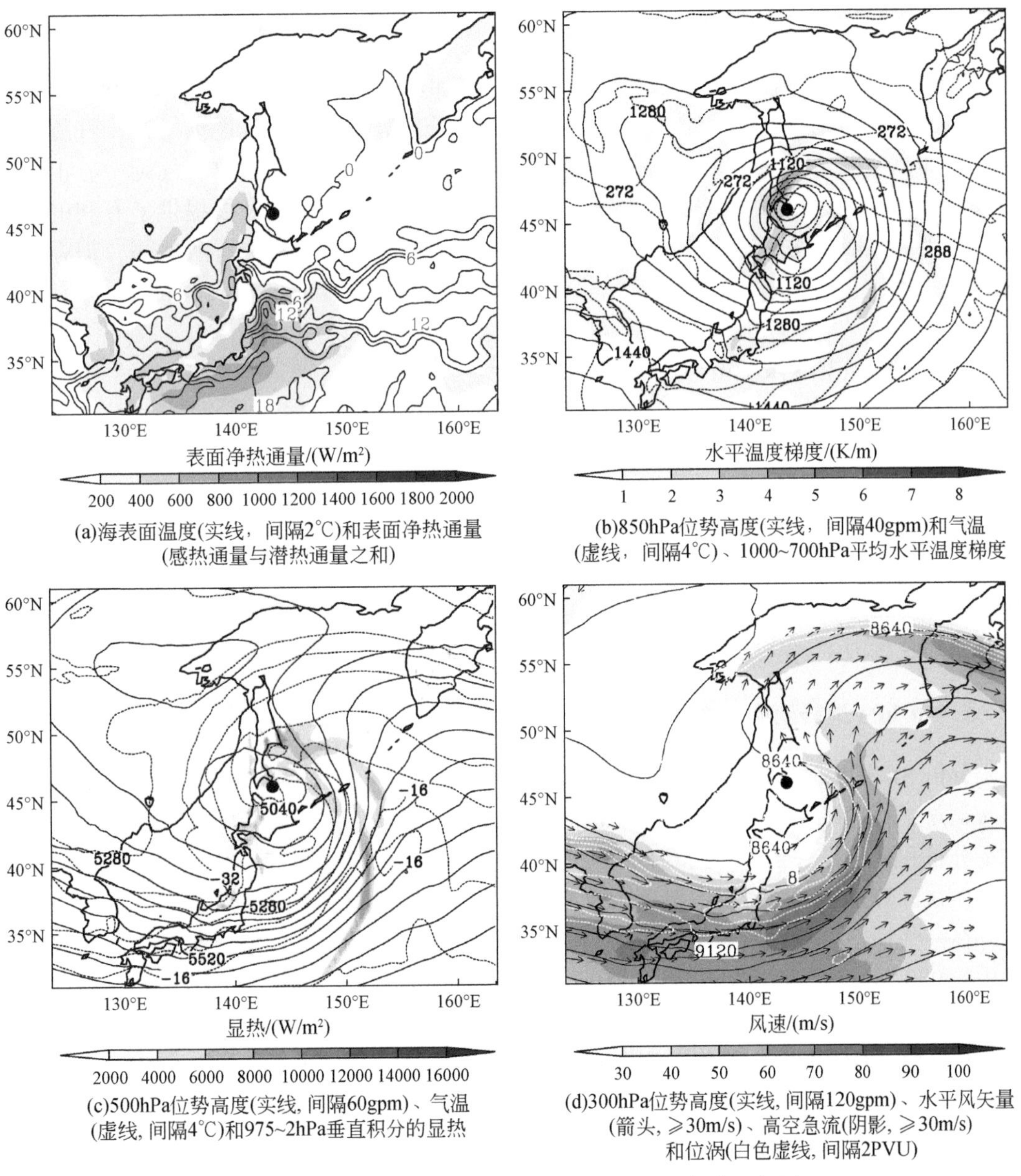

(a)海表面温度(实线，间隔2℃)和表面净热通量(感热通量与潜热通量之和)

(b)850hPa位势高度(实线，间隔40gpm)和气温(虚线，间隔4℃)、1000~700hPa平均水平温度梯度

(c)500hPa位势高度(实线, 间隔60gpm)、气温(虚线, 间隔4℃)和975~2hPa垂直积分的显热

(d)300hPa位势高度(实线, 间隔120gpm)、水平风矢量(箭头，≥30m/s)、高空急流(阴影，≥30m/s)和位涡(白色虚线, 间隔2PVU)

图 4.51　2012 年 4 月 4 日 00 UTC 的 SJ 爆发性气旋天气图

区域为以气旋中心为中心的东西向 40 个经度和南北向 30 个纬度

心与气旋中心重合；等温线较为稀疏，锋区强度减弱，特别是冷锋减弱较为迅速，且与气旋中心分离。500 hPa 等高线出现低涡中心（图 4. 51c），且该低涡中心与气旋中心基本重合；暖锋云系和冷锋云系的潜热释放均减弱。300 hPa 高空槽已移至气旋中心的东南部（图 4. 51d），即气旋中心的下游；PV 大值区也位于气旋中心的下游区域；在气旋中心的东南部存在西南—东北向的急流区，但气旋中心已移出急流区。

由以上分析可知，在 SJ 爆发性气旋快速发展的过程中，在中低层存在明显的暖锋和冷锋，冷锋逐渐向气旋中心的西南部和南部入侵，致使大气斜压性增强。在中高层低压槽快速加深并移近气旋中心；在初始爆发时刻的前 12 h 内（2 日 06 UTC 至 18 UTC），暖锋云系潜热释放增强迅速，在最大加深率时刻的前 6 h 内（2 日 18 UTC 至 3 日 00 UTC）冷锋云系潜热释放快速增强。高空槽快速加深并移近气旋中心，高层强 PV 向气旋中心西部和西南部入侵，北部高空急流逐渐减弱，南部高空急流逐渐增强，气旋中心位于南部高空急流的左前侧。因此，中低层强大气斜压性和潜热释放、气旋中心上游的中高层低压槽和高层强 PV 及高空急流，为 SJ 爆发性气旋的快速发展提供了有利的大气物理环境背景场。海表面感热和潜热通量在气旋快速发展的过程中有所增强，但强度相对较弱。

4. 7. 3 Zwack-Okossi 方程诊断分析

前文我们定性分析了有利于 SJ 爆发性气旋快速发展的大气和海洋物理环境背景场，结果表明潜热释放、斜压强迫、中高层低压槽前的正涡度平流等因子对爆发性气旋的快速发展有重要贡献。但以上定性分析还难以定量解释潜热释放、斜压强迫和正涡度平流等因子在气旋快速发展中所起的作用大小。因此，本小节将利用 Zwack-Okossi 诊断方程对 SJ 爆发性气旋发展过程中各强迫项进行定量计算，以确定涡度平流、温度平流、非绝热加热和绝热加热等因子对其发展贡献的大小，揭示 SJ 爆发性气旋的发展机制。

1. 950 hPa 地转涡度倾向项结果对比

分析 SJ 爆发性气旋 950 hPa 地转涡度倾向项（图 4. 52）可知，在各时刻，Zwack-Okossi 方程所有强迫项相加得到的 950 hPa 地转涡度倾向项与 950 hPa 地转涡度局地项的水平分布和量级是一致的，尤其在气旋中心附近，两者的相似程度较高。由于非线性项的存在，在计算过程中会产生混淆现象，滤波并不能滤掉所有噪音，而且在潜热释放的计算中存在一些误差，所以两个结果在水平分布和大小上有一些不同。但对比整个气旋发展过程中的 950 hPa 地转涡度倾向项与 950 hPa 地转涡度局地项，其趋势分布和大小吻合程度较好。因此，由 Zwack-Okossi 方程计算得到的地转涡度倾向项是合理的，使用 Zwack-Okossi 方程进行诊断分析是值得信赖的。

2. 950 hPa 地转涡度倾向项的分布特征及演变过程

在 2 日 06 UTC（图 4. 52a），正地转涡度倾向项的中心位于气旋中心的东北部，强度为 $2\times10^{-9}/s^2$；负的地转涡度倾向项出现在气旋的西偏南部，气旋中心处地转涡度较弱。2

日 12 UTC（图 4. 52b），正地转涡度倾向项中心强度有所增强、范围增大，气旋中心的地转涡度倾向项依然较弱。从 2 日 12 UTC 至 18 UTC（图 4. 52c），正地转涡度倾向项中心强度增加约一倍（由 $2\times10^{-9}/s^2$ 增强至 $4\times10^{-9}/s^2$），且气旋中心紧邻正地转涡度倾向项中心，气旋开始爆发性发展。在 3 日 00 UTC（图 4. 52d），正地转涡度倾向项中心强度由 $4\times10^{-9}/s^2$ 增至 $6\times10^{-9}/s^2$，且气旋中心与正地转涡度中心基本重合，即气旋中心的正地转涡度继续增强，此刻爆发性气旋的爆发强度达到最大。从在 3 日 00 UTC 至 06 UTC（图 4. 52e），正地转涡度倾向项中心强度继续增强，而气旋中心已逐渐移至正地转涡度倾向项中心的上游，即气旋中心的正地转涡度倾向项减弱，气旋的爆发强度开始减弱。从 3 日 06 UTC 至 4 日 00 UTC（图 4. 52e ~ h），正地转涡度倾向项的中心强度基本维持，气旋中心位于其上游，气旋缓慢发展。在气旋中心气压降至最低（4 日 00 UTC）后，正地转涡度倾向项的中心强度开始减弱，气旋中心气压上升，气旋逐渐减弱。由以上分析可知，950 hPa 正地转涡度倾向项的发展变化与 SJ 爆发性气旋的发展过程的吻合度较高，再次表明由 Zwack-Okossi 方程计算得到的地转涡度倾向项是可信的。

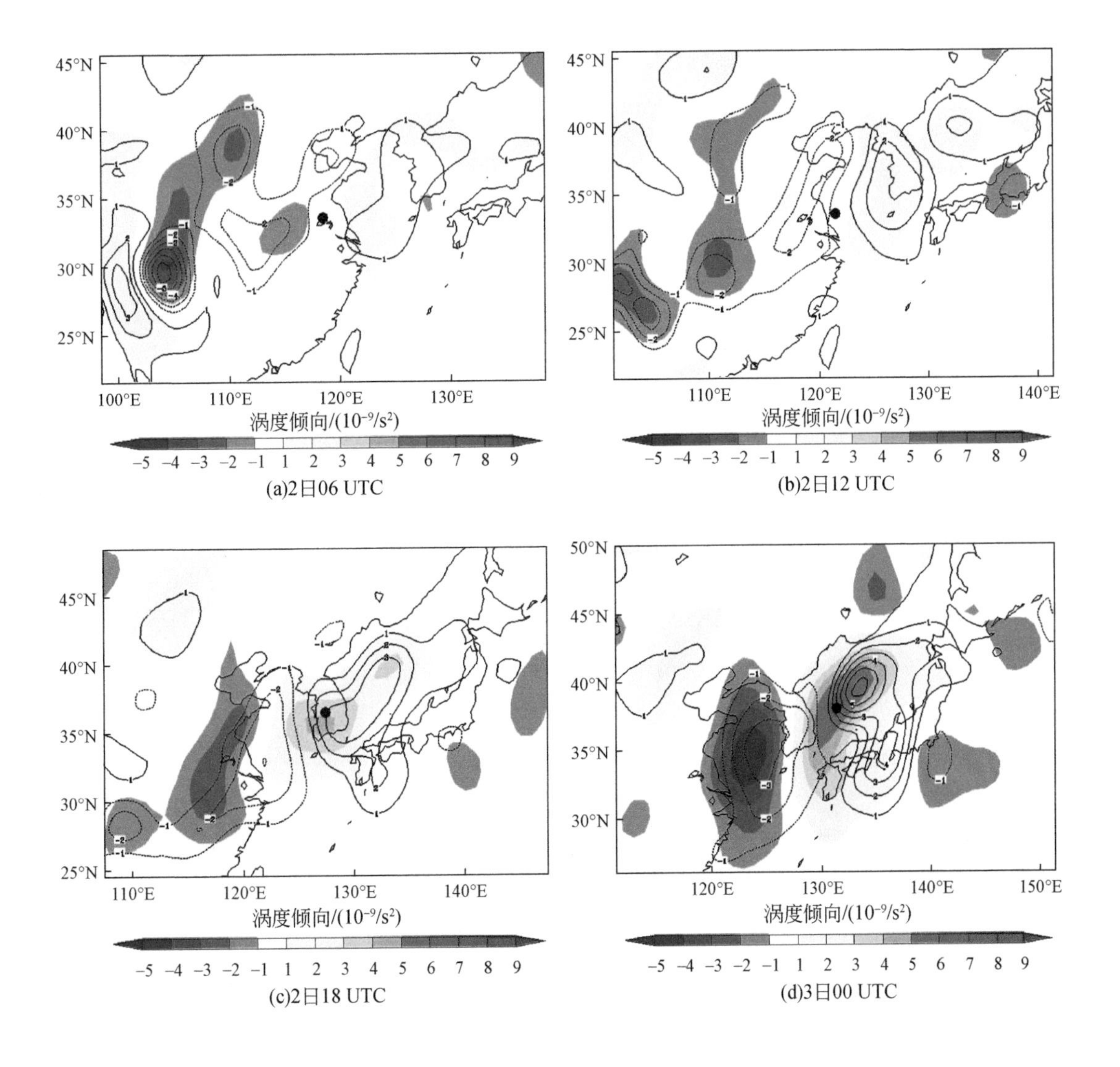

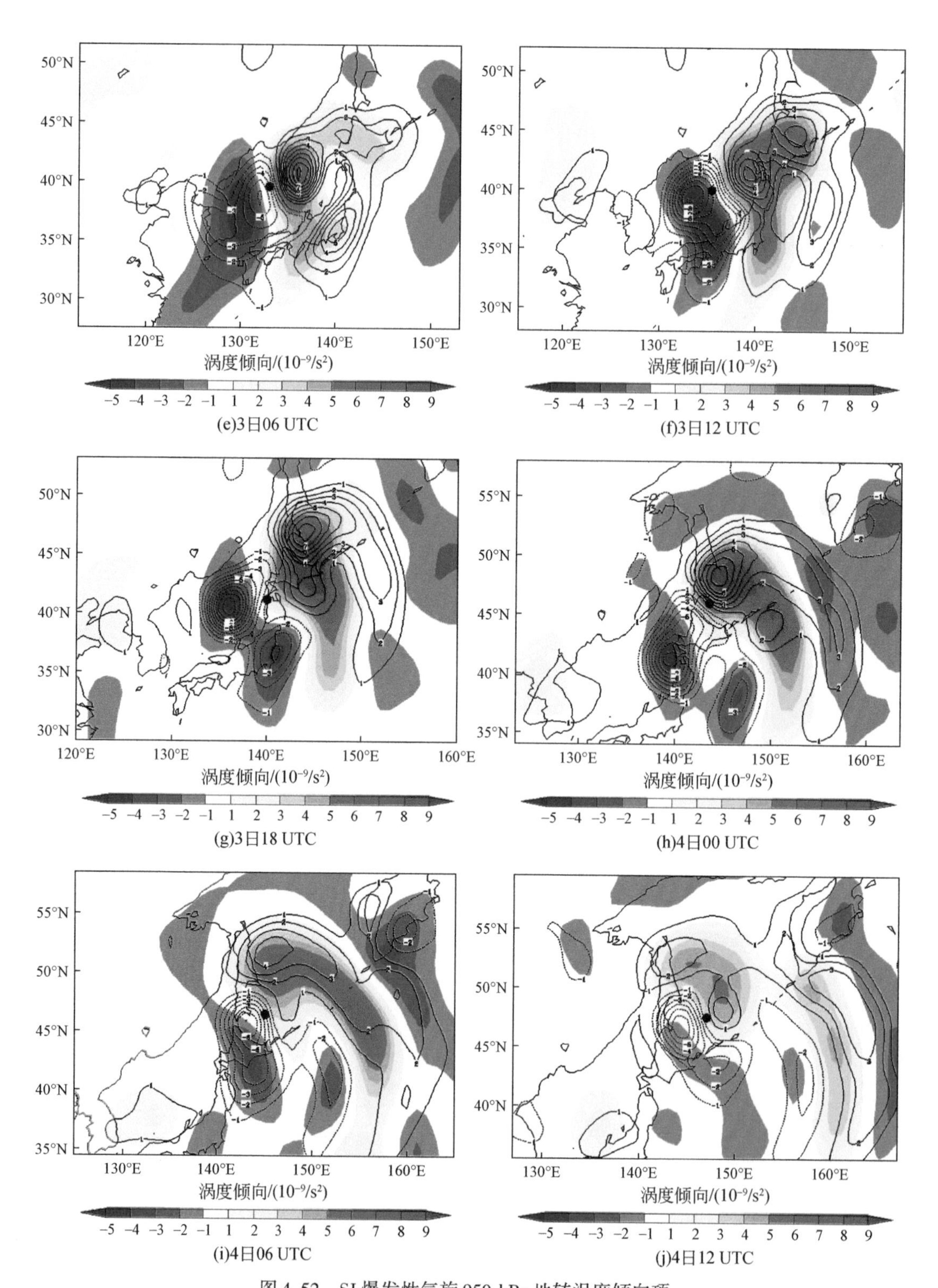

图 4.52　SJ 爆发性气旋 950 hPa 地转涡度倾向项

等值线表示 Zwack-Okossi 方程左边一项（间隔 $1\times10^{-9}/s^2$），阴影表示方程右边九项之和（间隔 $1\times10^{-9}/s^2$），实心圆点表示地面气旋中心所在的位置

3. 基本的强迫过程对SJ爆发性气旋发展的作用

尺度分析和实际计算结果均表明，Zwack-Okossi方程右边最后五项（摩擦项、非地转涡度倾向项、绝对涡度垂直平流项、倾侧项和散度项）比前四项（绝对涡度平流项、温度平流项、非绝热项和绝热项）小一个量级，因此，在本节只讨论前四项对气旋发展的作用。正涡度平流造成局地涡度的增大、强迫产生垂直次级环流，从而在地面造成辐合和涡度增加，所以正涡度平流项对地面地转涡度的变化有正的贡献，而负涡度平流则相反。

暖平流、潜热释放、陆地和海洋对气旋的感热输送等会造成局地增暖，气层厚度增加，破坏地转平衡，在高层脊区位势高度增加，造成辐散，使得低层辐合增强，地面地转涡度增加，因此暖平流对地面地转涡度的变化有正的贡献，而冷平流则相反。在气旋的降水区有潜热释放，使得非绝热加热增加，对地面地转涡度的贡献为正。绝热项与垂直速度和静力稳定度有关，上升绝热冷却，下沉绝热增暖，绝热项与非绝热加热项的位相是相反的。

（1）整层积分

我们选取SJ爆发性气旋的2日06 UTC（爆发前发展阶段代表时刻）、2日18 UTC（初始爆发时刻）、3日00 UTC（最大加深率时刻）和4日00 UTC（中心气压最低时刻）4个节点进行诊断分析，以定量揭示绝对涡度平流项（以下简称VADV项）、温度平流项（以下简称TADV项）、非绝热项（以下简称DIAB项）和绝热项（以下简称ADIA项）对SJ爆发性气旋快速发展的贡献。

图4.53、图4.54、图4.55和图4.56分别为2日06 UTC、2日18 UTC、3日00 UTC和4日00 UTC的Zwack-Okossi方程中VADV项、TADV项、DIAB项和ADIA项造成的950 hPa地转涡度倾向项（等值线）以及各强迫项造成的950 hPa地转涡度倾向项之和（阴影）。

在2日06 UTC（图4.53），VADV项未出现强度大于$2\times10^{-9}/s^2$的正值区（图4.53a）。TADV项在气旋中心的西偏北部和东北部分别有负值区和正值区（图4.53b），中心强度分别为$-4\times10^{-9}/s^2$和$6\times10^{-9}/s^2$。DIAB项的正值区位于气旋中心的西北部（图4.53c），中心强度为$2\times10^{-9}/s^2$，其负值区紧邻气旋中心的东南部，中心强度为$-2\times10^{-9}/s^2$。ADIA项的负值区和正值区分别位于气旋中心的西北和东南部，中心强度分别为$-4\times10^{-9}/s^2$和$4\times10^{-9}/s^2$，表明在气旋中心的西北部和东南部分别有较强的上升和下沉运动。区域平均的VADV项、TADV项和DIAB项为负值（图4.57a），而区域平均的ADIA项为正值，但各项值均较小。因此，在气旋的爆发前发展阶段，气旋中心区域的TADV项、VADV项和DIAB项均较小，即绝对涡度平流项、温度平流项和非绝热项都较弱，此时气旋尚不具备快速发展的条件。

在2日18 UTC（图4.54），VADV项的正值中心紧邻气旋中心的西部（图4.54a），中心强度为$2\times10^{-9}/s^2$。TADV项正值中心与气旋中心基本重合（图4.54b），其中心强度增至$4\times10^{-9}/s^2$。DIAB项的正值区有两个中心，分别位于气旋中心的西南部和东北部（图4.54c），主要为暖锋云系降水的潜热释放所致，其中心强度均为$8\times10^{-9}/s^2$，但距离气旋中心较远。ADIA项在气旋中心附近区域为负值（图4.54d），中心强度为$-8\times10^{-9}/s^2$，这表明气旋中心区域存在较强的上升运动。区域平均的VADV项、TADV项和DIAB项均

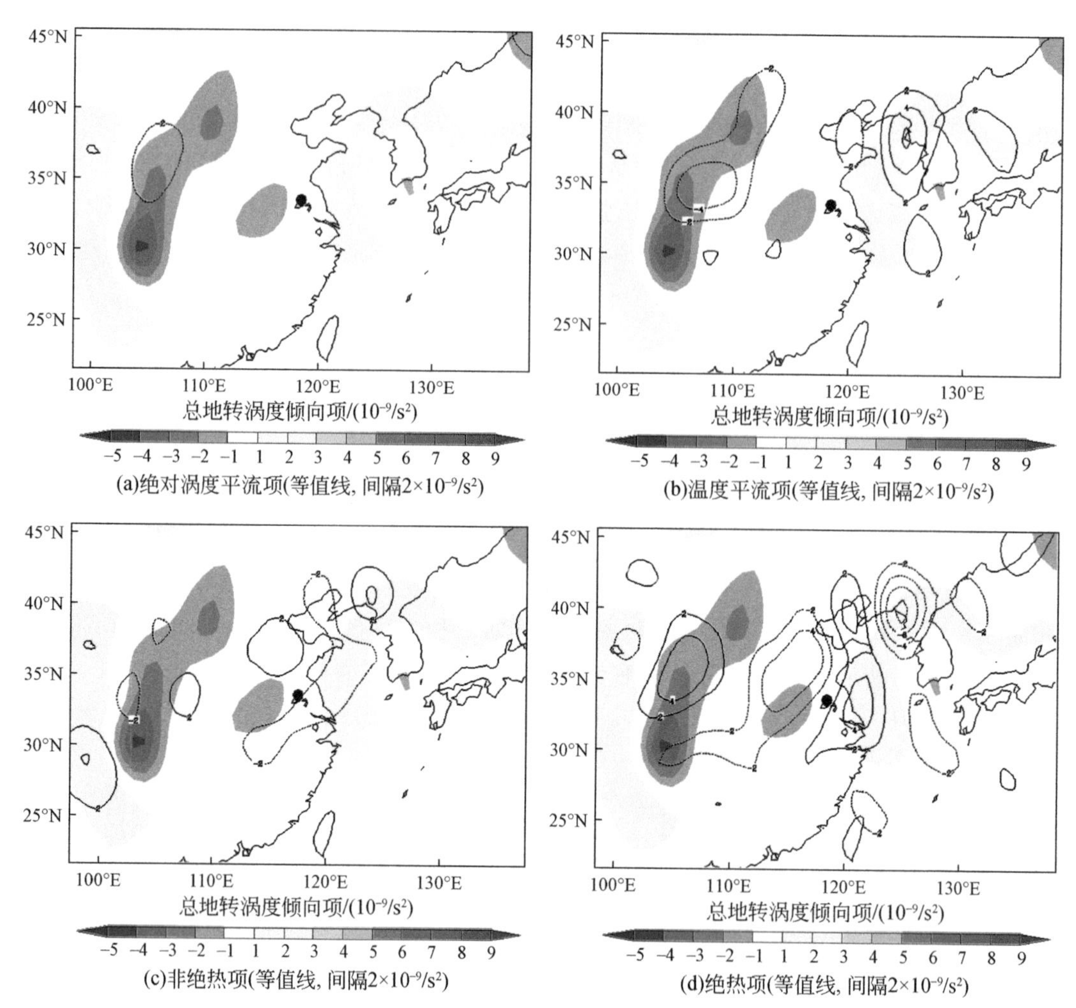

图 4.53　2012 年 4 月 2 日 06 UTC 的 Zwack-Okossi 方程右边的四项对总地转涡度倾向项的贡献
实心圆点表示 SJ 爆发性气旋中心位置

为正值（图 4.54b），其相对于爆发性发展前（2 日 06 UTC）迅速增强。TADV 项最大（$1.291\times10^{-9}/s^2$），其次为 VADV 项（$1.261\times10^{-9}/s^2$），DIAB 项最小（$0.889\times10^{-9}/s^2$）。由以上分析可见，从初始生成时刻至初始爆发时刻，气旋中心区域的 TADV 项、VADV 项和 DIAB 项迅速增大，即绝对涡度平流项、温度平流项、非绝热项的增大，使得 SJ 爆发性气旋开始爆发性发展，其中温度平流项的贡献最大，其次为绝对涡度平流项，再次为非绝热加热项，绝热项不利于爆发性气旋的发展。

在 3 日 00 UTC（图 4.55），VADV 项的正值区依然紧邻气旋中心的西部（图 4.55a），且其中心强度增至 $4\times10^{-9}/s^2$。TADV 项正值中心位于气旋中心的东北部（图 4.55b），且其中心强度增至 $8\times10^{-9}/s^2$；在其中心的西南部，存在中心强度为 $-12\times10^{-9}/s^2$ 的负值区。DIAB 项的正值区在气旋中心的西南部和东北部分别存在正值区（图 4.55c），其中心强度分别为 $7\times10^{-9}/s^2$ 和 $8\times10^{-9}/s^2$，相对于 2 日 18 UTC，其强度基本维持不变。

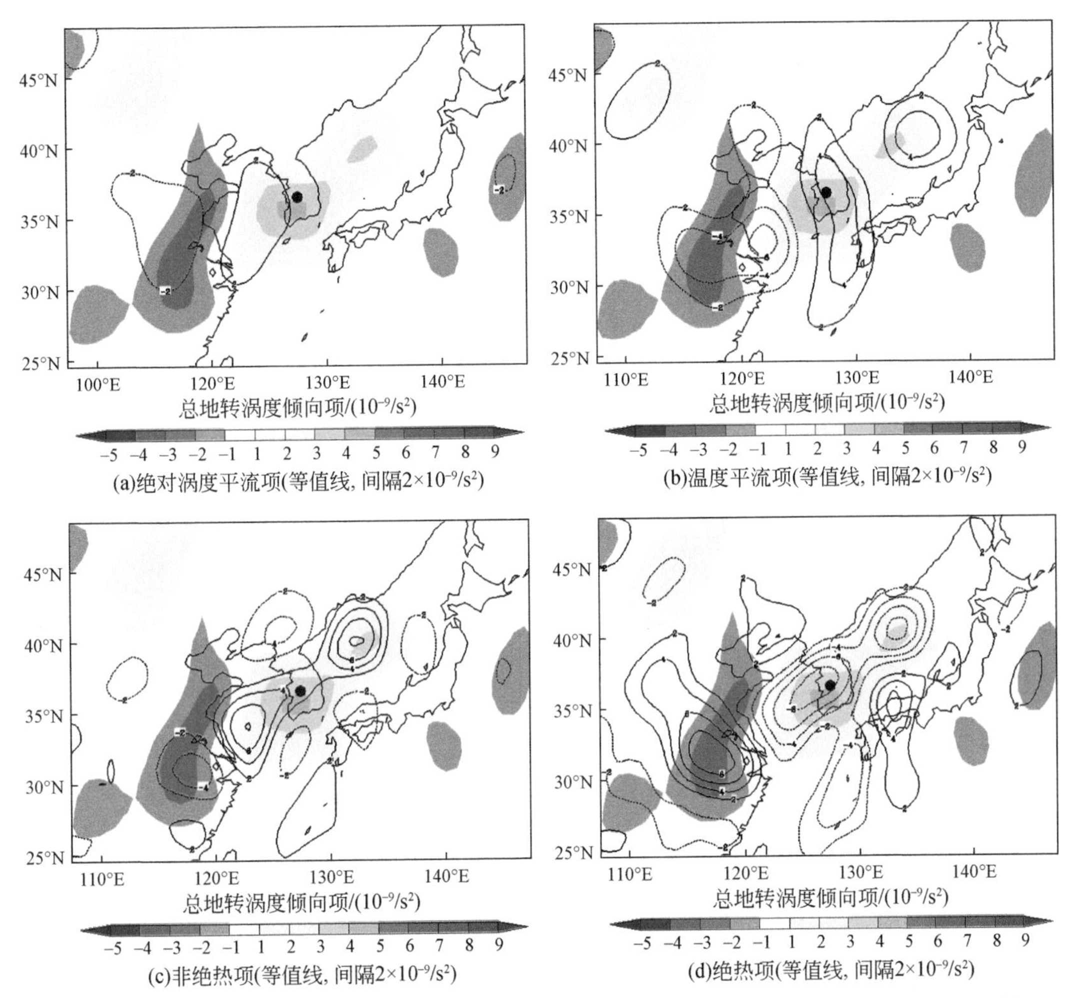

图4.54　2012年4月2日18 UTC的Zwack-Okossi方程右边的四项对总地转涡度倾向项的贡献

实心圆点表示SJ爆发性气旋中心位置

同时我们发现，气旋中心南部的正值区快速增强，中心强度达到$10\times10^{-9}/s^2$，这表明冷锋云系降水增强较剧烈。ADIA项在气旋中心区域为负值（图4.55d），且在其西南部和东北部分别存在负值区，中心强度分别为$-8\times10^{-9}/s^2$和$-14\times10^{-9}/s^2$，这表明此区域存在强烈的上升运动。区域平均的VADV项值最大（$5.482\times10^{-9}/s^2$），其次为DIAB（$5.344\times10^{-9}/s^2$），再次为TADV（$5.129\times10^{-9}/s^2$），ADIA项仍为负值（$-4.589\times10^{-9}/s^2$）(图4.57c)；相对于初始爆发时刻（2日18 UTC），VADV项和DIAB项快速增强，TADV强度有所增强。因此，在最大加深率时刻，VADV项对SJ爆发性气旋快速发展的贡献最大，其次为DIAB项，再次为TADV项，且VADV项和DIAB项的快速增大，是SJ爆发性气旋快速发展的主要影响因子。

在4日00 UTC（图4.56），虽然VADV项正值区的中心强度略有增大（$6\times10^{-9}/s^2$），但其中心已偏离至气旋中心的东南部（图4.56a）。TADV项正值中心位于气旋中心的东北

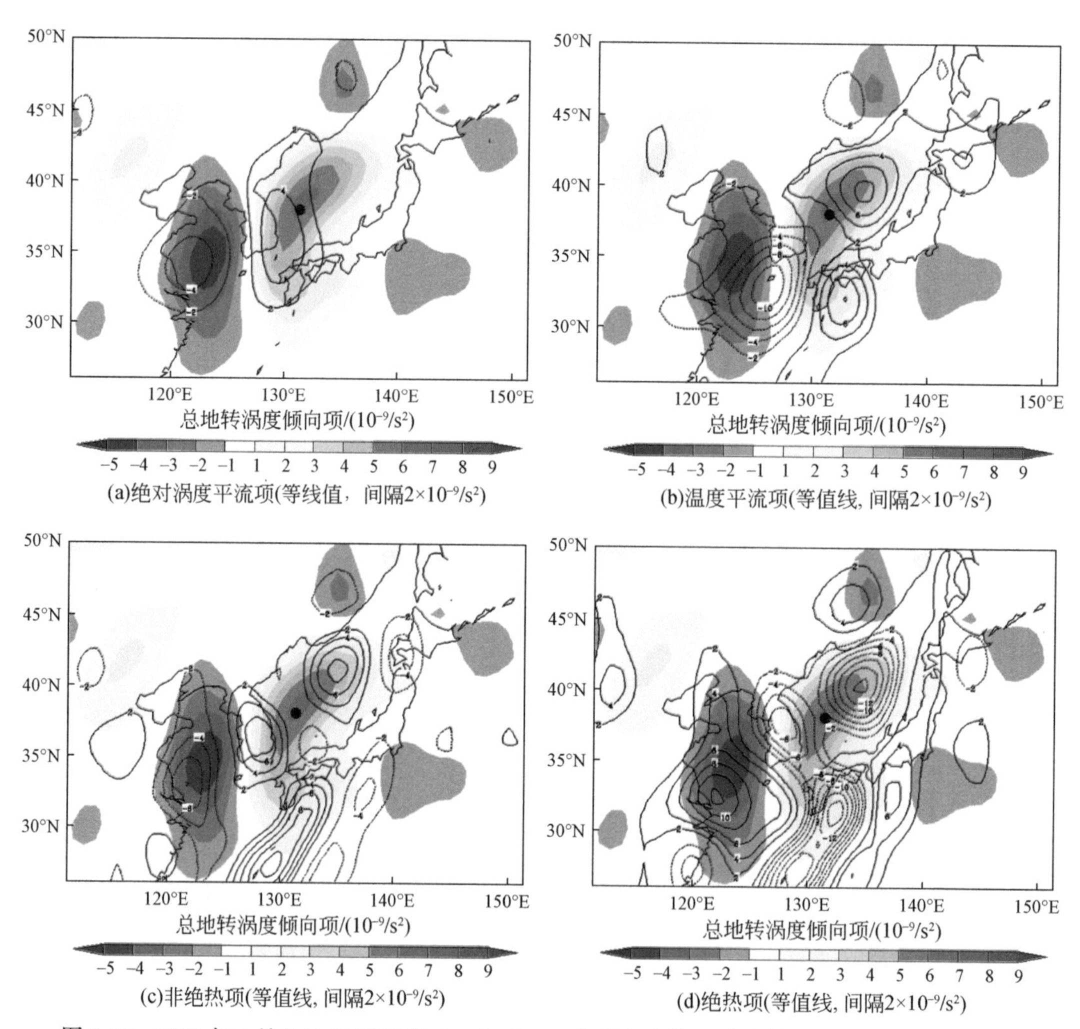

图 4.55　2012 年 4 月 3 日 00 UTC 的 Zwack-Okossi 方程右边的四项对总地转涡度倾向项的贡献
实心圆点表示 SJ 爆发性气旋中心位置

部（图 4.56b），且其中心强度继续增大至 $12\times10^{-9}/s^2$，但气旋中心位于 TADV 项正值区的西南部边缘。DIAB 项在气旋中心的西南部和东北部分别有正值区（图 4.56c），其中心强度分别为 $9\times10^{-9}/s^2$ 和 $10\times10^{-9}/s^2$。ADIA 项在气旋中心东北部存在负值区（图 4.56d），中心强度达到 $-18\times10^{-9}/s^2$；同时气旋中心南部出现较强的正值中心，这表明此区域大气下沉运动较强，冷空气已入侵至气旋南部。区域平均的 DIAB 项最大（$1.25\times10^{-9}/s^2$），其次为 VADV 项（$0.407\times10^{-9}/s^2$），再次为 TADV 项（$0.126\times10^{-9}/s^2$），ADIA 项依然不利于气旋发展（图 4.56d）；相对于最大加深率时刻，VADV 项和 TADV 项快速减小，DIAB 项减弱相对缓慢。因此，从最大加深率时刻至中心气压最低时刻，VADA 项和 TADA 项的快速减弱使得 SJ 爆发性气旋丧失快速发展的有利条件，而 DIAB 项减弱较为缓慢，它是维持 SJ 爆发性气旋缓慢发展的重要因子。

图 4.57 为 2 日 06 UTC、2 日 18 UTC、3 日 00 UTC 和 4 日 00 UTC 区域平均的 VADV

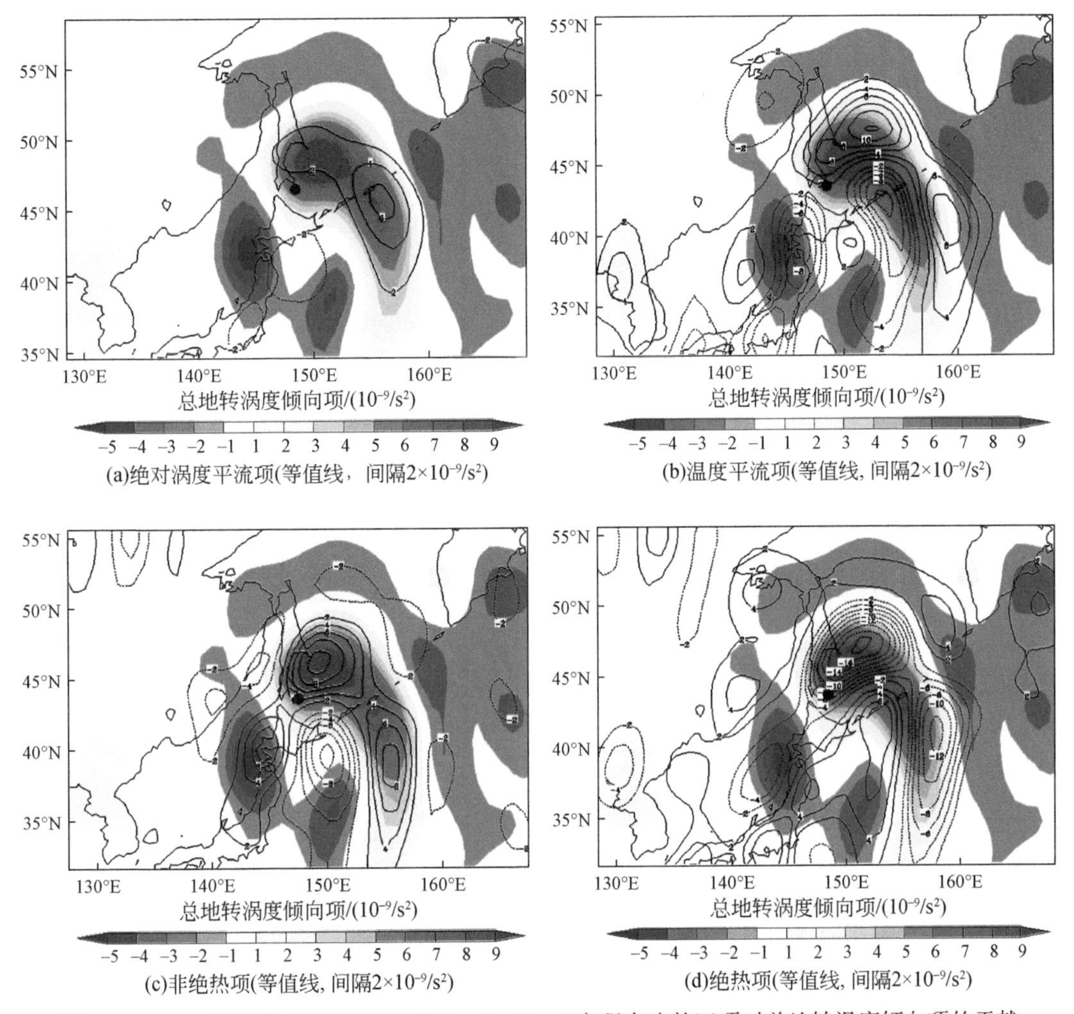

图 4.56　2012 年 4 月 4 日 00 UTC 的 Zwack-Okossi 方程右边的四项对总地转涡度倾向项的贡献

实心圆点表示 SJ 爆发性气旋中心位置

项、TADV 项、DIAB 项、ADIA 项以及 Zwack-Okossi 方程右边九项之和（RHS），区域平均计算的区域是以气旋为中心经度和纬度各为 10°的区域。

由以上分析可知，在初始爆发时刻（2 日 18 UTC），VADA 项、TADA 项和 DIAB 项的迅速增大，是 SJ 爆发性气旋爆发性发展的启动因子；而从 2 日 18 UTC 至 3 日 00UTC，VADA 项和 DIAB 项的快速增大使得 SJ 爆发性气旋快速发展。由环流形势和结构特征分析可知，从 2 日 06 UTC 至 18 UTC，该爆发性气旋中心位于中低层暖脊中，气旋中心区域存在较强的暖平流；气旋中心位于中高层低压槽前，槽前较强的正涡度平流，使得 VADA 项较大；在气旋中心的西南部和东北部存在较强的暖锋云系降水，其潜热释放导致 DIAB 项较大。从 2 日 18 UTC 至 3 日 00 UTC，SJ 爆发性气旋依然位于中低层暖脊中，且移经朝鲜半岛东部的“暖舌”，使得暖平流有所增强；暖锋和冷锋云系降水导致的潜热释放快速增强，使得 DIAB 项快速增大；中高层低压槽的快速加深及气旋南部高空急流的快速增强，使得 VADA 项快速增大，为 SJ 爆发性气旋的快速发展提供了有利条件。

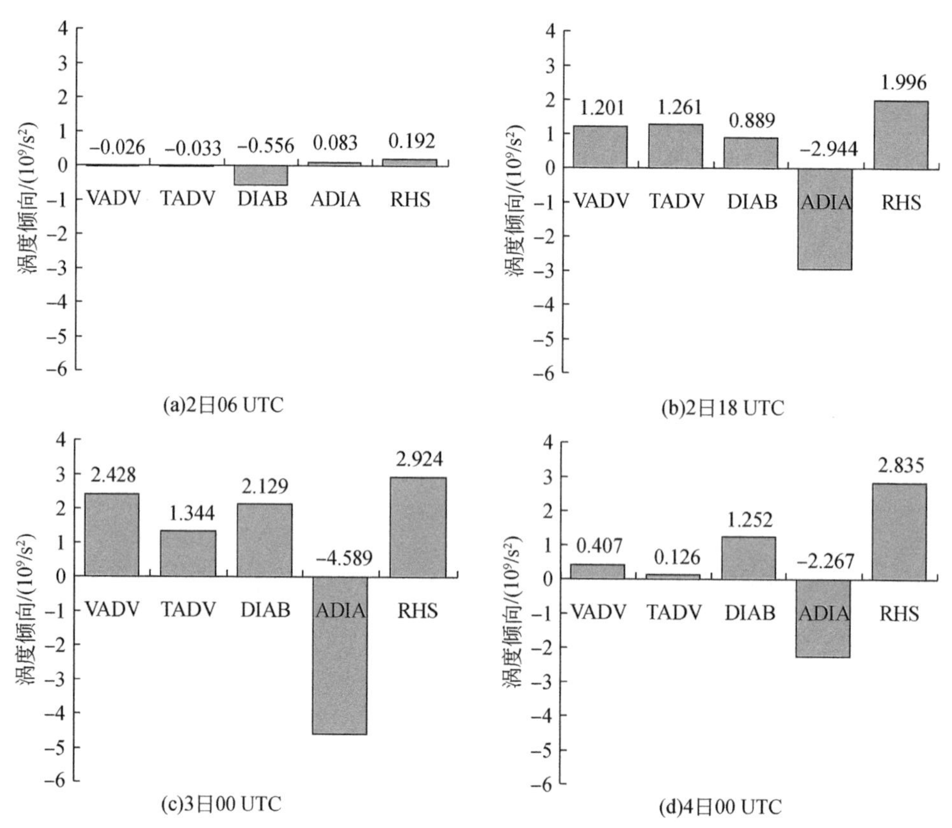

图 4.57　围绕 SJ 爆发性气旋中心区域平均（10°×10°）的绝对涡度平流项（VADV）、温度平流项（TADV）、非绝热项（DIAB）、绝热项（ADIA）以及 Zwack-Okossi 方程右边九项之和（RHS）

（2）垂直剖面

以上我们分析了 SJ 爆发性气旋整层积分的 VADV 项、TADV 项、DIAB 项和 ADIA 项的水平分布特征及其区域平均的变化特征，为进一步揭示 SJ 爆发性气旋在初始爆发时刻（2 日 18 UTC）和最大加深率时刻（3 日 00 UTC）的发展机理，下面将分析上述各项穿过气旋中心的东西向垂直剖面特征。图 4.58 和图 4.59 为 Zwack-Okossi 方程右边 VADV 项、TADV 项、DIAB 项和 ADIA 项分别在上述两个时刻经过气旋中心的东西向垂直剖面图，图 4.60 为区域平均的上述各项在两个时刻的垂直廓线。

在初始爆发时刻（图 4.58），气旋中心上游 5 个经度的 500 ~ 200 hPa 存在较强的 VADV 项正值区（图 4.58a），其中心位于 300 hPa 附近，强度为 $0.6\times10^{-9}/s^2$。在气旋中心上部 400 hPa 以下 TADV 项为正值区（图 4.58b），其存在两个中心，分别位于 500 hPa 和 850 hPa 附近，强度分别均为 $0.6\times10^{-9}/s^2$；同时，在气旋中心上游 5 个经度的高层（250 hPa）附近存在较强的正值中心，中心强度达 $1.6\times10^{-9}/s^2$，而在该中心的下面有 TADV 项的负值区，使得整层积分时相互抵消；气旋中心上面低层至中层的 TADV 项正值区对整层积分的正 TADV 项贡献较大。DIAB 项正值区主要分布于气旋中心上部的 700 ~ 400 hPa 附近（图 4.58c），其中心位于中低层（600 hPa），强度达到 $0.8\times10^{-9}/s^2$。气旋中

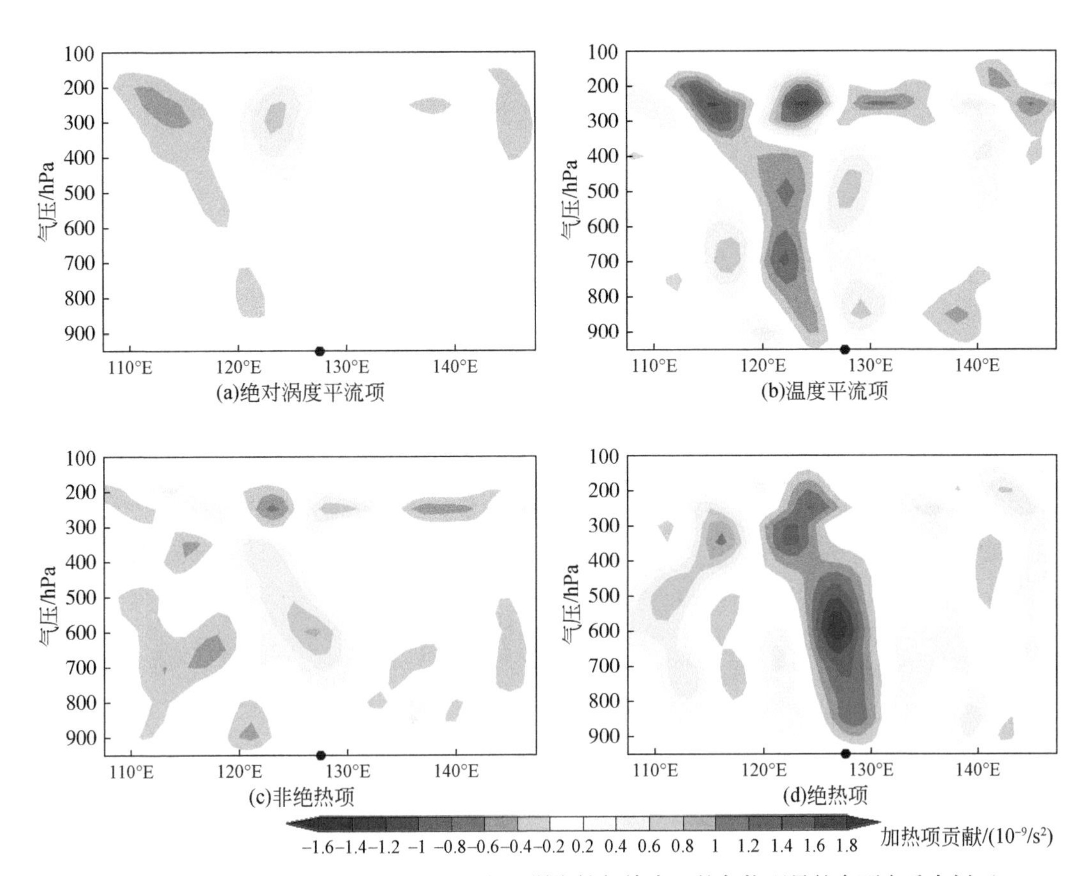

图4.58　2012年4月2日18 UTC经过SJ爆发性气旋中心的各物理量的东西向垂直剖面

实心圆点表示SJ爆发性气旋中心位置

心上面200 hPa以下的ADIA项为负值区（图4.58d），其中心位于高层（300 hPa）和中低层（600 hPa），强度分别为$-0.8\times10^{-9}/s^2$和$-1.2\times10^{-9}/s^2$。区域平均的VADV项和TADV项正值区主要分布于中高层（图4.58a，b）；区域平均的DIAB正值区分布于400 hPa以下，且在中低层较大（图4.58c）；区域平均的ADIA项从低层至高层均为负值（图4.58d）。因此，在初始爆发时刻，整层积分的VADV项正值中心紧邻气旋中心上游，高层VADV项的正值区对其整层积分贡献较大；整层积分的TADV项分布在气旋中心上面，其主要是由低层至中层TADV项正值区所致；整层积分的正DIAB项和负ADIA项均主要来自中层至中低层。

在最大加深率时刻（图4.59），300 hPa的VADV项继续增大至$0.8\times10^{-9}/s^2$（图4.59a），范围扩大至600～250 hPa之间，并位于气旋中心上面。高层（300 hPa）的TADV项正值中心强度维持不变（图4.59b）；中层的TADV正值区中心下移至600 hPa，强度基本维持不变；低层TADV项正值区中心下移至900 hPa，强度维持不变；中层至低层正值中心的下移是整层积分的TADV项增大的主要原因。DIAB项在气旋中心的东部和西部各存在一个正值中心（图4.59c）、均位于中低层（700 hPa），强度分别为$1.0\times10^{-9}/s^2$和$0.8\times10^{-9}/s^2$。ADIA项负值区的垂直分布特征与DIAB项正值区的垂直分布特征相似，中心均位于中低层（700 hPa），强度均为$-1.2\times10^{-9}/s^2$。

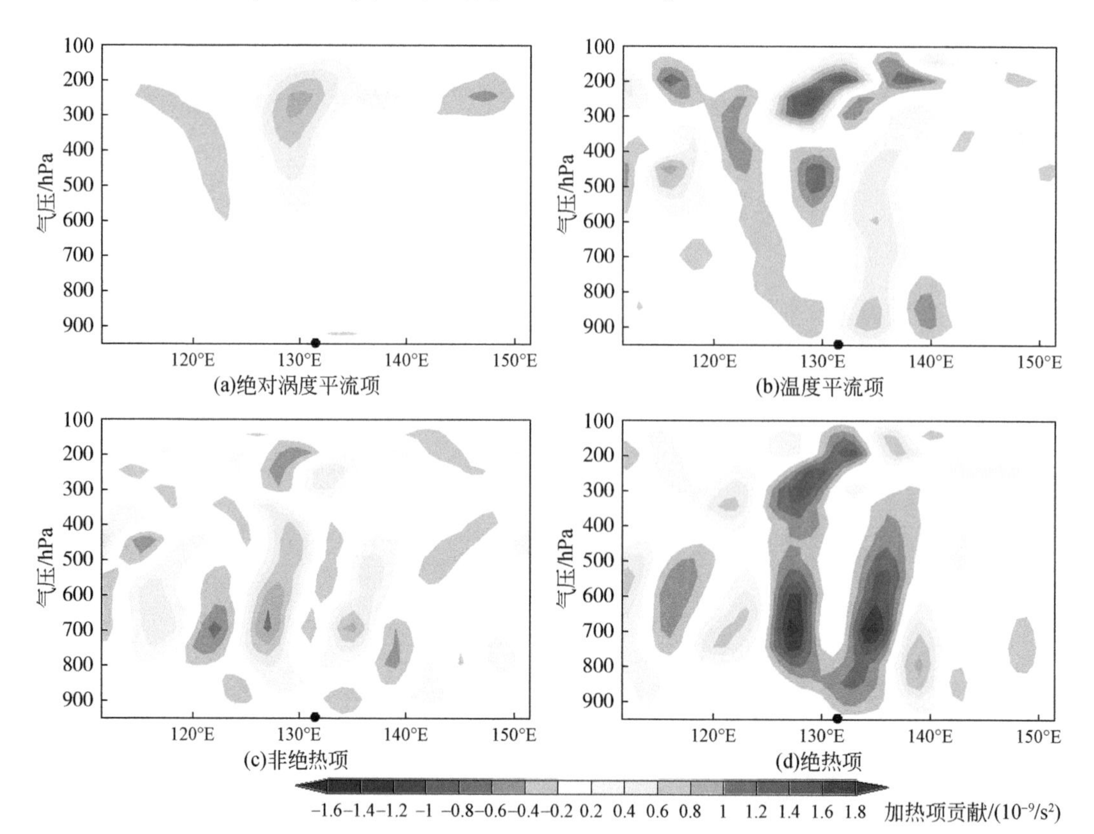

图 4.59　2012 年 4 月 3 日 00 UTC 经过 SJ 爆发性气旋中心的各物理量的东西向垂直剖面

实心圆点表示 SJ 爆发性气旋中心位置

最大加深率时刻区域平均的 VADV 项、TADV 项、DIAB 项和 ADIA 项的垂直分布特征与初始爆发时刻相似，即 VADV 项和 TADV 项正值区主要分布于中高层（图 4.60a、b），DIAB 正值区主要分布于中层和低层（图 4.60c），ADIA 项从低层至高层均为负值区(图 4.60d)。在上一节发现，从气旋的初始爆发时刻至最大加深率时刻，整层积分的 VADV 项和 DIAB 项对气旋快速发展的贡献快速增大，由 VADV 项和 DIAB 项的垂直廓线分布特征（图 4.60a、c）可知，VADV 项在高层增大较为剧烈，DIAB 项在中层增大较为剧烈。

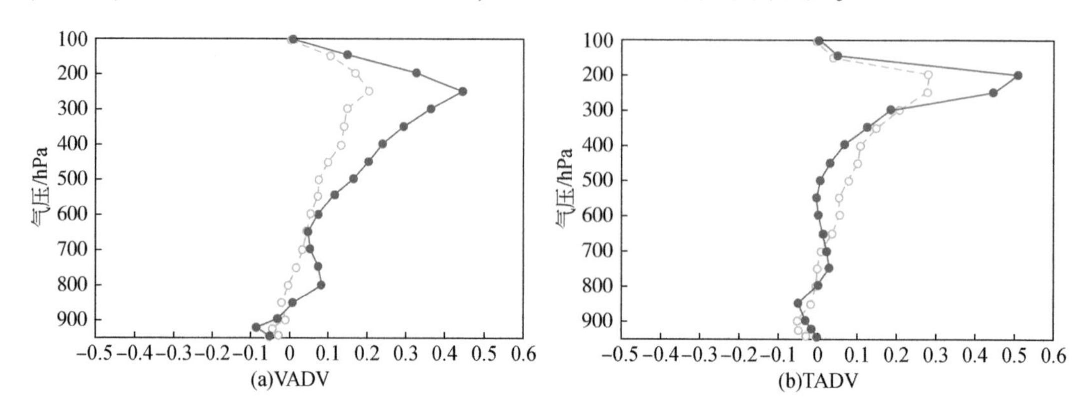

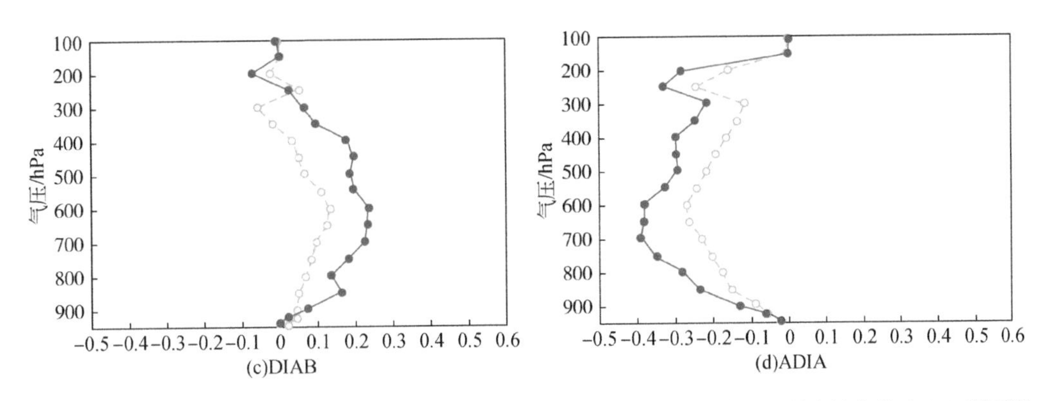

图 4.60　2012 年 4 月 2 日 18 UTC（绿线）和 3 日 00 UTC（红线）围绕 SJ 爆发性气旋中心区域平均（10°×10°）绝对涡度平流项（VADV，$10^{-9}/s^2$）、温度平流项（TADV，$10^{-9}/s^2$）、非绝热项（DIAB，$10^{-9}/s^2$）和绝热项（ADIA，$10^{-9}/s^2$）的垂直廓线

4.7.4　数值模拟及敏感性试验

前文对 SJ 爆发性气旋的演变特征、环流形势和结构特征进行了分析，并使用 Zwack-Okossi 诊断方程对涡度平流、温度平流、非绝热加热和绝热等因子进行了诊断分析。结果表明非绝热加热对 SJ 爆发性气旋快速发展具有重要贡献，而凝结潜热释放和海洋对大气的热量输送是最主要的非绝热加热项。SJ 爆发性气旋爆发性发展于日本海，在其东南部的日本列岛多为山地地形，地表摩擦力较大，阻碍了低空急流对气旋的水汽输送。本节将利用 WRF 大气中尺度数值模式，通过敏感性数值试验，探究潜热释放、下垫面热通量和水汽通量及大地形对 SJ 爆发性气旋快速发展的影响。

本节使用 WRF-V3.5 大气中尺度数值模式，模式的参数设置见表 4.15。初始场和侧边界条件由 CFSR 资料提供。根据前文分析，2 日 00 UTC SJ 爆发性气旋开始形成，故将模式积分初始时刻设为 2 日 00 UTC。积分步长为 60 s，积分时间为 60 h。我们设计了 4 个试验方案（表 4.16），进行的模拟试验称为控制试验（CON）。关闭模式中的潜热释放项，其他参数的设置同 CON 试验，这样进行的模拟试验称之为潜热敏感性试验（NLHR）；关闭模式中下垫面的热通量和水汽通量，其他参数的设置同 CON 试验，这样进行的模拟试验称为通量敏感性试验（NFLX）。由于日本列岛是西北太平洋地区规模较大的地形，且在统计分析中我们发现，极少有爆发性气旋最大加深位置位于日本列岛上，猜测日本列岛通过表面摩擦力和对低空急流的影响，对 JOS 和 NWP 爆发性气旋的发展产生一定的影响。因此，我们设计了地形敏感性试验（GEO），将日本列岛地形的海拔改为 0 m，其他参数的设置同 CON 试验，探讨日本列岛对爆发性气旋发展的影响。

表 4.15　模拟 SJ 爆发性气旋的 WRF 模式主要参数设置表

WRF 参数	模式设置
基本方程	非静力学雷诺平均原始方程组
垂直坐标	σ_z 地形追随坐标

续表

WRF 参数	模式设置
地图投影	Lambert 投影
积分区域中心位置	127°E，37°N
水平分辨率	$\Delta x = \Delta y = 30$ km
格点数目	120×100×28
辐射方案	长波：RRTM 方案（Mlawer et al.，1997） 短波：Dudhia 方案（Dudhia，1989）
大气边界层方案	YSU 方案（Hong et al.，2006）
微物理方案	Lin 方案（Lin et al.，1983）
积云参数化方案	Kain-Fritsch 方案（Kain，2004）
侧边界条件	CFSR 资料提供，6 h 更新一次
初始资料/时刻	CFSR 资料提供/2012 年 4 月 2 日 00 UTC
积分步长/时间	$\Delta t = 60$ s /60 h

表 4.16　WRF 数值试验方案

试验名称	方案设计
控制试验（CON）	完全的物理过程
潜热敏感性试验（NLHR）	关闭潜热释放
下垫面通量敏感性试验（NFLX）	关闭下垫面热通量和水汽通量
地形敏感性试验（GEO）	日本列岛海拔高度改为零

1. CON 试验结果验证

CON 试验结果的验证从气旋中心气压、移动路径和高低层环流形势场三个方面进行。CON 试验结果与提供初始场和侧边界条件的 CFSR 资料相对比。

图 4.61 为 CON 试验与 CFSR 资料分析的 SJ 爆发性气旋中心气压变化图，蓝色虚线为 CON 试验结果，红色实线为 CFSR 资料结果。通过对比分析发现，虽然 SJ 爆发性气旋爆发后发展阶段（3 日 06 UTC ~ 4 日 18 UTC）CON 试验结果气压略高于 CFSR 资料的气压，但总体上 CON 试验的中心气压的变化趋势和数值大小均与 CFSR 资料结果较为相近，特别是在 SJ 爆发性气旋剧烈发展阶段（2 日 18 UTC ~ 3 日 06 UTC），CON 试验结果与 CFSR 资料基本一致。

图 4.62 为 CON 试验与 CFSR 资料分析的 SJ 爆发性气旋移动路径的对比图，红线为 CON 试验结果，蓝线为 CFSR 资料结果。通过对比发现，CON 试验路径的移动速度从生成到移动到日本海的过程中略快于 CFSR 资料的分析结果，但二者的位置差异较小且路径走向基本一致，均是在中国的东南部大陆生成，向西北方向移动，穿越中国东海海域，在朝鲜半岛开始爆发性发展，并在朝鲜半岛东部海域爆发性发展达到最强，这表明 CON 试验对移动路径的模拟较好。

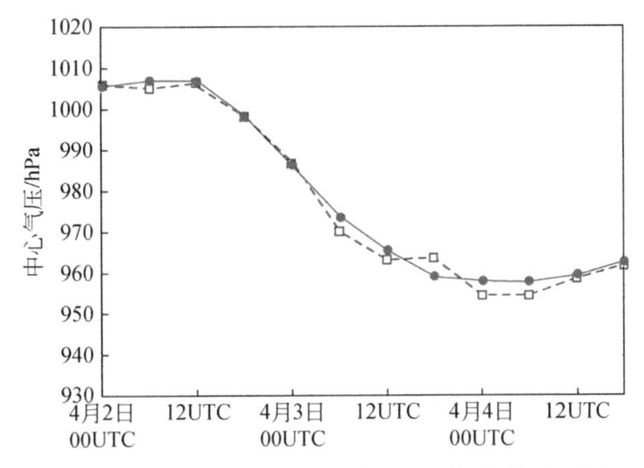

图 4.61　SJ 爆发性气旋中心气压随时间变化对比图

图中蓝线表示 CON 试验结果，红线表示 CFSR 资料分析结果

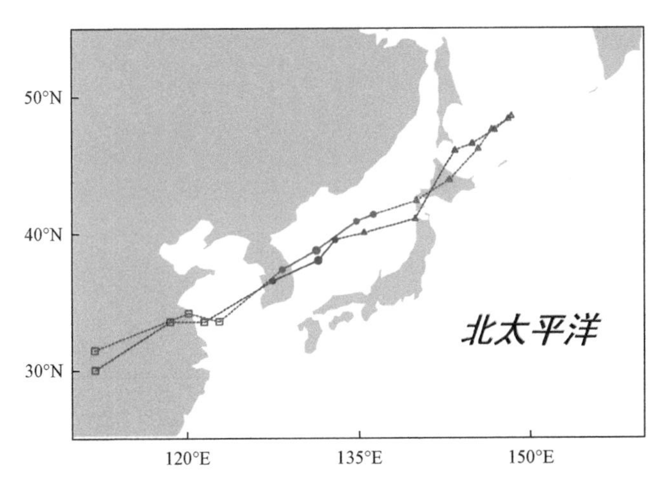

图 4.62　SJ 爆发性气旋的移动路径对比图

“□”为爆发前发展阶段气旋中心位置，“•”为爆发性发展阶段气旋中心位置，

“Δ”为爆发后发展阶段气旋中心位置；时间间隔为 6 h

图中红线表示 CON 试验结果，蓝线表示 CFSR 资料分析结果；

图 4.63 对比了在最大加深率时刻（4 月 3 日 00 UTC）CON 试验和 CFSR 资料分析的海平面气压场及 850 hPa、500 hPa、300 hPa 的位势高度场和温度场。在海平面气压场上（图 4.63a、b），气旋中心均位于朝鲜半岛东部海域，且气旋的形态特征和中心气压具有较高的相似度。在 850 hPa（图 4.63c、d），低涡中心均位于朝鲜半岛东部海域且中心强度均为 1260 gpm；在朝鲜半岛附近存在较强的锋区，锋区的位置和强度具有较高的相似性。在 500 hPa（图 4.63e、f），低压槽和温度槽的特征及强度基本一致，低压槽和温度槽位于紧邻朝鲜半岛的上游，且温度槽落后于高度槽。在 300 hPa（图 4.63g，h），高空槽位于朝鲜半岛上游，在高空槽的底层为“暖舌”，且均存在闭合中心。

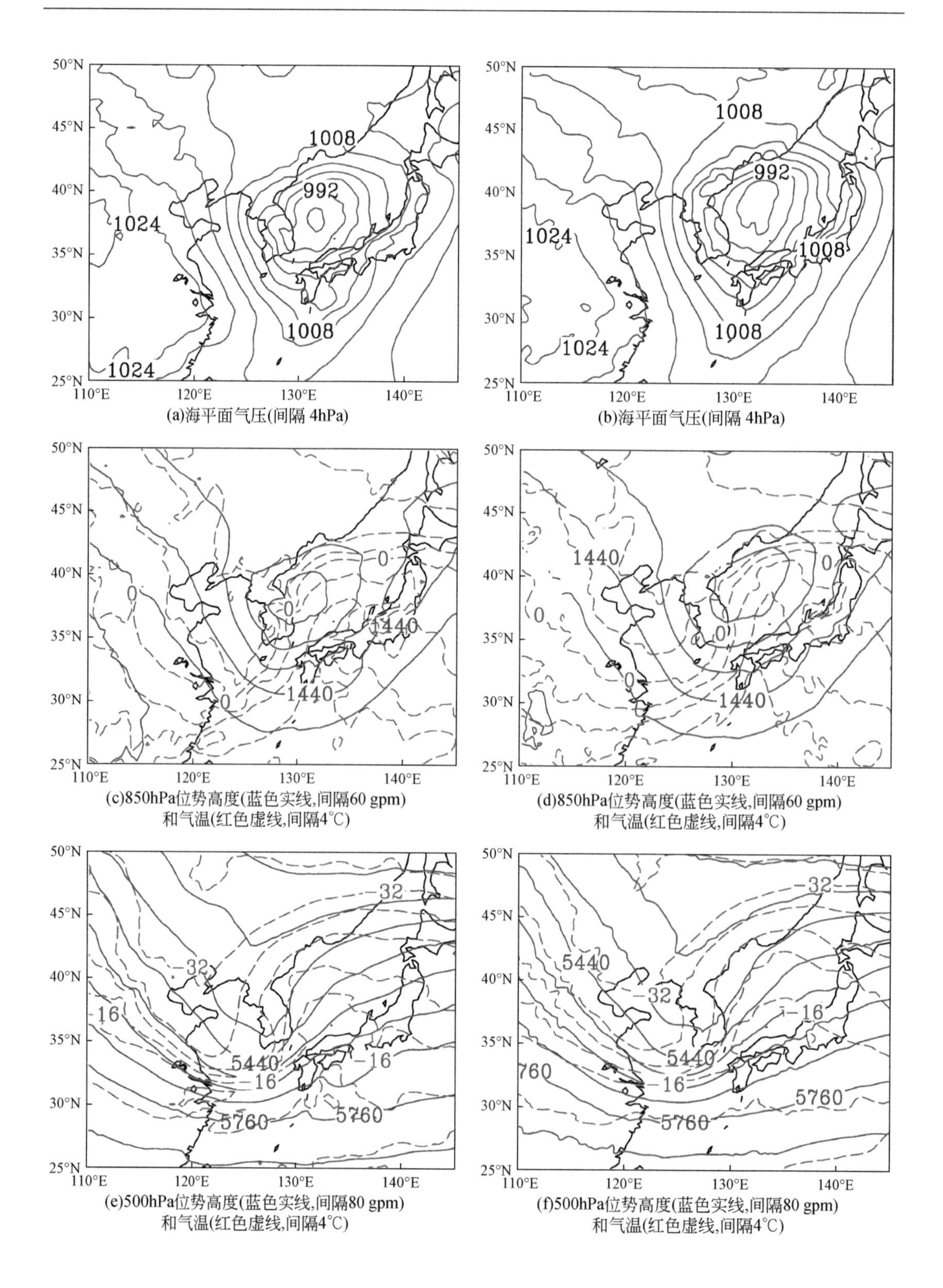

(a)海平面气压(间隔 4hPa)

(b)海平面气压(间隔 4hPa)

(c)850hPa位势高度(蓝色实线,间隔60 gpm)和气温(红色虚线,间隔4℃)

(d)850hPa位势高度(蓝色实线,间隔60 gpm)和气温(红色虚线,间隔4℃)

(e)500hPa位势高度(蓝色实线,间隔80 gpm)和气温(红色虚线,间隔4℃)

(f)500hPa位势高度(蓝色实线,间隔80 gpm)和气温(红色虚线,间隔4℃)

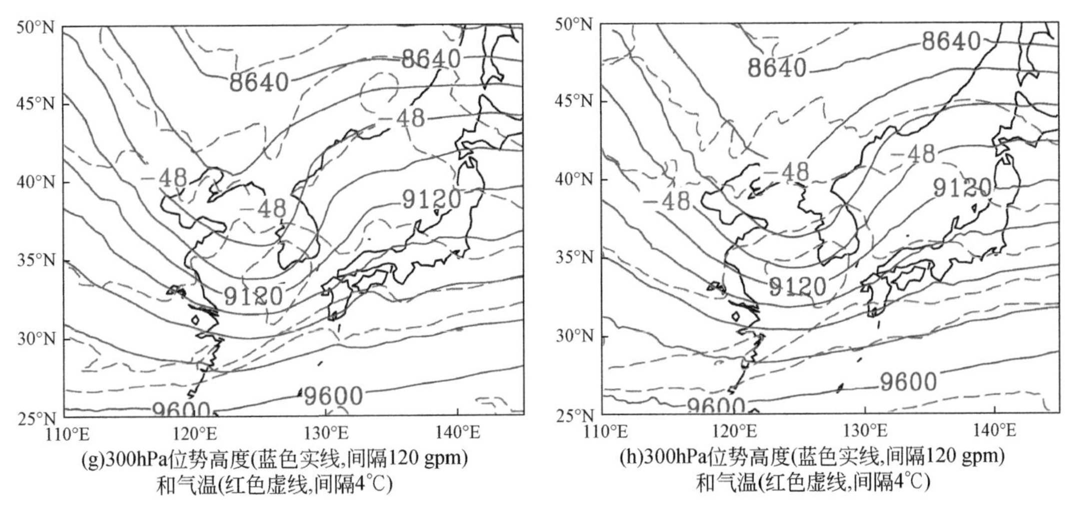

(g)300hPa位势高度(蓝色实线,间隔120 gpm)和气温(红色虚线,间隔4℃)

(h)300hPa位势高度(蓝色实线,间隔120 gpm)和气温(红色虚线,间隔4℃)

图 4.63　2012 年 4 月 3 日 00 UTC 的 SJ 爆发性气旋天气图

图 a、c、e、g 为 CON 数值试验结果，图 b、d、f、h 为 CFSR 资料分析结果

综上分析可知，CON 试验结果与 CFSR 资料分析的结果具有较高的吻合度，能够较好地刻画 SJ 爆发性气旋的中心气压变化、移动路径、海平面气压场、高低空环流形势和温度场特征。因此，可以采用 CON 试验结果对 SJ 爆发性气旋进行数值试验，进一步深入分析其爆发性发展的原因。

2. NLHR 试验结果与 CON 试验结果对比分析

对比由 NLHR 试验和 CON 试验得到的气旋中心气压随时间的变化曲线（图 4.64）可知，NLHR 试验模拟的气旋中心气压均高于 CON 试验模拟的气旋中心气压，且是从初始爆发时刻（2 日 18 UTC）开始就出现差异，随着时间积分的增加，两者之间的差距逐渐增大。

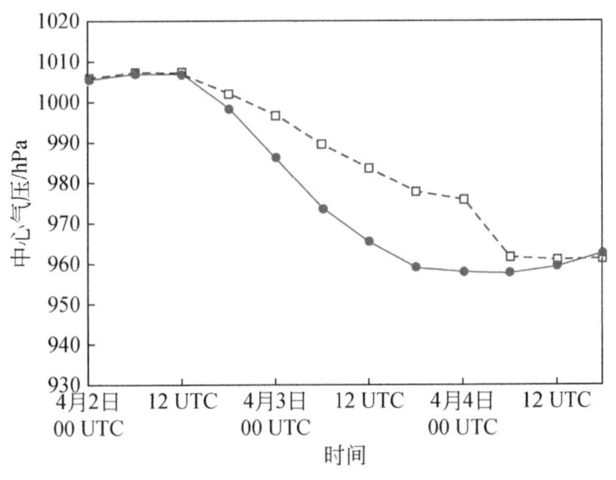

图 4.64　SJ 爆发性气旋中心气压随时间变化对比图

蓝线表示 NLHR 试验结果，红线表示 CON 试验结果

从气旋中心气压加深率（图 4.65）的对比来看，NLHR 试验得到的气旋加深率有两个峰值，分别位于 3 日 06 UTC 和 4 日 00 UTC；而在 CON 试验的气旋爆发性发展阶段，NLHR 试验的气旋中心气压最大加深率为 1.20 Bergeron（3 日 06 UTC），远小于 CON 试验的 2.31 Bergeron（3 日 00 UTC），且其最大加深率时刻落后于 CON 试验 6 h。

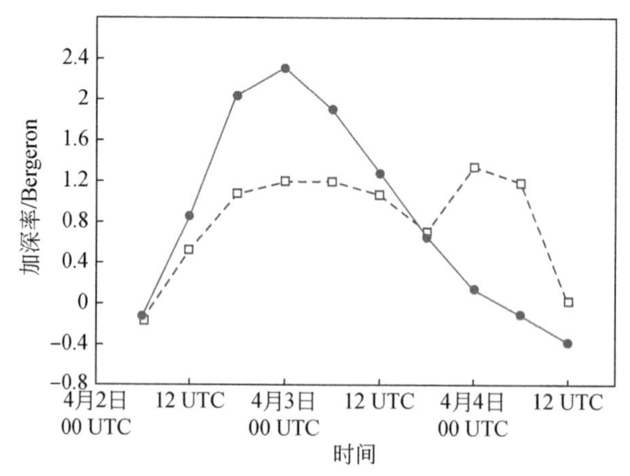

图 4.65　SJ 爆发性气旋中心气压加深率随时间变化对比图

蓝线表示 NLHR 试验结果，红线表示 CON 试验结果

图 4.66 为 NLHR 试验和 CON 试验得到的气旋移动路径。从图中看，NLHR 试验与 CON 试验的气旋移动路径总体较为吻合，但在进入鄂霍次克海后移动路径差异逐渐变大。由此可见，在关闭潜热释放后，气旋的发展速率快速减缓，特别是在 SJ 爆发性气旋的爆发性发展阶段，其与 CON 试验结果存在较大差异，这表明潜热释放对 SJ 爆发性气旋的发展有重要影响，下面我们选取最大加深率时刻（4 月 3 日 00 UTC）分析其影响机制。

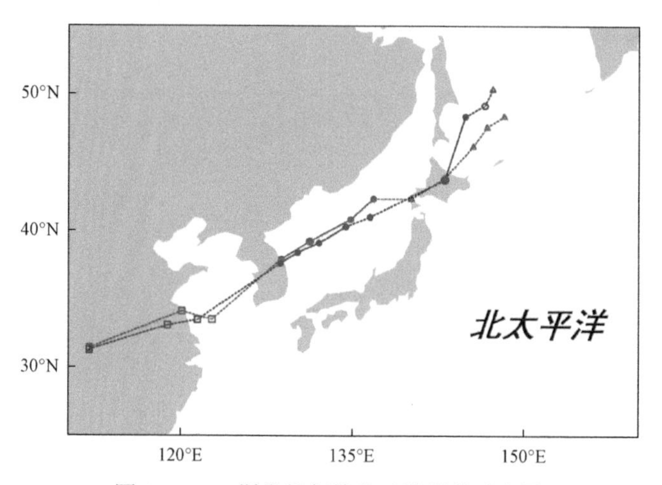

图 4.66　SJ 爆发性气旋移动路径的对比图

图中蓝色虚线表示 NLHR 试验结果，红色实线表示 CON 试验结果；“□”为爆发前发展阶段气旋中心位置，“●”为爆发性发展阶段气旋中心位置，“Δ”为爆发后发展阶段气旋中心位置；时间间隔为 6 h

对比NLHR试验和CON试验得到的SJ爆发性气旋的天气图（图4.67）可知，CON试验的气旋海平面气压低于NLHR试验结果（图4.67a、b），其中心气压差达到10.1 hPa，且NLHR试验得到的气旋水平尺度要远小于CON试验结果。在低层850 hPa（图4.67c、d），CON试验的低涡强度强于NLHR试验结果，在低涡中心的东部，高度差达到100 gpm。在中层500 hPa（图4.67e、f），CON试验的低压槽强于NLHR试验结果，正高度差位于气旋中心上部，其中心强度为-60 gpm。在高层300 hPa（图4.67g、h），CON试验的高空槽依然强于NLHR试验结果，但在气旋中心东北部的高压脊区域存在较强的正值区，其中心强度达到80 gpm，即CON试验的高压脊强度更强。由以上分析可知，对比关闭潜热的敏感性试验结果（NLHR试验），CON试验的气旋海平面气压较低，气旋尺度较大；潜热释放使得低层低涡和中高层低压槽增强，同时使得高层高压脊加强，这是由于潜热释放主要发生于中层，潜热加热使气柱膨胀，导致高层的位势高度升高而中低层的位势高度降低。

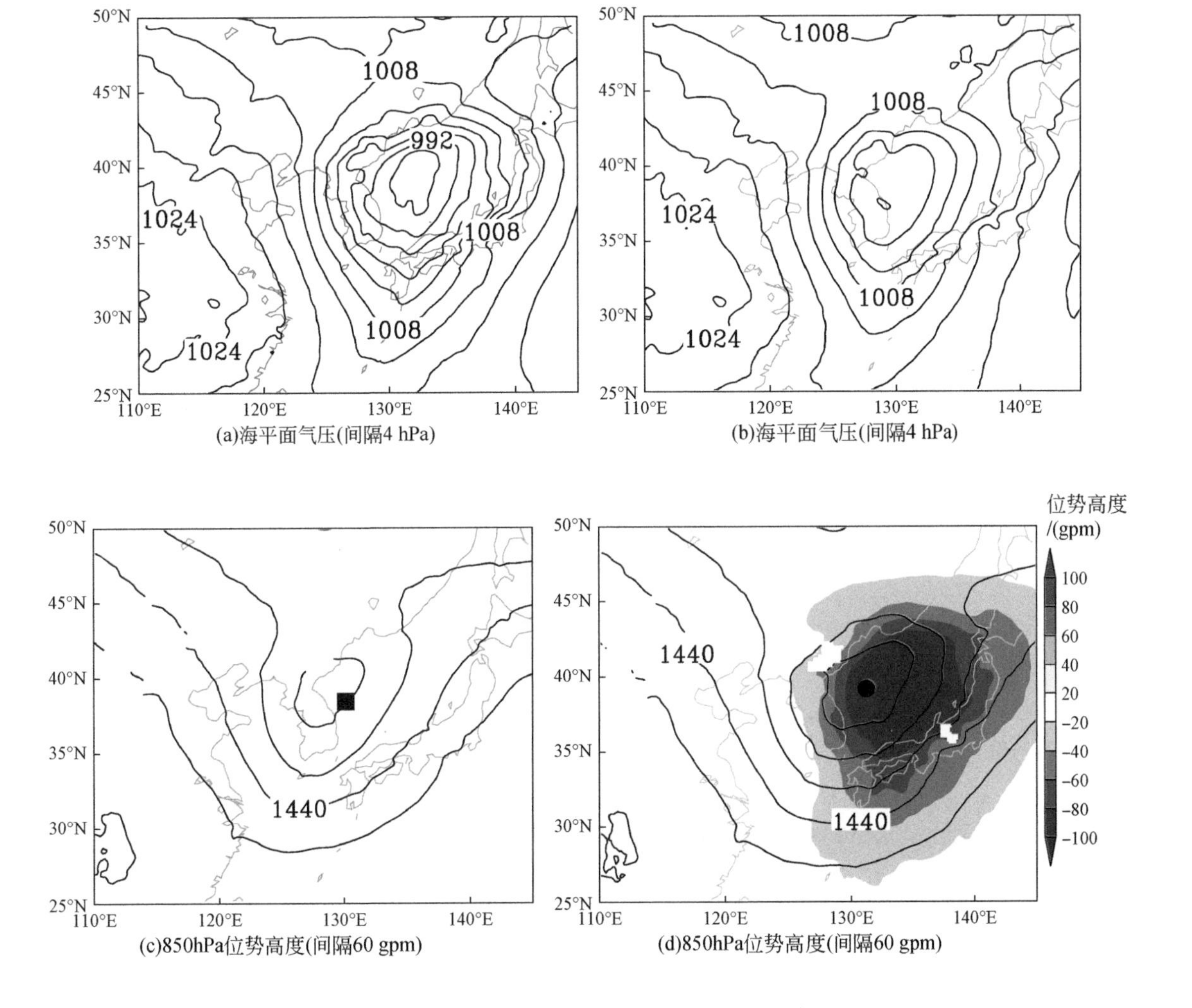

(a)海平面气压(间隔4 hPa)

(b)海平面气压(间隔4 hPa)

(c)850hPa位势高度(间隔60 gpm)

(d)850hPa位势高度(间隔60 gpm)

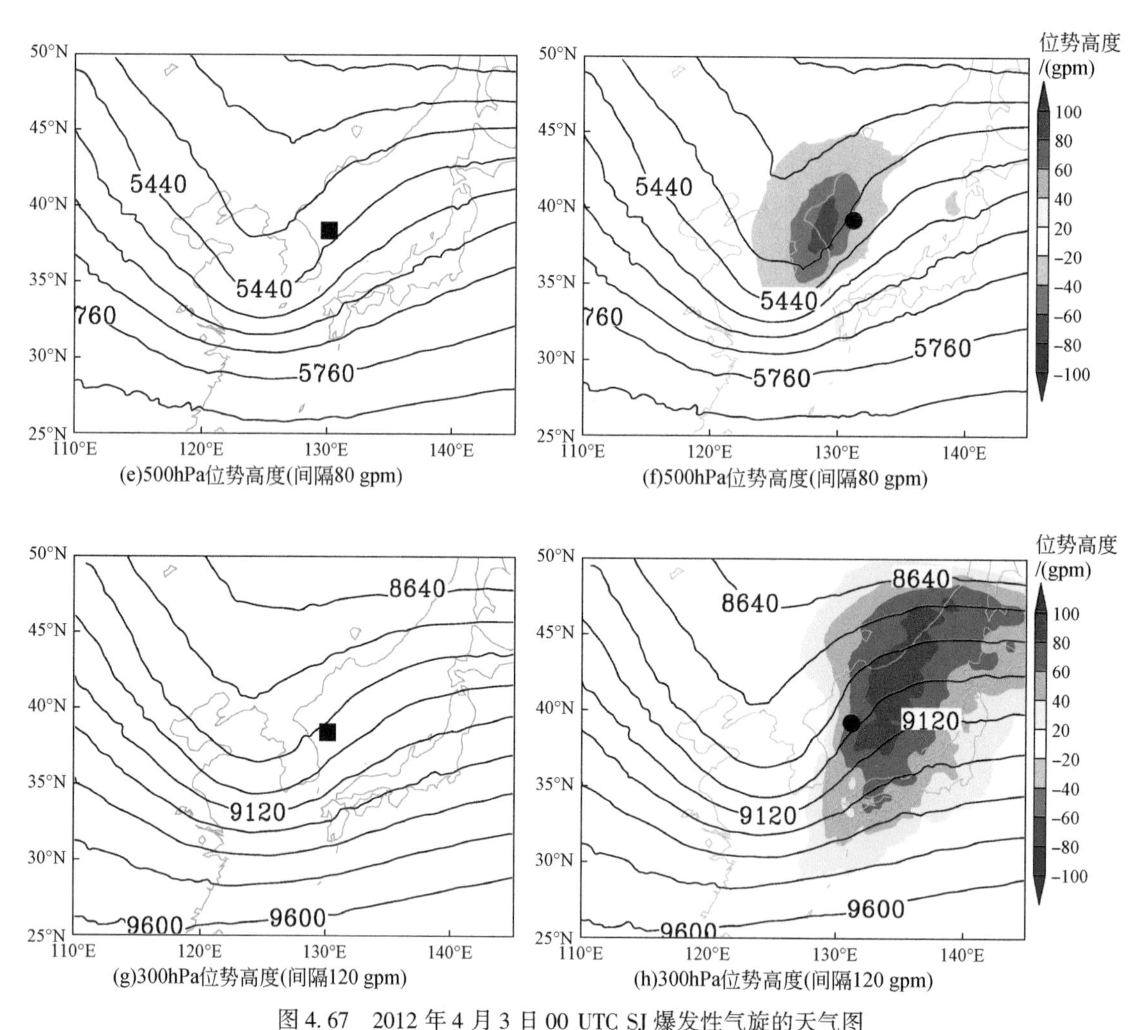

图 4.67　2012 年 4 月 3 日 00 UTC SJ 爆发性气旋的天气图

图 a、c、e、g 表示 NLHR 试验结果，图 b、d、f、h 表示 CON 试验结果；填色表示各层上位势高度差（gpm）（CON-NLHR）；实心方块和实心圆点分别表示 NLHR 试验和 CON 试验的海平面气旋中心位置

对比分析各层温度场（图 4.68）可知，在低层 850 hPa（图 4.68a、b），CON 试验的冷锋锋区的温度差为负值，而暖锋锋区的温度差为正值，潜热释放导致的冷锋锋区的温度降低及暖锋锋区的温度升高使得低层大气的斜压性增强。从中层 500 hPa（图 4.68c、d）至高层 300 hPa（图 4.68e、f），在 CON 试验的气旋中心东北部的暖脊区域分布有范围较大、强度较强的温度差正值区，且在 500 hPa 差异最大，其中心强度达到 7 ℃。由此可见，潜热释放使得低层冷锋和暖锋及中高层暖脊增强且暖脊在中层的增强较为剧烈。

图 4.69 为 NLHR 试验和 CON 试验得到的 SJ 爆发性气旋的风场。从图中可知，相对于 NLHR 试验，在底层 850 hPa（图 4.69a、b），CON 试验的气旋中心东南部的西南向低空急流较强；在中层 500 hPa（图 4.69c、d），CON 试验的气旋中心西南部风速中心强于 NLHR 试验结果且 NLHR 试验的气旋中心位于大值风区的边缘；在高层 300 hPa

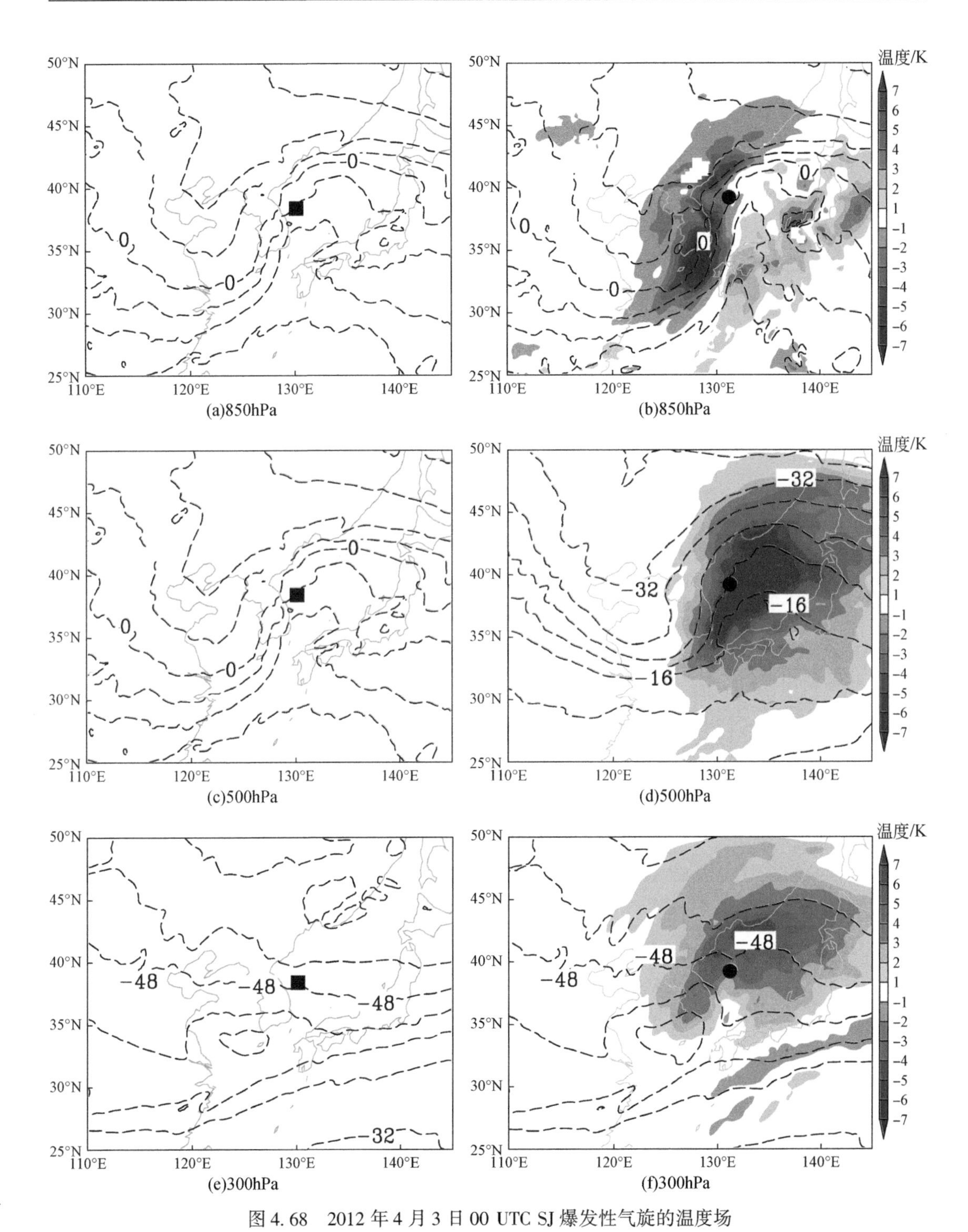

图4.68　2012年4月3日00 UTC SJ爆发性气旋的温度场

图a、c、e表示NLHR试验结果，图b、d、f表示CON试验结果；图中等值线间隔4℃色阶表示各层上的温度差（K）（CON-NLHR）；实心方块和实心圆点分别表示NLHR试验和CON试验的海平面气旋中心位置

(图 4.69e、f)，CON 试验的气旋中心西南部高空急流要弱于 NLHR 试验结果，但 NLHR 试验的高空急流相对于 CON 试验结果在南北向分布更宽，此形态特征使得气旋式切变减弱。因此，潜热释放使得低空西南向急流增强，有利于暖湿空气向气旋中心的输送，同时使得中层急流增强、高层急流减弱，但高层急流的南北向分布较窄，气旋式切变较强。

对比分析 CON 试验和 NLHR 试验得到的经过 SJ 爆发性气旋中心的垂直速度的东西向垂直剖面图（图 4.70）可知，在 NLHR 试验中（图 4.70a），气旋中心上部及其附近区域上升运动较弱；而在 CON 试验中（图 4.70b），紧邻气旋中心前部的低层至中层存在较强的上升运动，在 500 hPa 和 750 hPa 分别存在强度为 0.2 m/s 的风速中心。由此可见，潜热释放使得大气中低层的上升运动增强。

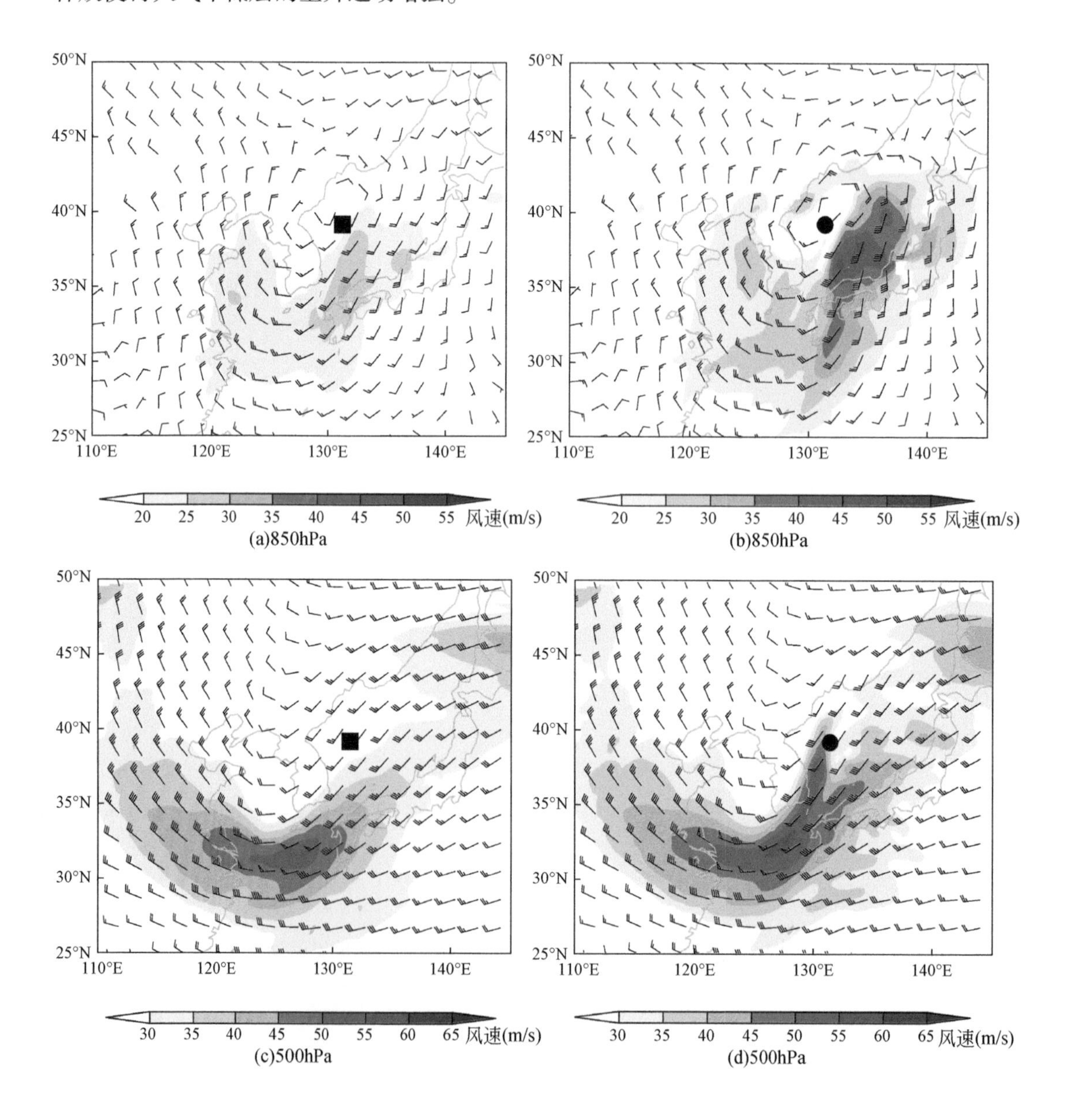

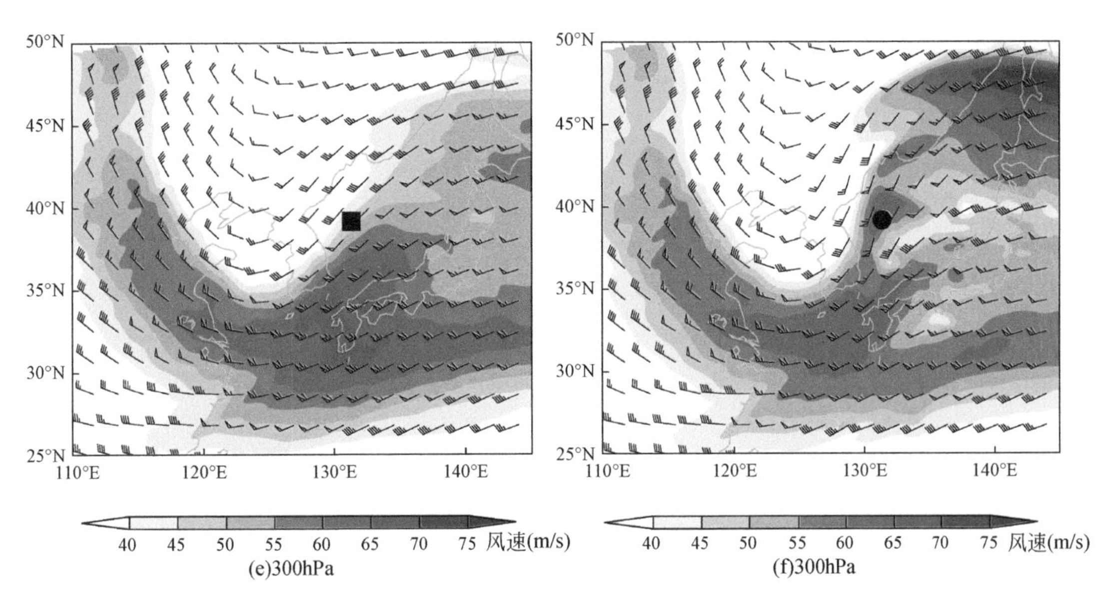

图 4.69　2012 年 4 月 3 日 00 UTC SJ 爆发性气旋的风场（风羽，全风羽为 4 m/s）和风速场

图 a、c、e 表示 NLHR 试验结果，图 b、d、f 表示 CON 试验结果；实心方块和实心圆点分别表示 NLHR 试验和 CON 试验的海平面气旋中心位置

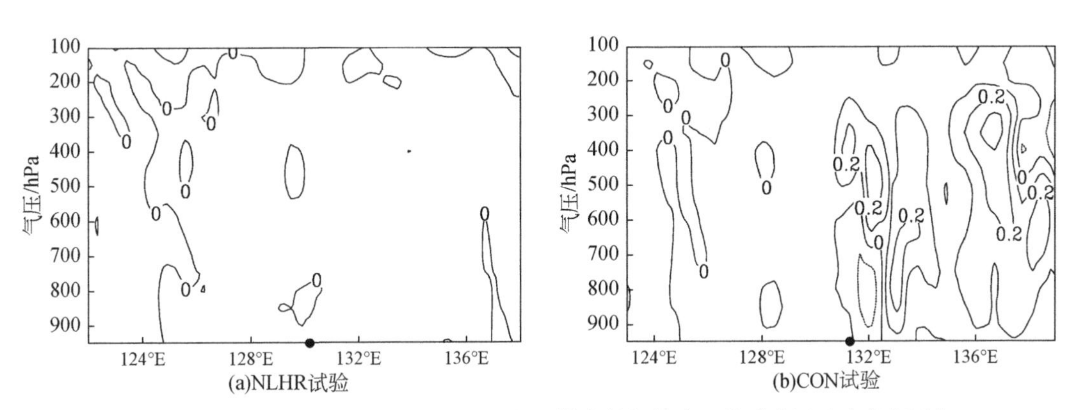

图 4.70　2012 年 4 月 3 日 00 UTC 经过 SJ 爆发性气旋中心的垂直运动速度东西向垂直剖面图（间隔 0.1 m/s）

实心圆点表示海平面气旋中心位置

对比分析 NLHR 试验和 CON 试验的结果可知，潜热释放使得 SJ 爆发性气旋的中心气压较低、降压较为剧烈，这表明潜热释放对 SJ 爆发性气旋的快速发展具有重要贡献。潜热释放主要发生于气旋中心的东部和东北部的暖锋云系及西南部的冷锋云系区域，潜热释放通过加热大气，一方面使得暖锋快速增强，加大了冷锋和暖锋的温度差异，增强了低层的大气斜压性；另一方面使得高层高度脊位势高度升高，导致高层脊区的风场与气压场不再适应，在附加的气压梯度力作用下产生了向外辐散的气流，而高层辐散有利于中低层上升运动的增强。强西南向低空急流为气旋输送了大量暖湿空气，中低层暖脊区的上升运动

使得暖湿空气凝结，释放出更多潜热，而这一过程又进一步增强了低层大气的斜压性和高层辐散，从而形成了一个正反馈过程，促进气旋的爆发性发展。

3. NFLX 试验结果与 CON 试验结果对比分析

NFLX 试验的气旋中心气压与 CON 试验结果差异较小（图 4.71），只是在 3 日 12 UTC 之前略低于 CON 试验结果，而在 3 日 12 UTC 之后略高于 CON 试验结果。NFLX 试验的气旋最大加深率为 2.01 Bergeron（图 4.72 的绿线），仅低于 CON 试验 0.30 Bergeron（图 4.72 的红线），且最大加深率时刻均为 3 日 00 UTC。NFLX 试验模拟的气旋路径与 CON 试验模拟结果（图 4.73）整体吻合度较高，只是在从中国东部沿岸移动至朝鲜半岛的过程中差异较大，NFLX 试验模拟的路径较为偏北。

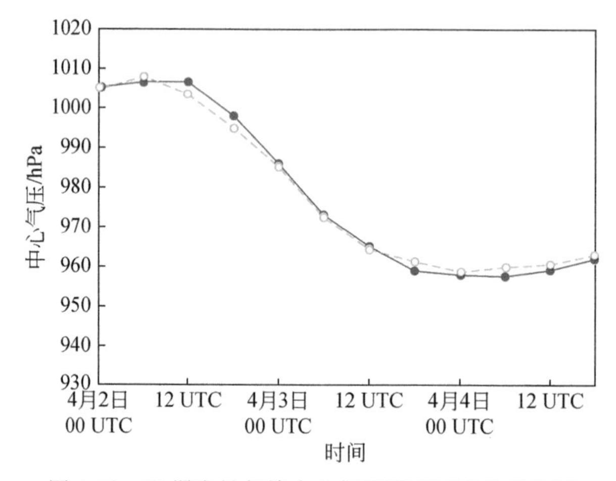

图 4.71　SJ 爆发性气旋中心气压随时间变化对比图

图中绿线表示 NFLX 试验结果，红线表示 CON 试验结果

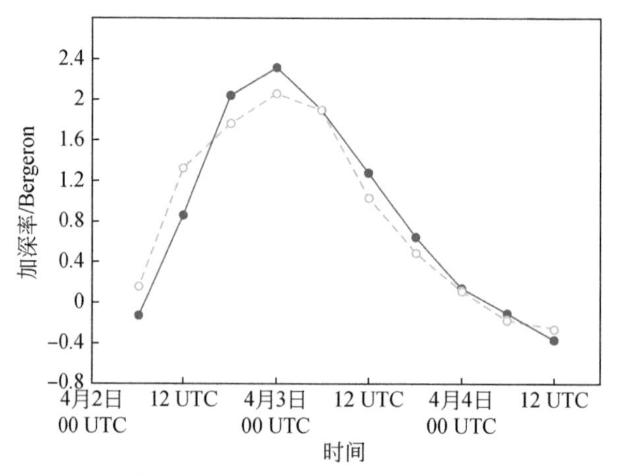

图 4.72　SJ 爆发性气旋中心气压加深率随时间变化对比图

图中绿线表示 NFLX 试验结果，红线表示 CON 试验结果

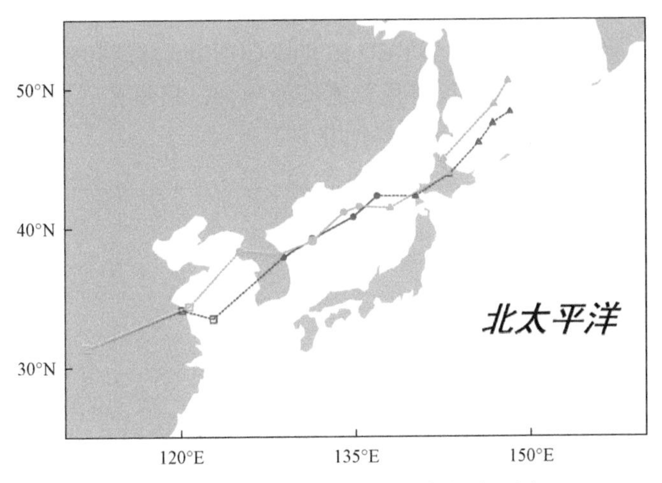

图 4.73　SJ 爆发性气旋移动路径对比图

图中绿线表示 NFLX 试验结果，红线表示 CON 试验结果；"□" 为爆发前发展阶段气旋中心位置，"●" 为爆发性发展阶段气旋中心位置，"Δ" 为爆发后发展阶段气旋中心位置；时间间隔为 6 h

因此，在关闭下垫面的热通量和水汽通量时，气旋的快速发展速率有所减缓，但其发展过程与 CON 试验差异较小，这表明下垫面的热通量和水汽通量对其发展具有一定的影响，但影响较弱。下垫面的热通量和水汽通量对气旋发展的影响机制我们将在下一节详细探讨。

4. GEO 试验结果与 CON 结果对比分析

对比由 GEO 试验和 CON 试验得到的气旋中心气压随时间变化的曲线（图 4.74）可知，GEO 试验与 CON 试验的气旋中心气压变化趋势基本一致，整体上 GEO 试验中心气压较 CON 试验结果略微偏低，在 3 日 12 UTC 和 18 UTC 差异较大。

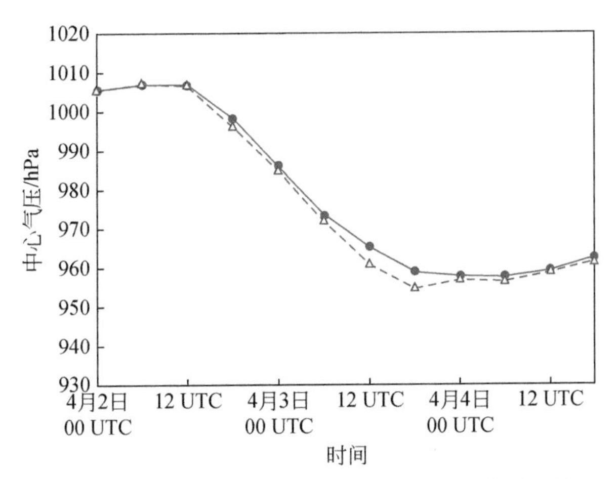

图 4.74　SJ 爆发性气旋中心气压随时间变化对比图

图中紫线表示 GEO 试验结果，红线表示 CON 试验结果从气旋中心气压加深率（图 4. 75）的对比来看，GEO 试验结果与 CON 结果的变化趋势及数值大小基本一致。图 4. 76 示意 GEO 试验和 CON 试验得到的气旋移动路径，从图中看 GEO 试验与 CON 试验的气旋移动路径总体较为吻合，只是在后期其移动路径存在一定的差异，GEO 试验模拟的气旋移动路径略偏北。

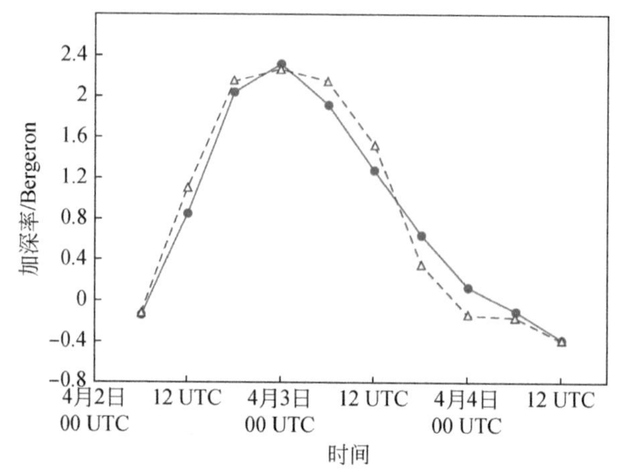

图 4. 75　SJ 爆发性气旋中心气压加深率随时间变化对比图

图中紫线表示 GEO 试验结果，红线表示 CON 试验结果

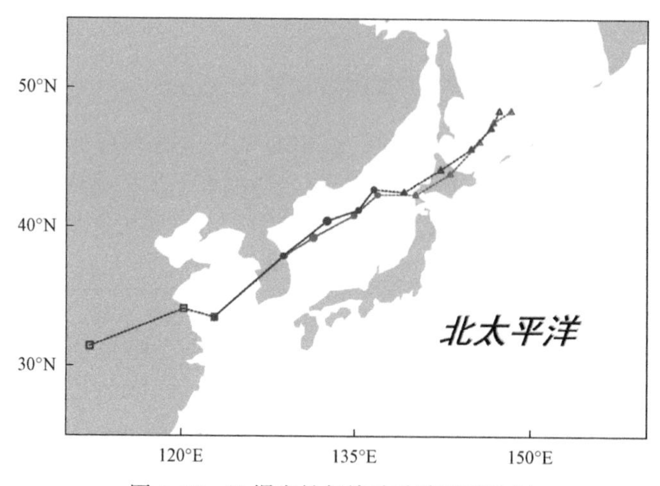

图 4. 76　SJ 爆发性气旋移动路径对比图

图中紫线表示 GEO 试验结果，红线表示 CON 试验结果；“□”为爆发前发展阶段气旋中心位置；“•”为爆发性发展阶段气旋中心位置；“Δ”为爆发后发展阶段气旋中心位置；时间间隔为 6 h

由以上分析可知，GEO 试验和 CON 试验的气旋中心气压和移动路径在进入日本海后表现出一定的差异，这表明日本列岛地形对 SJ 爆发性气旋的发展有一定的影响，即日本列岛的地表摩擦力及其对西南向低空急流的阻挡使得 CON 试验的中心气压略高于 GEO 试验结果，但由于 SJ 爆发性气旋是尺度较大、强度较强的气旋系统，地形的影响相对较弱。

4.7.5　小结

我们对 JOS 爆发性气旋中爆发性发展最剧烈的个例（2012 年 4 月 2 日 00 UTC 至 8 日 00 UTC）进行了分析，讨论了其移动路径、海平面中心气压和加深率、海平面气压场和卫星云图的演变特征，以及环流形势和结构特征；利用 Zwack-Okossi 方程，定量分析了绝对涡度平流项、温度平流项、非绝热项加热和绝热项对其发展的贡献；通过 WRF 数值模拟及敏感性试验，分析了潜热释放、海表面感热和潜热及日本列岛地形对其发展的影响。图 4.77 为 SJ 爆发性气旋最大加深率时刻的结构特征概念图，可总结主要结论如下。

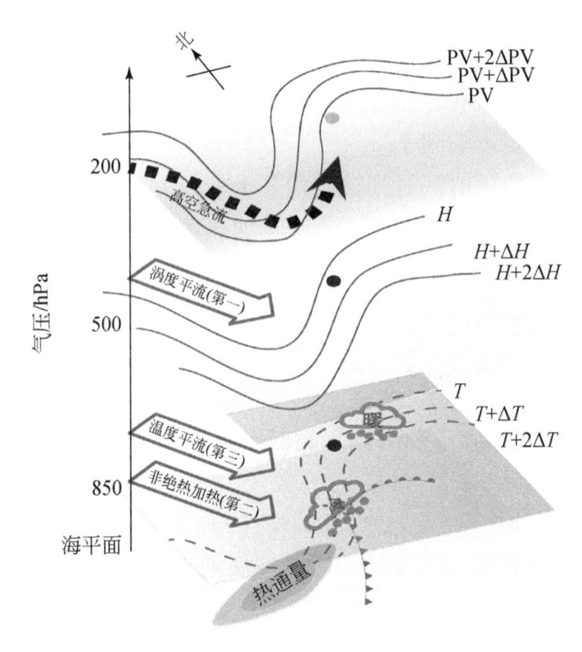

图 4.77　SJ 爆发性气旋在最大加深率时刻（2012 年 4 月 3 日 00 UTC）的空间结构示意图

1. 演变特征

SJ 爆发性气旋的移动路径为西南—东北向，依据 SJ 爆发性气旋加深率的大小，将其划分为三个发展阶段：爆发前发展阶段、爆发性发展阶段和爆发后发展阶段。在爆发前发展阶段，海平面气压场的西北部和东部分别存在冷高压和暖高压，云系为片状云系；在进入爆发性发展阶段，其西北部冷高压向气旋西南部入侵，其片状云系逐渐演变为“逗点状”云系，为典型的锋面云系，冷锋云系长度超过了 3000 km；在爆发后发展阶段，冷高压逐渐减弱并消失，螺旋云系逐渐变得松散。

2. 环流形势和结构

SJ 爆发性气旋在快速发展的过程中，在中低层存在明显的暖锋和冷锋，其中冷锋逐渐向气旋中心的西南部和南部入侵，增强了大气斜压性。在中高层低压槽快速加深并移近气旋中心；暖锋云系和冷锋云系降水释放凝结潜热，但在初始爆发时刻暖锋云系潜热释放较强，而在最大加深率时刻冷锋云系潜热释放较强。气旋中心上游高层存在强 PV，其向气旋中心西部和西南部入侵；气旋中心位于南北两支高空急流之间，但北部高空急流逐渐减弱，南部高空急流逐渐增强，气旋中心逐渐移动至南部高空急流的左前侧。中低层强大气斜压性和潜热释放，气旋中心上游的中高层低压槽和高层强 PV 及高空急流，为 SJ 爆发性气旋的快速发展提供了有利的大气物理环境背景场。

3. Zwack-Okossi 方程诊断分析

绝对涡度平流项、温度平流项和非绝热项是 SJ 爆发性气旋爆发性发展的启动因子，其中温度平流项的贡献最大，其次为绝对涡度平流项，再次为非绝热加热项，绝热项不利于爆发性气旋的发展。在最大加深率时刻，绝对涡度平流项对 SJ 爆发性气旋快速发展的贡献最大，其次为非绝热项，再次为温度平流项，绝对涡度平流项和非绝热加热项是 SJ 爆发性气旋快速发展的主要影响因子。

高层绝对涡度平流项的正值区对其整层积分贡献较大，低层至中层温度平流项的正值区对其整层积分贡献较大，整层积分的正非绝热加热项和负绝热项均主要来自中层至中低层。从初始爆发时刻至最大加深率时刻，整层积分的绝对涡度平流项和温度平流项的增强分别是由其在高层和中层的增强所致。

4. WRF 数值模拟及敏感性试验

WRF 模式能够较好地模拟 SJ 爆发性气旋的中心气压变化、移动路径、海平面气压场、高低空环流形势和温度场。通过对比分析控制试验（CON）结果与潜热敏感性试验（NLHR）、下垫面热通量和水汽通量敏感性试验（NFLX）、地形敏感性试验（GEO）的结果，我们发现下垫面热通量和水汽通量、日本列岛地形对 SJ 爆发性气旋快速发展有一定的影响，但影响较弱，而潜热释放是影响其快速发展的重要因子。潜热释放主要发生于气旋中心东部和东北部的暖锋云系和西南部的冷锋云系中，潜热释放加热大气，一方面使得暖锋快速增强，加大了冷锋和暖锋的温度差异，增强了低层的大气斜压性；另一方面，高层脊位势高度的升高使得高层脊区的风场与气压场不再适应，在附加的气压梯度力作用下产生了向外辐散的气流，高层辐散有利于中低层上升运动的增强。强西南向低空急流又为气旋输送了大量暖湿空气，中低层暖脊区的上升运动使得潜热释放增强，这一过程进一步增强了低层大气的斜压性和高层辐散，从而形成了一个正反馈过程，促进了气旋的爆发性发展。

4.8 一个超级 NWP 爆发性气旋的诊断分析和数值模拟

2013 年 1 月 13 日 00 UTC 至 21 日 00 UTC 发生的一个超级 NWP 爆发性气旋是 2000—2015 年冷季在西北太平洋发生的爆发性发展最为剧烈的个例（命名为 SN 爆发性气旋），其最大加深率达到 3.41 Bergeron，最低中心气压降至 936.8 hPa。本小节将对其演变过程、结构特征进行分析，并使用 Zwack-Okossi 诊断方程和 WRF 敏感性试验探究其发展机制。

4.8.1　气旋演变过程

1. 爆发前发展阶段（2013 年 1 月 13 日 00 UTC 至 12 UTC）

2013 年 1 月 13 日 00 UTC，SN 爆发性气旋在菲律宾以东的太平洋洋面上生成后，向北偏东方向移动（图 4.78），气旋中心气压缓慢降低（图 4.79）。从红外卫星云图上可以看到（图 4.78），13 日 00 UTC 在气旋中心北部存在结构较为松散的片状云系，气旋中心东部分布有对流云团，至 13 日 06 UTC 北部片状云系发展迅速、结构紧密，而东部的对流云团减弱。在气旋中心的西北部和东部分别存在冷高压和暖高压，大风区位于气旋中心的东部，范围较小。

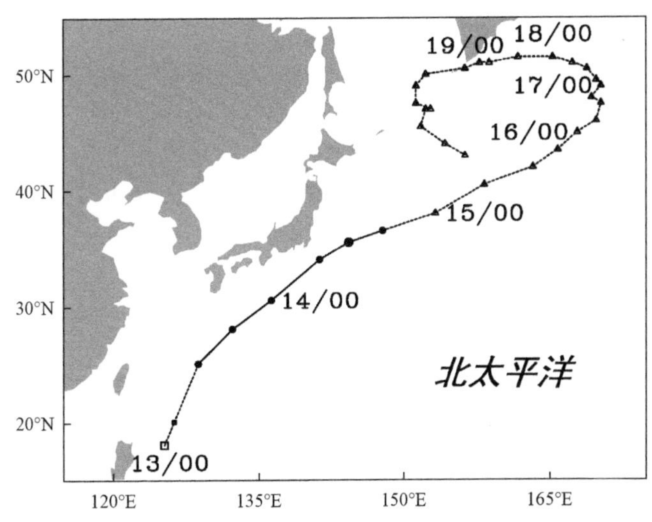

图 4.78　SN 爆发性气旋的移动路径（基于 CFSR 海平面气压资料）

"□" 为爆发前气旋中心位置，"•" 为爆发中气旋中心位置，"Δ" 为爆发后气旋中心位置；"---□---" 为爆发前移动路径，"—•—" 为爆发中移动路径，"---Δ---" 为爆发后移动路径

2. 爆发性发展阶段（2013 年 1 月 13 日 12 UTC 至 15 日 00 UTC）

13 日 12 UTC，爆发性气旋到达我国台湾东部海域（图 4.78），中心气压开始迅速降低（图 4.79），加深率达到 1.34 Bergeron，开始进入爆发性发展阶段。气旋向西北方向移动，移动速度较快，于 14 日 12 UTC，到达日本列岛的东南部海域，爆发强度达到最大值 3.41 Bergeron。从 14 日 06 UTC 至 18 UTC 的 12 h 内，中心气压快速降低了 33.3 hPa，且移动速度缓慢。

从红外卫星云图上（图 4.80）可见，13 日 12 UTC 气旋中心北部暖锋云系快速增大，冷锋云系开始形成，至 14 日 12 UTC，发展成为结构紧密、范围宽广的"逗点状"云系，冷峰云系为狭长云带，跨度超过 3000 km。在气旋中心的北偏西部出现冷高压，并逐渐向气旋西部入侵，东部暖高压在 14 日 00 UTC 出现闭合中心，从 14 日 00 UTC 至 12 UTC，冷

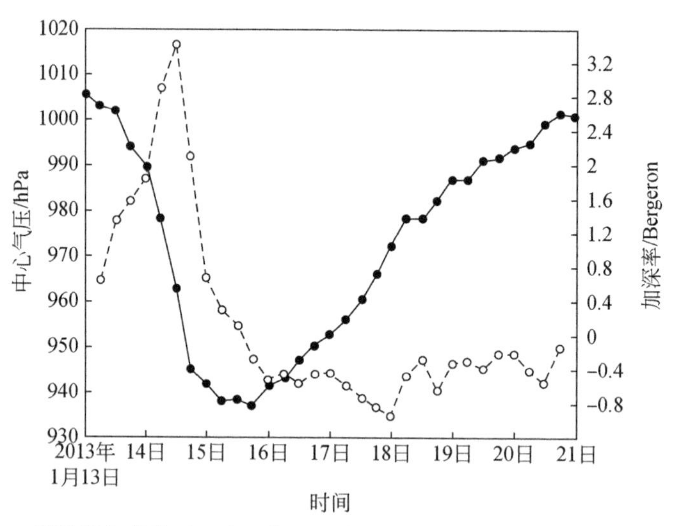

图 4.79 SN 爆发性气旋海平面中心气压（实线）和加深率（虚线）随时间变化曲线

高压快速南下，入侵至气旋中心东部，该爆发性气旋快速发展。在气旋中心的西南部和东南部存在范围较广的大风区。SN 爆发性气旋的爆发时长达 36 h，同时可发现，在其爆发性发展过程中，沿着西北太平洋的暖流—黑潮移动。

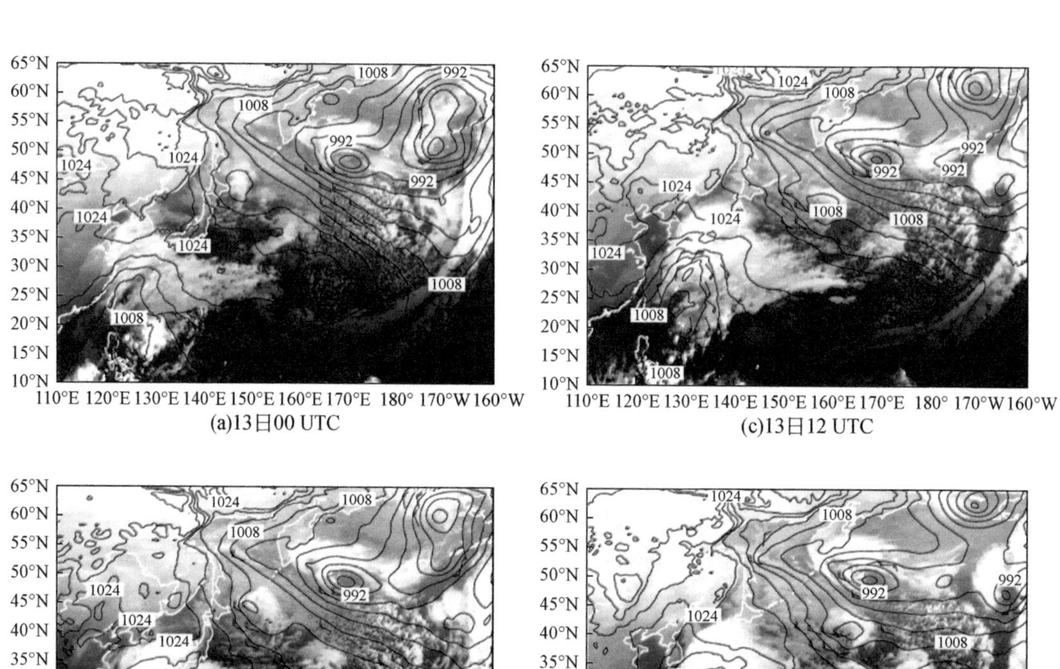

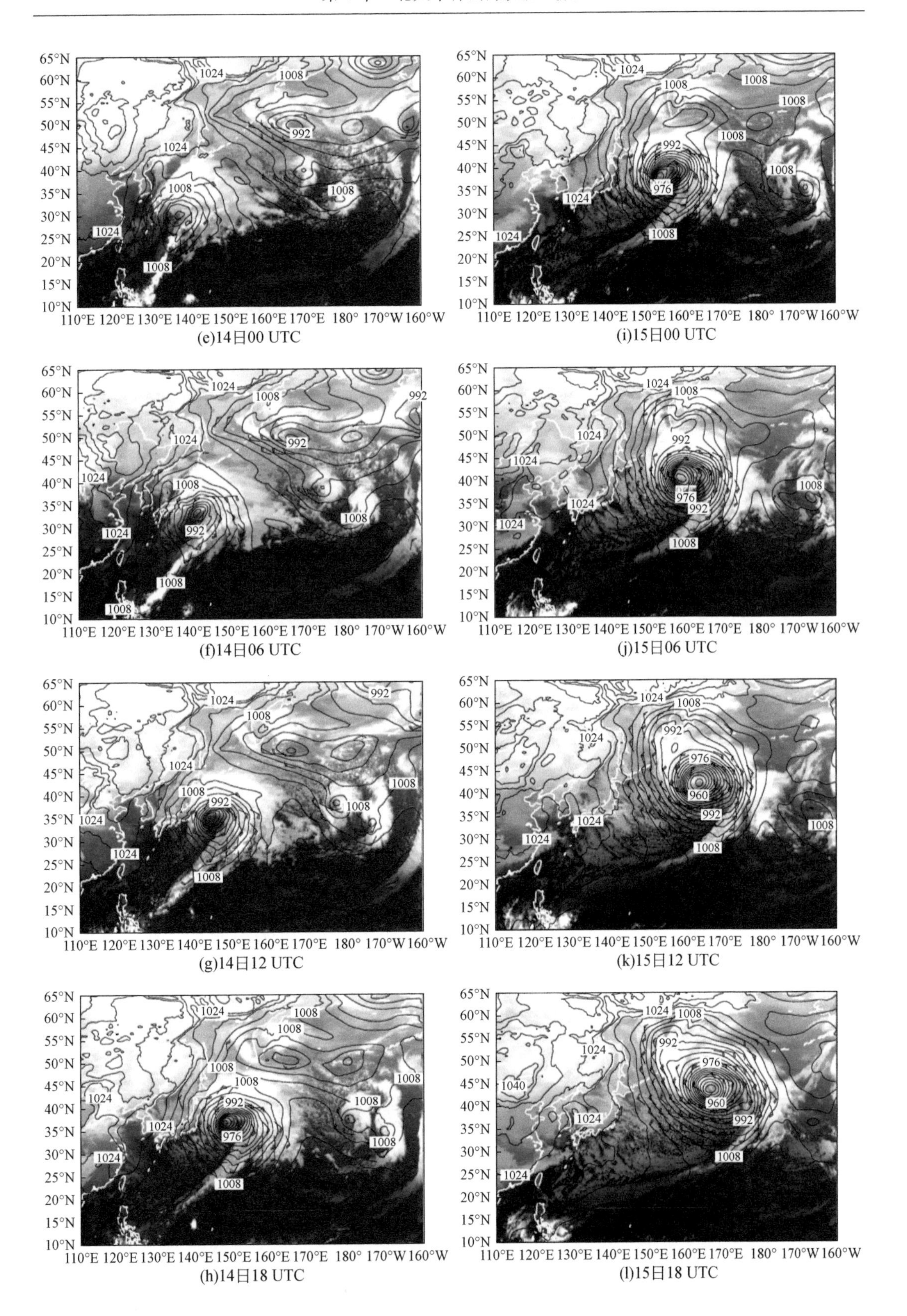

(e)14日00 UTC

(f)14日06 UTC

(g)14日12 UTC

(h)14日18 UTC

(i)15日00 UTC

(j)15日06 UTC

(k)15日12 UTC

(l)15日18 UTC

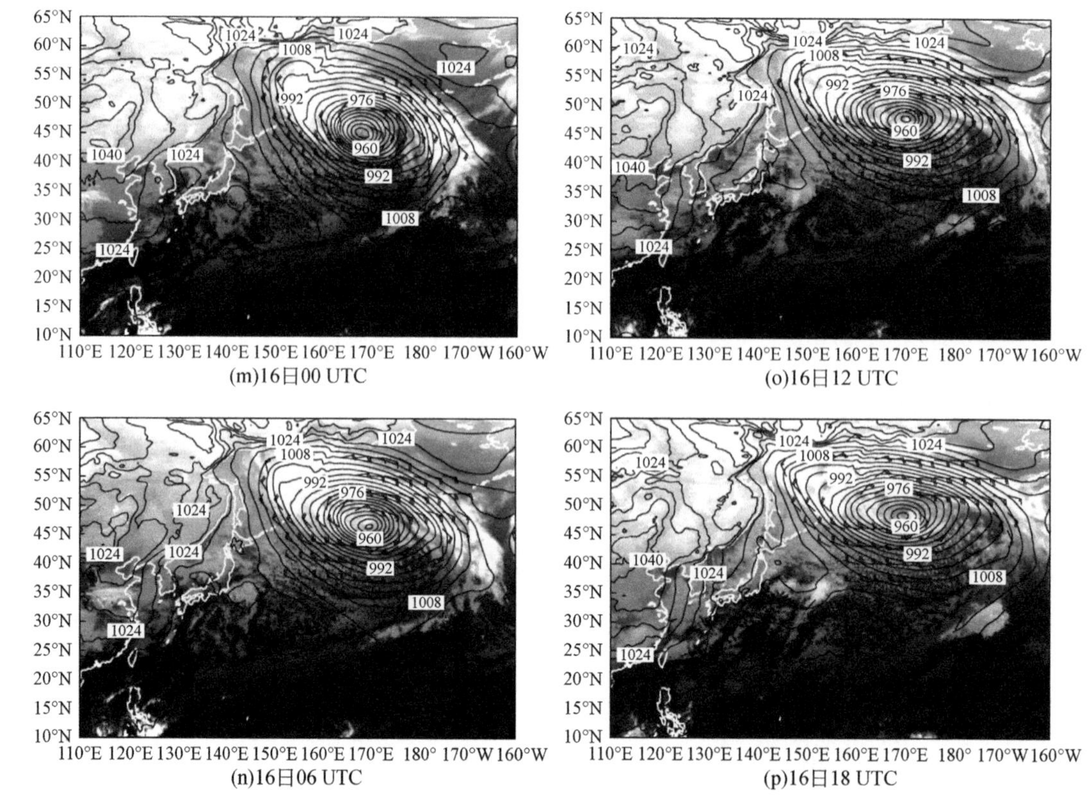

图 4.80　SN 爆发性气旋的 MTSAT-1R 红外卫星云图（阴影）、海平面中心气压（实线，间隔 4 hPa）和大风（风羽，≥16 m/s）

3. 爆发后发展阶段（2013 年 1 月 15 日 00 UTC 至 21 日 00 UTC）

从 14 日 18 UTC 至 15 日 18 UTC，中心气压缓慢降低（图 4.78），加深率减小至 1 Bergeron 以下（图 4.79），气旋进入爆发后的缓慢发展阶段。该气旋继续向西北方向移动，移动速度加快，并在堪察加半岛的东南海域（15 日 18 UTC）中心气压降至最低（936.8 hPa）。在中心气压降至最低后，其移动速度减慢，移动方向变为逆时针方向，并最终在堪察加半岛的南部海域消散。15 日 00 UTC 依然为较强的螺旋云系，15 日 06 UTC 气旋的冷暖锋云系在气旋东北侧出现断裂，冷锋云系逐渐远离气旋中心，整个云系逐渐变松散，并向气旋边缘扩散。在中心气压最低时刻（15 日 18 UTC），冷锋和暖锋云系已变得较为松散。西部冷高压和东部暖高压均逐渐减弱且在中心气压降至最低后，冷暖高压基本消失。气旋中心附近均为大风区，且在东部和东南部大风区范围较大。

4.8.2　环流形势和结构特征

在初始爆发时刻（13 日 12 UTC）的前后 6 h 内，SN 中心气压迅速降低，主要发生在 13 日 12 UTC 至 18 UTC，13 日 18 UTC 为其中心气压迅速降低的第一个时刻，13 日 12

UTC 为虚假的爆发时刻，这是由加深率的计算采用时间中央差所致，因此，我们将 13 日 18 UTC 作为初始爆发时刻。本节选取 SN 爆发性气旋的 13 日 06 UTC（爆发前发展阶段代表时刻）、13 日 18 UTC（初始爆发时刻）、14 日 12 UTC（最大加深率时刻）和 15 日 18 UTC（中心气压最低时刻）做天气形势分析，分析有利于 SN 爆发性气旋快速发展的大气和海洋物理环境背景场。

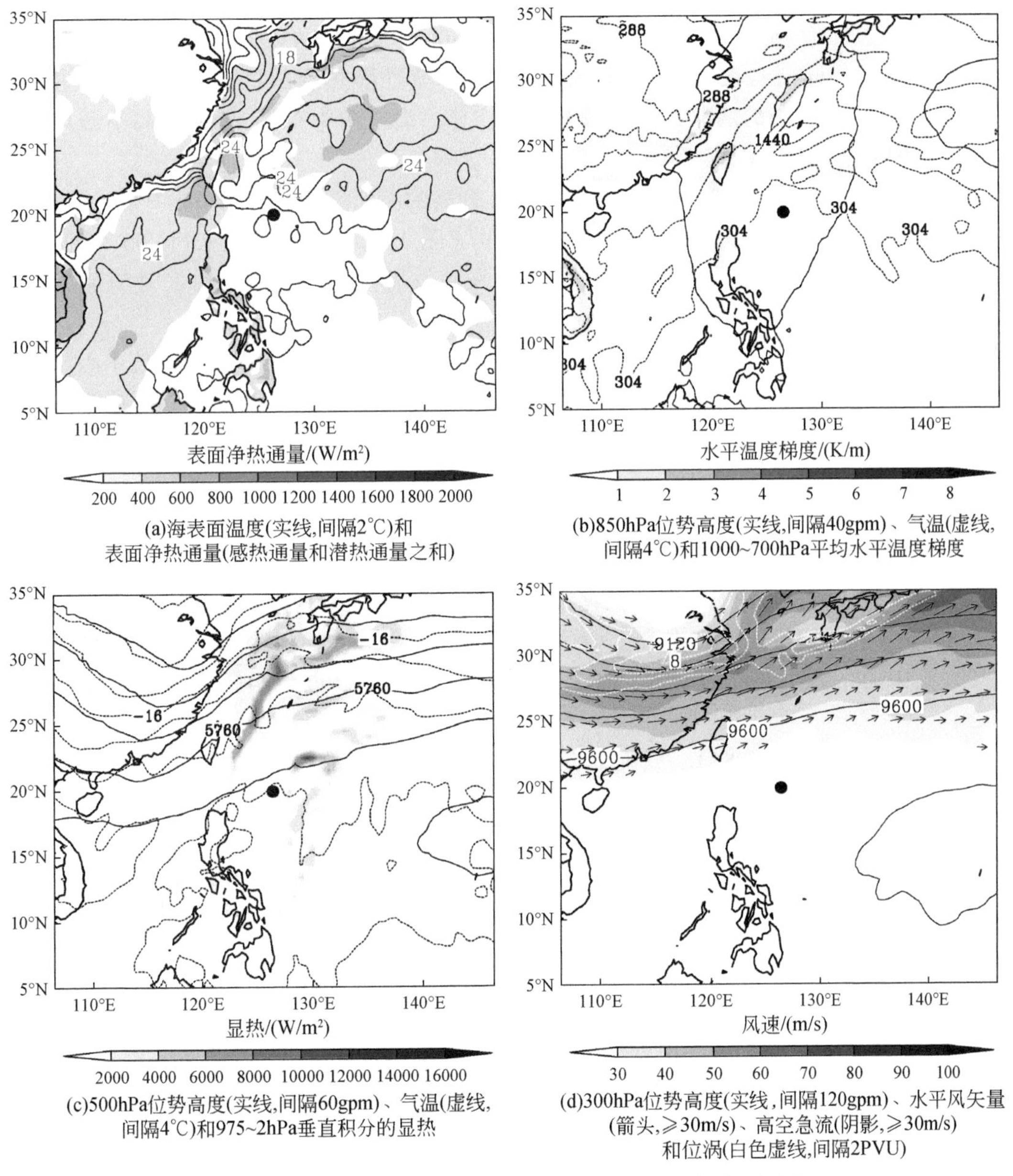

(a)海表面温度(实线,间隔2℃)和表面净热通量(感热通量和潜热通量之和)

(b)850hPa位势高度(实线,间隔40gpm)、气温(虚线,间隔4℃)和1000~700hPa平均水平温度梯度

(c)500hPa位势高度(实线,间隔60gpm)、气温(虚线,间隔4℃)和975~2hPa垂直积分的显热

(d)300hPa位势高度(实线,间隔120gpm)、水平风矢量(箭头,≥30m/s)、高空急流(阴影,≥30m/s)和位涡(白色虚线,间隔2PVU)

图 4.81　2013 年 1 月 13 日 06 UTC 的 SN 爆发性气旋天气图

区域为以气旋中心为中心的东西向 40 个经度和南北向 30 个纬度

13 日 06 UTC（图 4.81），气旋中心位于台湾岛的东南部海域，纬度较低，海表面温度较高（图 4.81a）。在 850 hPa（图 4.81b）图上等高线较为稀疏，1440 gpm 等高线出现低涡中心，位于气旋中心的北部，即台湾岛的东北海域；在气旋中心的北部，即低涡中心的西北海域，等温线较为密集，存在锋区，呈现为西南—东北向的条状分布；等高线与等温线有较大的交角，预示锋区将逐渐增强。在 500 hPa（图 4.81c），低压槽位于气旋中心西北部，距离气旋中心较远，温度槽稍落后于高度槽，且等高线与等温线交角较小，表明槽后存在弱冷平流，低压槽将缓慢加深；在气旋中心的北部存在潜热释放区，主要为暖锋云系降水所致；同时，在气旋中心的东部存在对流性潜热释放区。在 300 hPa 图（图 4.81d）上，气旋中心的西北部存在较弱的高空槽，高空槽中有强 PV 区；高空西风急流位于气旋中心的北部，距离气旋中心较远。

13 日 18 UTC（图 4.82），气旋移动至日本列岛的南部海域，黑潮位于气旋中心西部，在黑潮区域具有较强的海表面感热和潜热通量（图 4.82a）。气旋从 13 日 06 UTC 至 18 UTC 的 12 h 内，中心气压快速下降，进入爆发性发展阶段，其初始爆发时刻加深率为 1.34 Bergeron，达到 MO 爆发性气旋的标准。

850 hPa 低涡快速增强（图 4.82b），1360 gpm 等高线出现闭合中心，气旋中心与低涡中心基本重合；气旋中心移近中国东南部海域的锋区，使锋区发生弯折，在气旋中心的北部和西部分别形成暖锋和冷锋，由于等高线的加密且等高线与等温线有较大的交角，中低层的大气斜压性增强，气旋中心位于暖脊中。

500 hPa 低压槽缓慢加深并移近气旋中心（图 4.82c），位于气旋中心上游大约 7 个经度，温度槽仍落后于低压槽；潜热释放快速增强，在气旋中心上空及东北部出现较强的暖锋云系潜热释放区，且在气旋中心的南部存在狭长的冷锋云系潜热释放区。

300 hPa 高空槽位于气旋中心上游（图 4.82d），并缓慢加深；高空槽中的 PV 增强，位于气旋中心的西北部；气旋进入高空急流区，在气旋中心的西偏北部存在高空急流中心。

14 日 12 UTC（图 4.83），气旋中心位于日本列岛的东部海域，气旋剧烈发展，中心气压快速下降，其加深率达到最大（为 3.41 Bergeron）。气旋中心紧邻黑潮延伸体（图 4.83a），并在气旋中心附近出现强海表面感热和潜热通量区。

850 hPa 低涡快速增强（图 4.83b），气旋中心与低涡中心重合；气旋中心北部暖锋迅速增强，冷锋发展至气旋中心的南部，强度基本维持，等温线与等高线交角较大，大气的斜压性继续增强，等温线极度扭曲，气旋中心位于暖脊中。

500 hPa 低压槽快速加深（图 4.83c），气旋中心位于低压槽中，温度槽落后于高度槽；气旋中心上空存在较强的潜热释放区，暖锋云系潜热释放主要分布于气旋中心西部，在气旋中心东部也存在较强的暖锋云系潜热释放，但距离气旋中心较远，而冷锋云系潜热释放快速增强，分布于气旋中心南部的狭长区域。

300 hPa 高空槽快速加深并移近气旋中心（图 4.83d），气旋中心紧邻高空槽下游；高空槽中的 PV 快速增强，并在气旋中心上游形成了较强的 PV 大值中心；高空急流快速增强，且气旋中心位于高空急流中心的左前部。

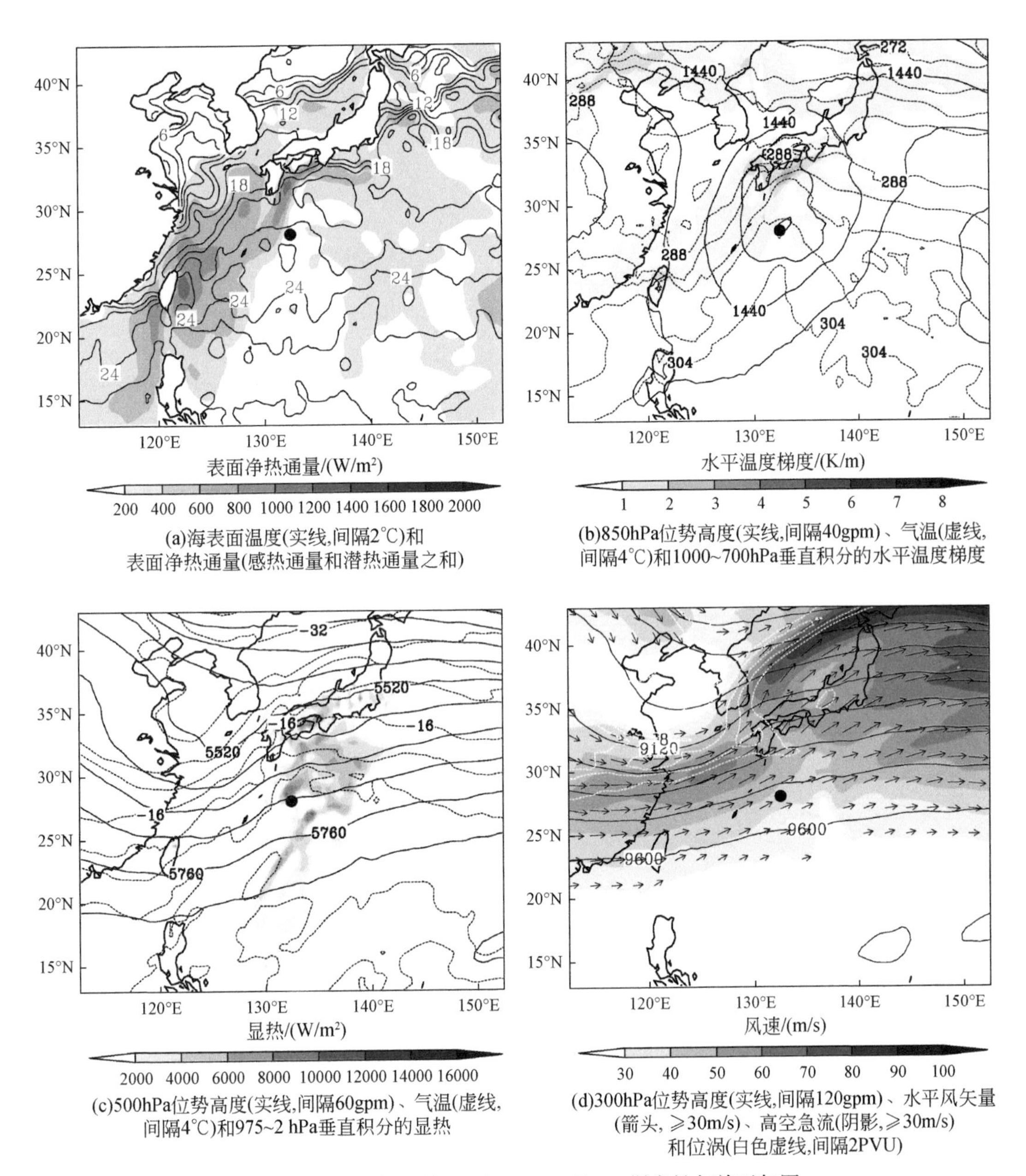

(a)海表面温度(实线,间隔2℃)和表面净热通量(感热通量和潜热通量之和)

(b)850hPa位势高度(实线,间隔40gpm)、气温(虚线,间隔4℃)和1000~700hPa垂直积分的水平温度梯度

(c)500hPa位势高度(实线,间隔60gpm)、气温(虚线,间隔4℃)和975~2 hPa垂直积分的显热

(d)300hPa位势高度(实线,间隔120gpm)、水平风矢量(箭头,≥30m/s)、高空急流(阴影,≥30m/s)和位涡(白色虚线,间隔2PVU)

图 4.82　2013 年 1 月 13 日 18 UTC 的 SN 爆发性气旋天气图

区域以气旋中心为中心的东西向 40 个经度和南北向 30 个纬度

在 14 日 00 UTC（图 4.84），气旋移动至千岛群岛的东南海域，其中心气压降至最低，气旋发展至最强。气旋中心位于黑潮延伸体的北部海域，在气旋中心南部存在较强的海表面感热和潜热通量（图 4.84a）。

850 hPa 低涡继续增强（图 4.84b），低涡中心与气旋中心重合；锋区强度减弱，特别是冷锋减弱较为迅速，且远离气旋中心。

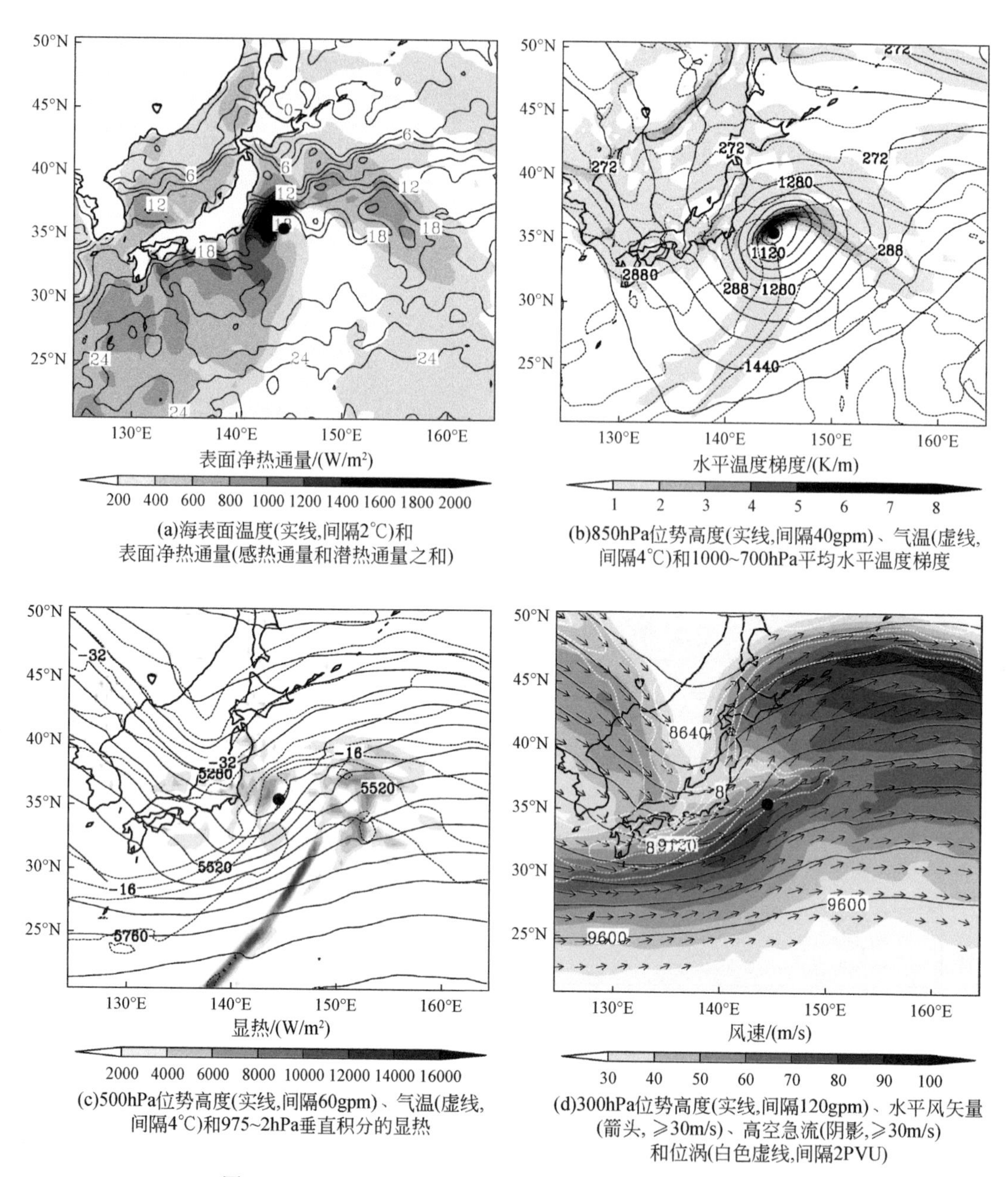

(a)海表面温度(实线,间隔2℃)和表面净热通量(感热通量和潜热通量之和)

(b)850hPa位势高度(实线,间隔40gpm)、气温(虚线,间隔4℃)和1000~700hPa平均水平温度梯度

(c)500hPa位势高度(实线,间隔60gpm)、气温(虚线,间隔4℃)和975~2hPa垂直积分的显热

(d)300hPa位势高度(实线,间隔120gpm)、水平风矢量(箭头,≥30m/s)、高空急流(阴影,≥30m/s)和位涡(白色虚线,间隔2PVU)

图 4.83　2013 年 1 月 14 日 12 UTC 的 SN 爆发性气旋天气图

区域以气旋中心为中心的东西向 40 个经度和南北向 30 个纬度

500 hPa 图上出现低涡中心（图 4.84c），且该低涡中心与气旋中心基本重合；气旋中心附近区域潜热释放快速减弱，只在其东部存在范围较小、强度较弱的潜热释放区。气旋中心位于 300 hPa 槽中（图 4.84d），PV 大值中心与气旋中心重合；在气旋中心的东南部存在高空急流中心，气旋中心已移出急流区。从低层至高层，气旋系统由向西倾斜变为垂直系统，气旋逐渐丧失继续发展的有利条件。

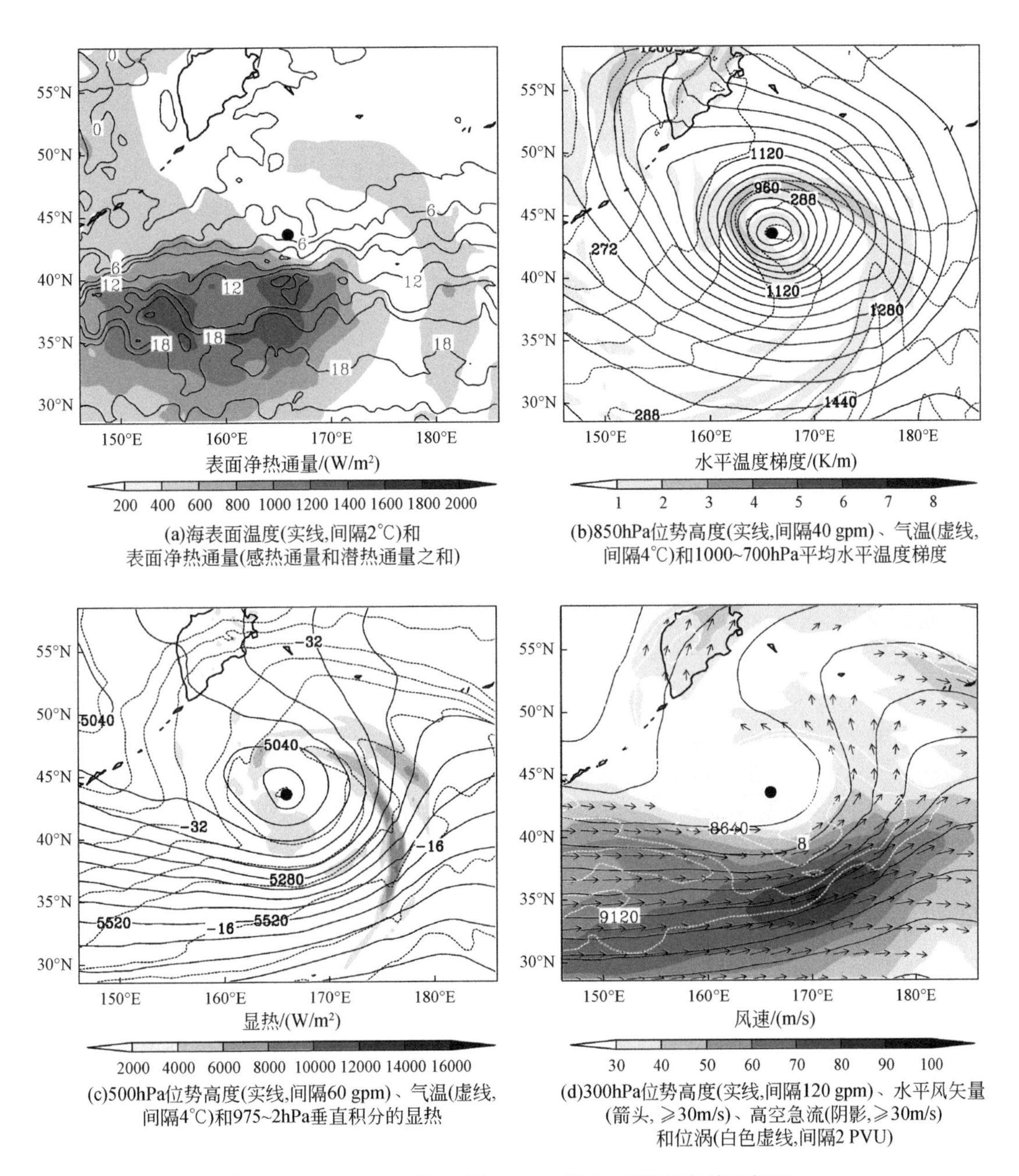

(a)海表面温度(实线,间隔2℃)和表面净热通量(感热通量和潜热通量之和)

(b)850hPa位势高度(实线,间隔40 gpm)、气温(虚线,间隔4℃)和1000~700hPa平均水平温度梯度

(c)500hPa位势高度(实线,间隔60 gpm)、气温(虚线,间隔4℃)和975~2hPa垂直积分的显热

(d)300hPa位势高度(实线,间隔120 gpm)、水平风矢量(箭头,⩾30m/s)、高空急流(阴影,⩾30m/s)和位涡(白色虚线,间隔2 PVU)

图 4.84　2013 年 1 月 15 日 18 UTC 的 SN 爆发性气旋天气图

区域以气旋中心为中心的东西向 40 个经度和南北向 30 个纬度

由以上分析可知，在 SN 爆发性气旋爆发性发展的过程中，其逐渐靠近黑潮区域，并沿着黑潮移动，海表面感热和潜热通量迅速增强，特别是在最大加深率时刻，气旋中心附近区域存在较大的海表面感热和潜热通量。在中低层，存在冷锋和暖锋，并且冷锋逐渐向气旋中心的西南部入侵，暖锋逐渐增强导致中低层的大气斜压性较强，气旋中心位于暖脊中。在中高层，低压槽在初始爆发时刻之前缓慢加深，而至最大加深率时刻，迅速加深，

气旋中心位于低压槽的下游。在初始爆发时刻具有较强的潜热释放，并维持到最大加深率时刻，因此潜热释放是其爆发性发展特别是初始爆发时刻的主要影响因子。

高空槽发展类似于中层低压槽，高空槽中存在强 PV，在最大加深率时刻增强较为剧烈。高空急流从初始爆发时刻至最大加深率时刻快速增强，且气旋中心由急流的右前侧逐渐移动至其左前侧，也即高层动力强迫是其剧烈发展的主要影响因子。西北太平洋暖流产生较强的海表面感热和潜热通量，为其快速发展提供了有利的海洋物理环境背景场。中低层较强的大气斜压性、中高层槽前和高空急流左前侧的正涡度平流以及潜热释放，为其快速发展提供了有利的大气物理环境背景场。

4.8.3 Zwack-Okossi 方程诊断分析

上节分析表明，潜热释放、斜压强迫、正涡度平流等因子对 SN 爆发性气旋的快速发展具有重要贡献。本节将利用 Zwack-Okossi 诊断方程，定量分析涡度平流、温度平流、非绝热加热和绝热加热等因子对气旋发展的贡献，以揭示 SN 爆发性气旋的发展机制。

1. 950 hPa 地转涡度倾向项结果对比

图 4.85 为 SN 爆发性气旋 950 hPa 地转涡度倾向项，虽然非线性项的计算产生一些噪音和潜热释放的计算存在一些误差，但扩展 Zwack-Okossi 方程所有强迫项相加得到的 950 hPa 地转涡度倾向项与 950 hPa 地转涡度局地项的形态特征和量级相当吻合。由此可见，使用 Zwack-Okossi 方程对 SN 爆发性气旋进行诊断分析是合理的，结果是可以信赖的。

2. 950 hPa 地转涡度倾向项的分布特征与演变过程

在 13 日 06 UTC（图 4.85a），地转涡度倾向项较弱，气旋中心周围未出现强度大于 $2\times10^{-9}/s^2$ 的区域。在 13 日 12 UTC（图 4.85b），气旋中心东北部出现强度为 $2\times10^{-9}/s^2$ 的正地转涡度倾向项区域，其强度较弱、范围较小。从 13 日 12 ~ 18 UTC（图 4.85c），气旋开始爆发性发展，地转涡度倾向项正中心强度由 $2\times10^{-9}/s^2$ 增至 $4\times10^{-9}/s^2$，气旋中心紧邻地转涡度倾向项正中心的西南部。从 13 日 18 UTC 至 14 日 12 UTC（图 4.85d ~ f），地转涡度倾向项快速增强，其中心强度由 $4\times10^{-9}/s^2$ 增至 $12\times10^{-9}/s^2$，增强幅度达到三倍，爆发性气旋快速发展，气旋中心始终紧邻地转涡度倾向项正中心的西南部。14 日 18 UTC（图 4.85g）为 SN 爆发性气旋最后爆发时刻，地转涡度倾向项正中心的强度继续增强，但气旋中心已开始逐渐远离地转涡度倾向项正中心，气旋将进入缓慢发展阶段。从 15 日 00 UTC ~ 18 UTC（图 4.85d ~ f）地转涡度倾向项的强度逐渐减弱，气旋中心位于正涡度地转倾向项的西南部，气旋发展缓慢。

由上分析可见，950 hPa 地转涡度倾向项的发展变化与 SN 爆发性气旋的发展过程具有较高的吻合度，再次表明使用 Zwack-Okossi 方程对 SN 爆发性气旋进行诊断分析是可行的。

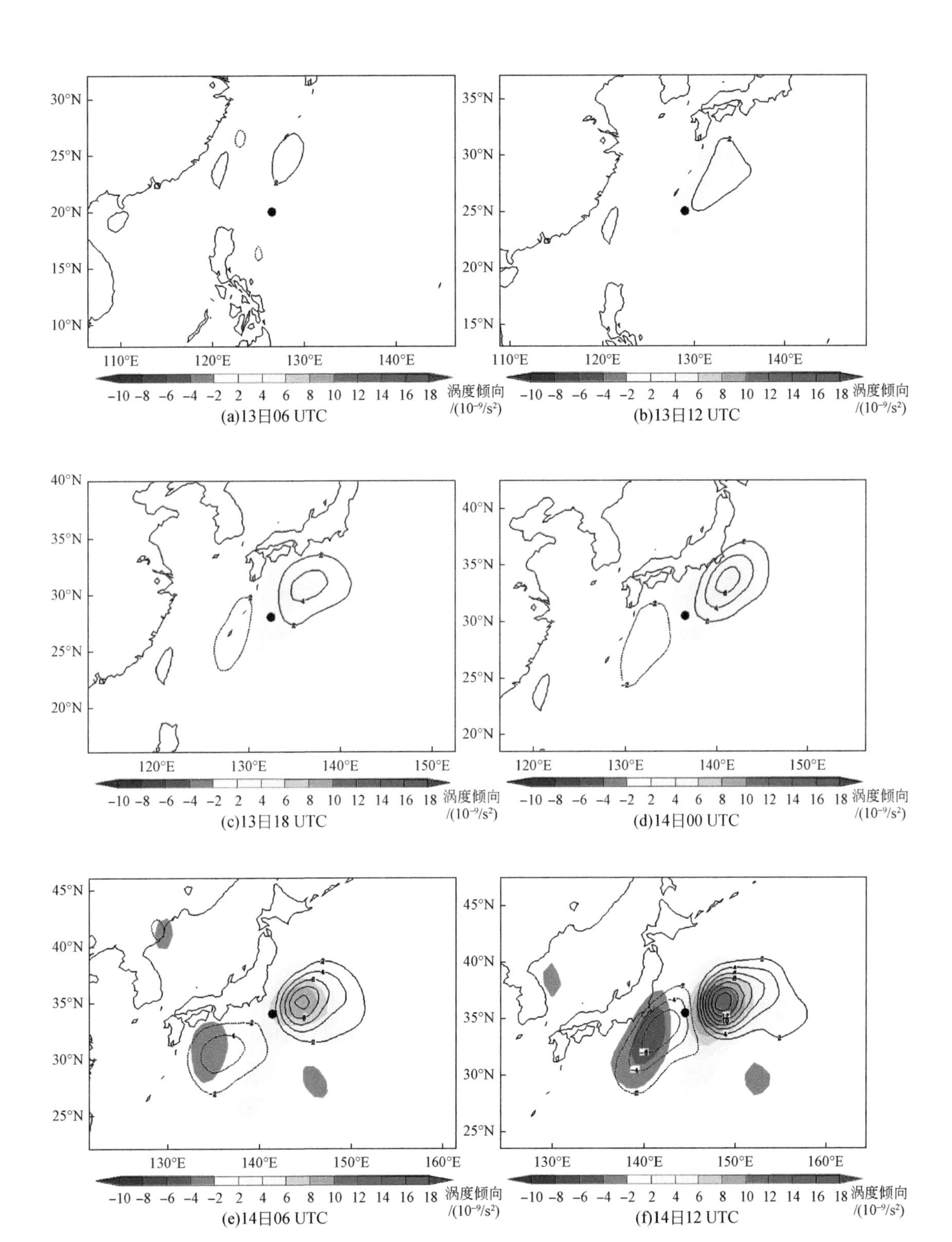

(a)13日06 UTC

(b)13日12 UTC

(c)13日18 UTC

(d)14日00 UTC

(e)14日06 UTC

(f)14日12 UTC

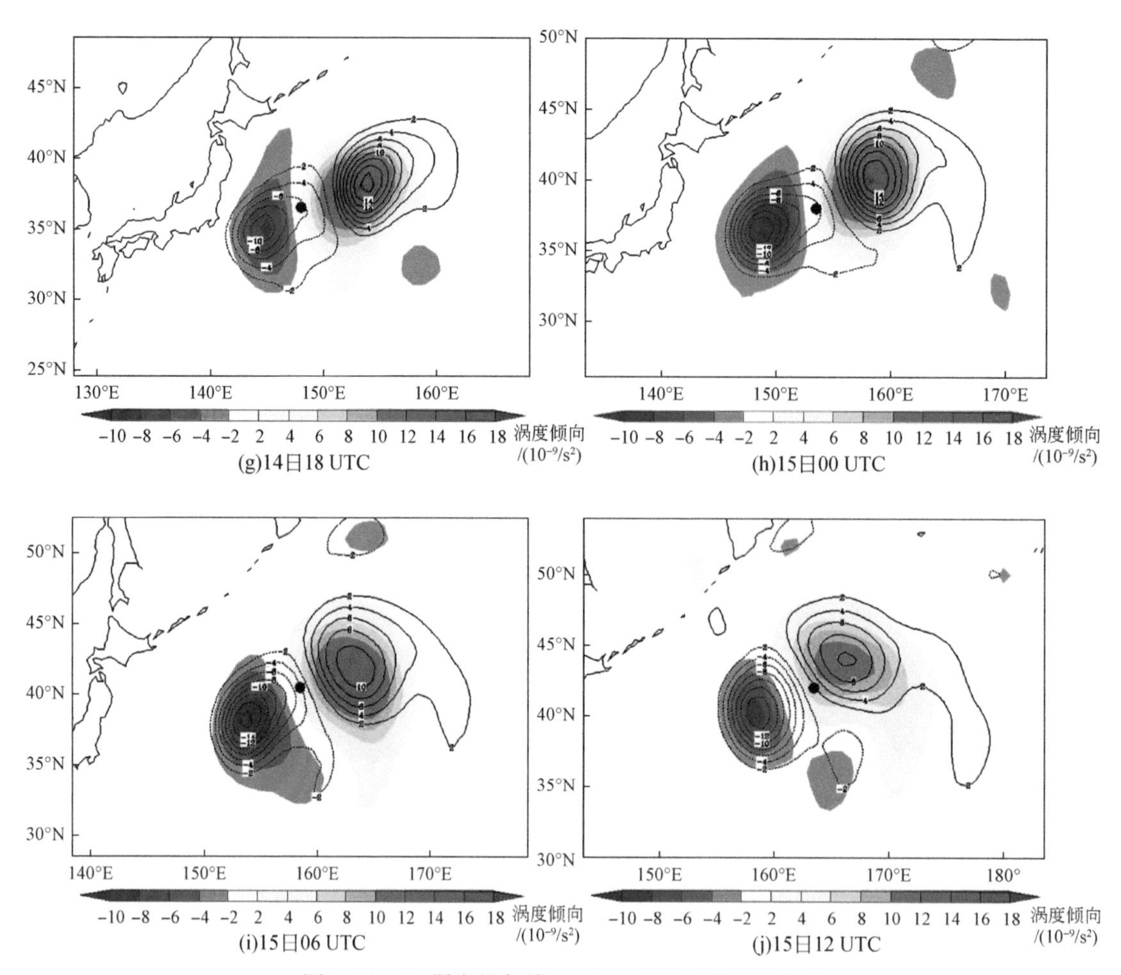

图 4. 85　SN 爆发性气旋 950 hPa 上地转涡度倾向项

等值线表示 Zwack-Okossi 方程左边一项（间隔 $2\times10^{-9}/s^2$），阴影表示方程右边九项之和（间隔 $2\times10^{-9}/s^2$），实心圆点表示地面气旋中心所在的位置

3. 基本的强迫过程对 SN 爆发性气旋发展的作用

（1）整层积分

本节对 SN 爆发性气旋 13 日 06 UTC（爆发前发展阶段代表时刻）、13 日 18 UTC（初始爆发时刻）、14 日 12 UTC（最大加深率时刻）和 15 日 18 UTC（中心气压最低时刻）4 个时刻进行诊断分析，以定量揭示 VADV 项、TADV 项、DIAB 项和 ADIA 项对 SN 爆发性气旋快速发展的贡献。

图 4. 86 ~ 图 4. 89 分别为 13 日 06 UTC、13 日 18 UTC、14 日 12 UTC 和 15 日 18 UTC Zwack-Okossi 方程 VADV 项、TADV 项、DIAB 项和 ADIA 项造成的 950 hPa 地转涡度倾向项（等值线）以及各强迫项造成的 950 hPa 地转涡度倾向项之和（阴影）。图 4. 50 为 13 日 06 UTC、13 日 18 UTC、14 日 12 UTC 和 15 日 18 UTC 区域平均的 VADV 项、TADV 项、

DIAB 项和 ADIA 项以及 Zwack-Okossi 方程右边九项之和（RHS），区域平均计算的区域是以气旋为中心经度和纬度各为10°的区域。

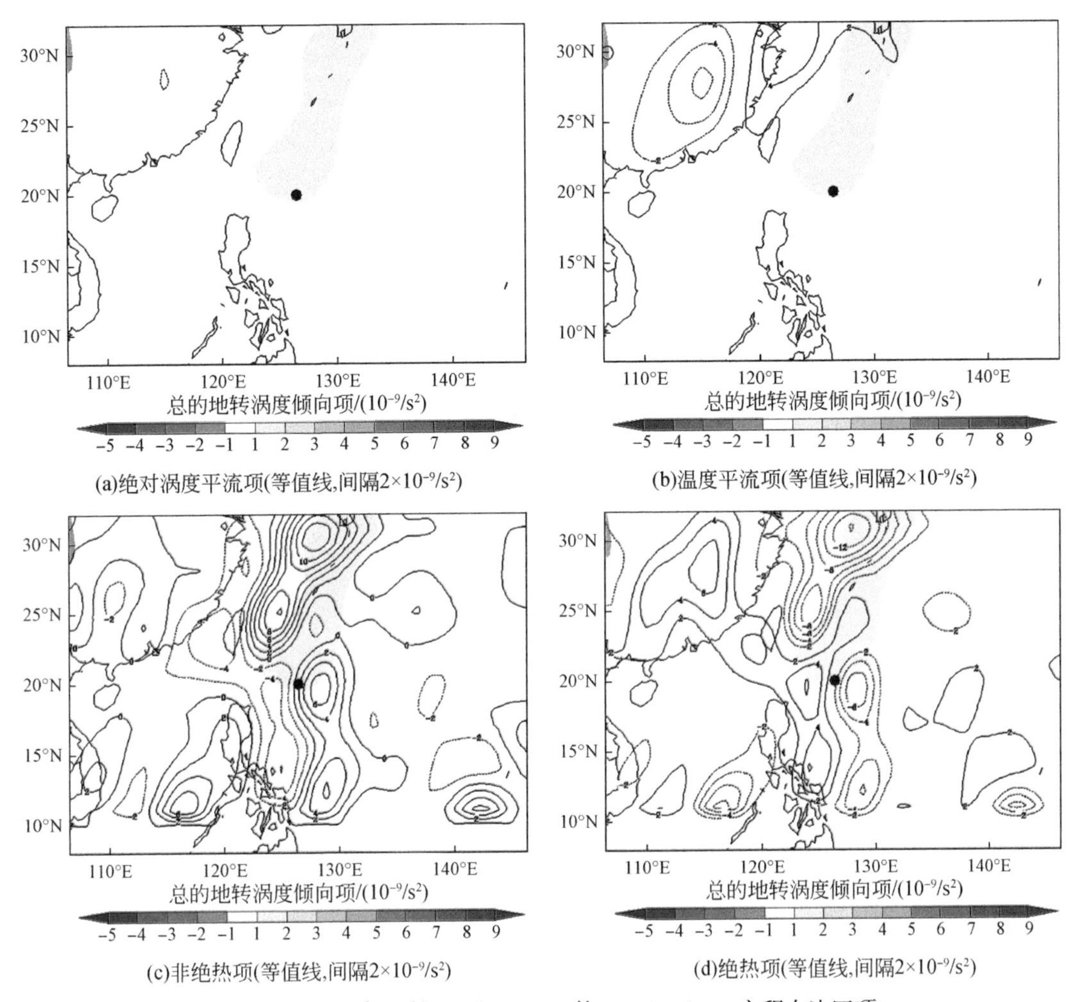

图 4.86　2013 年 1 月 13 日 06 UTC 的 Zwack-Okossi 方程右边四项对总的地转涡度倾向项（间隔 $2\times10^{-9}/s^2$）的贡献

实心圆点表示 SN 爆发性气旋中心位置

在 13 日 06 UTC（图 4.86），VADV 项未出现强度大于 $2\times10^{-9}/s^2$ 的区域（图 4.86a）。TADV 项正值区和负值区分别分布于气旋中心的北部和西北部（图 4.86b），中心强度分别为 $4\times10^{-9}/s^2$ 和 $-6\times10^{-9}/s^2$，距离气旋中心较远。气旋中心的北偏西部和东部存在 DIAB 项正值区（图 4.86c），其中心强度分别达到 $6\times10^{-9}/s^2$ 和 $12\times10^{-9}/s^2$，北偏西部的 DIAB 项正值区是由于暖锋云系降水释放凝结潜热所致，距离气旋中心较远，而南偏东部的 DIAB 项正值区是由于对流性云团降水所致，紧邻气旋中心。ADIA 项负值区的分布特征与 DIAB 项正值区的分布特征相似（图 4.86d），在气旋中心的北偏西部和南偏东部分布有较强的负值区域，表明在此区域具有较强的上升运动。区域平均的 VADV 项、TADV 项和 ADIA 项为负值（图 4.90a），区域平均的 DIAB 项为正值，但其值较小。因此，在气旋的爆发前发展阶段，绝对涡度平流项、温度平流项和绝热项不利于气旋的发展，非绝热项有利于爆发性气旋的发展，但其强度较弱，气旋尚不具备快速发展的有利条件。

在 13 日 18 UTC（图 4.87），VADV 项的正值区位于气旋中心北部（图 4.87a），其中心强度为 $2\times10^{-9}/s^2$。TADV 项正值区紧邻气旋中心的北部（图 4.87b），其中心强度迅速增至 $6\times10^{-9}/s^2$。DIAB 项正值中心紧邻气旋中心的西南部（图 4.87c），中心强度快速增至 $28\times10^{-9}/s^2$，表明存在较强的暖锋云系降水，使得潜热释放快速增加。ADIA 项在气旋中心附近区域为负值（图 4.87d），中心强度达到 $-30\times10^{-9}/s^2$，表明此区域上升运动较为剧烈。区域平均的 TADV 项和 DIAB 项为正值（图 4.90b），DIAB 项较大（$3.122\times10^{-9}/s^2$），TADV 项较小（$1.209\times10^{-9}/s^2$）；区域平均的 VADV 项和 ADIA 项为负值，不利于爆发性气旋的发展。相对于爆发性发展前（13 日 06 UTC），在初始爆发时刻，TADV 项和 DIAB 项快速增强，特别是 DIAB 项增强较为剧烈，即温度平流项和非绝热项是 SN 爆发性气旋开始爆发性发展的主要影响因子，且非绝热项的贡献大于温度平流项的贡献。

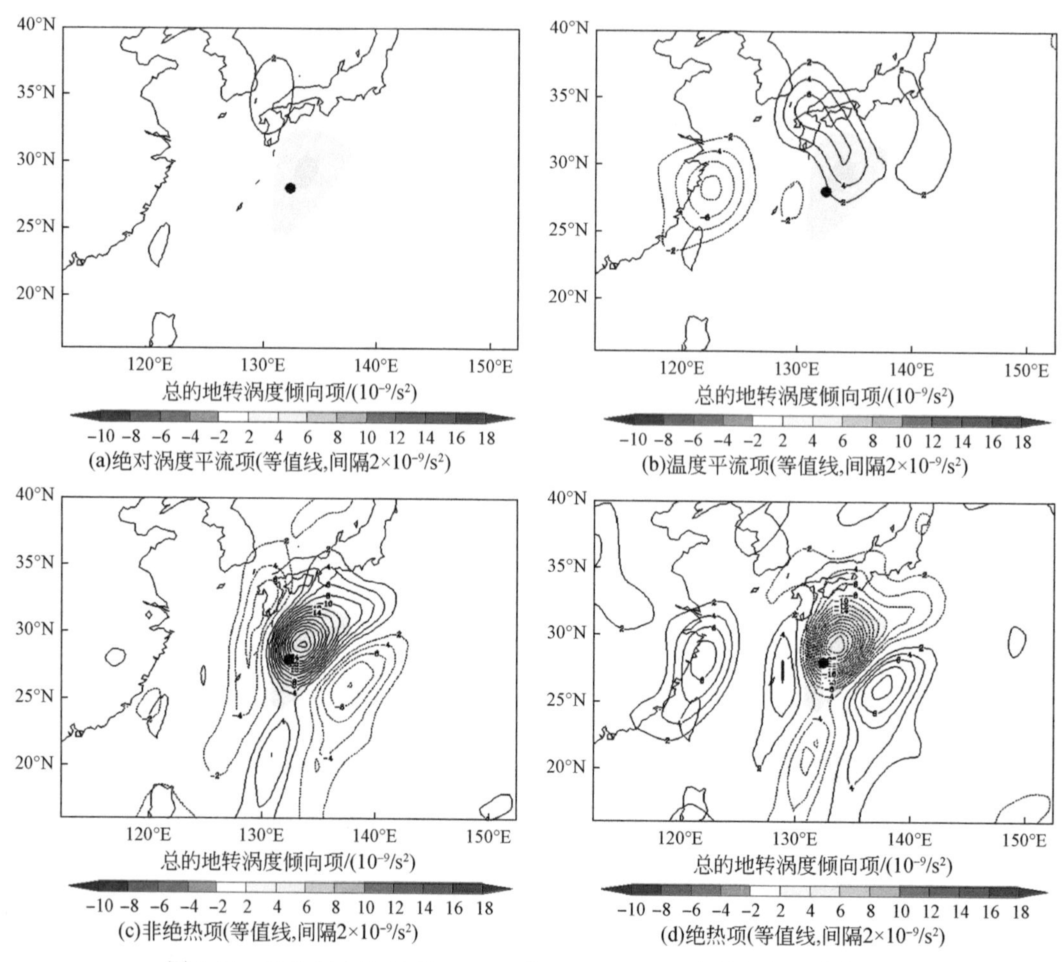

图 4.87　2013 年 1 月 13 日 18 UTC 的 Zwack-Okossi 方程右边四项对总的地转涡度倾向项的贡献

实心圆点表示 SN 爆发性气旋中心位置

在 14 日 12 UTC（图 4.88），VADV 项的正值区依然紧邻气旋中心北部（图 4.88a），其中心强度增至 $4\times10^{-9}/s^2$。TADV 项正值中心位于气旋中心的东北部（图 4.88b），其中心强度增至 $22\times10^{-9}/s^2$。DIAB 项的正值区主要分布于气旋中心的北部（图 4.88c），中心强度为 $12\times10^{-9}/s^2$，相对于初始爆发时刻（2 日 18 UTC），强度有所减弱。ADIA 项在气旋中心的东北部分布有较强的负值区域（图 4.88d），中心强度为 $-30\times10^{-9}/s^2$，表明此区域存在上升运动。区域平均的 VADV 项、TADV 项和 DIAB 项均为正值（图 4.88c），TADV 项最大（$5.878\times10^{-9}/s^2$），其次为 DIAB 项（$5.253\times10^{-9}/s^2$），VADV 项最小（$1.100\times10^{-9}/s^2$）；但从初始爆发时刻至最大加深率时刻，VADV 项和 TADV 项快速增强，DIAB 项强度有所减弱。

因此，绝对涡度平流项和温度平流项是 SN 爆发性气旋快速发展的主要影响因子，且温度平流项的贡献大于绝对涡度平流项的贡献；虽然非绝热项有所减弱，但其贡献仍然大于绝对涡度平流项，因此非绝热项仍是 SN 爆发性气旋快速发展重要影响因子。

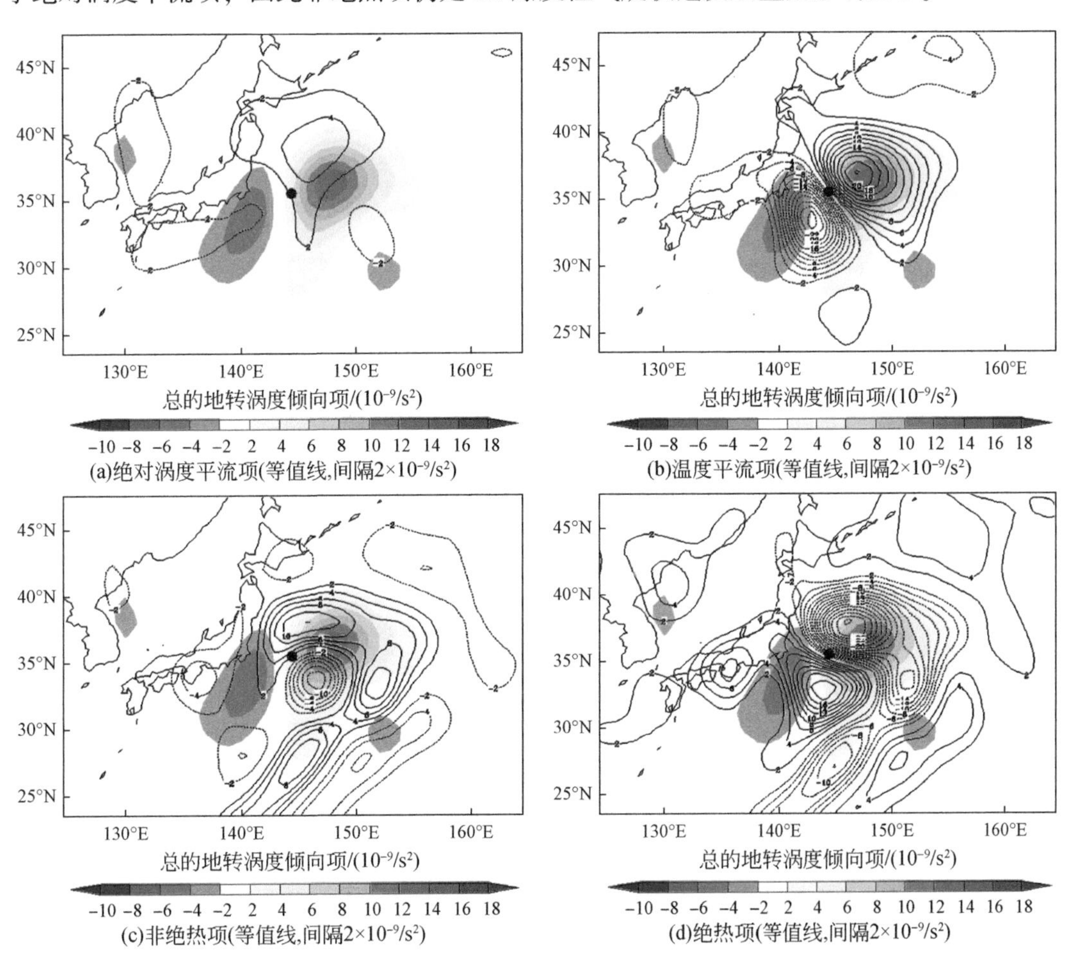

图 4.88　2013 年 1 月 14 日 12 UTC 的 Zwack-Okossi 方程右边四项对总的地转涡度倾向项（间隔 $2\times10^{-9}/s^2$）的贡献

实心圆点表示 SN 爆发性气旋中心位置

在 15 日 18 UTC（图 4.89），VADV 项正值区的中心强度减弱（$4\times10^{-9}/s^2$）并远离气旋中心（图 4.89a）。在气旋中心的东北部有 TADV 项正值中心（图 4.89b），中心强度已减弱至 $4\times10^{-9}/s^2$。气旋中心区域的 DIAB 项较小（图 4.89c），强正值区发生于距离气旋中心较远的东部。ADIA 项在气旋中心区域较弱（图 4.89d），表明其中心区域的垂直运动较弱。区域平均的 DIAB 项和 ADIA 项为正值（图 4.89d）分别为 $0.045\times10^{-9}/s^2$ 和 $0.160\times10^{-9}/s^2$；VADV 项和 TADV 项已变为负值，不利于爆发性气旋的发展。因此，在最低气压时刻，绝对涡度平流项、温度平流项和非绝热项快速减小使得 SN 爆发性气旋丧失继续发展的有利条件。

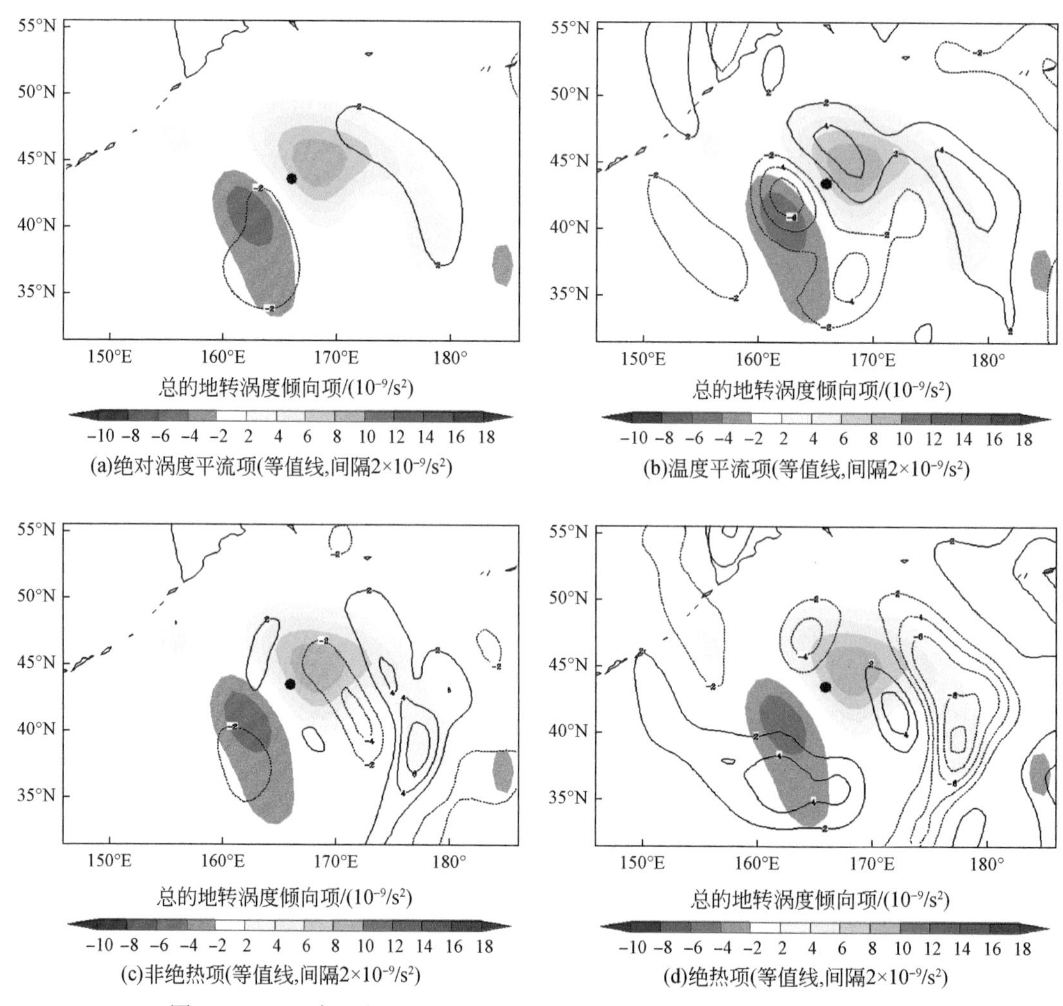

图 4.89　2013 年 1 月 15 日 18 UTC 的 Zwack-Okossi 方程右边四项对总的地转涡度倾向项（间隔 $2\times10^{-9}/s^2$）的贡献

实心圆点表示 SN 爆发性气旋中心位置

由以上分析可知，在初始爆发时刻，温度平流项和非绝热项，特别是非绝热项，是 SN 爆发性气旋爆发性发展的主要影响因子，非绝热项的贡献大于温度平流项的贡献。在最大加深率时刻，绝对涡度平流项和温度平流项是SN爆发性气旋快速发展的主要影响因子，温度平流项的贡献大于绝对涡度平流项的贡献。虽然非绝热项有所减弱，但其强度仍强于绝对涡度平流项，非绝热项仍是SN爆发性气旋快速发展的重要影响因子。由环流形势和结构特征分析可知，在初始爆发时刻，爆发性气旋移近黑潮区域，温暖的洋面对大气加热作用明显，且气旋中心位于暖脊中，使得温度平流项迅速增强；暖锋云系降水导致大量的潜热释放，使得非绝热项快速增强。从初始爆发时刻至最大加深率时刻，气旋中心区域维持较强的潜热释放，SN爆发性气旋继续沿黑潮移动，且暖脊强度增强使温度平流项迅速增强；中高层低压槽快速加深，高空急流快速增强，气旋中心移动至高空急流的左侧，使得绝对涡度平流项快速增强，为其快速发展提供有利条件。

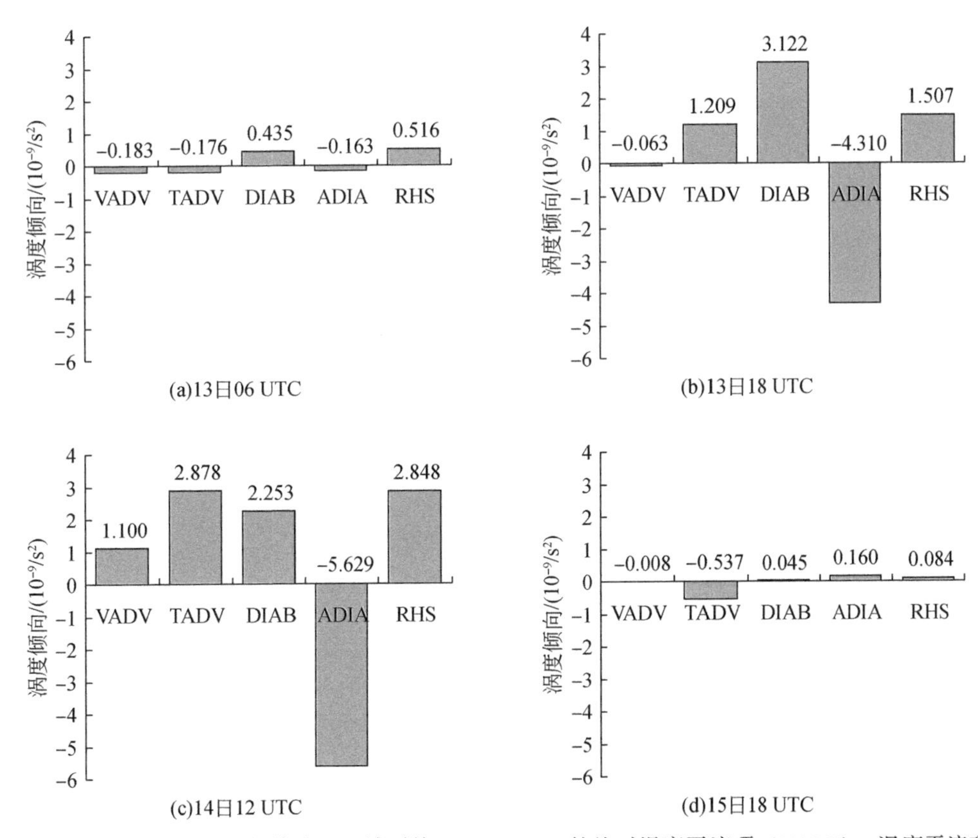

图4.90　围绕SN爆发性气旋中心区域平均（10°×10°）的绝对涡度平流项（VADV）、温度平流项（TADV）、非绝热项（DIAB）、绝热项（ADIA）以及Zwack-Okossi方程右边九项之和（RHS）

（2）垂直剖面

以上我们分析了SN爆发性气旋整层积分的VADV项、TADV项、DIAB项和ADIA项的水平分布特征及其区域平均的变化特征，下面我们将选取初始爆发时刻（13日18 UTC）和最大加深率时刻（14日12 UTC）进行分析，研究上述各项的垂直剖面特征。

在初始爆发时刻（图4.91），VADV项强度较弱（图4.91a），在经过气旋中心的垂直剖面图上未出现强度大于$0.4\times10^{-9}/s^2$的正值区。TADV项在高层（400 hPa）和中低层

(800 hPa) 分别存在较强和较弱的正值区 (图 4.91b), 高层 TADV 项正值区紧邻气旋中心的上游, 中低层 TADV 项正值区紧邻气旋中心的下游, 其中心强度分别为 $1.2\times10^{-9}/s^2$ 和 $0.4\times10^{-9}/s^2$。在气旋中心上游的中层 (550 hPa) 和中低层 (800 hPa) 分别存在较强和较弱的 TADV 项负值区, 中心强度分别为 $-1.2\times10^{-9}/s^2$ 和 $-0.8\times10^{-9}/s^2$。气旋中心上游低层的 TADV 项负值区和高层的 TADV 项正值区在整层积分时相互抵消, 气旋中心下游中低层的 TADV 项正值区对其整层积分贡献较大。

气旋中心上部的 350 hPa 以下为 DIAB 项正值区 (图 4.91c), 其中心位于 700 hPa, 强度达到 $2.4\times10^{-9}/s^2$。ADIA 项负值区的垂直分布特征与 DIAB 项正值区的垂直分布特征相似 (图 4.91d), 其中心位于 700 hPa, 强度达到 $-2.8\times10^{-9}/s^2$。区域平均的 VADV 项和 TADV 项均较小 (图 4.53a、b); 区域平均的 DIAB 正值区分布于 350 hPa 以下, 且在中层较大 (图 4.53c); 区域平均的 ADIA 项从低层至高层均为负值区 (图 4.53d)。

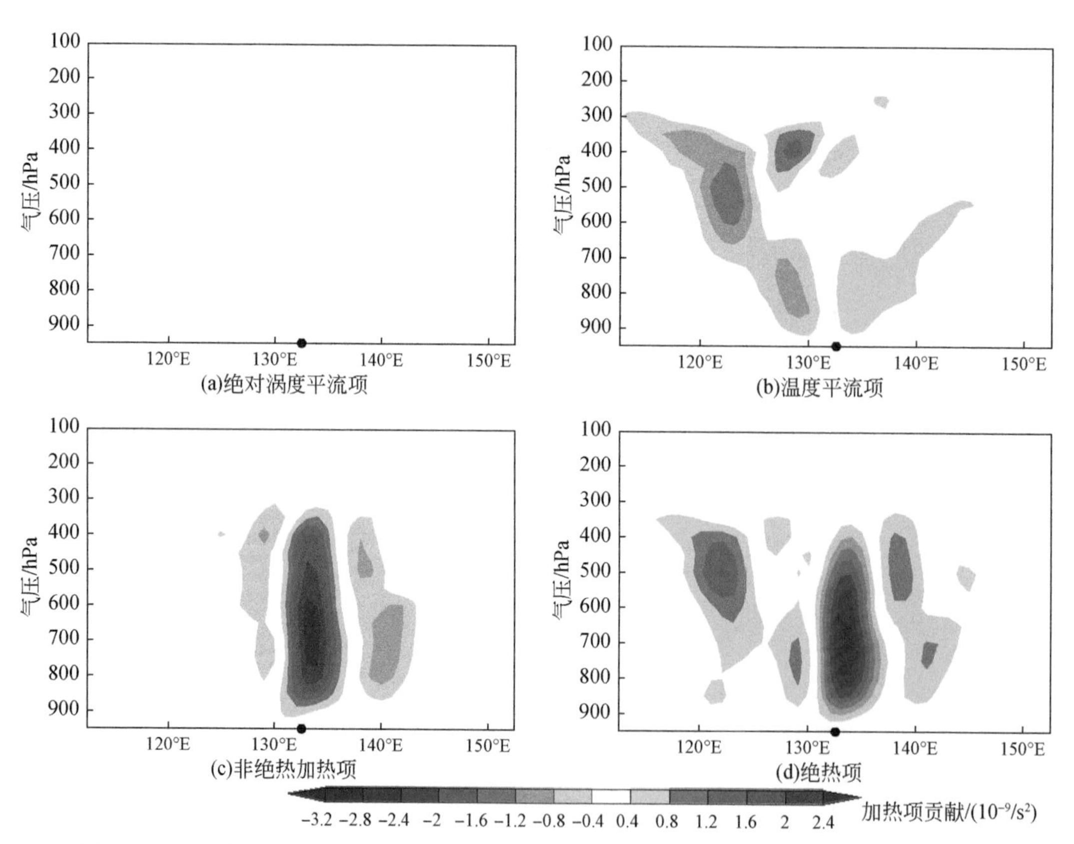

图 4.91　2013 年 1 月 13 日 18 UTC 经过 SN 爆发性气旋中心的各物理量的东西向垂直剖面

实心圆点表示 SN 爆发性气旋中心位置

由上分析可知, 低层 TADV 项对其整层积分贡献较大, 而低层到中高层的 DIAB 项和 ADIA 项对其整层积分贡献较大。

在最大加深率时刻 (图 4.92), 在气旋中心上部的中层 (450 hPa) 和高层 (200 hPa), VADV 项出现正值区 (图 4.92a), 其强度为 $0.4\times10^{-9}/s^2$。TADV 项在紧邻气旋中心下游

200 hPa 以下均为正值区（图 4.92b），其中心位于高层（350 hPa）和中低层（850 hPa），中心强度均为 $2.4\times10^{-9}/s^2$，特别是中低层 TADV 项正值区的范围较大。

在气旋中心上游的高层（400 hPa）和低层（800 hPa）分别存有 TADV 项的负值中心，中心强度分别为 $-1.6\times10^{-9}/s^2$ 和 $-1.2\times10^{-9}/s^2$；气旋中心下游中低层的 TADV 项对其整层积分具有较大的贡献。DIAB 项正值区主要分布于气旋中心下游的中低层（图 4.92c），其中心位于 700 hPa，强度为 $1.6\times10^{-9}/s^2$。ADIA 项负值区分布于气旋中心下游（图 4.92d），其中心位于 850 hPa，强度达到 $-3.2\times10^{-9}/s^2$。

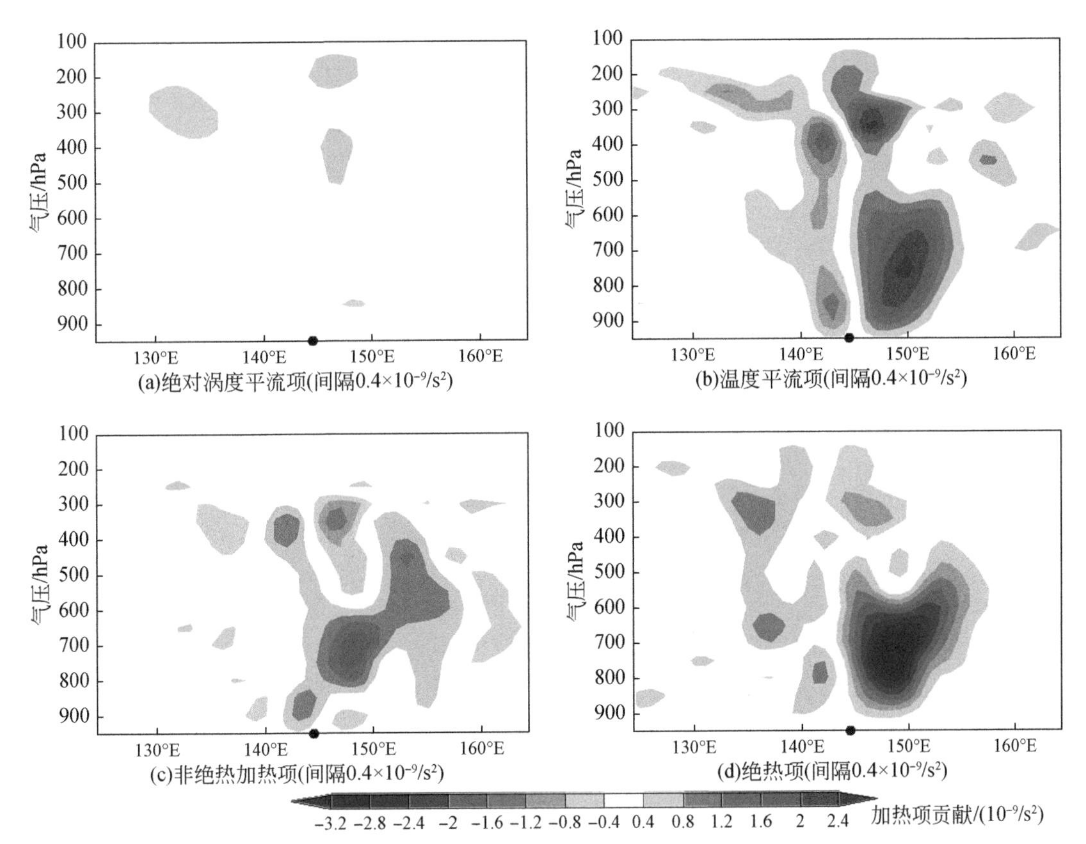

图 4.92　2013 年 1 月 14 日 12 UTC 经过 SN 爆发性气旋中心的各物理量的东西向垂直剖面

实心圆点表示 SN 爆发性气旋中心位置

区域平均的正 VADV 项主要位于中高层（图 4.93a），TADV 项在高层和中低层较大（图 4.93b）；DIAB 项正值区主要分布于 400 hPa 以下（图 4.93c），并在中低层较大；ADIA 项负值区的分布特征与 DIAB 相似（图 4.93d）。由以上分析可知，在垂直分布上，VADV 项正值区在中高层较大，TADV 项正值区在高层和中低层均较大，而 DIAB 项的强正值区和 ADIA 项强负值区主要发生在中低层。在最大加深率时刻，VADV 项的迅速增强主要是由于其在中高层的增强，而 TADV 项的快速增强主要是由于其在中低层的快速增强。

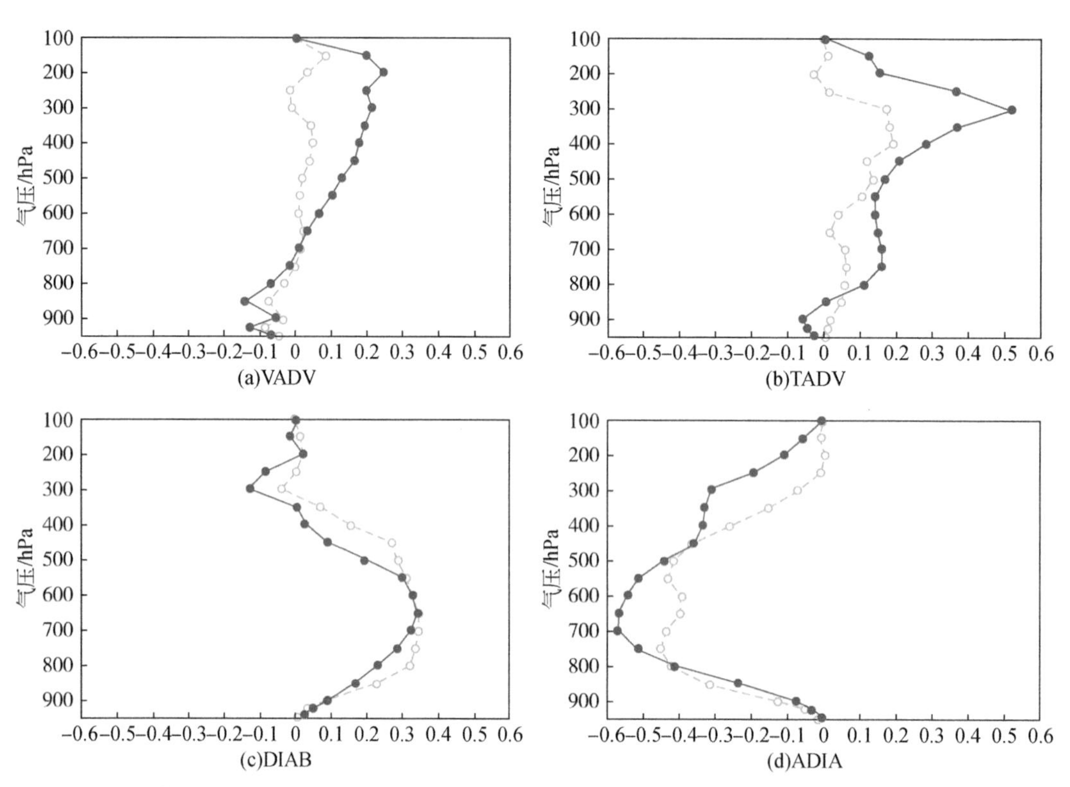

图 4.93　2013 年 1 月 13 日 18 UTC（绿线）和 14 日 12 UTC（红线）围绕 SN 爆发性气旋中心区域平均（10°×10°）绝对涡度平流项（VADV 项，$10^{-9}/s^2$）、温度平流项（TADV 项，$10^{-9}/s^2$）、非绝热项（DIAB 项，$10^{-9}/s^2$）和绝热项（ADIA 项，$10^{-9}/s^2$）的垂直廓线

4.8.4　数值模拟及敏感性试验

前文分析了 SN 爆发性气旋的演变特征、环流形势和结构特征，并使用 Zwack-Okossi 诊断方程对其涡度平流、温度平流、非绝热加热和绝热过程等因子进行了诊断分析。分析结果表明，潜热释放在其快速发展过程中具有重要作用。SN 爆发性气旋爆发性发展于西北太平洋的黑潮及黑潮延伸体，暖洋面为大气输送大量的感热和潜热通量。在 SN 爆发性气旋的西北部存在日本列岛，大地形是否也会对其剧烈发展产生一定影响？本节将利用 WRF 模式，通过敏感性试验，探究潜热释放、下垫面感热通量和水汽通量及大地形对 SN 爆发性气旋快速发展的影响。

WRF 模拟的具体参数设置见表 4.17（CON 试验），除模式积分区域的中心位置（144°E，33°N）和格点数目（120×100×28）外，其他参数设置如网格水平分辨率、长短波辐射方案、微物理方案、积云参数化方案、大气边界层方案、近地面层方案、陆面过程方案等与 SJ 爆发性气旋的模拟设置相同（见表 4.15）。初始场和侧边界条件由 CFSR 资料提供。将其初始生成时刻（13 日 00 UTC）定为模式积分的初始时刻，积分步长为 60 s，积分时间为 60 h。4 个试验方案设置同 SJ 爆发性气旋的试验方案设置（表 4.16）。

表 4.17　模拟 SN 爆发性气旋的 WRF 模式主要参数设置表

WRF 参数	模式设置
基本方程	非静力学雷诺平均原始方程组
垂直坐标	σ_z 地形追随坐标
地图投影	兰勃特投影
积分区域中心位置	144°E，33°N
水平分辨率	$\Delta x=\Delta y=30$ km
格点数目	120×100×28
辐射方案	长波：RRTM 方案（Mlawer et al.，1997） 短波：Dudhia 方案（Dudhia et al.，1989）
大气边界层方案	YSU 方案（Hong et al.，2006）
微物理方案	Lin 方案（Lin et al.，1983）
积云参数化方案	Kain-Fritsch 方案（Kain et al.，2004）
侧边界条件	CFSR 资料提供，6 h 更新一次
初始资料/时刻	CFSR 资料提供/2012 年 4 月 2 日 00 UTC
步长/ 积分时间	$\Delta t=60$ s/60 h

1. CON 试验结果

针对 SN 爆发性气旋的 CON 试验结果的验证，主要从气旋的中心气压值、移动路径以及高低层环流形势三方面进行验证。

图 4.94 为 CON 试验与 CFSR 资料分析的 SN 爆发性气旋中心气压变化图，蓝色虚线为 CFSR 资料结果，红色实线为 CON 试验结果。二者对比可见，在气旋的发展过程中，CON 试验的中心气压略高于 CFSR 资料的中心气压，但总体上 CON 试验的中心气压的变化趋势和数值大小均与 CFSR 资料结果较为相近。

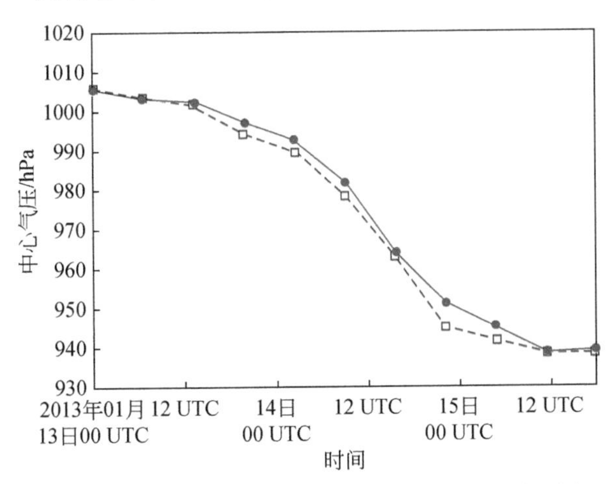

图 4.94　SN 爆发性气旋中心气压随时间变化对比图

图中红线表示 CON 试验结果，蓝线表示 CFSR 资料分析结果

图 4. 95 为 CON 试验与 CFSR 资料分析的 SN 爆发性气旋移动路径的对比图，红线为 CON 试验结果，蓝线为 CFSR 资料结果。CON 试验路径的移动速度与 CFSR 资料路径较为一致，虽然 CON 试验路径较 CFSR 资料路径整体偏南，但二者的位置差异相对较小，且移动方向基本一致，特别是在最大加深率时刻气旋中心的位置较为接近。

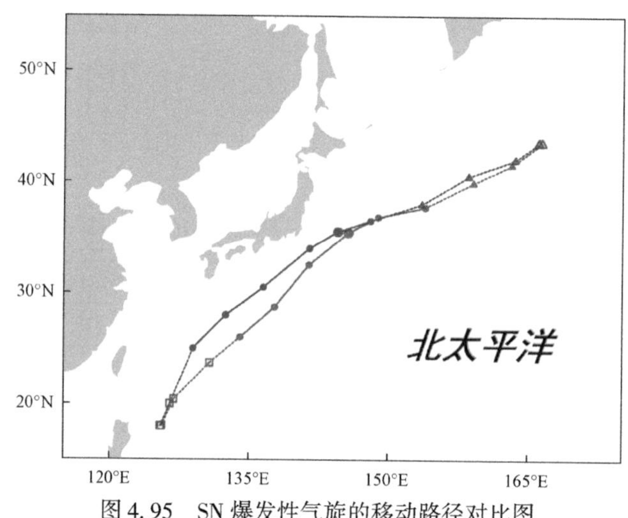

图 4. 95　SN 爆发性气旋的移动路径对比图

图中红线表示 CON 试验结果，蓝线表示 CFSR 资料分析结果；“□”为爆发前发展阶段气旋中心位置；“●”为爆发性发展阶段气旋中心位置；“Δ”为爆发后发展阶段气旋中心位置；时间间隔为 6 h

图 4. 96 对比了最大加深率时刻（14 日 12 UTC）CON 试验和 CFSR 资料分析的海平面气压场及 850 hPa、500 hPa、300 hPa 的位势高度场和温度场。在海平面气压场上（图 4. 96a、b），气旋中心均位于日本列岛的东部海域，虽然 CON 试验的气旋尺度略大于 CFSR 资料结果，但整体上二者的气旋形态特征和中心气压相似度较高。

在 850 hPa（图 4. 96c、d），低涡中心均位于日本列岛的东部海域，且中心强度均为 1040 gpm；在日本列岛东南部海域存在较强锋区，锋区的位置和强度具有较高的相似性。

500 hPa 低压槽均位于日本列岛东部上空（图 4. 96e、f），在日本列岛东部存在较强锋区，低压槽及锋区的形体特征和强度基本一致。

300 hPa 高空槽均位于日本列岛上空（图 4. 96g、h）且在日本列岛南部均存在暖中心。

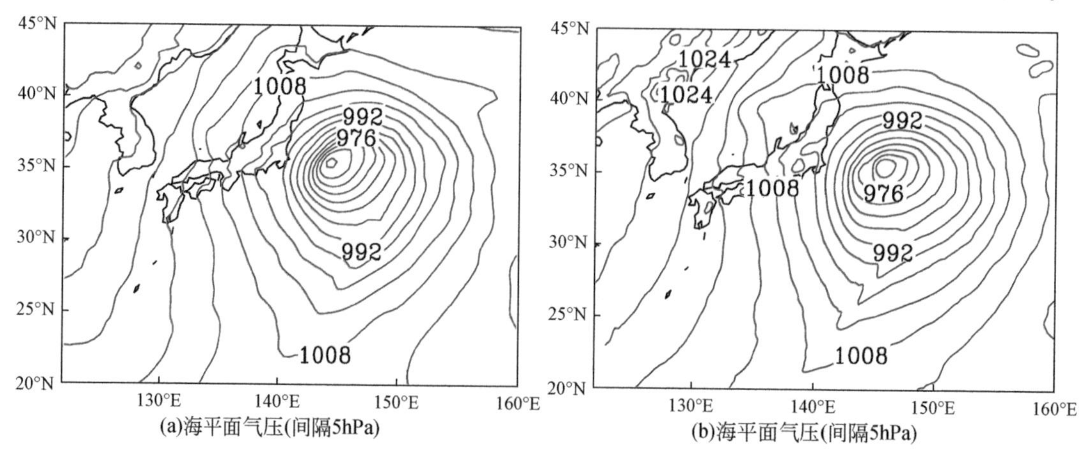

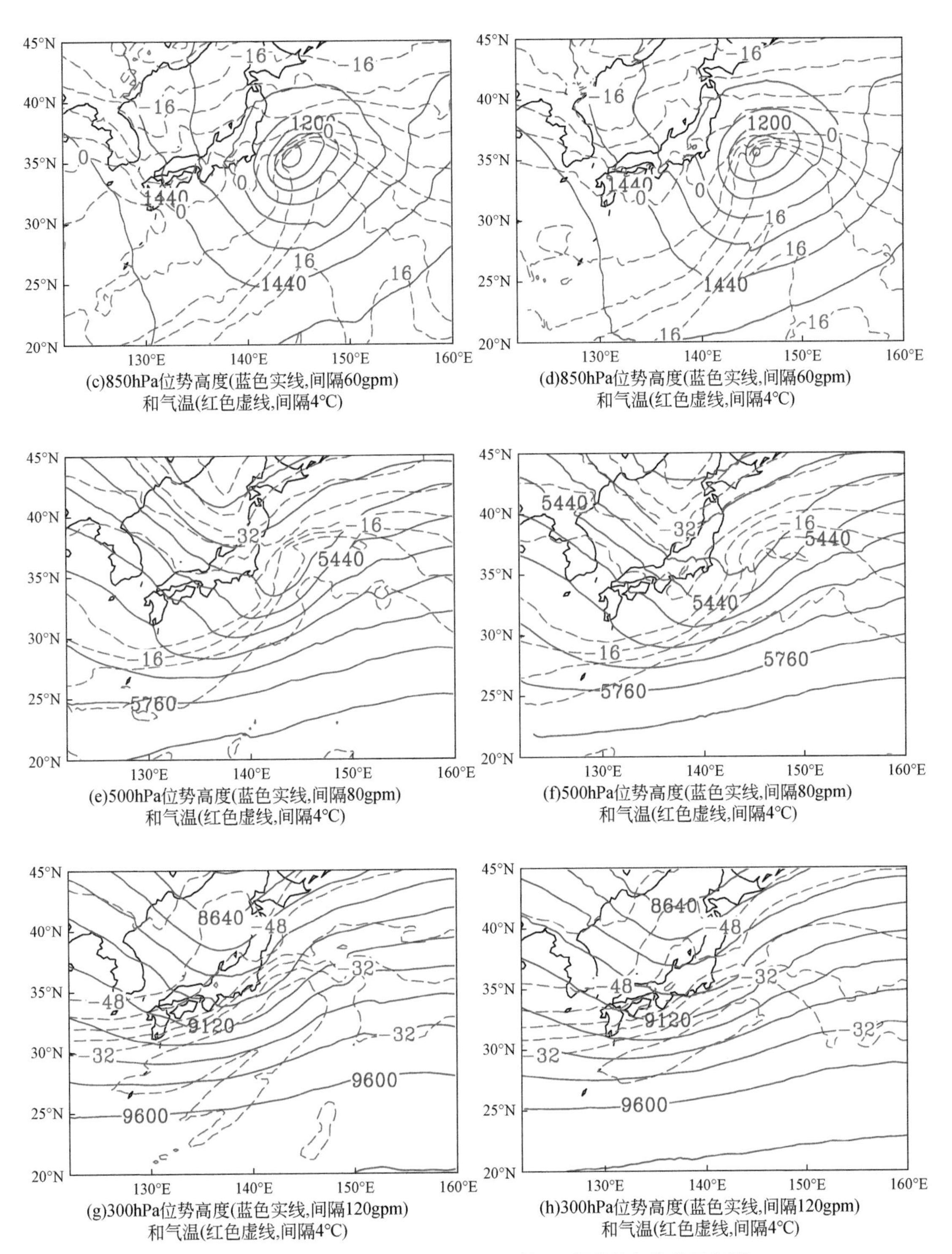

(c)850hPa位势高度(蓝色实线,间隔60gpm)和气温(红色虚线,间隔4°C)

(d)850hPa位势高度(蓝色实线,间隔60gpm)和气温(红色虚线,间隔4°C)

(e)500hPa位势高度(蓝色实线,间隔80gpm)和气温(红色虚线,间隔4°C)

(f)500hPa位势高度(蓝色实线,间隔80gpm)和气温(红色虚线,间隔4°C)

(g)300hPa位势高度(蓝色实线,间隔120gpm)和气温(红色虚线,间隔4°C)

(h)300hPa位势高度(蓝色实线,间隔120gpm)和气温(红色虚线,间隔4°C)

图4.96　2013年1月14日12 UTC的SN爆发性气旋的天气图

图a、c、e、g为CON数值试验结果，图b、d、f、h为CFSR资料分析结果综上分析，CON 试验结果与 CFSR 结果具有较高的拟合度，较好地刻画了 SN 爆发性气旋的中心气压变化、移动路径、海平面气压场、高低空环流形势和温度场特征。因此，采用此方案模拟的结果对该个例进行数值试验是合理的。

2. NLHR 试验结果与 CON 试验结果对比分析

对比 NLHR 试验和 CON 试验得到的气旋中心气压随时间的变化曲线（图 4.97）可知，NLHR 试验模拟的气旋中心气压变化较小，不存在快速降低的变化过程，且均高于 CON 试验模拟的气旋中心气压。NLHR 试验模拟的气旋加深率（图 4.98）的值均小于 1 Bergeron，即不存在爆发性发展的过程。

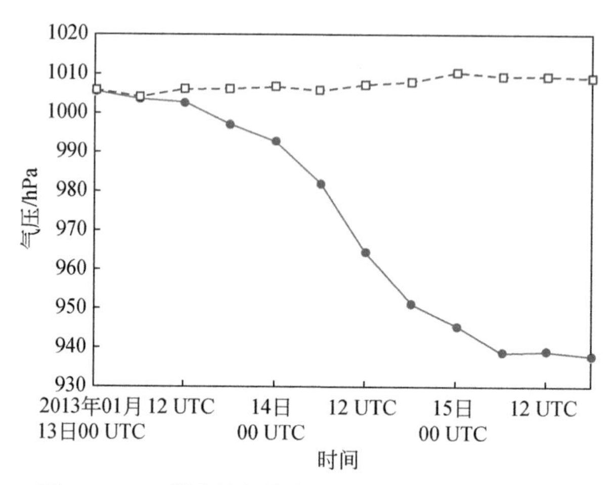

图 4.97　SN 爆发性气旋中心气压随时间变化对比图
蓝线表示 NLHR 试验结果，红线表示 CON 试验结果

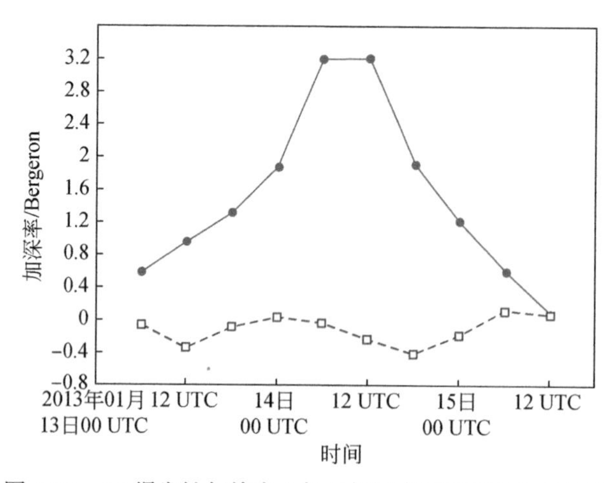

图 4.98　SN 爆发性气旋中心气压加深率随时间变化对比图
蓝线表示 NLHR 试验结果，红线表示 CON 试验结果

图4.99为NLHR试验和CON试验得到的气旋移动路径，NLHR试验模拟的气旋路径与CON试验模拟结果差异较大，其只在日本列岛的南部海域缓慢移动且移动方向毫无规律。由此可见，在关闭潜热释放后，气旋的中心气压不存在快速降低的变化过程，中心加深率小于1 Bergeron，丧失爆发性发展的过程，且移动路径较为凌乱，完全改变了气旋基本的爆发性发展特征。这充分证明潜热释放在SN爆发性气旋快速发展中的重大作用。

从NLHR试验模拟的气旋中心气压、加深率和移动路径可判断，此试验结果已经完全失真，不具备继续探讨潜热释放对其影响机制的条件，我们将寻找新的试验方法以进一步探讨潜热释放对其发展的影响。

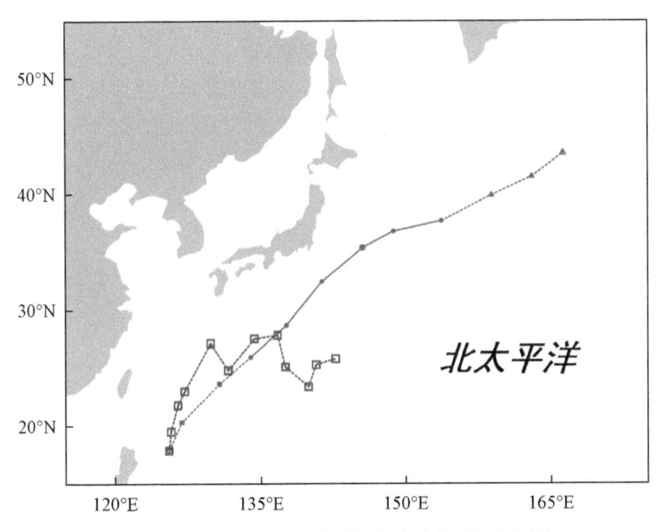

图4.99　SN爆发性气旋移动路径的对比图

图中蓝线表示NLHR试验结果，红线表示CON试验结果；“□”为爆发前发展阶段气旋中心位置，“●”为爆发性发展阶段气旋中心位置，“Δ”为爆发后发展阶段气旋中心位置；时间间隔为6 h

3. NFLX试验结果与CON试验结果对比分析

NFLX试验模拟的气旋中心气压与CON试验模拟的中心气压变化趋势较为一致（图4.100），但NFLX试验模拟的气旋中心气压降低较为缓慢，其中心气压均高于CON试验模拟的中心气压，且是从气旋的初始爆发时刻（3日18 UTC）开始差异逐渐增大。

NFLX试验模拟的气旋最大加深率为2.26 Bergeron（图4.101），低于CON试验模拟的0.94 Bergeron，未达到SU爆发性气旋的标准，且初始爆发时刻晚于CON试验12 h。

NFLX试验模拟的气旋路径与CON试验的气旋路径移动方向基本一致（图4.102），但NFLX试验模拟的气旋路径位置偏东，即远离黑潮及黑潮延伸体，特别是在爆发性发展阶段偏东较为明显。因此，在关闭下垫面的热通量和水汽通量时，虽然NFLX试验模拟的气旋中心气压、加深率及移动路径的变化趋势与CON试验结果较为接近，但其降压缓慢，加深率较小，且移动路径远离黑潮及黑潮延伸体的暖洋面，这表明下垫面的热通量和水汽

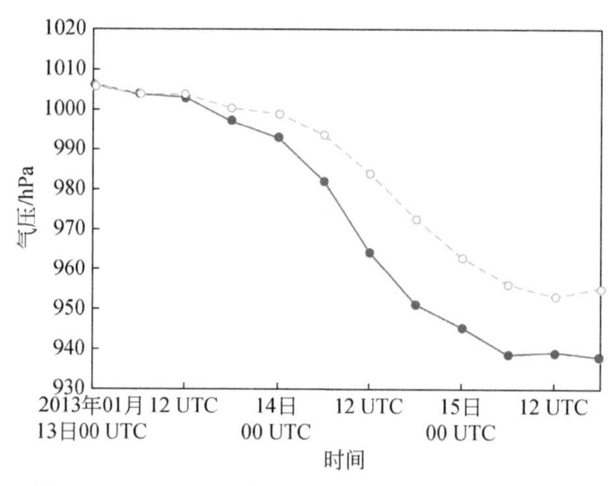

图 4.100　SN 爆发性气旋中心气压随时间变化对比图

绿线表示 NFLX 试验结果，红线表示 CON 试验结果

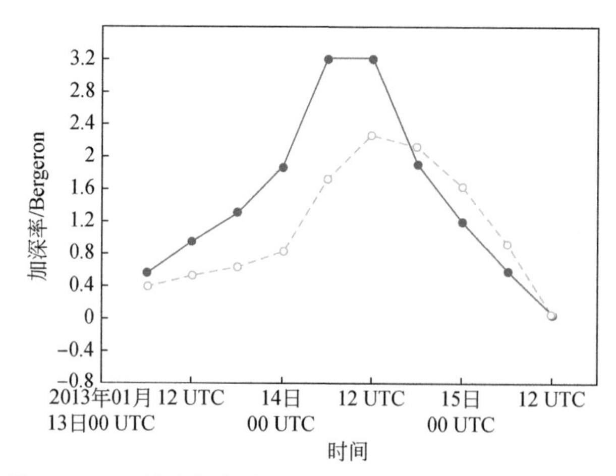

图 4.101　SN 爆发性气旋中心气压加深率随时间变化对比图

绿线表示 NFLX 试验结果，红线表示 CON 试验结果

通量对其快速发展具有重要影响。下面我们选取 SN 爆发性气旋的最大加深率时刻（2013 年 1 月 14 日 12 UTC），分析其影响机制。

对比分析 NFLX 试验和 CON 试验得到的经过 SN 爆发性气旋中心的垂直速度的东西向垂直剖面图（图 4.103）可知，在 NFLX 试验中（图 4.103a），气旋中心的前部存在强上升运动，中心处于 850 hPa，中心强度为 0.4 m/s。在 CON 试验中（图 4.103b），在低层气旋中心上部及其前部存在较强的上升运动，其中心位于 850 hPa，强度达到 0.5 m/s。由此可见，在低层 NFLX 试验的上升运动弱于 CON 试验，即在关闭下垫面的热通量和水汽通量后，气旋中心上部的上升运动减弱。SU NWP 爆发性气旋位于黑潮及黑潮延伸体区域，暖洋面使得气旋中心附近区域存在强海表面热通量（图 4.83），暖洋面通过加热低层大气，降低了低层大气的稳定性，有利于上升运动增强（Chen et al.，1992）。

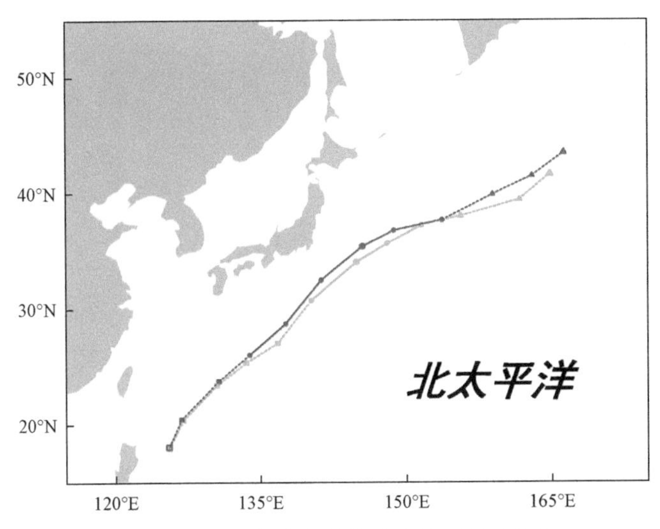

图4.102　SN爆发性气旋移动路径的对比图

图中绿线表示NFLX试验结果，红线表示CON试验结果；“□”为爆发前发展阶段气旋中心位置，“●”为爆发性发展阶段气旋中心位置，“Δ”为爆发后发展阶段气旋中心位置；时间间隔为6 h

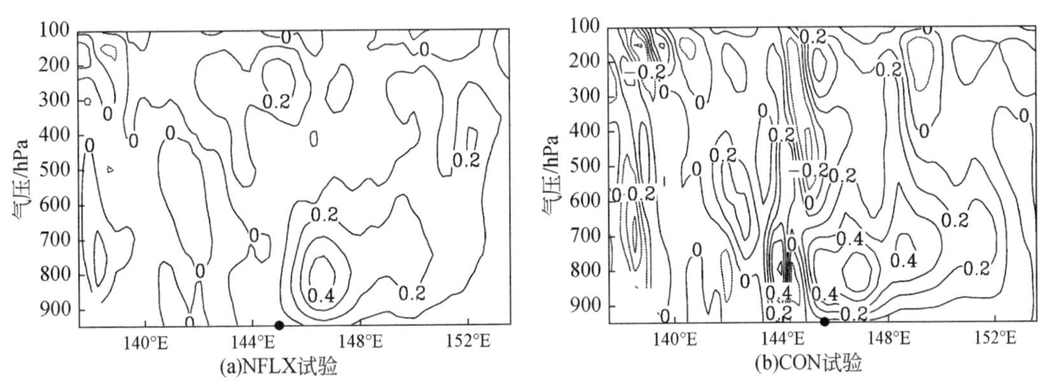

图4.103　2013年1月14日12 UTC经过SN爆发性气旋中心的垂直速度的东西向垂直剖面（间隔0.1 m/s）

实心圆点表示海平面气旋中心位置

对比分析低层温度场（图4.104）可知，在950 hPa（图4.104a、b），CON试验与NFLX试验的温度差异在冷锋和暖锋区较大且均为正值；暖锋锋区的温度差正值中心强度达到了12 ℃，冷锋锋区的温度差正值中心稍弱、中心强度为8 ℃。在850 hPa（图4.104c、d），暖锋锋区温度差依然为正值、中心强度达到8 ℃；而冷锋锋区的温度差为负值、中心强度为-4 ℃，此分布特征类似于SJ爆发性气旋潜热试验的分布特征。SN爆发性气旋的冷锋和暖锋锋区均位于黑潮和黑潮延伸体，强下垫面热通量使得近地面层（950 hPa）温度升高且暖锋锋区增暖强于冷锋锋区，其结果使得冷暖锋区的温度差异更大，增强了低层的大气斜压性。

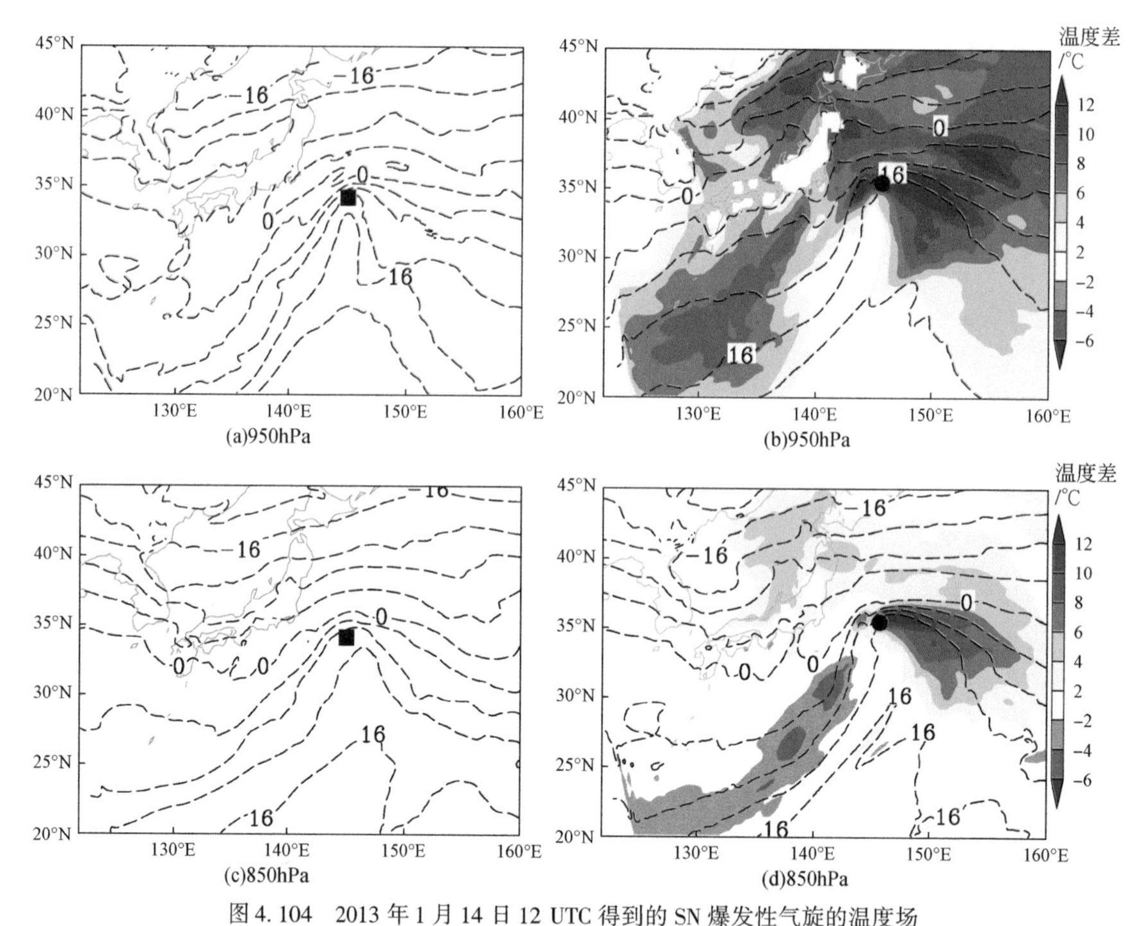

图 4.104　2013 年 1 月 14 日 12 UTC 得到的 SN 爆发性气旋的温度场

图 a、c 表示 NFLX 试验结果，图 b、d 表示 CON 试验结果；图中等值线间隔 4 ℃；填色表示各层上的温度差（CON-NFLX）；实心方块和实心圆点分别表示 NFLX 试验和 CON 试验的海平面气旋中心位置

图 4.105 为 NFLX 试验和 CON 试验得到的 SN 爆发性气旋的低层风场，在 950 hPa，CON 试验（图 4.105a）和 NFLX 试验（图 4.105b）的气旋中心西部和东南部分别存在西北向和西南向低空急流，NFLX 试验的西南向低空急流与 CON 试验结果强度相当，而 NFLX 试验的西北向低空急流明显弱于 CON 试验结果。在 850 hPa，CON 试验（图 4.105c）的西北向和西南向低空急流均强于 NFLX 试验结果（图 4.105d），特别是两者之间的西北向低空急流差异较大。海表面热通量通过加热低层大气使其密度减小，上升运动增强，更加有利于冷空气的入侵，使得西北向低空急流增强，其所携带的大量干冷空气，进一步加强了大气低层的斜压性。

对比分析 NFLX 试验和 CON 试验得到的 SN 爆发性气旋的雨水混合比（图 4.106）可知，在低层 950 hPa 和 850 hPa，CON 试验（图 4.106b、d）的气旋中心的北部存在强度较强、范围较广的雨水混合比区，此区域存在较强的海表面热通量（图 4.83），而 NFLX 试验的气旋中心北部雨水混合比强度较弱、范围较小（图 4.106a、c）。因此，下垫面的水汽通量使得气旋中心北部雨水混合比加强，较强的雨水混合比区配合较强的上升运动使得该区域潜热释放增强（Chen et al.，1992），有利于 NWP 爆发性气旋的快速发展。CON 试

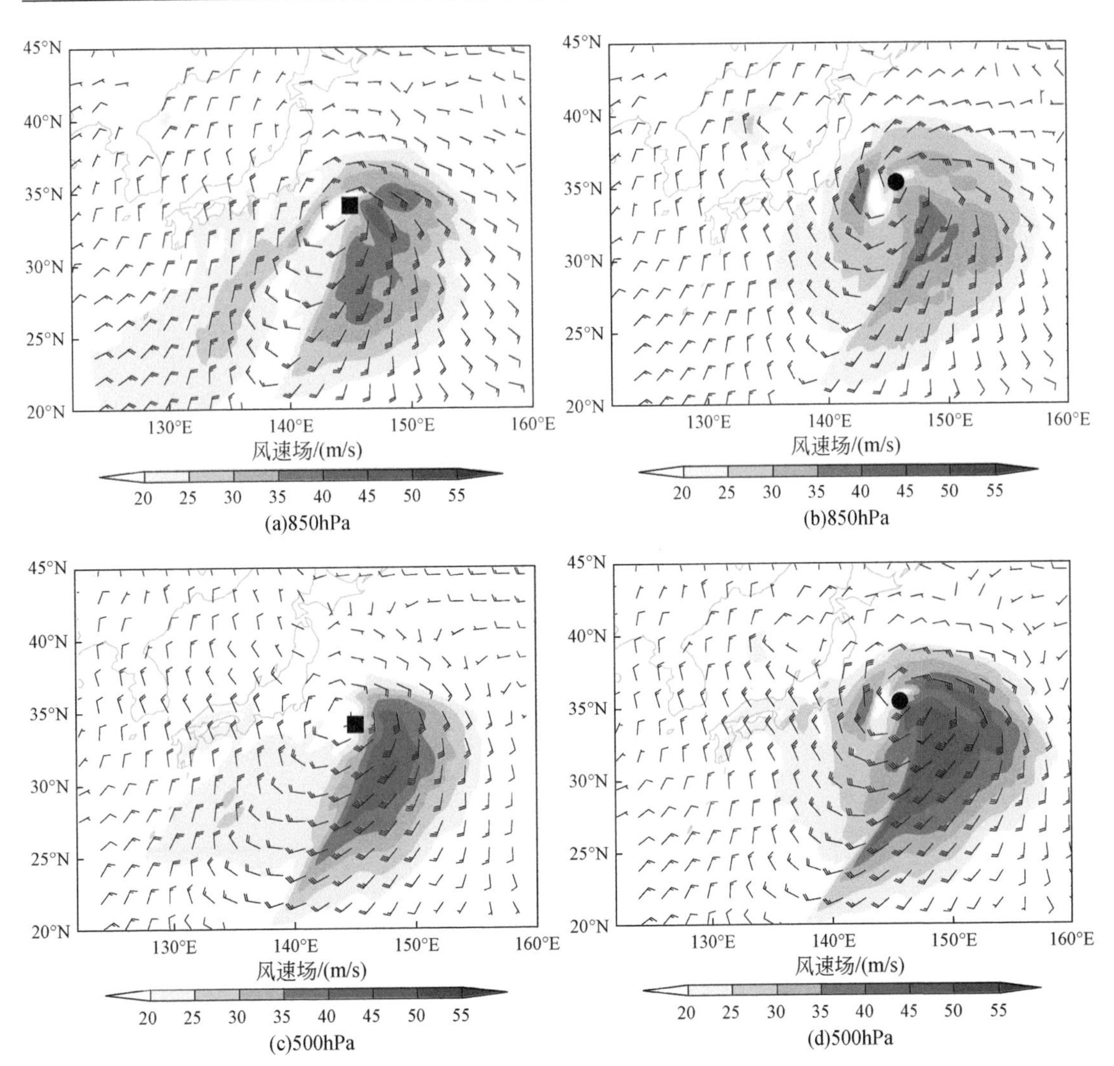

图4.105　2013年1月14日12得到的SN爆发性气旋的风场（风羽，全风羽为4 m/s）和风速场

图a、c表示NFLX试验结果，图b、d表示CON试验结果；实心方块和实心圆点分别表示NFLX试验和CON试验的海平面气旋中心位置

验的低层暖锋锋区温度场的剧烈增强，除了暖洋面热通量的直接加热作用外，潜热释放也具有重要作用，特别是在850 hPa，温度场的分布特征类似于SJ爆发性气旋的潜热加热特征，这表明潜热释放的加热作用更为明显。

图4.107为NFLX试验和CON试验得到的SN爆发性气旋的天气图，NFLX试验的气旋海平面气压高于CON试验结果（图4.107a、b），其中心气压差达到19.9 hPa；NFLX试验的气旋水平尺度小于CON试验结果且其等压线的密集程度弱于CON试验结果，特别是在气旋西部和西北部的黑潮区域。在低层950 hPa（图4.107c、d）和850 hPa上（图4.107e、f），NFLX试验的低涡强度弱于CON试验结果，负高度差均位于气旋中心的东北部，即海表面热通量和潜热加热区，其中心强度达到-160 gpm且950 hPa范围更大。

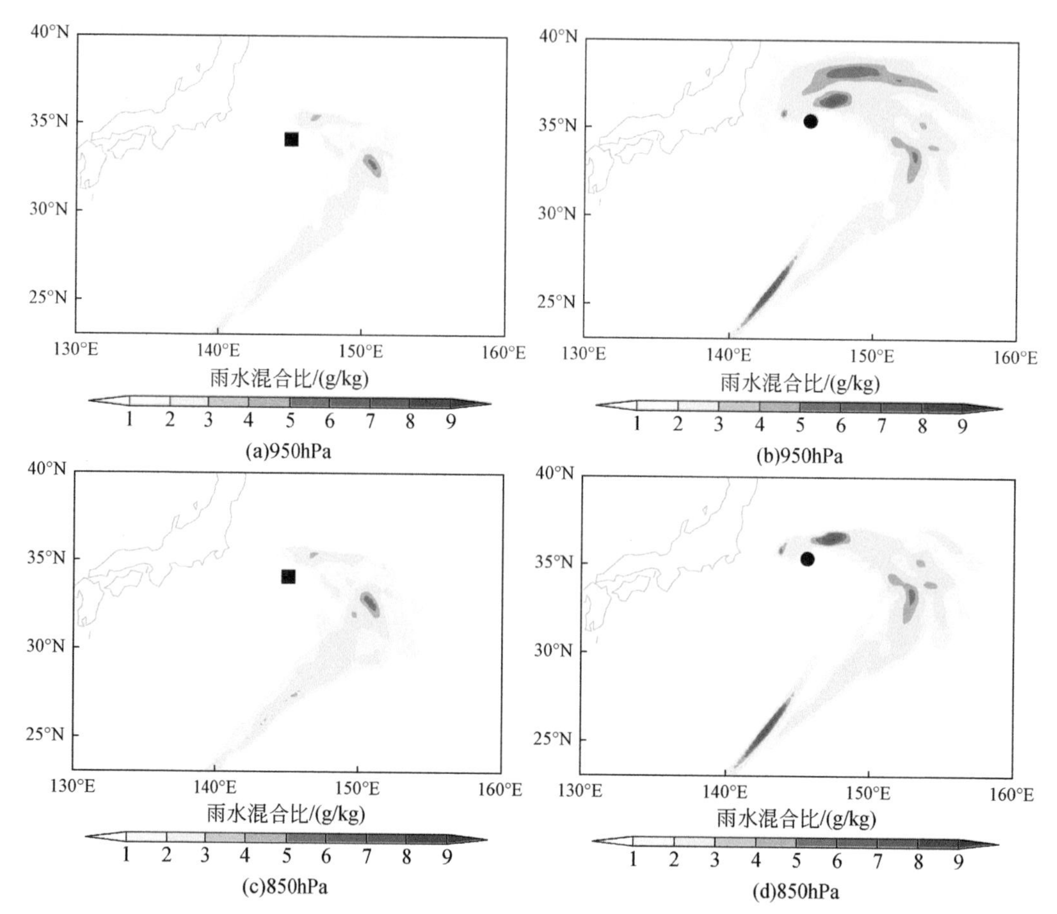

图 4.106　2013 年 1 月 14 日 12 UTC 得到的 SN 爆发性气旋的雨水混合比

图 a、c 表示 NFLX 试验结果，图 b、d 表示 CON 试验结果；实心方块和实心圆点分别表示 NFLX 试验和 CON 试验的海平面气旋中心位置

在中层 500 hPa 上（图 4.107g、h），NFLX 试验的低压槽强度弱于 CON 试验结果，负高度差位于气旋中心上部，其中心强度为-60 gpm。因此，在强海表面热通量区，存在负位势高度差，使得气旋中心气压降低且在低层作用更为明显。

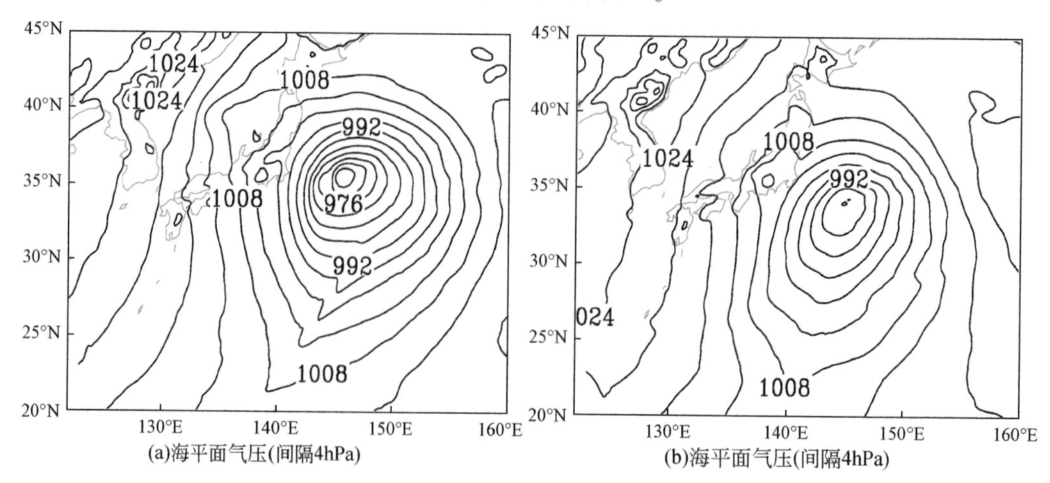

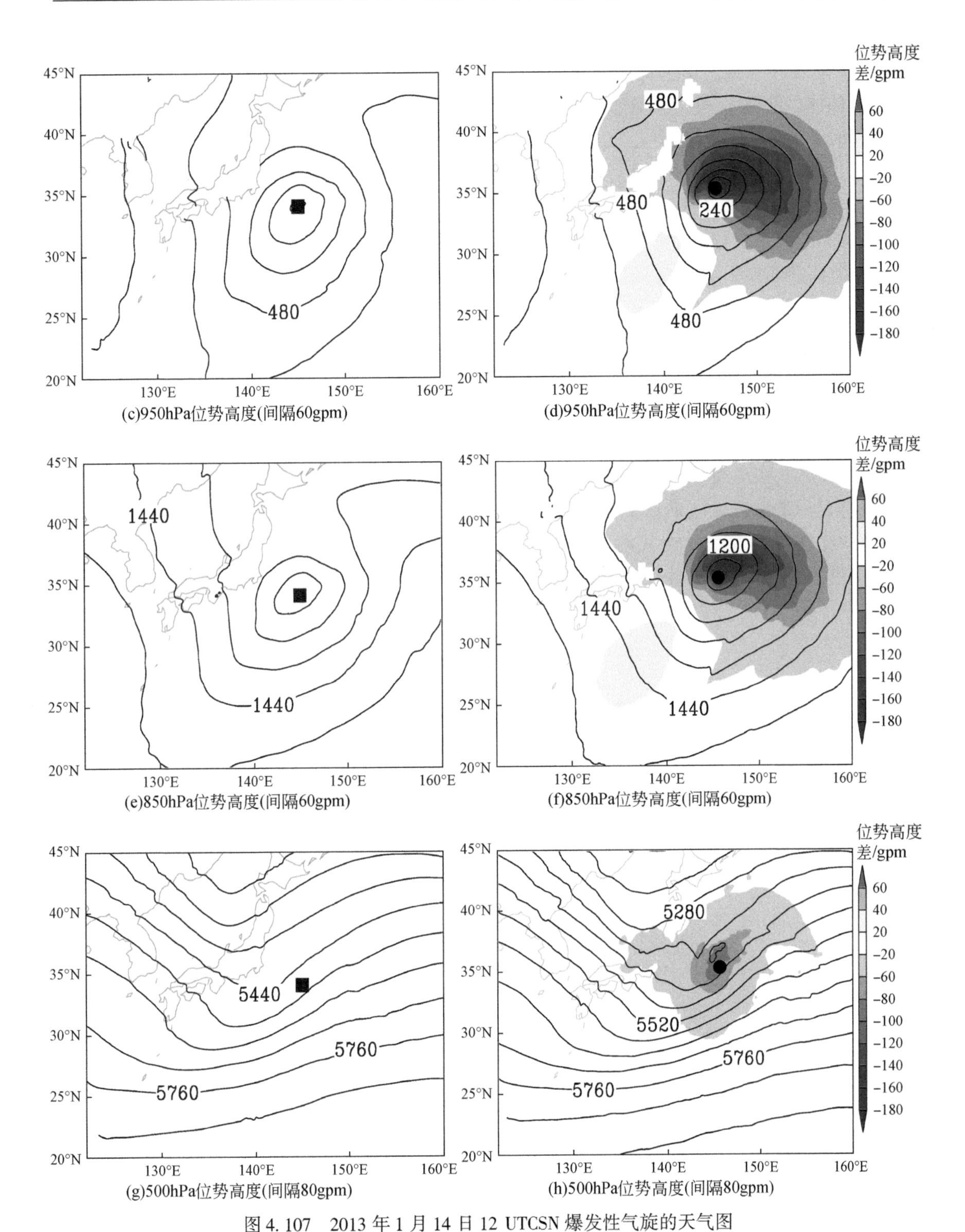

图 4.107　2013 年 1 月 14 日 12 UTCSN 爆发性气旋的天气图

图 a、c、e、g 表示 NFLX 试验结果，图 b、d、f、h 表示 CON 试验结果；填色表示各层上的高度差（CON-NFLX）；实心方块和实心圆点分别表示 NFLX 试验和 CON 试验的海平面气旋中心位置对比 NFLX 试验和 CON 试验结果可知，黑潮及黑潮延伸体的强海表面热通量和水汽通量对 SN 爆发性气旋的快速发展具有重要作用且此作用在低层更为明显。一方面，黑潮及黑潮延伸体的强海表面热通量通过加热大气降低大气低层的稳定性，使得大气上升运动增强，同时上升运动携带暖湿空气向上输送，使得暖湿空气凝结释放潜热，加强了潜热释放。另一方面，强海表面热通量通过加热低层大气，暖锋锋区和冷锋锋区温度均升高，但暖锋锋区温度升高得更多，使得冷暖空气温度差异加大。加热会使得空气密度减小，有利于西北部冷空气的入侵，使得西北向低空急流增强；冷锋和暖锋区温度差异的增大及西北向低空急流携带的冷空气的入侵，有利于低层大气斜压性的增强。因此，黑潮及黑潮延伸体的强海表面热通量和水汽通量，使得低层的潜热释放和大气斜压性增强，促进了 SN 爆发性气旋的快速发展。

4. GEO 试验结果与 CON 试验结果对比分析

对比分析 GEO 试验和 CON 试验得到的气旋中心气压（图 4.108）、加深率（图 4.109）及移动路径（图 4.110）可知，GEO 试验模拟的气旋中心气压、加深率及移动路径均与 CON 试验结果基本相同，表明日本列岛地形对 SN 爆发性气旋的发展移动基本没有影响。由于 SN 爆发性气旋发生于日本列岛南部和东南部海域，气旋系统较为深厚，相对于潜热释放、海表面感热和潜热及温度平流等因子，日本列岛的地表摩擦力影响甚微。

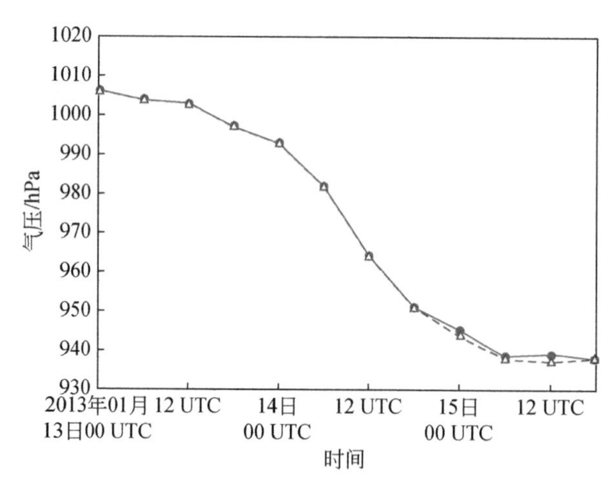

图 4.108　SN 爆发性气旋中心气压随时间变化对比图

图中紫线表示 GEO 试验结果，红线表示 CON 试验结果

4.8.5　小结

本节我们对 2000—2015 年冷季、发生于西北太平洋的、爆发性发展最为剧烈的 SN 个例进行了分析，讨论了其移动路径、气旋中心海平面气压加深率、海平面气压场和卫星云图的演变过程以及环流形势和结构特征；利用 Zwack-Okossi 方程，定量分析了绝对涡度平

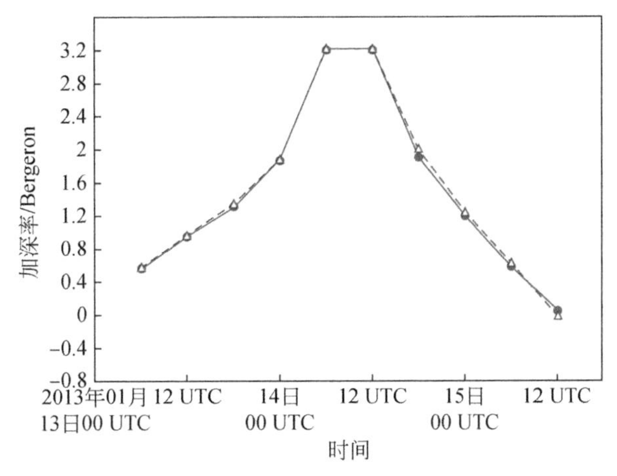

图 4.109　SN 爆发性气旋中心气压加深率随时间变化对比图

图中紫线表示 GEO 试验结果，红线表示 CON 试验结果

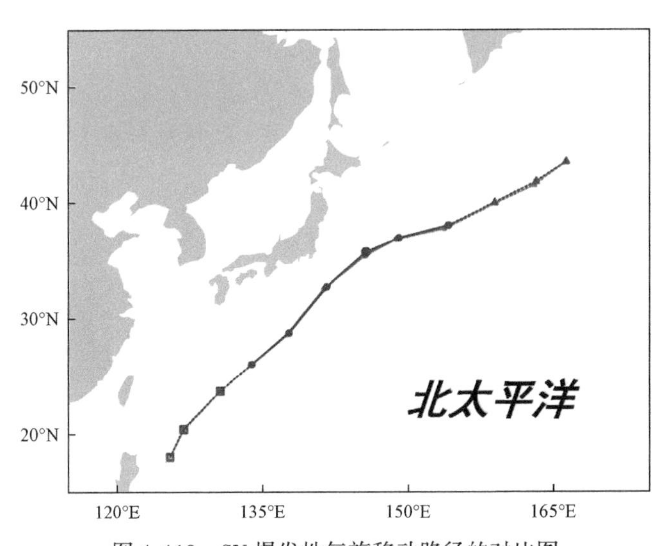

图 4.110　SN 爆发性气旋移动路径的对比图

图中紫线表示 GEO 试验结果，红线表示 CON 试验结果；“□”为爆发前发展阶段气旋中心位置；“●”为爆发性发展阶段气旋中心位置，“Δ”为爆发后发展阶段气旋中心位置；时间间隔为 6 h

流项、温度平流项、非绝热项加热和绝热项对其发展的贡献；通过 WRF 数值模拟及敏感性试验，分析了潜热释放、海表面感热和潜热通量和日本列岛地形对其发展的影响。图 4.111 为 SN 爆发性气旋最大加深率时刻的结构特征概念图，可总结主要结论如下。

1. 演变过程

SN 爆发性气旋的移动路径为西南—东北向，在中心气压降至最低前，沿着西太平洋的暖流—黑潮移动。在爆发前发展阶段，海平面气压场的西北部和东部分别存在冷高压和暖高压，北部云系为片状的暖锋云系，东部存在对流云团；在进入爆发性发展阶段，西北

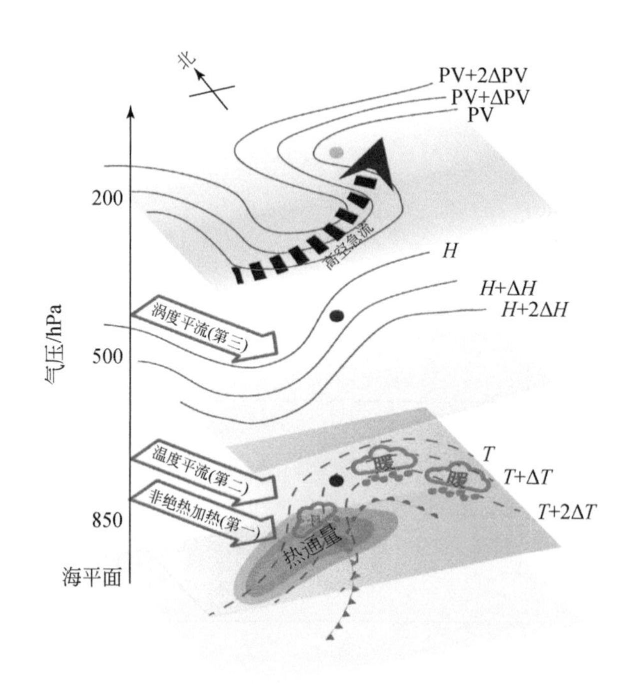

图 4. 111　SN 爆发性气旋在最大加深率时刻（2013 年 1 月 14 日 12 UTC）的空间结构示意图

部冷高压向气旋西南部入侵，其北部片状云系逐渐演变为“逗点状”云系，为典型的锋面云系，冷锋云系长度超过了 3000 km；在进入爆发后发展阶段时，冷高压逐渐减弱并消失，冷锋云系发生断裂，并远离气旋中心，螺旋云系逐渐变得松散。

2. 环流形势和结构特征

SN 爆发性气旋在爆发性发展的过程中，逐渐靠近黑潮区域，并沿着黑潮移动，海表面感热和潜热通量迅速增大，特别是在最大加深率时刻，气旋中心附近存在较强海表面感热和潜热通量。在中低层存在冷锋和暖锋，冷锋逐渐向气旋中心的西南部入侵，暖锋逐渐增强，产生较强的中低层大气斜压性，气旋中心位于暖脊中。在中高层，低压槽在初始爆发时刻前加深缓慢，而至最大加深率时刻，迅速加深，气旋中心位于低压槽的下游。

在初始爆发时刻，潜热释放快速增大，并维持到最大加深率时刻，潜热释放是 SN 爆发性发展特别是初始爆发时刻的主要影响因子。高空槽发展类似于中高层低压槽，高空槽中存在强 PV 且在最大加深率时刻增强较为剧烈；高空急流从初始爆发时刻至最大加深率时刻快速增强，且气旋中心由急流的右前侧逐渐移动至其左前侧，表明高层动力强迫是其剧烈发展的主要影响因子。

西北太平洋暖流产生较强的海表面感热和潜热通量为其快速发展提供了有利的海洋物理环境背景场。中低层较强的大气斜压性、强潜热释放、中高层槽前和高空急流左前侧的正涡度平流，为其发展提供了有利的大气物理环境背景场。潜热释放是初始爆发性发展的主要启动因子，高空动力强迫是其快速发展的主要影响因子。

3. Zwack-Okossi 方程诊断分析

在初始爆发时刻，温度平流项和非绝热项是 SN 爆发性气旋开始爆发性发展的主要影响因子，非绝热项的贡献大于温度平流项的贡献。从初始爆发时刻至最大加深率时刻，绝对涡度平流项和温度平流项是 SN 爆发性气旋快速发展的主要影响因子，温度平流项的贡献大于绝对涡度平流项的贡献。虽然非绝热项有所减弱，但其强度仍然较强，贡献大于绝对涡度平流项，即非绝热项仍是 SN 爆发性气旋快速发展的重要影响因子。高层绝对涡度平流项的正值区对其整层积分贡献较大，中低层至中层温度平流项的正值区对其整层积分贡献较大，整层积分的正非绝热加热项和负绝热项均主要来自中低层。从初始爆发时刻至最大加深率时刻，绝对涡度平流项的迅速增强主要其中高层的增强所致，而温度平流项的快速增强主要是由其中低层的快速增强所致。

4. WRF 数值模拟及敏感性试验

WRF 模式较好地模拟了 SN 爆发性气旋的中心气压变化、移动路径、海平面气压场、高低空环流形势和温度场。通过对比分析控制试验（CON）结果与潜热敏感性试验（NLHR）、下垫面热通量和水汽通量敏感性试验（NFLX）、地形敏感性试验（GEO）的结果，我们发现潜热释放对 SN 爆发性气旋发展具有重大影响，由于模拟结果的失真，其影响机制无法进一步分析，其机制或许类似于潜热释放对 SJ 爆发性气旋的影响机制，但影响作用相对于 SJ 爆发性气旋更强。

黑潮及黑潮延伸体的海表面热通量和水汽通量对 SN 爆发性气旋的快速发展具有重要作用，且此作用在低层更为明显。其影响机制可概括为：黑潮及黑潮延伸体的强海表面热通量通过降低大气低层的稳定性，使得大气上升运动增强，上升运动携带暖湿空气向上输送，使得暖湿空气凝结并释放潜热；强海表面热通量通过加热低层大气，暖锋锋区和冷锋锋区温度均升高，但暖锋锋区温度升高幅度更大，使得冷暖空气之间的温度差异更大；冷暖空气差异的增大和强西北向低空急流携带的冷空气的入侵，使得大气低层斜压性增强。黑潮及黑潮延伸体的强海表面热通量和水汽通量导致的气旋低层潜热释放和大气斜压性的增强，促进了 SN 爆发性气旋的快速发展。日本列岛地形对 SN 爆发性气旋的发展、移动基本没有影响，是由于 SN 爆发性气旋发生于日本列岛南部和东南部海域，气旋系统较为深厚，相对于潜热释放、海表面感热和潜热通量及温度平流等因子，日本列岛的地表摩擦力影响甚微。

4.9　SJ 和 SN 爆发性气旋的对比分析

我们分别对 SJ 和 SN 两个爆发性气旋个例的演变过程、结构特征进行了分析，并使用 Zwack-Okossi 诊断方程和 WRF 数值模式分别进行了诊断分析和敏感性试验，发现两者的演变过程、结构特征及发展机理各有异同。本节我们将对比分析两者之间的异同。

4.9.1 相同特征

SJ、SN 爆发性气旋均为爆发性发展强烈的个例，其最大加深率分别达 2.70 Bergeron 和 3.41 Bergeron，移动路径为西南—东北向。从红外卫星云图上看，均呈典型的、紧密的螺旋状锋面云系，冷锋云系长度均达 3000 km 以上。

在 SJ 和 SN 爆发性气旋的西北部和东部均分别存在冷高压和暖高压，在其快速发展的过程中，在中低层存在明显的暖锋和冷锋，大气斜压性较强，潜热释放较大；在中高层低压槽快速加深并移近气旋中心；在高层气旋中心上游有较强的 PV 区域，向气旋中心西部和西南部入侵；气旋中心在最大加深率时刻均位于高空急流的左前侧。

温度平流项和非绝热加热项均是 SJ 和 SN 爆发性气旋爆发性发展的启动因子，绝热项不利于爆发性气旋的发展。从初始爆发时刻到最大加深率时刻，绝对涡度平流项快速增强，该项是两个气旋快速发展的主要影响因子之一。高层绝对涡度平流项的正值区对整层积分贡献较大，低层至中层温度平流项的正值区对整层积分贡献较大，整层积分的正非绝热加热项和负绝热项均主要来自中层和中低层。WRF 敏感性试验表明潜热释放是两个气旋快速发展的重要影响因子。

4.9.2 不同特征

SJ、SN 爆发性气旋的发生时间存在着明显季节差异，SJ 爆发性气旋发生在春季，而 SN 爆发性气旋发生在冬季。SJ 爆发性气旋生成于中国大陆东部，而 SN 爆发性气旋生成于菲律宾以东的洋面上。SN 爆发性气旋爆发强度明显强于 SJ 爆发性气旋且 SN 爆发性气旋的最低中心气压明显低于 SJ 爆发性气旋。SN 爆发性气旋的爆发时长为 30 h，约是 SJ 爆发性气旋爆发时长的两倍。

SN 爆发性气旋的海表面有强感热和潜热通量，而 SJ 爆发性气旋的海表面感热和潜热通量较弱。SJ 爆发性气旋低层大气的斜压性强于 SN 爆发性气旋，但潜热释放弱于 SN 爆发性气旋。SJ 爆发性气旋中高层的低压槽要比 SN 爆发性气旋的低压槽深厚。SJ 爆发性气旋对应的高空急流的强度要弱于 SN 爆发性气旋对应的高空急流的强度，且形态特征有一定的差异。

绝对涡度平流项、温度平流项和非绝热加热项是 SJ 爆发性气旋爆发性发展的启动因子，温度平流项的贡献最大，其次为绝对涡度平流项，再次为非绝热加热项。温度平流项和非绝热加热项是 SN 爆发性气旋开始爆发性发展的主要影响因子，非绝热加热项的贡献大于温度平流项的贡献，涡度平流项贡献较小。在最大加深率时刻，绝对涡度平流项对 SJ 爆发性气旋快速发展的贡献最大，其次为非绝热加热项，再次为温度平流项，绝对涡度平流项和非绝热加热项是 SJ 爆发性气旋快速发展的主要影响因子。而在最大加深率时刻，绝对涡度平流项和温度平流项是 SN 爆发性气旋快速发展的主要影响因子，且温度平流项的贡献大于绝对涡度平流项的贡献。虽然非绝热加热项有所减弱，但其强度仍然较强，贡献大于绝对涡度平流项。

WRF 敏感性数值试验结果表明，潜热释放均是 SJ、SN 爆发性气旋爆发性发展的主要影响因子，但潜热释放对 NWP 爆发性气旋发展的作用更大。下垫面热通量和水汽通量对 SJ 爆发性气旋发展的影响较小，但对 SN 爆发性气旋发展的影响较大。日本列岛地形对 SN 爆发性气旋的发展影响较小，而对 SJ 爆发性气旋的发展具有一定的影响。

SJ、SN 爆发性气旋结构特征和发展机制的差异主要是由其所处的大气和海洋物理环境背景场的差异所致。西北太平洋的海洋暖流为 SN 爆发性气旋的快速发展提供了较大的海表面感热和潜热通量，而 SJ 爆发性气旋发生于日本海，海表面感热和潜热通量较小。SN 爆发性气旋西南面宽广的暖洋面为其输送大量暖湿空气，而 SJ 爆发性气旋发生的纬度较高，海域面积较小且 SST 较低，导致其潜热释放相对较小。SJ 爆发性气旋发生于东亚大陆沿岸，较强的冷空气入侵使中低层大气斜压性较强，而 SN 爆发性气旋发生于海上，冷空气在移过黑潮时会发生变性，大气斜压性有所减弱。冬季副热带高空急流中心位于日本列岛上空，SN 爆发性气旋上空急流较强。

最后我们把 SJ 和 SN 两个爆发性气旋个例的基本特征（包括生成时间、初始生成位置、最大加深位置、最低中心气压位置、气旋类别、爆发时长、最低中心气压、移动方向、云系特征）、结构特征（地面气压场形势、海表面感热和潜热通量、潜热释放、中低层大气斜压性、中高层低压槽、高层 PV、高空急流）、爆发影响因子和 WRF 敏感性试验的结果等列表进行对比分析，详情请见表 4.18。

表 4.18 SJ 和 SN 爆发性气旋的对比

特征		SJ 爆发性气旋	SN 爆发性气旋
基本特征	生成时间	2012 年 4 月 2 日 00 UTC（春季）	2013 年 1 月 13 日 00 UTC（冬季）
	初始生成位置	中国东部大陆的（30.0°N，112.0°E）附近	菲律宾以东海域的（18.0°N，125.5°E）附近
	最大加深位置	日本海的（38°N，131.5°E）附近	西北太平洋的（35.5°N，144.5°E）附近
	最低中心气压位置	鄂霍次克海的（46°N，143.5°E）附近	西北太平洋的（43.5°N，166.0°E）附近
	气旋类别	温带锋面气旋	温带锋面气旋
	爆发时长/h	12	30
	最大加深率/Bergeron	2.70	3.41
	最低中心气压/hPa	954.2	936.8
	移动方向	西南—东北向	西南—东北向
	云系特征	锋面云系	锋面云系
结构特征	地面气压场形势	西北部冷高压，东部暖高压	西北部冷高压，东部暖高压
	海表面感热和潜热通量	弱	强
	潜热释放	较强	强
	中低层大气斜压性	强	较强
	中高层低压槽	深厚	较深厚

续表

特征		SJ 爆发性气旋	SN 爆发性气旋
结构特征	高层 PV	较强	强
	高空急流	较强	强
爆发影响因子	初始爆发因子	涡度平流（第二）、温度平流（第一）、非绝热加热（第三）	涡度平流（弱）、温度平流（第二）、非绝热加热（第一）
	最大加深因子	涡度平流（第一）、温度平流（第三）、非绝热加热（第二）	涡度平流（第三）、温度平流（第一）、非绝热加热（第二）
敏感性试验	潜热释放	较强	强
	下垫面热通量和水汽通量	弱	强
	日本列岛地形的影响	较小	很小

4.10　本章小结

本章利用美国国家环境预报中心的 FNL 和 CFSR 全球格点再分析资料及日本气象厅 JMA 提供的 MTSAT-1R 卫星红外波段反照率资料，使用合成分析、诊断分析及 WRF 数值模拟等分析方法，对 2000—2015 年冷季（10 月至翌年 4 月）发生于北太平洋（20°N ~ 65°N，110°E ~ 100°W）的爆发性气旋进行了深入的研究，揭示了其统计特征和发展机理。其主要结论如下：

（1）依据爆发性气旋的空间分布特征和所使用的 6 h 时间分辨率的 FNL 资料，将 Sanders 和 Gyakum（1980）的爆发性气旋定义修正为海平面中心气压（地转调整到 45°N）在 12 h 时间内平均加深率达到 1 Bergeron 以上的气旋。依据爆发性气旋最大加深率的大小，我们将其按加深率划分为四类：WE（1.00 ~ 1.29 Bergeron）、MO（1.30 ~ 1.69 Bergeron）、ST（1.70 ~ 2.29 Bergeron）和 SU（≥2.30 Bergeron）爆发性气旋。在北太平洋海域有 5 个爆发性气旋的多发区域，分别位于日本海、西北太平洋、中西太平洋、中东太平洋和东北太平洋海域，各区域的爆发性气旋依次命名为 JOS、NWP、WCP、ECP 和 NEP 爆发性气旋。

（2）经统计分析发现，2000—2015 年冷季北太平洋共发生 783 例爆发性气旋，爆发性气旋多为 WE 和 MO 爆发性气旋，ST 和 SU 爆发性气旋相对较少且主要分布于西太平洋。爆发性气旋发生频数呈现“西多东少”的分布特征，平均爆发强度呈现“西强东弱”的分布特征。北太平洋爆发性气旋多发生于冬季和早春，特别是冬季较多，而各区域爆发性气旋发生频数的季节变化存在明显差异。JOS 和 NEP 爆发性气旋多发生于秋季和初春；NWP 和 WCP 爆发性气旋多发生于冬季和早春，而秋季发生个例较少；ECP 爆发性气旋多发生冬季，特别是初冬，而在秋季和春季发生个例较少，发生时间较为集中。除 ECP 爆发性气旋外，总体及各区域爆发性气旋月际平均爆发强度的峰值均处于冬季，即冬季爆发性气旋的爆发强度较强，而秋季和春季较弱。

（3）总体及各类爆发性气旋最大加深率频数均随着加深率的增大而减小，而 JOS 和 NEP 爆发性气旋减小较为迅速，NWP、WCP 和 ECP 爆发性气旋减小较为缓慢。北太平洋爆发性气旋的发展史长一般为 1.00 ~ 3.25 d，爆发时长多数短于 1 d，NWP、WCP、ECP 爆发性气旋的爆发时长要明显长于 JOS 和 NEP 爆发性气旋，即北太平洋的西北部和中东部爆发性气旋的爆发时长会更长。NWP、WCP 和 ECP 爆发性气旋最低中心气压要低于 JOS 和 NEP 爆发性气旋，即西北、中东太平洋爆发性气旋中心气压可发展至较低。

（4）爆发性气旋的移动路径和空间分布特征在不同区域差异较大，而在相同区域表现出较大的相似性，随着爆发强度的增强，其移动路径和空间分布特征更趋于一致。JOS 爆发性气旋移动路径以东偏北向和西南—东北向为主，NWP 爆发性气旋移动路径多为西南—东北向，少数为东偏北方向；而 WCP、ECP 和 NEP 爆发性气旋的移动路径因生成位置不同而表现出显著差异，一种移动路径前期为东偏北向，后期折向西北，移动路径较长；另一种移动路径为西南—东北向，移动路径较短。JOS、NEP 爆发性气旋的分布区域较 NWP、WCP 和 ECP 爆发性气旋的位置偏北。JOS、NWP 爆发性气旋多是生成后即获得爆发性发展，而在 WCP、ECP 和 NEP 爆发性气旋爆发性发展的过程中，存在吸收合并的现象，即气旋之间的相互作用对其爆发性发展具有重要影响。

（5）北太平洋爆发性气旋多发生于高空急流带上或其北部、中高层正涡度场区域或其南部、海洋暖流及强 SST 梯度区域。北太平洋爆发性气旋的分布区域和发生频数存在明显的季节变化特征，其与高空急流、中高层正涡度场的位置和强度的季节变化呈现出正相关关系。从 10 月至翌年 1 月，高空急流、中高层正涡度场的增强及南移使得爆发性气旋发生频数增大且发生位置南移；而从 1 月至 4 月，呈现出相反的季节变化特征。北太平洋中纬度海域的海洋暖流及强 SST 梯度区为爆发性气旋的生成和发展提供了有利的海洋物理环境背景场，且海洋暖流及强 SST 梯度区对西北太平洋爆发性气旋的发生和发展影响更为明显。

（6）合成分析表明，各区域爆发性气旋的结构存在明显差异。对 JOS 爆发性气旋而言，中低层的大气斜压性、中高层的正涡度平流和高空急流较强，而中低层潜热释放较弱；对 NWP 爆发性气旋而言，中低层的大气斜压性和潜热释放、高空急流均较强，而中高层的正涡度平流较弱；在 WCP、ECP 和 NEP 爆发性气旋快速发展的过程中，气旋中心北部的低压系统逐渐被吸收合并，其中低层的大气斜压性均较弱，对 WCP 和 ECP 爆发性气旋而言，中低层的潜热释放及中高层的正涡度平流较强，对 NEP 爆发性气旋而言，中高层的正涡度平流较强，而中低层的潜热释放较弱。各区域爆发性气旋结构的差异是各区域大气和海洋物理环境背景场的差异所造成的，亚洲大陆冷高压向日本海及西北太平洋入侵，使得 JOS 和 NWP 爆发性气旋具有更强的大气斜压性；黑潮和北太平洋暖流为 NWP、WCP 和 ECP 爆发性气旋提供了大量暖湿空气，导致潜热释放。西北太平洋上空的副热带西风急流为 JOS 和 NWP 爆发性气旋提供了高层动力强迫。中东太平洋的阿留申低压，使得 WCP、ECP 和 NEP 爆发性气旋在爆发性发展过程中常出现吸收合并的现象。

（7）SJ 爆发性气旋是 JOS 爆发性气旋发展最为剧烈的个例，其最大加深率达到 2.70

Bergeron。中低层大气斜压性和潜热释放、中高层正涡度平流及高空动力强迫为 SJ 爆发性气旋的快速发展提供了有利的大气物理环境背景场。Zwack-Okossi 方程诊断分析表明，绝对涡度平流项、温度平流项和非绝热项是 SJ 爆发性气旋爆发性发展的启动因子且温度平流项的贡献最大；绝对涡度平流项和非绝热加热项是 SJ 爆发性气旋快速发展的主要影响因子。通过 WRF 敏感性试验发现，下垫面热通量和水汽通量、日本列岛地形对 SJ 爆发性气旋快速发展的影响较弱，而潜热释放是影响其快速发展的重要因子。潜热释放通过加热大气，加剧了冷锋和暖锋之间的温度差异，增强了大气低层的斜压性；同时使得低层辐合和高层辐散增强，促进气旋的爆发性发展。

（8）SN 爆发性气旋是 2000—2015 年冷季北太平洋爆发性气旋发展最为剧烈的个例，其最大加深率达到 3. 41 Bergeron，移动路径为西南—东北向，在爆发性发展阶段沿着西北太平洋暖流—黑潮移动。黑潮及黑潮延伸体的海表面感热和潜热通量、中低层大气斜压性和潜热释放及高层动力强迫为其快速发展提供了有利的大气和海洋物理环境背景场。Zwack-Okossi 方程诊断分析表明，温度平流项和非绝热项是其开始爆发性发展的主要影响因子且非绝热项的贡献大于温度平流项的贡献；绝对涡度平流项和温度平流项是其快速发展的主要影响因子。

通过 WRF 敏感性试验发现，潜热释放、下垫面热通量和水汽通量对其快速发展具有重大影响，而日本列岛地形对其影响甚微。由于潜热敏感性试验结果的失败，其影响机制无法进一步分析。下垫面热通量和水汽通量敏感性试验表明，黑潮及黑潮延伸体的海表面热通量和水汽通量导致的气旋低层潜热释放和大气斜压性的增强，促进了 SN 爆发性气旋的快速发展。

（9）SJ 和 SN 爆发性气旋的结构及发展机制存在明显差异，SN 爆发性气旋的海表面感热和潜热通量、中低层潜热释放、高空动力强迫强于 SJ 爆发性气旋，而中低层的大气斜压性和中高层正涡度平流弱于 SJ 爆发性气旋。两者结构及发展机制的差异主要是由大气和海洋物理环境背景场的差异所致，西北太平洋的海洋暖流为 SN 爆发性气旋的快速发展提供了较大的海表面感热和潜热通量，而 SJ 爆发性气旋发生于日本海上，海表面感热和潜热通量相对较小。对 SN 爆发性气旋而言，西北太平洋西南部宽广的暖洋面为其输送大量暖湿空气，而 SJ 爆发性气旋发生纬度较高，日本海海域面积较小且海温较低，导致 SN 爆发性气旋的潜热释放强于 SJ 爆发性气旋。SJ 爆发性气旋发生于东亚大陆沿岸，强冷空气入侵导致大气中低层斜压性较强，而 SN 爆发性气旋发生于海上，冷空气在经过黑潮时发生变性，大气斜压性有所减弱。冬季副热带高空急流中心位于日本列岛上空，使得 SN 爆发性气旋高空急流较强。

第 5 章　北大西洋上的爆发性气旋个例分析

与前人（Sander and Gyakum，1980）等给出的爆发性气旋定义不同，本书给出的爆发性气旋定义把大于 8 级的风速因素作为重要条件，因此有必要对风力 12 级及以上的爆发性气旋极端个例进行深入探讨。另外从第 4 章可知，A 区域爆发性气旋初始爆发源地的分布具有明显的季节性变化特征。随着全球气候变化，夏秋季北冰洋海冰面积显著减少，北太平洋至北大西洋的航线可以通过“北极航线”连通。由于北冰洋海冰面积季节性最小的月份为 9 月份（田忠翔等，2012），从保障海上航行安全的角度出发，深入分析 9 月份北大西洋爆发性气旋的特征，对保障未来“北极航线”的安全具有重要的实践价值。

基于以上考虑，本章在 A 区域从 1979—2016 年挑选两个爆发性气旋个例进行深入分析。其中一个例为 A 区域气旋中心气压加深率最大的个例（3. 47 Bergeron），这一爆发性气旋发生在2002 年 1 月份。另一个例是发生在北冰洋海冰面积最少月份的2012 年9 月份，这两个爆发性气旋均发生在大西洋北部。

5.1　2002 年 1 月北大西洋上的爆发性气旋个例

5.1.1　基本特征

2002 年 1 月 30 日 12 UTC，在纽芬兰岛以南（56°W，42°N）附近有一气旋（记为气旋 B）生成，随后气旋 B 向东北方向移动，在 31 日 00 UTC 初次爆发。31 日 12 UTC，气旋中心气压加深率达到最大值 3. 47 Bergeron，2 月 1 日 00 UTC 为气旋 B 的最后爆发时刻。之后气旋 B 继续向东北方向移动，虽然此后气旋中心气压加深率小于 1 Bergeron，但气旋 B 强度继续加强，在 1 日 18 UTC 气旋中心气压达到最小值 933. 4 hPa。之后，气旋 B 强度逐渐减弱并移出北大西洋，因此对这一爆发性气旋只记录到 2 日 18 UTC。此外，在气旋 B 发展过程中，在其东北部有 1 个“气旋族”。“气旋族”内有一个强度及降压幅度均较弱的爆发性气旋（记为气旋 A）。气旋 A 于 1 月 30 日 06 UTC 在纽芬兰岛以东的洋面(40°W，48°N）附近生成，30 日 12 UTC 初次爆发，气旋中心气压加深率为 1. 43 Bergeron。30 日 18 UTC，气旋 A 中心气压加深率达到最大值 1. 54 Bergeron。31 日 00 UTC 为气旋 A 的最后爆发时刻，但继续加强，在 31 日 06 UTC 气旋中心气压达到最小值 958. 6 hPa。之后气旋强度减弱，并在 2 月 1 日 00 UTC 消亡。

图 5. 1 是气旋 A 与气旋 B 的移动路径图，图 5. 2 是两气旋的海平面中心气压和中心气压加深率随时间变化图，重点关注气旋 B 的发展过程。

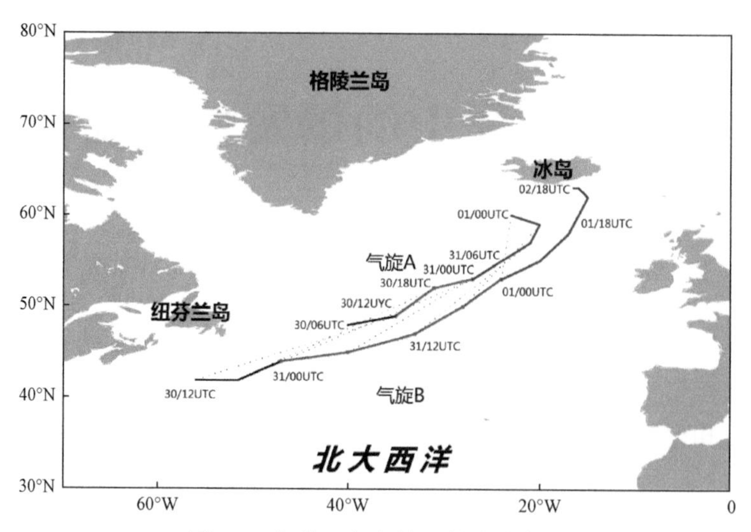

图 5.1　气旋 A 与气旋 B 的移动路径

黑线为爆发前移动路径，红线为爆发时移动路径，蓝线为爆发后移动路径；点线为同时刻气旋 A 与气旋 B 位置的连线

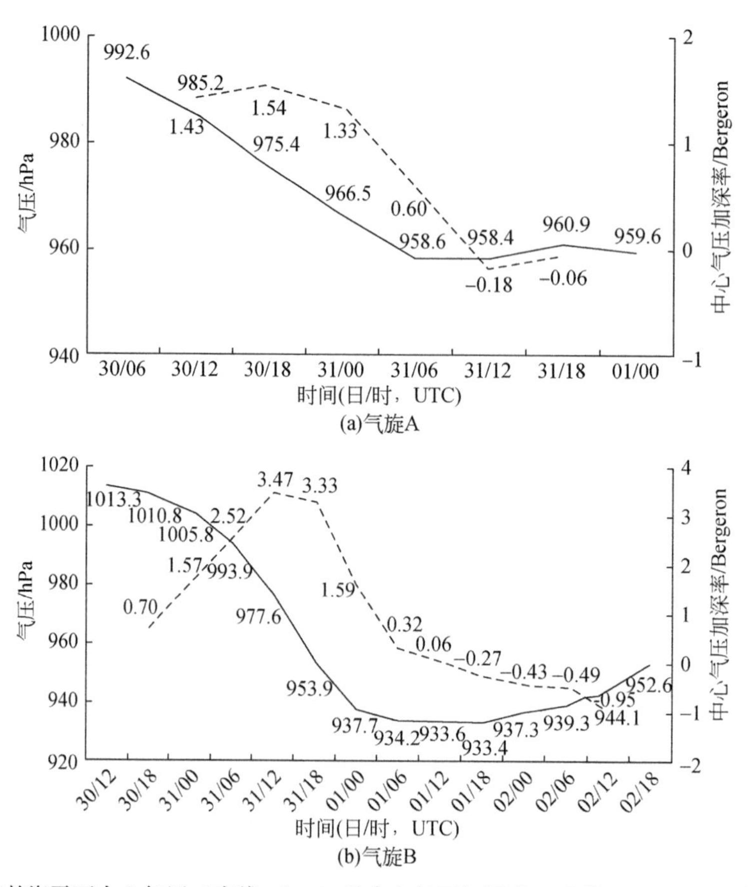

图 5.2　气旋的海平面中心气压（实线，hPa）及中心气压加深率（虚线，Bergeron）随时间变化图

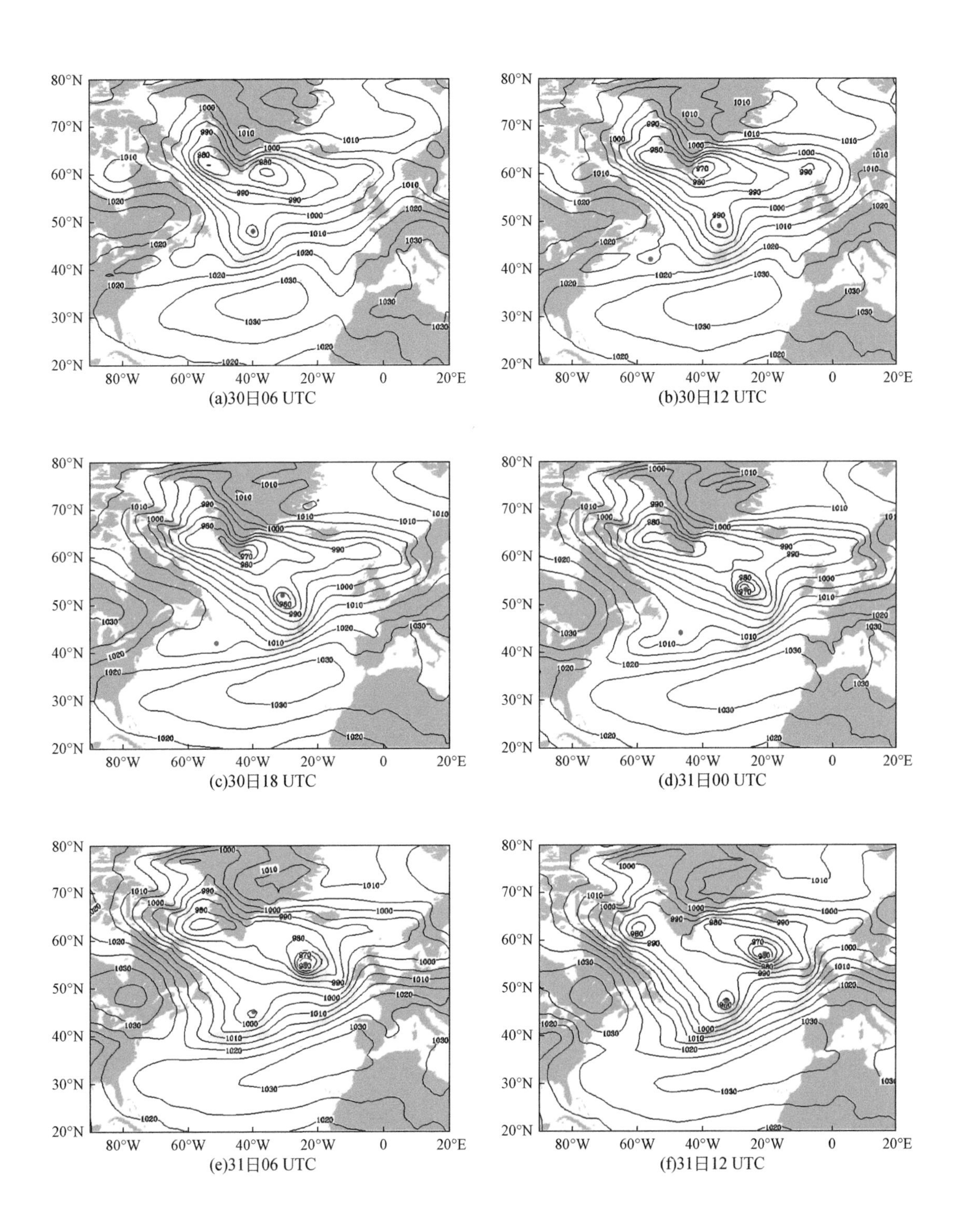

(a)30日06 UTC　(b)30日12 UTC

(c)30日18 UTC　(d)31日00 UTC

(e)31日06 UTC　(f)31日12 UTC

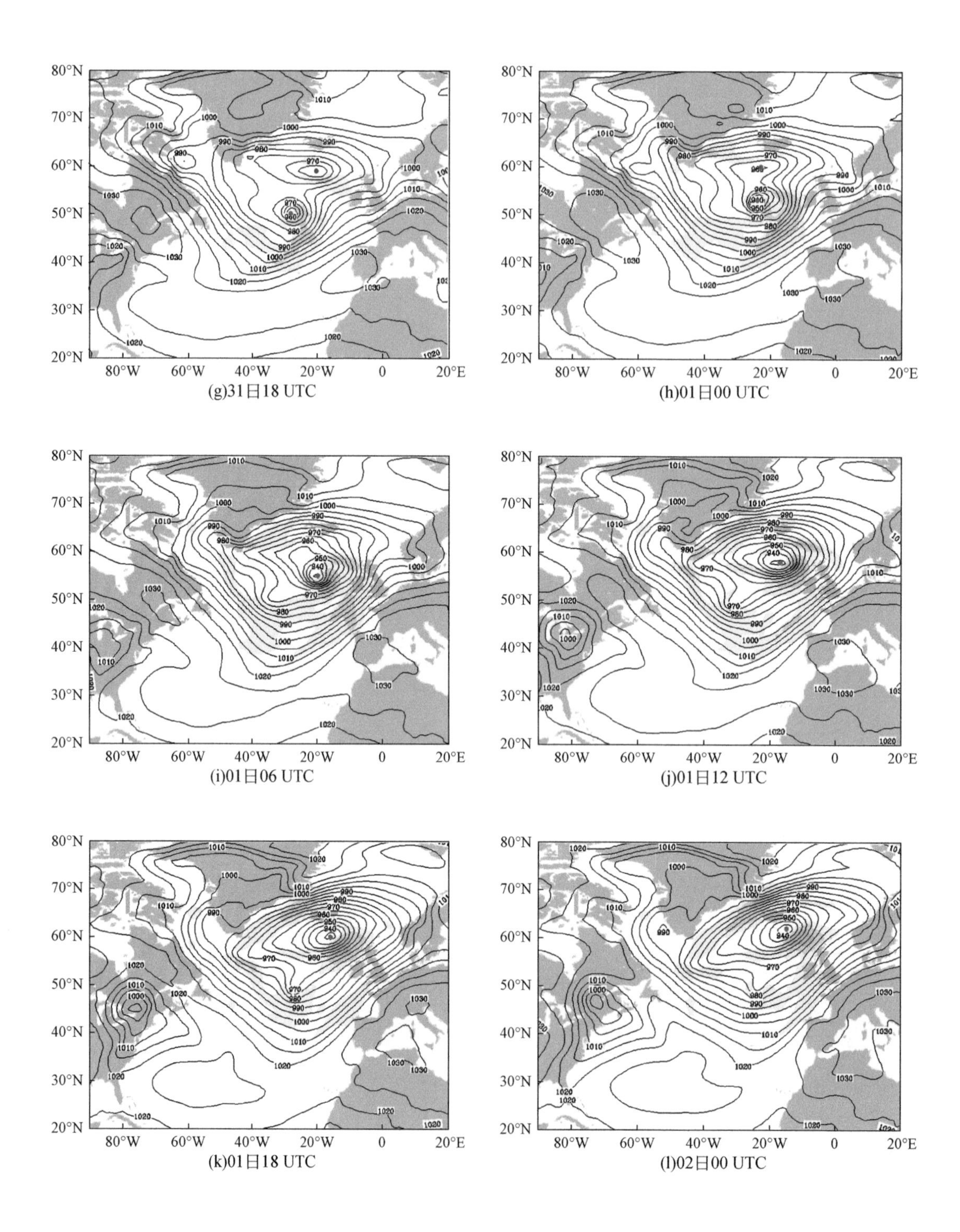

(g)31日18 UTC　　(h)01日00 UTC

(i)01日06 UTC　　(j)01日12 UTC

(k)01日18 UTC　　(l)02日00 UTC

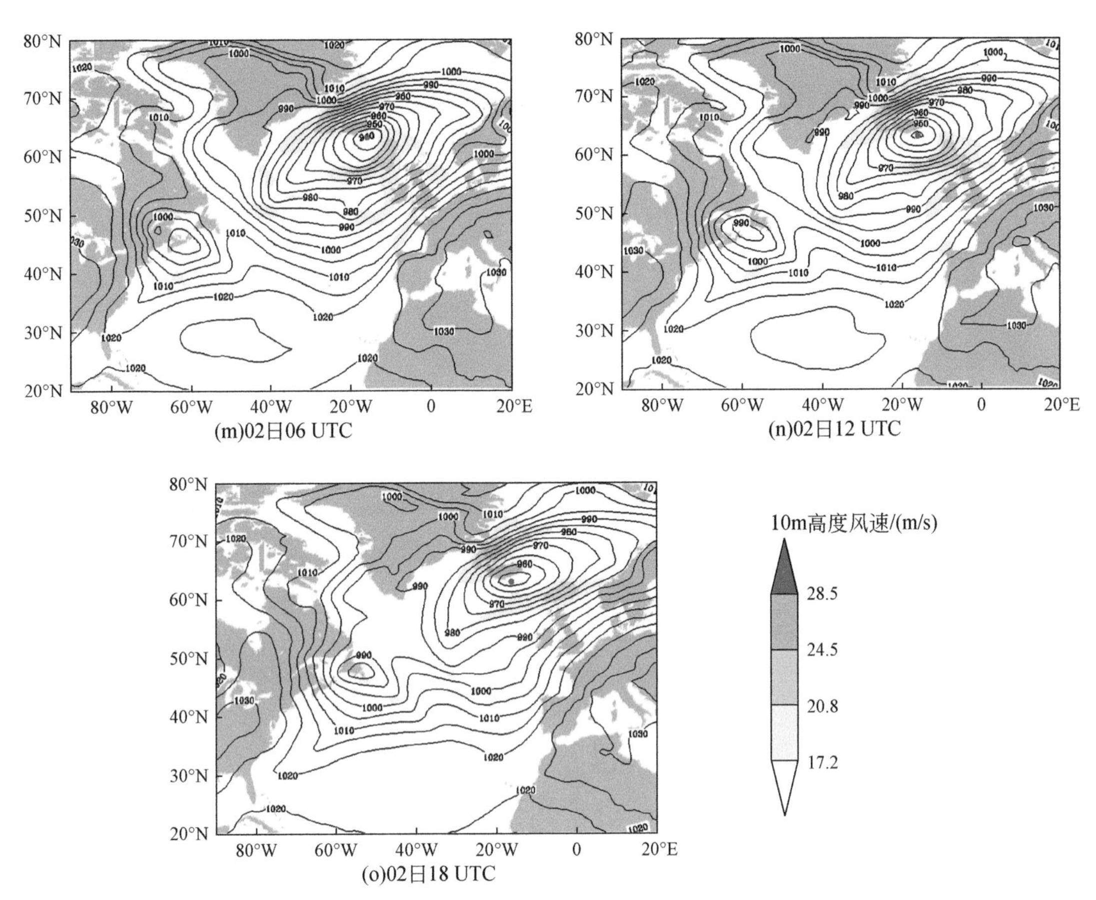

图 5.3　2002 年 1 月 30 日 06 UTC 至 2 月 2 日 18 UTC 海平面气压场分布

实线为海平面气压（间隔 5 hPa）；填色为 10 m 高度风速；蓝点和红点分别为气旋 A 和气旋 B 的中心位置

根据气旋 B 中心气压和加深率的变化，结合海平面气压分布图（图 5.3）和卫星云图（图 5.4），可把气旋 B 的演变过程划分为以下四个阶段。

1. 初始发展阶段（1 月 30 日 12 UTC ~ 31 日 00 UTC）

在这一阶段气旋 B 刚刚形成，气旋中心气压虽然缓慢下降，但气压值均在 1010.0 hPa 以上。在海平面气压场上，气旋 B 东北侧有一个强大的“气旋族”，气旋 A 被包围在“气旋族”内，且气旋 A 在 30 日 12 UTC 开始爆发，气旋中心气压加深率为 1.43 Bergeron、中心气压为 985.2 hPa。此时气旋 B 西侧的北美大陆以及南侧的北大西洋均被强大高压控制，气旋 B 位于“气旋族”延伸至西侧高压和南侧高压之间的低压区内。30 日 18 UTC，气旋 A 的中心气压加深率达到最大值 1.54 Bergeron、中心气压为 975.4 hPa，远小于气旋 B 的中心气压，大风区位于气旋 A 的东南侧。从卫星云图上看，30 日云系主体位于格陵兰岛—冰岛以南，对应为气旋 A 的“逗点状”云系。

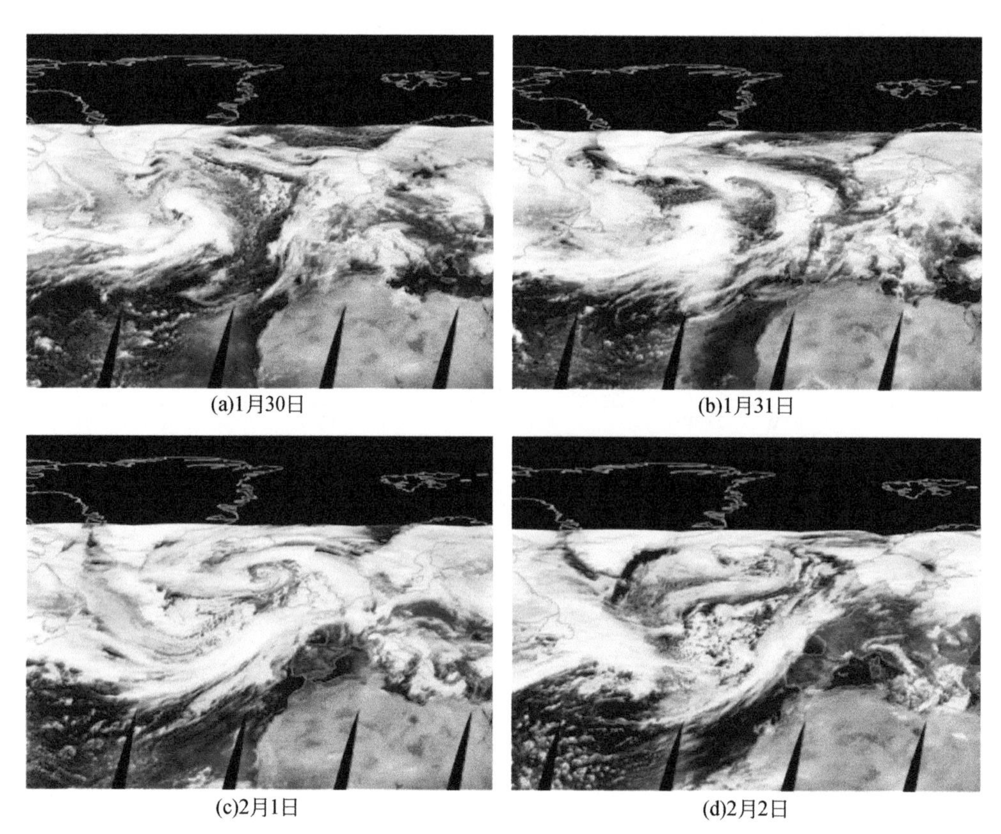

图5.4　2002年1月30日至2月2日EOSDIS极轨卫星云图

2. 快速发展阶段（1月31日00 UTC～2月1日06 UTC）

这一阶段气旋A与气旋B均向东北方向移动，其中，气旋B逐渐并入东北侧的“气旋族”内。该时段气旋B移动速度较快，与气旋A之间的距离不断缩小。在这一阶段，气旋A中心气压值更小，因此在气旋A消亡之前，气旋B的空间尺度较小，东—西方向的长度仅为10个经度左右，南—北方向的长度不超过10个纬度。在整个阶段内，大风区位于气旋的南部或东南部，气旋南侧的北大西洋一直受高压控制。31日00 UTC气旋B开始爆发，中心气压加深率为1.57 Bergeron，中心气压为1005.0 hPa。而该时刻为气旋A的最后爆发时刻，其中心气压加深率为1.33 Bergeron。虽然此时气旋A的中心气压加深率小于气旋B，但气旋A中心气压为975.4 hPa，强于气旋B。31日06 UTC，气旋B的中心气压加深率达到2.52 Bergeron，中心气压为993.9 hPa。气旋A的中心气压继续降低，达到最小值，958.6 hPa。31日12 UTC为气旋B的最大加深率时刻，为3.47 Bergeron，气旋中心气压大幅下降至977.6 hPa。此时气旋A的中心气压上升到958.8 hPa。31日18 UTC气旋B的中心气压小于气旋A，此时气旋A的中心气压为960.9 hPa，气旋B的中心气压为953.9 hPa，气旋B的加深率略有下降，为3.33 Bergeron。2月1日00 UTC为气旋B的最后爆发时刻，同时也是气旋A消亡前的最后一个时刻。该时刻气旋B的中心气压加深率为1.59 Bergeron，中心气压继续降低到937.7 hPa。而气旋A相比上一时刻气压略有下降，为

959. 6 hPa。同时受气旋 B 的影响，气旋 A 的移动路径在这一时刻向西北方向移动。该阶段从云图上可以明显看出气旋 A 的云系呈螺旋状分布，并与北侧“气旋族”的云系连成一片。对于气旋 B，云系位于气旋 A 的西南侧，云系基本呈南—北向的带状分布。

3. 缓慢发展阶段（2 月 1 日 06 UTC ~ 2 日 00 UTC）

这一阶段由于气旋 A 已经消亡，另一方面气旋 B 并入“气旋族”中，成为“气旋族”的唯一中心。此时气旋 B 的空间尺度覆盖整个大西洋北部，东—西方向可达 40 个经度，南—北方向为 40 个纬度。大风区位于气旋的东南部和西北部。此外在北美大陆上有 1 个气旋向东北方向移动，从气旋 B 南侧的北大西洋延伸至地中海地区为高压控制。整个阶段，气旋 B 的中心气压持续缓慢下降，在 18 UTC 降至整个过程的最小值 933. 4 hPa。在移动路径方面，气旋 B 仍向东北向移动，但不同的是，由于没有其他系统的影响，气旋 B 的移动路径更加偏北。在卫星云图上，云系范围扩大，覆盖整个大西洋北部，并呈螺旋状分布。

4. 衰亡阶段（2 月 2 日 00 UTC ~ 2 日 18 UTC）

这一阶段，气旋 B 强度逐渐减弱，气旋的空间尺度减小，中心气压由 937. 3 hPa 上升至 952. 6 hPa，移动方向呈东南—西北向。气旋 B 西南方的低压继续向东北方向移动，逐渐并入气旋 B 的外围中。同时气旋 B 南侧的高压有所减弱。大风区仍位于气旋 B 的东南和西北侧。在这一阶段，随着气旋强度的减弱，云体变薄、云系边缘模糊，在卫星云图上看不出明显的螺旋状结构。

5. 1. 2　环流形势分析

从 850 hPa 环流形势（图 5. 5）来看，2002 年 1 月 30 日 06 UTC 在气旋 A 生成位置附近等温线向气旋 A 的中心突起，气旋 A 的西侧和东侧分别对应明显的冷平流和暖平流。30 日 12 UTC 气旋 B 生成，且生成位置位于纽芬兰岛以南的锋区南部，对应的气流较为平直，故在 850 hPa 上，气旋 B 附近无明显的冷暖平流。此时气旋 A 附近的“暖舌”开始北伸，表明锋面开始锢囚。18 UTC 的 850 hPa 环流形势与上个时刻类似。

除此之外，气旋 A 附近的“暖舌”继续北伸，气旋 B 向东水平移动。在快速加深阶段，气旋 A 附近的“暖舌”发展加深，并在 31 日 12 UTC 形成“暖核”结构，“暖核”的中心与气旋 A 中心重合。之后“暖核”减弱消失，气旋 A 也逐渐消亡。

对于气旋 B，31 日 00 UTC，其西北侧出现较弱的冷平流、东侧出现较弱的暖平流。之后 850 hPa 槽的振幅加大，对应的冷暖平流加强。31 日 18 UTC 850 hPa 上气旋 B 形成闭合中心，此时气旋 B 的锋面已经呈现锢囚结构。2 月 1 日 00 UTC，气旋 A 减弱，850 hPa 闭合中心消失。而气旋 B 强度加强，850 hPa 闭合中心数值降低。缓慢加深阶段，冷锋完全追上暖锋，气旋中心在 850 hPa 对应较暖的空气，但是并没有形成闭合的“暖核”。在减弱阶段，850 hPa 出现“暖核”，且“暖核”中心与气旋 B 中心基本重合。

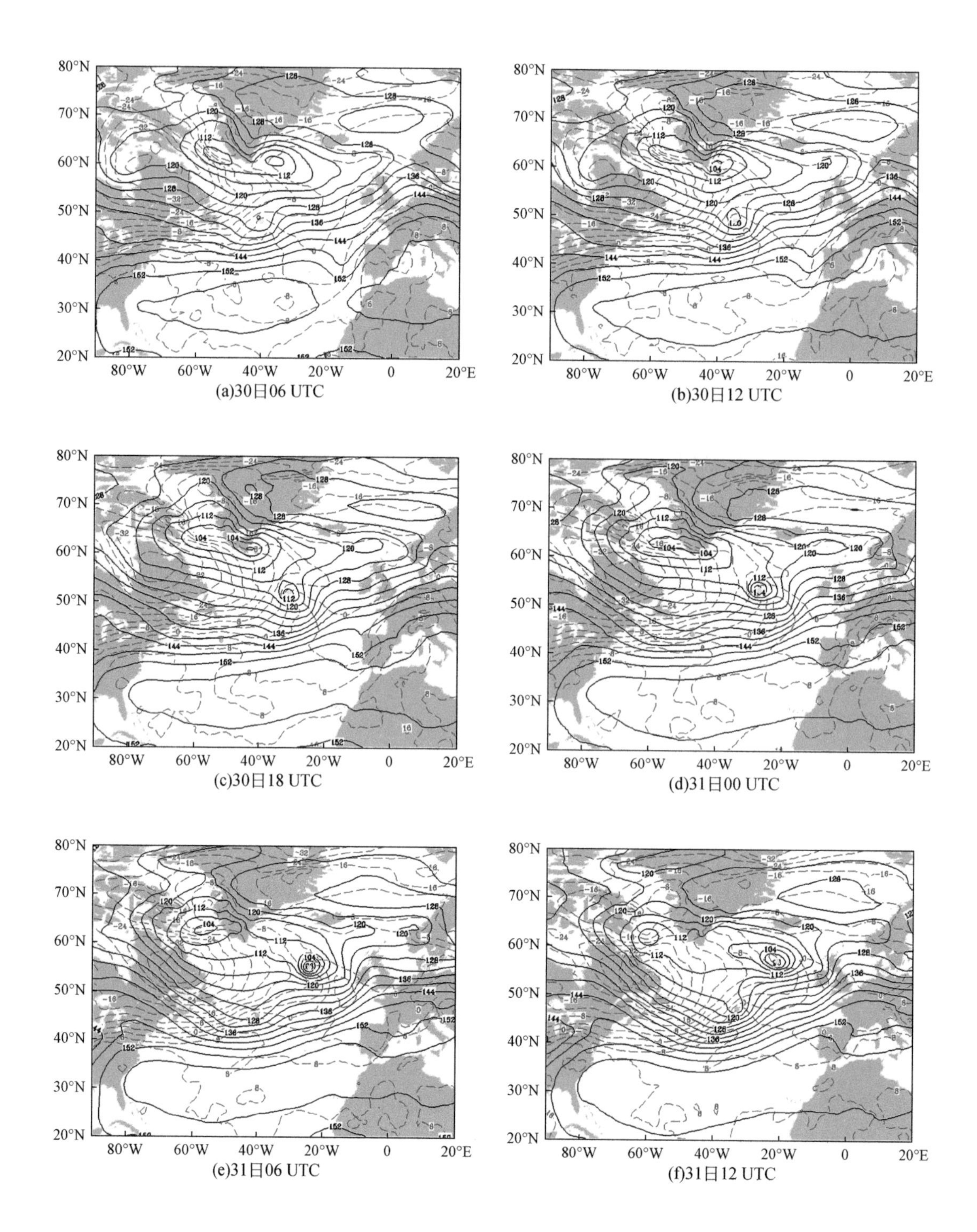

(a)30日06 UTC

(b)30日12 UTC

(c)30日18 UTC

(d)31日00 UTC

(e)31日06 UTC

(f)31日12 UTC

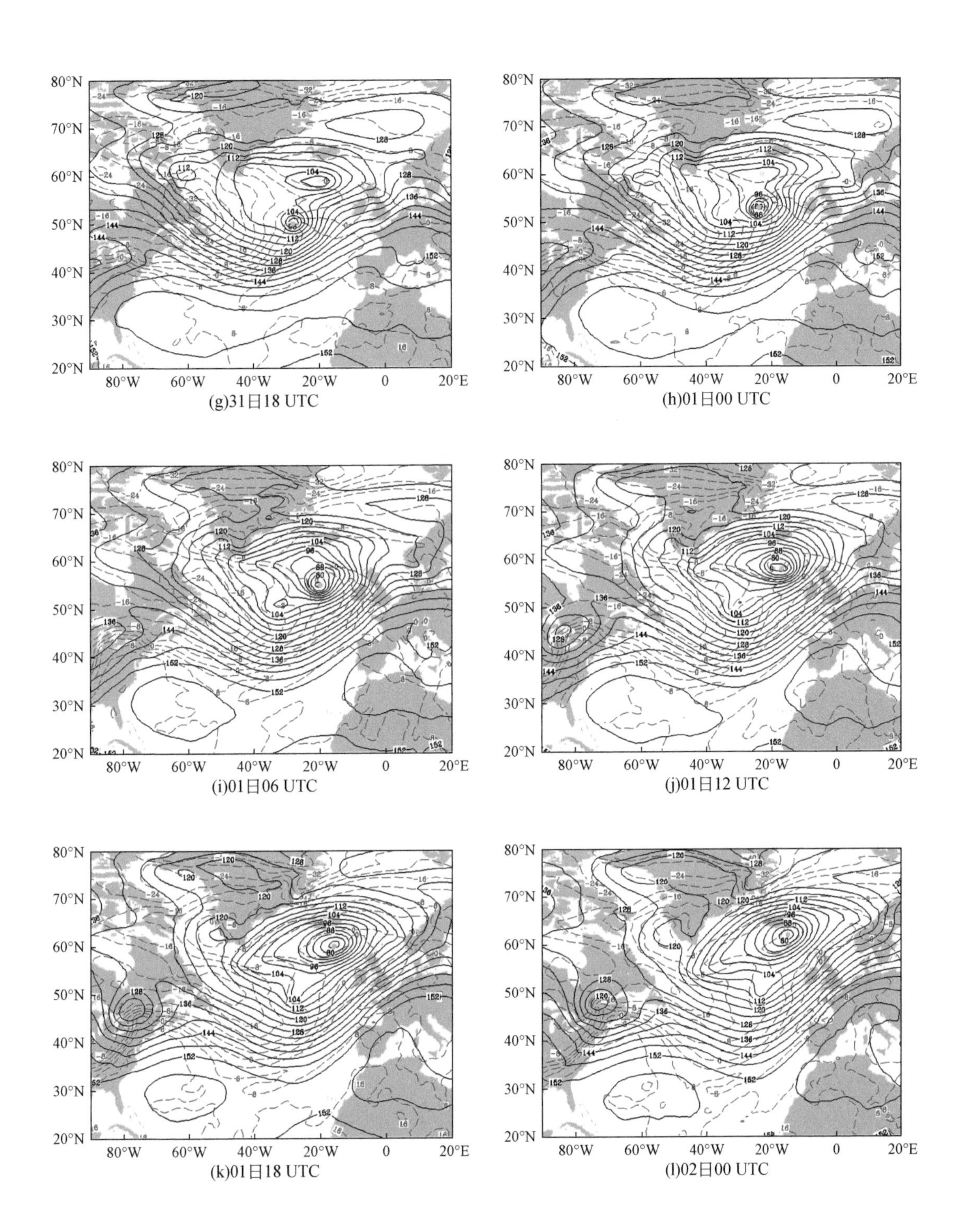

(g)31日18 UTC　(h)01日00 UTC

(i)01日06 UTC　(j)01日12 UTC

(k)01日18 UTC　(l)02日00 UTC

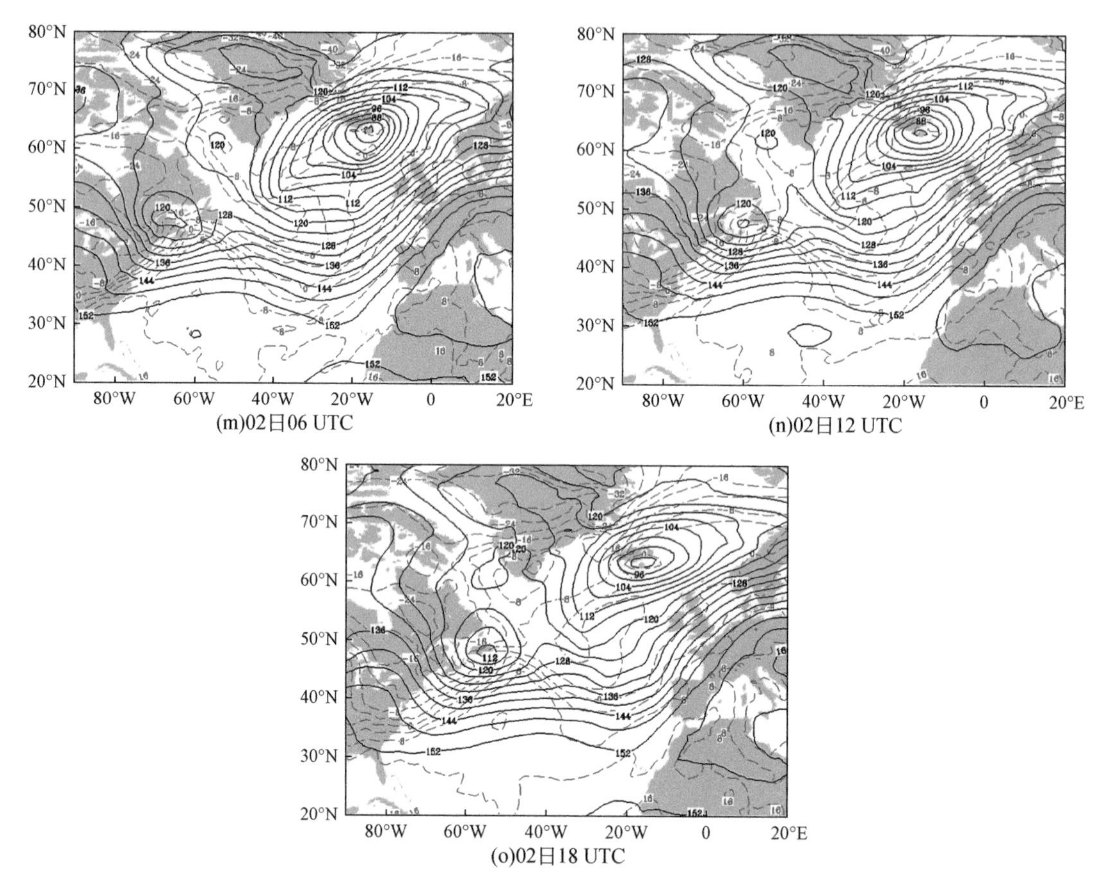

图 5.5　2002 年 1 月 30 日 06 UTC 至 2 月 2 日 18 UTC 850 hPa 环流形势图

黑线为位势高度（间隔 40 gpm），红线为气温（间隔 4℃）；黄点和绿点分别为气旋 A 和气旋 B 的中心位置

对于 500 hPa 环流形势（图 5.6），气旋 A 从生成至爆发前阶段，其西北方有一个低压中心，气旋 A 位于该低压的东北侧，并受西南气流影响向东北方向移动。而气旋 B 的生成位置位于 500 hPa 低压系统的南部，由于该低压系统呈东—西向的长条状，因此南部为较为平直的西风气流，受其影响气旋 B 向偏东方向移动。在快速加深阶段，气旋 A 仅在中心气压最低时刻（31 日 06 UTC）形成闭合中心。对于气旋 B，一方面由于西北方低压系统向东南方向移动且形状改变，另一方面由于气旋 B 向偏东方向移动，使气旋 B 逐渐位于 500 hPa 低压系统的东南侧，引导气流由西—东向转变为西南—东北向，气旋式弯曲增大。2 月 1 日 00 UTC，500 hPa 上气旋 B 形成闭合中心。在缓慢加深阶段，500 hPa 上原有低压系统强度减弱，气旋 B 强度加强，最终二者合并且气旋 B 成为系统的中心，与海平面气压场变化相对应。在减弱阶段，冷中心位于气旋 B 中心的西南侧。

从 300 hPa 环流形势（图 5.7）来看，气旋 A 生成时位于急流（≥30 m/s）轴上。爆发前，气旋 A 位于急流轴偏北侧、气旋 B 位于急流轴南侧。在快速加深阶段，气旋 A 由急流轴北侧向急流出口区北侧移动，而气旋 B 由急流轴南侧向北侧移动。在该阶段内，环流形势的变化使急流的形状也发生了改变，1 日 00 UTC 急流出现了明显的弯曲。

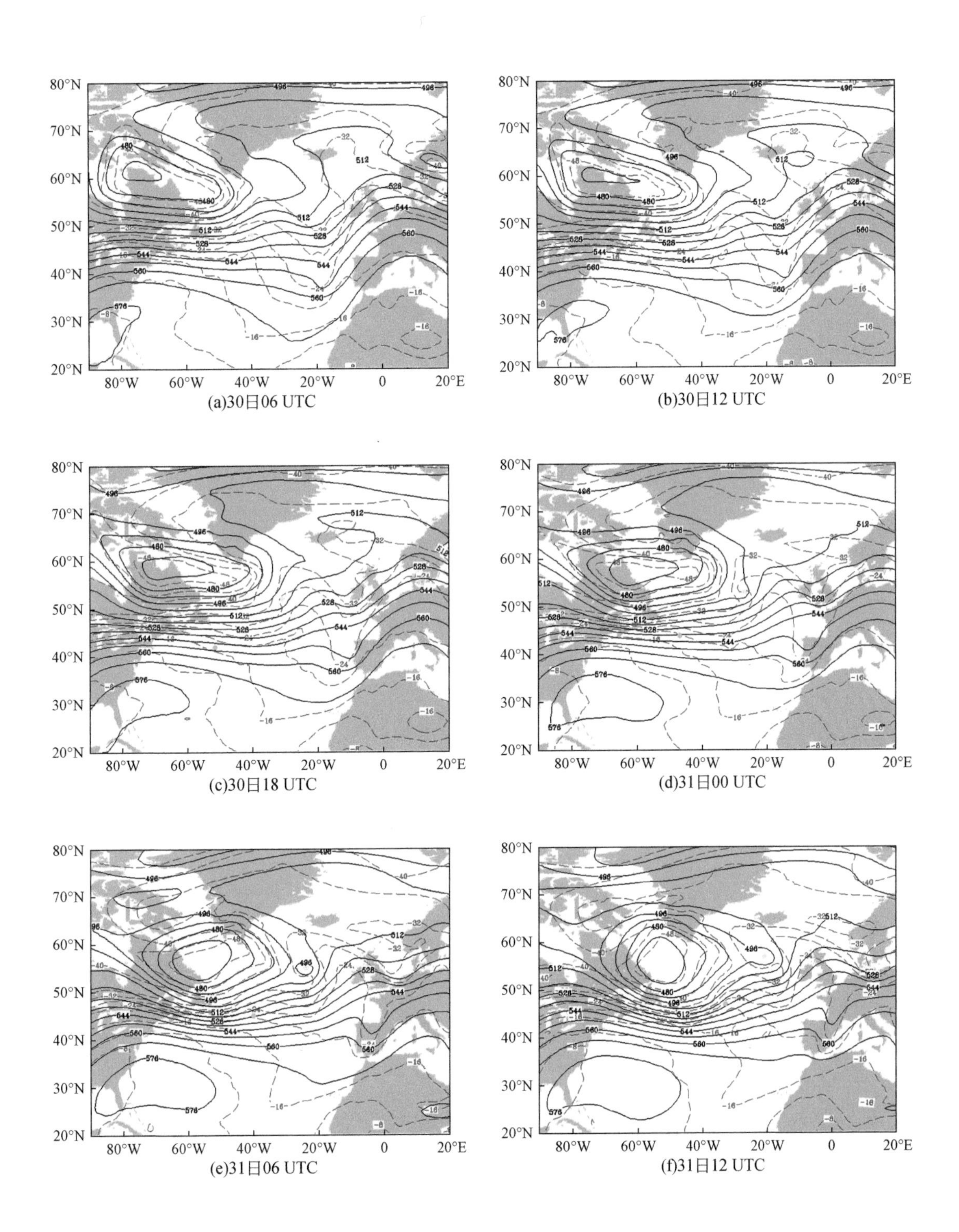

(a)30日06 UTC　(b)30日12 UTC

(c)30日18 UTC　(d)31日00 UTC

(e)31日06 UTC　(f)31日12 UTC

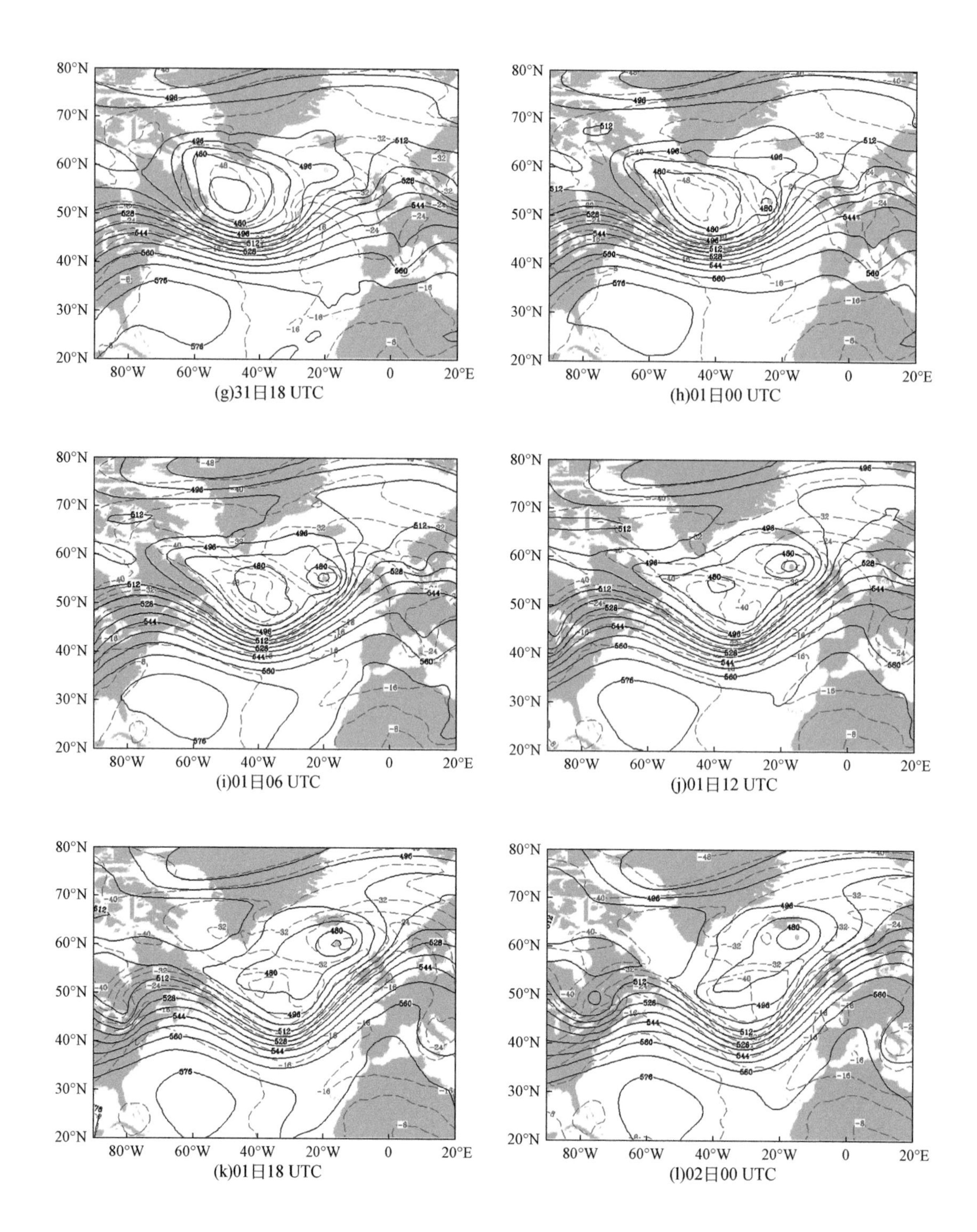

(g)31日18 UTC (h)01日00 UTC

(i)01日06 UTC (j)01日12 UTC

(k)01日18 UTC (l)02日00 UTC

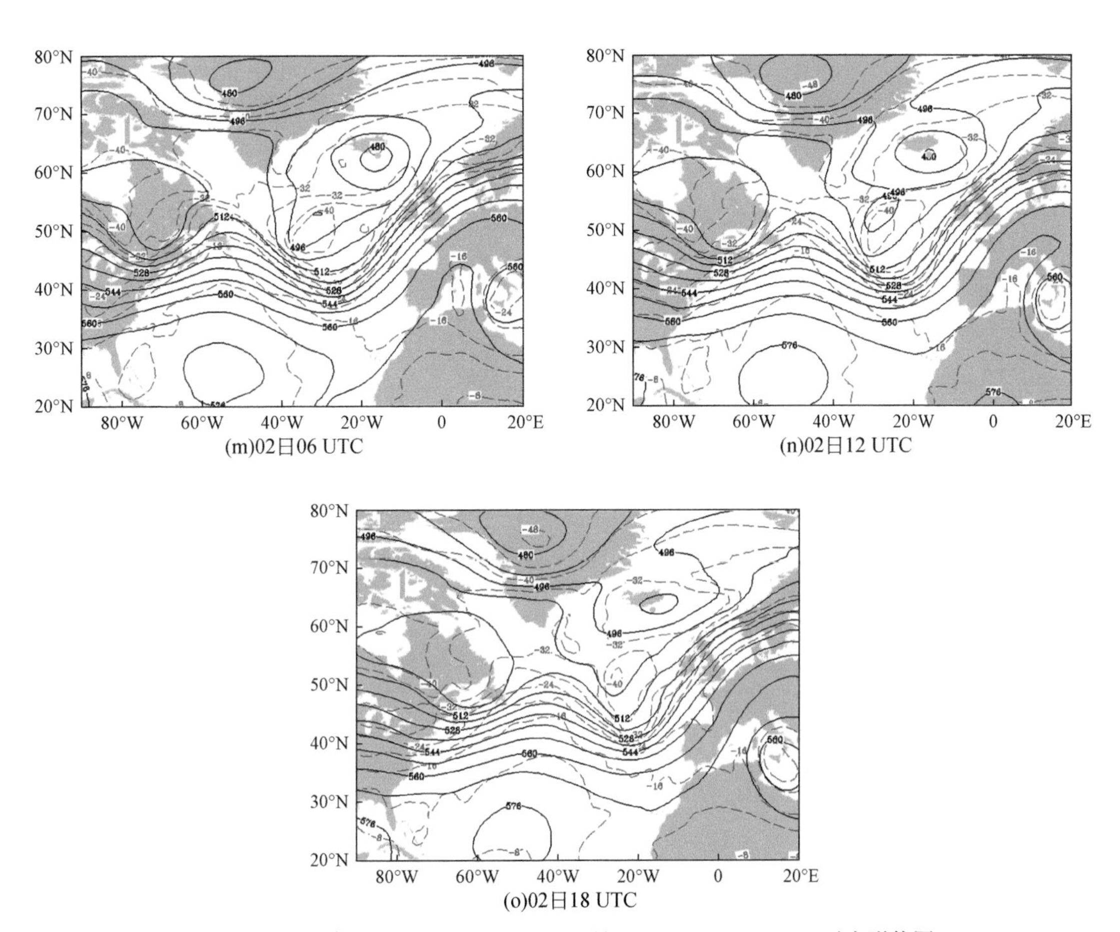

(m)02日06 UTC　　(n)02日12 UTC

(o)02日18 UTC

图5.6　2002年1月30日06 UTC至2月2日18 UTC 500hPa环流形势图

黑线为位势高度（间隔40gpm），红线为气温（间隔4℃）；

黄点和绿点分别为气旋A和气旋B的中心位置

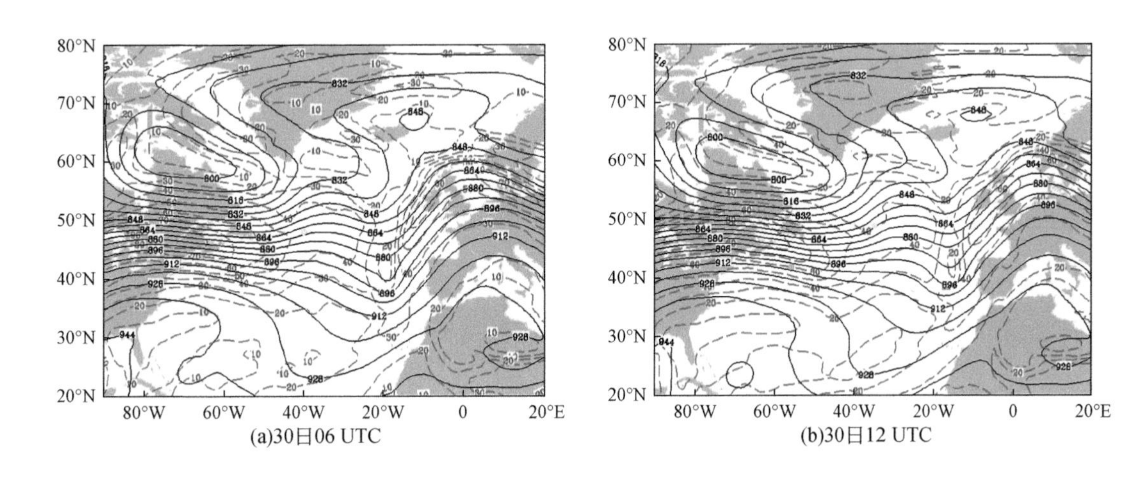

(a)30日06 UTC　　(b)30日12 UTC

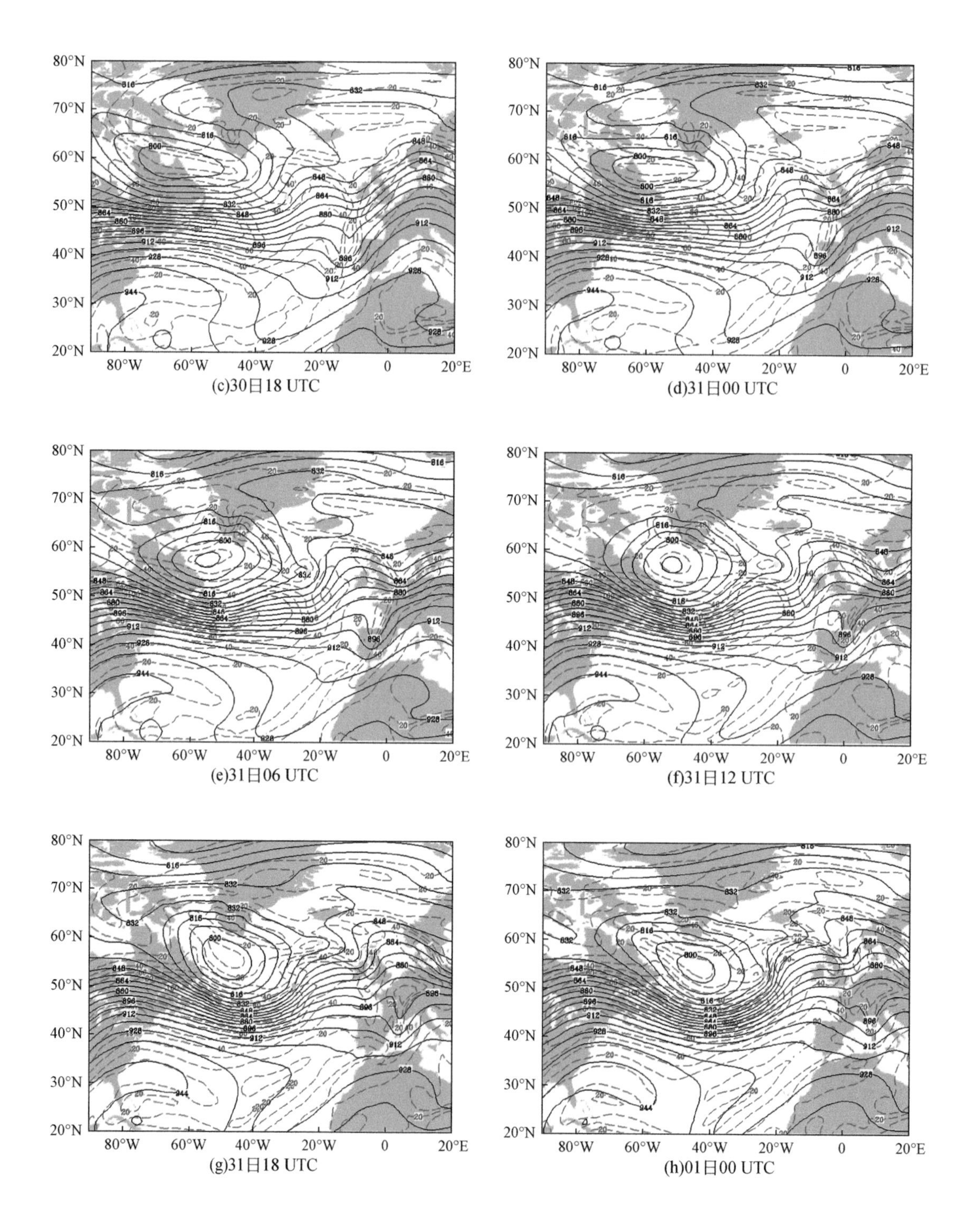

(c)30日18 UTC

(d)31日00 UTC

(e)31日06 UTC

(f)31日12 UTC

(g)31日18 UTC

(h)01日00 UTC

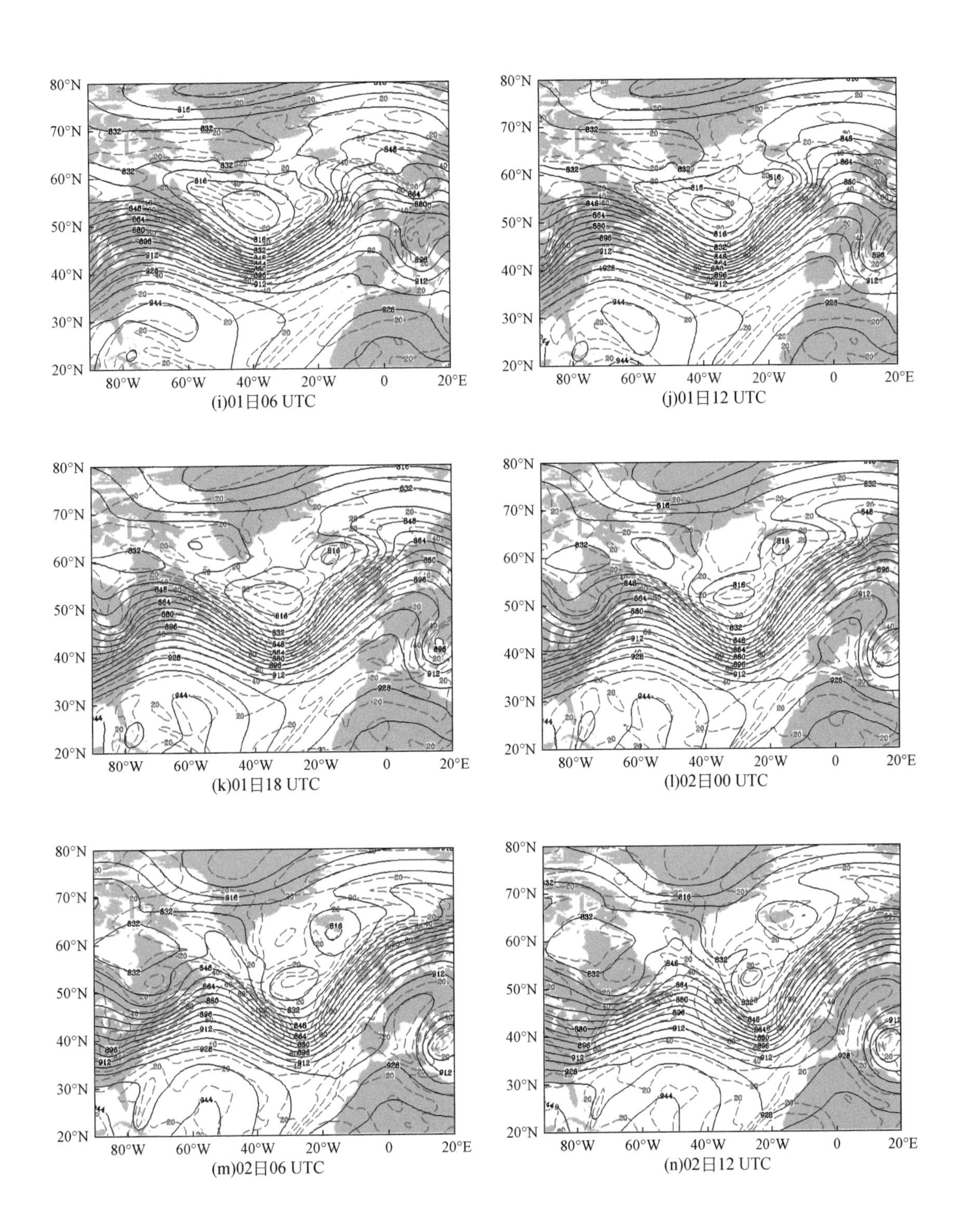

(i)01日06 UTC　(j)01日12 UTC

(k)01日18 UTC　(l)02日00 UTC

(m)02日06 UTC　(n)02日12 UTC

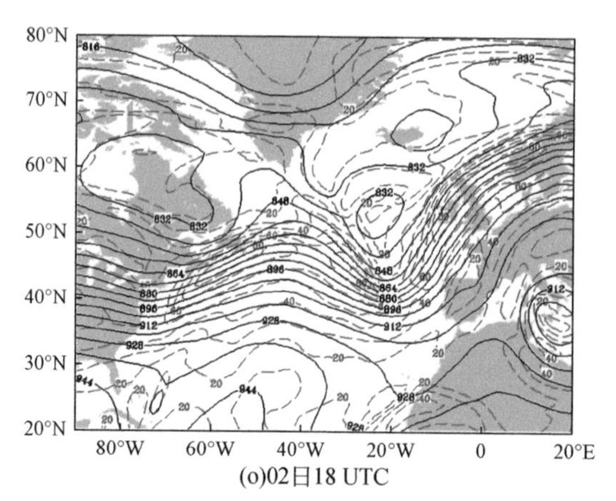

(o)02日18 UTC

图 5.7　2002 年 1 月 30 日 06 UTC 至 2 月 2 日 18 UTC 300 hPa 环流形势图

黑线为位势高度（间隔 80 gpm），蓝线为风速（间隔 10 m/s）；黄点和绿点分别为气旋 A 和气旋 B 的中心位置

在缓慢加深阶段，急流的弯曲愈加明显，急流发生断裂，并以 300 hPa 槽线为界分为东西两部分，气旋 B 始终位于东侧急流轴的北侧。在减弱阶段，由于 300 hPa 槽的东移，急流也向东移动，同时由于气旋 B 向西北方向移动，气旋 B 由急流轴北侧向西北侧移动。

5.1.3　气旋爆发性发展的可能原因

图 5.8 给出了爆发前阶段和快速加深阶段，即气旋 A 和气旋 B 同时存在的时段内 300 hPa散度场的空间分布。结合 300 hPa 环流形势可以看出，爆发前阶段，气旋 B 虽然位于高空急流轴的南侧，但高空急流并未对其产生影响。对于气旋 A，高空对应较强的辐散作用。在快速加深阶段，气旋 B 由急流轴南侧向急流出口区北侧移动，因此高空辐散作用加强。31 日 06 UTC 至 2 月 1 日 00 UTC，气旋 B 上空均对应较强辐散作用，且辐散作用不断加强。而气旋 A 由于逐渐远离急流，辐散作用减弱，至 2 月 1 日 00 UTC，即气旋 A 衰亡前的最后一个时刻，不受高空辐散的影响。

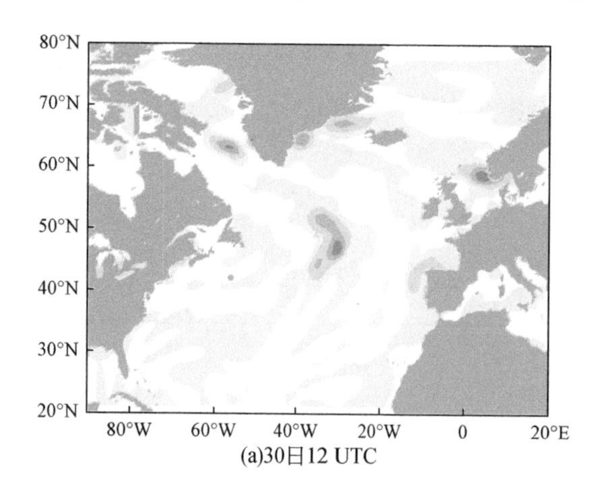

(a)30日12 UTC

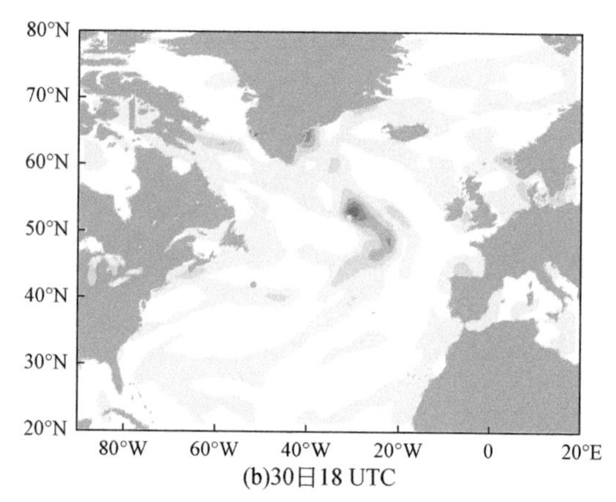

(b)30日18 UTC

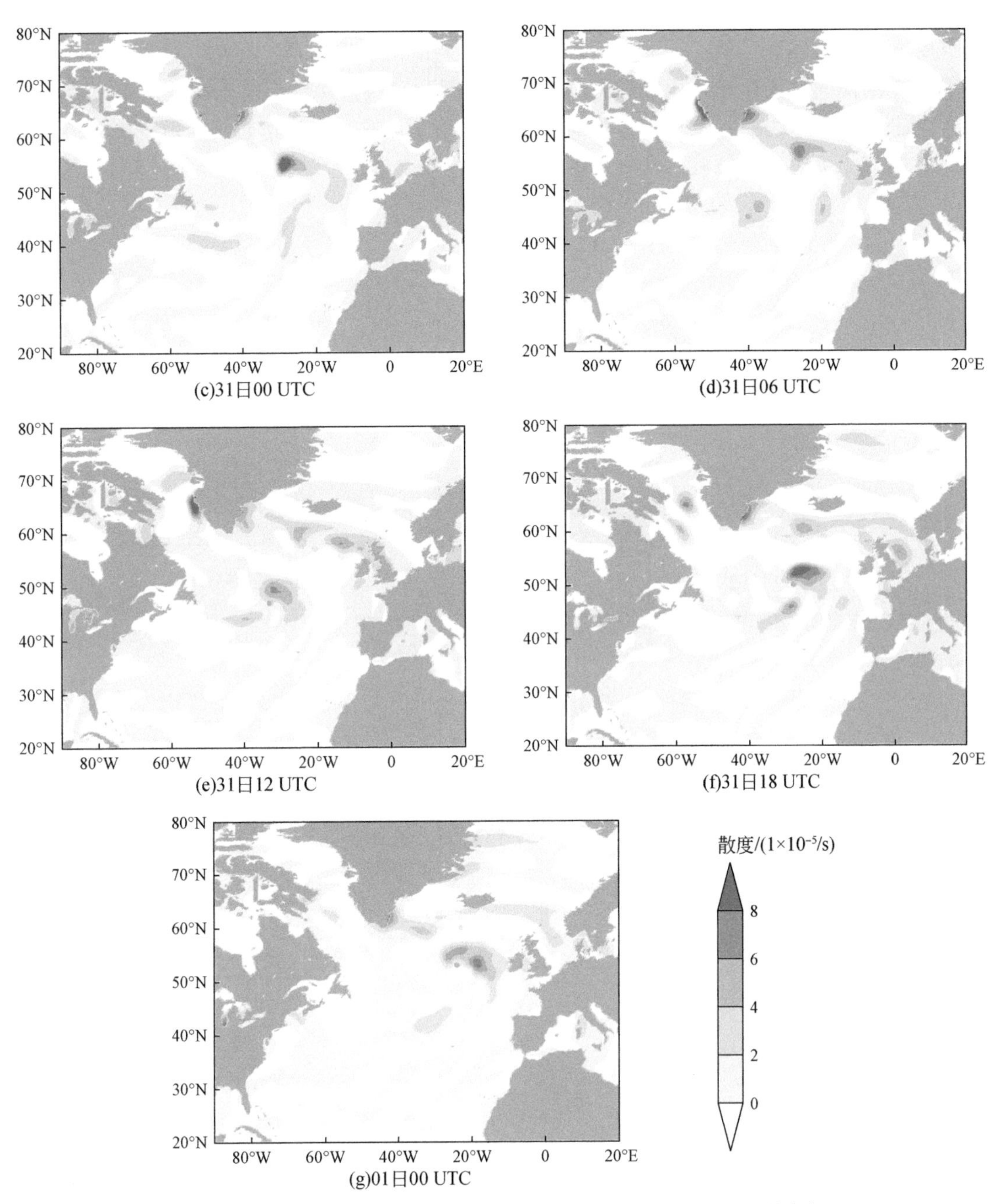

图 5.8　2002 年 1 月 30 日 12 UTC 至 2 月 1 日 00 UTC 300 hPa 散度场

黄点和绿点分别为气旋 A 和气旋 B 的中心位置

由于所研究个例发生在海上，水汽条件充足，因此我们考察了气旋 B 爆发前及快速加深阶段的水汽分布（见图 5.9）。从中可以看出，爆发前阶段，水汽主要经由气旋 B 的南部逆时针卷入气旋 A 中。31 日 00 UTC，气旋 B 开始爆发。由于此时气旋 B 中心气压更大，水汽还是经由气旋 B 南部卷入气旋 A，但气旋 B 处水汽开始出现向北进入气旋 B 内部的趋势。31 日 06 UTC 至 2 月 1 日 00 UTC，随气旋 B 的快速加深，水汽卷入气旋 B，会削弱气旋 A 的水汽输送，从而不利于气旋 A 的维持。值得一提的是，在整个过程中，气旋 A 和气旋 B 南侧的北大西洋一直受较强高压控制，因此水汽输送沿高压外围的西南气流向东北方向输送。由于气旋 B 的位置更加偏南，因此气旋 A 的水汽输送必须经由气旋 B，这样气旋 B 的变化会对进入气旋 A 的水汽输送产生重要影响。

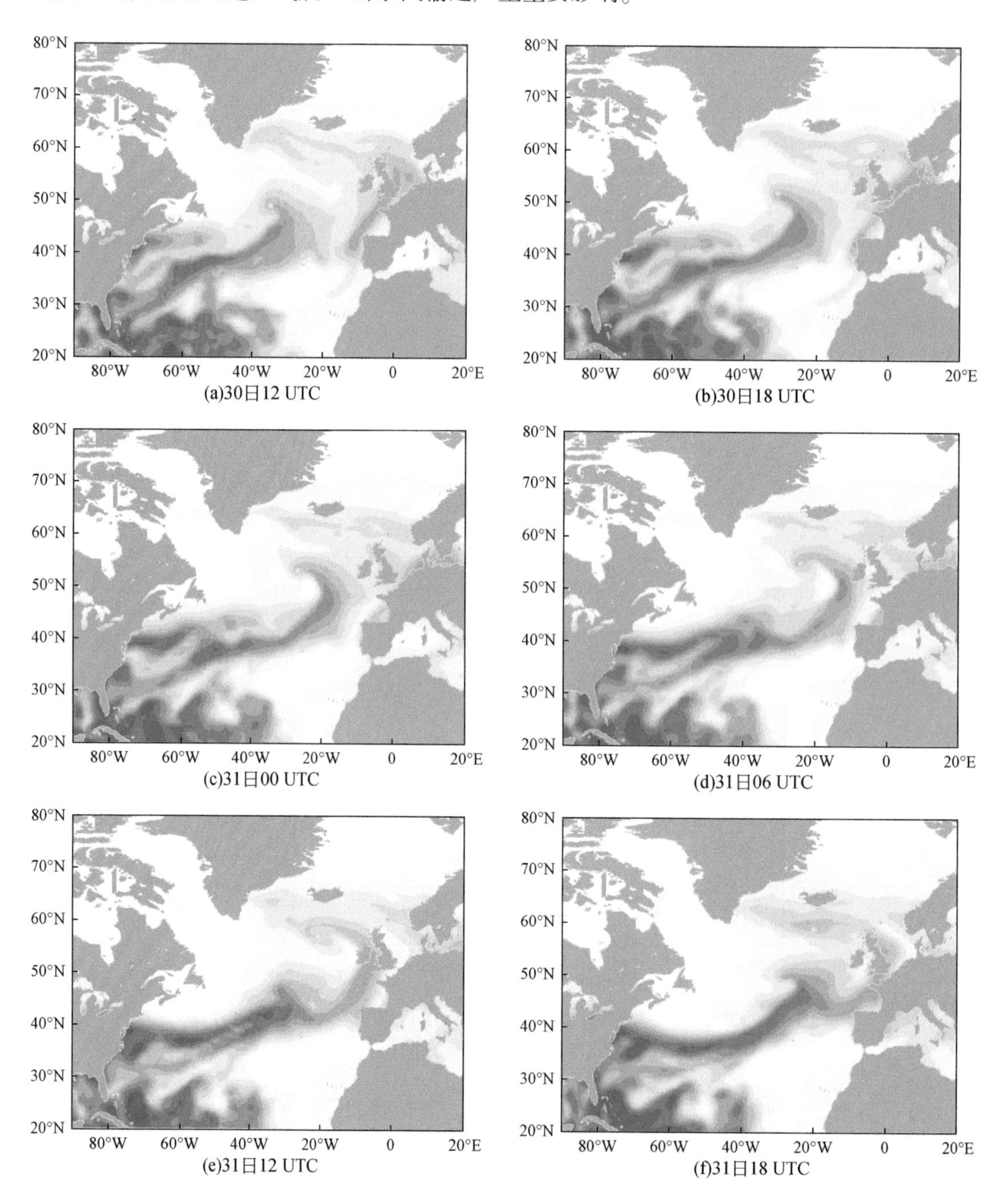

(a)30日12 UTC　(b)30日18 UTC　(c)31日00 UTC　(d)31日06 UTC　(e)31日12 UTC　(f)31日18 UTC

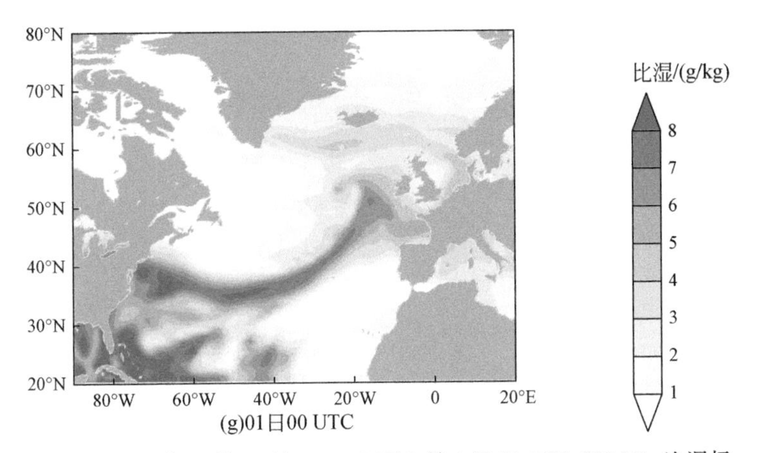

(g)01日00 UTC

图 5.9　2002 年 1 月 30 日 12 UTC 至 2 月 1 日 00 UTC 850 hPa 比湿场

黄点和绿点分别为气旋 A 和气旋 B 的中心位置

湿位涡（moist potential vorticity，MPV）是一个既表征大气动力学和热力学特性又包含水汽作用的物理量，其表达式为

$$\mathrm{MPV}=-g(\zeta+f)\frac{\partial\theta_{se}}{\partial p} \tag{5.1}$$

式中，g 为重力加速度；ζ 为相对涡度；f 为科氏参数；θ_{se} 为假相当位温；p 为气压。

图 5.10 为气旋 A 和气旋 B 同时存在时段内 MPV 的剖面。MPV<0 的区域为对流性不稳定区，MPV>0 的区域为对流性稳定区。从中可以看出，在爆发前阶段，气旋 A 的 MPV 负值中心位于 900 hPa 以下气旋 A 中心的西南侧。对于气旋 B，MPV 的负值从地面气旋中心西南侧向东北方向倾斜上升，延伸高度不超过 800 hPa。这表明无论是气旋 A 还是气旋 B，对流性不稳定区均位于气旋中心西南侧，但气旋 A 对流性不稳定区的中心数值为 −1.2 PVU，而气旋 B 不稳定区的中心数值为−0.8 PVU。同时在气旋 A 和气旋 B 的上空均有 MPV 正值向气旋中心延伸，气旋 B 的这种延伸更明显。在快速加深阶段，气旋 A 的对流性不稳定区上升，在 31 日 06 UTC 和 12 UTC 有两个中心，同时这两个中心的西南侧有一个正值中心表明干冷空气的活动。18 UTC 时，干冷空气将两个不稳定区切断。对于气旋 B，31 日 00 UTC 气旋上方为对流性稳定区。31 日 06 UTC 至 1 日 00 UTC，对流性不稳定区从气

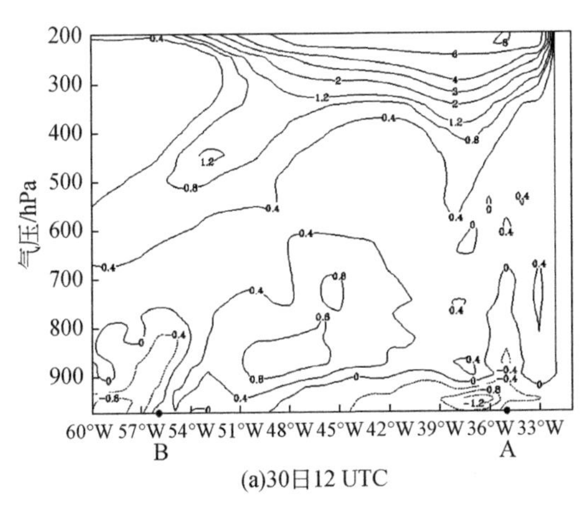

(a)30日12 UTC

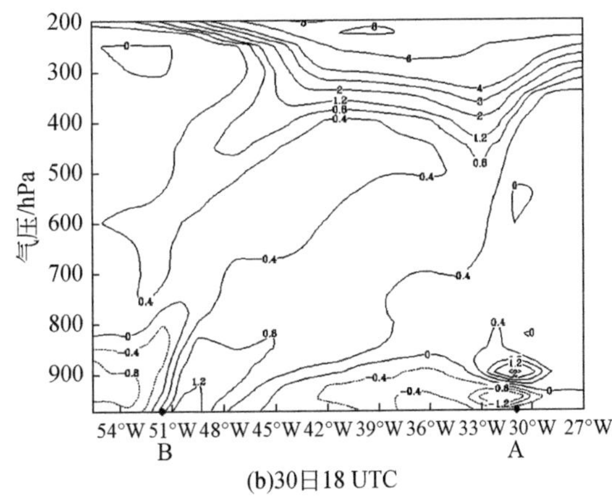

(b)30日18 UTC

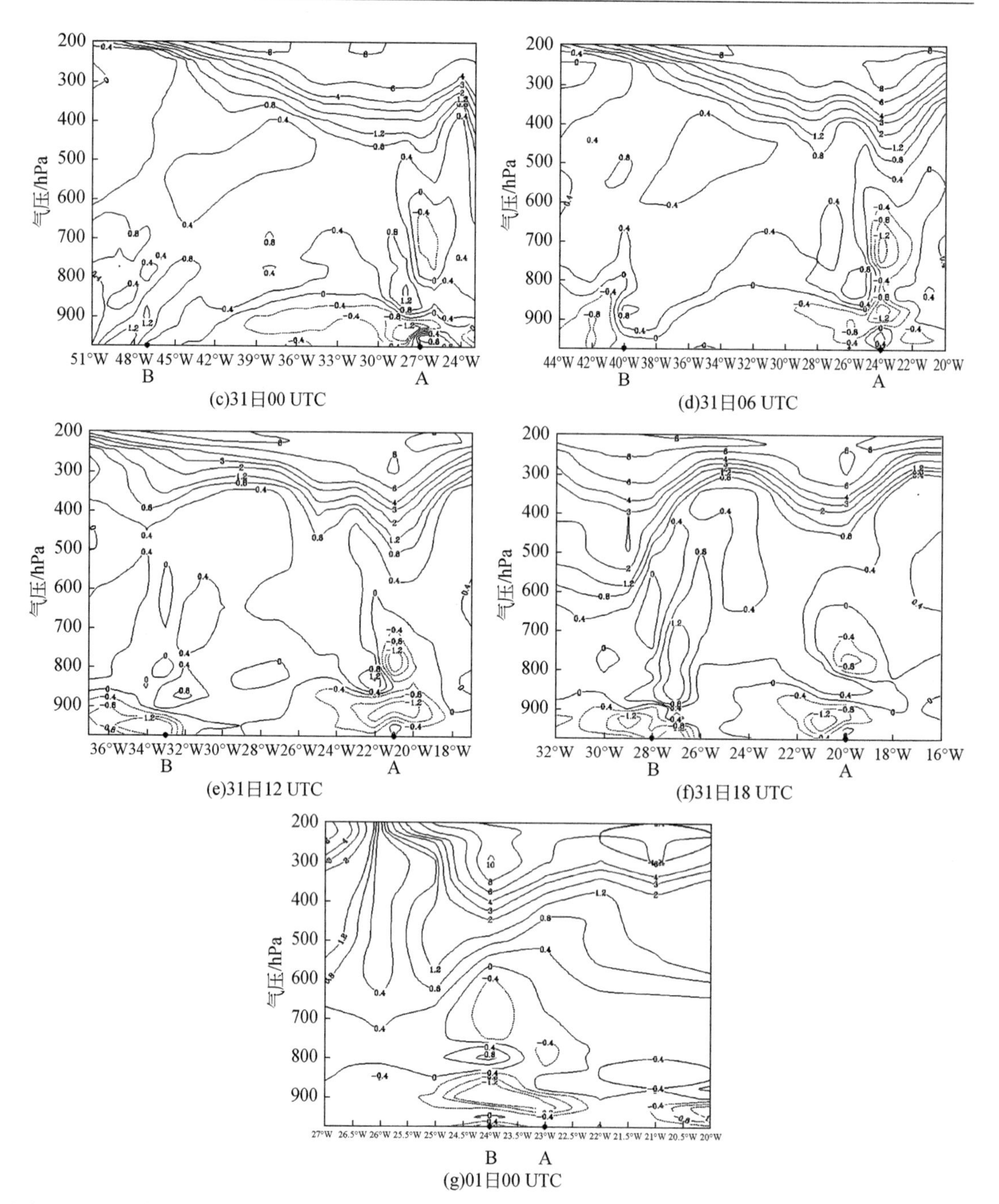

图 5.10　2002 年 1 月 30 日 12 UTC 至 2 月 1 日 00 UTC 沿气旋 A 与气旋 B 中心连线的湿位涡（PVU）剖面图
黑点分别为气旋 A、B 的中心位置

旋中心西南侧发展起来且高度升高。2 月 1 日 00 UTC 气旋 B 的上方有两个不稳定区，以稳定区相隔。这可能是此时气旋 A 和气旋 B 的距离较近，二者不稳定区和稳定区合并造成的。

从垂直运动速度的剖面图（图 5.11）可以看出，在爆发前阶段，气旋 A 的上升运动速度更快，其东北侧为深厚的上升气流，西南侧为下沉气流。30日12 UTC气旋A有两个上升运动速度中心，分别位于850 hPa和550 hPa附近。18 UTC气旋A上升运动速度增大，且中心位于700 hPa附近。对于气旋B，30日12 UTC上升运动速度的中心位于950 hPa附近，18 UTC上升运动速度虽然有所减慢，但其中心位置升高、位于800 hPa附近。在快速加深阶段，气旋B上升运动速度不断加速。31日00 UTC，虽然气旋B的上升运动速度慢于气旋A，但上升气流基本延伸至整个对流层且有两个中心，分别位于750 hPa和500 hPa附近。从31日06 UTC开始，气旋B上升运动速度大于气旋A，且至18 UTC，气旋B上升运动速度增大的同时其中心高度逐渐升高。2月1日00 UTC气旋B中心气压加深率较前一时刻减小，上升运动速度减小，且中心高度下降。

根据ω方程

$$\left(\sigma\nabla^2+f^2\frac{\partial^2}{\partial p^2}\right)\omega=f\frac{\partial}{\partial p}[\vec{V}_g\cdot\nabla(\zeta_g+f)]-\nabla^2\left(\vec{V}_g\cdot\nabla\frac{\partial\varphi}{\partial p}\right)-\frac{R}{C_p p}\nabla^2\frac{\mathrm{d}Q}{\mathrm{d}t} \tag{5.2}$$

式中，f为科氏参数；σ为静力稳定度参数；p为气压；φ为位势；$\vec{V}_g$为地转风；ζ_g为准地转条件下的相对涡度；C_p为干空气的定压比热；R为干空气的气体常数；Q为非绝热加热；ω为P坐标下的垂直运动速度。式（5.2）中右端第一项为涡度平流随高度变化项，第二项为温度平流项，第三项为非绝热加热项。由于式（5.2）中左端项与$-\omega$成正比，因此涡度平流随高度增加，暖平流区以及非绝热加热区均会使上升运动速度变快。

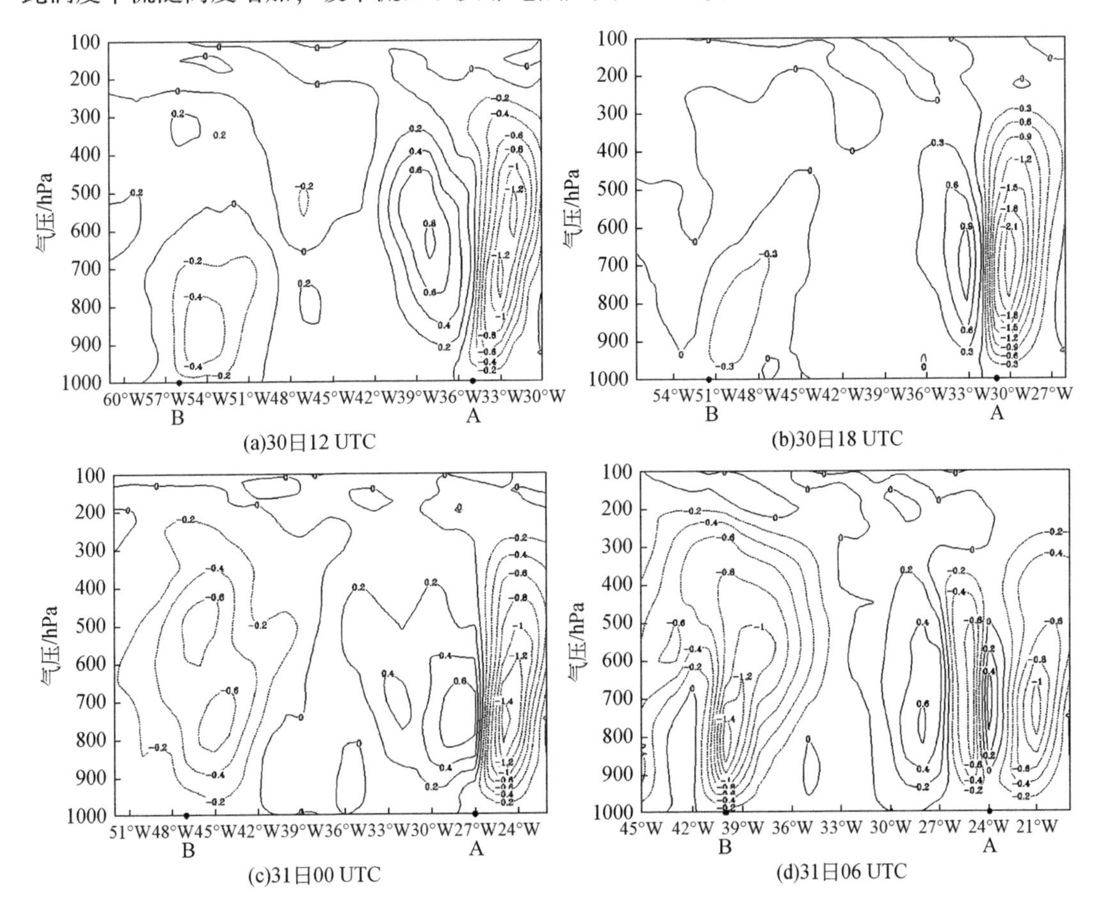

(a)30日12 UTC　(b)30日18 UTC　(c)31日00 UTC　(d)31日06 UTC

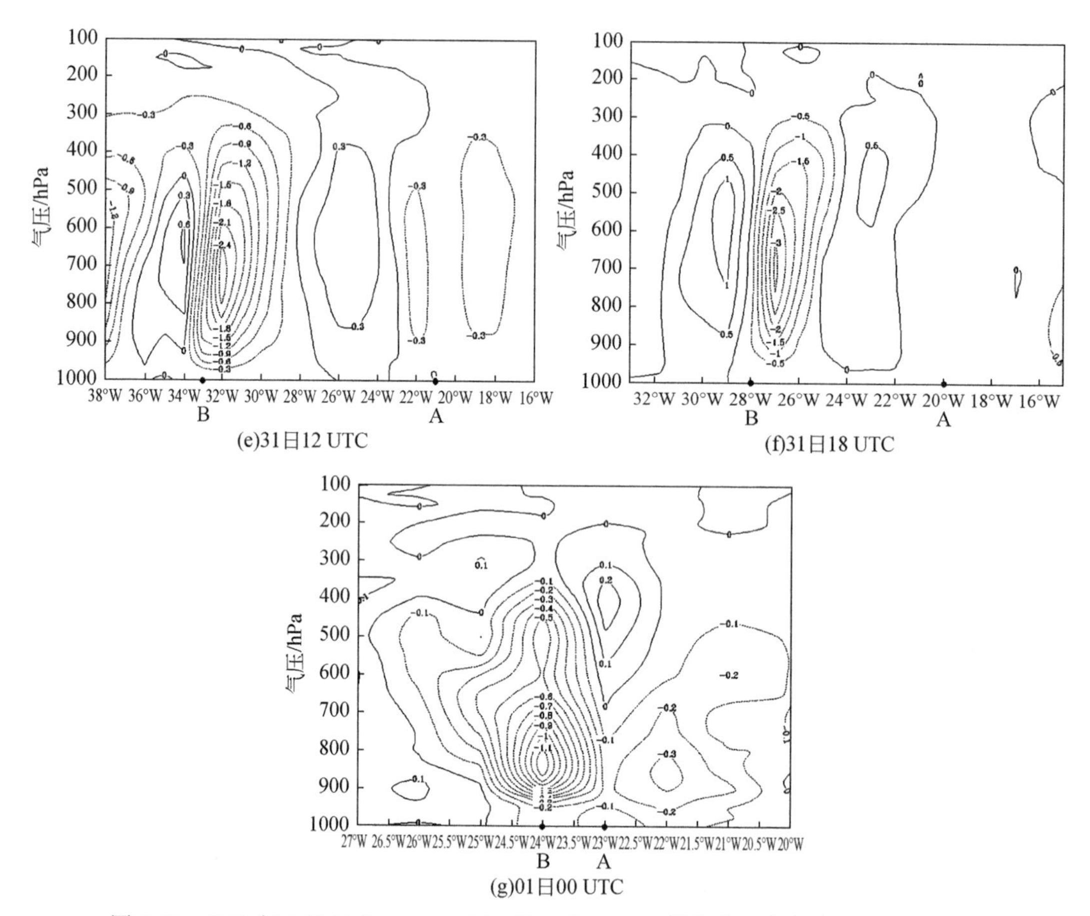

图 5.11　2002 年 1 月 30 日 12 UTC 至 2 月 1 日 00 UTC 沿气旋 A 与气旋 B 中心连线的垂直运动速度（Pa/s）剖面图

黑点分别为气旋 A、B 的中心位置

图 5.12 示意涡度平流的剖面分布。从图中可以发现，在爆发前阶段，由于气旋 B 上空为平直的西风气流，因此涡度平流的作用并不明显。对于气旋 A，西南侧为负涡度平流，东北侧为正涡度平流且涡度平流随高度增加，这种分布与垂直运动速度的变化相对应，气旋西南侧为下沉气流、东北侧为上升气流且上升运动速度增大。结合高空散度场的分布可知，此时气旋 A 受到高空急流出口区北侧强辐散的影响。在快速加深阶段，涡度平流作用逐渐减弱。对于气旋 B，31 日 00 UTC 即气旋的初始爆发时刻，上升运动速度突然加快，上升气流可达整个对流层。但从涡度平流的分布来看，这一时刻涡度平流的作用并不明显，此时气旋 B 的爆发性加强可能是由其他原因导致的。从 31 日 06 UTC 开始，涡度平流的作用突显出来，至 31 日 18 UTC，涡度平流作用加强且随高度增加涡度平流增大。这三个时刻对应气旋 B 中心气压加深率较大，均在 2.5 Bergeron 之上。2 月 1 日 00 UTC，500 hPa 上气旋 B 出现闭合中心，此时涡度平流的作用依然存在，但作用强度明显减弱，对应这一时刻的上升运动速度也有所减小，此时气旋中心气压加深率为 1.59 Bergeron，较上一时刻大幅下降。

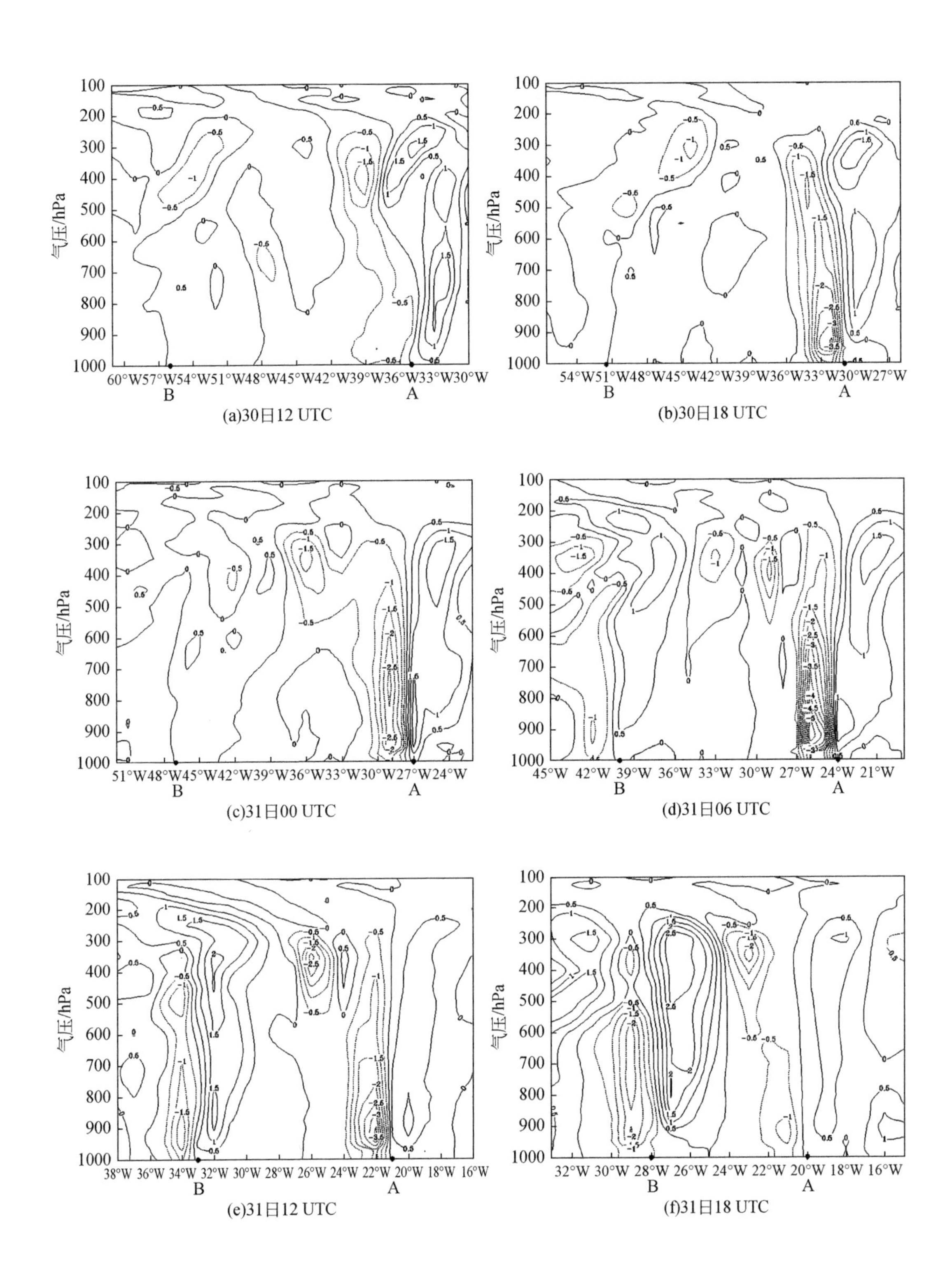

(a)30日12 UTC　(b)30日18 UTC

(c)31日00 UTC　(d)31日06 UTC

(e)31日12 UTC　(f)31日18 UTC

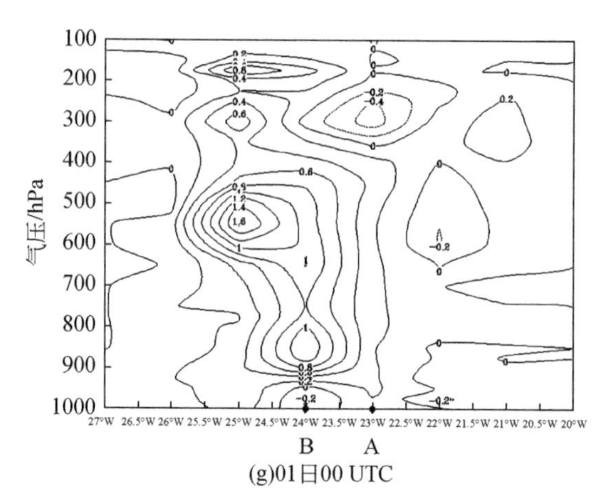

(g)01日00 UTC

图 5.12　2002 年 1 月 30 日 12 UTC 至 2 月 1 日 00 UTC 沿气旋 A 与气旋 B 中心连线的涡度平流（$1\times10^{-8}/s^2$）剖面图

黑点分别为气旋 A、B 的中心位置

从温度平流的垂直剖面（图 5.13）来看，在爆发前阶段，气旋 A 已达到爆发性气旋的强度，气旋中心东北侧为暖平流、西南侧为冷平流。对于气旋 B，在对流层低层，东北侧有暖平流，西南侧有较弱的冷平流。31 日 00 UTC，从垂直运动速度的剖面图中可以发现，

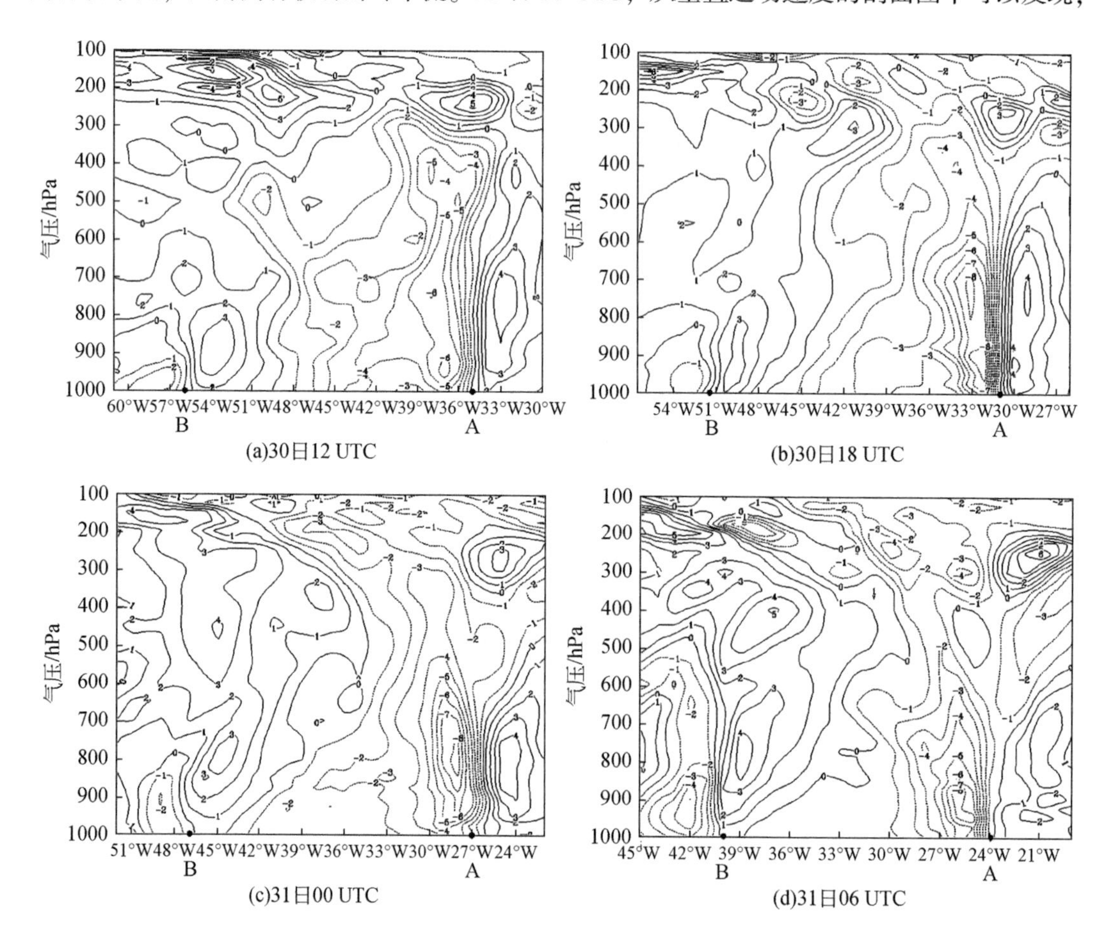

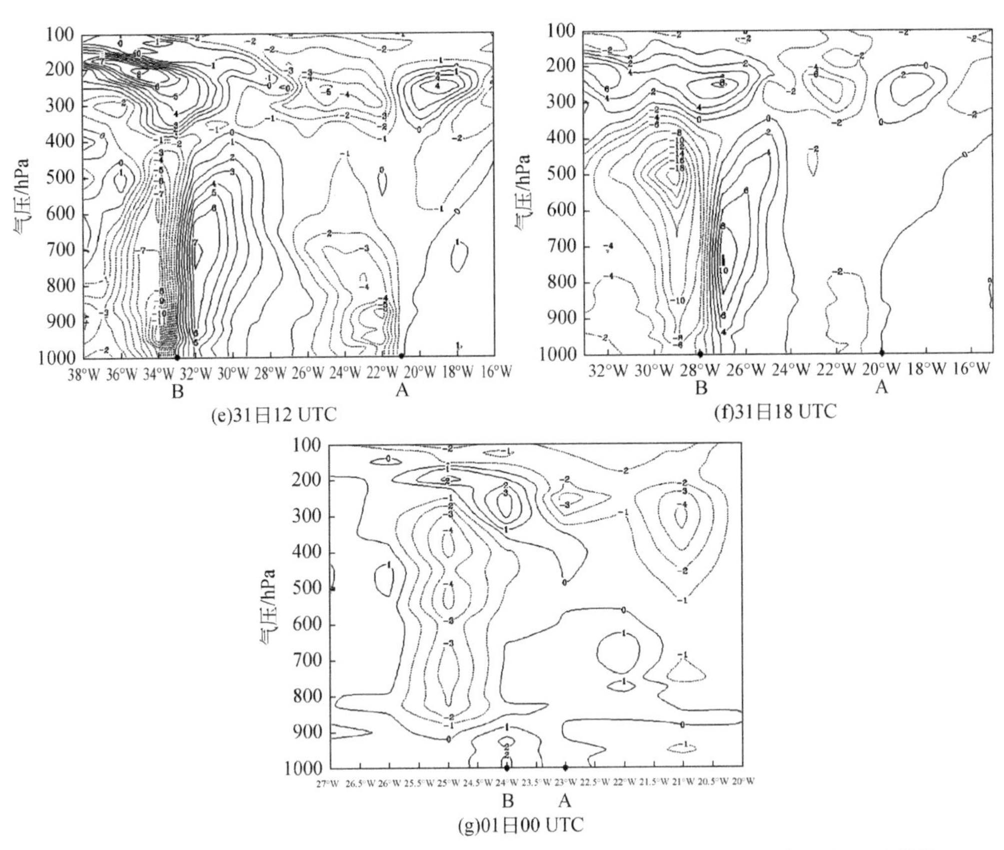

(e)31日12 UTC

(f)31日18 UTC

(g)01日00 UTC

图 5.13　2002 年 1 月 30 日 12 UTC 至 2 月 1 日 00 UTC 沿气旋 A 与气旋 B 中心连线的温度平流（1×10^{-4}k/s）剖面图

黑点分别为气旋 A、B 的中心位置

此时气旋 B 上升运动的速度突然加快，且与涡度平流无关。而从温度平流的分布可以发现，这一时刻对流层内气旋 B 的上空对应暖平流且有两个暖平流中心，分别位于 800 hPa 和 450 hPa 附近，与上升运动速度的两个中心有较好的对应关系。由此可以推断，此时上升运动速度的突然增大可能是由暖平流造成的。

这一时刻暖平流为什么加强？

结合海平面气压场以及环流场的分布，我们发现暖平流的加强是由气旋 B 与周围系统的配置造成的。在气旋 B 的东北方有 1 个“气旋族”，“气旋族”中有 1 个西南—东北向移动的气旋 A，气旋 B 向“气旋族”内移动。初始气旋 B 位于“气旋族”南侧锋区的南部，500 hPa 引导气流与锋区基本平行。随着气旋 A 西北侧的偏北风使冷空气南压，气温发生改变，500 hPa 气旋 B 与气旋 A 之间的等温线向南凸出，从而产生暖平流，使气旋 B 的上升运动速度增大，气旋开始爆发性发展。暖平流的作用使位势高度发生改变，从而使涡度平流的作用得到加强。31 日 06 UTC，气旋 B 的上空正涡度平流的作用开始加强，也验证了这一过程。31 日 06 UTC 至 18 UTC，暖平流的不断加强对应气旋 B 的快速加深。2 月1 日 00 UTC，冷空气追上暖空气，从 850 hPa 到 500 hPa 均呈锢囚锋的结构特征，对应气旋 B 上空明显的冷平流。

潜热释放的作用对爆发性气旋在海上可能会更加显著。根据 Yanai 等（1973）的研究，视水汽汇（apparent moisture sink）Q 可以表征潜热（Hirata et al.，2015），公式为

$$Q=-L\left(\frac{\partial q}{\partial t}+\vec{V}\cdot\nabla q+\omega\frac{\partial q}{\partial p}\right) \tag{5.3}$$

式中，L 为凝结潜热；q 为水汽混合比；$\vec{V}$ 为水平风速；ω 为垂直运动速度。分析 Q 的剖面分布图（图5.14）可以发现，在爆发前阶段，气旋 A 潜热释放的中心位置在 800 hPa 附近。而气旋 B 潜热释放的中心位置较低，在 800 hPa 以下。同时，热量释放均位于气旋中心的东北侧，这与水汽通过气旋东侧偏南气流卷入气旋内上升有关。

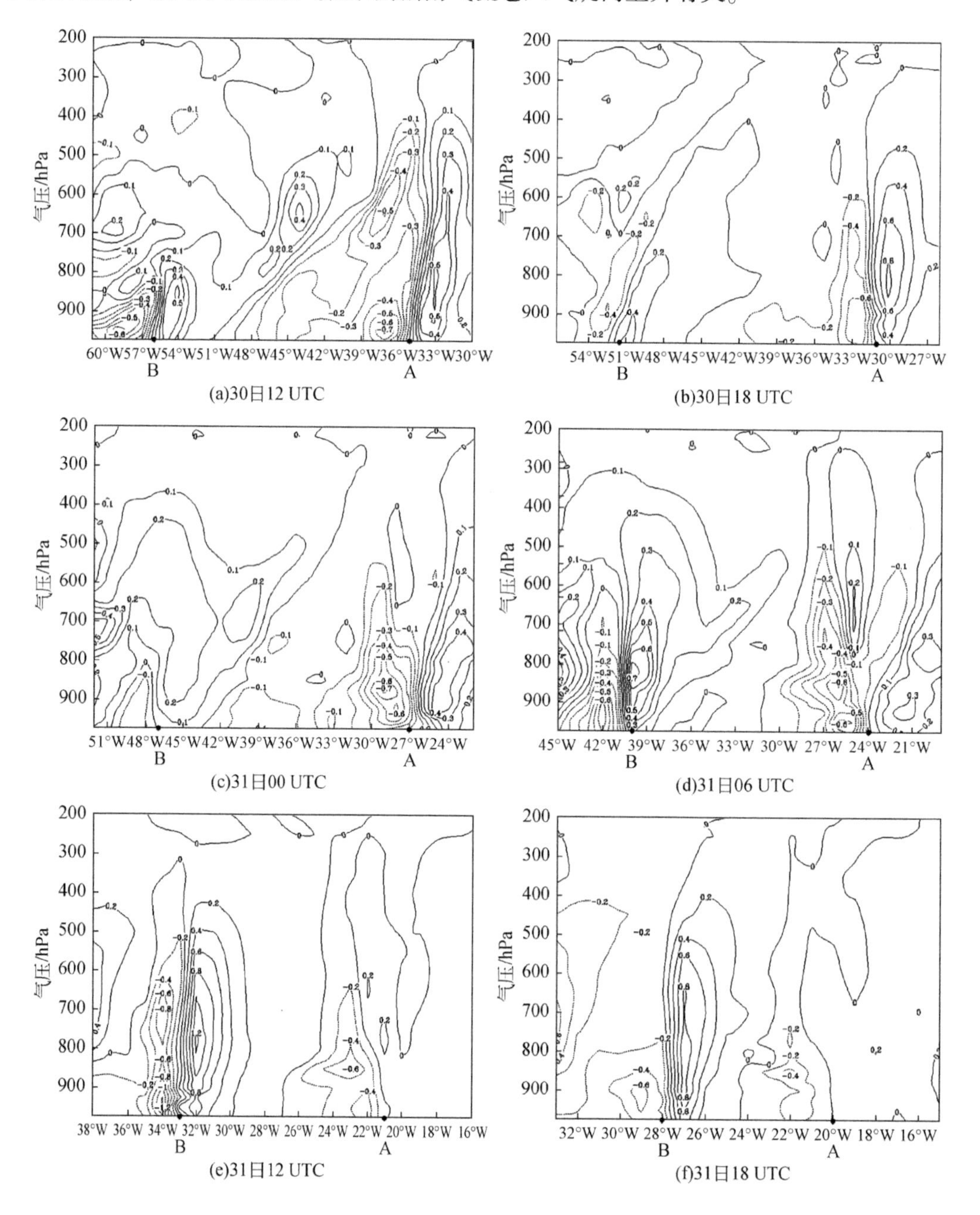

(a)30日12 UTC　(b)30日18 UTC

(c)31日00 UTC　(d)31日06 UTC

(e)31日12 UTC　(f)31日18 UTC

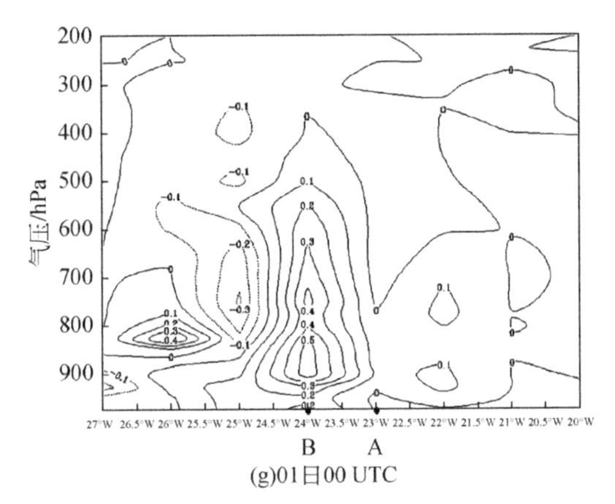

(g)01日00 UTC

图5.14　2002年1月30日12 UTC至2月1日00 UTC沿气旋A与气旋B中心连线的视水汽汇［J/(kg·s)］剖面图

黑点分别为气旋A、B的中心位置

31日00 UTC，气旋B的上升运动速度加快，气旋上空至400 hPa均为潜热释放的正值区，但潜热释放的数值较小。此时气旋A上升运动速度更大，因此潜热释放更明显，其中心基本位于800 hPa附近。

31日06 UTC开始，气旋B潜热释放的变化与垂直运动速度的变化基本一致，潜热释放强于气旋A，且至31日18 UTC，潜热释放持续加强，大值中心基本维持在800 hPa的高度。

31日18 UTC气旋B上空潜热释放的中心从900 hPa延伸至650 hPa，这可能是由气旋上升运动速度的增大造成的。

2月1日00 UTC，气旋B的上升运动速度减慢，潜热释放也同样减弱，其中心高度也有所下降。通过这一过程，我们可以发现潜热释放随时间的变化与气旋上升运动速度的变化有很好的对应关系。上升运动速度加快，中心升高，潜热释放也会相应加强，潜热释放大值区向更高的层次延伸。同时潜热释放的加强会有利于上升运动速度增大，高空辐散作用加强，这样可以形成一个正反馈的过程。

图5.15给出了水汽通量散度的剖面分布图，从中可以看出与上述潜热释放的过程对应一致。在爆发前阶段，气旋B水汽的辐合上升均位于800 hPa之下，气旋A水汽辐合上升的高度更高。在快速加深阶段，31日00 UTC气旋B水汽辐合上升的高度有所升高，可达到750 hPa，但此时水汽含量较低，对应潜热释放虽然区域扩大，但潜热释放的热量较少。31日06 UTC至18 UTC，随着上升运动速度加快，气旋B上空水汽辐合加强。水汽上升的高度及水汽含量增加，因此潜热释放的高度和热量增加。

2月1日00 UTC，水汽在垂直方向上的分布出现了断裂，主要的水汽辐合区位于900～550 hPa，对应这一范围为潜热的释放区。

由于涡度平流随高度增加、暖平流加强和潜热释放增加均对气旋B的发展起到了促进作用，为了比较不同因子作用的大小，对ω方程（公式5.2）右端的三项进行了定量计算。我们发现第一项，即涡度平流随高度的增加，作用相对较弱，其数值比其他两项小1个量级。而第二项（温度平流）和第三项（潜热释放）的结果见图5.16。从中我们可以发现，第二项和第三项的量级相当，但第二项的数值更大，这表明暖平流在气旋 B 的快速发展过程起主要作用，其次为潜热释放。

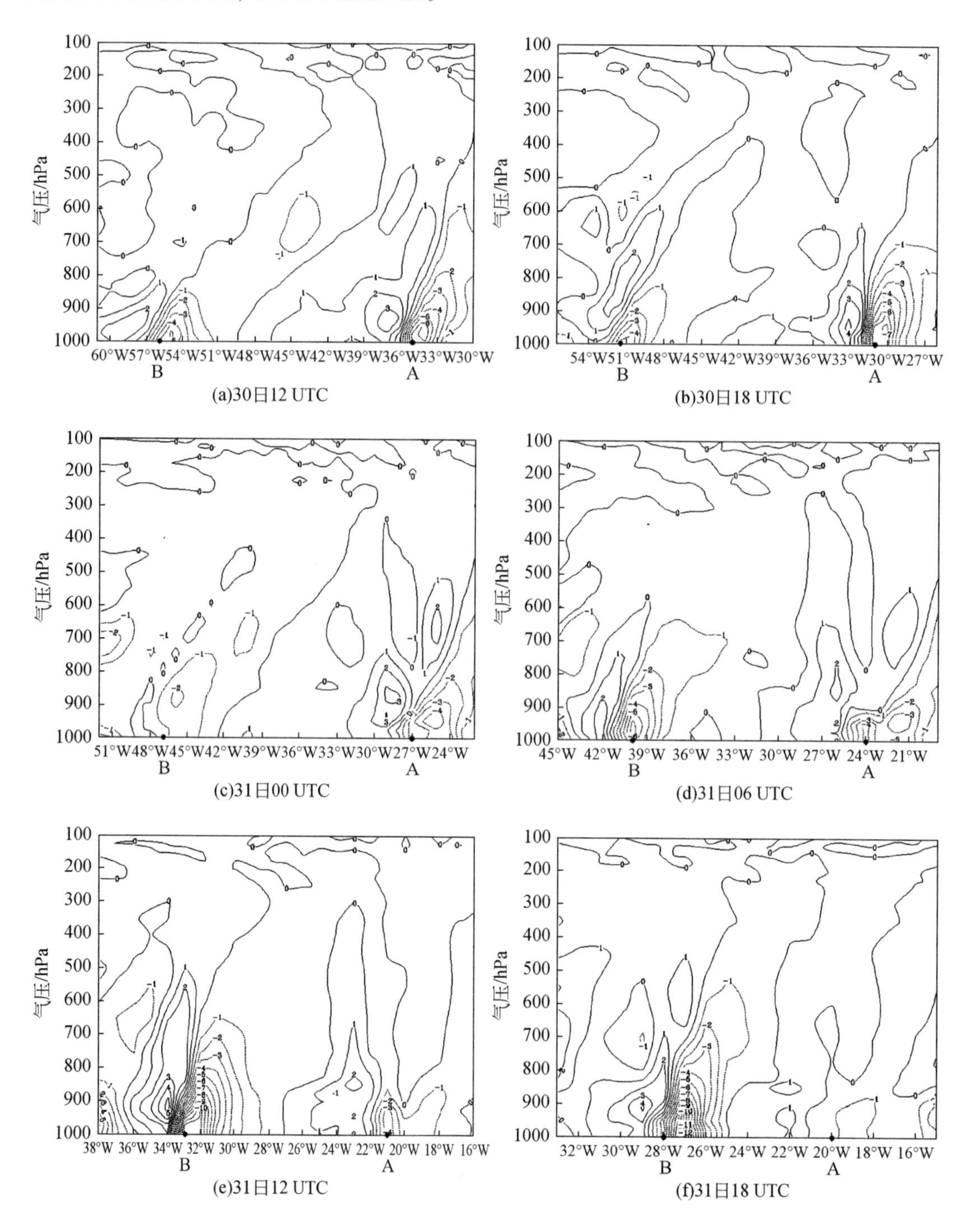

(a)30日12 UTC　(b)30日18 UTC

(c)31日00 UTC　(d)31日06 UTC

(e)31日12 UTC　(f)31日18 UTC

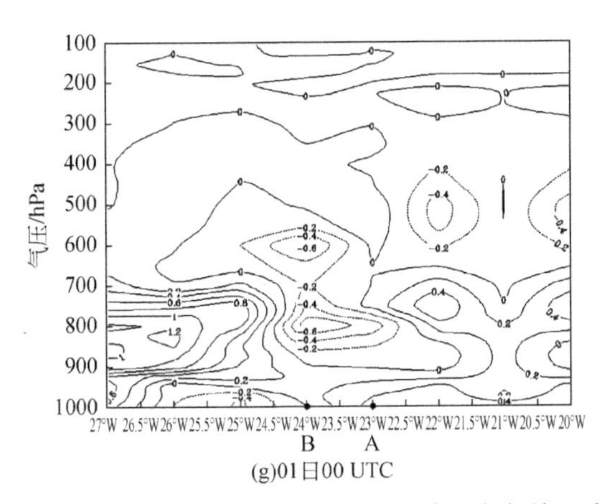

图 5.15　2002 年 1 月 30 日 12 UTC 至 2 月 1 日 00 UTC 沿气旋 A 与气旋 B 中心连线的水汽通量散度 [1×10^{-5}kg/(hPa · s · m^2)] 剖面图

黑点分别为气旋 A、B 的中心位置

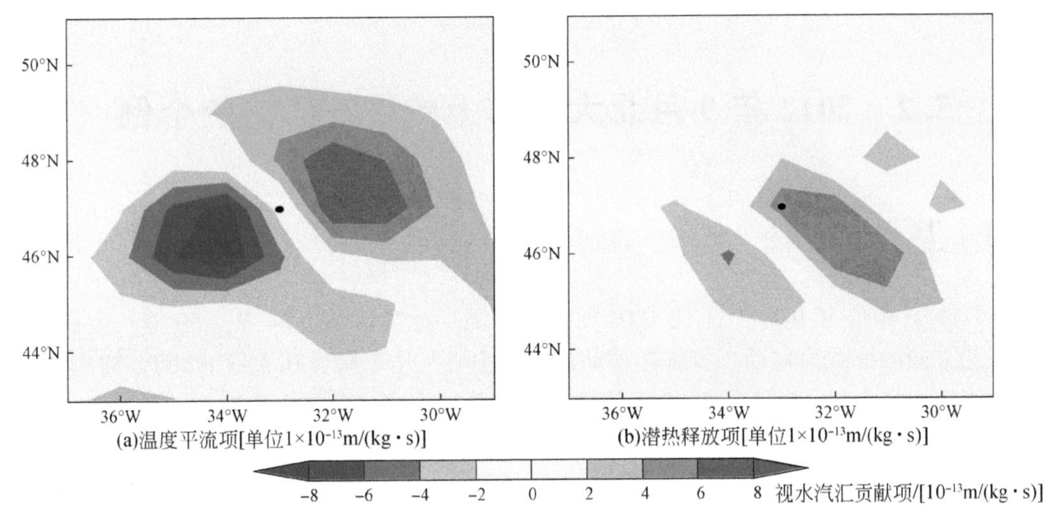

图 5.16　2002 年 1 月 31 日 12 UTC 950 ~ 200 hPa 垂直积分的温度平流项和潜热释放项

黑点为气旋 B 的中心位置

综上所述，气旋 B 的发展过程如图 5.17 所示。初始气旋 B 位于“气旋族”南侧锋区的南部，引导气流与锋区基本平行。气旋 A 位于“气旋族”的东南部，同时也是气旋 B 的东北方。随着气旋 A 西北侧的偏北风使冷空气南压、气温发生改变，气旋 B 与气旋 A 之间的等温线向南凸出，在高空气流基本不变的情况下，产生暖平流，从而使气旋 B 的上升运动速度加快，气旋开始爆发性发展。同时，暖平流的作用使下游的位势高度改变，形成低压槽，气旋 B 位于槽前，正涡度平流的作用加强。温度平流和涡度平流随高度增加使气旋 B 的上升运动速度加快，对应的高空辐散加强，从而使对流层低层水汽辐合上升，释放潜热。潜热释放的增加又会反作用于上升运动使其速度加快，从而促进水汽的辐合上升，释放潜热。这样就形成了一个正反馈过程。在气旋 B 的发展过程中，暖平流加强对气旋 B 爆发性发展的贡献更大。

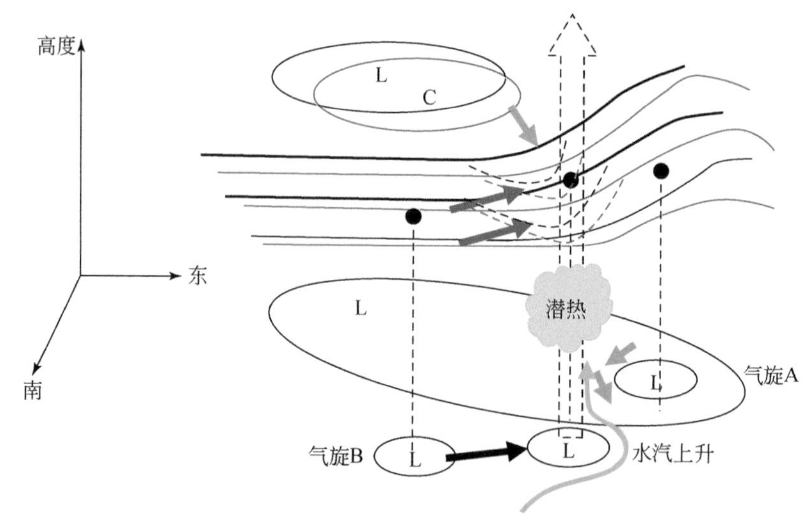

图 5.17　气旋快速加深阶段示意图

5.2　2012 年 9 月北大西洋上的爆发性气旋个例

5.2.1　基本特征

该气旋于 2012 年 9 月 2 日 12 UTC 在格陵兰岛—冰岛区域（34°W，59°N）生成，随后向东北方向的挪威海移动。气旋在移动过程中中心气压下降，在 3 日 12 UTC 初次爆发，气旋的南部出现大风。3 日 18 UTC 气旋的中心气压加深率达到最大值 1.11 Bergeron，同时这也是气旋的最后爆发时刻。4 日 00 UTC 气旋的中心气压达到最小值 965.8 hPa。之后气旋势力减弱、气压回升，气旋移出北大西洋区域。

从 3 日 12 UTC 开始，气旋的南部伴随持续性大风。考虑到该气旋移动路径以及伴随的大风对船舶安全航行的影响，我们选择 2012 年 9 月 2 日 12 UTC 至 4 日 18 UTC 作为研究时段，之所以选择 4 日 18 UTC 作为研究的截止时间，一方面是因为此时气旋强度减弱，气旋即将移出北大西洋区域，另一方面也是因为之后气旋的风速迅速减小使得对船舶的安全影响减弱或消失。

气旋的移动路径见图 5.18。可以看出，在气旋爆发性发展之前，移动路径呈西南-东北向。从气旋爆发性发展开始，移动方向呈偏东向。

图 5.19 给出了气旋中心气压及其加深率随时间变化图，我们从中可以发现，爆发性气旋强度较弱，降压速度较慢，气旋的爆发时长为 6 h。但对于该个例而言，4 日 00 UTC 至 18 UTC，气旋中心气压上升了 7 hPa。

根据气旋中心气压及其加深率、移动路径、海平面气压场（图 5.20）以及卫星云图（图 5.21）的变化，该气旋的演变过程大体可划分成以下四个阶段。

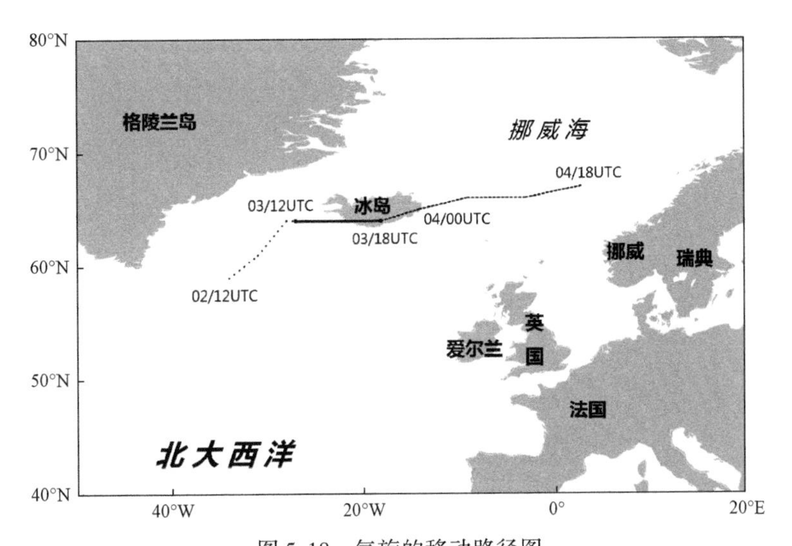

图 5.18　气旋的移动路径图

点线为爆发前移动路径，实线为爆发时移动路径，虚线为爆发后移动路径

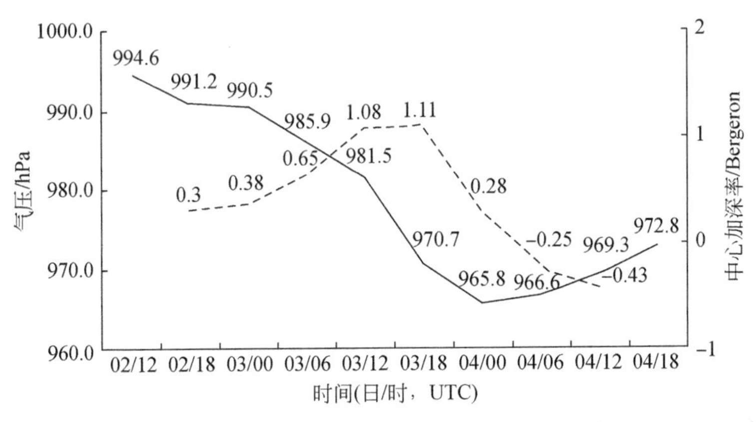

图 5.19　气旋海平面中心气压（实线，hPa）及中心气压加深率（虚线，Bergeron）随时间变化图

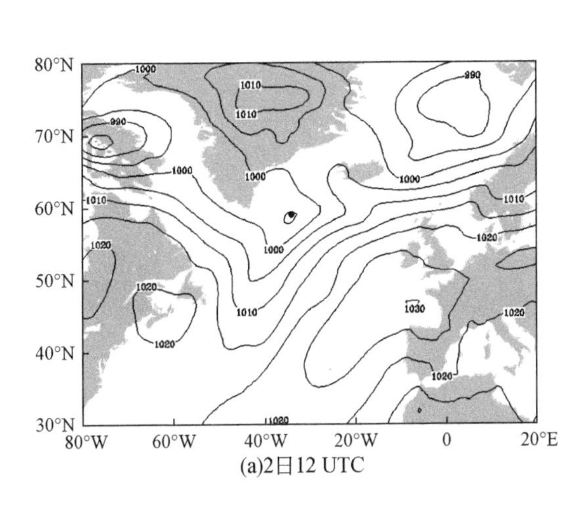

(a)2日12 UTC

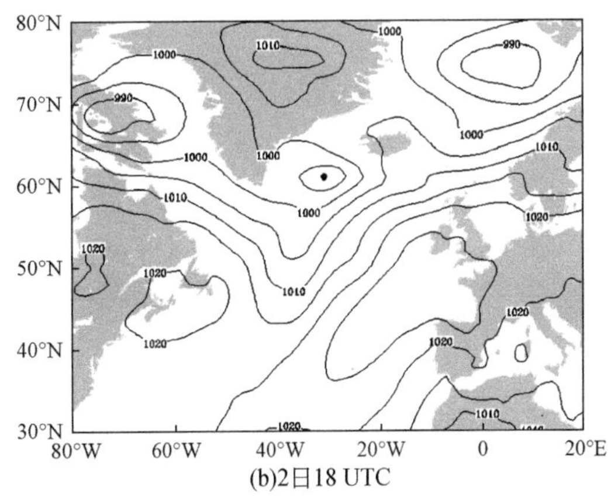

(b)2日18 UTC

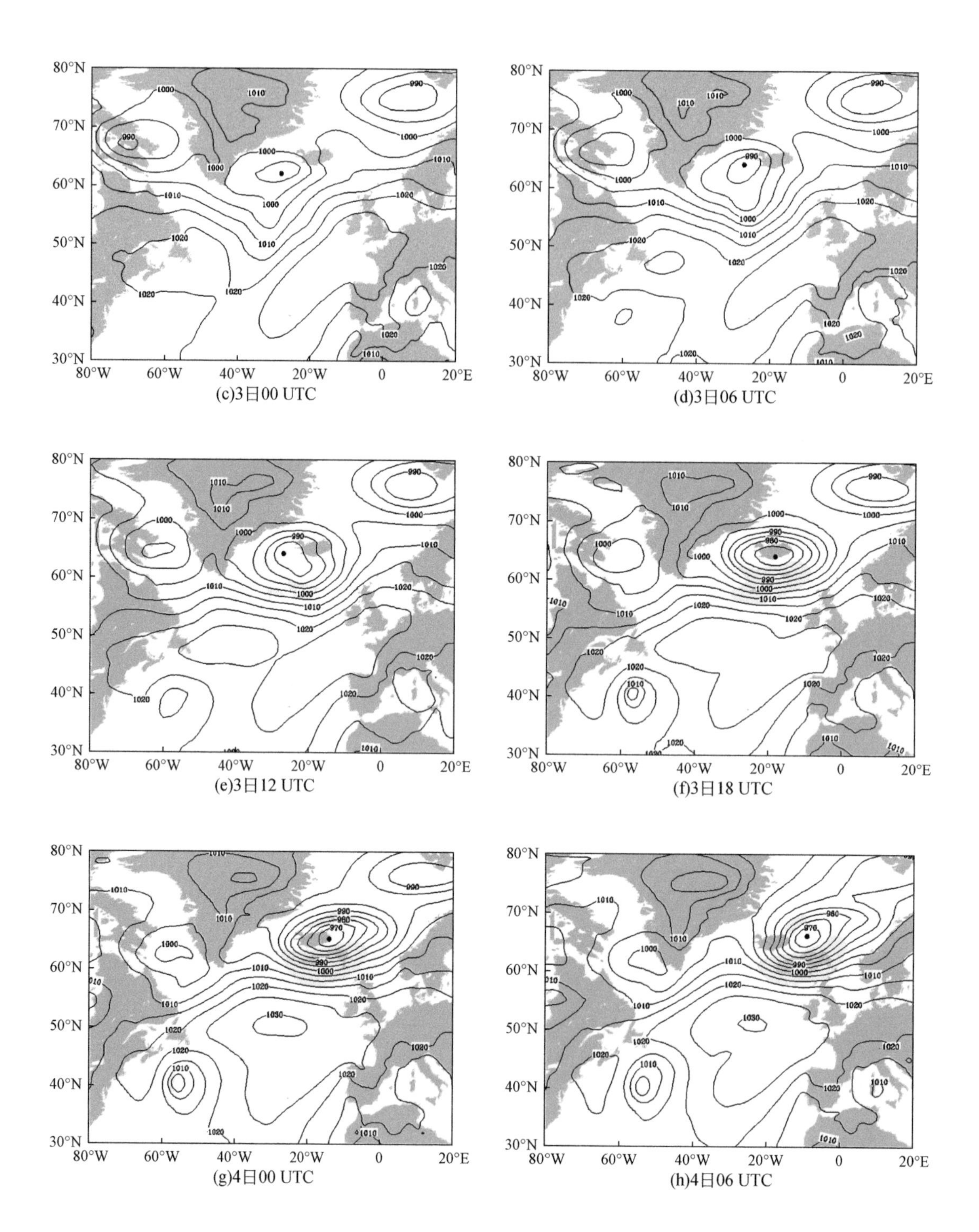

(c)3日00 UTC　　(d)3日06 UTC

(e)3日12 UTC　　(f)3日18 UTC

(g)4日00 UTC　　(h)4日06 UTC

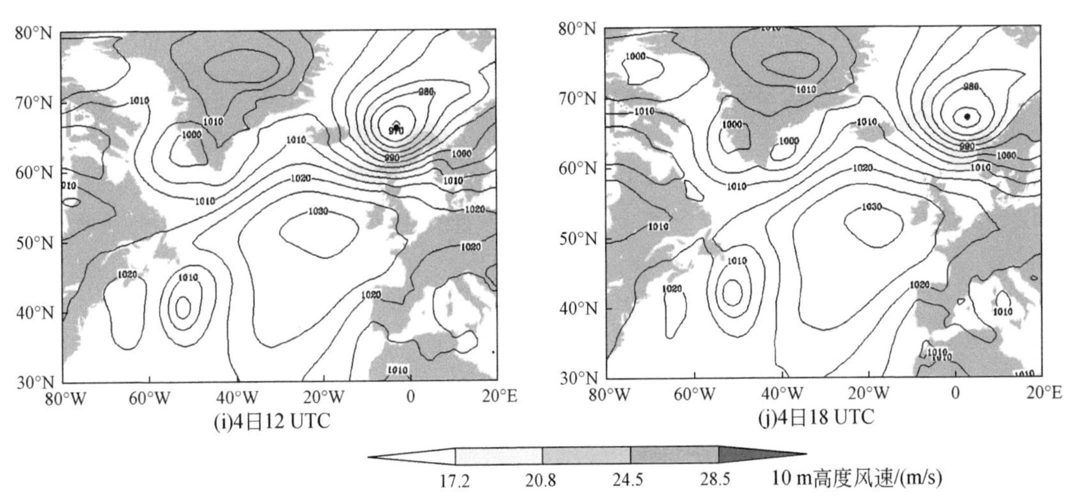

图 5.20　2012 年 9 月 2 日 12 UTC 至 4 日 18 UTC 海平面气压场分布图

实线为海平面气压（间隔 5 hPa）；填彩色为 10 m 高度风速；黑点为气旋中心位置

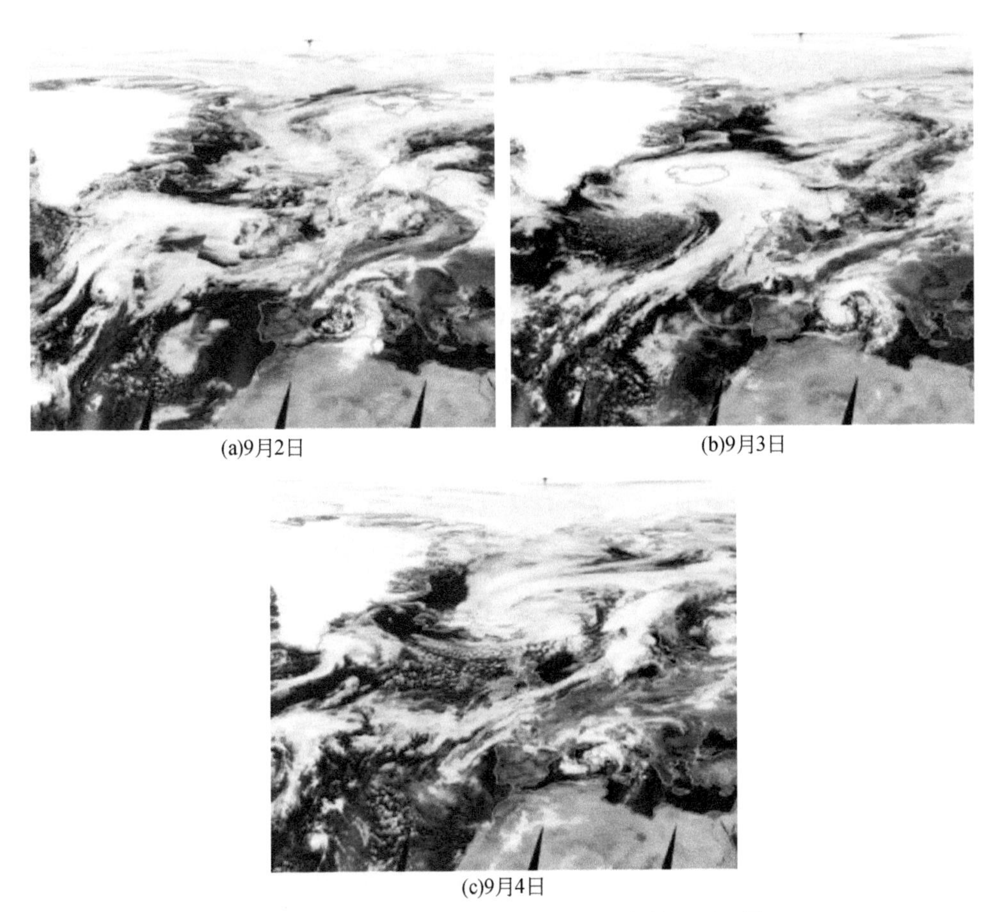

图 5.21　2012 年 9 月 2 ~4 日 EOSDIS 极轨卫星云图

1. 爆发前阶段（2 日 12 UTC ~ 3 日 06 UTC）

这一阶段气旋生成，向东北方向移动并缓慢降压。3 日 06 UTC 气旋中心气压值为 985.9 hPa，与气旋生成时刻（2 日 12 UTC）相比中心气压下降了 8.7 hPa。在这一过程中气旋的水平尺度不断加大，3 日 06 UTC 气旋东西跨度可达 30 个经度，南北跨度可达 15 个纬度。从 2 日的卫星云图来看，气旋上空对应一条西—东向延伸的云带，该云带在西侧向南扩展。

2. 快速加深阶段（3 日 12 UTC ~ 3 日 18 UTC）

这一阶段气旋达到爆发性气旋的强度，在 3 日 18 UTC 气旋中心气压加深率达到最大值 1.11 Bergeron，同时这一时刻也是该个例的最后爆发时刻。与上一个阶段相比，这一阶段气旋由冰岛西侧移至冰岛南部，气旋强度加强，东—西向跨度增加，在 3 日 18 UTC 气旋东—西向长度可达 40 个经度。此外，3 日 12 UTC 开始在气旋的南部出现了风速在 8 级（17.2 m/s）及以上的大风区，并且随时间推移，风速及风区均在加大。从 3 日的卫星云图上看，此时气旋上空云系覆盖冰岛及周围区域，呈逗点状分布。

3. 缓慢加深阶段（4 日 00 UTC）

不同于 1 月份爆发性气旋个例，本个例的缓慢加深阶段持续的时间非常短，在 3 日 18 UTC 之后 6 h，气旋中心气压降至该过程的最小值 965.8 hPa。同时，这一阶段气旋由冰岛南部移动到冰岛东部，气旋南部大风区的风速及风区继续增大，气旋北部的风速也达到了 8 级。

4. 减弱阶段（4 日 00 UTC ~ 4 日 18 UTC）

这一阶段气旋强度减弱，中心气压开始上升。在移动路径上，气旋向东北方的挪威海移动，但与爆发前阶段相比，气旋移动路径更偏东。在该阶段，气旋南部的大风区先略微加强，风区由气旋东南部延伸至气旋西南部。4 日 18 UTC，气旋位于挪威的西侧，可以明显看出此时大风区覆盖的范围有所减小。从卫星云图分布来看，4 日云系位于挪威海上空，云系变薄、边缘模糊，但可以看出云系呈从气旋北部绕入气旋中心的螺旋状结构。

5.2.2 环流形势分析

图 5.22 给出了 850 hPa 环流形势的演变过程。2 日 12 UTC，气旋刚刚生成，850 hPa 有明显的冷、暖平流，分别位于气旋的西南侧和东侧。此时等温线向气旋中心凸起。

2 日 18 UTC，气旋出现明显的“暖舌”结构。

3 日 00 UTC，850 hPa 气旋上空形成闭合中心，气旋南部又出现一个小的“暖舌”。

3 日 06 UTC 随气旋的加强，850 hPa 闭合中心也有所加强、覆盖范围变大。此时虽然“暖舌”结构仍然存在并向气旋内部延伸，但在气旋南部的“暖舌”发展加深，这样使气旋南部出现两个“暖舌”夹 1 个“冷舌”的等温线分布。快速加深阶段，上一个阶段的两个“暖舌”合并，形成明显的锢囚结构。

4 日 00 UTC，冷锋基本追上暖锋，暖空气向气旋内部延伸，但并未形成“暖核”。减弱阶段，850 hPa 出现闭合的“暖核”，4 日 12 UTC“暖核”与气旋中心重合，4 日 18 UTC“暖核”结构消失。

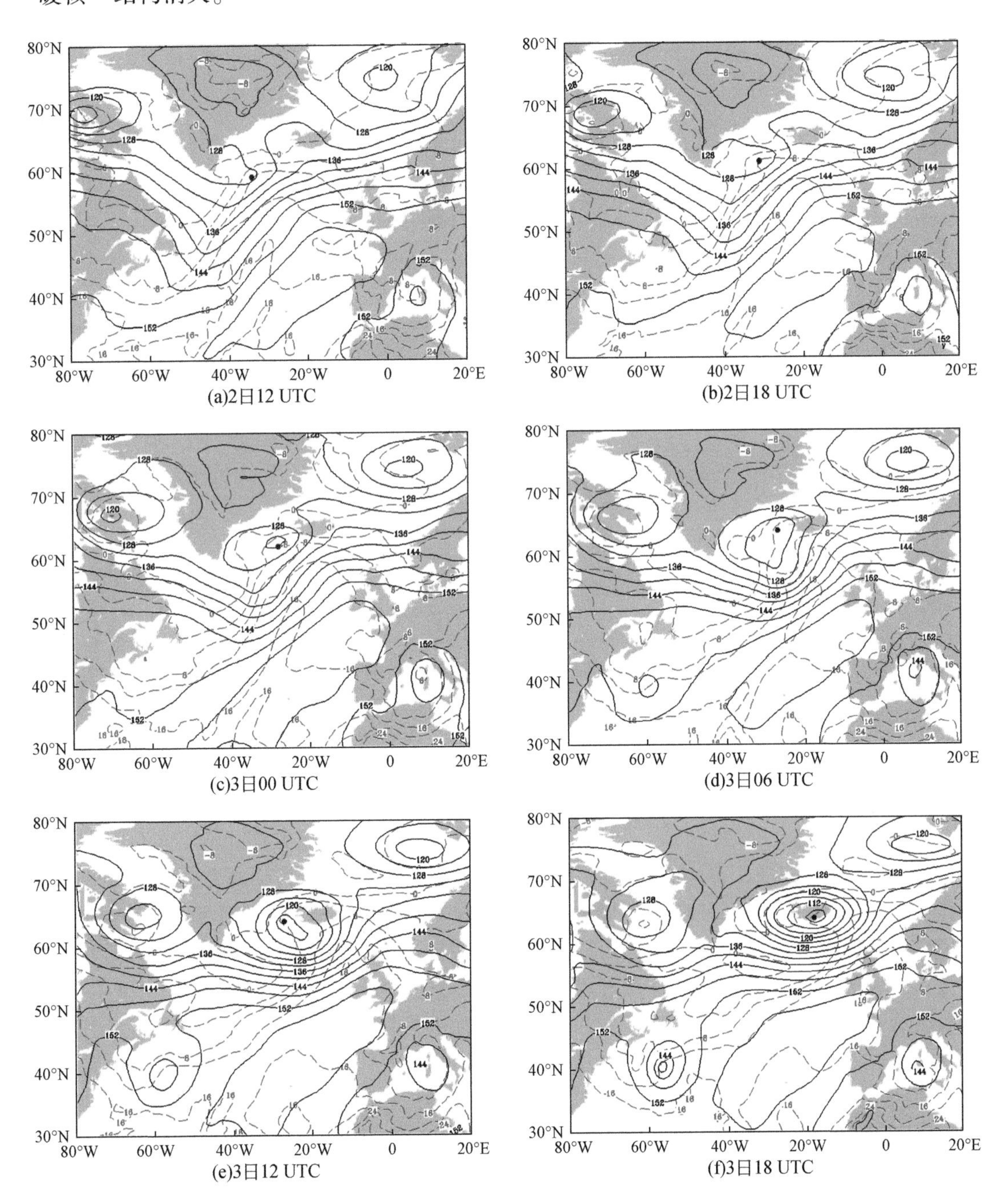

(a)2日12 UTC　(b)2日18 UTC

(c)3日00 UTC　(d)3日06 UTC

(e)3日12 UTC　(f)3日18 UTC

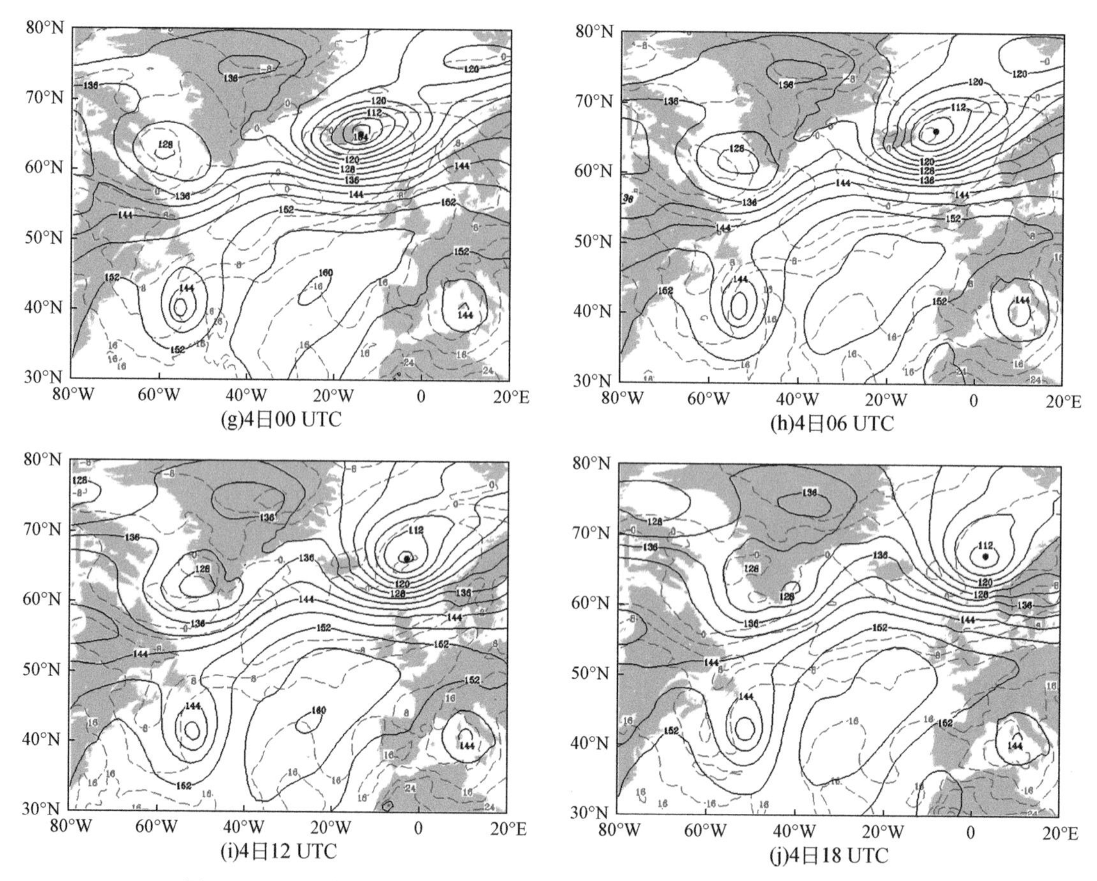

图 5.22　2012 年 9 月 2 日 12 UTC 至 4 日 18 UTC 的 850 hPa 环流形势图

黑线为位势高度（间隔 40 gpm）；红线为气温（间隔 4℃）；黑点为气旋中心位置

从 500 hPa 环流形势（图 5.23）来看，爆发前阶段气旋一直位于 500 hPa 槽前，受西南气流影响气旋向东北方向移动。在快速加深阶段，500 hPa 闭合中心与地面气旋中心重合，随时间推移这一中心不断加强，同时气旋南方的高压脊向东北方向延伸。4 日 00 UTC，500 hPa 低涡继续加强，至 4 日 12 UTC 低涡的强度变化不大，但气旋南方的高压脊伸向法国和英伦三岛上空。4 日 18 UTC 500 hPa 低涡强度开始减弱。结合海平面气压场（图 5.20）大风区的分布及演变，我们可以发现大风区位于气旋的南部，随气旋向偏东方向移动且大风区的影响范围增大。这里大风区的出现一方面是由于气旋自身加强，中心气压下降造成的，另一方面，在气旋的南方存在一个较强的高压系统，受 500 hPa 高压脊引导气流影响，地面高压系统向东北方向移动，导致气旋南部气压梯度加大，从而出现大风。在两方面因子的共同作用下，3 日 12 UTC 至 4 日 18 UTC 气旋南部出现持续性大风。在海上，决定风浪的三要素为风速（风力大小）、风时（风的作用时间）和风区（风的作用区域大小）（冯士筰等，1999）。风速和风区较大、风时较长，就容易在气旋南部出现较大的风浪，对船舶的安全造成影响。之后由于气旋强度减弱，且逐渐远离高压系统，大风的影响也相应减弱。

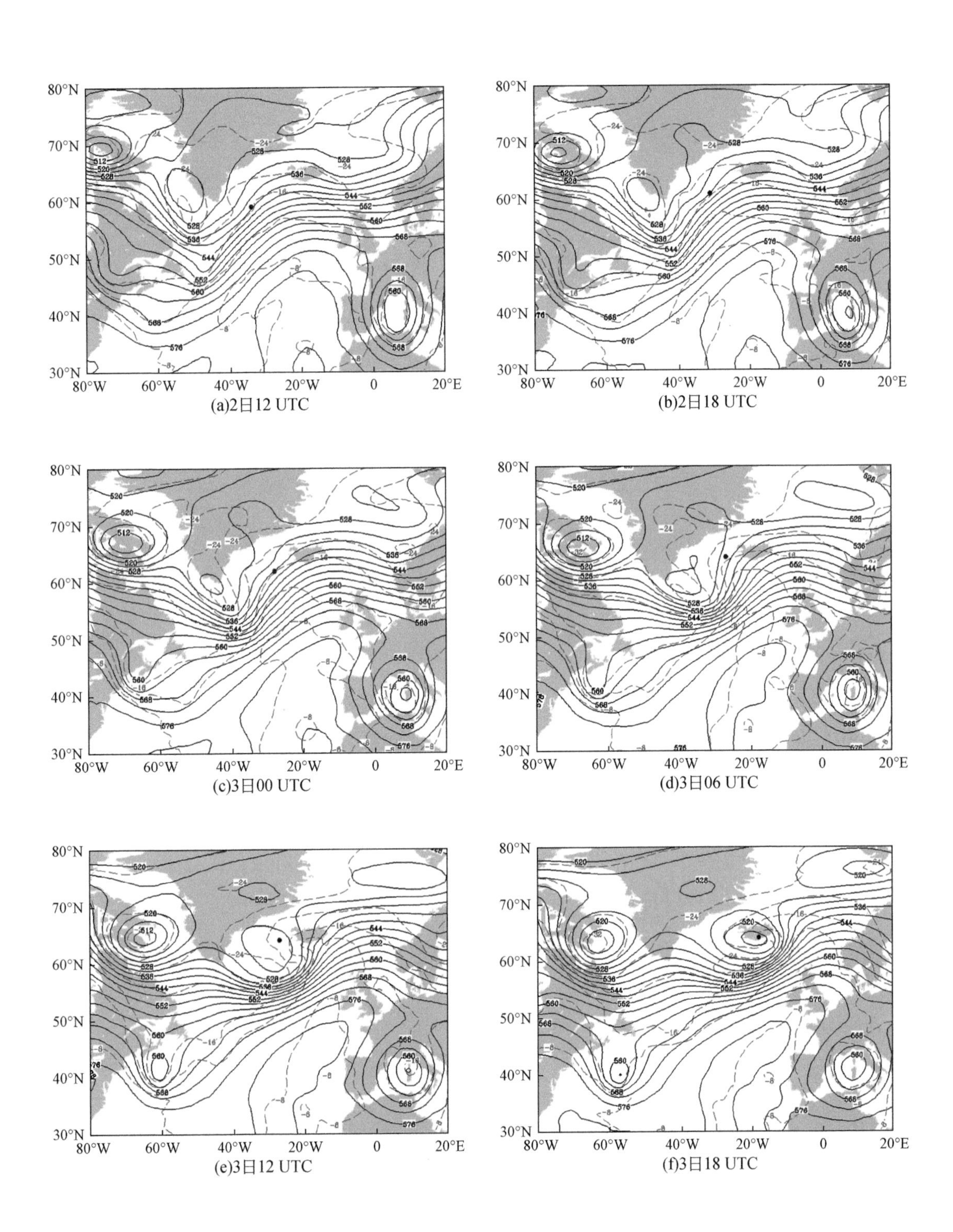

(a)2日12 UTC

(b)2日18 UTC

(c)3日00 UTC

(d)3日06 UTC

(e)3日12 UTC

(f)3日18 UTC

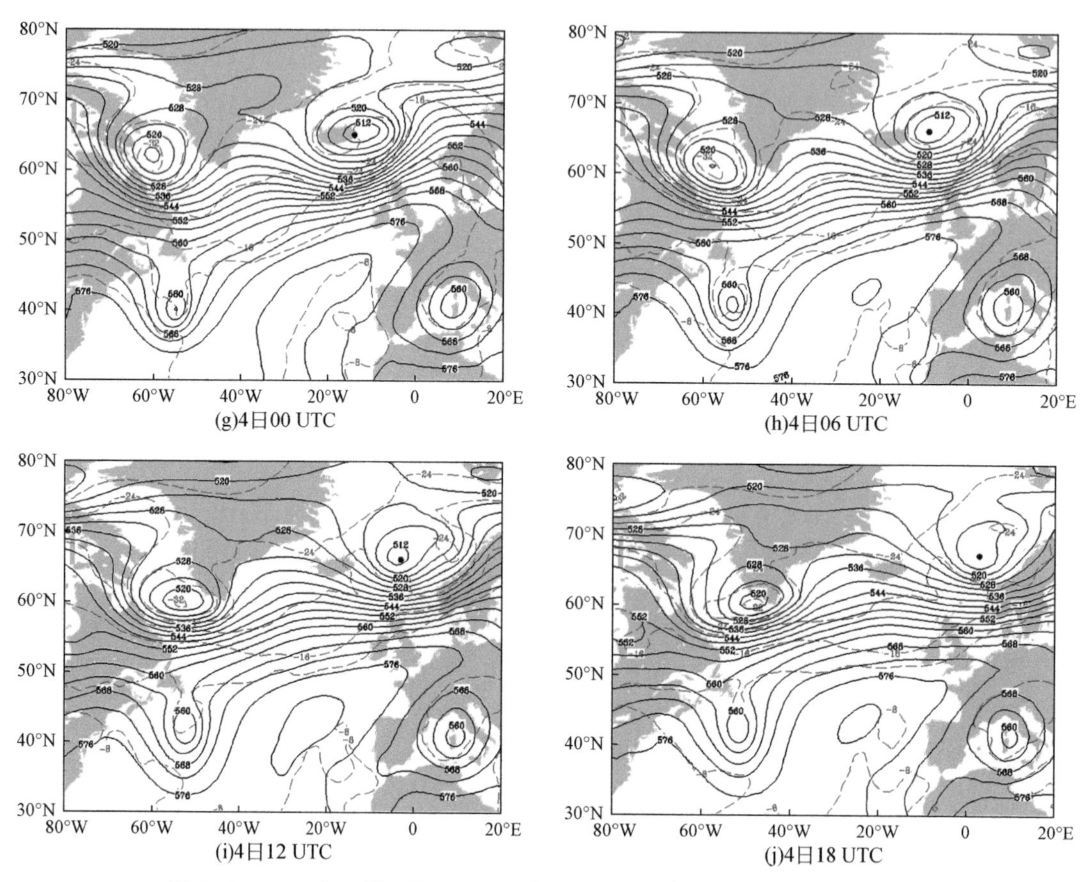

(g)4日00 UTC　　(h)4日06 UTC

(i)4日12 UTC　　(j)4日18 UTC

图 5.23　2012 年 9 月 2 日 12 UTC 至 4 日 18 UTC 的 500 hPa 的环流形势图

黑线为位势高度（间隔 40gpm）；红线为气温（间隔 4℃）；黑点为气旋中心位置

200 hPa 环流形势的演变过程见图 5.24，从中可以看出，气旋一直位于高空急流出口区北侧附近。在气旋生成时，急流分布的南—北向分量较大。从 3 日 00 UTC 开始，急流分布的南—北向分量减小，东—西向分量增加。因此，高空急流对该个例有影响，但需要结合对应的散度场进行分析，具体内容将在下一小节详细讨论。

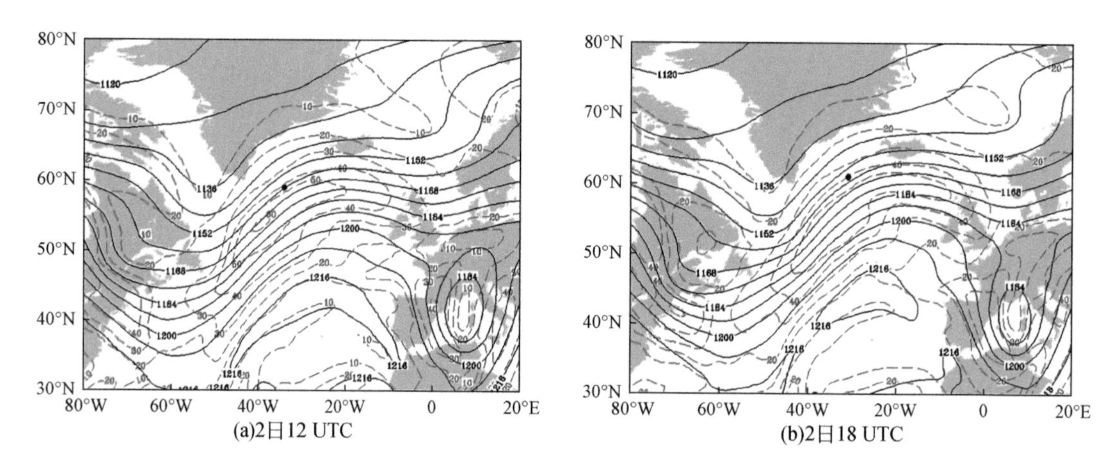

(a)2日12 UTC　　(b)2日18 UTC

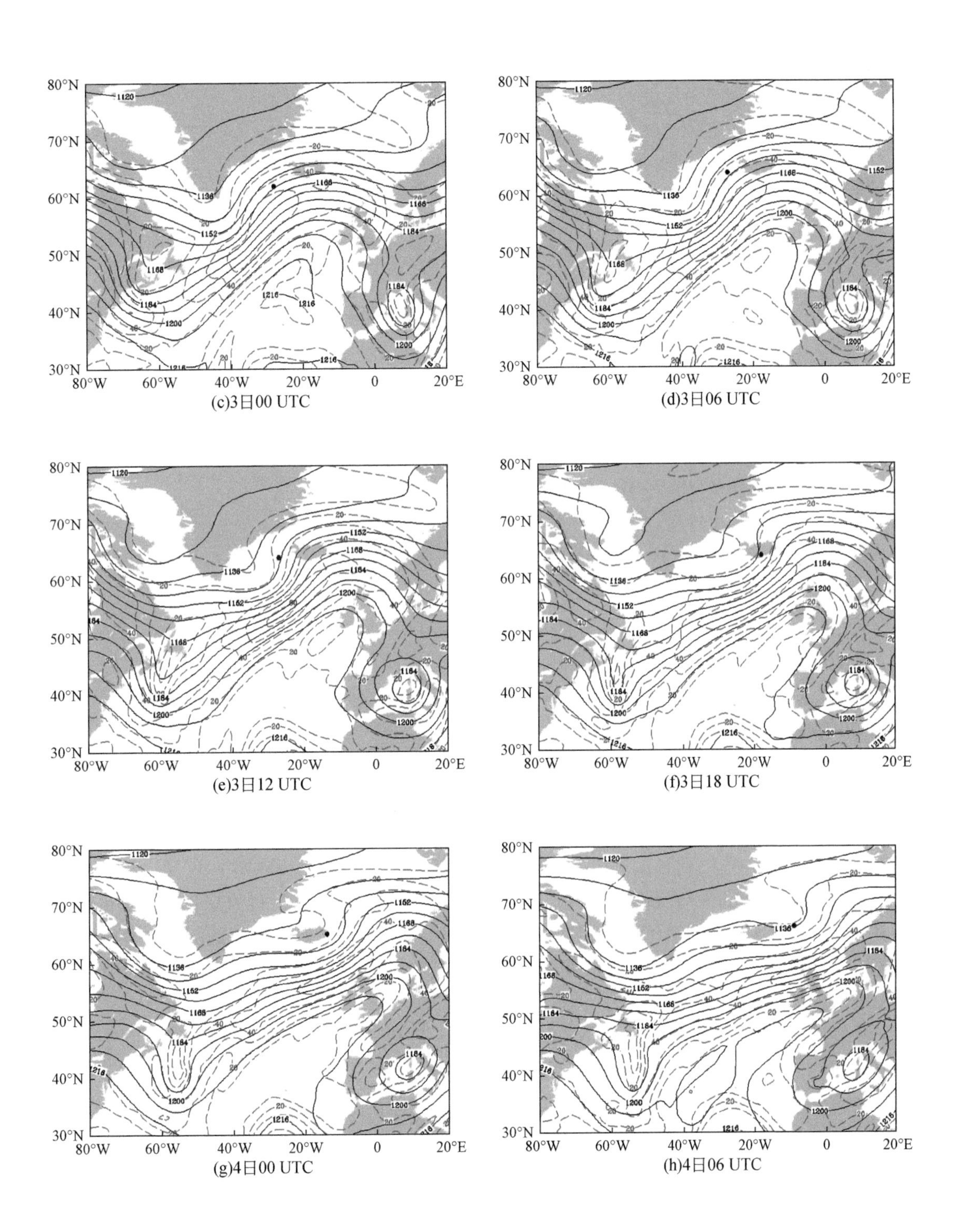

(c)3日00 UTC

(d)3日06 UTC

(e)3日12 UTC

(f)3日18 UTC

(g)4日00 UTC

(h)4日06 UTC

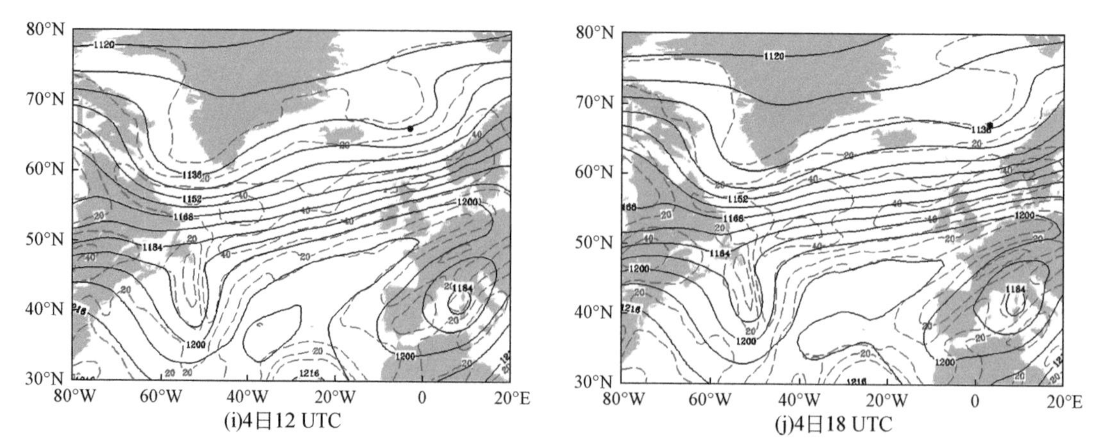

图 5.24　2012 年 9 月 2 日 12 UTC 至 4 日 18 UTC 的 200 hPa 环流形势图

黑线为位势高度（间隔 80 gpm）；蓝线为风速（间隔 10 m/s）；黑点为气旋中心位置

5.2.3　气旋爆发性发展的可能原因

由于气旋在 3 日 12 UTC 开始爆发，因此我们从 3 日 06 UTC 开始考察气旋爆发性发展的原因。同时气旋中心气压在达到最小值后有 1 个缓慢的升压过程，但 4 日 06 UTC 升压幅度较小，仅上升了 0.8 hPa，因此考察到 4 日 06 UTC。

从 200 hPa 散度场（图 5.25）可以看出，在气旋初始爆发时刻，高空辐散作用突然加强，并且在其后的降压过程中，高空一直有辐散场，这表明高空急流的辐散作用可能对该气旋的爆发性发展有重要影响。

从 850 hPa 比湿场（图 5.26）来看，在气旋的南侧有一个高压系统，因此水汽通过高压外围的西南气流卷入气旋内部。从水汽场的演变过程来看，气旋在快速加深阶段水汽供应相对充足，从 4 日 00 UTC 开始，水汽场主体开始远离气旋中心，水汽供应减弱。

从过气旋中心东—西和南—北方向垂直剖面的 MPV 分布（图 5.27）可知，气旋在爆发性发展之前，上空为对流性稳定区。在 3 日 12 UTC 至 18 UTC，对流层低层 900 hPa 附近出现对流性不稳定区。4 日 00 UTC，此时气旋虽然达不到爆发性气旋的强度，但中心气压继续降低，对应 MPV 在气旋上空仍为负值，但高度较上一时刻降低。4 日 06 UTC，气旋上空对应的 MVP 为正值，为稳定区，气旋强度减弱。

从气旋垂直运动速度场（图 5.28）来看，3 日 06 UTC，无论是东—西向剖面还是南—北向剖面，垂直运动速度的中心均位于 700 hPa 之下。3 日 12 UTC 气旋开始爆发，上升运动速度突然加快。从东—西向剖面来看，上升气流位于气旋的东侧且随高度增加向西倾斜，并有 3 个上升运动速度中心，其中最大值中心位于 400 hPa，达到 1.0 Pa/s。而在南—北向剖面，上升气流位于气旋中心的北侧，从下至上有两个数值为 0.6 Pa/s 的中心，分别位于 800 hPa 和 400 hPa 附近。3 日 18 UTC 气旋发展加快，从南—北向垂直运动速度剖面上可以明显看出上升运动加强。东—西向剖面上升运动速度虽然略微变慢，但其位置基本在气旋中心的正上方。4 日 00 UTC 气旋中心气压达到最小值，此时气旋中心上空对应较弱的下沉气流，中心在 850 hPa 附近，而周围为上升气流，气旋西侧和北侧的上升气流更明显且上升运动速度在北侧更大，中心基本位于 600 hPa 附近。4 日 06 UTC 气旋的强度开始减弱，对应的上升运动速度也减小。

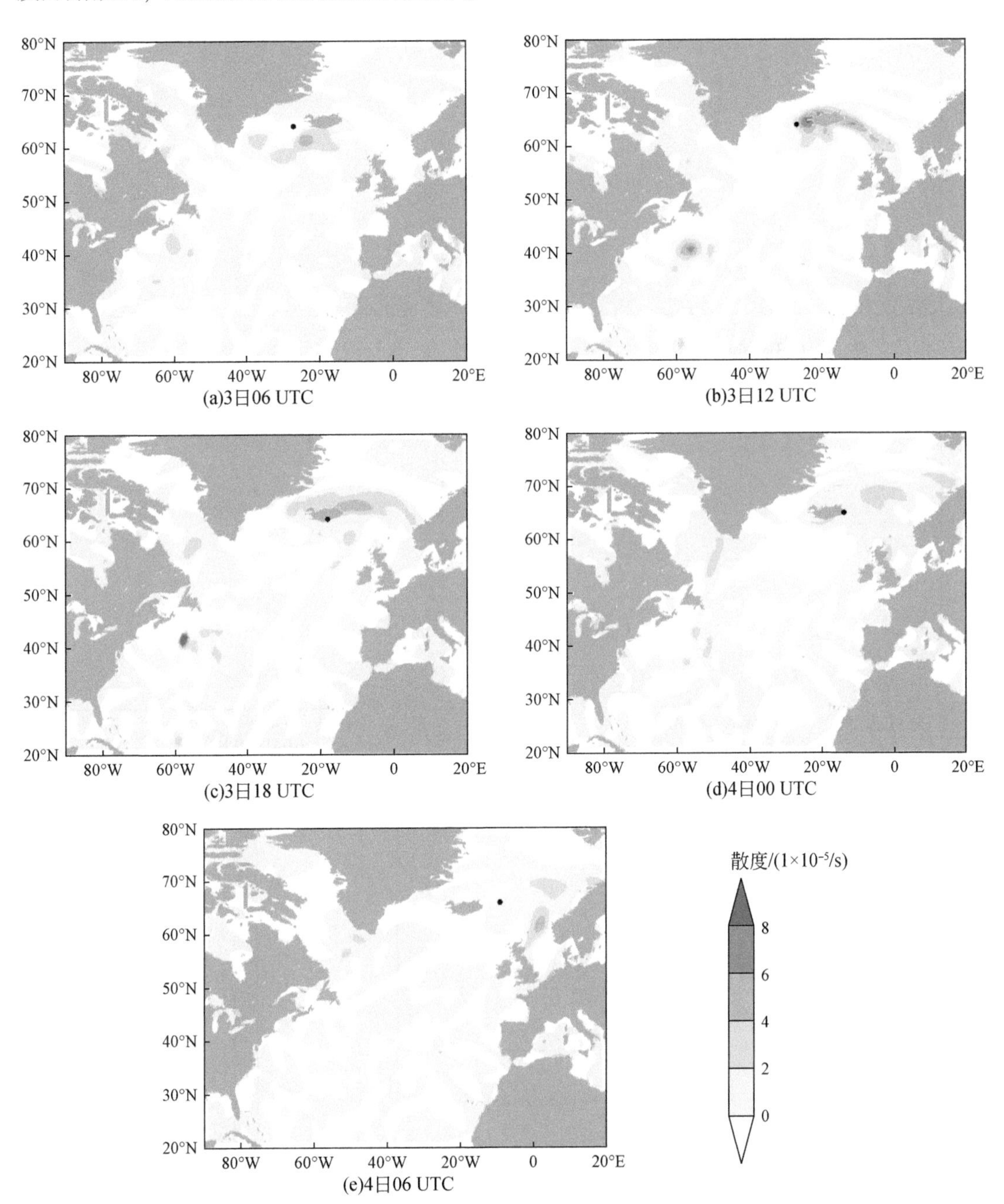

图 5.25　2012 年 9 月 3 日 06 UTC 至 4 日 06 UTC 的 200 hPa 散度场

黑点为气旋中心位置

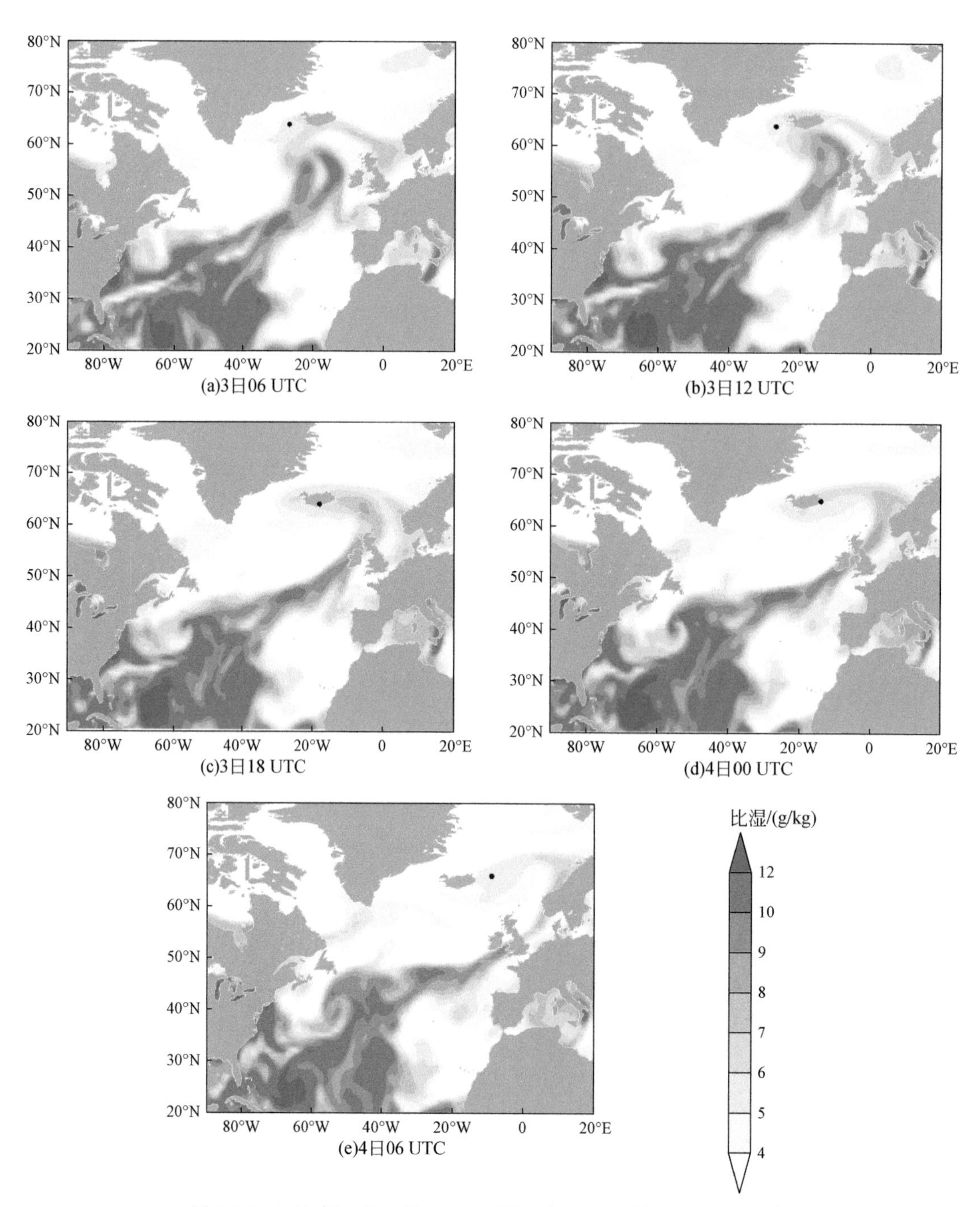

图 5.26　2012 年 9 月 3 日 06 UTC 至 4 日 06 UTC 的 850 hPa 比湿场

黑点为气旋中心位置

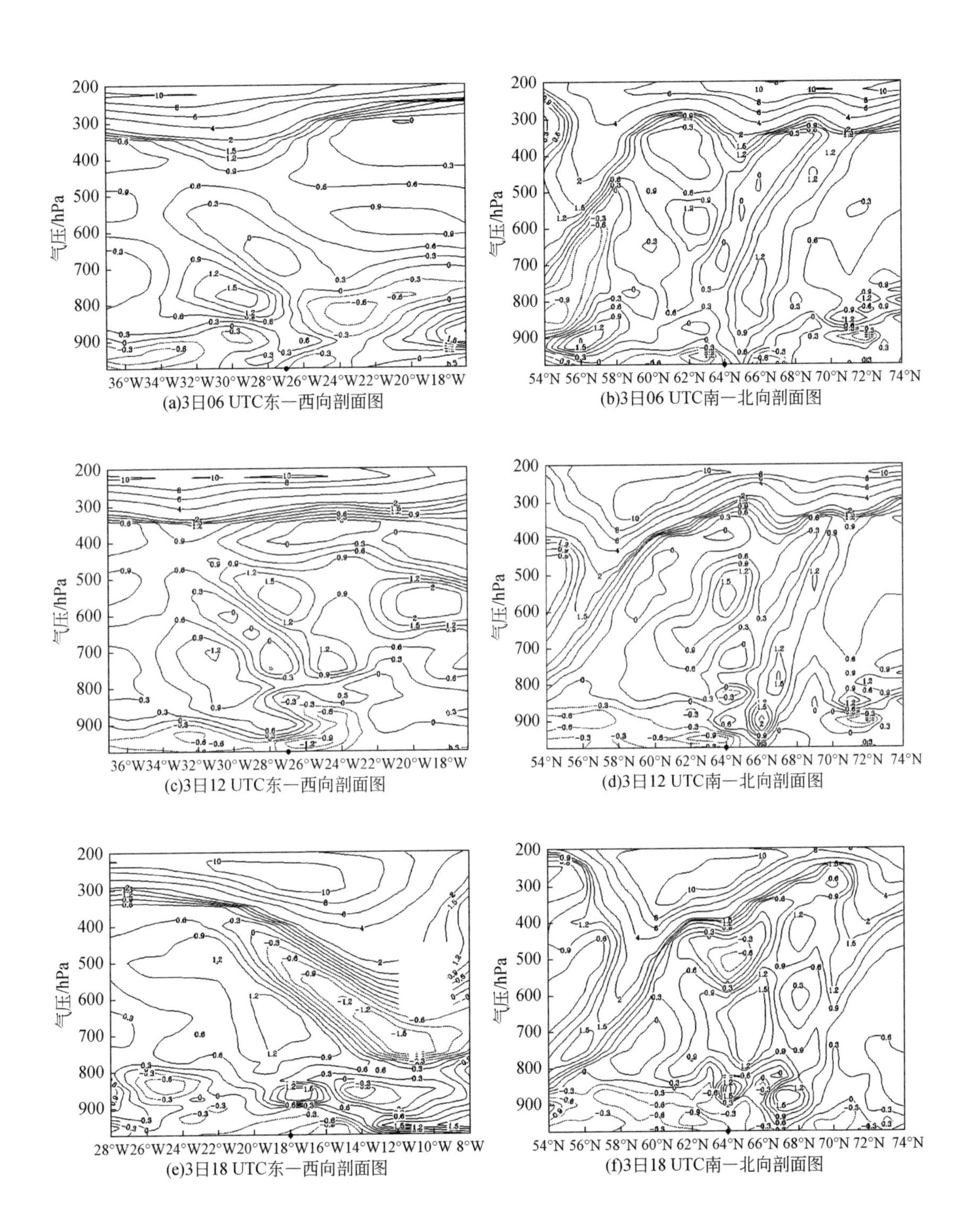

(a)3日06 UTC东—西向剖面图

(b)3日06 UTC南—北向剖面图

(c)3日12 UTC东—西向剖面图

(d)3日12 UTC南—北向剖面图

(e)3日18 UTC东—西向剖面图

(f)3日18 UTC南—北向剖面图

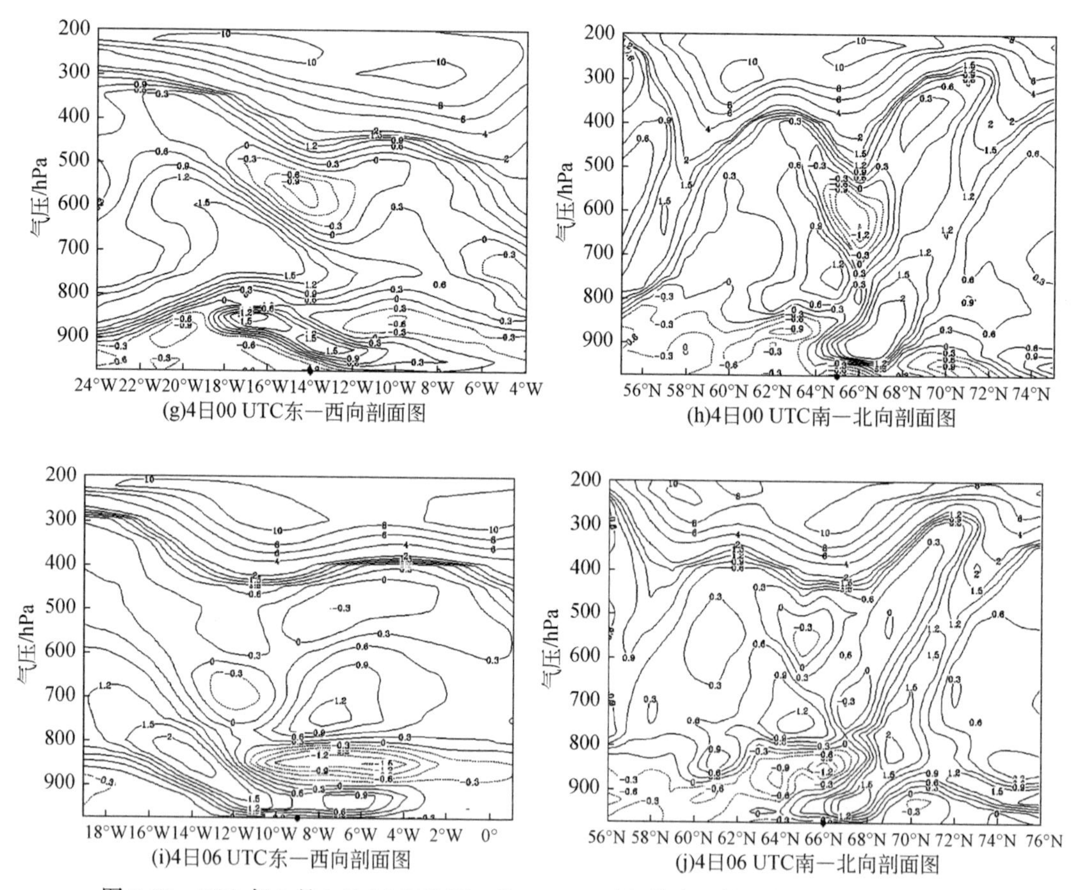

图 5.27　2012 年 9 月 3 日 06 UTC 至 4 日 06 UTC 过气旋中心的湿位涡（PVU）剖面图

黑点为气旋中心位置

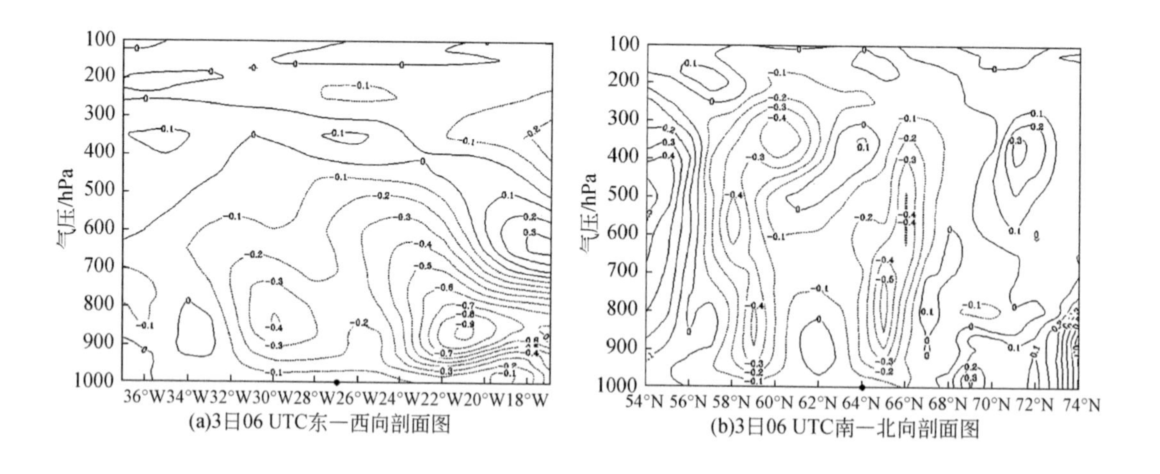

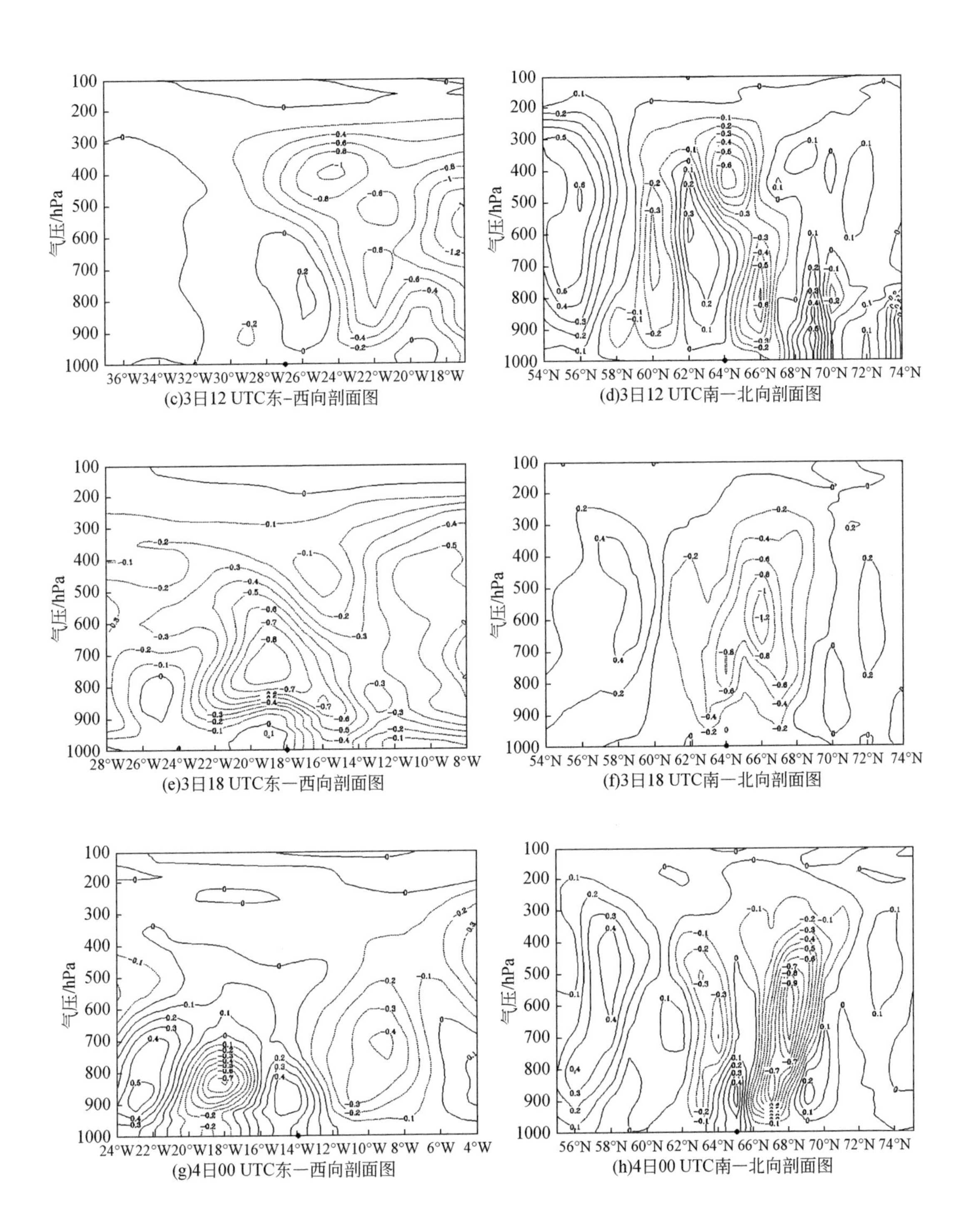

(c)3日12 UTC东-西向剖面图

(d)3日12 UTC南一北向剖面图

(e)3日18 UTC东一西向剖面图

(f)3日18 UTC南一北向剖面图

(g)4日00 UTC东一西向剖面图

(h)4日00 UTC南一北向剖面图

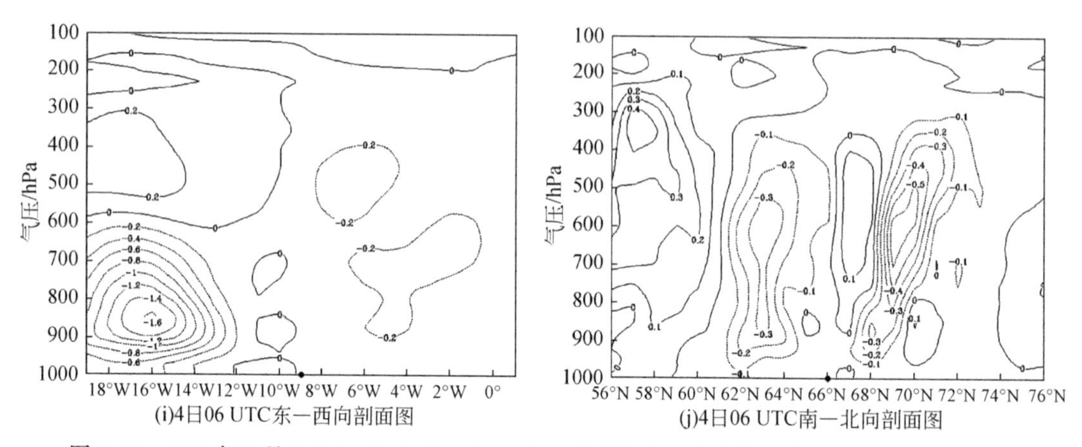

(i)4日06 UTC东—西向剖面图　　(j)4日06 UTC南—北向剖面图

图 5.28　2012 年 9 月 3 日 06 UTC 至 4 日 06 UTC 过气旋中心的垂直运动速度（Pa/s）剖面图

黑点为气旋中心位置

图 5.29 给出了涡度平流过气旋中心东—西向和南—北向的垂直剖面。由图可知，3 日 06 UTC 南—北向垂直运动速度的分布与涡度平流随高度的增加有关。3 日 12 UTC 和 4 日 00 UTC 至 06 UTC，气旋东—西向剖面的上升气流对应涡度平流随高度增加。在 3 日 18 UTC 和 4 日 06 UTC 南—北向剖面，涡度平流随高度的增加对气旋上升运动速度的增加起到了促进作用。

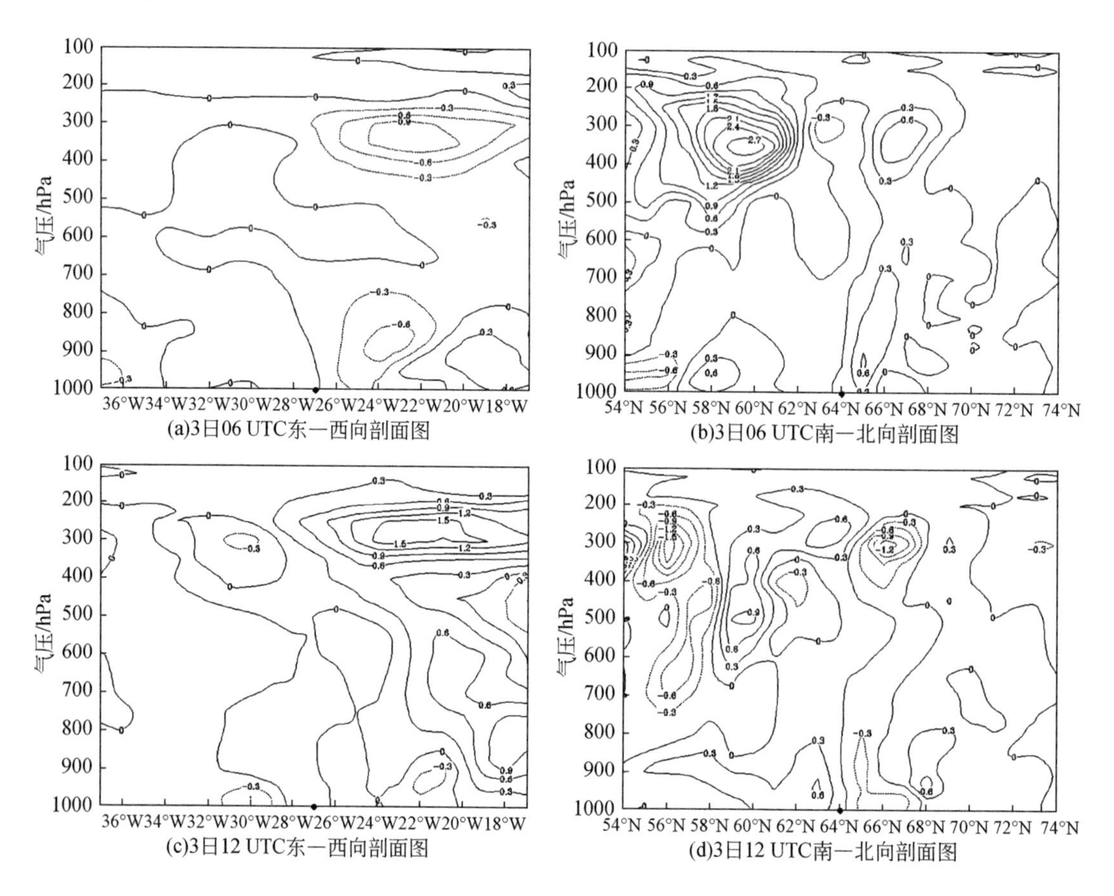

(a)3日06 UTC东—西向剖面图　　(b)3日06 UTC南—北向剖面图

(c)3日12 UTC东—西向剖面图　　(d)3日12 UTC南—北向剖面图

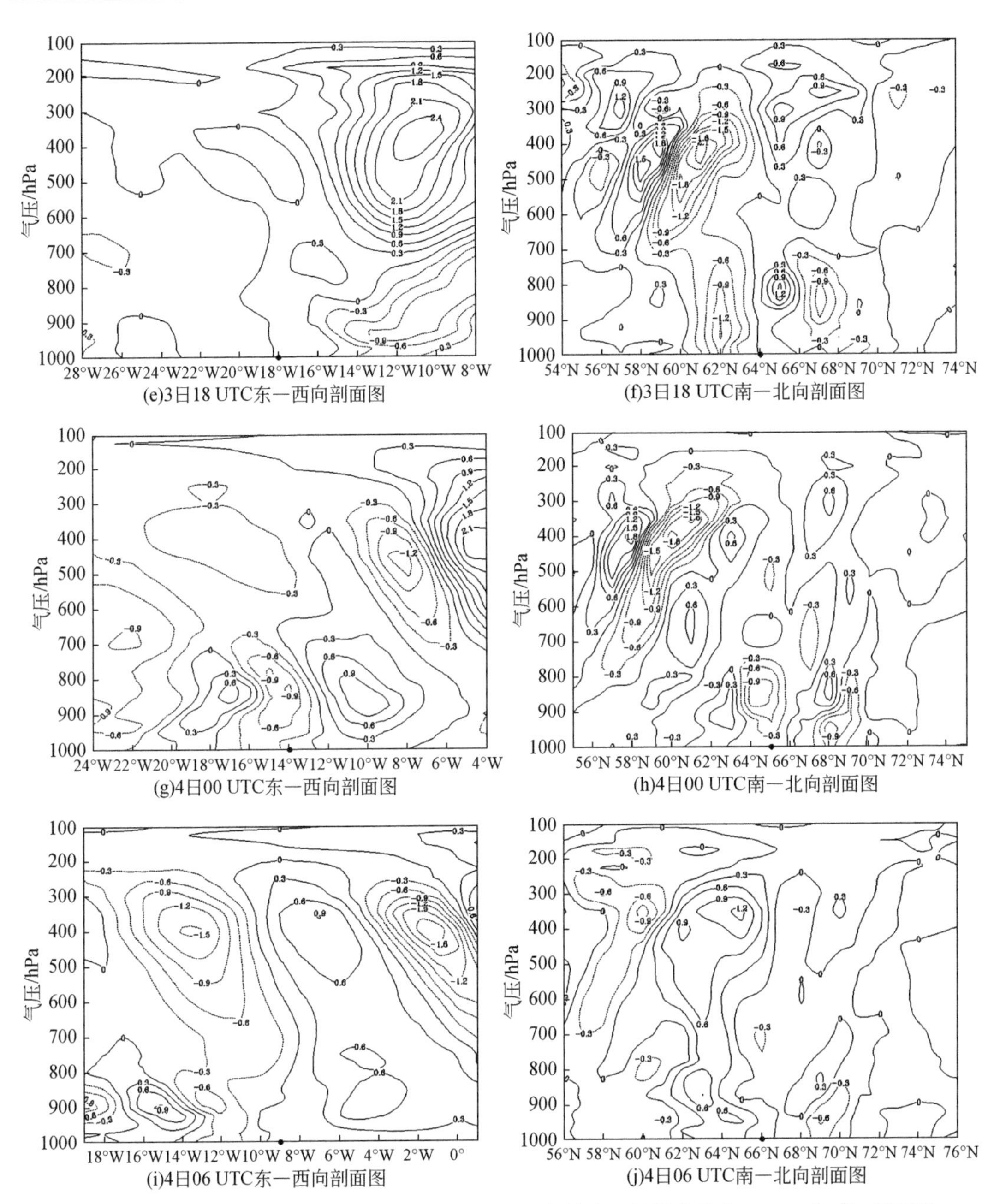

图 5.29　2012 年 9 月 3 日 06 UTC 至 4 日 06 UTC 过气旋中心的涡度平流（$1\times10^{-8}/s^2$）剖面图

黑点为气旋中心位置

从温度平流剖面图来看，温度平流对气旋上升运动速度的影响并不显著。以气旋爆发阶段（图 5.30）为例，东—西向剖面图上，温度平流对气旋上升运动速度的增大几乎无促进作用。在南—北向剖面图上，3 日 12 UTC 在 800 hPa 的高度上有一个暖平流中心，而在对应的垂直运动速度分布上，上升运动速度的中心位于 600 hPa 附近，这表明温度平流对上升运动速度也许起到了一定的促进作用，但并不是主要的影响因子。3 日 18 UTC 暖平流的中心位于 67°N 上空 550 hPa 附近，而此时对应垂直运动速度的分布在气旋北部有两个上升运动速度中心，与暖平流的中心对应不明显。

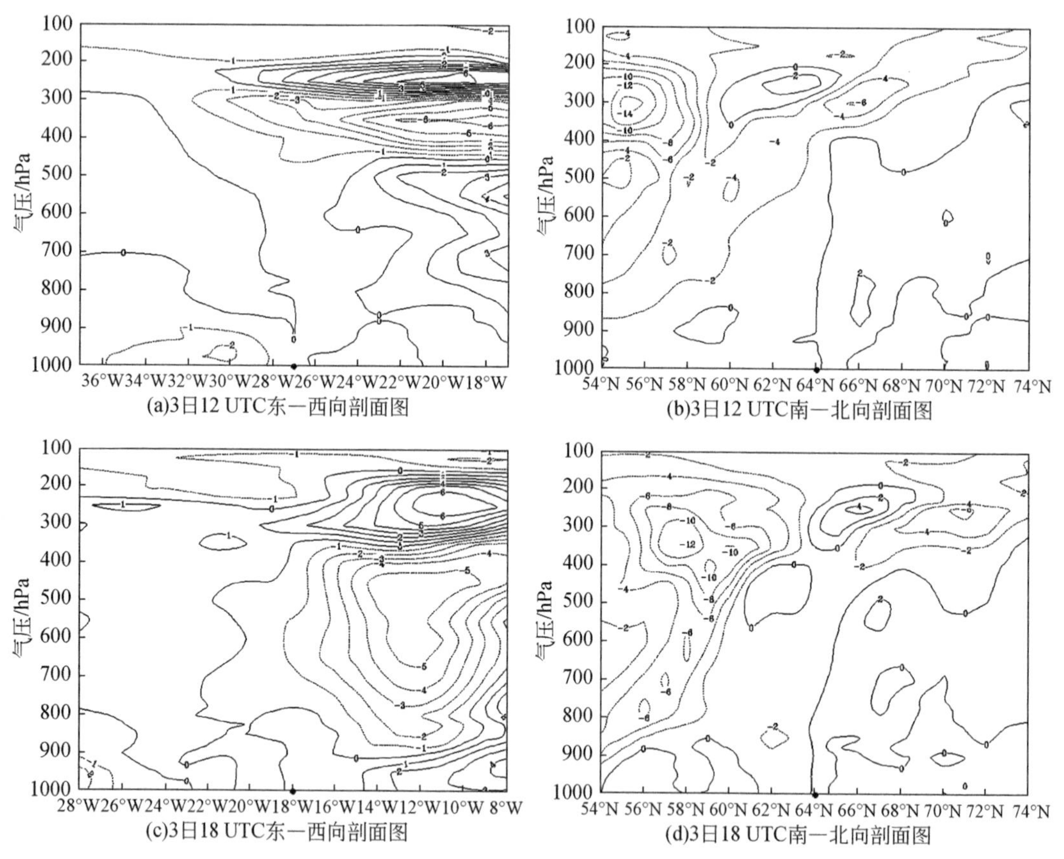

图 5.30　2012 年 9 月 3 日 12 UTC 至 18 UTC 过气旋温度平流（1×10^{-4}K/s）剖面图

黑点为气旋中心位置

计算视水汽汇 Q 对潜热释放进行了考察（图 5.31），从中可以看出，无论是东—西向剖面还是南—北向剖面，上升运动速度中心与潜热释放有较好的对应关系。表明潜热释放可能是气旋发展的一个重要因子。

结合水汽通量散度的剖面分布（图 5.32）可知，潜热释放是由水汽辐合上升造成的。但水汽辐合上升达到的高度与潜热释放的位置并不完全一致，部分时刻潜热释放的中心高于水汽辐合上升到达的高度，这表明水汽辐合上升导致潜热释放、气旋的上升气流将潜热输送至更高的层次。

总体上，2012 年 9 月份爆发性气旋个例强度远远弱于 2002 年 1 月份个例，其爆发性发展主要受高空急流辐散作用的影响。由于气旋一直位于高空急流出口区北侧附近，该区域下方涡度平流随高度增加，对应上升气流，可能是造成气旋爆发性加强的原因。

气旋的上升运动使卷入气旋内的水汽辐合上升，导致凝结潜热释放，是气旋发展的有利因子。

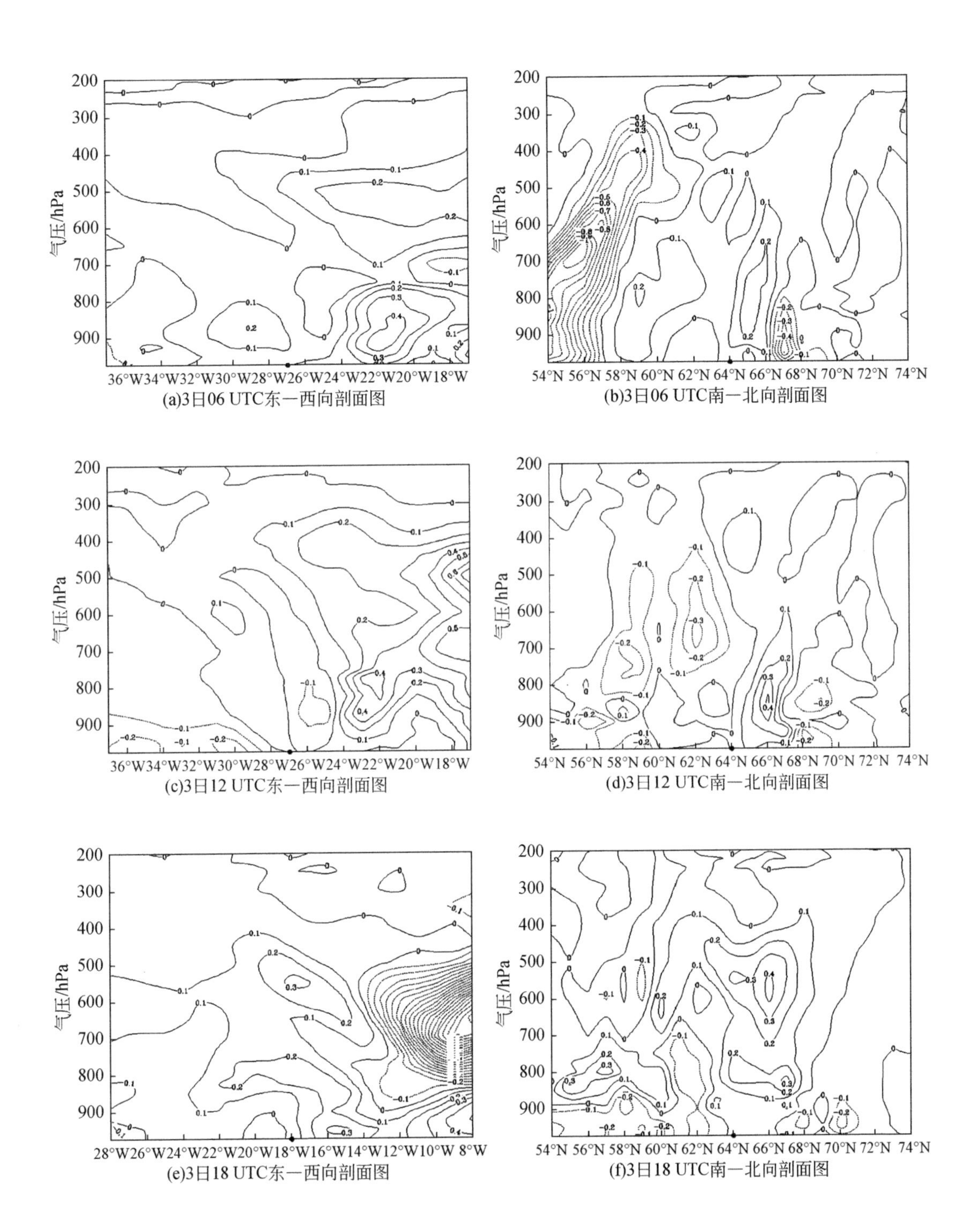

(a)3日06 UTC东—西向剖面图

(b)3日06 UTC南—北向剖面图

(c)3日12 UTC东—西向剖面图

(d)3日12 UTC南—北向剖面图

(e)3日18 UTC东—西向剖面图

(f)3日18 UTC南—北向剖面图

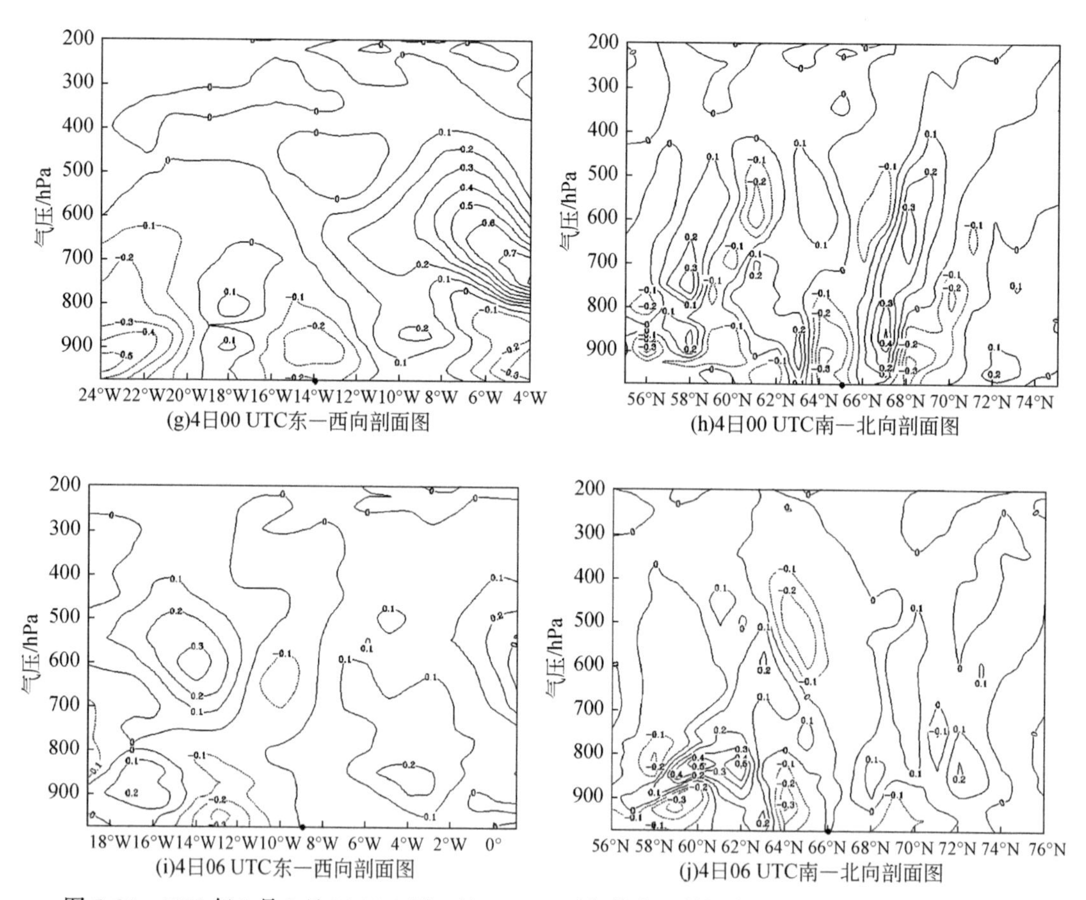

(g)4日00 UTC东—西向剖面图　(h)4日00 UTC南—北向剖面图

(i)4日06 UTC东—西向剖面图　(j)4日06 UTC南—北向剖面图

图 5.31　2012 年 9 月 3 日 06 UTC 至 4 日 06 UTC 过气旋中心的视水汽汇［J/(kg · s)］剖面图
黑点为气旋中心位置

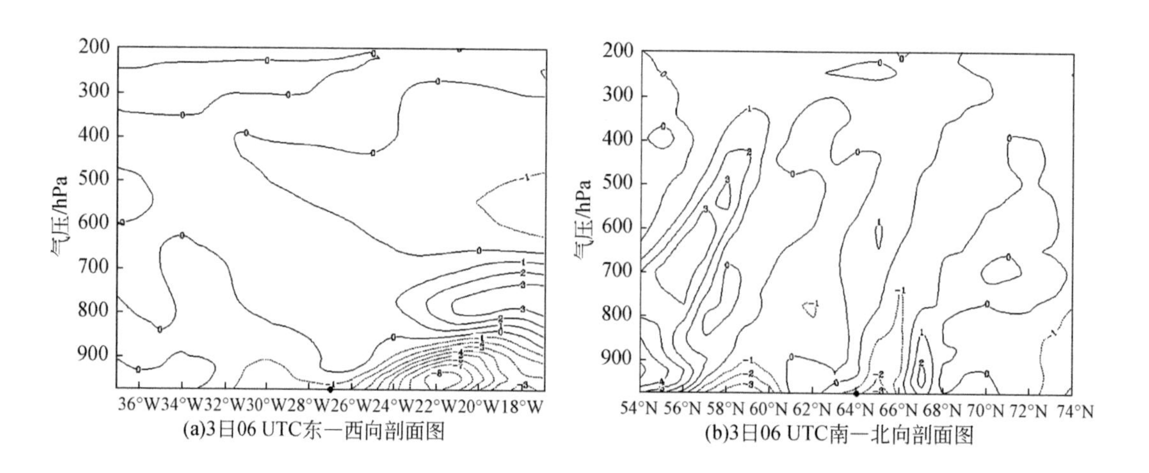

(a)3日06 UTC东—西向剖面图　(b)3日06 UTC南—北向剖面图

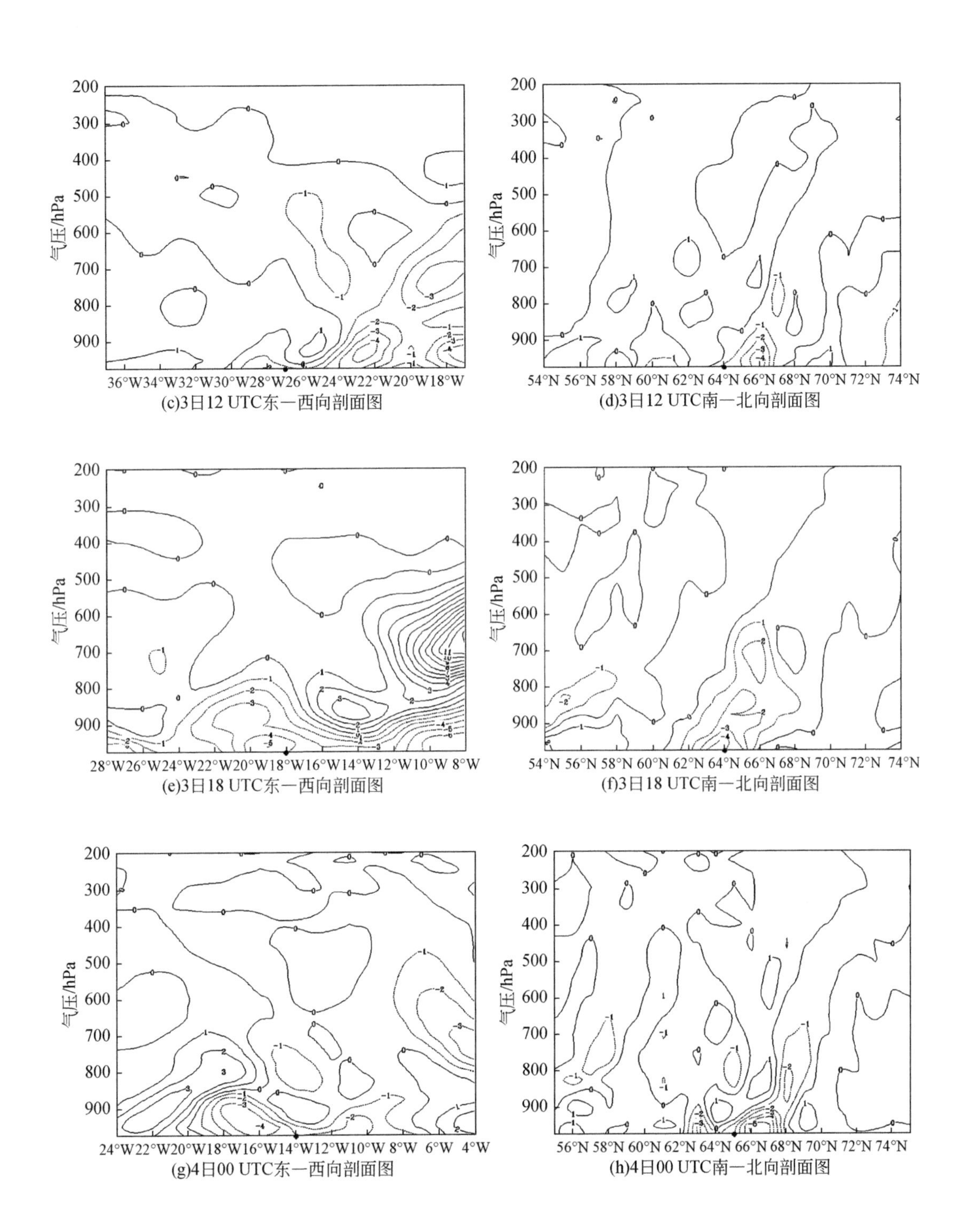

(c)3日12 UTC东—西向剖面图

(d)3日12 UTC南—北向剖面图

(e)3日18 UTC东—西向剖面图

(f)3日18 UTC南—北向剖面图

(g)4日00 UTC东—西向剖面图

(h)4日00 UTC南—北向剖面图

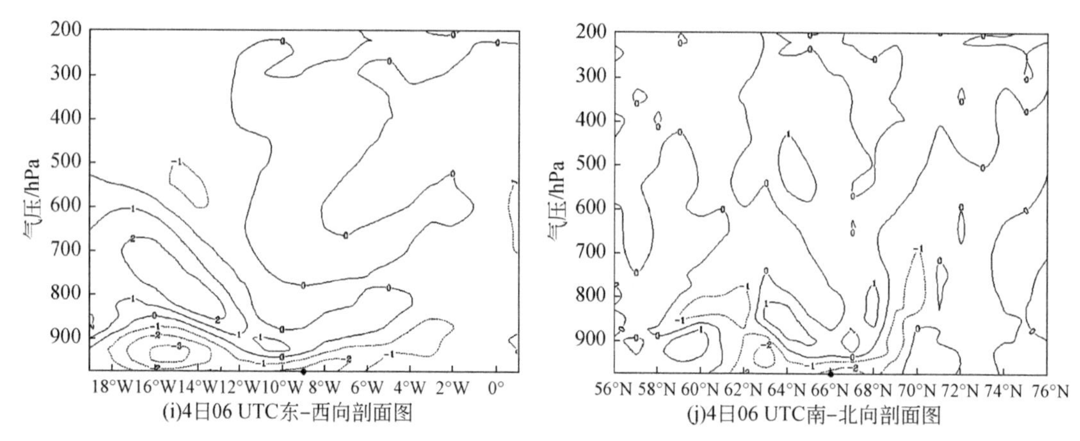

图 5.32　2012 年 9 月 3 日 06 UTC 至 4 日 06 UTC 过气旋中心的水汽通量散度 [1×10^{-5}kg/(hPa · s · m^2)] 剖面图

黑点为气旋中心位置

5.3　本章小结

本章对 1979—2016 年发生在北大西洋上的两个爆发性气旋个例进行了详细分析。一个是发生在 2002 年 1 月的爆发性气旋中心气压加深率最大的个例，另一个是发生在 2012 年 9 月份伴随较长时间持续性大风的个例，两个气旋特征的具体比较见表 5.1。这两个爆发性气旋均发生在大西洋北部，其发展主要受高空强迫的影响。

对于 2002 年 1 月的爆发性气旋个例，主要关注中心气压加深率最大的爆发性气旋(气旋 B)，暖平流是其爆发性发展的启动因子。由于气旋 B 受东北方“气旋族”内另一个爆发性气旋（气旋 A）影响，气旋 A 西侧的偏北风使冷空气南压导致气温改变，从而使高空气旋 B 与气旋 A 之间的等温线向南凸出，产生暖平流，气旋 B 爆发性加强。之后气旋 B 的快速加深与一个正反馈过程有关。暖平流的作用使位势高度发生改变，形成低压槽，气旋 B 位于槽前，正涡度平流的作用加强。温度平流和涡度平流随高度增加使气旋 B 的上升运动速度增大，高空辐散加强，从而使对流层低层水汽辐合上升，释放潜热。潜热释放又会反作用于上升运动使其速度增大，从而有利于水汽辐合上升，释放潜热。

表 5.1　2002 年 1 月爆发性气旋个例与 2012 年 9 月爆发性气旋个例的比较

发生时间	2002 年 1 月	2012 年 9 月
最大加深率/Bergeron	3.47	1.11
爆发阶段总降压/hPa	68.1	10.8
爆发阶段 6 h 降压/hPa	17.03	10.8
最低气压/hPa	933.4	965.8
爆发时长/d	1	0.25
爆发性发展的影响因素	暖平流、潜热释放、涡度平流随高度增加	高空急流出口区北侧的辐散作用

续表

发生时间	2002 年 1 月	2012 年 9 月
特殊现象	受“气旋族”中另一爆发性气旋影响	气旋南部出现持续性大风

对于 2012 年 9 月的爆发性气旋个例，气旋南部伴随着持续性大风。大风区的产生和维持是气旋和南方高压系统的配置造成的。在这一过程中，一方面气旋自身发展降压，另一方面由于南方高压系统加强并向东北方向移动，使气旋南部的气压梯度加大，从而产生持续性大风。而气旋的爆发性加强主要受高空急流辐散作用和潜热释放的影响。

第6章 西北太平洋上的爆发性气旋个例分析

随着全球经济的发展，西北太平洋越来越成为海洋运输的必经之地。大量研究（Hanson and Long，1985；李长青和丁一汇，1989；仪清菊和丁一汇，1993；黄立文等，1999a；Lim and Simmonds，2002；Yoshida and Asuma，2004）表明，西北太平洋海域（120°E～180°，30°N～60°N，包括渤海、黄海、东海、日本海及日本以东的鄂霍次克海）是爆发性气旋的频繁发生地。爆发性气旋对西北太平洋及沿岸各国和地区的生产活动和海洋运输的影响与日俱增，因此对西北太平洋上爆发性气旋个例进行深入分析，具有重要的学术和实践价值。

Chen 等（1991）指出，东亚地区有两个爆发性气旋的主要生成地，一为亚洲大陆山区下游，二为东中国海和日本海，前者与山区气旋生成机制相关，后者则是与靠近亚洲大陆东部沿海的气旋生成带有关。李长青和丁一汇（1989）的研究表明，西北太平洋大部分爆发性气旋由陆地弱气旋入海经历爆发性增强而形成，这一特征也得到秦曾灏等（2002）的验证。日本海以东区域和西北太平洋为两个适宜于气旋快速发展的海域，后一地区与黑潮暖流区很接近（Hanson and Long，1985；Chen et al.，1992）。Yoshida 和 Asuma（2004）在前人工作基础上，根据气旋发生和爆发地点把爆发性气旋分为三类：一类是生成于陆地，发展于鄂霍次克海或日本海的爆发性气旋；二类是生成于陆地，发展于太平洋的爆发性气旋；三类是生成于太平洋且发展于太平洋的爆发性气旋。以上三类爆发性气旋在爆发时间和强度变化方面均有较为显著的特征。

统计分析指出，在西北太平洋爆发性气旋发生前，大气和海洋的环境背景场会呈现出一些显著特征，对爆发性气旋的发生起到了推动作用（Gyakum et al.，1992；Bullock and Gyakum，1993）。例如，在气旋即将进入爆发性发展阶段时，气旋系统常位于200 hPa 高空急流出口区左侧的动力辐散区（李长青和丁一汇，1989）。在上游的贝加尔湖附近上空500 hPa 处常存在一个高空槽，下游中国东部沿海上空此时常对应一高压脊（Sanders and Gyakum，1980；Gyakum and Danielson，2000）。1000 hPa 上的阿留申低压位置常较平均位置偏西，与中国东部沿海的反气旋协同向黑潮海域输送大量冷空气（Gyakum and Danielson，2000）。气旋爆发性发展的海域海表面温度略有升高，与高风速伴随出现的感热通量和潜热释放增加是气旋爆发性发展的重要背景条件（Bosart et al.，1995；Kuo et al.，1990；Gyakum and Danielson，2000）。

6.1 2007年3月渤黄海上的爆发性气旋个例

2007年3月3—6日，受爆发性气旋影响，中国东北地区出现了自1951年有气象记录以来强度最强、影响范围最广的暴风雪天气过程，辽宁省大部分地区的平均积雪深度在20厘米以上。此次爆发性气旋还在沿海引起了风暴潮。暴风雪（雨）和风暴潮灾害使辽宁遭受了巨大经济损失，交通几乎瘫痪，机场和高速公路全部封闭，至中国东北方向的列车全部晚点，部分列车停运。据不完全统计，灾害造成的直接经济损失约为145.9亿元（李秀芬等，2007）。本小节拟利用观测资料和数值模式对该爆发性气旋的演变过程、时空结构和发展物理机制进行详细分析。

6.1.1 资料

本小节使用的资料如下：

（1）美国国家环境预报中心的全球高空观测资料（ADP Global Upper Air Observational Weather Data）。

（2）美国国家环境预报中心的全球地面观测资料（ADP Global Surface Observational Weather Data）。

（3）日本气象厅JMA（Japan Meteorological Agency）提供的MTSAT-1R（Multi-functional Transport Satellites-1R）卫星红外波云顶亮温资料。

（4）美国国家环境预报中心的FNL全球格点再分析资料。

（5）美国国家环境预报中心的CFSR（Climate Forecaste System Reanalysis）全球格点再分析资料。

本小节使用的资料详情及下载地址请参见附录。

6.1.2 观测分析

本小节主要分析所研究的爆发性气旋个例的高低空环流形势和中尺度结构特征。

1. 气旋演变过程

在2007年3月3日850 hPa天气图上，在中国中南部有“倒槽”生成，逐渐向东北方向发展。此后倒槽发展为气旋，入海后爆发性发展，2007年3月10日在鄂霍次克海上空消散。我们主要关注的是从气旋生成到发展成熟的过程。

图6.1为气旋从生成（2007年3月3日00 UTC）至成熟时段（6日00 UTC）的气旋中心的移动路径。3月3日00 UTC，气旋系统中心位于湖北省境内，此后掠过安徽省并向东北方向移动。3日18 UTC气旋系统位于苏北地区，此后气旋中心入海，沿山东半岛东南岸向朝鲜半岛移动。4日12～18 UTC移过朝鲜半岛后，6日00 UTC到达日本海北部上空。在上述时间段内，气旋中心的移速较为均匀且入海后始终沿着东亚沿岸地区移动。

图6.2为3日09 UTC至5日12 UTC的MTSAT-1R红外卫星云图，3日09 UTC（图6.2a）华北地区至山东半岛上空有明亮的云团存在。

3日12 UTC（图6.2b）华北至华东地区上空存在大片结构松散、“螺旋状”结构不明显的云团，此时云团位置较地面气旋中心位置偏北。

6 h后（图6.2d），云团呈明显“逗点状”并向辽宁移动，渤海、山东、江苏、安徽、江西、湖北和湖南被东北—西南向细长云带覆盖。

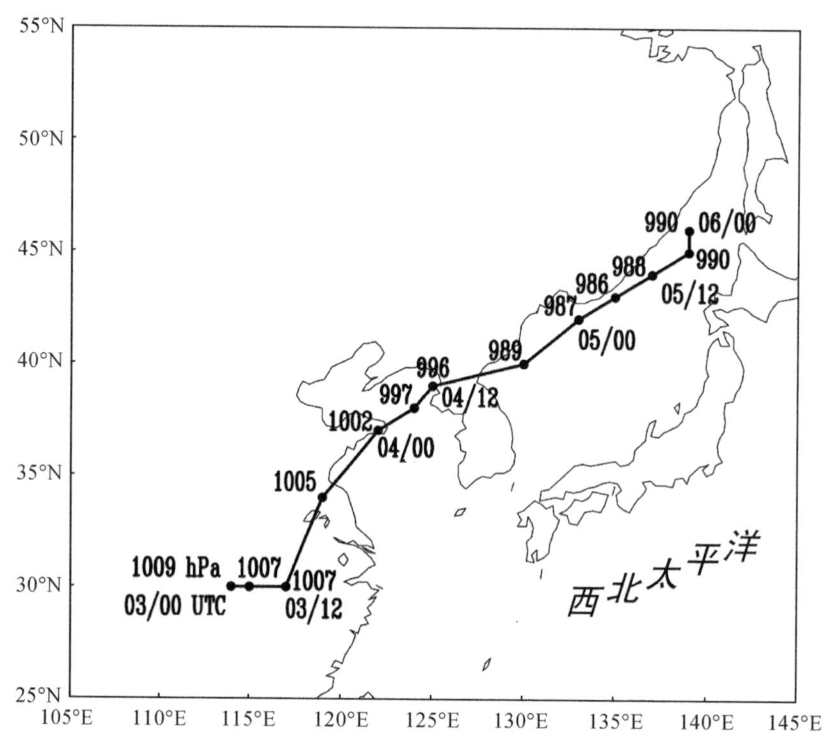

图 6.1　2007 年 3 月 3 日 00 UTC 至 6 日 00 UTC 气旋中心的移动路径（由 FNL 海平面气压场确定）

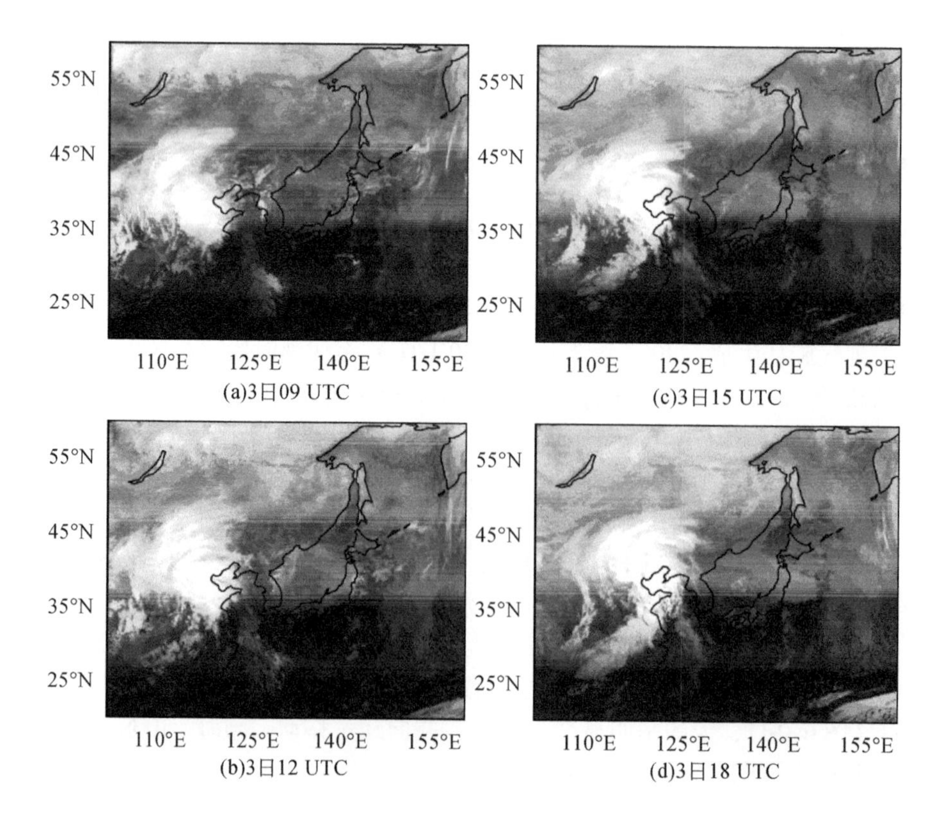

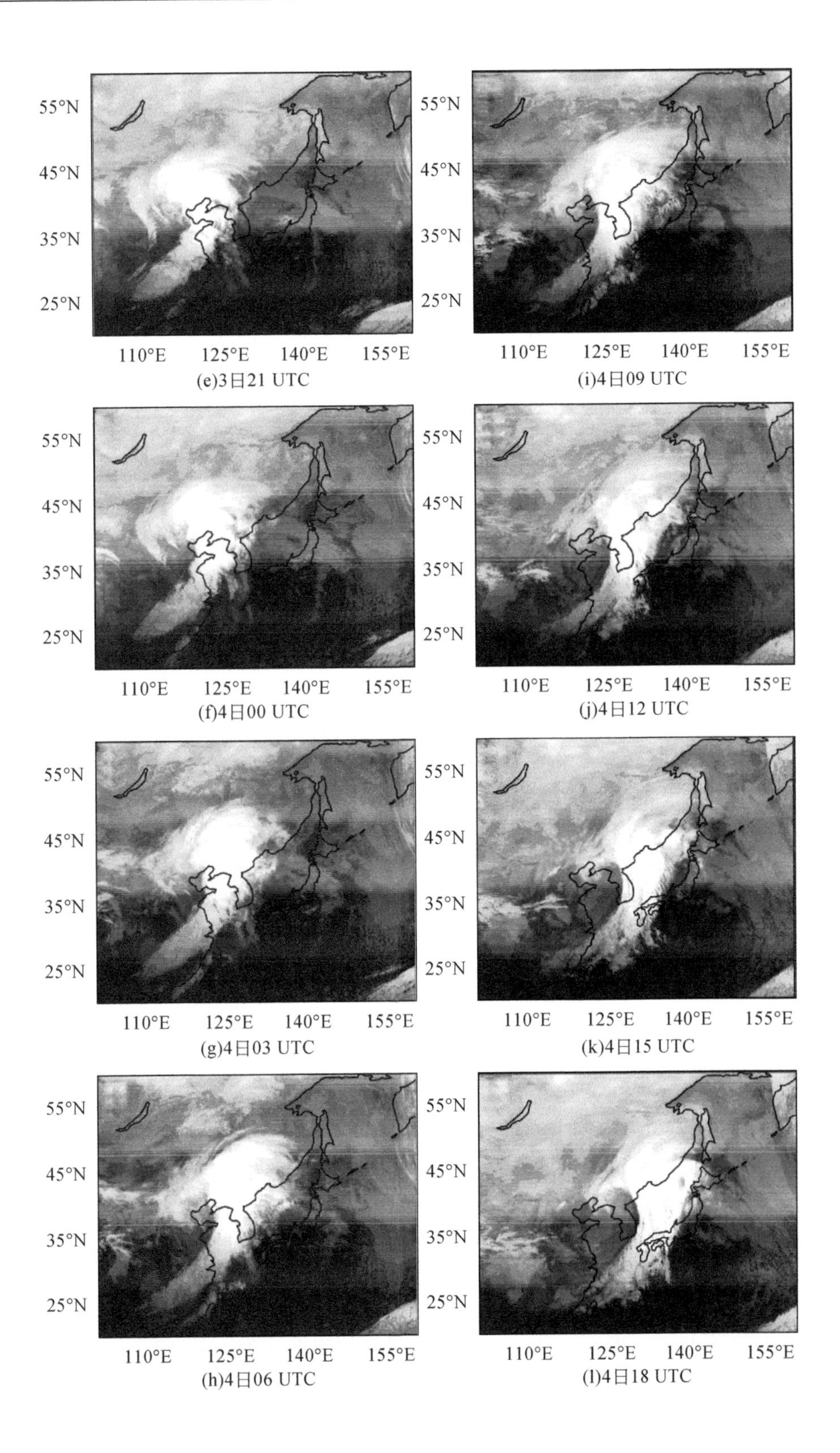

(e)3日21 UTC　(i)4日09 UTC

(f)4日00 UTC　(j)4日12 UTC

(g)4日03 UTC　(k)4日15 UTC

(h)4日06 UTC　(l)4日18 UTC

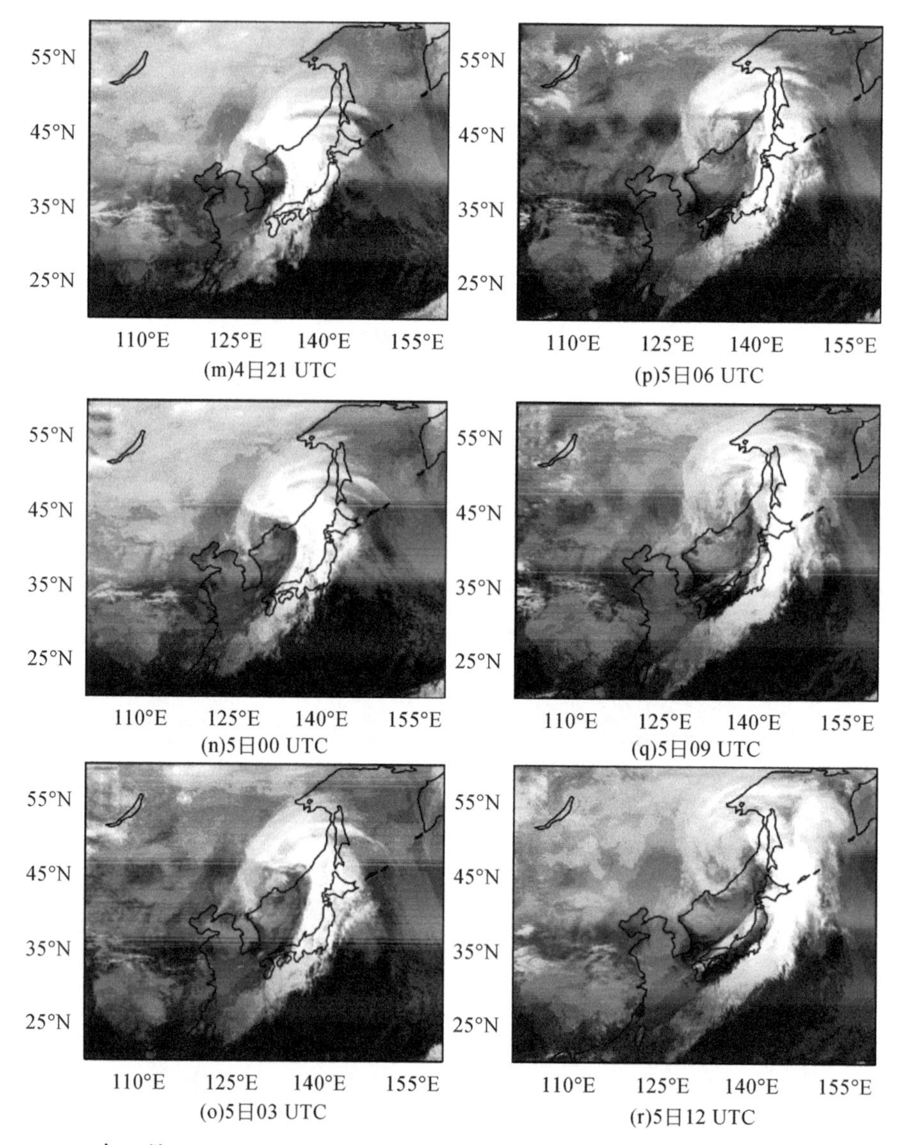

图6.2 2007年3月3日09 UTC至5日12 UTC的MTSAT-1R红外卫星云图（时间间隔3小时）

4日00 UTC（图6.2f），云团进一步向东北移动，之后辽宁省基本被云团覆盖，南部细长云带进一步发展，组织更加紧密。

4日06 UTC（图6.2h），云团边界清晰，北部为“螺旋状”结构，中部和南部为长度约1500 km的云带。

随后12 h（图6.2i～l），“螺旋状”云团逐渐移出辽宁，细长云带掠过渤海、黄海和东海。气旋北部的“螺旋状”云团开始减弱，而南部的云带开始进一步发展。

5日00 UTC（图6.2n），整个云团变为一条长带，北部明显弯曲，中部和南部进一步延伸。在最后两个时刻（图6.2q、r），长条状云带扩展至2000 km以上，云系整体基本移至西北太平洋开阔海域。

图6.3为气旋的中心气压和中心气压变化率随时间变化图。3日00 UTC，气旋中心气

压为 1009 hPa，至 3 日 18 UTC 气压缓慢下降，此时气旋中心气压加深率缓慢上升至 0.62 Bergeron。3 日 18 UTC 后，气旋中心气压快速下降，尽管 4 日 06 ~ 12 UTC 气旋中心气压下降减缓，但 4 日 12 UTC 至 5 日 00 UTC 中心气压再次快速降低。3 日 18 UTC 至 5 日 00 UTC 的气压加深有两个峰值，整个时段的变化率基本维持在 0.4 Bergeron 以上。此后气压下降速度减缓，5 日 06 UTC 气旋中心气压达到最低值，986 hPa，而此时的气压加深率由正转负，说明气旋强度开始逐渐减弱。5 日 06 UTC 后气旋中心气压缓慢上升。

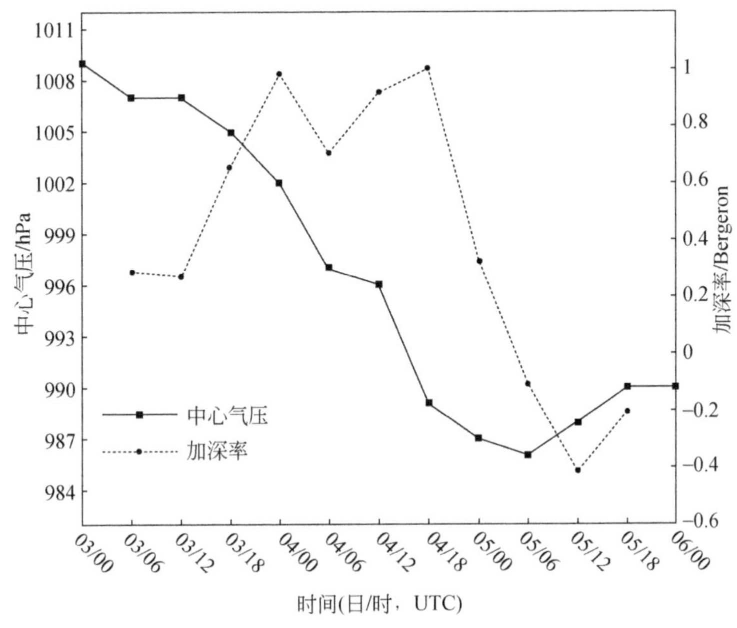

图 6.3　气旋的海平面中心气压及中心气压加深率随时间变化图

以上通过对气旋中心移动路径、卫星云图、气旋中心气压和气压加深率的分析，可以把该气旋的演变过程划分为以下三个阶段：

（1）初始阶段（2007 年 3 月 3 日 00 UTC 至 3 日 18 UTC）。气旋中心位于东亚大陆，云团北部出现“螺旋状”结构，且中部和南部出现细长云带，云团整体结构松散。气旋中心气压开始缓慢下降，气压加深率由 0.27 Bergeron 上升至 0.61 Bergeron。

（2）发展阶段（2007 年 3 月 3 日 19 UTC 至 5 日 00 UTC）。气旋中心入海并沿着海岸线向东北方向移动，气旋整体开始受海洋下垫面的影响。北部“螺旋状”云团边界清晰、结构紧密，云团中部和南部的细长云带不断发展。5 日 00 UTC，云团演变成一条弯曲且细长的云带。气旋中心气压快速下降，加深率最大时超过 1 Bergeron，气旋中心气压变化出现“双峰”。

（3）成熟阶段（2007 年 3 月 5 日 01 UTC 至 6 日 00 UTC）。气旋中心位于日本海上空，且继续向东北方向移动。北部云带呈气旋式弯曲，云带整体长度超过 2000 km。气旋中心气压缓慢下降后达到最低值。此后气压逐渐上升、气旋逐步消散。

2. 天气形势分析

根据以上分析，分别选 3 日 12 UTC、4 日 12 UTC、5 日 12 UTC 作为气旋的初始阶段、发展阶段、成熟阶段的代表时刻进行分析。

图 6.4 为 2007 年 3 月 3 日 12 UTC 天气图。3 日 12 UTC、200 hPa 上（图 6.4a）气旋上空为平直西风气流，气旋下游为一弱脊。此时 200 hPa 上急流尚未建立，气旋的北方出现强度为 4×10^{-5}/s 的辐散场。500 hPa 上（图 6.4b），山西、陕西上空有一个槽“A”。气旋位于槽前，此处伴随有大气上升运动。850 hPa 上（图 6.4c），中国东南部有明显的“倒槽”，1440 gpm 等位势高度线即将闭合。根据等温线的分布，倒槽对应明显的锋区。查阅当时天气记录可知，该锋区对应 3 月 2—3 日的寒潮天气过程。此时倒槽与锋区相遇，在接下来的 24 h 内相互融合。海平面气压场上（图 6.4d），中国东南部倒槽结构更加明显，倒槽已伸展至山东半岛。受倒槽影响，来自海洋的气流沿着闽浙沿岸向倒槽北部输送，而此时来自北方寒潮的冷空气也在向倒槽的西北部输运。结合此时卫星云图（图 6.2b）可知，冷暖两股气流相遇的地方为云团主体出现的位置。

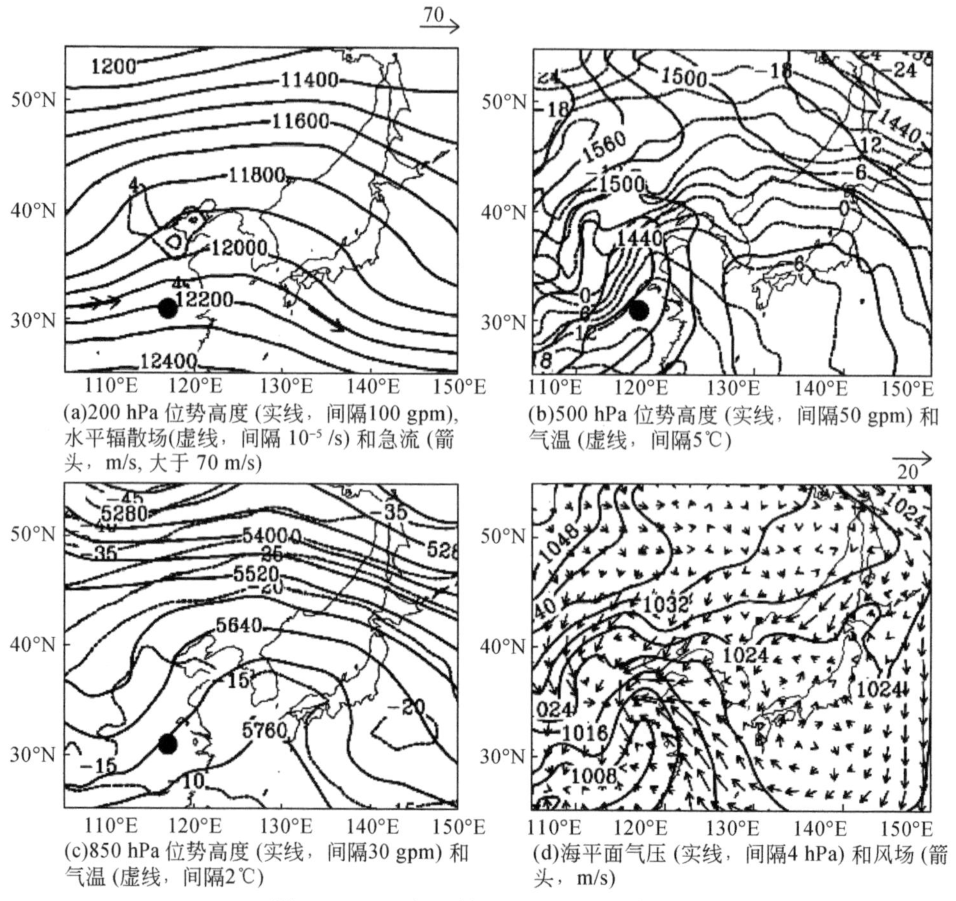

(a)200 hPa 位势高度 (实线，间隔100 gpm)，水平辐散场(虚线，间隔 10^{-5} /s) 和急流 (箭头，m/s, 大于 70 m/s)

(b)500 hPa 位势高度 (实线，间隔50 gpm) 和气温 (虚线，间隔5℃)

(c)850 hPa 位势高度 (实线，间隔30 gpm) 和气温 (虚线，间隔2℃)

(d)海平面气压 (实线，间隔4 hPa) 和风场 (箭头，m/s)

图 6.4　2007 年 3 月 3 日 12 UTC 天气图

实心圆点表示地面气旋中心位置

图 6.5 为 2007 年 3 月 4 日 12 UTC 的天气图。此时，地面气旋中心位于 200 hPa 的槽前（图 6.5a），在 200 hPa 上急流已经建立，气旋位于急流出口区左侧。Bluestein（1993）指出：急流出口左侧为强辐散区。从图 6.5a 的散度场分布可知，此时气旋位于高空急流

出口区北侧，气旋上空出现了 7 × 10⁻⁵/s 的强辐散，高空强辐散对低层气旋的发展十分有利。此时辐散场的形态与“逗点状”云团形态类似。500 hPa（图6.5b）的槽“A”进一步加深，气旋位于槽前，对应气旋上空有较强的上升运动，且此时北部出现一个新槽“B”。在850 hPa上（图6.5c），原先较平直的锋区发生弯折，弯折后形成的两段锋区分别对应冷锋和暖锋，入海低压与其融合，温带气旋形成。此时等温线与等位势高度线在气旋南部和东北部呈垂直关系，气旋斜压性增强。海平面气压场（图6.5d）上气旋直径约为1000 km，冷锋对应的风切变明显，冷锋前南风强，正在向气旋中心输送来自洋面的空气。气旋西部是大范围的北风。

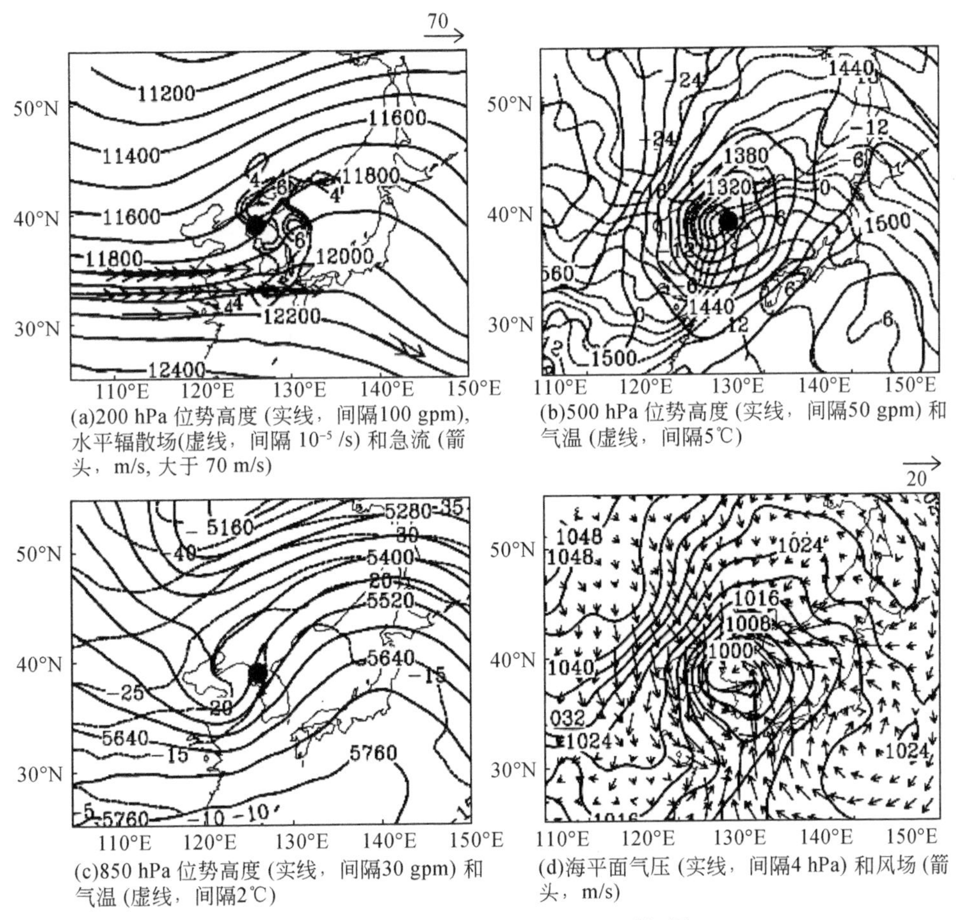

(a)200 hPa 位势高度（实线，间隔100 gpm）、水平辐散场(虚线，间隔 10^{-5} /s）和急流（箭头，m/s, 大于 70 m/s）

(b)500 hPa 位势高度（实线，间隔50 gpm）和气温（虚线，间隔5℃）

(c)850 hPa 位势高度（实线，间隔30 gpm）和气温（虚线，间隔2℃）

(d)海平面气压（实线，间隔4 hPa）和风场（箭头，m/s）

图6.5　2007年3月4日12 UTC天气图

实心圆点表示地面气旋中心位置

图6.6为2007年3月5日12 UTC的天气图。2007年3月5日12 UTC，200 hPa上（图6.6a）槽增强，气旋中心位于槽前。急流宽度增加，气旋中心偏离急流出口区左侧。结合此时的卫星云图可知，细长云带的北段对应高空强辐散。在500 hPa上（图6.6b），槽“A”与槽“B”合并形成一个新的大槽。此时气旋中心位于槽前，强上升运动依然存在。在850 hPa上（图6.6c），温度场上锋区依然存在，大气斜压性仍然比较强。海平面气压场上（图6.6d），气旋直径超过2000 km，冷锋对应的风切变明显。

通过天气形势分析可知，200 hPa 高空急流在 24 h 内迅速建立并发展成熟，气旋在发展阶段位于 200 hPa 急流出口区的左侧，高空强辐散有利于下层气旋的快速发展。500 hPa 上，南北两个槽逐渐合并，气旋中心始终位于槽前，对应强上升运动。850 hPa 上的锋区与倒槽逐渐融合形成温带气旋。在海平面气压场上，冷锋前南风向气旋中心输送来自洋面的空气，而气旋西侧为大范围北风，向气旋内输送来自大陆的干冷空气。值得注意的是在海平面气压场上，气旋直径由 4 日 12 UTC 的约1000 km 增大到 5 日 12 UTC 的约2000 km。

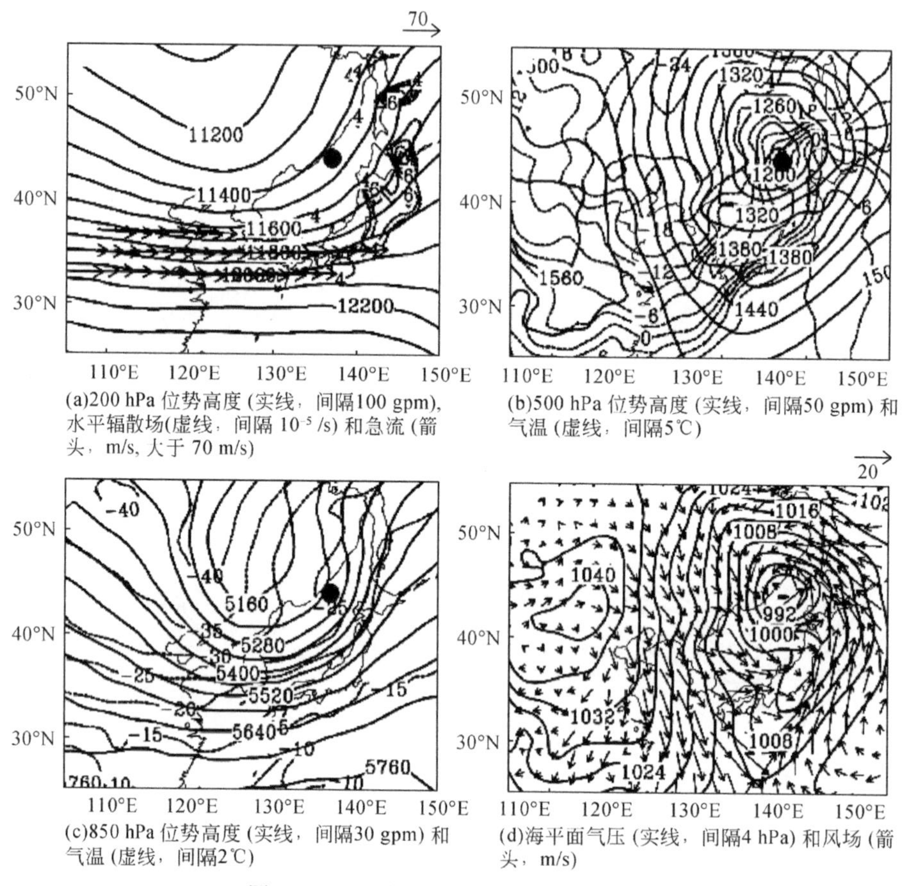

(a)200 hPa 位势高度 (实线，间隔100 gpm)，水平辐散场(虚线，间隔 10^{-5} /s) 和急流 (箭头，m/s, 大于 70 m/s)

(b)500 hPa 位势高度 (实线，间隔50 gpm) 和气温 (虚线，间隔5℃)

(c)850 hPa 位势高度 (实线，间隔30 gpm) 和气温 (虚线，间隔2℃)

(d)海平面气压 (实线，间隔4 hPa) 和风场 (箭头，m/s)

图 6.6　2007 年 3 月 5 日 12 UTC 天气图

实心圆点表示地面气旋中心位置

3. 气旋中心特征

气旋中心在 3 日 18 UTC 入海，此后气旋中心气压快速降低。但是气旋在 4 日 06 UTC 至 12 UTC 的中心气压下降明显减缓。以下主要关注 4 日 00 ~ 18 UTC 气旋中心结构变化 (图 6.7)，并结合下垫面热通量*变化，探寻气旋中心气压变化出现“双峰”的可能原因。

2007 年 3 月 4 日 00 UTC 气旋中心位于山东半岛，气旋基本覆盖了渤海、黄海和中国

---

* 热通量为潜热通量和感热通量之和。

东部沿海省份。根据前面分析，气旋西侧为北风，对应强冷平流。由于冷空气初至，下垫面温度较高。由于倒槽不断向气旋中心输送来自东南洋面的暖湿空气，故中国中东部空气的水汽含量上升。冷平流的降温作用使得近地面层水汽易于凝结，释放的潜热加热大气。因此图6.7a中气旋西侧冷平流区域对应强表面热通量。此时气旋主要位于渤海、黄海上空，充足的水汽供应和下垫面的加热使气旋快速发展。

由于陆地热含量远小于海洋，所以6 h后地表温度显著降低，再加之中国东部沿海开始受冷锋后干冷空气控制，水汽含量下降，凝结潜热降低，中国东部沿海地区的热通量下降至150 W/m^{2}以下（图6.7b）。一方面，由于海洋热含量高，海表温度在短时间内难以因大气冷平流作用而显著下降，海洋上感热过程依然可以加热气旋。另一方面，气旋中心附近的高风速可加速海水蒸发，使洋面上气旋吸收潜热。综合以上两方面的作用，气旋中心西侧海域的表面热通量仍然较大（图6.7b），气旋得以继续快速发展。

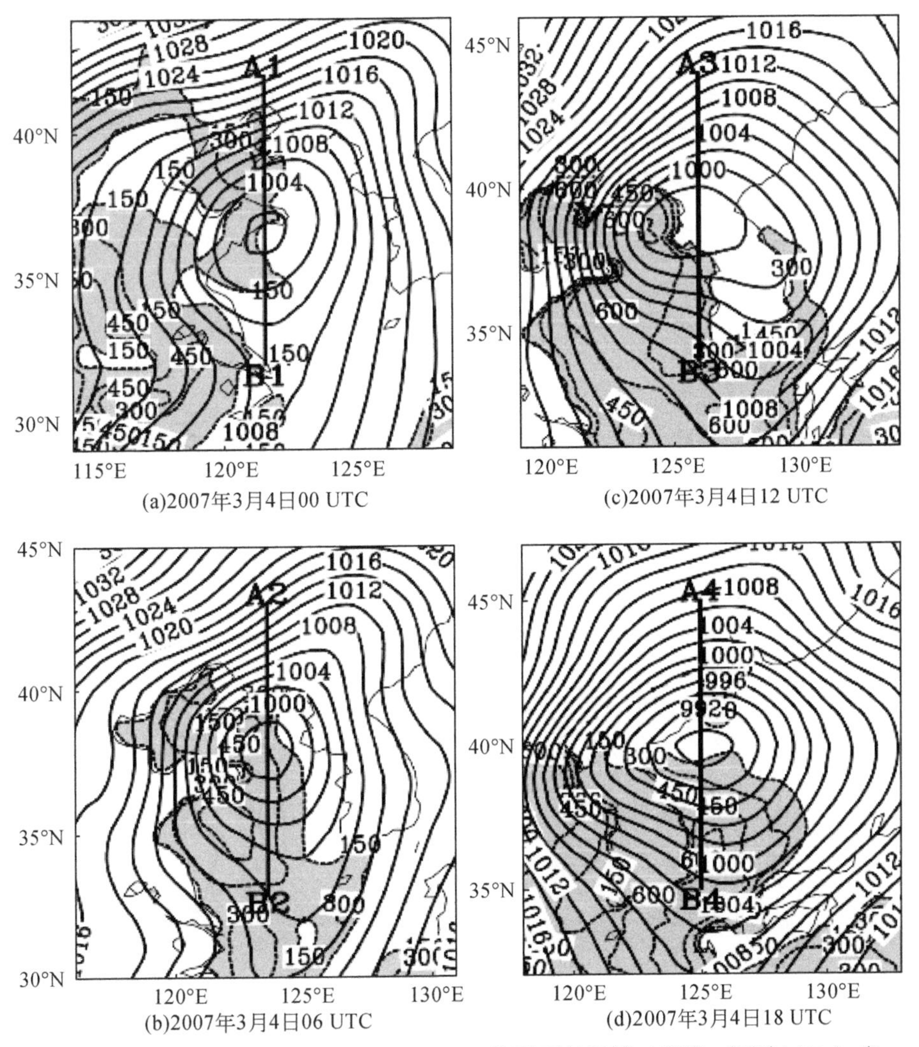

(a)2007年3月4日00 UTC　(c)2007年3月4日12 UTC

(b)2007年3月4日06 UTC　(d)2007年3月4日18 UTC

图6.7　2007年3月4日00 UTC至18 UTC海平面气压场（实线，间隔2 hPa）和下垫面热通量（虚线，间隔150 W/m^2，阴影区域表示下垫面热通量大于150 W/m^2）线A_iB_i（i=1～4）用于垂直剖面分析

2007 年 3 月 4 日 12 UTC（图 6.7c），气旋掠过渤海和黄海后中心位于朝鲜半岛上空。此时朝鲜半岛被云团所覆盖，但还没有受到冷平流影响。由于冷平流未至，朝鲜半岛气温下降不明显，大气低层水汽难以大量凝结。由于以上两方面原因，此时朝鲜半岛的热通量低于 150 W/m^2。由于此时气旋中心接受来自下垫面的加热和水汽供应减小，故在 4 日 06 UTC至 12 UTC，气旋中心气压下降减缓且变化率降低。

气旋中心移过朝鲜半岛后（图 6.7d）再次入海。一方面气旋西侧冷空气抵达朝鲜半岛，由于气温降低而产生大量水汽凝结，释放的潜热再次加热气旋。另一方面，受气温降低和大风作用增加海洋蒸发，洋面的热通量维持在较高水平。此时气旋中心部分受到的加热和水汽供应再次增加，故气旋再次快速发展，气旋中心气压再次降低。下垫面热通量变化可能是气旋中心气压变化出现“双峰”的原因。气旋中心入海后，气旋南部位于洋面上，下垫面的水汽供应充足、加热明显。

为进一步了解气旋中心附近的温度场和湿度场结构，以下做垂直剖面分析*（图 6.8）。

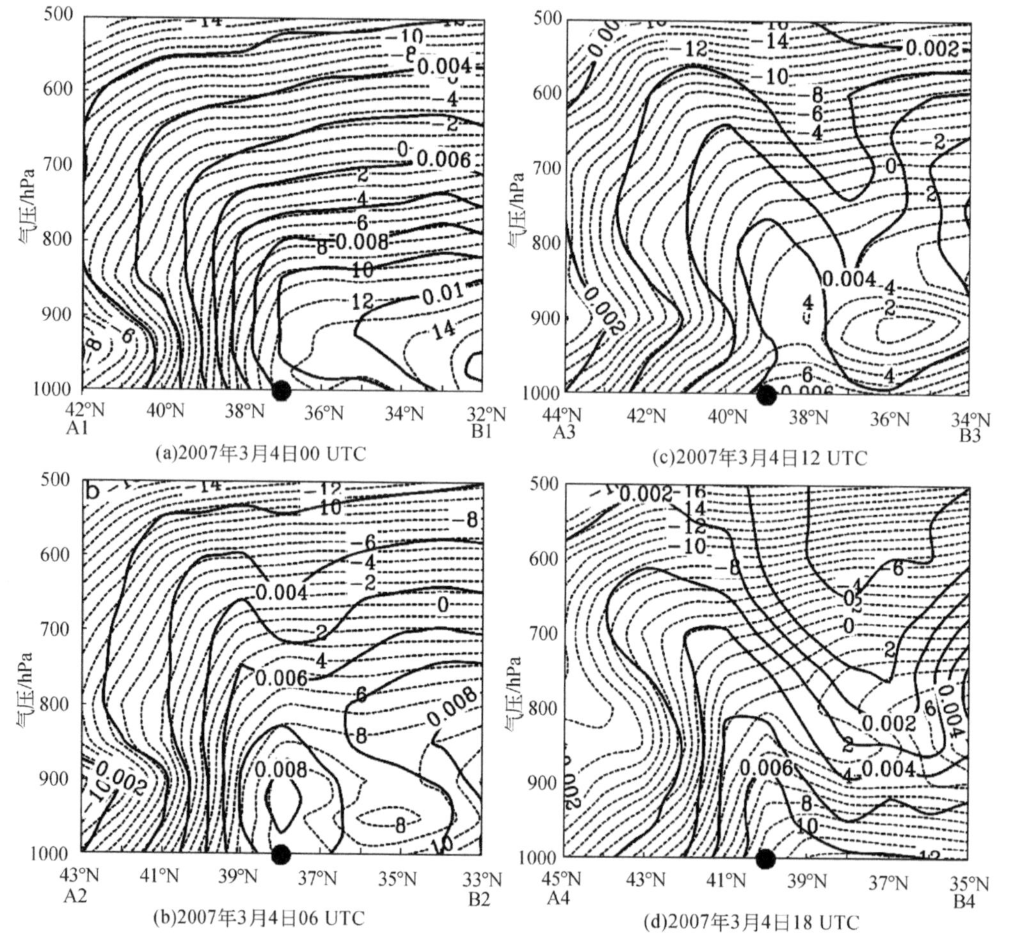

图 6.8　2007 年 3 月 4 日 00 UTC 至 18 UTC 连线 A_iB_i（i=1 ~4）的垂直剖面图

实线为温度（间隔 1℃），虚线为比湿（间隔 0.001 kg/kg），实心圆点表示地面气旋中心位置

* 垂直剖面线按以下原则选取：垂直剖面为南北方向，剖线的中心点就是气旋中心，剖线长度为 10 个纬度。

由4日00 UTC的垂直剖面分析（图6.8a）可知，气旋南部温度和湿度明显高于北部，800 hPa以下存在由南向北的“湿舌”，900 hPa以下存在由南向北的“暖舌”。6 h后(图6.8b)，由南向北的“湿舌”和“暖舌”被切断，气旋中心正上方925 hPa形成强度为8 g/kg的“湿核”和10℃的“暖心”。4日12 UTC气旋移至朝鲜半岛上空，下垫面的热量和水汽供应明显下降。此时垂直剖面（图6.8c）分析显示气旋暖心消失，气旋中心正上方925 hPa附近的气温下降为5℃，“湿核”强度降为5 g/kg，这也表明此时可能是朝鲜半岛妨碍了气旋接受水汽和热量供应。至4日18 UTC（图6.8d），气旋中心掠过朝鲜半岛再次入海，气旋中心再次获得加热和水汽供应。尽管此时“暖心”消失，但气旋中心的气温开始升高。“湿核”强度上升至6 g/kg。

4. 气旋入海前后的锋面结构特征

通过分析卫星云图可知，冷锋的长度达2000 km以上。以下拟利用有关观测站的探空资料对冷锋入海前后的垂直剖面结构进行详细分析。

图6.9～图6.14给出了用作垂直剖面分析的各有关观测站的连线 $C_iD_i(i=1\sim4)$ 和连线 E_iF_i（$i=1\sim3$）的位置，连线 $C_iD_i(i=1\sim4)$ 主要用于分析冷锋在入海前后的结构变化

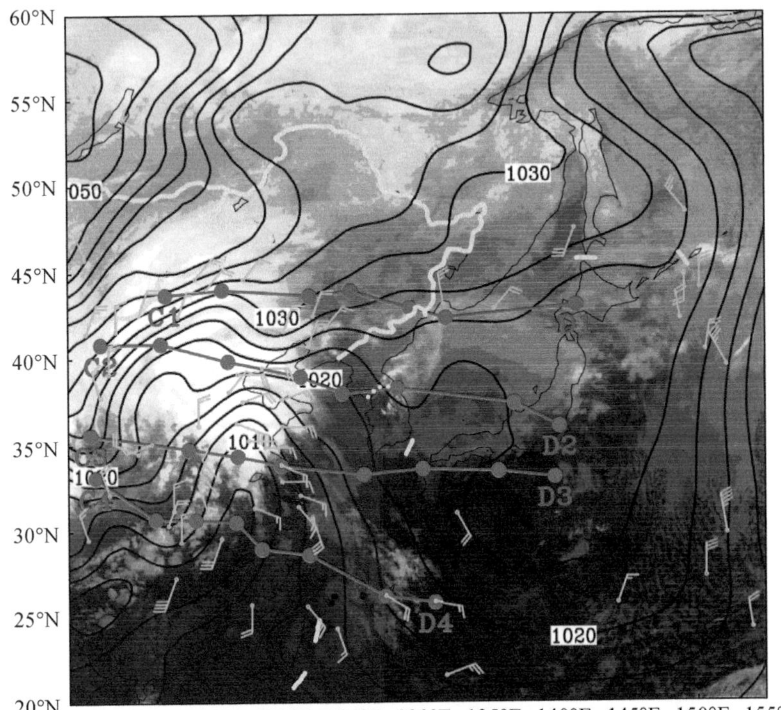

图6.9　2007年3月3日12 UTC MTSAT-1R的红外卫星云图

地面风场（风羽，m/s，风速大于4级，全风羽为4 m/s）和海平面气压（实线，间隔2.5 hPa），线 $C_iD_i(i=1\sim4)$ 用于垂直剖面分析。连线 C_1D_1 红点表示位于二连浩特、锡林、通辽、长春、延吉、符拉迪沃斯托克和札幌的探空站；连线 C_2D_2 红点表示位于临河、呼和浩特、北京、大连、白翎岛、束草、轮岛和馆野的探空站；连线 C_3D_3 红点表示位于平凉、郑州、徐州、沈阳、济州岛、福冈、潮岬和八丈岛的探空站；连线 C_4D_4 红点表示位于汉中、宜昌、武汉、安庆、衢县、洪家、那霸和南大东岛的探空站

及低空急流结构，其选取原则为：①尽可能地与锋面的法向方向一致；②尽可能地使连线穿越气旋的中心；③尽可能地使各条连线的几何长度相等。连线 E_iF_i（$i=1\sim3$）主要用于分析锋面入海前后温度场和湿度场特征，选取原则为：①尽可能与锋面的切向方向一致；②尽可能使连线穿越气旋的中心；③尽可能使各条连线的几何长度相等。

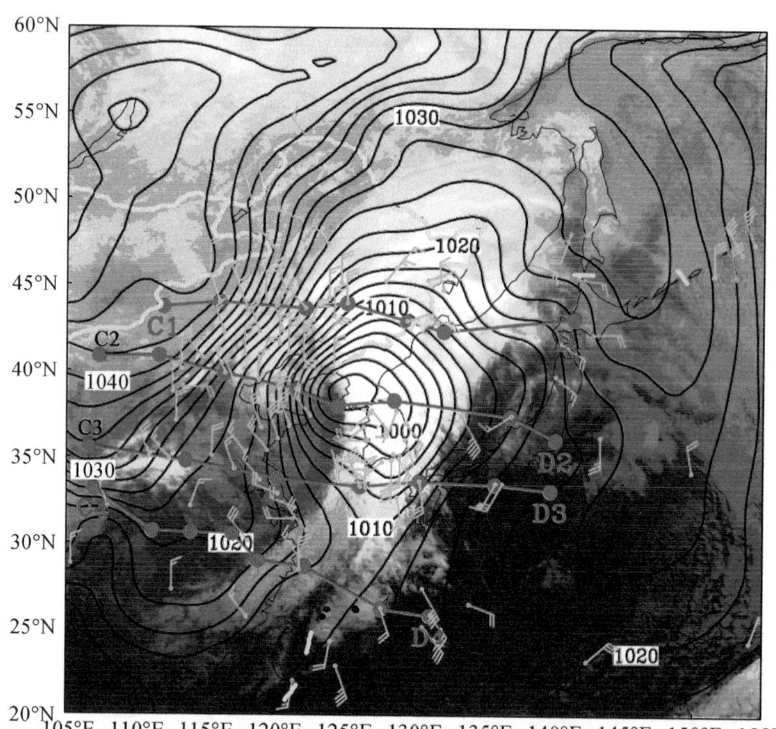

图 6.10　2007 年 3 月 4 日 12 UTC MTSAT-1R 的红外卫星云图

地面风场（风羽，m/s，风速大于 4 级，全风羽为 4 m/s）和海平面气压（实线，间隔 2.5 hPa），线 C_iD_i（$i=1\sim4$）用于垂直剖面分析。连线 C_1D_1 红点表示位于二连浩特、锡林、通辽、长春、延吉、符拉迪沃斯托克和札幌的探空站；连线 C_2D_2 红点表示位于临河、呼和浩特、北京、大连、白翎岛、束草、轮岛和馆野的探空站；连线 C_3D_3 红点表示位于平凉、郑州、徐州、沈阳、济州岛、福冈、潮岬和八丈岛的探空站；连线 C_4D_4 红点表示位于汉中、宜昌、武汉、安庆、衢县、洪家、那霸和南大东岛的探空站

结合不同时间各相关观测站的具体观测数据，我们沿连线 C_iD_i（$i=1\sim4$）分别选取 3 日 12 UTC、4 日 12 UTC、5 日 12 UTC 的观测数据来分析锋面入海前、入海中、入海后的垂直剖面结构。沿连线 E_iF_i（$i=1\sim3$）分别选取 4 日 00 UTC、4 日 12 UTC、5 日 00 UTC 的观测数据来分析锋面入海前、入海中、入海后温度场和湿度场的垂直剖面结构。

锋面入海前的 3 日 12 UTC，沿连线 C_1D_1 的分析（图 6.15a）尚未发现有明显的锋面结构，但沿连线 C_2D_2（图 6.15b）的分析发现在 0～1000 km 附近的 850 hPa 以上有明显的冷锋结构存在，由等值线疏密程度判断此时冷锋较弱。沿连线 C_3D_3（图 6.15c）的分析发现，在 0～1500 km 附近的锋面结构明显，此时锋面接地。结合图 6.9 知，此时海平面气压场上的倒槽正位于剖面 C_4D_4（图 6.15d）的 1000 km 处附近。在图 6.15d 中，冷锋锋面位于 0～1000 km 附近，强度与沿连线 C_3D_3 分析发现的锋面相似，但是 900 hPa 以下的强度增加。通过该图分析可见冷锋正在入侵倒槽，这一发现也与天气分析部分中倒槽与冷锋在气旋初始阶段相结合对应。

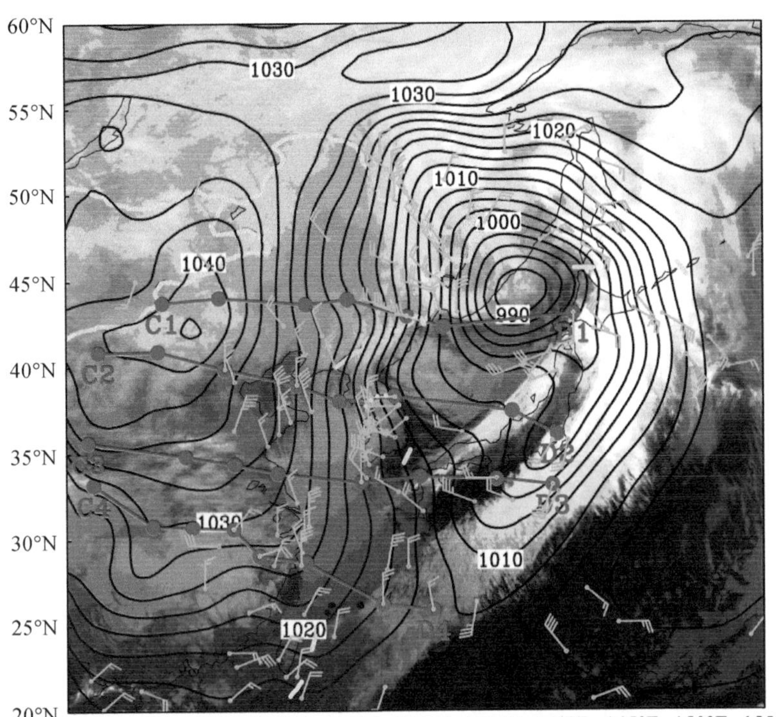

图6.11　2007年3月5日12 UTC MTSAT-1R的红外卫星云图

地面风场（风羽，m/s，风速大于4级，全风羽为4 m/s）和海平面气压（实线，间隔2.5 hPa），线 C_iD_i（i=1～4）用于垂直剖面分析。连线 C_1D_1 红点表示位于二连浩特、锡林、通辽、长春、延吉、符拉迪沃斯托克和札幌的探空站；连线 C_2D_2 红点表示位于临河、呼和浩特、北京、大连、白翎岛、束草、轮岛和馆野的探空站；连线 C_3D_3 红点表示位于平凉、郑州、徐州、沈阳、济州岛、福冈、潮岬和八丈岛的探空站；连线 C_4D_4 红点表示位于汉中、宜昌、武汉、安庆、衢县、洪家、那霸和南大东岛的探空站

锋面入海中的4日12 UTC，沿连线 C_1D_1（图6.16a）的分析发现在0～1500 km处出现了明显的冷锋结构，锋面接地。沿连线 C_2D_2（图6.16b）的分析发现气旋中心位于1600 km附近，对相当位温场分析发现气旋中心为冷锋结构。沿连线 C_3D_3（图6.16c）的分析发现，锋面主要位于1250～2000 km附近，锋面坡度增加，冷锋后800 hPa以下出现冷中心。值得注意的是，此时在2000 km、900 hPa附近，锋面开始向东凸出。再往南（沿连线 C_4D_4，图6.16d），锋面在900 hPa以上近乎与地面垂直。此时冷锋在900 hPa附近出现明显的向西弯曲，锋后900 hPa以下存在冷中心。

锋面入海后的5日12 UTC，气旋中心位于剖面 C_1D_1（图6.17a）的2000 km附近，此时气旋中心依然对应冷锋结构，锋后冷气团势力增强。在沿连线 C_2D_2（图6.17b）中，锋面位于2500 km以西，锋面几乎垂直于地面，1500 km、900 hPa处有一向东“冷舌”形成。在沿连线 C_3D_3（图6.17c）中，1500～3000 km、800～900 hPa“冷舌”东侵更加明

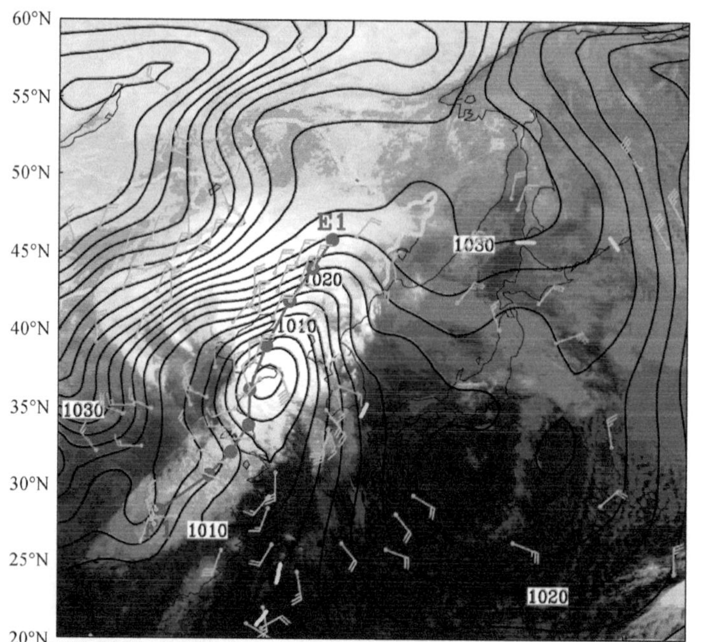

图 6.12　2007 年 3 月 4 日 00 UTC 的 MTSAT-1R 红外卫星云图

地面风场（风羽，m/s，风速大于 4 级，全风羽为 4 m/s）和海平面气压（实线，间隔 2.5 hPa），线 E_1F_1 用于垂直剖面分析。连线 E_1F_1 红点（从北向南）表示位于哈尔滨、长春、沈阳、大连、青岛、射阳、南京、安庆和长沙的探空站

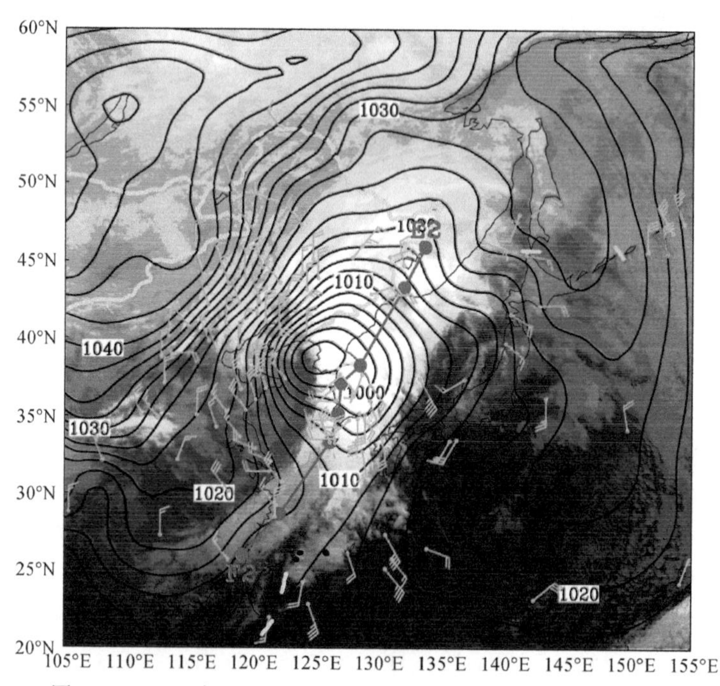

图 6.13　2007 年 3 月 4 日 12 UTC 的 MTSAT-1R 红外卫星云图

地面风场（风羽，m/s，风速大于 4 级，全风羽为 4 m/s）和海平面气压（实线，间隔 2.5 hPa），线 E_2F_2 用于垂直剖面分析。连线 E_2F_2 红点（从北向南）表示位于达利涅列琴斯克、符拉迪沃斯托克、束草、乌山、光州、济州岛、洪家和福州的探空站

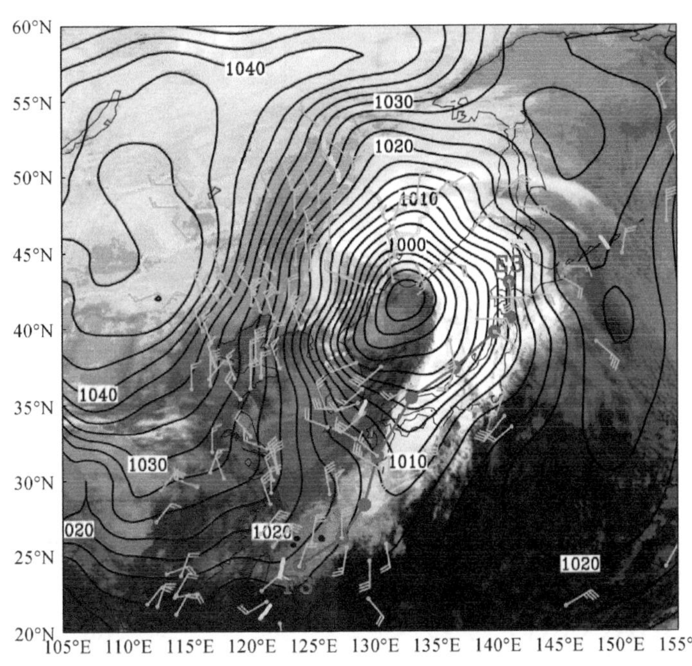

图 6.14 2007 年 3 月 5 日 00 UTC 的 MTSAT-1R 红外卫星云图

部分地面风场（风羽，m/s，风速大于 4 级，全风羽为 4 m/s）和海平面气压（实线，间隔 2.5 hPa），线 E_3F_3用于垂直剖面分析。连线 E_3F_3红点（从北向南）表示位于札幌、三泽、秋田、轮岛、米子、鹿儿岛、海角、那霸和石垣岛的探空站

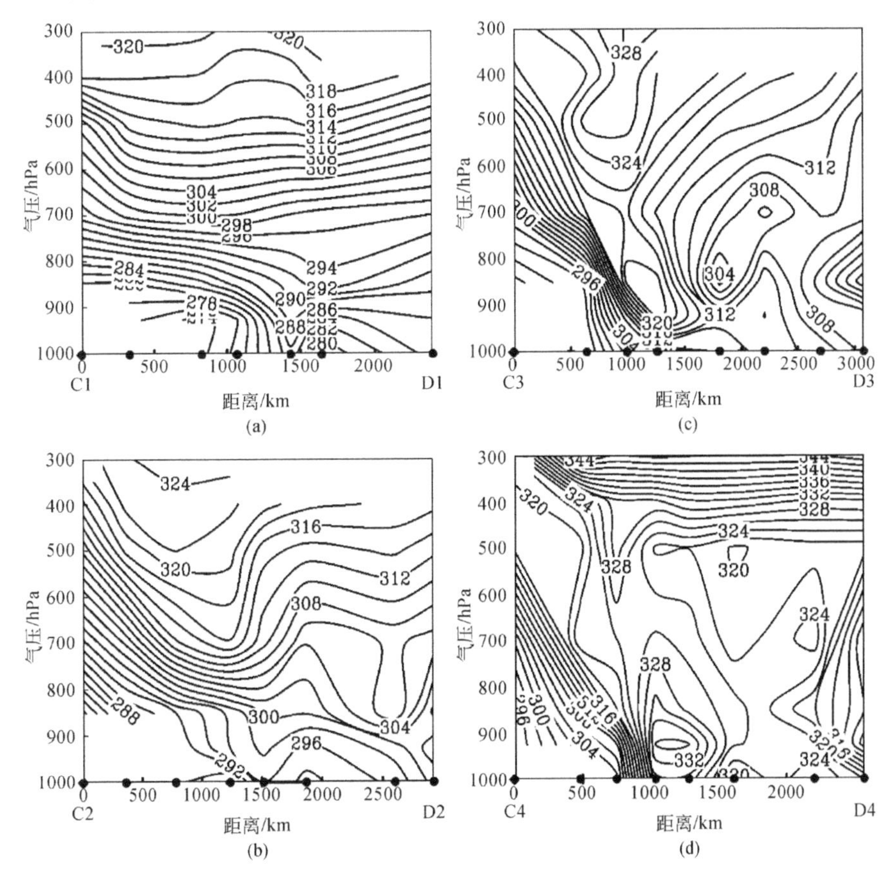

图 6.15 2007 年 3 月 3 日 12 UTC 连线 C_iD_i(i=1～4) 垂直剖面图

等值线为相当位温（间隔 2K），黑色圆点为探空站位置

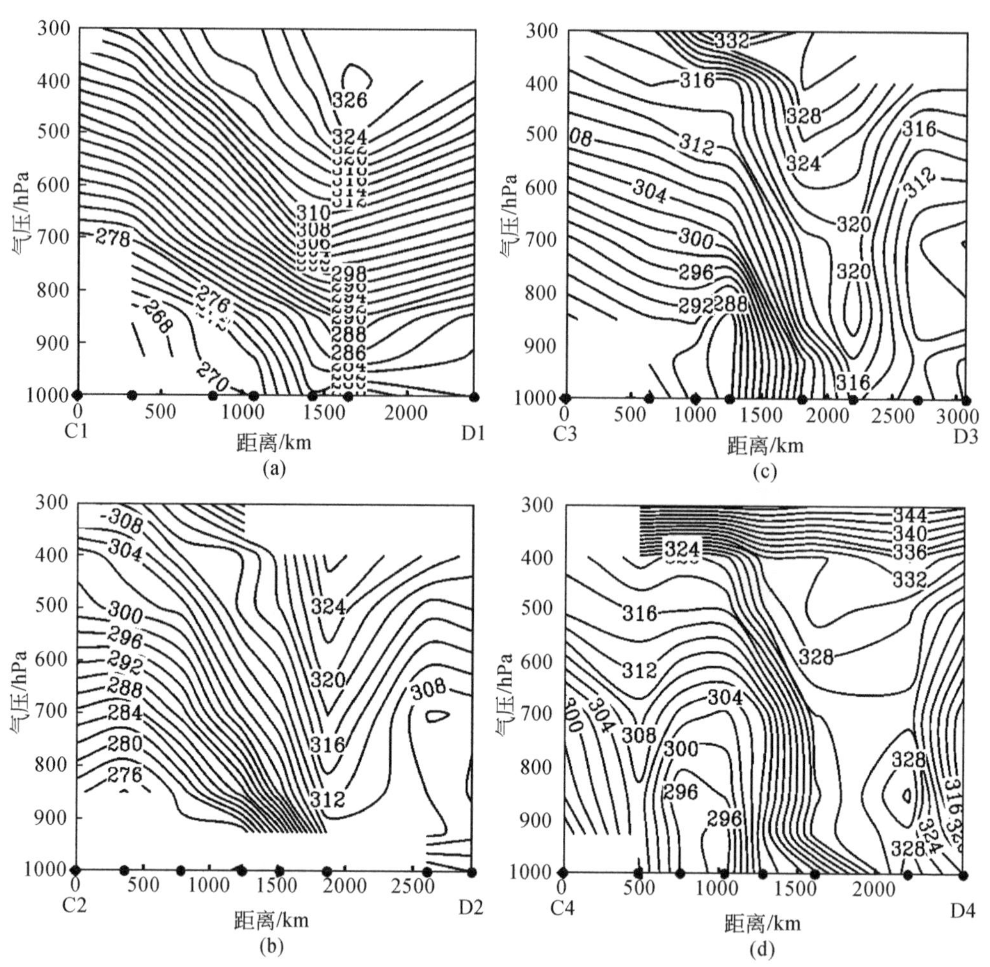

图 6.16　2007 年 3 月 4 日 12 UTC 连线 C_iD_i(i=1 ~4）垂直剖面图

等值线为相当位温（间隔 2K)，黑色圆点为探空站位置

显，该处为冷空气东移前锋。此时黑潮位于 2500 km 附近，海表面温度偏高，此处大气低层锋面的东移速率减慢。由于 1500 ~ 3000 km、800 ~ 900 hPa 处附近有冷空气向东“侵入”，故在 2000 ~3000 km 处锋面呈现“鼻”状结构，这是锋面入海后在形态上发生的最明显变化。沿连线 C_4D_4（图 6.17d）的剖面中锋面结构不明显，其原因可能是受探空站点空间距离较大的限制，此时沿连线 C_4D_4 只能剖析到冷锋后部，无法显示出完整的锋面结构。

为进一步探究冷锋入海前后的垂直剖面结构，沿连线 E_iF_i(i=1 ~3）分析锋面在 4 日 00 UTC（入海前)、4 日 12 UTC（入海中）和 5 日 00 UTC（入海后）的温度场和湿度场特征。沿连线 E_1F_1（图 6.18a）的分析发现，总体上锋面为“南暖湿、北冷干”。值得注意的是，1500 km、800 ~900 hPa 附近存在暖中心（气温约为 10℃）和湿中心（比湿约为8 g/kg)。

12 h 后，沿连线 E_2F_2（图 6.18b）的剖面中，总体上的“南暖湿、北冷干”的特征依然存在，锋面中部的暖中心（气温约为 12℃）和湿中心（比湿约为 8 g/kg）下降到 900 hPa 以下，而此时在锋面南部（2500 km 附近）又形成了向北的“暖舌”（气温约为 12℃）和“湿舌”（10 g/kg)。

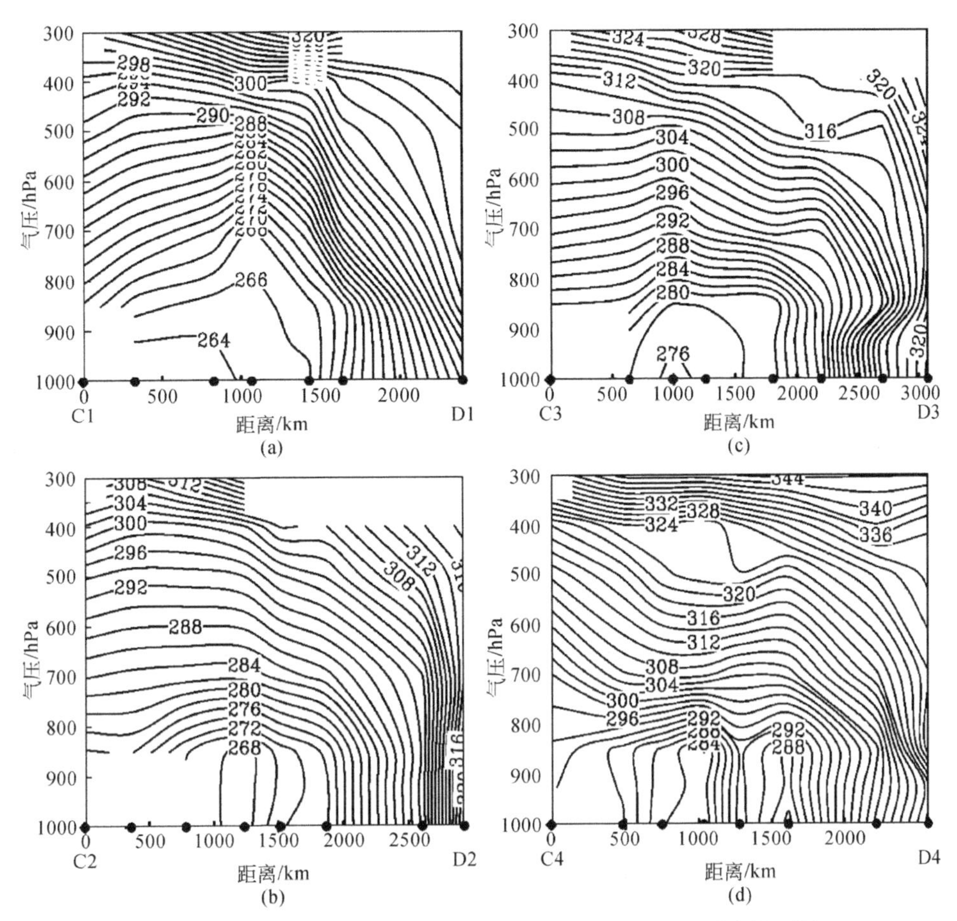

图6.17　2007年3月5日12 UTC连线C_iD_i(i=1～4）垂直剖面图

等值线为相当位温（间隔2K)，黑色圆点为探空站位置

5日00 UTC的沿连线E_3F_3（图6.18c）的剖面中，锋面中部暖中心（气温约为14℃）和湿中心（比湿约为8 g/kg）依然存在，但是此时暖中心较湿中心偏北300 km。南部的“暖舌”（气温约为14℃）进一步加强，“湿舌”（比湿约为9 g/kg）强度基本维持。

通过以上分析可知：

（1）气旋入海过程中，气旋中心附近的相当位温场呈现为冷锋结构。

（2）锋面坡度在锋面入海过程中不断增大，最终锋面几乎与地面垂直。

（3）锋面入海过程中会呈现出“鼻”状结构。

（4）总体上，锋面暖湿特征为“南暖湿、北冷干”。

（5）在锋面入海过程中，其中部和南部分别出现一个暖中心和湿中心，中部的一对中心更为明显*。

---

* 为了验证沿剖面E_iF_i(i=1～3）利用探空数据分析发现的“暖中心”和“湿中心”的可信度，我们还把相关站点的探空数据与FNL和CFSR再分析资料进行了对比分析，发现探空数据与再分析资料是一致的，故利用探空数据分析垂直剖面发现的“暖中心”和“湿中心”是可信的。

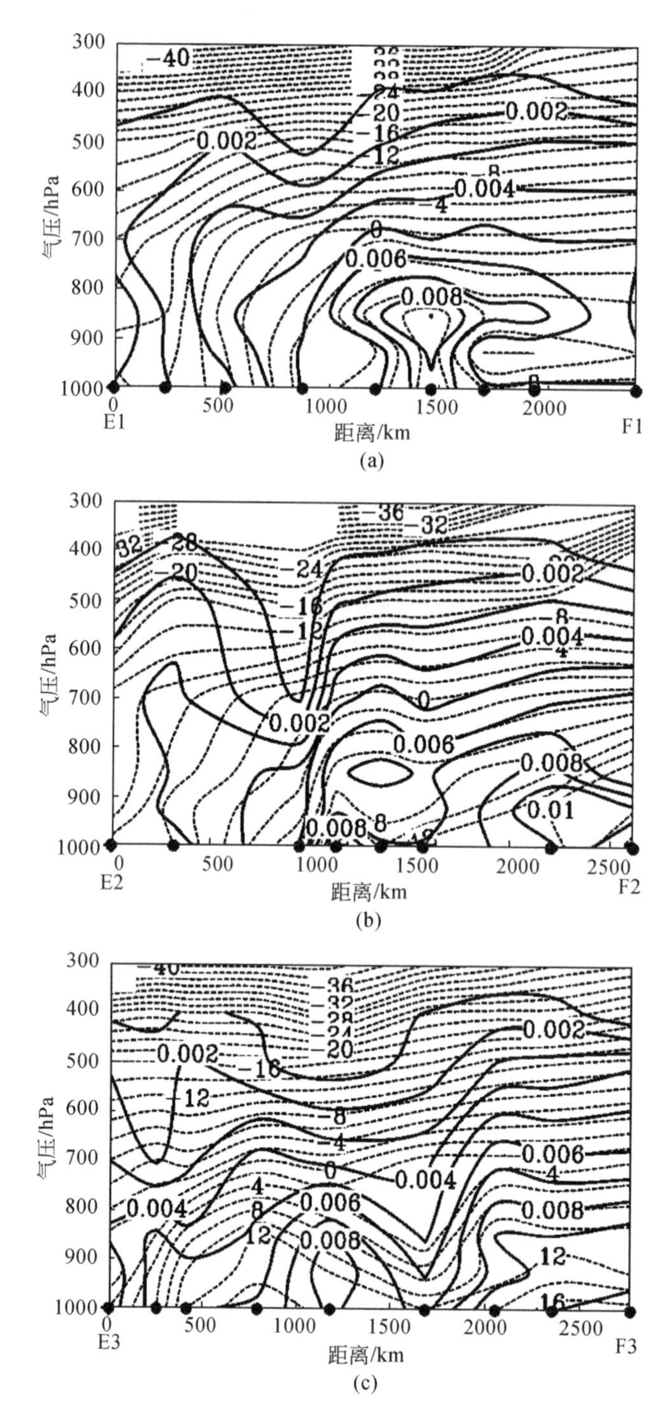

图 6.18　2007 年 3 月 4 日 00 UTC 沿连线 E_1F_1（a）、4 日 12 UTC 沿连线 E_2F_2（b）和 5 日 00 UTC 沿连线 E_3F_3（c）的垂直剖面图

虚线为温度（间隔 2℃），实线为比湿（间隔 0. 001 kg/kg），黑色圆点为探空站位置

5. 低空急流

图6.19为3日12 UTC沿连线$C_iD_i(i=1\sim4)$的水平风速分布图。此时对沿连线C_1D_1（图6.19a）和沿连线C_2D_2（图6.19b）的分析没有发现有冷锋穿过，而对沿连线C_3D_3（图6.19c）和沿连线C_4D_4（图6.19d）的分析发现有冷锋穿过。连线C_1D_1的300 km、850 hPa附近存在12 m/s风速大值中心，通过与图6.9对比可知，此处风速大值区位于气旋西北侧。连线C_2D_2的500～1000 km、850 hPa附近存在风速大值区，连线C_3D_3（图6.19c）中的1000～1500 km、925 hPa附近存在18 m/s风速大值中心，通过与图6.9对比分析可知，该两处风速大值中心正位于冷锋东侧。沿连线C_4D_4（图6.19d）的700～1000 km处也位于冷锋东侧，虽然此处没有出现风速大值中心，但700～900 hPa附近的风速明显大于该剖面同高度其他区域的风速。

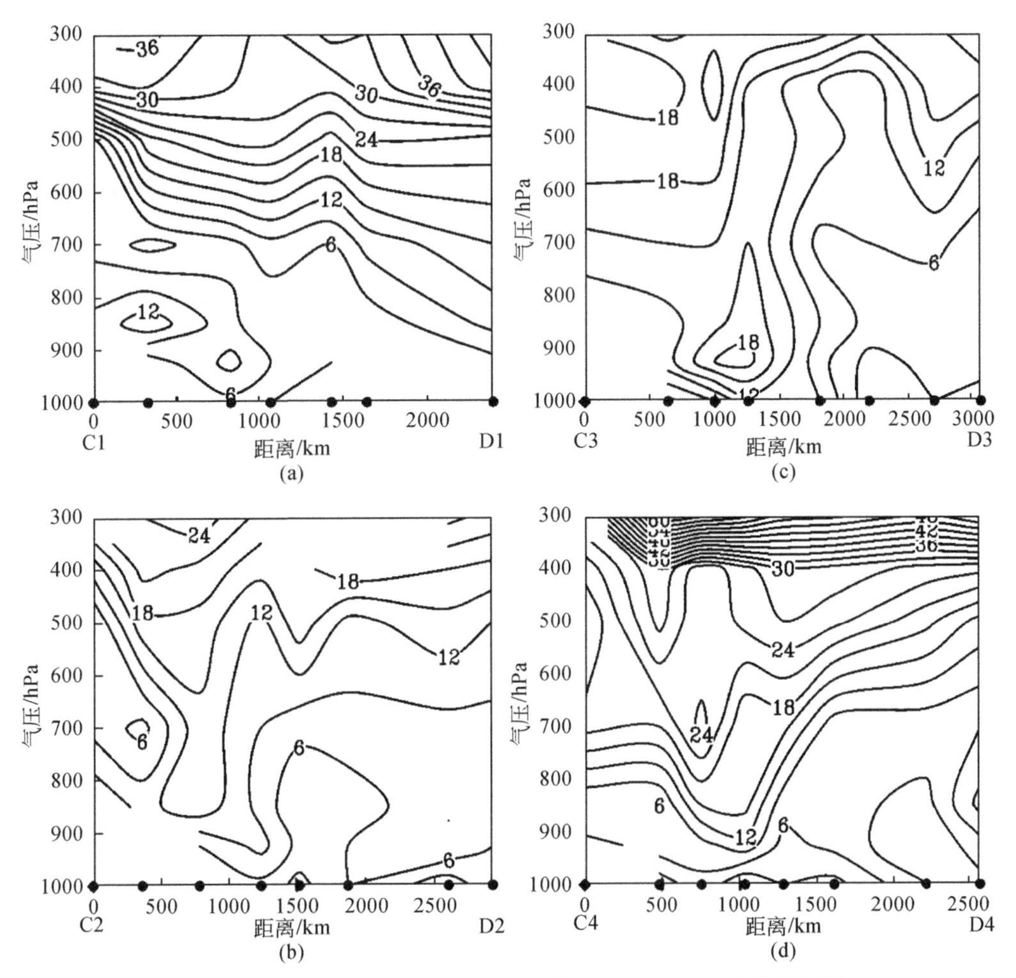

图6.19　2007年3月3日12 UTC连线$C_iD_i(i=1\sim4)$垂直剖面图

等值线为水平风速（间隔3 m/s），黑色圆点为探空站位置对 4 日 12 UTC 沿连线 C_1D_1（图 6.20a）的分析没有发现冷锋穿过，而沿连线 C_2D_2（图 6.20b）、C_3D_3（图 6.20c）和 C_4D_4（图 6.20d）的分析发现有冷锋穿过。气旋入海后快速发展，图 6.20 中的风速普遍增大。连线 C_1D_1（图 6.20a）的 800 km、850 hPa 附近存在 24 m/s 风速大值中心，其强度较 24 h 前增大约 100%，沿连线 C_2D_2 的 1250 km、900 hPa附近也出现了 30 m/s 风速大值中心。与图 6.10 对比分析可知，上面所指的两个风速大值中心均出现在冷锋锋后。连线 C_3D_3（图 6.20c）的 2200 km、925 hPa 附近有 30 m/s 风速大值中心，其强度较 24 h 前增长约 66.7%。沿连线 C_4D_4（图 6.20d）也出现了 15 m/s风速大值中心，位置在图 6.20d 的 2200 km、900 hPa 附近。沿连线 C_3D_3、C_4D_4 中的两个风速大值中心位于冷锋锋前。

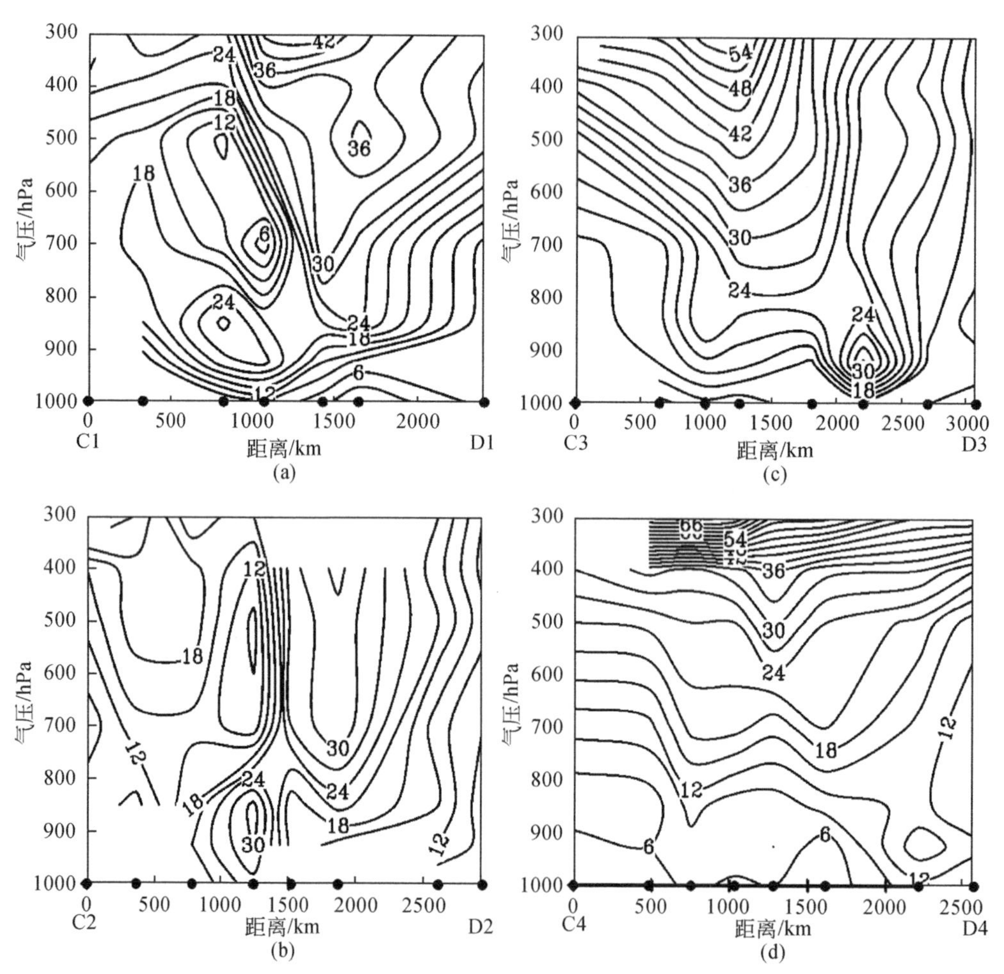

图 6.20　2007 年 3 月 4 日 12 UTC 连线 C_iD_i(i=1 ~4) 垂直剖面图

等值线为水平风速（间隔 3 m/s），黑色圆点为探空站位置

对 5 日 12 UTC 沿连线 C_1D_1（图 6.21a）、C_2D_2（图 6.21b）、C_3D_3（图 6.21c）和 C_4D_4（图 6.21d）的分析均发现有冷锋穿过，但受探空站之间空间距离较大的影响，沿连线 C_4D_4的分析仅在东侧解析到冷锋锋后和冷锋锋前的部分结构。沿连线 C_1D_1（图 6.21a）分

析发现33 m/s风速大值中心抬升至500 hPa附近，风速大值中心向地面延伸出一个“高风速舌”。沿连线C_2D_2（图6.21b）在1700 km、900 hPa附近有一个弱的18 m/s风速大值中心。沿连线C_3D_3（图6.21c）的主要特征为1800 km上空存在向下延伸的水平风速“高风速舌”。沿连线C_4D_4（图6.21d）的特征为600 hPa以上水平风速较为均匀地随高度增加，600 hPa以下风速明显减小。

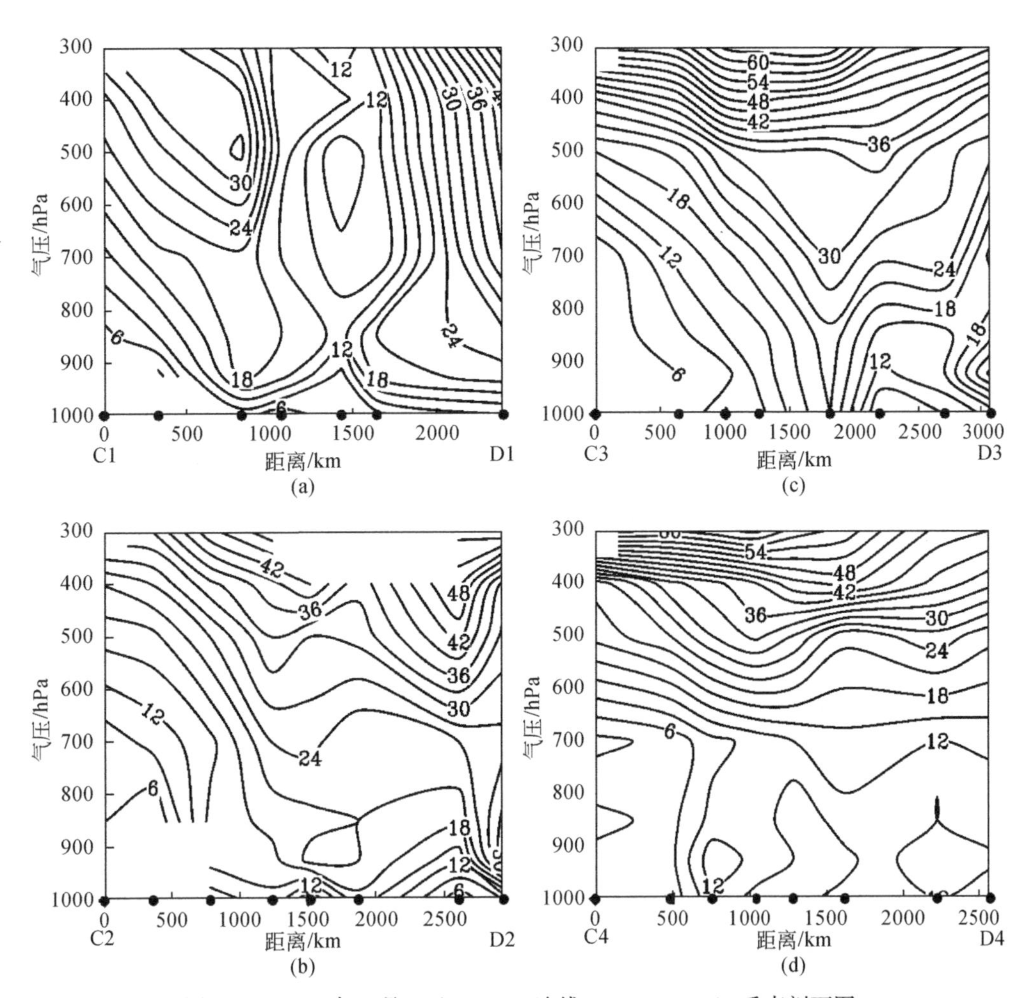

图6.21　2007年3月5日12 UTC连线C_iD_i(i=1～4)垂直剖面图

等值线为水平风速（间隔3 m/s），黑色圆点为探空站位置

通过以上分析可知：

（1）爆发性气旋在入海过程中，大气低层存在急流。

（2）在900 hPa附近急流强度最大。低空急流在4日12 UTC的水平风速的垂直剖面（图6.20）中最为明显，沿连线C_iD_i(i=1～4)的剖面中低空急流中心位于850～950 hPa之间。

为进一步了解低空急流系统，以下探究4日00～18 UTC在900 hPa附近的风场、温度场和湿度场的配置关系。

4 日 00 UTC（图 6. 22a）的气旋中心位于山东半岛东部，此时气旋中心东侧出现一支急流，称为东支急流，为东南偏南风；气旋中心西北侧也有一支急流，称为西支急流，方向为东北风。从温度场可以判断此时锋面位于辽宁、渤海、山东、江苏一线。西支急流平行于锋面，东支急流与锋面垂直。在西支急流作用下，此时锋后出现冷平流，在锋后有一只“冷舌”先沿西支急流方向生成，后转向垂直于冷锋。东支急流对应强烈暖平流，“暖舌”由南向北的垂直于暖锋发展。湿度场上，西支急流对应干空气，比湿小于 6 g/kg。东支急流对应的“湿舌”非常明显，“湿舌”向气旋中心延伸。

6 h 后（图 6. 22b），两支急流强度明显增大，西支急流较短、东支急流较长。在两只急流的共同作用下，图 6. 22a 中的冷锋后“冷舌”和冷锋前“暖舌”、“湿舌”更加明显。此时东支急流北部宽度明显减小且接近气旋中心。受东支急流影响，气旋中心此时位于冷锋前“暖舌”和“湿舌”之中，暖湿空气被冷干空气包裹进气旋中心，气旋开始有锢囚现象发生。

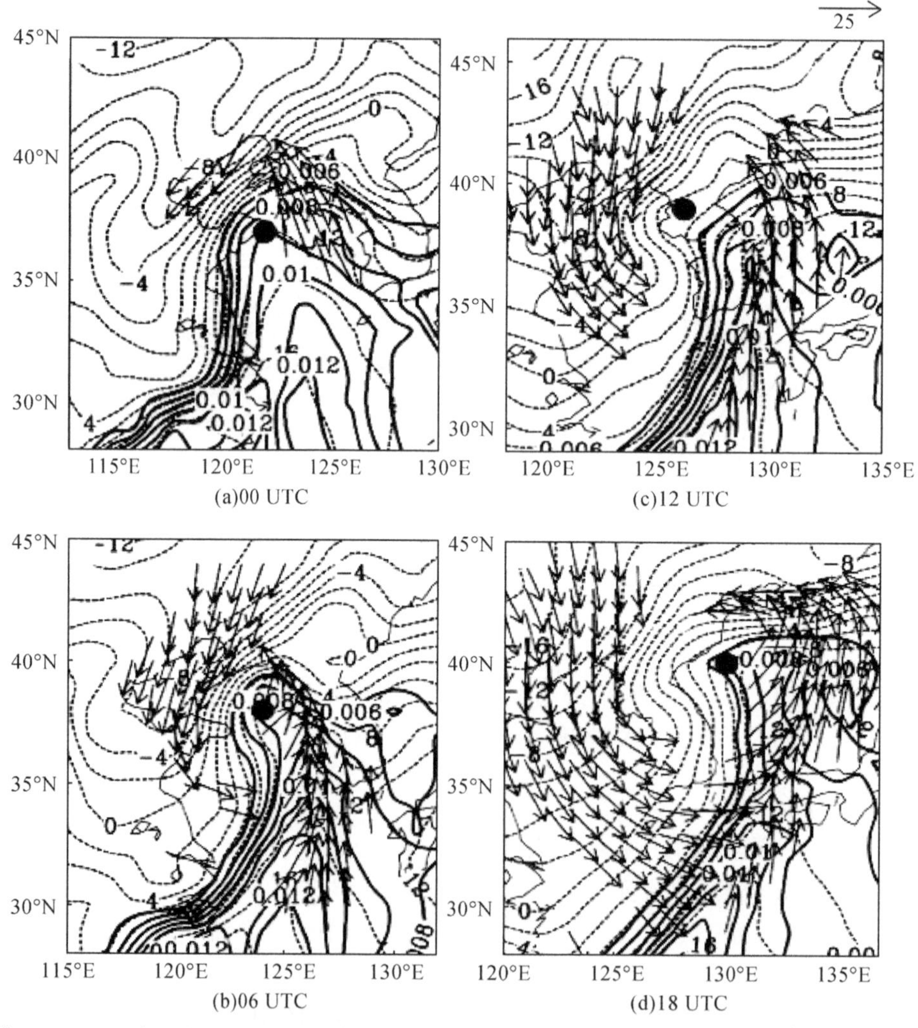

图 6. 22　2007 年 3 月 4 日 900 hPa 气温（虚线，间隔 2℃）、比湿（实线，间隔 0. 001 kg/kg）和水平风场（箭头，大于 25 m/s）图

4日12 UTC（图6.22c），两支急流强度再次加强，西支急流较短和东支急流较长的特征依然存在。冷锋后“冷舌”继续东侵，气旋中心位于“暖舌”中。由于此时东支急流逐渐偏离气旋中心，因此冷锋前“湿舌”逐渐偏离气旋中心。结合图6.20可以更好地了解4日12 UTC的低空急流结构，此时连线C_1D_1（图6.20a）、C_2D_2（图6.20b）、C_3D_3（图6.20c）经过图6.22所示区域。连线C_1D_1（图6.20a）中800 km、850 hPa附近和连线C_2D_2（图6.20b）中1200 km、900 hPa附近的低空急流均对应图6.22c中的西支急流，其温度场和湿度场属性为“冷”和“干”，且由北向南高度稍有降低。沿连线C_3D_3（图6.20c）中2200 km、925 hPa附近的低空急流对应图6.22c中的东支急流，其温度场和湿度场属性为“暖”和“湿”。

4日18 UTC（图6.22d），两支急流进一步加强、覆盖面积逐渐增大。气旋中心再次位于“暖舌”和“湿舌”中间。值得注意的是，此时东支急流在气旋中心东北侧突然转向，从南方输送来的暖湿空气被卷入气旋中心，有利于气旋的快速发展。

通过以上分析可以初步猜测，低空急流系统由西支急流和东支急流组成，西支急流“冷”和“干”，东支急流“暖”和“湿”，低空急流高度存在南北方向的差异。

为更全面和细致地刻画低空急流的结构，以下利用沿连线C_iD_i($i=1\sim4$)的垂直剖面分析南北向风、东西向风、气温场和湿度场的演变特征。

3日12 UTC，沿连线C_1D_1（图6.23a）中300 km、850 hPa附近存在9 m/s北风风速大值中心，图6.19a中该处对应西支急流、强度为12 m/s，此时西支急流为偏北风。沿连线C_2D_2（图6.23b）的分析没有发现此时有风速大值中心，但在1000 km处上空存在向地面延伸的南风“高风速舌”。该南风“高风速舌”在沿连线C_3D_3的垂直剖面中（图6.23c）演变为较长的南风风速大值中心，强度为15 m/s，高度位于925 hPa外。对比图6.19c中此处东支急流的强度（18 m/s）可知，该处此时的东支急流基本由南风构成。在沿连线C_4D_4（图6.23d）的剖面中发现，细长的南风风速大值中心向高空伸展，大值中心位于400～700 hPa中间，但此时图6.19d中并没有东支急流出现。结合以上分析可知，在3日12 UTC，东、西两支急流强度较弱，没有在沿连线C_iD_i($i=1\sim4$)的连续性分析(图6.23)中出现，西支急流仅出现在图6.23a中，没有出现在沿连线C_2D_2（图6.23b）的剖面中，而东支急流也仅在沿连线C_3D_3（图6.23c）的剖面中出现。西支急流由偏北风构成，东支急流由偏南风构成。需要指出的是，由于此时连线C_4D_4过气旋中心，故可以很好地从连线C_4D_4（图6.23d）的南北风分界线中看到气旋中心随高度向西倾斜的现象。由前文分析可知，此时气旋中心即将遭遇冷锋入侵，因此这种向冷气团一侧倾斜的现象也与冷锋前后的风切变分布对应。

4日12 UTC，沿连线C_1D_1（图6.24a）的剖面中北风风速大值中心依然与图6.20a中西支急流的位置相对应，中心风速分别为24 m/s和27 m/s，这说明此处西支急流基本由北风构成。北风风速大值中心的高度由850 hPa下落至925 hPa。此时图6.24a中1500 km、700 hPa附近的南风风速大值中心与图6.20a中的向地面延伸的“高风速舌”相对应。尽管在图6.24a中可以清晰地看到南风风速大值中心，但由于此时图6.20a中并没有对应的东支急流出现，因此推断东支急流在该处被抬升且结构变得松散。

连线C_2D_2（图6.24b）过气旋中心，结合前文分析可知此时气旋中心已与冷锋融合，上下

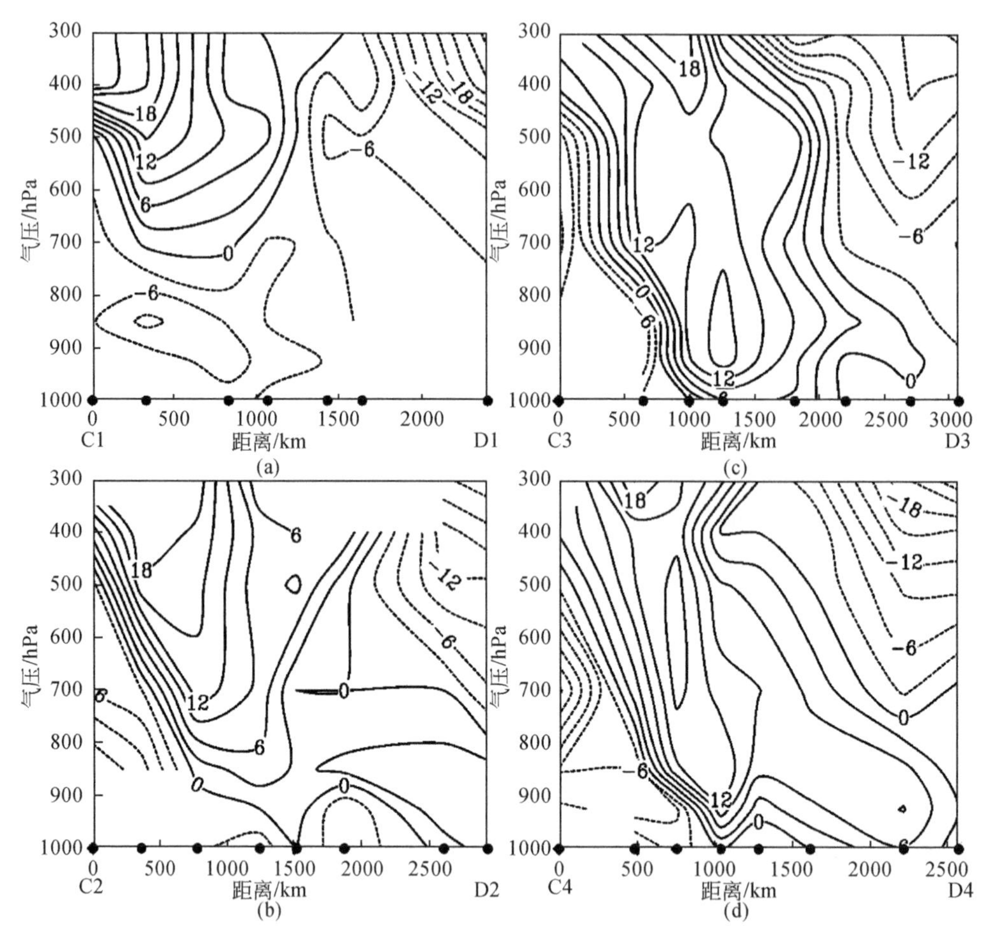

图 6.23　2007 年 3 月 3 日 12 UTC 连线 C_iD_i($i=1\sim4$) 垂直剖面图

等值线为南北向风速（间隔 3 m/s），黑色圆点为探空站位置

层气旋中心的连线几乎与地面垂直，失去随高度向西倾斜的特征。在该剖面中 1250 km、850 hPa附近存在北风风速大值中心，在图 6.20 中的对应位置为西支急流，二者强度均为 30 m/s，说明此时西支急流为偏北风。

在沿连线 C_3D_3（图 6.24c）中，2200 km、900 hPa 附近的南风风速大值中心明显，其强度与图 6.20c 中东支急流的风速基本一致，故该处东支急流主要由南风构成。尽管此时图 6.24c 中 1000 km、850 hPa 附近出现北风风速大值中心，但此时图 6.20c 中对应位置仅为一向地面延伸的“高风速舌”，故推测西支急流在南下的过程中结构也逐渐变得松散，但高度基本维持不变。

沿连线 C_4D_4（图 6.24d）中，2250 km、925 hPa 附近存在南风风速大值中心，此大值中心与图 6.20d 中的南支急流对应、强度一致，这说明此处东支急流由南风构成。此时沿连线 C_4D_4（图 6.24d）西部出现大范围北风，2200 km、900 hPa 附近存在 15 m/s 南风风速大值中心。该大值中心与图 6.20d 中的东支急流相对应，此时东支急流为偏南风。

结合以上分析可知，此时东西两支急流较 24 h 前强度更强，南北向继续延伸。西支急流北段的高度维持在 900 hPa 附近，随着西支急流南下，其结构变得松散，强度减弱，急流逐渐消失，但是北风的影响范围却在扩大。东支急流的演变情况恰好相反，其南段结构清晰，强度大，高度维持在 900 hPa 附近，北段结构逐渐松散，强度变弱，南风风速大值中心逐渐抬高，影响范围逐渐扩大。

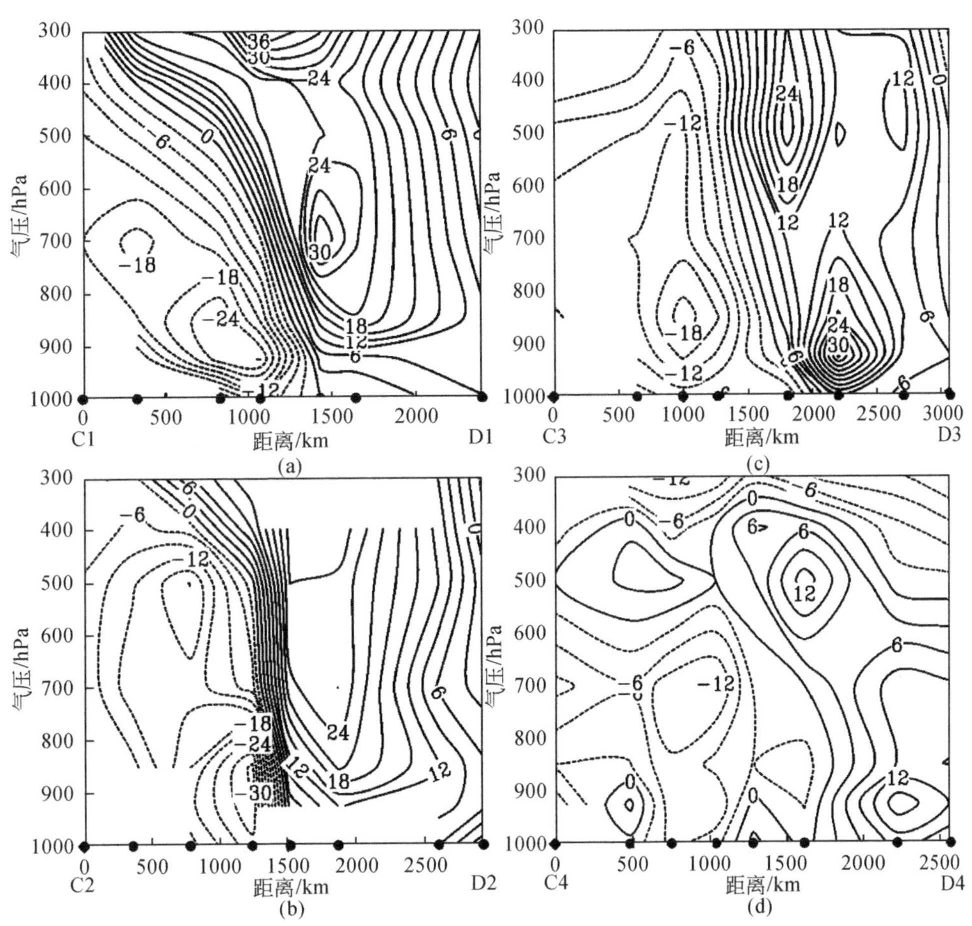

图 6.24　2007 年 3 月 4 日 12 UTC 连线 $C_iD_i(i=1\sim4)$ 垂直剖面图

等值线为南北向风速（间隔 3 m/s），黑色圆点为探空站位置

5 日 12 UTC（图 6.25）较前两个时刻而言，北风控制范围明显增大，这也与冷锋过后受偏北风控制相对应。沿连线 C_1D_1 的剖面中（图 6.25a）存在高、低两个北风风速大值中心，东侧位于 850 hPa 附近，而西侧位于 500 hPa 附近。沿连线 C_2D_2 的剖面中（图 6.25b）北风多个大值中心消失，两股较强北风合为一股、强度有所减弱。沿连线 C_3D_3（图 6.25c）和 C_4D_4（图 6.25d）的剖面中北风进一步减弱。结合图 6.21 可知，此时冷锋前后的东西低空急流已消失。

综上分析可知，气旋在入海过程中逐渐形成东、西两支低空急流，西支急流为偏北风，南北段高度差异较小，基本在 800 ~ 900 hPa。西支急流在南下的过程中结构逐渐松散，强度逐渐降低。南支急流为偏南风，南北段高度差异大。南段高度在 900 hPa 附近，北段高度在 700 hPa 以上。同西支急流一样，东支急流在北上过程中结构逐渐松散，强度逐渐降低。

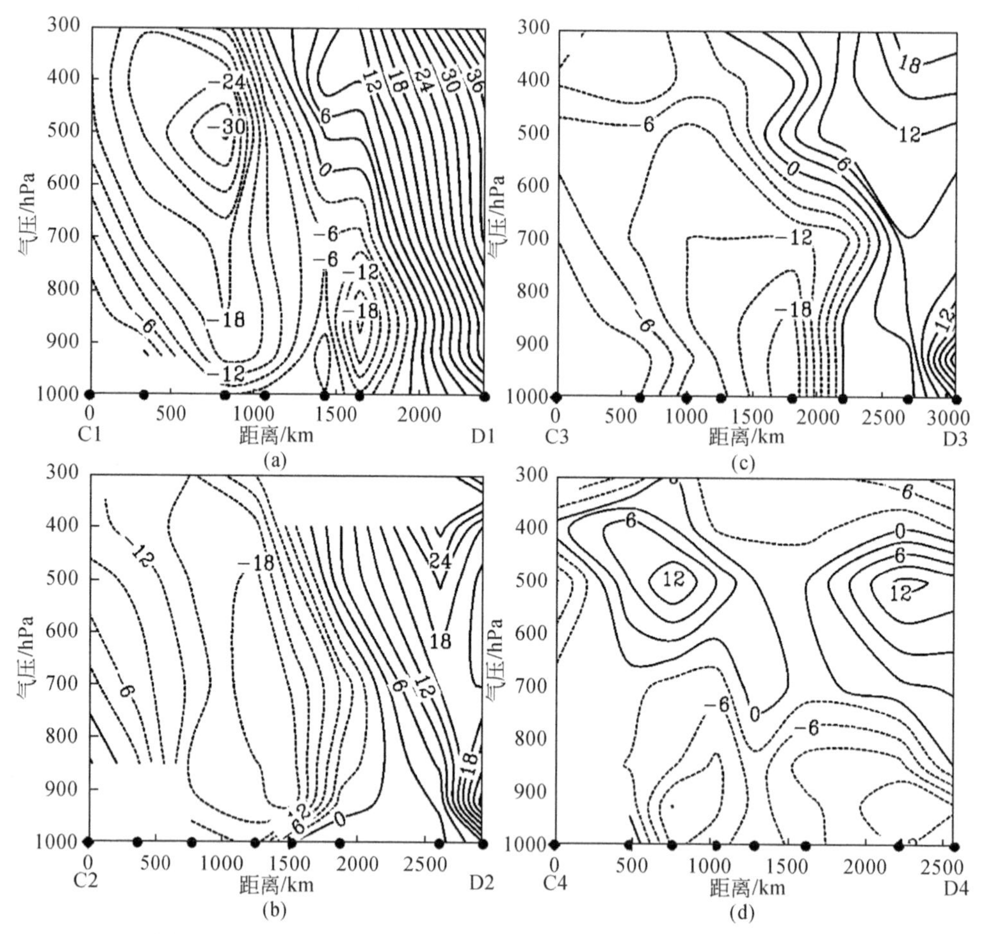

图 6.25　2007 年 3 月 5 日 12 UTC 连线 C_iD_i（$i=1\sim4$）垂直剖面图

等值线为南北向风速（间隔 3 m/s），黑色圆点为探空站位置

在了解急流的流向和高度等主要特征后，下面结合沿连线 C_iD_i($i=1\sim4$）的剖面中东西向风分布可更加细致地刻画两支急流。

3 日 12 UTC，在沿连线 C_1D_1的剖面（图 6.26a）中，300 km、850 hPa 处低空急流对应东风风速大值中心、强度为 12 m/s，与该处对应时刻北风分量基本相同，故此时西支急流为东北风。

在沿连线 C_2D_2的剖面（图 6.26b）中，在 800 km、850 hPa 附近存在东风风速大值中心。尽管此时图 6.19b 中并没有急流出现，但有一伸向地面的“高风速舌”、强度为 12 m/s，与该处对应时刻东风强度一致。此时图 6.23b 中的南北向风速基本为 0 m/s，因此此时西支急流在向南减弱的过程中，风向由东北向东转变。

在沿连线 C_3D_3的剖面（图 6.26c）中，1100 km、900 hPa 附近存在 12 m/s 东风风速大值中心，而此时东支急流中心（图 6.19c）为 18 m/s，对应南风（图 6.23c）为 15 m/s，因此此时东支急流风向为东南偏南。

此时沿连线 C_4D_4（图6.19d）中的东支急流还没有形成，但对应向地面延伸的“高风速舌”处在图6.26d中也出现了向地面的西风“高风速舌”（6 m/s），同样在图6.23d中的对应位置也出现南风“高风速舌”（12 m/s）。故尽管此时沿连线 C_4D_4处还没有生成东支急流，但是此处存在较为强劲的西南偏南风。

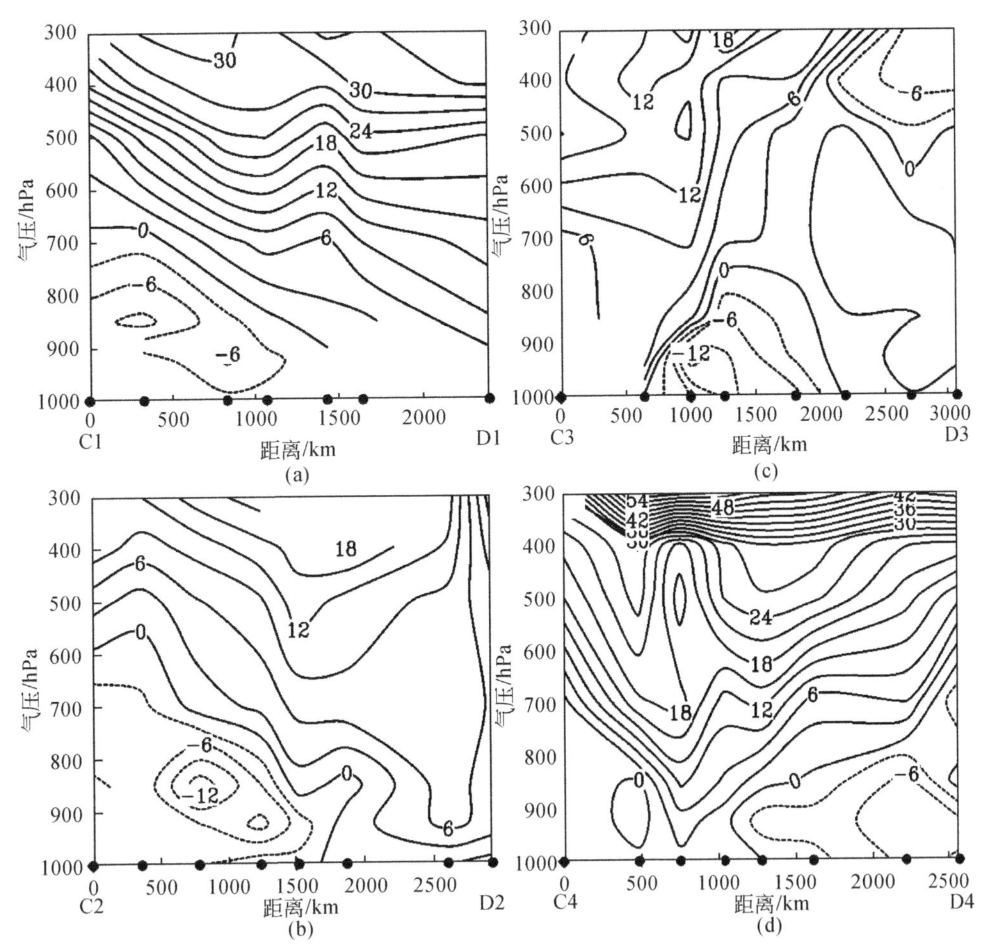

图6.26　2007年3月3日12 UTC连线 C_iD_i（$i=1\sim4$）垂直剖面图

等值线为东西向风速（间隔3 m/s），黑色圆点为探空站位置

4日12 UTC，在沿连线 C_1D_1的剖面（图6.27a）中，1400 km、850 hPa附近存在东风风速大值中心，强度为15 m/s。但这一中心偏于图6.20a中西支急流中心东侧600 km，此时西支急流中心对应强度为6 m/s的东风。对比图6.24a中西支急流中心对应的24 m/s北风风速大值中心可知，此时西支急流的风向已由24 h前的东北转为东北偏北。

在沿连线 C_2D_2的剖面（图6.27b）中，西支急流对应的1250 km、900 hPa处并没有出现东、西风风速大值中心，仅对应9 m/s的西风。此在时图6.24b中西支急流对应的是30 m/s北风风速大值中心，风向为西北偏北，而在图6.20b和图6.24b中，2000 km、500 ~700 hPa处向地面延伸的“高风速舌”（强度30 m/s）和南风舌（强度24 m/s）在图

6. 27b 中对应一个西风中心（强度 18 m/s）。这说明东支急流南段的风向为西南偏南。

在沿连线 C_3D_3的剖面（图 6. 27c）中，2200 km、925 hPa 附近存在 3 m/s 东风风速中心，对应图 6. 20c 中的东支急流和图 6. 24c 中的南风风速大值中心（强度 30 m/s），故此处东支急流基本为南风。

在沿连线 C_4D_4的剖面（图 6. 27d）中，东支急流对应位置没有出现东西风的大值中心，仅对应 3 m/s 的东风，而此时图 6. 24d 中的东风急流对应位置的南风风速大值中心强度与东风急流强度基本相当，故此处东支急流基本为南风，略带东风分量。

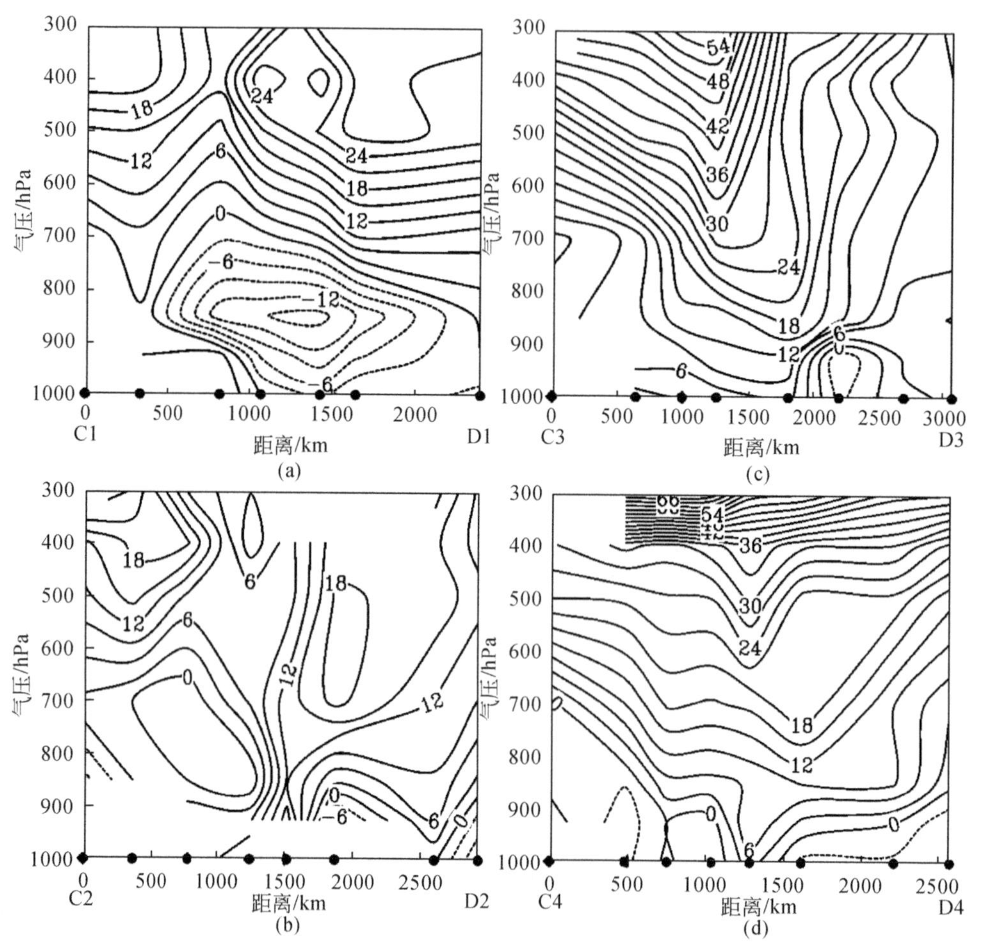

图 6. 27　2007 年 3 月 4 日 12 UTC 连线 C_iD_i(i=1 ~4) 垂直剖面图

等值线为东西向风速（间隔 3 m/s），黑色圆点为探空站位置

5 日 12 UTC，图 6. 28 中基本为西风，相应的图 6. 25 均对应北风。此时连线 C_iD_i(i=1 ~4) 的位置均位于冷锋后，强冷空气已经到来，剖面覆盖区域为西北风。

综上分析可知，西支急流北段为东北偏北风，南段为西北偏北风。东支急流北段为西南偏南风，南段基本为南风。

在了解急流的流向和高度主要特征后，下面结合沿连线 C_iD_i(i=1 ~4) 的气温、比湿分布可更加细致地刻画两只急流的温度场和湿度场特性。

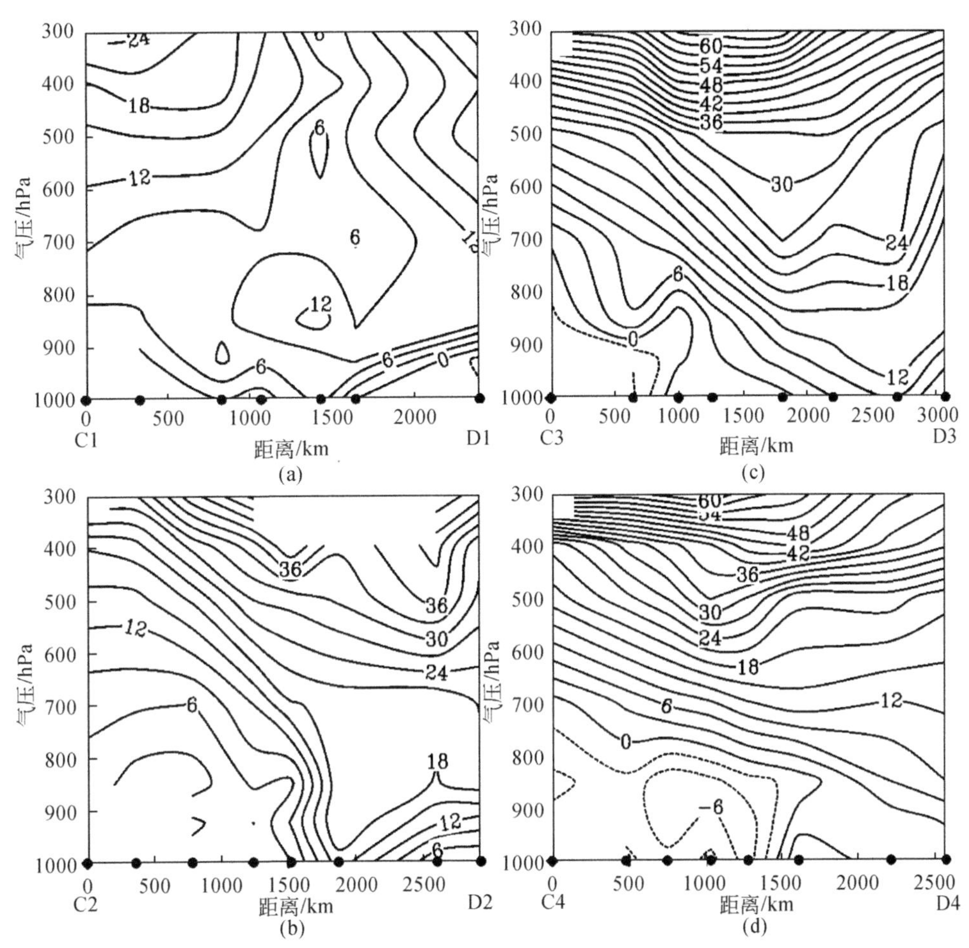

图6.28　2007年3月5日12 UTC连线C_iD_i(i=1～4)垂直剖面图

等值线为东西向风速（间隔3 m/s），黑色圆点为探空站位置

3日12 UTC，在沿连线C_1D_1的剖面（图6.29a）中，东支急流对应位置（300 km、850 hPa）附近气温为-9℃，比湿为1～2 g/kg，属于冷干气流。

在沿连线C_2D_2（图6.29b）中，对应图6.19b中700 km附近“高风速舌”处气温为0℃、比湿为3 g/kg，依然是冷干气流，但是温度和比湿均较沿连线C_1D_1的剖面有所上升。

在沿连线C_3D_3（图6.29c）中，对应东支急流处出现比湿为10 g/kg的湿中心，同时对应气温为12℃的“暖舌”，这说明此时东支急流正在向西北方向输送暖湿空气。

在沿连线C_4D_4（图6.29d）中，对应图6.19d中1000 km处伸向地面的“高风速舌”处为暖湿中心、比湿为12 g/kg、气温为18℃。尽管此时沿连线C_4D_4处还没有东支急流，但此处高风速区向北输送更暖、更湿的空气。

4日12 UTC，在沿连线C_1D_1的剖面（图6.30a）中，西支急流对应位置（800 km、850 hPa）附近气温为-15℃、比湿为1 g/kg以下，较24 h前均有降低，这说明西支急流北段的空气变得更加“冷”和“干”。

在沿连线C_2D_2的剖面（图6.30b）中，西支急流对应位置（1250 km、900 hPa）附近气温为-6℃、比湿为 2 g/kg，这说明西支急流输送的冷干空气由北向南减弱。

在沿连线 C_3D_3 的剖面（图 6.30c）中，东支急流对应位置（2200 km、925 hPa）对应比湿为 8 g/kg 湿中心和气温为 16℃的暖中心，强度较 24 h 前比湿减小但温度增加。

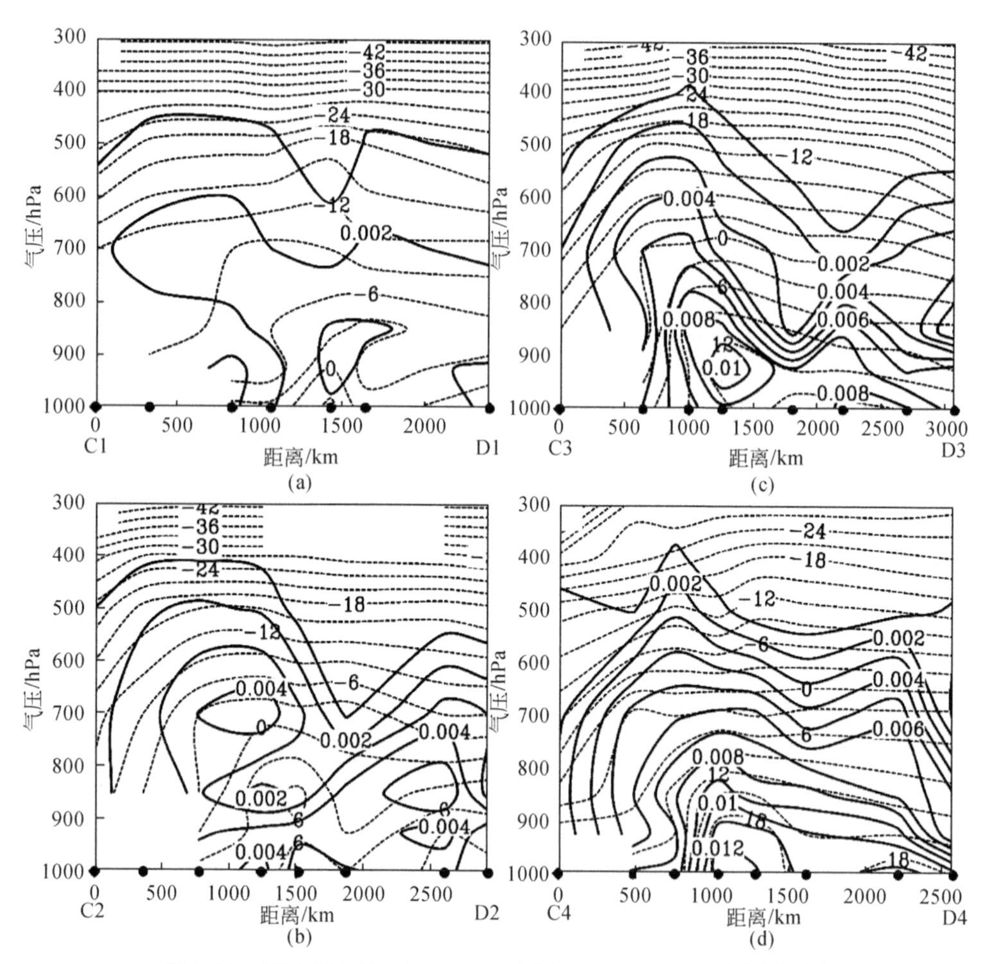

图 6.29　2007 年 3 月 3 日 12 UTC 连线 $C_iD_i(i=1\sim4)$ 垂直剖面图

虚线为气温（间隔 3℃），实线为比湿（间隔 0.001 kg/kg），黑色圆点为探空站位置

在沿连线的剖面 C_4D_4（图 6.30d）中，东支急流对应位置（2200 km，925 hPa）也对应湿中心（11 g/kg）和暖中心（18℃）。对比沿连线 C_3D_3 的剖面可知，东支急流输送暖湿空气的能力由南向北减弱，与西支急流输送冷干空气的空间变化相反。

5 日 12 UTC，图 6.31 中各处比湿和气温均较 24 h 前明显降低，比湿和气温呈西低东高的现象。由前文分析可知，此时连线 $C_iD_i(i=1\sim4)$ 覆盖的大部分区域为冷锋后强冷空气，与图 6.31 中大范围的冷干空气相对应。

综上分析可知，西支急流温度场和湿度场属性为“冷”和“干”，其输送的冷干空气由北向南减弱。东支急流温度场和湿度场属性为“暖”和“湿”，其输送的暖湿空气由南向北减弱。

通过以上分析可知，在气旋入海爆发性发展过程中，随着气旋内部冷锋的发展，冷锋前后生成西支急流和东支急流。现将两支急流的走向和温度场和湿度场特征性总结如下。

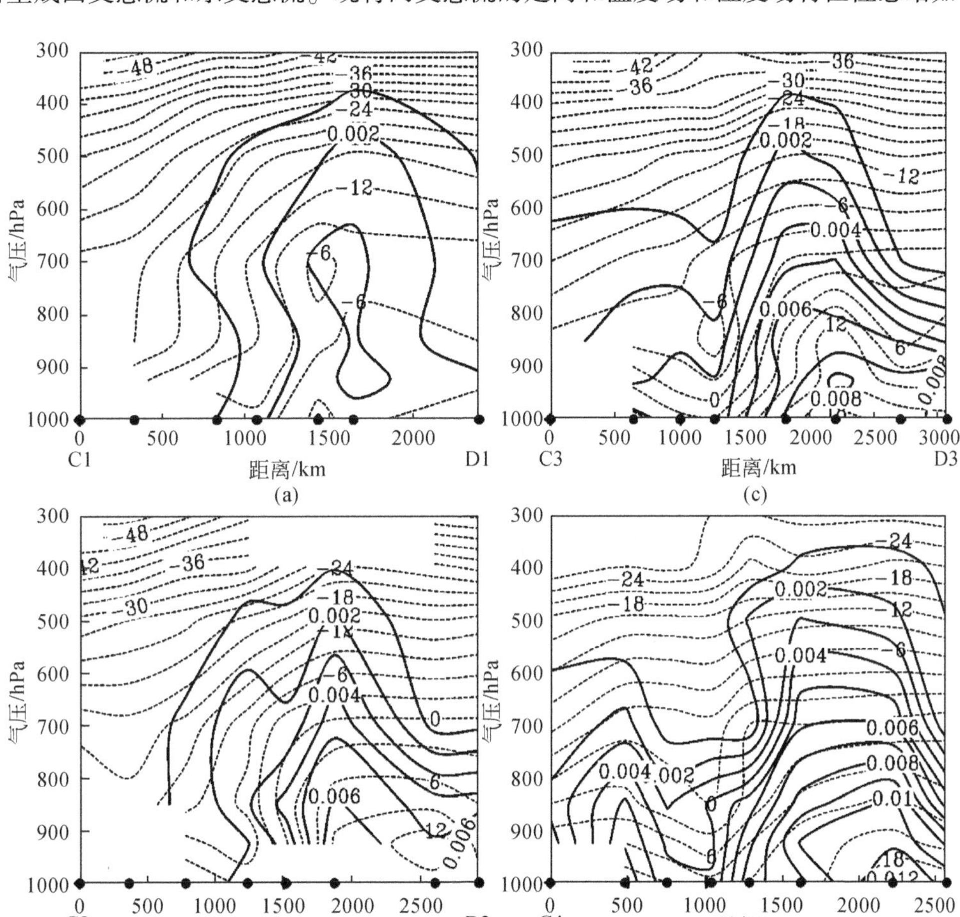

图 6.30　2007 年 3 月 4 日 12 UTC 连线 $C_iD_i(i=1\sim4)$ 垂直剖面图

虚线为气温（间隔 3℃），实线为比湿（间隔 0.001 kg/kg），黑色圆点为探空站位置

（1）西支急流。南北段高度差异较小，基本在 800～900 hPa 之间，南下的过程中其结构逐渐松散，风速逐渐减小，北段为东北偏北风，南段为西北偏北风。温度场和湿度场属性为“冷”和“干”，其输送的冷干空气由北向南减弱。

（2）东支急流。南段高度在 900 hPa 附近，北段在 700 hPa 以上，其北上的过程中结构逐渐松散，风速逐渐减小，北段为西南偏南风，南段基本为南风。温度场和湿度场属性为“暖”和“湿”，其输送的暖湿空气由南向北减弱。

6.1.3　WRF 数值模拟

前文已对该爆发性气旋发生时的天气形势和中尺度结构进行了分析，但所用的再分析资料的时间间隔为 6 h。为了更加细致地探究该例气旋爆发的原因，下面利用 WRF 数值模拟结果进行分析。

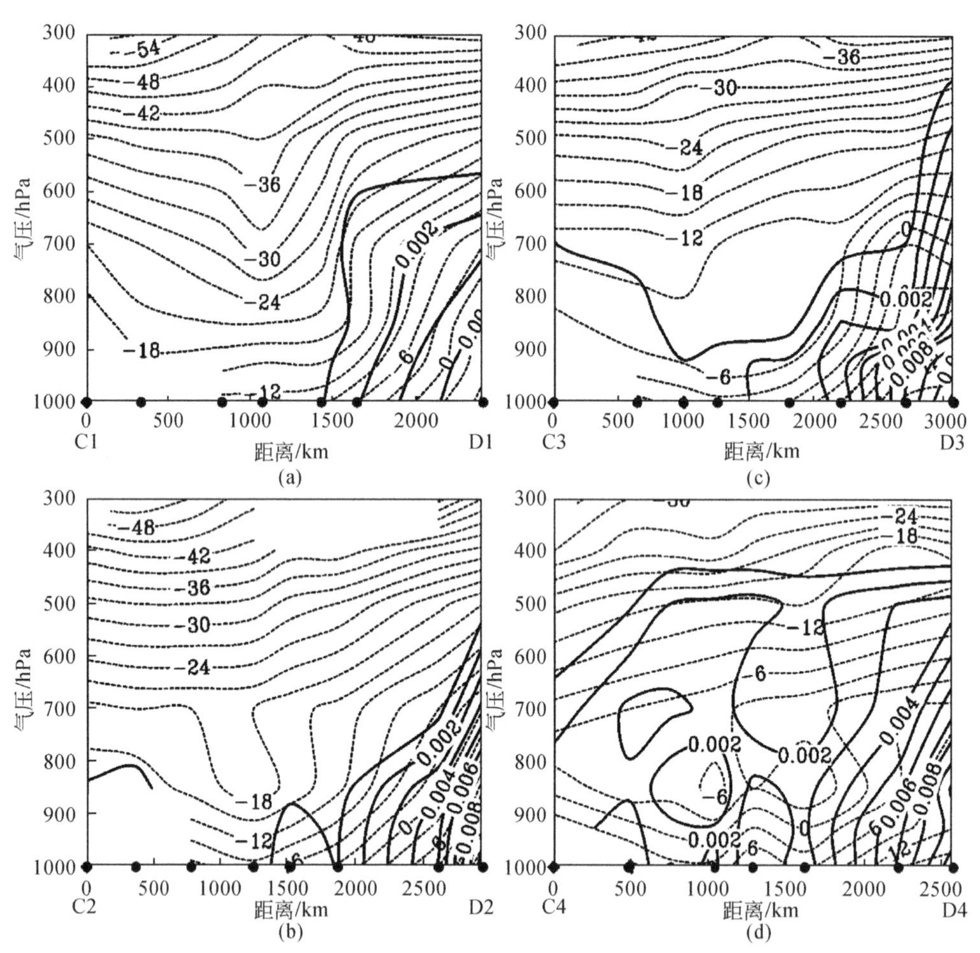

图6.31　2007年3月5日12 UTC连线 C_iD_i（$i=1\sim4$）垂直剖面图

虚线为气温（间隔3℃），实线为比湿（间隔0.001 kg/kg），黑色圆点为探空站位置

1. WRF 模式及参数设置

所用WRF模式版本为3.4，参数设置见表6.1。模式网格水平分辨率为45 km × 45 km，计算区域中心位置位于辽宁半岛中部。大气长短波辐射方案分别为RRTM方案（Mlawer et al.，1997）和Dudhia方案（Dudhia，1989），大气边界层方案为YSU方案（Hong et al.，2006），微物理方案为Lin等方案（Lin et al.，1983），大气积云对流参数化方案为Kain-Fritsch方案（Kain，2004），WRF模式积分的初始场和侧边界条件由FNL资料提供。前文分析已知，3日12 UTC温带气旋已形成，故将模式积分初始时刻设在3日00 UTC，留12 h的模式调整时间。为使计算稳定，将积分步长定为270 s，WRF模式积分时间为60 h。

表 6.1　WRF 模式模拟 2007 年 3 月气旋个例的主要参数设置表

WRF 参数	模式设置
基本方程	非静力学雷诺平均原始方程组
垂直坐标	σ_z地形追随坐标
地图投影	兰勃特投影
积分区域中心位置	123°E，40°N
水平分辨率	$\Delta x=\Delta y=45$ km
格点数	100×85×28
长波辐射方案	长波：RRTM 方案（Mlawer et al.，1997） 短波：Dudhia 方案（Dudhia，1989）
大气边界层方案	YSU 方案（Hong et al.，2006）
微物理方案	Lin 方案（Lin et al.，1983）
积云参数化方案	Kain-Fritsch 方案（Kain，2004）
侧边界条件	FNL 资料提供
初始资料/时刻	FNL 资料提供/2007 年 3 月 3 日 00 UTC
积分步长/时间	$\Delta t=270$ s/60 h

2. 模拟结果验证

WRF 模拟结果的验证从气旋中心气压、移动路径和高低层气象要素场三个方面进行，把 WRF 模拟结果与水平分辨率为 0.5°× 0.5°的 CFSR 资料进行对比分析。

图 6.32 为气旋中心气压随时间变化对比图。对比看 WRF 模拟的气旋中心气压较 CFSR 资料分析结果稍有偏高，但曲线走向和下降速率基本一致，都是在 5 日 06 UTC 达到最小值。

图 6.33 为 WRF 模拟结果和 CFSR 资料分析的气旋中心移动路径对比图，由图可见两者走向基本一致，均由苏北地区入海，并向东北方向移动。气旋在经过朝鲜半岛之前的移动速率慢于 CFSR 资料分析结果，经过朝鲜半岛后的移动路径较 CFSR 资料分析结果偏南。

图 6.34 是 WRF 模拟结果与 CFSR 资料在 500 hPa、850 hPa、1000 hPa 上的位势高度场、比湿场和风场的对比分析图。从图中可以发现，图 6.34a 与图 6.34d 展示的位势高度场分布基本一致，均在辽宁半岛有一短槽，东北地区以北还有一槽。图 6.34b 和图 6.34e 展示的比湿场分布也基本一致，朝鲜半岛以南海域的“湿舌”的走向和强度基本相同。图 6.34c 和图 6.34f 展示的风场特征也基本相同。

综上分析可知，WRF 模拟结果能够较好地刻画气旋系统的强度变化、移动路径、高低空环流形势以及温度场和湿度场特性。下面我们将利用 WRF 模拟结果对气旋进行分析。

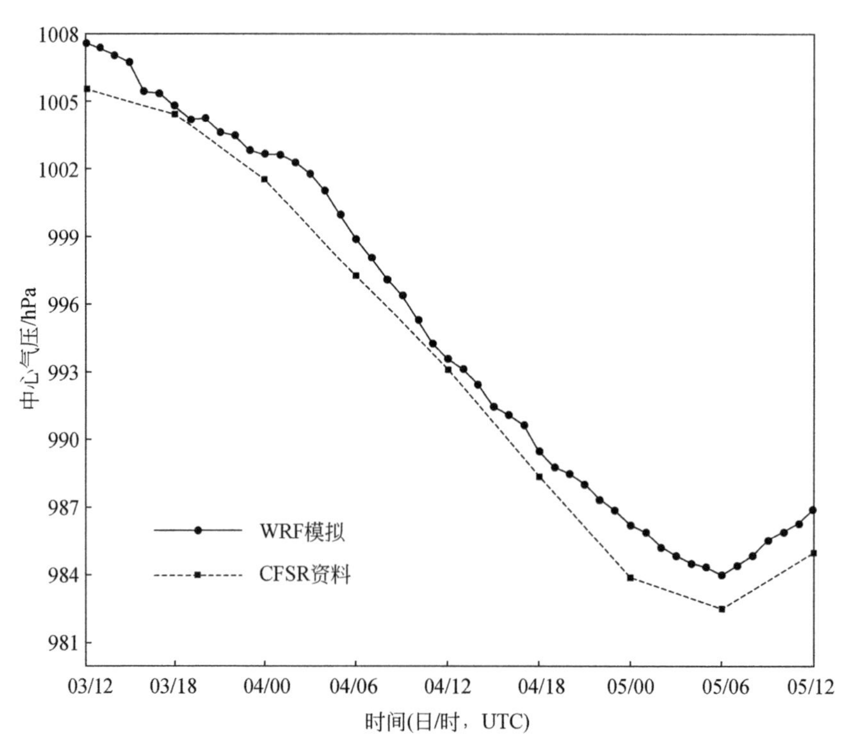

图 6.32　气旋中心气压随时间变化对比图

实线为 WRF 模拟结果，虚线为 CFSR 资料分析结果

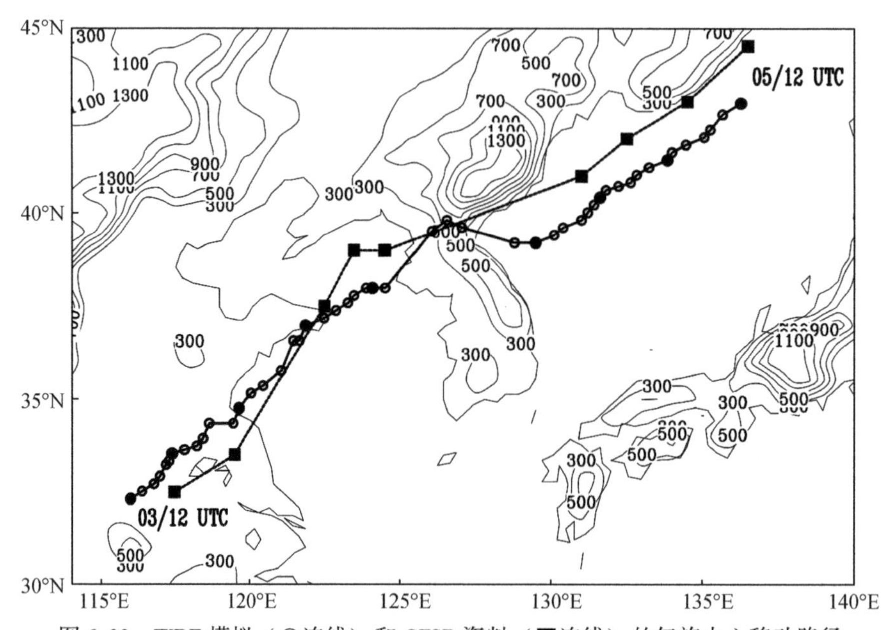

图 6.33　WRF 模拟（○连线）和 CFSR 资料（■连线）的气旋中心移动路径

每两个实心圆点或者方框的时间间隔为 6 小时，每两个圆的时间间隔为 1 小时，实线为地形高度（间隔 200 m）

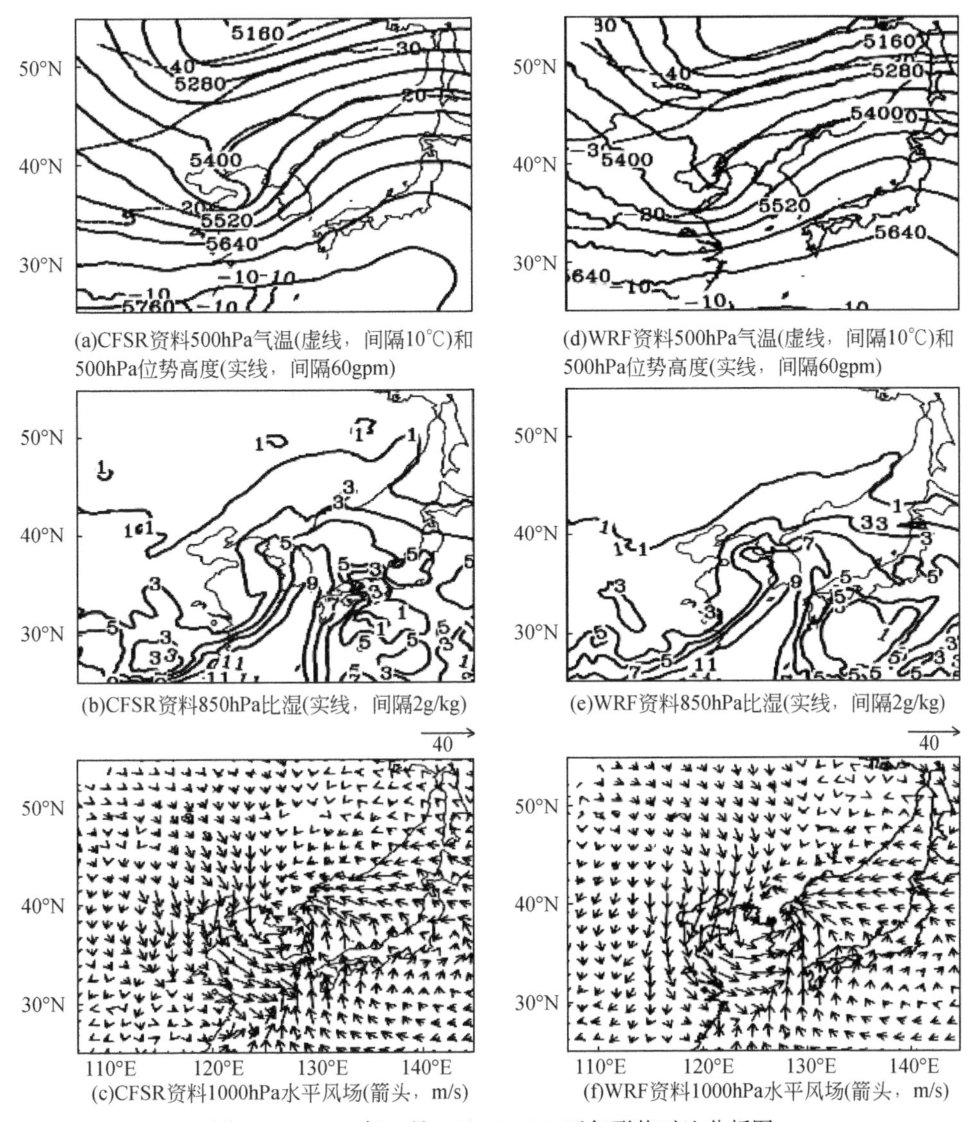

(a)CFSR资料500hPa气温(虚线，间隔10℃)和500hPa位势高度(实线，间隔60gpm)

(d)WRF资料500hPa气温(虚线，间隔10℃)和500hPa位势高度(实线，间隔60gpm)

(b)CFSR资料850hPa比湿(实线，间隔2g/kg)

(e)WRF资料850hPa比湿(实线，间隔2g/kg)

(c)CFSR资料1000hPa水平风场(箭头，m/s)

(f)WRF资料1000hPa水平风场(箭头，m/s)

图 6. 34　2007 年 3 月 4 日 12 UTC 天气形势对比分析图

3. PV 分析

位势涡度（Potential Vorticity，PV）是研究大气涡旋运动的重要物理量（Hoskins et al.，1985），其表达式为

$$PV=-g(f+\zeta)\frac{\partial\theta}{\partial p} \tag{6.1}$$

式中，g 为重力加速度；f 为科氏参数；θ 为位温；$\zeta=(\partial v/\partial x-\partial u/\partial y)$ 为相对涡度。

从 200 hPa 的 PV 分布来看，图 6. 35a 中西北部为 PV 大值区，南部 PV 小于 1 PVU，有一个大于 7 PVU 的“PV 舌”由西向东延伸，此时气旋中心位于该 PV 舌的东端。2 h（图 6. 35b）和 4 h（图 6. 35c）后，PV 的特征基本不变，7 PVU 区域增大，PV 舌进一步向东延伸。4 日 08 UTC（图 6.35d），气旋中心偏于 PV 舌东端的北侧，高 PV 区域再次扩大。4 日 12 UTC（图 6.35f）气旋中心的东、南、西三面被高 PV 区域环绕。2 h 后（图 6.35g），PV 舌消失，取而代之的是气旋中心西南侧的大范围高 PV 区域，此时气旋中心位于朝鲜半岛。2 h 后（图 6.35h）和 4 h 后（图 6.35i）的 PV 分布特征基本不变，高 PV 区域的 PV 值上升，出现了多个 8 PVU 的大值中心。

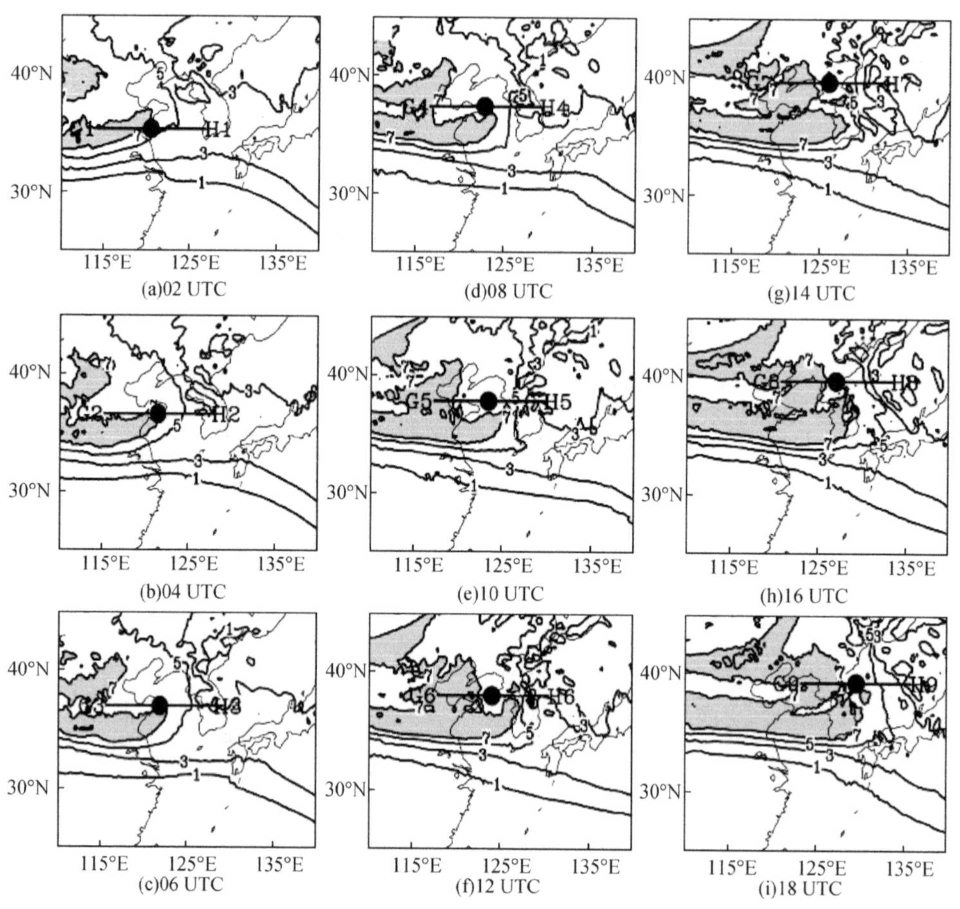

图 6.35　2007 年 3 月 4 日 02 ~ 18 UTC 200 hPa 位涡［（实线，间隔 2 PVU，1 PVU = 10^{-6} K/（Pa · m/s）］
填色区域表示位涡大于 7 PVU，线 $G_iH_i(i=1\sim9)$ 用于垂直剖面分析，实心圆点表示气旋中心位置

沿连线 $G_iH_i(i=1\sim9)$ 用于分析 PV 垂直分布情况。由于 4 日 02 ~ 18 UTC 气旋中心位置的纬度变化小，故可以近似认为沿连线 $G_iH_i(i=1\sim9)$ 长度相同。在图 6.36a 中，600 hPa以上 PV 基本随高度均匀增加，西侧 PV 略大于东侧，123°E 上空 400 hPa 附近存在弱的 PV 正异常。600 hPa 以下 PV 轴线向西倾斜，1 PVU 等值线将低层气旋系统和高层 PV 大值区域连为一体。此后 2 h（图 6.36b）和 4 h（图 6.36c），600 hPa 以下气旋部分 PV 依然随高度向西倾斜，600 hPa 以上 PV 等值线从西到东向高空倾斜。图 6.36a 中位于 123°E、400 hPa 附近的 PV 正异常在以上两个时刻消失，而在地面气旋中心上游 400 hPa 处开始出现较弱的 PV 正异常。4 日 08 UTC（图 6.36d），600 hPa 以下气旋 PV 大值中心由 2 h 前的 4 PVU 增加到 5 PVU，区域也增大。600 hPa 以上，119°E、400 hPa 附近 PV 异常

更加明显。此时该处有“向下的 PV 舌”形成，称为“PV 下传”。

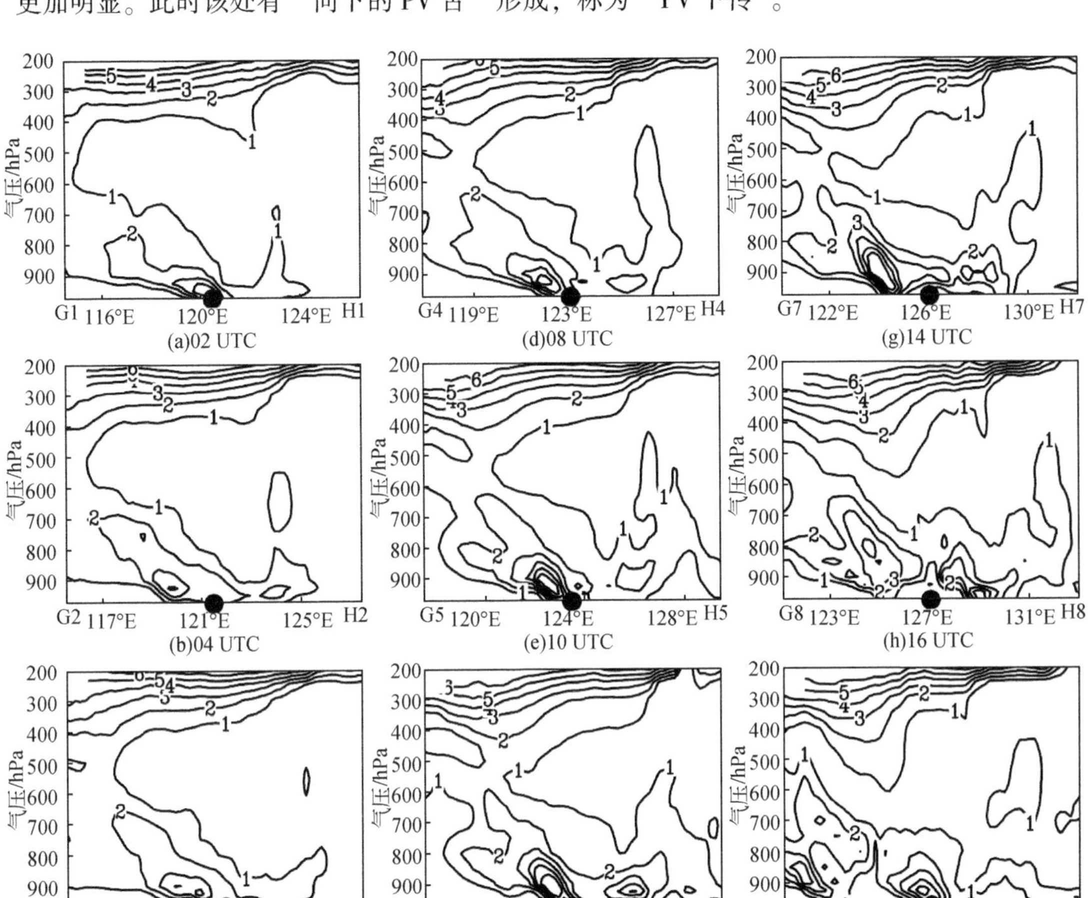

图 6.36　2007 年 3 月 4 日 02 ~ 18 UTC 连线 G_iH_i(i=1 ~ 9) 垂直剖面图

实线为位涡（间隔 1 PVU），实心圆点表示气旋中心位置

2 h 后（图 6.36e），600 hPa 气旋 PV 值增长到 6 PVU，在 600 hPa 上，高空 PV 下传的强度基本维持。

4 日 12 UTC（图 6.36f），600 hPa 以下气旋 PV 值维持在 6 PVU，向西倾斜的状态稍有减弱，气旋主体的下游出现另一高 PV 中心，强度在 5 PVU。600 hPa 以上 PV 下传依然位于气旋中心上游，但逐渐向气旋中心靠近。

4 日 14 UTC（图 6.36g），此时气旋中心位于朝鲜半岛，气旋中心的东侧依然存在另一高 PV 中心。高空 PV 下传现象更加明显，可下传至 500 ~ 600 hPa。

4 日 16 UTC（图 6.36h），此时气旋中心依然位于朝鲜半岛。600 hPa 以下 PV 在东西两侧存在两个大值中心，东侧中心高于西侧中心，猜测此时气旋主体已逐渐移过朝鲜半岛。

4 日 18 UTC（图 6.36i），600 hPa 以下 PV 大值区基本不再向西倾斜，气旋的气压中心与 PV 中心再次重合，气旋中心西侧的高空 PV 下传较前几个时刻更强，可到达

600 hPa。

综上分析可知，在该气旋的发展阶段，600 hPa 以上存在明显的 PV 正异常。Hoskins 等（1985）给出了高层大气中 PV 正异常可以诱发低空气旋式环流的观点，可概括为：假设高层大气一个 PV 正异常到达低层斜压区上空，高层 PV 正异常可诱发低层大气的暖平流作用，在高层 PV 异常对应位置的下游出现一个暖异常，该暖异常会诱发气旋式环流，使低层的气旋强度得到加强。简言之，当高层 PV 正异常位于低层气旋中心上游时，气旋得到发展。在本个例中，600 hPa 以上位于上游的 PV 正异常可能是使气旋爆发性发展的重要因素之一。

4. 涡度分析

涡度是表征气旋旋转程度的重要物理量，以下对该爆发性气旋的涡度进行分析。p-坐标系下涡度方程为：

$$\frac{\partial \zeta_p}{\partial t}=-\left(u\frac{\partial}{\partial x}+v\frac{\partial}{\partial y}\right)(\zeta_p+f)-\omega\frac{\partial \zeta_p}{\partial p}-(\zeta_p+f)\left[\left(\frac{\partial u}{\partial x}\right)_p+\left(\frac{\partial v}{\partial y}\right)_p\right]+\left[\frac{\partial u}{\partial p}\left(\frac{\partial \omega}{\partial y}\right)_p-\frac{\partial v}{\partial p}\left(\frac{\partial \omega}{\partial x}\right)_p\right] \quad (6.2)$$

式中，$\zeta=(\partial v/\partial x-\partial u/\partial y)_p$，其他符号含义同常用气象学符号含义。式（6.2）右端第一项为绝对涡度平流项，第二项为相对涡度的铅直输送项，第三项为散度项，第四项为扭转向。

由前文分析可知，气旋的空间尺度为天气尺度。尺度分析与实际计算结果都表明，相对涡度的铅直输送项和扭转向比绝对涡度平流项和散度项小一个量级，可以略去。故涡度方程可简化为：

$$\frac{\partial \zeta_p}{\partial t}=-\left(u\frac{\partial}{\partial x}+v\frac{\partial}{\partial y}\right)(\zeta_p+f)-(\zeta_p+f)\left[\left(\frac{\partial u}{\partial x}\right)_p+\left(\frac{\partial v}{\partial y}\right)_p\right] \quad (6.3)$$

为了更好地对涡度进行诊断分析，先探寻涡度最大值出现的高度层。WRF 模拟的各层涡度最大值均出现在气旋式环流的中心区域，图 6.37 给出了 950 ~ 700 hPa 各层相对涡度最大值随时间变化图，涡度最大值基本随高度增加而减小，950 ~ 900 hPa 之间涡度最大值大于其他层，700 hPa 的涡度最大值基本在 3×10^{-4}/s。900 hPa 上的相对涡度较小，950 hPa和 925 hPa 上的相对涡度最大值变化图基本一致，950 hPa 上的相对涡度在 4 日 00 ~ 18 UTC 的大部分时间大于 925 hPa 上的相对涡度，4 日 18 UTC 的 925 hPa 上相对涡度最大值大于 950 hPa 上相对涡度最大值。再考虑东亚地区 950 hPa 的位势高度约为 600 gpm，而图 6.33 中所示的地形高度在大部分区域超过或接近 600 gpm，可猜测在一些区域 950 hPa 的物理量是由 WRF 模式向地面外插得到的。而 925 hPa 的位势高度约为 800 gpm，该层基本位于地形高度以上，故以下对 925 hPa 的涡度场进行涡度诊断。

首先了解 925 hPa 相对涡度分布情况。4 日 02 UTC（图 6.38a），山东半岛上空出现相对涡度大于 4×10^{-4}/s 的区域。2 h（图 6.38b）后，相对涡度大值区向东移动，中心涡度大于 4×10^{-4}/s，此时江苏以东海域出现 2×10^{-4}/s 的涡度大值区域。4 日 06 UTC（图 6.38c），随着气旋入海后的爆发性发展，正相对涡度的面积增大。4 日 08 UTC（图 6.38d），正相对涡度的区域开始掠过朝鲜半岛。此时气旋主体对应的涡度大值区位于朝鲜半岛西侧，而朝鲜半岛东侧开始出现另一个 2×10^{-4}/s 的中心。2 h（图 6.38e）后，气旋

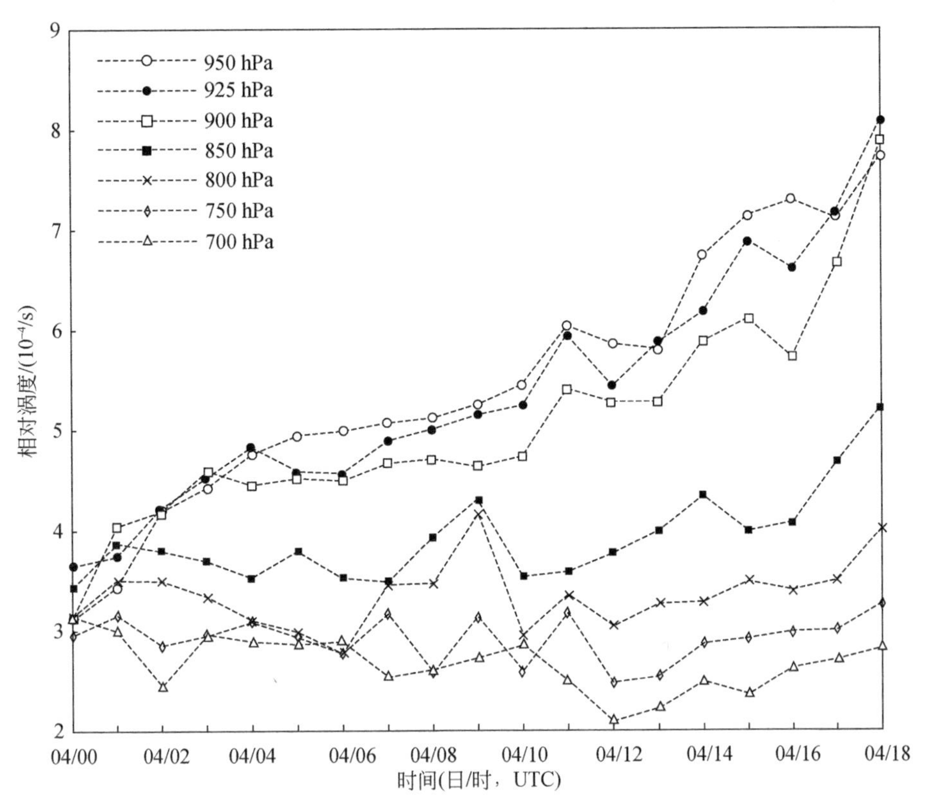

图6.37　WRF模式模拟的950 hPa，925 hPa，900 hPa，850 hPa，800 hPa，750 hPa，700 hPa最大涡度（10^{-4}/s）随时间变化图

系统在涡度场上已分为北、南两部分：北部对应气旋中心附近的涡度大值区，南部对应冷锋附近的涡度大值带。气旋中心附近的涡度又被朝鲜半岛分割为两个小中心，分别位于朝鲜半岛东西两侧。此时东侧涡度中心逐渐加强，西侧涡度中心逐渐减弱，这种转变伴随气旋掠过朝鲜半岛的全过程。冷锋附近的涡度大值带呈东北—西南向，在涡度大值带中存在多个中-β-尺度涡，涡度约为2×10^{-4}/s。4日12 UTC（图6.38f），气旋中心附近的涡度进一步增大到5×10^{-4}/s以上，此时朝鲜半岛东西两侧的涡度中心强度与面积大体相当相当。气旋中心附近的涡度带保持2 h前的特征，但长度有所增大。4 h（图6.38h）后，气旋中心附近的涡度增大到6×10^{-4}/s，朝鲜半岛东侧的涡度中心强度和面积超过西侧，表明气旋主体已基本掠过朝鲜半岛。冷锋附近的中-β-尺度涡继续发展，相对涡度达到3×10^{-4}/s以上，此时涡度大值带北端与气旋中心附近的涡度大值区有分离的趋势。2 h（图6.38i）后，朝鲜半岛东侧的涡度中心的强度和面积大于西侧，并继续向下游发展，表明气旋主体已经掠过了朝鲜半岛。此时冷锋对应的涡度大值带的北端与气旋中心附近的正涡度区完全分离，更多数量的中-β-尺度涡继续发展。

对925 hPa上涡度场演变过程做如下总结：首先山东半岛附近出现涡度大值区，随着气旋入海发展，涡度中心南侧演变出一条东北—西南向的涡度大值带，该涡度带对应冷锋结构。气旋中心在掠过朝鲜半岛过程中演化出东西两个涡度中心，东侧涡度中心逐渐减弱，西侧逐渐增强。气旋中心掠过朝鲜半岛后，南侧涡度大值带与气旋中心部分分离，中-β-尺度涡逐渐发展。对于中-β-尺度涡，利用水平分辨率为 1°×1°的 FNL 再分析资料和 0.5°×0.5°的 CFSR 再分析资料进行了分析，发现 FNL 资料分析结果没有出现中-β-尺度涡，但 CFSR 资料分析结果出现了类似的中-β-尺度涡，且中-β-尺度涡的数量、位置和强度均与 WRF 模拟结果相似，表明 WRF 模拟的中-β-尺度涡具有一定的可信度。

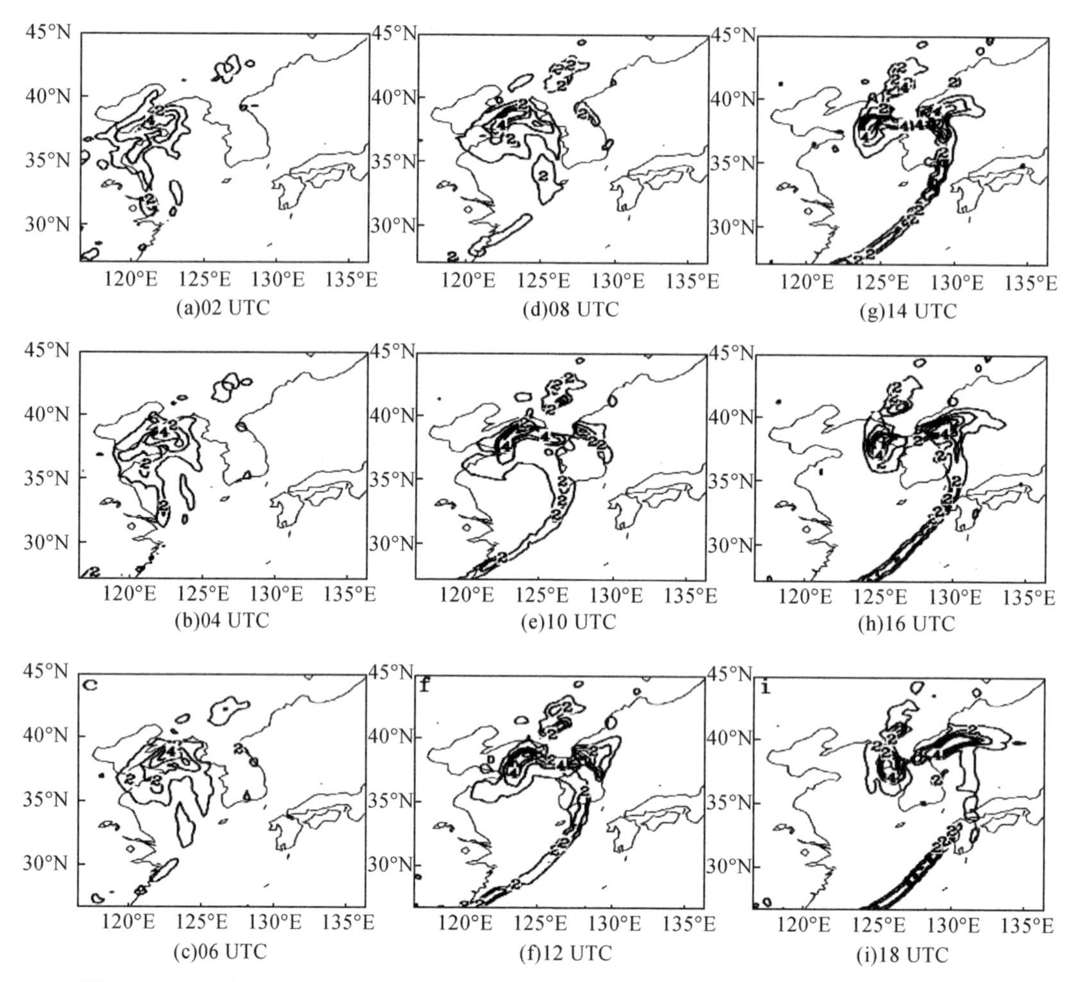

图 6.38　2007 年 3 月 4 日 WRF 模式模拟的 925 hPa 相对涡度分布图（实线，间隔 10^{-4}/s）

下面对 925 hPa 涡度场进行诊断分析。

图 6.39 为绝对涡度平流项分布，从中发现随着气旋掠过朝鲜半岛的过程中，朝鲜半岛附近均存在相对大的中心（图 6.39d ~ i），与气旋中心位置相对应。

散度项与相对涡度变化有较好的对应关系（图 6.40）。4 日 02 UTC（图 6.40a），黄海北部出现大值区，此时散度项的大值区位于相对涡度大值区的东北偏东侧（下游），中心数值为 $5\times10^{-8}/s^2$。2 h（图 6.40b）和 4 h（图 6.40c）后，散度项的大值区和涡度大值区的相对位置基本不变，但在南部延伸出一条大值带，与涡度大值带相对应。以上三个时刻散度项大值区与涡度大值区基本重合。4 日 08 UTC（图 6.40d），气旋开始掠过朝鲜半岛。此时散度项在朝鲜半岛西侧的大值中心为 $7\times10^{-8}/s^2$，在朝鲜半岛西侧出现 $1\times10^{-8}/s^{-2}$ 的另一个中心。4 日 10 ~ 16 UTC（图 6.40e ~ 图 6.40h），散度项与相对涡度场的配置关系基本与 4 日 08 UTC 相同（图 6.40d），散度项分布与涡度场分布对应得更好，两者的形态演变和强度变化基本一致，表明在气旋掠过朝鲜半岛的过程中，散度项主要起到加强相对涡度的作用。4 日 18 UTC（图 6.40i），散度项北部中心与南部的大值带分离，这也与图 6.38i 中相对涡度场的分布相对应。

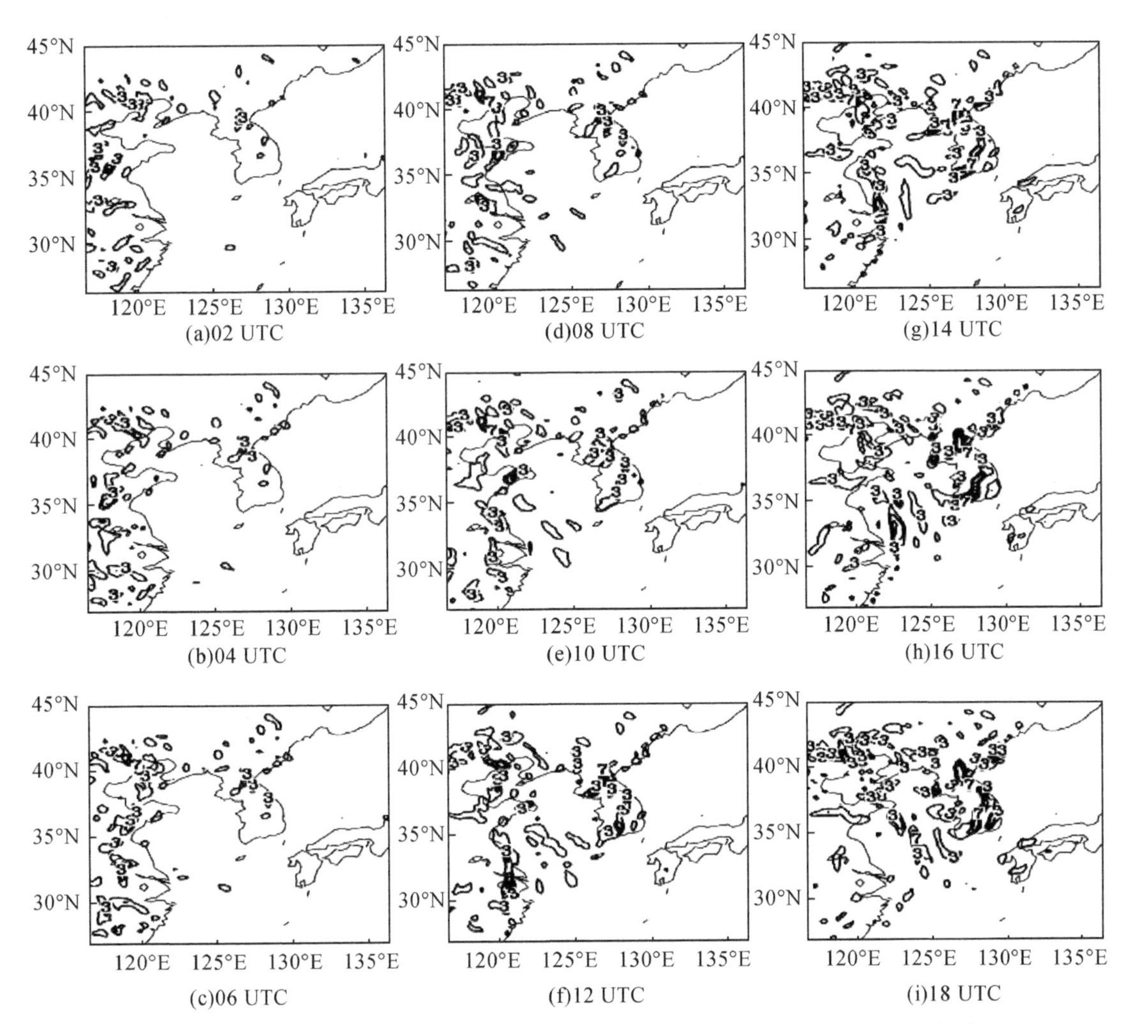

图 6.39　2007 年 3 月 4 日 WRF 模拟的 925 hPa 绝对涡度平流项（间隔 $2\times10^{-8}/s^2$）

由涡度诊断分析可知，涡度方程中的散度项是影响相对涡度变化的重要一项。在气旋掠过朝鲜半岛的过程中，散度项主要起加强相对涡度的作用。

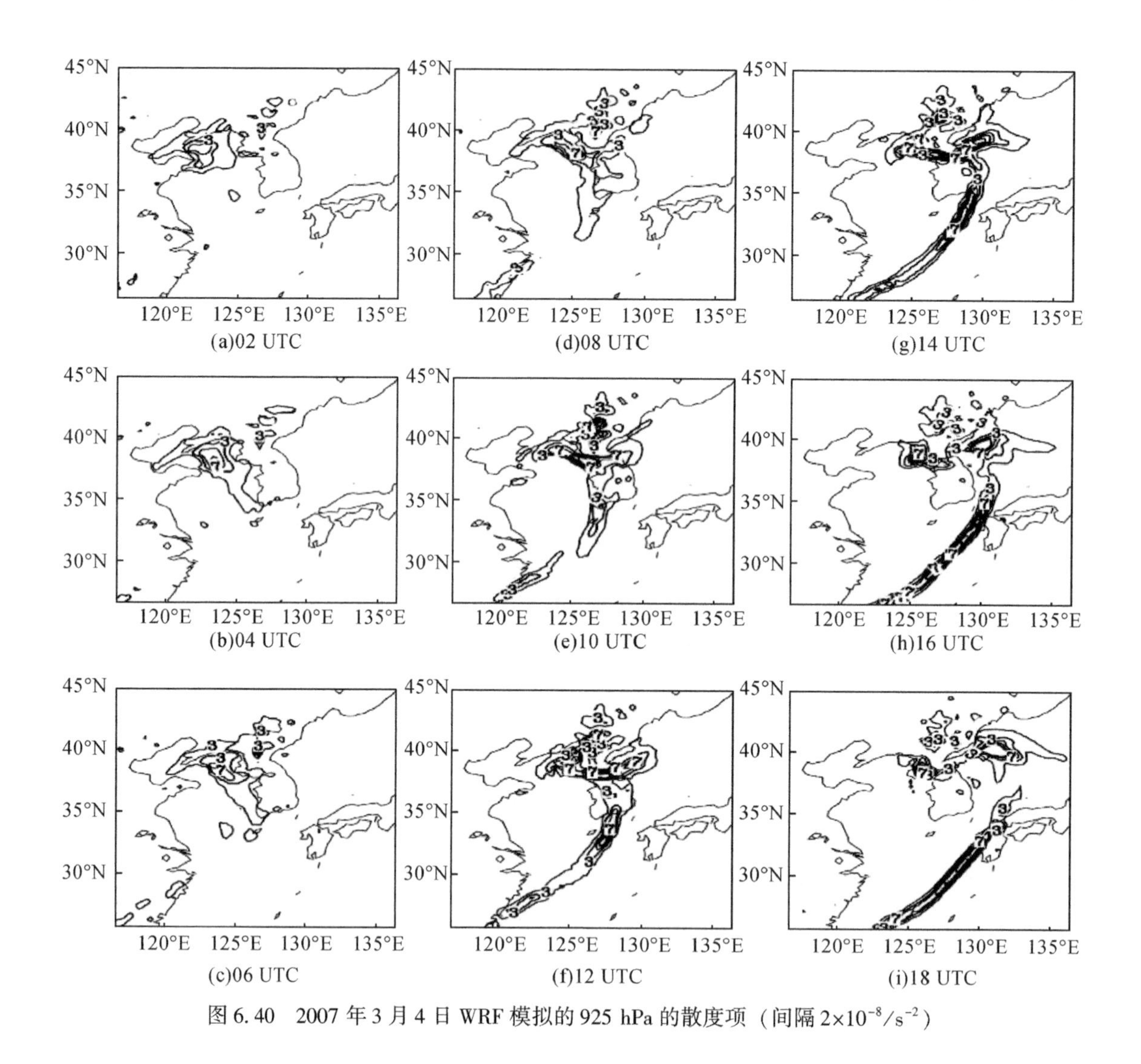

图 6.40　2007 年 3 月 4 日 WRF 模拟的 925 hPa 的散度项（间隔 $2\times10^{-8}/s^{-2}$）

6.2　2013 年 11 月日本海—鄂霍次克海上的爆发性气旋个例

2013 年 11 月 9—12 日，在日本海—鄂霍次克海上空有一个爆发性气旋，该气旋属于 OJ 型气旋（Yoshida and Asuma，2004），其海平面中心气压最低值为959.0 hPa，中心气压最大加深率达到 2.9 Bergeron。Yoshida 和 Asuma（2004）研究指出，在西北太平洋地区有 PO-L 型、PO-O 型、OJ 型三类爆发性气旋，OJ 型爆发性气旋的数量最少且平均加深率仅为 1.33 Bergeron。但该爆发性气旋最大加深率为 2.9 Bergeron，达到了强爆发性气旋（>1.8 Bergeron）的标准（Sanders，1986）。日本传真天气图（图 6.41）显示，该爆发性气旋造成了长崎县壱岐机场 76.5 mm/h 的阵性强降水，北海道襟裳岬观测到最大瞬时风速达到 42.7 m/s，因此很有必要探究该爆发性气旋个例的发展机制。

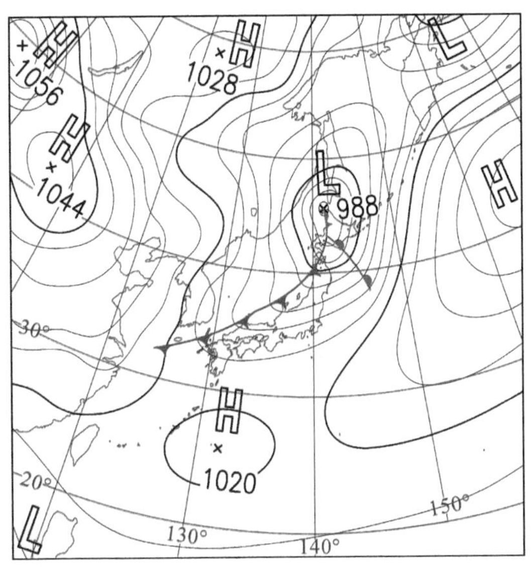

图 6.41　2013 年 11 月 10 日 00 UTC 的日本传真天气图

由于强低压及锋面的影响，在日本北部有强风，在九州地区有强降水。长崎县壱岐机场观测到 76.5 mm/h 的降水量，打破了 11 月以来的降水记录。

6.2.1　资料

本小节使用的资料如下：

（1）美国国家环境预报中心提供的水平分辨率为 1°×1°的 FNL 全球再分析格点资料。

（2）欧洲中期天气预报中心 ECMWF 提供的 ERA-Interim 日平均 SST 资料。

（3）日本高知大学提供的 MTSAT-1R（Multi-functional Transport Satellites-1R）卫星红外波段反照率资料。

（4）美国怀俄明大学提供的高空历史观测资料。

（5）全球电信系统 GTS（Global Telecommunications System）提供的地面历史观测资料。

（6）韩国历史地面天气图。

（7）日本气象厅 JMA 提供的日本历史传真天气图。

6.2.2　气旋演变过程概述

1. 气旋个例描述

该爆发性气旋于 2013 年 11 月 9 日 18 UTC 时生成于日本海，在向东北方向移动到鄂霍次克海的过程中逐渐快速发展。根据 Yoshida 和 Asuma（2004）对爆发性气旋的分类，该气旋属于 OJ 型爆发性气旋。图 6.42 为该气旋的移动路径图①，并叠加上 2013 年 11 月 9 ~12 日的 4 日平均 SST 分布图，整体上 SST 呈现出南高北低的趋势，在 40°N 附近日平均 SST 值约为 12℃。

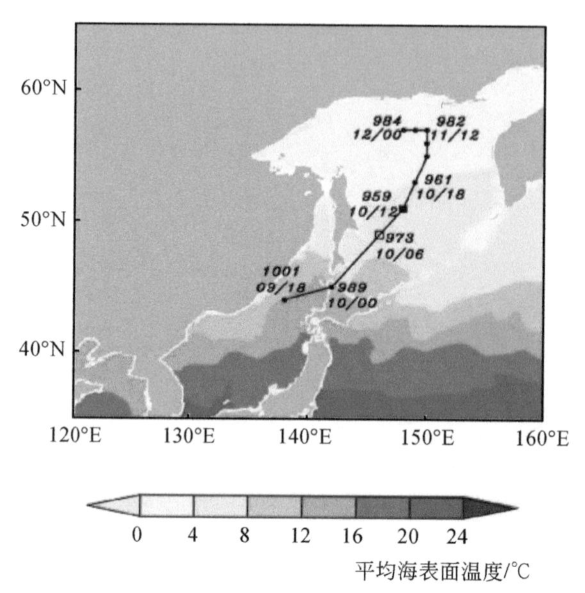

图 6.42　2013 年 11 月 9 日 18 UTC 至 12 日 00 UTC 气旋中心的移动路径（实线）和四天（11 月 9—12 日）平均海表面温度分布

2013 年 11 月 9 日 18 UTC，气旋生成于日本海上，气旋中心位于（138°E，44°N）附近，其中心气压值为 1001.8 hPa。随后气旋向东北方向移动，到达北海道岛北端（142°E，45°N）附近，此时气旋中心气压值为 989.4 hPa。在随后的 6 h 内，气旋向鄂霍次克海方向移动，至 10 日 06 UTC，气旋中心位于（146°E，49°N）附近（图 6.42），其中心气压值迅速下降至 973.4 hPa，此时中心气压加深率达到最大值 2.9 Bergeron（图 6.42）。气旋进一步向东北方向移动并发展，至 10 日 12 UTC 时，气旋中心移至（148°E，51°N）附近（图 6.42），气旋中心气压最低值 959.8 hPa（图 6.43）。此后气旋海平面中心气压值逐渐回升，气旋强度逐渐减弱，以逆时针路径缓慢移动并消亡于鄂霍次克海上。

2. 气旋演变过程

我们分析了 2013 年 11 月 9 日 18 UTC 至 12 日 00 UTC 的红外卫星云图（图 6.44）特征，并结合气旋的中心气压及其加深率的变化，可将气旋的演变过程大体划分为以下四个阶段。

（1）初始阶段（2013 年 11 月 9 日 18 UTC ~ 9 日 23 UTC）。9 日 18 UTC（图 6.44 a）时，云团主体位于整个日本海上空，其北侧边界向西北方向凸起，南侧向东南方向凹进。云团南部边界有一暗区形成燕尾状缺口，可能是由于西北急流侵入云系的边界形成的。

① 气旋中心的位置由 FNL 资料的海平面气压场极小值的位置来确定。

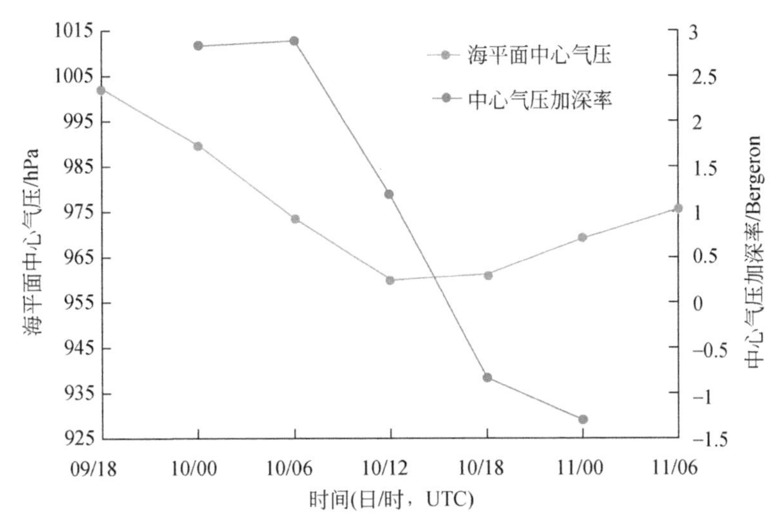

图6.43　气旋海平面中心气压值和海平面中心气压加深率随时间变化图

3 h后（图6.44 b），云团北侧逆时针移动，使整个后向边界呈“S”形云场，此时呈现出斜压叶状云系的特征。在初始阶段，气旋中心气压下降约12.3 hPa，且移动速度较快。

（2）发展阶段（2013年11月10日00 UTC～10日06 UTC）。云团向东北方向移动，至10日00 UTC（图6.44 c）时，云团主体位于日本岛上空，其北部边界向西北方向凸起，南侧向东南方向凹进，“S”形后边界更加光滑整齐，云团逐渐呈现出“逗点状”云系的特征。随后的3 h内（图6.44 d），云团继续向东北方向移动，此时云团可明显分为头部、凹口部和尾部三部分。至10日06 UTC（图6.44 e）时，云团头部进一步气旋式弯曲，凹口部的涡旋中心处为一明显尖点，尾部较之前时刻明显增长。云团呈现出“螺旋状”云系的特征。在发展阶段，气旋中心气压下降了约16.0 hPa，且移动速度最快。

（3）成熟阶段（2013年11月10日07 UTC～10日12 UTC）。在之后的3 h内（图6.44f），云团的头部进一步呈气旋式弯曲，尾部呈东北—西南走向，云团整体呈“钩状”。至10日12 UTC（图6.44g）时，云团整体呈螺旋状，头部的气旋式弯曲更加明显，且范围逐渐扩大并覆盖于鄂霍次克海上空，凹口部与头部围成一个无云的涡旋中心，出现类似“眼”状的结构，云团尾部云带增宽加长，形成一条带状云系，南北方向横跨15个纬度。整个云场呈现出“问号状”（即“?”）结构。在成熟阶段，气旋中心气压下降了约14.0 hPa且移动速度变慢。

（4）消亡阶段（2013年11月10日13 UTC～10日18 UTC）。自10日13 UTC之后（图6.44h，图6.44i），云团头部的螺旋带开始减弱，凹口部结构变得松散直至断裂，头部与尾部分离，尾部逐渐向东北方向移动。在消亡阶段，气旋中心气压值逐渐回升至961.0 hPa，且移动速度逐渐变慢。

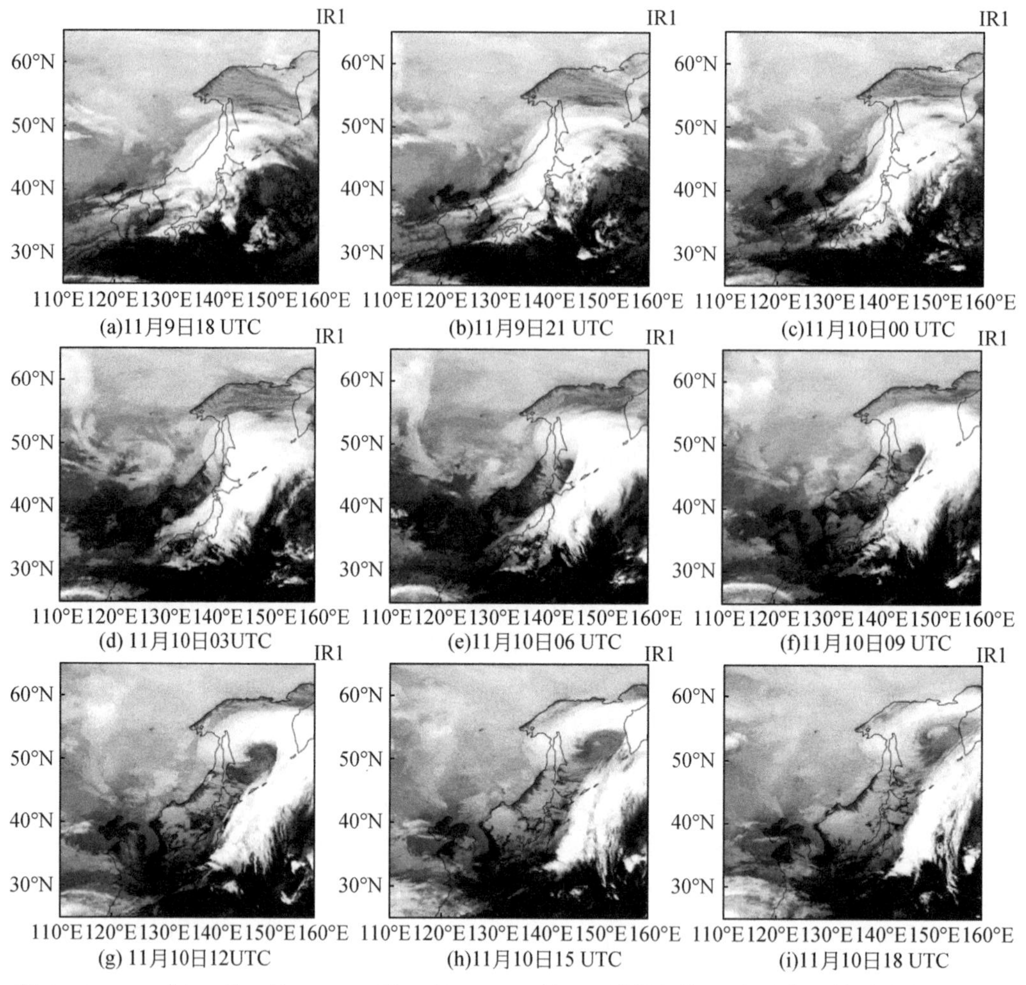

图 6.44　2013 年 11 月 9 日 18 UTC 至 10 日 18 UTC 的 IR1 波段红外卫星云图，时间间隔为 3 小时

6.2.3　气旋初始阶段的大尺度环境场分析

1. 日平均海表面温度分布

2013 年 11 月 9 日—12 日四日平均的 SST 分布图（图 6.42）显示，受“对马暖流”影响，日本海东南部的日平均 SST 明显高于西北部。气旋生成于日平均 SST 约为 12℃ 温暖的日本海上。

2. 天气形势分析

图 6.45 为 2013 年 11 月 9 日 18 UTC 天气图。在 300 hPa 上（图 6.45a），地面气旋中心位于位势高度场的槽前（138°E，44°N）附近，其下游为较弱的脊。此时高空急流已经建立，与等位势高度线走向一致，呈非纬向型的反气旋式弯曲，丁治英等（2001）的研究

也指出，非纬向型高空急流是强爆发性气旋产生的主要原因。地面气旋位于高空急流入口处，急流呈西南—东北走向。此时气旋中心上空对应着强辐散区，强度为 8.0×10^{-5}/s，高空的辐散有利于低空的辐合。

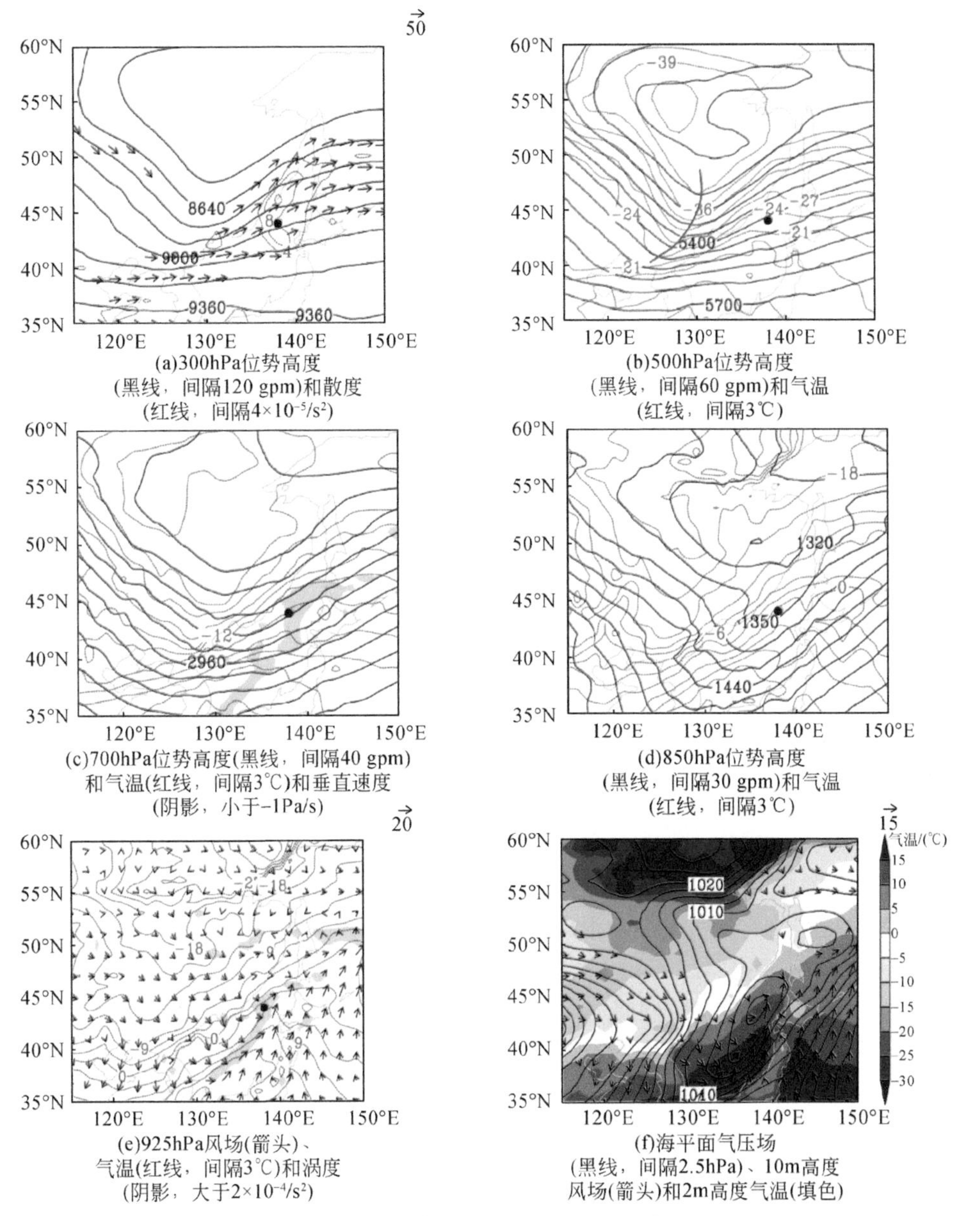

(a)300hPa位势高度(黑线，间隔120 gpm)和散度(红线，间隔 $4\times10^{-5}/s^2$)

(b)500hPa位势高度(黑线，间隔60 gpm)和气温(红线，间隔3℃)

(c)700hPa位势高度(黑线，间隔40 gpm)和气温(红线，间隔3℃)和垂直速度(阴影，小于-1Pa/s)

(d)850hPa位势高度(黑线，间隔30 gpm)和气温(红线，间隔3℃)

(e)925hPa风场(箭头)、气温(红线，间隔3℃)和涡度(阴影，大于 $2\times10^{-4}/s^2$)

(f)海平面气压场(黑线，间隔2.5hPa)、10m高度风场(箭头)和2m高度气温(填色)

图6.45　2013年11月9日18 UTC天气图

黑点表示地面气旋中心位置

在500 hPa上（图6.45b），位势高度场的槽线位于中国东北以及东北与俄罗斯交界地区上空，呈东北—西南走向，地面气旋中心位于位势高度场的槽前，但距离槽线位置较远。此时位势高度场的槽线位于云图（图6.44a）中云团的“S”形后向边界处，槽线以东对应斜压叶状云系。槽线后的温度槽落后于位势高度槽，在（128°E，55°N）附近，有一被-42℃等温线包围的低温区。在700 hPa上（图6.45c），气旋西北部为冷平流，南部为弱暖平流，气旋中心上空气温约为-9℃。此时日本海东部有一长条状的上升区，气旋中心位于上升区中。

在850 hPa上（图6.45d），气旋中心上空气温约为0℃，气旋中心西南部的日本海上空等温线较密集，其南侧对应地面冷锋。气旋中心东部为暖平流，气旋中心后部等温线与等位势高度线近乎垂直，这表明冷平流较强。

在925 hPa上（图6.45e），气温呈东南高、西北低分布，气旋中心南部有一“暖舌”自南向北延伸至气旋中心，其上空气温约为5℃。气旋中心四周均有明显风切变。气旋中心位于涡度大值区内，且涡度大值区呈长条状，与冷锋位置基本一致。在海平面气压场上（图6.45f），气旋位于日本海北部（138°E，44°N）附近，呈东北—西南走向。气旋南部的日本海上2 m高度上气温场有一“暖舌”自南向北延伸，气旋西北部2 m高度温度逐渐降低，在（115°E～140°E，55°N～60°N）之间有一低温区，最低温度达-30℃以下。气旋南部和东部的10 m高度风速较大，气旋西南部有明显的气旋式切变，且2 m高度上气温较高区对应的风速也较大。

6.2.4 气旋发展阶段的诊断分析

1. 气旋发展过程概述

图6.46为2013年11月10日00 UTC和06 UTC天气图。10日00 UTC时，在300 hPa上（图6.46a），气旋下游（145°E，50°N）附近的脊发展，高空急流风速增大，风向由西南偏西风转为西南偏南风，与等位势高度线走向一致，呈非纬向型的反气旋式弯曲。地面气旋中心（142°E，45°N）附近上空对应的辐散区范围扩大，但强度较6 h前有所降低。在500 hPa上（图6.46c），5100 gpm等位势高度线闭合，位势高度场的槽线由东北—西南向转为西北—南向，地面气旋中心距离槽线位置较6 h前缩小。槽后为弱冷平流，6 h前（55°N，128°E）附近被-42℃等温线包围的低温区南移至（53°N，128°E）附近。地面气旋中心下游的脊较6 h前有所发展。在850 hPa上（图6.46e），位势高度1230 gpm等值线闭合，闭合中心位于地面气旋中心的西北部。此时气旋西南部等温线密集带较6 h前范围扩大，且气旋中心西南部的等位势高度线与等温线几乎垂直，气旋后部冷平流更强。在地面天气图上（图6.46g），气旋中心位于日本北海道北部，中心气压值约为989.4 hPa。气旋西、南和东部三个方向风速较大，北部风速较小，最大风速出现在气旋东南偏南部。气旋西侧盛行西北风，有利于输送冷空气；东侧盛行南风，有利于向气旋中心输送暖湿空气；同时，气旋西南侧有明显的气旋式切变。

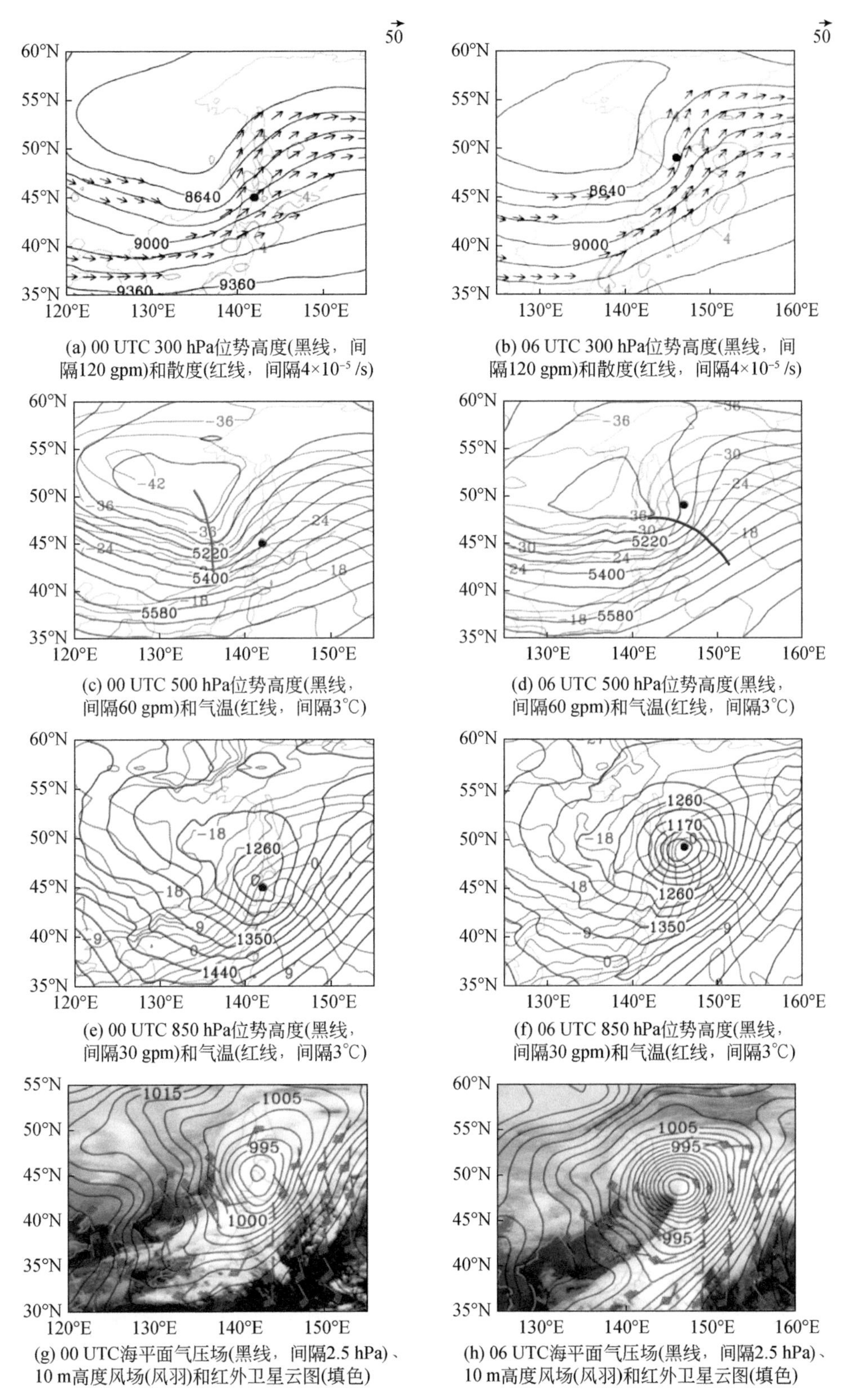

(a) 00 UTC 300 hPa位势高度(黑线，间隔120 gpm)和散度(红线，间隔4×10^{-5} /s)

(b) 06 UTC 300 hPa位势高度(黑线，间隔120 gpm)和散度(红线，间隔4×10^{-5} /s)

(c) 00 UTC 500 hPa位势高度(黑线，间隔60 gpm)和气温(红线，间隔3℃)

(d) 06 UTC 500 hPa位势高度(黑线，间隔60 gpm)和气温(红线，间隔3℃)

(e) 00 UTC 850 hPa位势高度(黑线，间隔30 gpm)和气温(红线，间隔3℃)

(f) 06 UTC 850 hPa位势高度(黑线，间隔30 gpm)和气温(红线，间隔3℃)

(g) 00 UTC海平面气压场(黑线，间隔2.5 hPa)、10 m高度风场(风羽)和红外卫星云图(填色)

(h) 06 UTC海平面气压场(黑线，间隔2.5 hPa)、10 m高度风场(风羽)和红外卫星云图(填色)

图 6.46　2013 年 11 月 10 日 00、06 UTC 天气图

黑点表示地面气旋中心位置

10 日 06 UTC 时，在 300 hPa 上（图 6.46b），位势高度 8520 gpm 等值线闭合，气旋下游的脊进一步发展。地面气旋中心上空的散度值降低为 4.0×10^{-5}/s，辐散大值区位于地面气旋中心北部和东部。在 500 hPa 上（图 6.46d），位势高度 5160 gpm 等值线闭合，位势高度场的槽线由西北—南向转为西—东南向，气旋中心位置与槽线距离进一步缩小。气旋中心下游的脊较 6 h 前进一步发展且脊部等位势高度线与等温线几乎垂直，暖平流较强，等位势高度线自东北向西南呈“S”型分布。在 850 hPa 上（图 6.46f），位势高度 1110 gpm等值线闭合，等位势高度线闭合中心与地面气旋中心几乎重合。此时气旋西南部等温线密集程度较 6 h 前减弱，但气旋中心西南部的等位势高度线与等温线仍然近乎垂直，气旋后部冷平流仍较强，气旋中心东南部有“暖舌”伸入气旋中心。在地面天气图上（图 6.46h），气旋中心移至鄂霍次克海上，云图上带状尾部与冷锋位置相对应。此时的气旋中心气压值约为 973.4 hPa，比 6 h 前下降了约 16.0 hPa。气旋西南、东南和东北部三个方向风速较大，北和西北部风速较小，最大风速出现在气旋东南部。气旋西南侧盛行西北风，有利于输送冷空气，气旋南侧盛行西南风，二者之间有明显的气旋式切变。气旋东侧盛行东南偏南风，有利于向气旋中心输送暖湿空气。

气旋自 2013 年 11 月 10 日 00 UTC 起进入发展阶段，从图 6.47 的地面测站图（左侧）中可以看出，此时的气旋中心（142°E，45°N）与稚内站 47401（141.7°E，45.4°N）较近。从右侧的地面观测图中可以看出，47401 站的气压值为 987.8 hPa，3 h 降压达到 9.8 hPa、气温为 7.7℃、露点温度为 6.2℃，盛行风向为东南偏南风，风速达到 12 m/s。此时气旋附近最大风速值出现在气旋东南部的钏路站 47418（144.4°E，43 °N），风向为东南偏南风，风速达 16 m/s。此时气旋中心北部盛行北风，南部以及东南部盛行东南偏南风，西南部盛行西北风，在（140°E，43°N）附近有明显的气旋式切变。

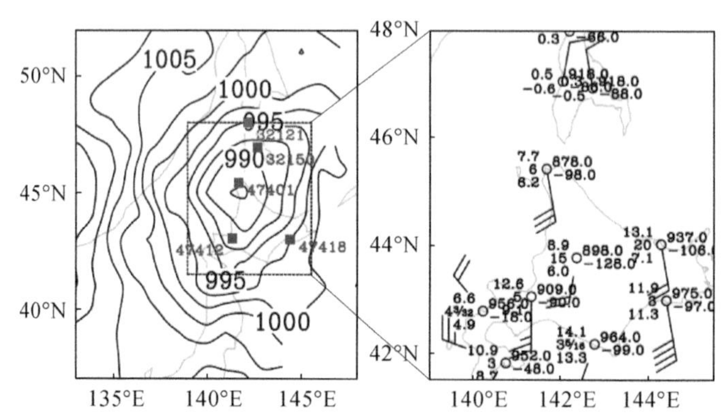

图 6.47　2013 年 11 月 10 日 00 UTC 地面观测站位置示意图以及测站资料插值的海平面气压分布
蓝点表示地面和高空观测站，红点表示地面观测站；右图表示左图中方框区域的气象要素地面观测图
（长杆风羽表示 4 m/s）

温度-对数压力图可反映大气的垂直分布状态及稳定度情况。图 6.48 为 2013 年 11 月 10 日 00 UTC 时 UHSS 站 32150（142.7°E，47°N）、稚内站 47401（141.7°E，45.4°N）和札幌站 47412（141.3°E，43°N）三个观测站的温度-对数压力图。

UHSS 站 32150 位于地面气旋中心北侧，从该站的温度-对数压力图（图 6.48a）上可以看到，层结曲线位于状态曲线左侧，这表明大气层结稳定。温度曲线与露点温度曲线十分接近，各个高度的温度露点差均小于5℃，尤其是900 hPa以下温度与露点温度几乎相等，这表明低层大气接近饱和。此时地面温度为0.8℃、露点温度为0.2℃。同时，900 hPa以下存在一个弱的逆温层，600 hPa附近有一弱逆温层，500 hPa以上温度与露点温度下降较快。风廓线显示近地面风向为东南风，随高度增加迅速顺时针旋转为南风，垂直风切变大。至700 hPa，风向保持南风不变且风速逐渐增大。随着高度进一步增加，风向顺时针旋转为西南风，风速进一步增大。此时最不稳定层位于750 hPa附近，抬升凝结高度（lifting condensation level，LCL）较低。

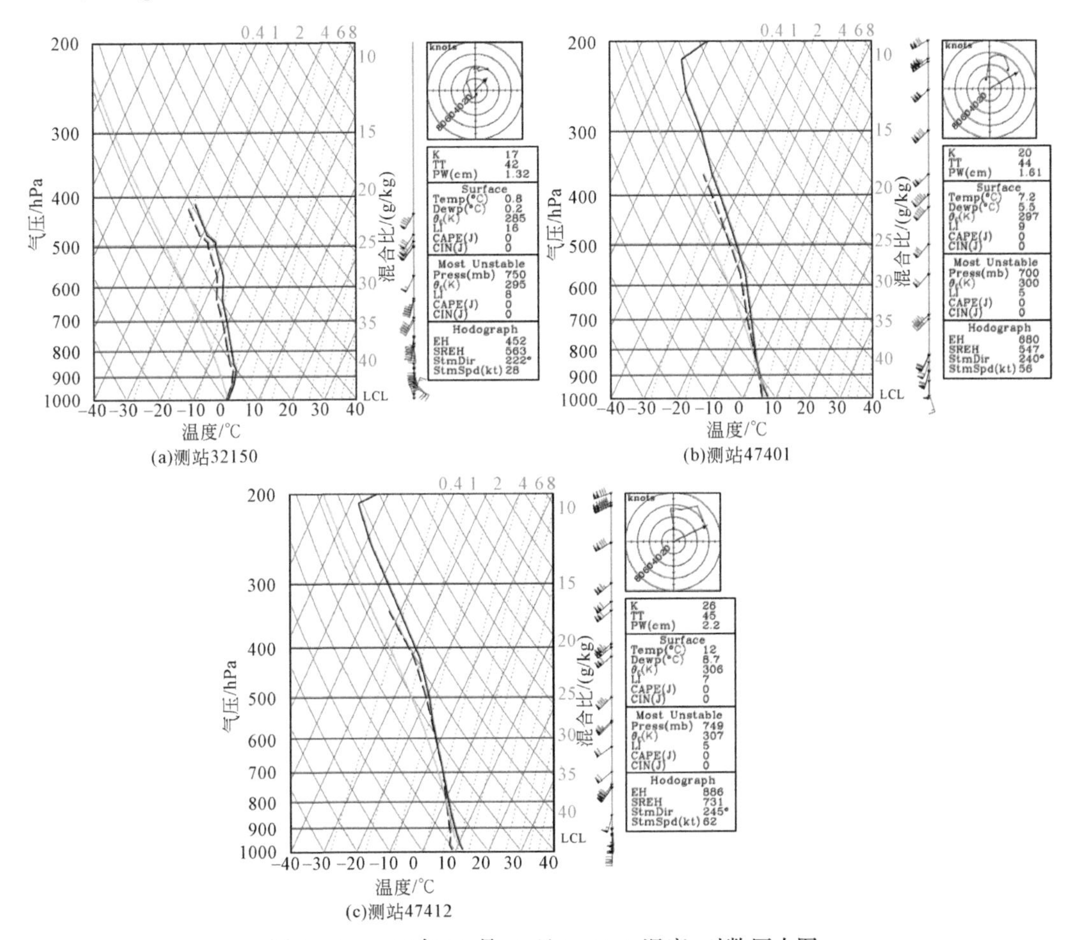

(a)测站32150　(b)测站47401　(c)测站47412

图6.48　2013年11月10日00 UTC温度-对数压力图

黑实线为大气温度曲线（层结曲线），黑虚线为露点温度，绿线为状态曲线，LCL为气团抬升凝结高度

稚内站47401此时位于地面气旋中心附近，从该站的温度-对数压力图（图6.48b）上可以看到，800 hPa以上的层结曲线位于状态曲线左侧，表明大气层结稳定。在800 hPa以下直至地面，层结曲线与状态曲线基本重合，表明大气处于中性层结状态。温度值在高空210 hPa附近随高度增大，表明此时对流层顶约高度为210 hPa。温度曲线与露点温度曲线十分吻合，各个高度的温度露点差均小于5℃，尤其是800～900 hPa的温度与露点温度完全相等，表明大气接近饱和状态。在900 hPa以下，温度与露点温度曲线稍有分开，此

时地面温度为7.2℃、露点温度为5.5℃。风廓线显示近地面风向为东南风，随高度增加风向顺时针旋转为南风，又进一步旋转为西南风偏南风，表明有明显的垂直切变，且风速增大，尤其是900 hPa附近有明显的强低空急流。随着高度的进一步增加，风向进一步顺时针旋转为西南风，风速进一步增大。此时最不稳定层位于700 hPa附近，LCL位于950 hPa附近。

札幌站47412位于气旋中心南侧，从该站的温度-对数压力图（图6.48c）上可以看到，800 hPa以上的层结曲线位于状态曲线左侧，表明大气层结稳定。在800 hPa以下直至地面，层结曲线与状态曲线重合，大气处于中性层结状态。温度曲线值在高空210 hPa附近随高度增大，表明此时对流层顶高度约为210 hPa。温度曲线与露点温度曲线十分接近，各个高度的温度露点差均小于5℃，尤其是550～800 hPa的温度与露点温度完全相等。与UHSS站（32150）和稚内站（47401）相比，札幌站（47412）处于饱和状态的湿空气层高度更高，垂直延伸范围更大，表明气旋南侧含有丰富的水汽。在800 hPa以下，温度曲线与露点温度曲线分开，大气处于上“湿”下“干”的配置。此时该站地面温度为12.0℃、露点温度为8.7℃。风廓线显示近地面风向为南风，有利于向气旋中心输送暖湿空气，且风速较UHSS站（32150）和稚内站（47401）更大，900 hPa附近有明显的强低空急流。随着高度增加至850 hPa，风向顺时针旋转为西南偏南风，随高度增加又进一步旋转为西南风，风速也进一步增大。此时最不稳定层位于749 hPa附近，LCL位于925 hPa附近。

图6.49为2013年11月9日12 UTC至10日12 UTC测站32121、47401、47412、47418的海平面气压、风向、风速、温度、露点温度和6 h降水的时间序列图。

（1）10日00 UTC（图6.49a），测站32121位于地面气旋中心北部。在发展阶段，即10日00～06 UTC的6 h内，该站海平面气压降低了5.0 hPa左右，风向由东北风转为西北风，风速由2 m/s增至18 m/s。在此期间，温度与露点温度的时间序列曲线几乎重合，表明空气中水汽已达到饱和。

（2）从图6.49b中可以看出，10日00 UTC之前，测站47401的海平面气压在12 h内下降约15.0 hPa，10日00 UTC后海平面气压缓慢上升。10日00 UTC时，测站47401位于地面气旋中心附近，风向为东南偏南风，风速为12 m/s，较3 h前风速增大了8 m/s。3 h后，风向转为西北风，风速减小4 m/s，表明气旋向东北方向移动，此时测站位于气旋的西南部。9日18 UTC时，测站47401的6 h累计降水量达33 mm，从此时起至10日00 UTC，该测站温度与露点温度均缓慢上升，且温度露点差较低。10日00～06 UTC，气温在6 h内下降了7℃，6 h累计降水量为13 mm。

（3）10日00 UTC（图6.49c），测站47412位于地面气旋中心南部。10日00 UTC之前，测站47412的海平面气压在12 h内下降约30.0 hPa，当地盛行东南偏南风，10日00 UTC时，风速约为10 m/s。10日00 UTC后海平面气压缓慢上升，风向为西北风，风速约为8 m/s。10日00 UTC时，测站47412的温度和露点温度均突然增大，较3 h前温度升高约4℃，且温度-露点温度差由6℃减小为3℃。至10日06 UTC，该站的6 h累计降水量约为7 mm。

（4）10日00 UTC（图6.49d），测站47418位于地面气旋中心东南部。10日03 UTC

之前，测站 47418 的海平面气压在 15 h 内下降约 36．0 hPa，风向为偏南风，10 日 03 UTC 时的风速增至 24 m/s，相较 3 h 前风速增大了 8 m/s。10 日 03 UTC 之后，风向为西风，风速逐渐减少。10 日 03 UTC 之前，温度和露点温度均随时间增大，10 日 00 UTC 温度与露点温度几乎相等，空气中水汽已接近饱和，至 10 日 06 UTC，该站的 6 h 累计降水量约为 12 mm。

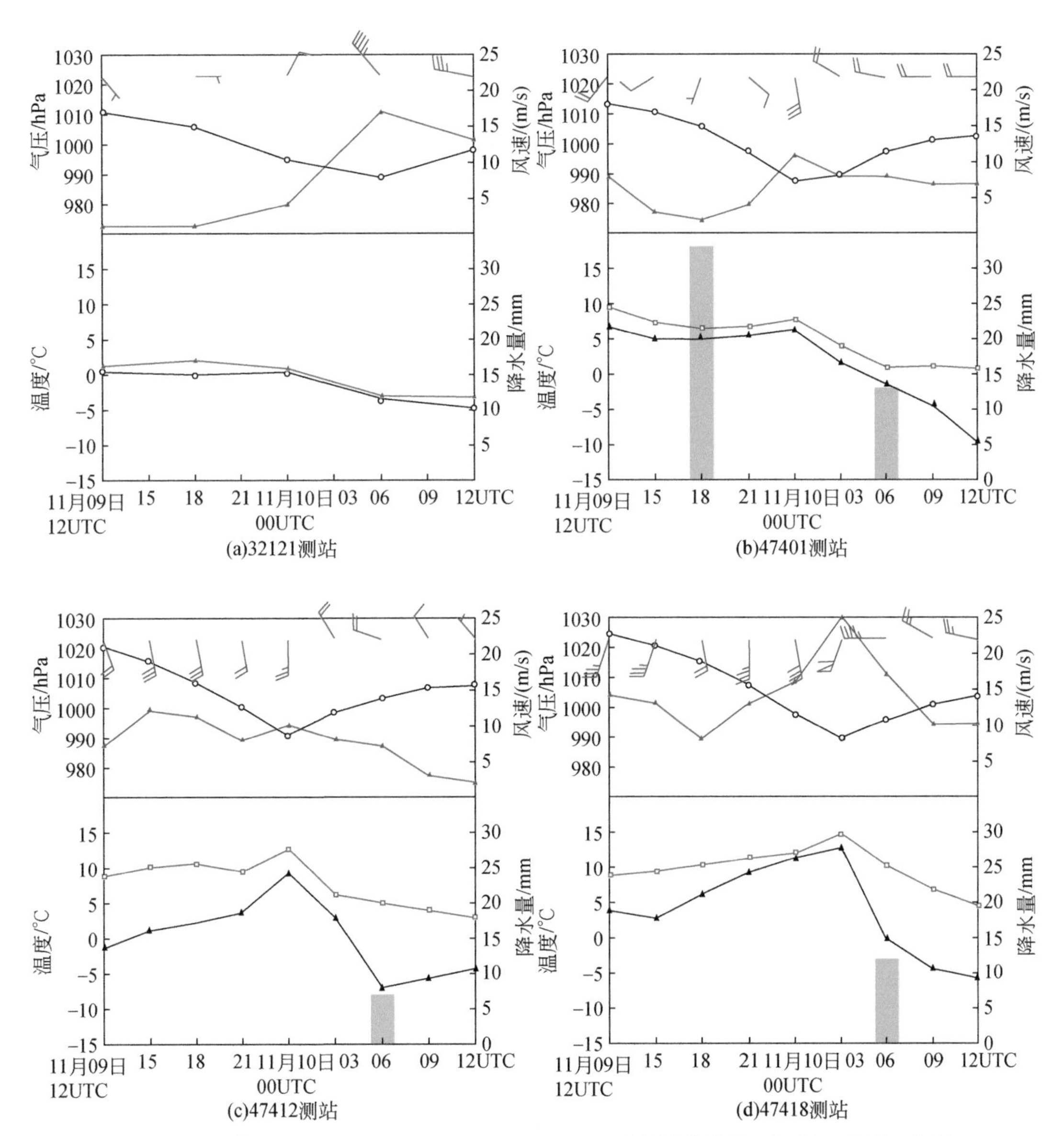

图 6.49　2013 年 11 月 9 日 12 UTC 至 10 日 12 UTC 四个测站的海平面气压（上图，黑线）、风向（上图，风羽）、风速（上图，蓝线）、气温（下图，红线）、露点温度（下图，黑线）和 6 小时降水量（下图，柱状图）随时间变化图

2. $\vec{Q}$ 矢量分析

寿绍文等（2009）指出，准地转 ω 方程是常用的垂直运动诊断方程，但传统形式的准地转方程等式右侧的两项符号相反时，很难定性地判断垂直运动的方向，并且这两项之间还存在部分潜在的抵消效应，所以传统形式的 ω 方程在实际应用上存在一定的困难。

Holton（2004）给出了 p 坐标系下在准地转、准静力、绝热、无摩擦、f 平面条件下的准地转 ω 方程

$$\sigma\nabla^2(\omega)+f^2\frac{\partial^2\omega}{\partial p^2}=-2\nabla\cdot\vec{Q} \tag{6.4}$$

其中，

$$\vec{Q}=(Q_x,Q_y)=\left(-\frac{R}{p}\frac{\partial\vec{V}_g}{\partial x}\cdot\nabla T,-\frac{R}{p}\frac{\partial\vec{V}_g}{\partial \mathrm{y}}\cdot\nabla T\right) \tag{6.5}$$

式（6.7）中的矢量被称为准地转 $\vec{Q}$ 矢量，$\sigma=-\frac{\alpha}{\theta}\frac{\partial\theta}{\partial P}$为静力稳定参数；$\alpha=\frac{RT}{P}$为比容。由式（6.7）定义的准地转 $\vec{Q}$ 矢量还可以表示成如下分量形式

$$Q_x=-\frac{R}{P}\frac{\partial\vec{V}_g}{\partial x}\cdot\nabla T=-\frac{R}{P}\left(\frac{\partial u_g}{\partial x}\cdot\frac{\partial T}{\partial x}+\frac{\partial v_g}{\partial x}\cdot\frac{\partial T}{\partial y}\right) \tag{6.6}$$

$$Q_y=-\frac{R}{P}\frac{\partial\vec{V}_g}{\partial y}\cdot\nabla T=-\frac{R}{P}\left(\frac{\partial u_g}{\partial y}\cdot\frac{\partial T}{\partial x}+\frac{\partial v_g}{\partial y}\cdot\frac{\partial T}{\partial y}\right) \tag{6.7}$$

式（6.8）和式（6.9）说明，准地转 $\vec{Q}$ 矢量决定于地转风水平梯度和水平温度梯度的乘积。因此，当某一层等压面上的位势高度和温度已知时，即可方便地计算出该等压面上的准地转 $\vec{Q}$ 矢量。

下面来说明 $\vec{Q}$ 矢量的物理意义。为了简化问题，在给定点取 x 轴沿等温线方向，则 $-\frac{\partial T}{\partial x}=0$。因此有

$$Q_x=-\frac{R}{P}\frac{\partial v_g}{\partial x}\cdot\frac{\partial T}{\partial y},Q_y=-\frac{R}{P}\frac{\partial v_g}{\partial y}\cdot\frac{\partial T}{\partial y} \tag{6.8}$$

$$\vec{Q}=Q_x\vec{i}+Q_y\vec{j} \tag{6.9}$$

由此可见，Q_y 表示温度梯度$-\frac{\partial T}{\partial y}$的大小变化。设$\frac{\partial T}{\partial y}<0$，而当 $Q_y<0$ 时，需要$\frac{\partial v_g}{\partial y}<0$，地转风 V_g 随 y 坐标增大而减小，表示$\left|-\frac{\partial T}{\partial y}\right|$增大（锋生）；当 $Q_y>0$ 时，需要$\frac{\partial v_g}{\partial y}>0$，地转风 V_g 随 y 坐标增大而变大，表示$\left|-\frac{\partial T}{\partial y}\right|$减小（锋消）（图 6.50a）。$Q_x$ 则表示温度梯度$-\frac{\partial T}{\partial y}$的方向变化。当 $Q_x<0$ 时，需要$\frac{\partial v_g}{\partial x}<0$，地转风 V_g 随 x 坐标增大而减小，表示$-\nabla T$ 作反气旋式旋转；当 $Q_x>0$ 时，需要$\frac{\partial v_g}{\partial x}>0$，地转风 V_g 随 x 坐标增大而变大，表示$-\nabla T$ 作气旋式旋

转（图 6.50b）。

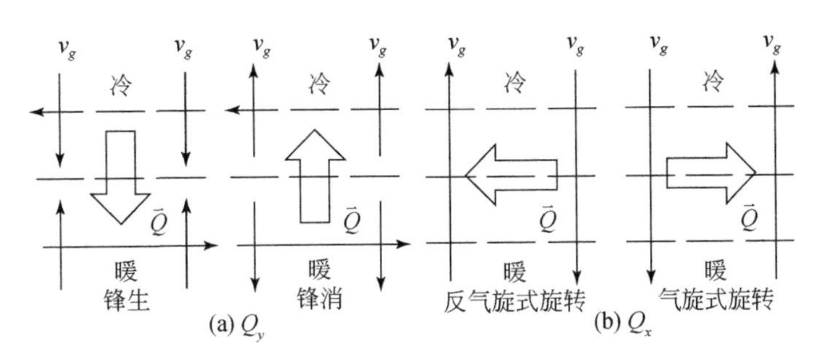

图 6.50　$\vec{Q}$ 矢量分量（a）Q_y和（b）Q_x的物理意义示意图

此图改绘自寿绍文等《中尺度大气动力学》263 页的图 8.4，2009

10 日 00 UTC 时（图 6.51a），850 hPa 地面气旋中心西北部和北部均出现了较强的 $\vec{Q}$ 矢量，其中以气旋西北部的 $\vec{Q}$ 矢量最强。气旋中心附近 850 hPa 等温线呈西南—东北走向，西北冷，东南暖。根据等温线的分布特征，将 $\vec{Q}$ 矢量分解为平行于等温线方向和垂直于等温线方向的两个分量，平行于等温线方向的 $\vec{Q}$ 矢量分量指向正方向，即 $Q_x>0$，表示温度梯度作气旋式旋转；垂直于等温线方向的 $\vec{Q}$ 矢量分量由冷空气指向暖空气一侧，根据 $\vec{Q}$ 矢量的物理意义，温度梯度的绝对值将增大，说明气旋中心西北部有锋生区。此时 $\vec{Q}$ 矢量散度在气旋东北部出现了一个值约为$-1.0\times10^{-13}/(\mathrm{m\cdot s})$ 的辐合中心，在气旋西南部出现一值约为 $1.0\times10^{-13}/(\mathrm{m\cdot s})$ 的辐散中心，地面气旋中心位于辐合区与辐散区之间，这种配置有利于对流层低层能量的累积，促使气旋快速发展。925 hPa 的 $\vec{Q}$ 矢量（图 6.51c）分布与 850 hPa 基本一致且 $\vec{Q}$ 矢量数值更大，最大值可达 3×10^{-9} m/(hPa·s)。平行于等温线方向的 $\vec{Q}$ 矢量分量仍指向正方向，表明温度梯度作气旋式旋转；垂直于等温线方向的 $\vec{Q}$ 矢量分量穿越等温线指向暖空气的能力更强，使温度梯度增大、加强锋生。925 hPa 的 $\vec{Q}$ 矢量散度分布与 850 hPa 也基本一致。

至 10 日 06 UTC 时（图 6.51b），较强的 850 hPa 的 $\vec{Q}$ 矢量出现在地面气旋中心西部，且强度较 6 h 前增大。此时气旋中心西部等温线呈南—北走向，西部冷、东部暖。根据等温线的分布特征，我们仍将 $\vec{Q}$ 矢量分解为平行于等温线方向和垂直于等温线方向的两个分量，平行于等温线方向的 $\vec{Q}$ 矢量分量指向正方向，即 $Q_x>0$，表示温度梯度作气旋式旋转；而垂直于等温线方向的 $\vec{Q}$ 矢量分量在气旋西南部开始由暖空气指向冷空气一侧，根据 $\vec{Q}$ 矢量的物理意义，温度梯度的绝对值将减小，这表明此时气旋西南部有锋消区。正负 $\vec{Q}$ 矢量散度相比 6 h 前强度均明显增大，正负中心影响范围扩大且正负 $\vec{Q}$ 矢量区呈气旋式旋转，辐合中心出现在气旋北部，其中心值约为$-25\times10^{-14}/(\mathrm{m\cdot s})$；辐散中心出现在气旋西南部，其中心最大值约为 $30\times10^{-14}/(\mathrm{m\cdot s})$。此配置有利于对流层低层能量的累积，促使气旋快速发展。925 hPa 的 $\vec{Q}$ 矢量（图 6.51d）分布与 850 hPa 基本一致，$\vec{Q}$ 矢量数值略小。平行于等温线方向的 $\vec{Q}$ 矢量分量仍指向正方向，表明温度梯度作气旋式旋转；气旋西南部垂直于等温线方向的 $\vec{Q}$ 矢量分量也穿越等温线指向冷空气的一侧，使温度梯度减小，表示锋消。925 hPa 的 $\vec{Q}$ 矢量散度分布与 850 hPa 也基本一致，但辐合中心强度更强。

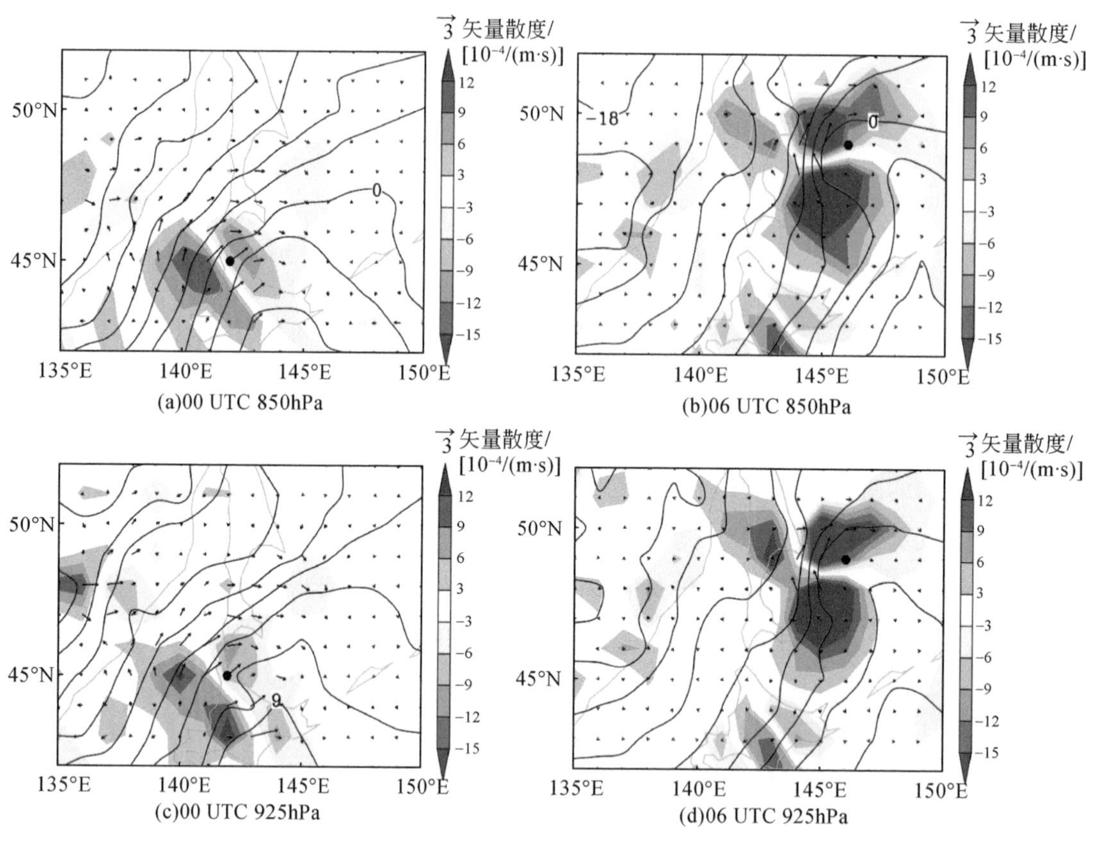

图 6.51　2013 年 11 月 10 日 00 UTC 和 06 UTC 气温（黑线，间隔 3℃）、$\vec{Q}$ 矢量［箭头，单位 10^{-9} m/(hPa·s)］和 $\vec{Q}$ 矢量散度［填色，间隔 3×10^{-14}/(m·s)］的水平分布

3. 高低空急流分析

10 日 00 UTC 时，200 hPa 风场如图 6.52a 所示。读图可知，在山东半岛、渤海和朝鲜半岛上空有高空西风急流带，急流核位于 37°N 附近，呈西—东向分布，最大风速可达 80 m/s以上。在此急流带的东北部有一急流分支，急流核位于日本北海道岛北部，呈西南—东北向的非纬向分布、最大风速达 70 m/s 以上，此时地面气旋中心位于该急流核左侧的西南风急流中。

至 10 日 06 UTC 时（图 6.52b），原纬向急流向东南方向延伸，急流走向转变为西北—东南向且风速大于 60 m/s 以上的急流区范围缩小。非纬向的急流分支远离纬向急流支移动至鄂霍次克海上，急流核风速减小为 60 m/s 左右，但急流核区风速的南北向分量较6 h前显著增大。此时地面气旋中心位于距离急流核较远的北侧。由图 6.52a、b 可知，地面气旋中心上空的非纬向急流区对应着高空强辐散区，根据达因补偿原理，在对流层低层将辐合并产生上升运动。由此可见，非纬向型的反气旋式高空急流在上层产生水平辐散，从而引起下层的辐合和上升运动，有利于低层气旋的发展。

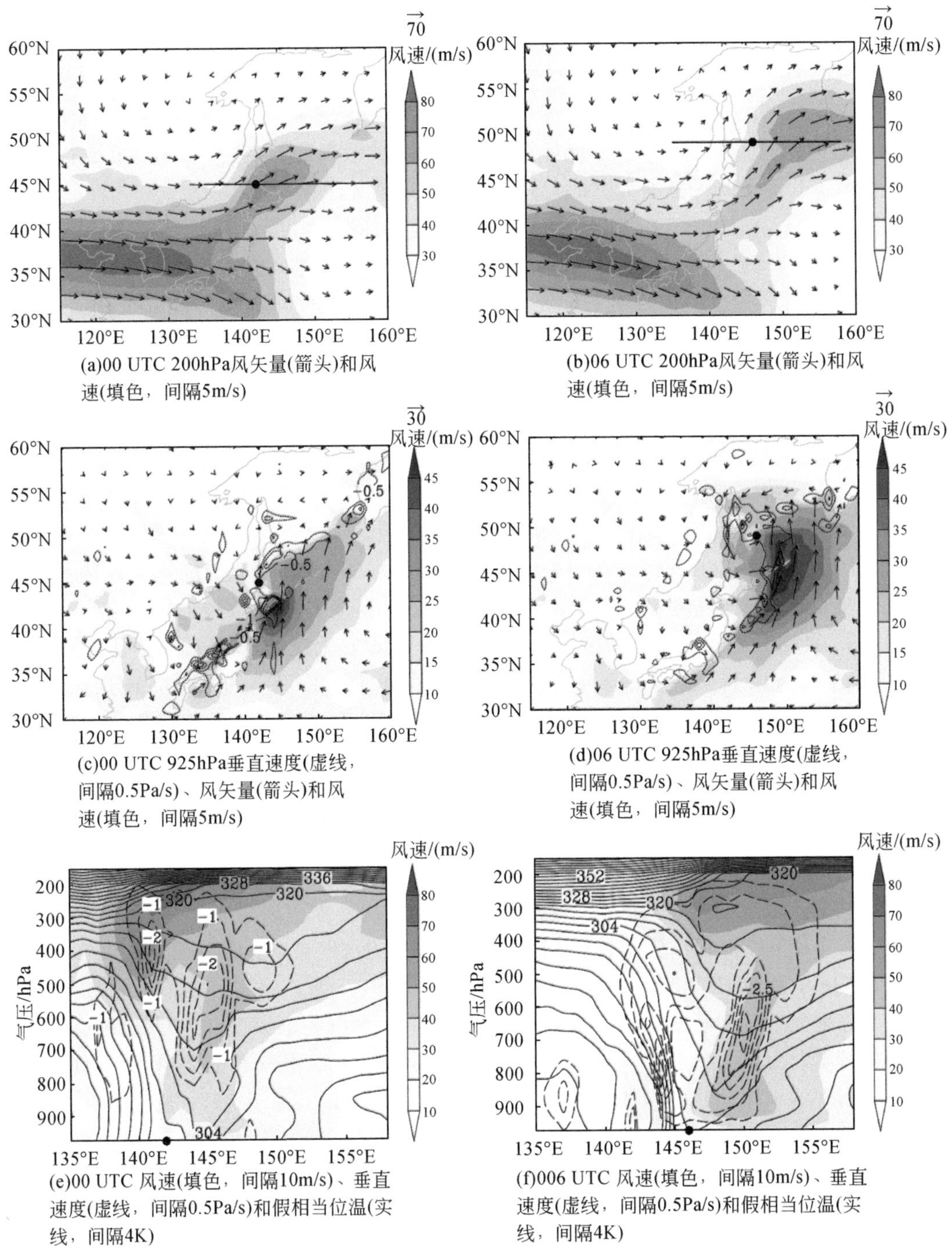

(a)00 UTC 200hPa风矢量(箭头)和风速(填色，间隔5m/s)

(b)06 UTC 200hPa风矢量(箭头)和风速(填色，间隔5m/s)

(c)00 UTC 925hPa垂直速度(虚线，间隔0.5Pa/s)、风矢量(箭头)和风速(填色，间隔5m/s)

(d)06 UTC 925hPa垂直速度(虚线，间隔0.5Pa/s)、风矢量(箭头)和风速(填色，间隔5m/s)

(e)00 UTC 风速(填色，间隔10m/s)、垂直速度(虚线，间隔0.5Pa/s)和假相当位温(实线，间隔4K)

(f)006 UTC 风速(填色，间隔10m/s)、垂直速度(虚线，间隔0.5Pa/s)和假相当位温(实线，间隔4K)

图6.52　2013年11月10日00 UTC和06 UTC物理量分布图

在925 hPa上，10日00 UTC时（图6. 52c），气旋中心上空风速约为18 m/s，其东部和东南部风速较大，最大风速中心位于日本北海道岛的东南部，中心最大风速值可达45 m/s以上。气旋南部和北部均有明显的气旋式切变，东部风速大值区盛行南风。此时在低空急流大值区及日本诸岛西侧有绝对值大于0. 5 Pa/s的狭长上升运动区，最大上升速度可达-4. 0 Pa/s以上。至10日06 UTC时（图6. 52d），气旋中心上空的水平风速为25 m/s，东部和东南部的风速大值区范围扩大，尤其是风速达到45 m/s以上的范围扩大，且风速大值区呈“逗号”状。此时风速大值中心与地面气旋中心的距离较6 h前缩短。925 hPa风场呈涡旋结构，地面气旋中心位于风场涡旋的中心。此时气旋上空为-1. 0 ~ -0. 5 Pa/s的上升区，较6 h前上升区范围有所扩大，但最大上升速度有所降低。

图6. 52e、f为沿图6. 52a、b中实线所做的风速、垂直速度和假相当位温的垂直剖面图。10日00 UTC时（图6. 52e），地面气旋中心上空有一风速大值区，其中心最大风速达70 m/s以上。此风速大值中心向下层延伸，形成两支“风速舌”，一支自200 hPa向气旋中心上游延伸至600 hPa附近，风速的垂直梯度较大；另一支自400 hPa向气旋中心下游延伸至900 hPa附近，该支风速舌的垂直梯度较小。与两支风速舌对应的有两个上升运动区，一个中心位于141°E上空的400 hPa处，其最大上升速度达-2. 0 Pa/s以上；另一中心位于145°E上空的500 hPa处，其最大上升速度达-2. 5 Pa/s以上。此时假相当位温线呈“漏斗”状分布，地面气旋中心位于漏斗底部的西侧。

10日06 UTC时（图6. 52f），即气旋中心气压加深率最大时刻，地面气旋中心上空的风速大值区移至气旋中心西侧，其中心最大风速减少为60 m/s。6 h前的两支风速舌合并为一支，自200 hPa向气旋中心下游延伸至975 hPa附近，且40 m/s以上风速自高空贯穿至900 hPa。此时有两个上升运动区，一个中心位于144°E上空的800 hPa处，其最大上升速度达-2. 5 Pa/s以上；另一中心与风速舌对应，位于149°E上空的700 hPa处，其最大上升速度达-3 Pa/s以上。此时假相当位温线仍呈“漏斗”状分布，地面气旋中心位于漏斗底部，风速舌沿漏斗凹部自高空延伸至地面。

4. 水汽通量分析

水汽通量是单位时间内流经某一单位面积的水汽质量。水汽通量散度是单位体积、单位时间内辐合或辐散的水汽质量。过去的统计研究发现，水汽通量多集中在对流层中下层，以下着重研究700 hPa及以下850 hPa和925 hPa的水汽通量分布特征。

图6. 53a示意2013年11月10日00 UTC时700 hPa上水汽通量和水汽通量散度的分布特征。在地面气旋中心南部有一条西南—东北走向的水汽通量带，自中国长江入海口附近延伸至日本北海道岛北部，横跨了15个纬度、30个经度。水汽通量带中心大值区位于气旋中心南部的本州岛北部，其最大值约为2. 0 kg/(hPa · m · s)。此时气旋中心东部和东南部有负的水汽通量散度值且绝对值较小，分布范围也较小，这表明该处有弱的水汽通量辐合。气旋西部风场为西风，气旋东部风场为东南风，水汽通量大值区对应为东南风且风速较大。

在850 hPa（图6. 53c）上，受日本本州岛的影响，水汽通量带分为两支，左支位于日本诸岛上空，与700 hPa水汽通量带相对应，范围相比700 hPa有所减小；右支位于日本东部，呈南—北走向，强度明显大于左支水汽通量带，其中心大值区位于北海道岛东部，最大值约为3.5 kg/(hPa · m · s)。在左支水汽通量带的本州岛西部沿岸有一负水汽通量散度区，呈长条状分布，中心最大值可达-12×10^{-6}kg/(hPa · m^2 · s)，辐合较强。此时左支水汽通量带位于西北风与东南风的切变处，因此造成水汽通量值虽小，但水汽通量辐合较大。在右支水汽通量带的北海道岛东北部，也有一中心数值约为-6×10^{-6} kg/(hPa · m^2 · s) 水汽通量辐合区，位于地面气旋中心东部且距离气旋中心较近。此时右支水汽通量带上盛行东南偏南风且在水汽通量辐合区有明显的风速切变，有利于水汽向气旋中心输送。在925 hPa（图6.53e）上，左支水汽通量带值有所减小，且范围变小，但水汽通量散度值的绝对值仍较大，其中心最强值可达-12×10^{-6} kg/(hPa · m^2 · s)。右支水汽通量带可看出有两个来源，一个位于日本岛南部，一个位于太平洋副热带地区。其中心水汽通量值约为4.0 kg/(hPa · m · s)，此时水汽通量散度值绝对值相比850 hPa也明显增大，其中心最强值约为-15×10^{-6} kg/(hPa · m^2 · s)，此时气旋右侧风场盛行南风且风速较大，呈明显的气旋式切变，有利于水汽通量的辐合。将整层水汽通量（图6.53g）与卫星云图（图6.45 c）进行对比，我们发现水汽通量大值区整体呈西南—东北走向，与云图中"逗点状"云系的尾部分布范围一致。整层水汽通量大值中心位于气旋东南部，最大值约为1200 kg/(m · s)。

2013年11月10日06 UTC时，在700 hPa（图6.53b）上，地面气旋中心移动至鄂霍次克海上，水汽通量带相比6 h前范围更广，自中国长江入海口附近延伸至气旋东部的鄂霍次克海上，横跨了约25个纬度、30个经度。水汽通量大值带位于气旋中心东南侧，其最大值约为2.5 kg/(hPa · m · s)。在水汽通量大值带的东北部有一中心值为-6×10^{-6} kg/(hPa · m^2 · s) 水汽通量辐合区，较6 h前强度明显增大，表明水汽通量辐合自低层向高空延伸。此时风场呈明显的气旋式涡旋，地面气旋中心位于涡旋内，水汽通量大值带对应着西南风且风速较大。

在850 hPa（图6.53d）上，水汽通量带强度与700 hPa相比明显增强，中心最大值约为3.5 kg/(hPa · m · s)。与6 h前相比，水汽通量带呈"螺旋状"自日本南部气旋式延伸至气旋中心，且水汽通量带大值区对应着大面积的负水汽通量散度区，呈长条状分布，其中心最强值可达-9×10^{-6} kg/(hPa · m^2 · s)，辐合较强。此时风场闭合呈涡旋状且地面气旋中心位于涡旋内，水汽通量带上盛行东南风，在气旋东部转向为南风。

在925 hPa（图6.53f）上，水汽通量带较6 h前强度明显增强，且范围较850 hPa明显增大，其中心最大值约为4.0 kg/(hPa · m · s)。水汽通量辐合区位于水汽通量大值带的西侧，其中心数值可达-12×10^{-6} kg/(hPa · m^2 · s)，地面气旋中心上空有数值为-6×10^{-6}kg/(hPa · m^2 · s) 的强水汽通量辐合。此时风场闭合呈气旋式涡旋，地面气旋中心位于涡旋内，水汽通量辐合区位于西南风与南风的气旋式切变处，有利于水汽通量的辐合。将整层水汽通量（图6.53h）与云图（图6.45e）进行对比，水汽通量大值区呈气旋式旋转至气旋中心，与云图中"螺旋状"云系的尾部分布范围一致。整层水汽通量大值中心位于气旋东南部，1200 kg/(m · s) 覆盖区范围较6 h前明显增大。

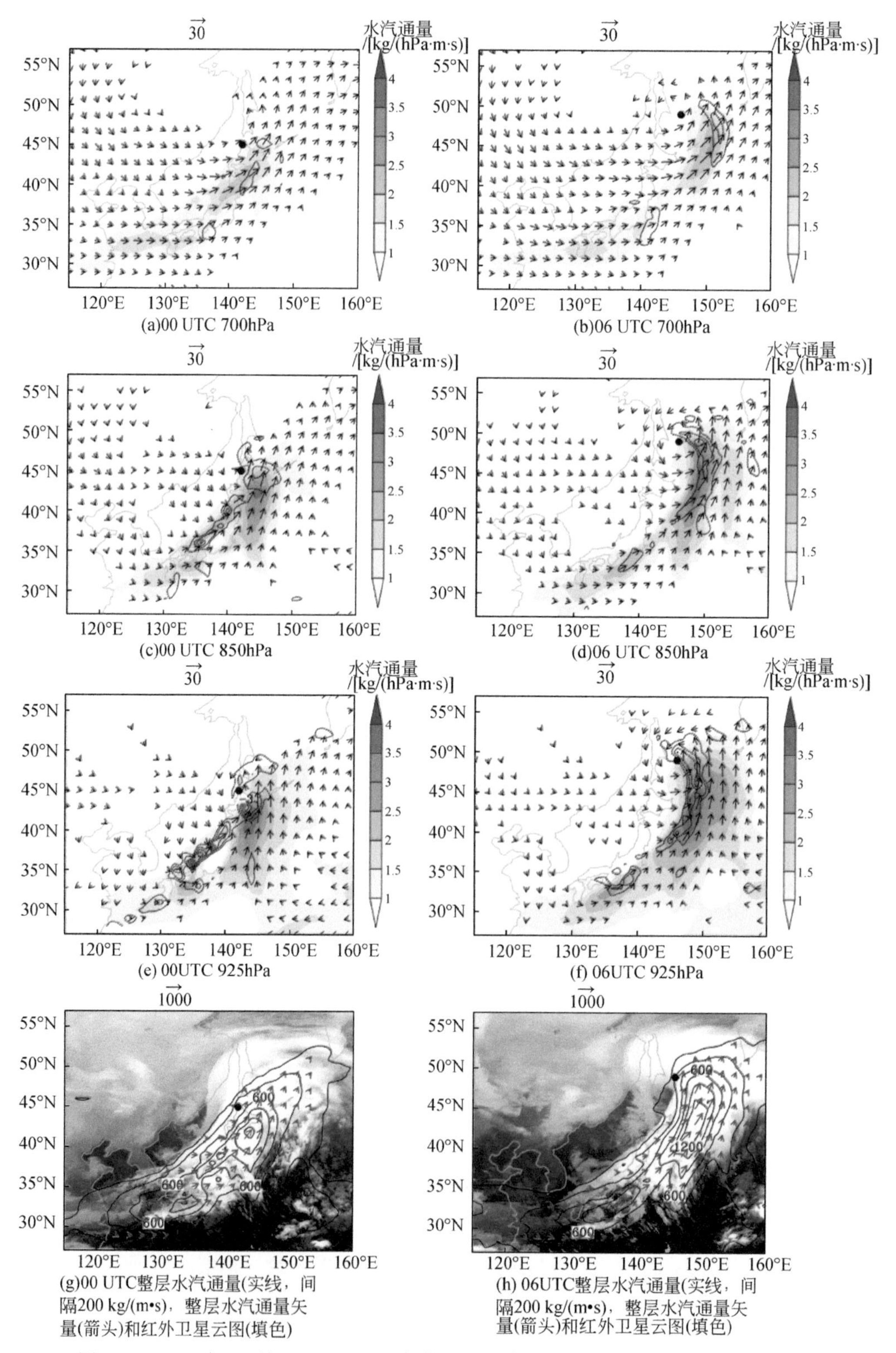

图6.53　2013年11月10日00 UTC水汽通量［填色，间隔0.5 kg/(hPa · m · s)］，水汽通量散度［虚线，间隔3×10^{-6} kg/(hPa · m^2 · s)］和风场（箭头，大于10 m/s）

6.2.5　气旋成熟阶段的结构特征

1. 天气形势分析

图6.54为2013年11月10日12 UTC天气图。在300 hPa上（图6.54a），等位势高度

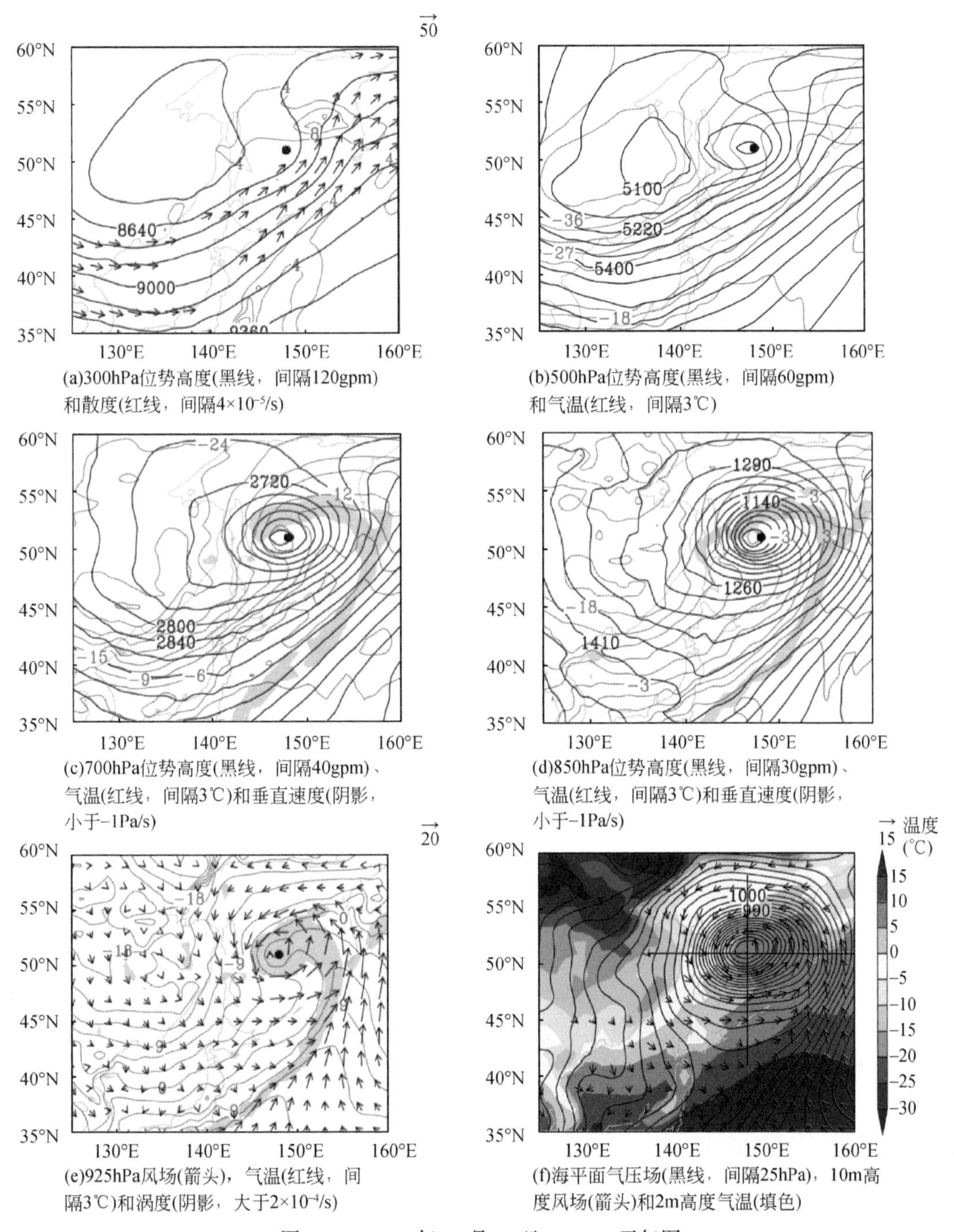

(a)300hPa位势高度(黑线，间隔120gpm)和散度(红线，间隔4×10^{-5}/s)

(b)500hPa位势高度(黑线，间隔60gpm)和气温(红线，间隔3℃)

(c)700hPa位势高度(黑线，间隔40gpm)、气温(红线，间隔3℃)和垂直速度(阴影，小于−1Pa/s)

(d)850hPa位势高度(黑线，间隔30gpm)、气温(红线，间隔3℃)和垂直速度(阴影，小于−1Pa/s)

(e)925hPa风场(箭头)，气温(红线，间隔3℃)和涡度(阴影，大于2×10^{-4}/s)

(f)海平面气压场(黑线，间隔25hPa)，10m高度风场(箭头)和2m高度气温(填色)

图6.54　2013年11月10日12 UTC天气图

黑点表示气旋中心位置

线闭合中心位于地面气旋中心西侧，沿等位势高度线为西南—东北向的高空急流，地面气旋中心位于高空急流左侧。此时气旋中心上空的北部和东北部为强辐散区，其中心强度可达 $1.2\times10^{-4}/s$，高空的辐散有利于低空辐合。在 500 hPa 上（图 6.54b），位势高度场有两个闭合中心，闭合中心等位势高度线分别为 5100 gpm 和 5040 gpm、5040 gpm 闭合中心位于地面气旋中心偏西侧且二者几乎重合，位势高度槽减弱。在 700 hPa 上（图 6.54c），2520 gpm 等位势高度线闭合，闭合中心位于地面气旋中心偏西侧且二者几乎重合。地面气旋中心上空温度约为-12℃，气旋中心外围沿冷锋至气旋中心西北部，有一条狭长的上升运动带。在 850 hPa 上（图 6.54d），990 gpm 等位势高度线闭合，闭合中心位于地面气旋中心偏西侧且二者几乎重合。地面气旋中心东南部有一“暖舌”伸至气旋中心上空，其上空温度约为 0℃。气旋中心外围沿冷锋至气旋中心西部，有一条狭长的上升运动带。

在 925 hPa 上（图 6.54e），风场呈气旋式的旋转，地面气旋中心位于风场的涡旋中心，其东部盛行南风且风速较大。地面气旋中心东南部的“暖舌”气旋式延伸至气旋中心上空，其上空温度约为 3℃。气旋中心及其外围有一条上升运动带，呈逗点状分布，上升运动带的外围风速可达 50 m/s。在海平面图上（图 6.54f），地面气旋中心位于鄂霍次克海上，其中心气压值为 959.0 hPa。气旋中心 2 m 高度气温为 5℃以上。风场呈气旋式的涡旋，地面气旋中心位于风场的涡旋中心，气旋中心风速较小，而气旋东部外围风速逐渐增大。

2. 气旋中心结构

首先了解温度和比湿的分布特征。图 6.55a、b 分别示意 2013 年 11 月 10 日 12 UTC 时温度和比湿过气旋中心的南北向和东西向剖面。在南北向剖面（图 6.55a）上，600 hPa 以上的高空等温线分布较平直，表明南北温度差异小；600 hPa 以下，地面气旋中心南部有一明显“干舌”自高空入侵至近地面，地面气旋中心附近为暖中心，近地面温度达 5℃以上，高空 500 hPa 上比湿值基本低于 1g/kg；500 hPa 之下比湿南北差异显著。

在气旋中心南部、42°N 附近有一“湿舌”自近地面向上延伸至 400 hPa，气旋中心上空也有一“湿舌”自近地面向上延伸至 500 hPa，地面气旋中心附近为湿中心，近地面比湿为 5g/kg 以上。气旋中心上空“湿舌”与 42°N 上空“湿舌”之间为一明显干区，自 500 hPa 附近由北向南倾斜延伸至 800 hPa 附近。

在东西向剖面（图 6.55b）上，气旋中心西侧有冷空气自高空向近地面入侵，700 hPa 以下温度水平梯度较大，140°E 附近近地面温度约为-10℃。地面气旋中心及其东部上空有一“暖舌”自近地面延伸至 650 hPa 附近，与“暖舌”对应的气旋中心和 155°E 附近上空各有一“湿舌”，呈双峰结构，地面气旋中心位于西侧的暖核与湿核中心。

下面来看水平风速和垂直速度的分布特征。图 6.55c、d 分别为 2013 年 11 月 10 日 12 UTC 时水平风速和垂直速度过气旋中心的南北向和东西向剖面。在南北向剖面（图 6.55c）上，在气旋中心南部 46°N 上空 300 hPa 附近风速达 70 m/s 以上，并从高空向下延伸，在气旋中心南部、49 °N 上空 900 hPa 附近有一风速达 40 m/s 以上的风速大值中心。此时在气旋中心北部、54°N 上空 900 hPa 附近也有一风速达 30 m/s 以上的风速大值中心，该处有一上升区，上升速度为-2 Pa/s。气旋中心位于两风速大值中心之间，风速

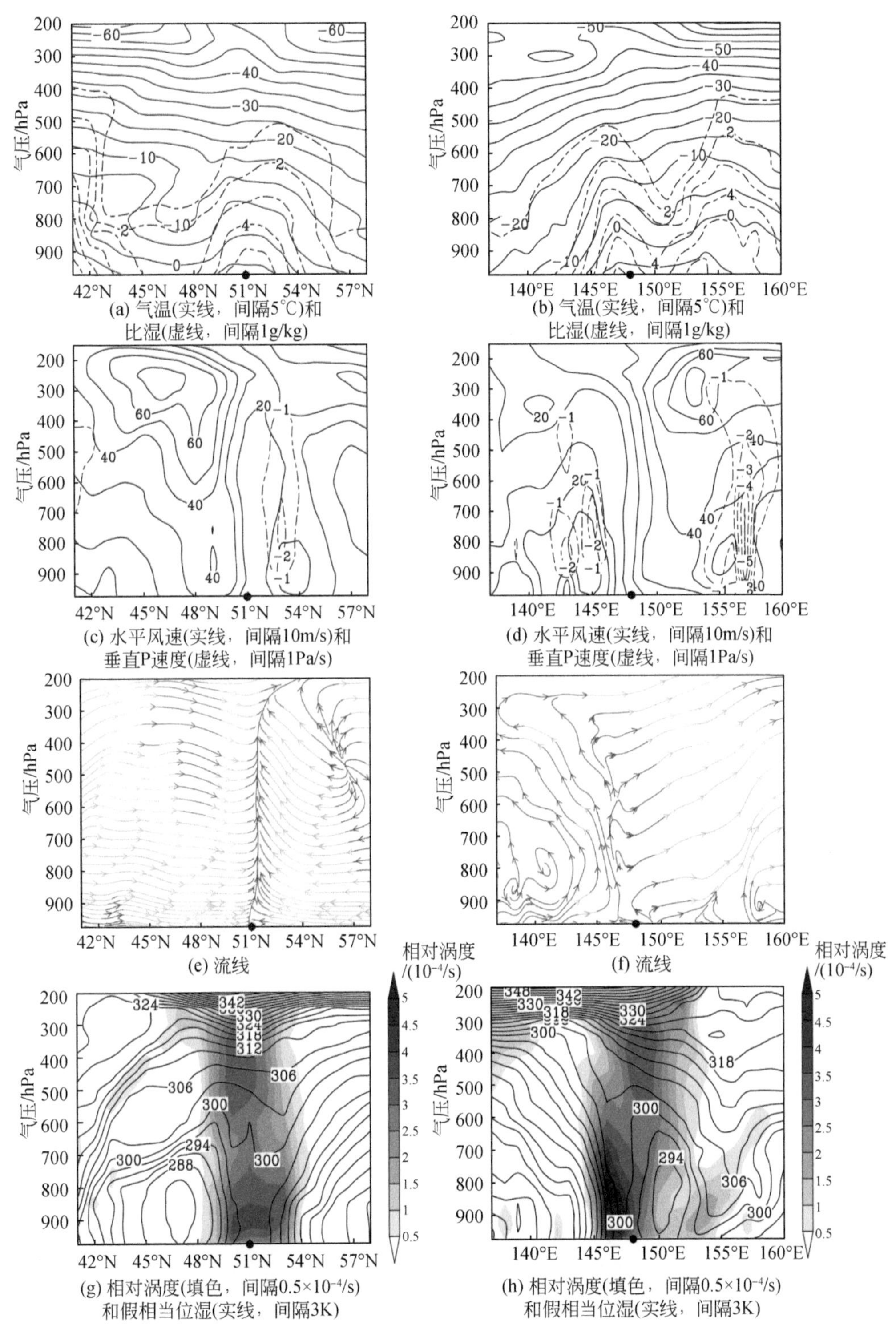

(a) 气温(实线，间隔5℃)和比湿(虚线，间隔1g/kg)

(b) 气温(实线，间隔5℃)和比湿(虚线，间隔1g/kg)

(c) 水平风速(实线，间隔10m/s)和垂直P速度(虚线，间隔1Pa/s)

(d) 水平风速(实线，间隔10m/s)和垂直P速度(虚线，间隔1Pa/s)

(e) 流线

(f) 流线

(g) 相对涡度(填色，间隔0.5×10^{-4}/s)和假相当位温(实线，间隔3K)

(h) 相对涡度(填色，间隔0.5×10^{-4}/s)和假相当位温(实线，间隔3K)

图 6.55　2013 年 11 月 10 日 12 UTC 垂直剖面图

较小，自近地面至上空400 hPa间风速均低于20 m/s。在东西向剖面（图6.55d）上，在气旋中心西部、145°E上空900～800 hPa间有一风速达30 m/s以上的风速大值中心，该处有一上升运动区，速度为-2 Pa/s。在气旋中心东部、152°E上空300 hPa附近有一风速达70 m/s以上的风速大值中心。此时在气旋中心东部157°E上空有强一上升区，最大上升速度可达-5 Pa/s。

下面分析流场的分布特征。图6.55e、f分别为2013年11月10日12 UTC时过气旋中心的南北向和东西向流线剖面图。在南北向剖面（图6.55e）上，地面气旋中心上空为上升区，气旋中心南部的经向风为南风，北部的经向风为北风且气旋南部风速明显大于北部。同时，在气旋中心北部56°N上空500 hPa附近有一辐散中心。在东西向剖面（图6.55f）上，地面气旋中心上空为上升区，气旋中心西部的纬向风为东风，东部的纬向风为西风，且气旋东部风速明显大于西部。同时，在气旋中心西部、142°E上空800 hPa附近有一辐合中心。

下面分析相对涡度和假相当位温的分布特征。图6.55g、h分别为2013年11月10日12 UTC时相对涡度和假相当位温过气旋中心的南北向和东西向剖面。在南北向剖面（图6.55g）上，气旋中心南部47°N上空自近地面至800 hPa附近有一假相当位温低值中心，气旋中心北部假相当位温水平梯度较大，而地面气旋中心上空假相当位温梯度变化很小。地面气旋中心上空900 hPa和400 hPa附近分别有一相对涡度大值中心，高低空相对涡度大值中心上下竖直联通，呈“塔”状分布。在东西向剖面（图6.55h）上，气旋中心西部假相当位温水平梯度较大，对应锋区。气旋中心东部150°E上空自近地面至750 hPa附近有一假相当位温低值中心，表明存在静力不稳定。地面气旋中心上空沿锋区有一数值为$5\times10^{-4}/s^2$的相对涡度大值区。气旋中心上空400 hPa附近也有一数值为$3.5\times10^{-4}/s^2$相对涡度大值中心。

6.2.6 WRF数值模拟结果分析

前文分别对该爆发性气旋个例的初始、发展及成熟阶段进行了简单的分析，但由于所使用的FNL资料的时间分辨率为6 h，不够精细。本小节将利用WRF模式模拟的时间分辨率为1 h的模拟结果，并通过分析PV倾向方程中的各项在气旋演变过程不同阶段对PV的贡献，更细致地探讨该爆发性气旋发展的原因。

1. WRF模式及参数设置

使用的WRF模式版本为3.5，具体参数设置见表6.2。模式积分区域中心位置为(138°E，48°N)，采用的网格水平分辨率为10 km × 10 km，垂直方向为不等间距的28层。大气长短波辐射方案分别为RRTM方案（Mlawer et al.，1997）和Dudhia方案（Dudhia，1989），大气边界层方案为YSU方案（Hong et al.，2006），微物理方案为Lin方案（Lin et al.，1983），积云参数化方案为Kain-Fritsch方案（Kain，2004），WRF模式积分的初始场和侧边界条件由FNL资料提供。

表 6.2　WRF 模式模拟 2013 年 11 月气旋个例的主要参数设置表

WRF 参数	模式设置
基本方程	非静力学雷诺平均原始方程组
垂直坐标	σ_z 地形追随坐标
地图投影	兰勃特投影
积分区域中心位置	138°E，48°N
水平分辨率	$\Delta x=\Delta y=10$ km
格点数	550×450×28
辐射方案	长波辐射：RRTM 方案（Mlawer et al.，1997） 短波辐射：Dudhia 方案（Dudhia，1989）
大气边界层方案	YSU 方案（Hong et al.，2006）
微物理方案	Lin 方案（Lin et al.，1983）
积云参数化方案	Kain-Fritsch 方案（Kain，2004）
侧边界条件	FNL 资料提供，6 h 更新一次
初始资料/时刻	FNL 资料提供/2013 年 11 月 8 日 18 UTC
积分步长/时间	$\Delta t=20$ s /36 h

2. 模拟结果验证

本小节从气旋移动路径、海平面中心气压值和高低层环流形势场三个方面对 WRF 模拟结果进行验证，模拟结果将与水平分辨率为 1°×1°的 FNL 资料进行对比。

图 6.56 为 WRF 模式模拟结果和 FNL 资料的气旋中心移动路径对比图。结果显示：二者走向基本一致，均生成于北海道岛西部的日本海上，并经北海道岛北部向东北方向移动至鄂霍次克海上。但在大约 10 日 06 UTC 之前，WRF 模式模拟的气旋移动路径较 FNL 资料分析结果偏东，10 日 06 UTC 之后，WRF 模式模拟的气旋移动路径较 FNL 资料分析结果偏西。

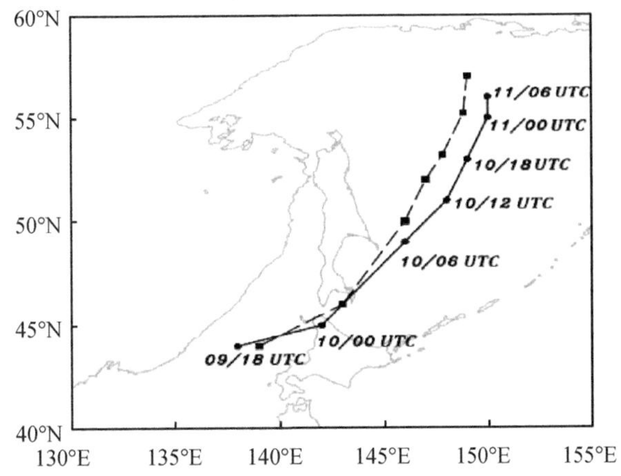

图 6.56　WRF 模式模拟结果（虚线）和 FNL 资料（实线）的气旋中心移动路径

每两个相邻实心圆点或者方框的时间间隔为 6 小时

图 6. 57 为 WRF 模式模拟结果和 FNL 资料的气旋海平面中心气压值对比图。结果显示，10 日 12 UTC 之前，WRF 模式模拟的海平面中心气压值与 FNL 资料几乎一致。但 10 日 12 UTC 之后，FNL 资料的海平面中心气压值开始回升，WRF 模式模拟的海平面中心气压值继续下降至 953. 0 hPa，10 日 18 UTC 后开始回升。

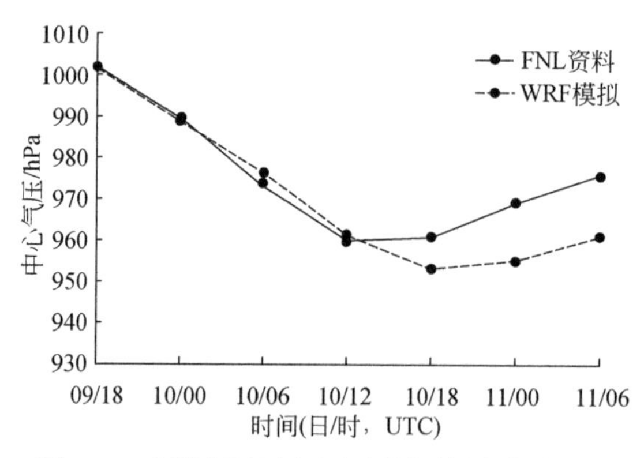

图 6. 57　气旋海平面中心气压随时间变化对比图

图中实线为 FNL 资料，虚线为 WRF 模式模拟结果

图 6. 58 为 WRF 模式模拟结果和 FNL 资料的天气形势对比图。

在 500 hPa（图 6. 58a、b）上，两图的等位势高度线分布趋势大体一致，在北海道岛东北部均有一短槽，WRF 模式模拟的短槽较 FNL 资料的槽浅，等温线分布也基本一致。

在 850 hPa（图 6. 58c、d）上，两图的等位势高度线分布趋势大体一致，FNL 资料分析的等位势高度线闭合中心为 1110 gpm，比 WRF 模式模拟的闭合中心强度略强。等温线分布也基本一致，均在日本东岸等温线密集。

在海平面气压场图（图 6. 58e、f）上，两图的等压线分布大体一致，WRF 模式模拟的等压线闭合中心约为 977. 5 hPa，FNL 资料的等压线闭合中心为 975. 0 hPa。对于 10 m 高度风场，两图气旋中心东部风速均较大，且在气旋中心南部均有气旋式切变。

综上分析可知，WRF 模式模拟结果能够较好地刻画气旋的移动路径、强度变化和高低空环流形势。下面我们将利用 WRF 模式模拟结果对气旋进行分析。

3. PV 分析

（1）PV 倾向方程

Hoskins（1997）推导出了在准地转条件下大气的位涡倾向方程为

$$\frac{Dq}{Dt}=\frac{1}{\rho}\vec{\zeta}\cdot\nabla\dot{\theta}+\frac{1}{\rho}(\nabla\times\vec{F})\cdot\nabla\theta \tag{6.10}$$

式中，$q=-\frac{1}{g}\vec{\zeta}\cdot\nabla\theta$ 为位涡；$\vec{\zeta}$ 为三维涡度；$\vec{\mathrm{F}}$ 为大气摩擦力；θ 为位温。在无摩擦的情况下，式（6. 10）又可以写成

$$\frac{\partial q}{\partial t}=-\vec{V}_h\cdot\nabla q+\frac{pg}{RT}w\frac{\partial q}{\partial p}+\frac{1}{\rho}\vec{\zeta}\cdot\nabla\dot{\theta} \tag{6.11}$$

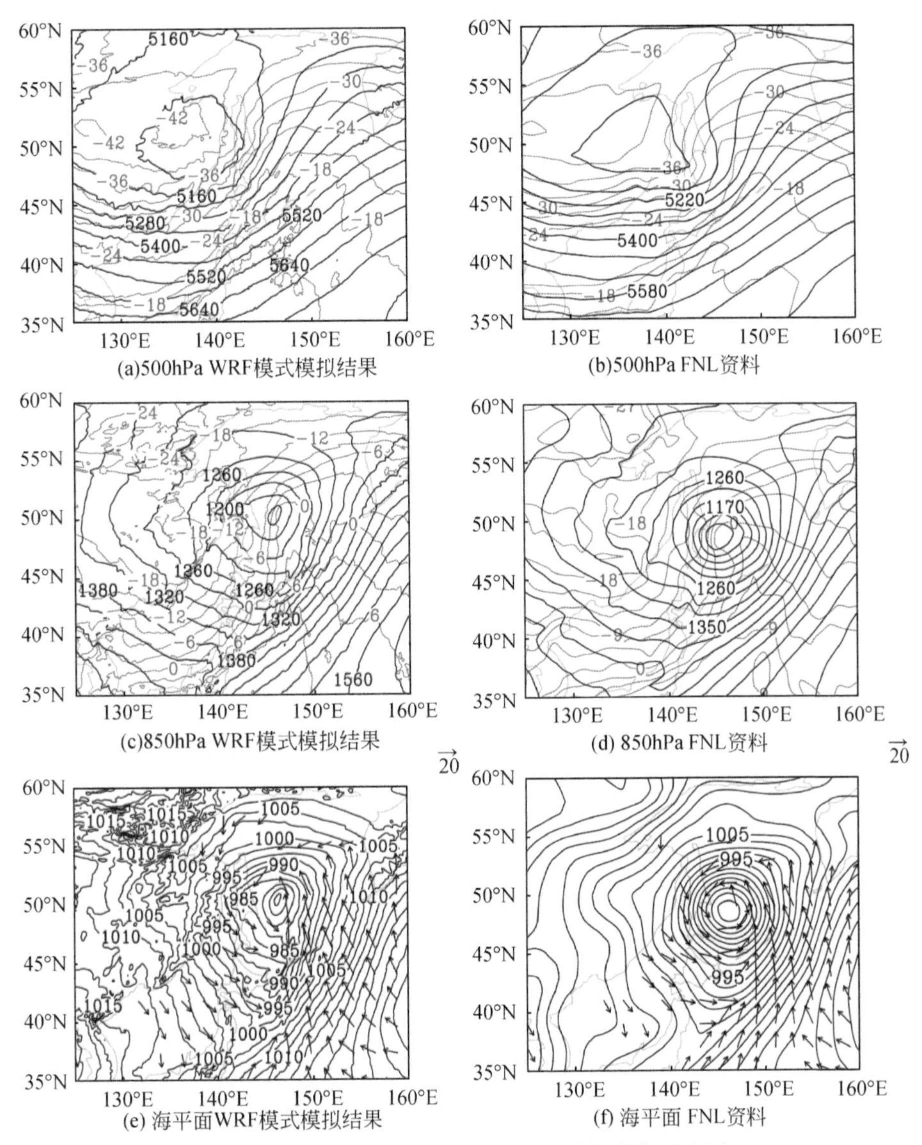

图 6.58　2013 年 11 月 10 日 06 UTC 天气形势对比图

图 a，b 表示 500 hPa 位势高度（黑线，间隔 60 gpm）和气温（红线，间隔 3℃）；图 c、d 表示 850 hPa 位势高度（黑线，间隔 30 gpm）和气温（红线，间隔 3℃）；图 e，f 表示海平面气压（实线，间隔 2.5 hPa）和 10 m 高度风场（箭头，大于 10 m/s）

式中，q 为位涡 PV；$\vec{V}_h$ 为水平速度矢量；w 为 z 坐标系下垂直运动速度；p 为气压；R 为气体常数；T 为温度；$\vec{\zeta}$ 为三维绝对涡度矢量；$\dot{\theta}$ 为位温随时间变化率。

式（6.11）表明，对 PV 局地时间变化是来源于 PV 的水平平流项（第一项）、垂直平流项（第二项）和非绝热加热项（第三项）的贡献。非绝热加热项可表示为

$$\frac{1}{\rho}\vec{\zeta}\cdot\nabla\dot{\theta}=\frac{1}{\rho}\left(\zeta_x\frac{\partial\dot{\theta}}{\partial x}+\zeta_y\frac{\partial\dot{\theta}}{\partial y}+(f+\zeta_p)\frac{\partial\dot{\theta}}{\partial p}\right)\tag{6.12}$$

式中，非绝热加热项包括潜热释放（LHR）项和辐射项，辐射项可忽略不计，因此潜热释放项可分解为 LHR 水平梯度的贡献和 LHR 垂直梯度的贡献。

由于 PV 倾向方程中非线性项的存在，对各项进行数值计算时会产生虚假的短波，造成计算误差。为了减小这种误差，需要对计算结果进行平滑和滤波。我们使用 Shapiro（1970）提出的二维二阶滤波公式进行滤波。

（2）PV 倾向方程中各项分析

首先对 300 hPa 上 PV 的局地时间变化项，即式（6.11）中方程的左边项进行分析。9 日 21 UTC 时（图 6.59a），地面气旋中心西部的亚欧大陆东岸有一正的 PV 局地时间变化项，且距离气旋中心较远。同时，在鄂霍次克海上有“北正南负”的分布。

3 h 后（图 6.59b），原位于亚欧大陆东岸的正 PV 局地时间变化区呈长条状分布并向东移动，且与气旋中心距离缩短。鄂霍次克海上的 PV 局地时间变化项有所减弱。

在接下来的 6 h 内（图 6.59c、d），气旋西部的正 PV 局地时间变化项区域继续向东北方向移动，长条状结构更加明显，与气旋中心的距离进一步缩短。鄂霍次克海上的 PV 局地时间变化项数值减小。

10 日 09 UTC 时（图 6.59e），原气旋西部的正 PV 局地时间变化项区域移动至地面气旋上空，覆盖范围较 3 h 前有所增大。鄂霍次克海上的 PV 局地时间变化项数值进一步减弱。

10 日 12 UTC 时（图 6.59f），3 h 前覆盖于地面气旋中心上空的正 PV 局地时间变化项区域移动至气旋东部，并呈现出“逗点”状结构。原鄂霍次克海上空的正 PV 局地时间变化项减弱并移入俄罗斯。

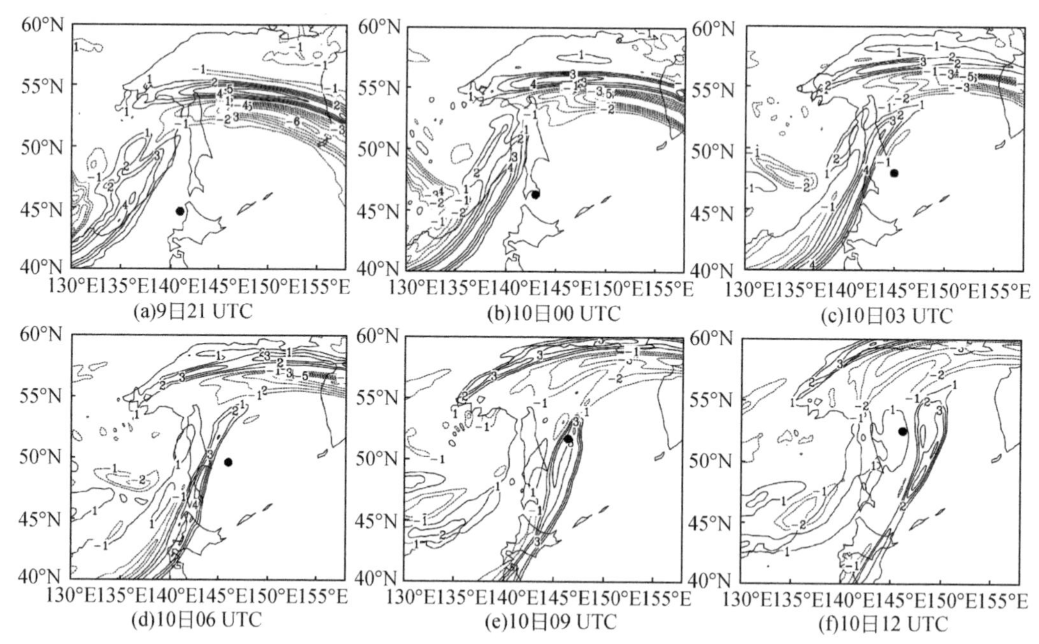

图 6.59　2013 年 11 月 9 日 21 UTC 至 10 日 12 UTC 300 hPa PV 的局地时间变化项

时间间隔为 3 小时，单位为 PVU/(3 h)

下面对 300 hPa 上 PV 水平平流项，即式（6.11）中方程右边第一项进行分析。9 日

21 UTC 时（图 6.60a），地面气旋中心西部的亚欧大陆东岸有一正的 PV 水平平流项，且距离气旋中心较远。同时，在鄂霍次克海上有“北正南负”的分布。

3 h 后（图 6.60b），原位于亚欧大陆东岸的正 PV 水平平流项区域呈长条状分布并向东移动，且与气旋中心距离缩短。鄂霍次克海上的 PV 水平平流项数值有所减弱。

在接下来的 6 h 内（图 6.60c、d），气旋西部的正 PV 水平平流项区域继续向东北方向移动，长条状结构更加明显，与气旋中心的距离进一步缩短。鄂霍次克海上的 PV 水平平流项数值进一步减弱，且向北移动。

10 日 09 UTC 时（图 6.60e），原气旋西部的正 PV 水平平流项区域移动至地面气旋上空，覆盖范围较 3 h 前明显减小。鄂霍次克海上的 PV 水平平流项数值进一步减弱并向北移动。

10 日 12 UTC 时（图 6.60f），3 h 前覆盖于地面气旋中心上空的正 PV 水平平流项区域移动至气旋东部，原鄂霍次克海上“北正南负”的 PV 水平平流项逐渐消散。

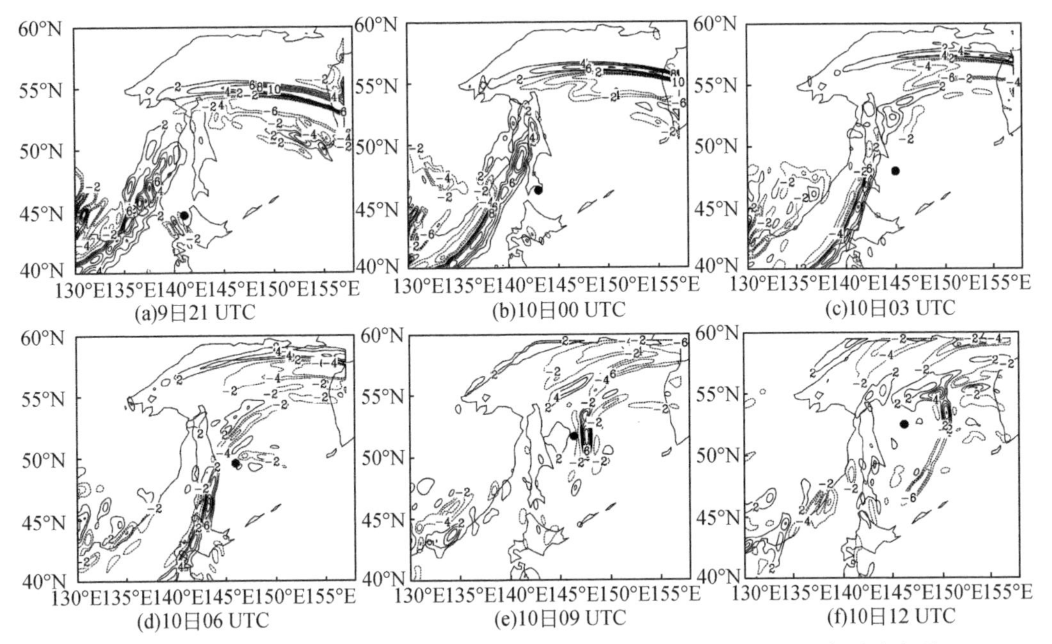

图 6.60　2013 年 11 月 9 日 21 UTC 至 10 日 12 UTC 时 300 hPa 上 PV 水平平流项

时间间隔为 3 小时，单位为 PVU/(3 h)

下面对 300 hPa 上 PV 垂直平流项，即式（6.11）中方程右边第二项进行分析。9 日 21 UTC 时（图 6.61a），地面气旋中心西部的日本海及亚欧大陆东岸被负的 PV 垂直平流项区域覆盖。

3 h 后（图 6.61b），负的 PV 垂直平流项区域向东移动至气旋中心西侧。

在接下来的 6 h 内（图 6.61c、d），负的 PV 垂直平流项区域继续向东北方向移动且位于气旋西侧。

10 日 09 UTC 时（图 6.61e），负的 PV 垂直平流项区域移动至地面气旋上空，覆盖范围较 3 h 前有所减小。

10 日 12 UTC 时（图 6.61f），3 h 前覆盖于地面气旋中心上空的负的 PV 垂直平流项区

域移动至气旋东部。

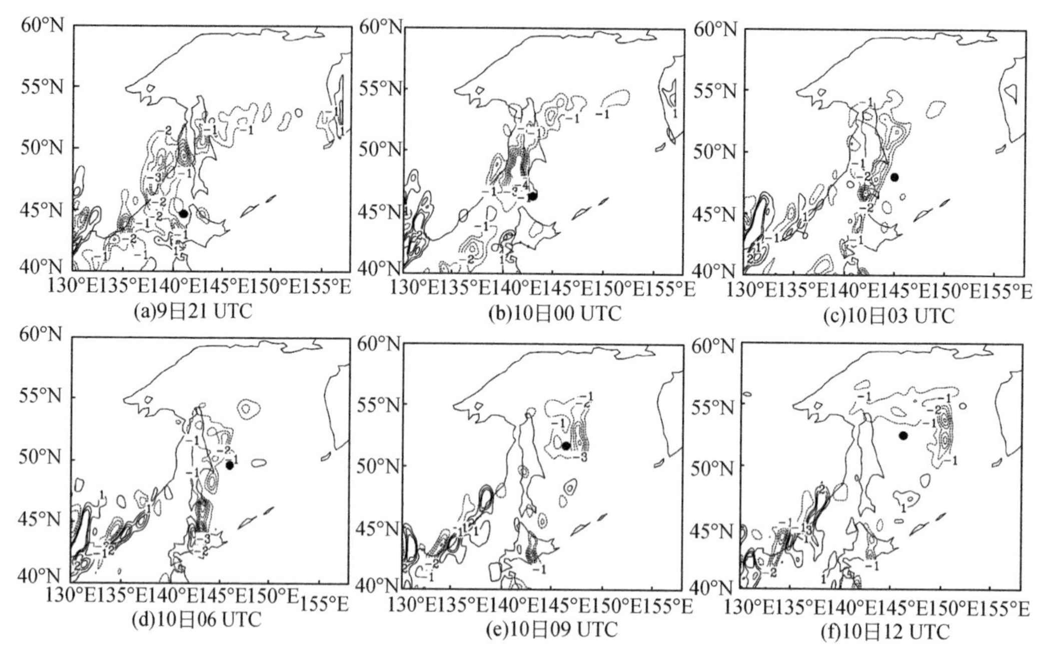

图 6.61　2013 年 11 月 9 日 21 UTC 至 10 日 12 UTC 时 300 hPa 上 PV 垂直平流项

时间间隔为 3 小时，单位为 PVU/(3 h)

下面对 300 hPa 上非绝热加热项，即式（6.11）中方程右边第三项进行分析。9 日 21 UTC 时（图 6.62a），地面气旋中心西部的亚欧大陆东岸有正的非绝热加热区。

3 h 后（图 6.62b），正的非绝热加热区向东移动至气旋中心西侧。

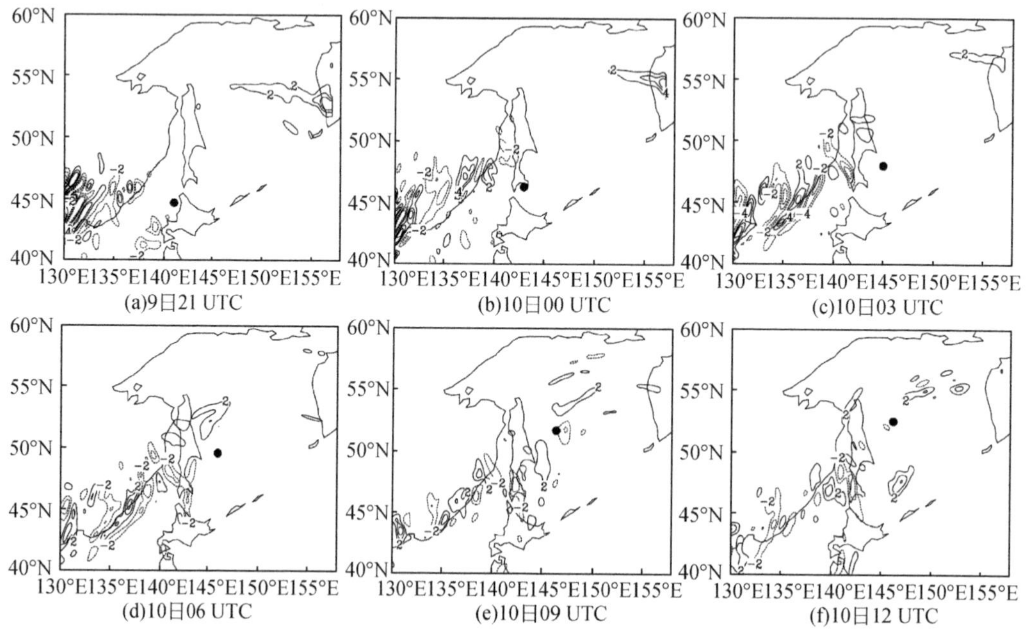

图 6.62　2013 年 11 月 9 日 21 UTC 至 10 日 12 UTC 时 300 hPa 上非绝热加热项

时间间隔为 3 小时，单位为 PVU/(3 h)

在接下来的6 h内（图6.62c、d），正的非绝热加热区继续向东北方向移动且强度明显增大。

10日06 UTC时，非绝热加热项强度最大，此时气旋的加深率最大。

10日09 UTC时（图6.62e），正的非绝热加热区位于气旋中心西南部和东北部，且强度有所降低。

10日12 UTC时（图6.62f），正的非绝热加热区只存在于气旋中心东北部，且强度较低。

由上述分析可知，PV水平平流项数值较大，为正值，且在气旋发展过程中与PV局地时间变化项的分布一致，这表明该项对PV发展起主要作用。PV垂直对流项在气旋发展过程中为较小的负值，对PV发展起抑制作用。非绝热加热项为正值，虽比PV水平平流项小，但在气旋达到最大加深率时数值增大，表明非绝热加热项对PV发展起重要作用。

6.3 本章小结

本章我们利用观测资料和WRF数值模拟结果对2007年3月3—6日发生在东北亚的一个爆发性气旋、2013年11月9—11日发生在日本海—鄂霍次克海上的一个爆发性气旋进行了分析，现分别总结如下。

6.3.1 东北亚爆发性气旋

用观测资料和WRF数值模拟结果的分析，我们给出了气旋发展阶段概念示意图（图6.63）。

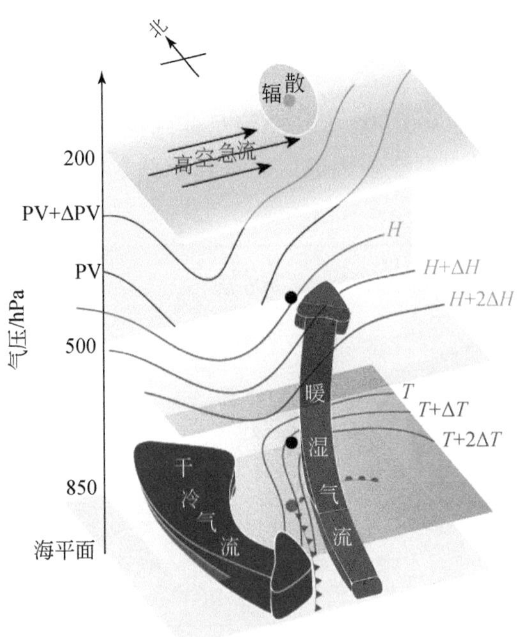

图6.63 东北亚气旋发展阶段概念示意图

（1）气旋在发展阶段，位于200 hPa的急流出口区左侧，高空强辐散有利于下层气旋的爆发性发展。500 hPa上南北两个槽逐渐合并并有形成东北冷涡的趋势。850 hPa上锋区与倒槽逐渐融合形成温带气旋，海平面气压场上冷锋前南风向气旋中心输送来自洋面的“暖”和“湿”的空气，而气旋西侧为大范围北风，向气旋输送来自大陆的“冷”和“干”的空气。

（2）气旋在发展阶段有“暖心”和“湿核”结构，下垫面热通量可能使气旋中心气压变化率出现“双峰”分布。

（3）在气旋的入海过程中，相当位温场表现为冷锋结构。在入海过程中锋面坡度不断增加，最终转竖，当中还出现过“鼻”状结构。锋面的基本特征是南部“暖”、“湿”，北部“冷”、“干”。

（4）冷锋前后存在“西支急流”和“东支急流”。“西支急流”的高度在800～900 hPa，温度场和湿度场属性为“冷”、“干”，北段为东北偏北风，且结构松散，其输送的冷干空气由北向南减弱；“东支急流”南段高度在900 hPa附近，北段高度在700 hPa以上，温度场和湿度场属性为“暖”和“湿”，南段基本为南风，北上的过程中结构逐渐松散，其输送的暖湿空气由南向北减弱。

（5）对925 hPa涡度诊断分析可知，涡度方程中的散度项是影响相对涡度变化的重要一项。

（6）气旋中心上游高空的PV正异常下传对气旋的加强起到重要作用。

6.3.2　日本海—鄂霍次克海上的爆发性气旋

通过对红外卫星云图、天气图的分析以及对PV、$\vec{Q}$矢量、高低空急流和水汽通量的诊断分析，我们给出了该爆发性气旋在发展的概念示意图（如图6.64、图6.65所示），另外，还得到以下六点主要结论。

（1）如图6.64所示，在300 hPa上，急流呈非纬向型的反气旋式弯曲，地面气旋中心位于急流出口区左侧，对应高空强辐散区，有利于低空的辐合。在500 hPa上，气旋中

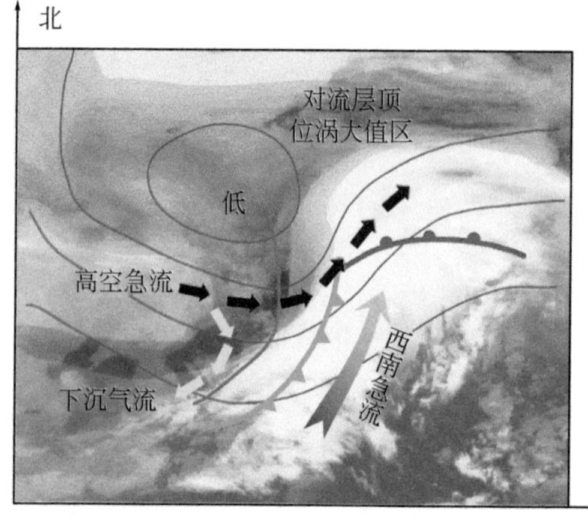

图6.64　日本海—鄂霍次克海上爆发性气旋发展阶段俯瞰示意图

心位于槽前的正涡度平流区且与槽线距离逐渐缩短，有利于地面气旋的发展。在850 hPa上，气旋后部为强冷平流，气旋东南部有“暖舌”向气旋中心输送暖空气。海平面气压场上，冷锋前为较强南风，有利于向气旋中心输送暖洋面空气。

（2）如图6.65所示，地面气旋上游的高空正PV异常区诱发出气旋式环流并向下伸展，低空非绝热加热引起的正PV异常向上延伸，低空暖平流又使高层的气旋性环流加强，而高层的气旋性环流又促使低空的气旋性环流和温度平流加强，形成了“自我发展”的正反馈过程。

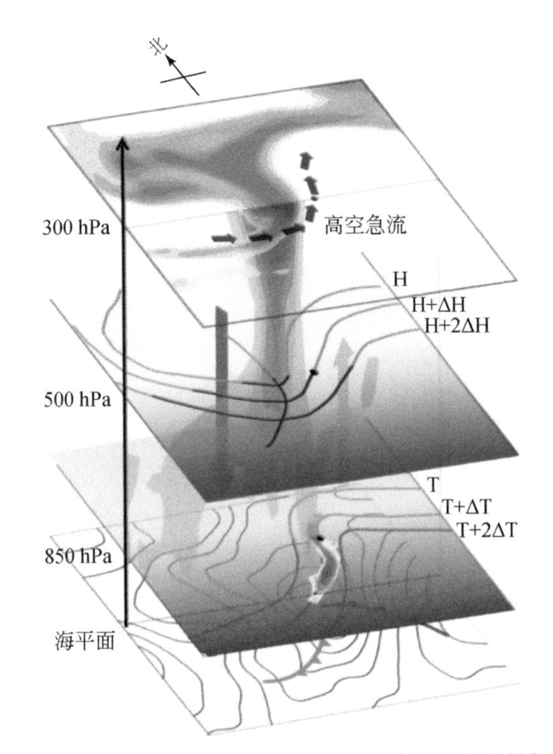

图6.65　日本海—鄂霍次克海上爆发性气旋发展阶段结构示意图

（3）在气旋快速发展时，平行于等温线方向的$\vec{Q}$矢量分量指向正方向，温度梯度作气旋式旋转；垂直于等温线方向的$\vec{Q}$矢量分量穿越等温线指向暖空气，使温度梯度增大，锋生区更强。同时，地面气旋中心位于$\vec{Q}$矢量辐合区与辐散区之间，这种配置有利于对流层低层能量的累积，加剧气旋的快速发展。

（4）高空非纬向型急流产生的强辐散区引起低层风场的辐合，使气旋附近产生上升运动，为气旋的爆发性发展提供动力条件；高空急流输送干冷空气，而低空急流输送暖湿空气，加剧了大气潜在不稳定性，高低空急流耦合产生的次级上升环流触发潜在不稳定能量的释放；同时高空大值风速区向地面气旋上游延伸，当风速舌经过气旋中心到达下游时，气旋的加深率最大。

（5）气旋东南部的南风风力较大，有利于向气旋中心输送充足的水汽。且气旋中心附近水汽通量散度较大，有利于水汽的辐合。

（6）利用 WRF 模式模拟结果对 PV 倾向方程中各项分析可知，PV 水平平流项为较大的正值，且在气旋发展过程中与 PV 局地时间变化项的分布一致，对 PV 发展起主要的促进作用。PV 垂直对流项在气旋发展过程中一直较小，且为负值，对 PV 发展起抑制作用。非绝热加热项为正值，但比 PV 水平平流项小，但在气旋达到最大加深率时数值增大，这表明非绝热加热项对 PV 发展起到重要作用。

参考文献

陈锦年，乐肯堂，贾传明，彭垣，2000. 南半球气旋发生频数的变化及其与赤道东太平洋水温和南方涛动的关系．海洋学报，22：86-93

戴晶，傅刚，张树钦，孙雅文．2017. 北太平洋上一个爆发性气旋族的结构分析．中国海洋大学学报（自然科学版），47（1）：17-25

丁一汇，朱彤．1993. 陆地气旋爆发性发展的动力学分析和数值试验．中国科学（B辑），23（11）：1226-1232

丁治英，王劲松，翟兆锋．2001. 爆发性气旋的合成诊断及形成机制研究．应用气象学报，12（1）：30-40

杜俊，余志豪．1991. 中国东部一次入海气旋的次级环流分析．海洋学报，3（1）：43-50

冯士筰，李凤岐，李少菁．1999. 海洋科学导论．北京：高等教育出版社．202-205

黄立文，秦曾灏，吴秀恒，邹早建．1999a. 海洋温带气旋爆发性发展数值试验．气象学报，57（4）：410-427

黄立文，仪清菊，秦曾灏，宇如聪．1999b. 西北太平洋温带气旋爆发性发展的热力-动力学分析．气象学报，57（5）：581-593

黄立文，吴国雄，宇如聪，秦曾灏．2001. 海洋风暴形成的一种动力学机制．气象学报，6：35-45

江敦春，党人庆．1995. 地形和高层环境对爆发气旋影响的数值研究．南京大学学报，30（1）：154-164

寇正，欧阳子济．1999. 爆发性气旋发展中斜压强迫与潜热释放作用的数值试验．气象科学，19（3）：259-269

李崇银，潘静，田华，杨辉．2012. 西北太平洋台风活动与大气季节内振荡．气象，38（1）：1-16

李长青，丁一汇．1989. 西北太平洋爆发性气旋的诊断分析．气象学报，47（2）：180-190

李秀芬，朱教君，贾燕，刘江，李娜，李凤芹．2007. 2007年辽宁省特大暴风雪形成过程与危害．生态学杂志，26（8）：1250-1258

吕筱英，孙淑清．1996. 气旋爆发性发展过程的动力特征及能量学研究．大气科学，20（1）：90-100

秦曾灏，李永平，黄立文．2002. 中国近海和西太平洋温带气旋的气候学研究．海洋学报，24（增刊1），105-111

曲维正，陈幸荣，沈永生，王厚广．2001. 南半球海平面大气环流的若干特点．黄渤海海洋，19：9-16

寿绍文，励申申，寿亦萱，姚秀萍．2009. 中尺度大气动力学．北京：高等教育出版社．262-263

孙雅文，傅刚，张树钦．2017. 变性台风LUPIT爆发性发展的研究．中国海洋大学学报（自然科学版），47（5）：10-18

汤长明，刘晓东，罗四维．1990. 东亚沿岸一次爆发性发展气旋的数值模拟．气象，16（10）：10-15

田生春，刘苏红．1988. 一次快速发展气旋的诊断分析．气象学报，46（3）：285-293

田忠翔，李春花，张林，李明，孟上．2012. 气候态下的北极海冰运动特征．海洋预报，29（6）：66-73

项素清，龚奕．2010. 一次东海气旋爆发性发展数值模拟．气象科技，38（3）：275-280

解思梅，范晓莉，田少奋．1991. 南极气象学．北京：海洋出版社．2-4

谢甲子，寇正，王勇．2009. 西北太平洋地区一次爆发性气旋的诊断分析．暴雨灾害，28（3）：251-254

徐祥德，丁一汇，解以扬，仪清菊．1996. 不同垂直加热率对爆发性气旋发展的影响．气象学报，54（1）：73-82

仪清菊，丁一汇．1993. 东亚和西太平洋爆发性温带气旋发生的气候学研究．大气科学，17（3）：302-309

仪清菊，丁一汇．1996. 黄、渤海气旋暴发性发展的个例分析．应用气象学报，7（4）：483-490

于玉斌，姚秀萍．2003. 干侵入的研究及其应用进展．气象学报，61（6）：769-778

张伟，陶祖钰，胡永云，王洪庆，黄炜．2006. 气旋发展中平流层空气干侵入现象分析．北京大学学报（自然科学版），42（1）：61-67

张颖娴，丁一汇．2014. 北半球温带气旋的模拟和预估研究 Ⅰ：6 个 CMIP5 耦合模式模拟能力的检验．气象学报，72（6）：1155-1170

赵其庚，仪清菊，丁一汇．1994. 一个温带海洋气旋爆发性发展的动力学分析．海洋学报，16：30-37

Anthes R A, Keyser D. 1979. Tests of a fine-mesh model over Europe and the United States. Monthly Weather Review, 107: 963-984

Anthes R A, Kuo Y H, Gyakum J R. 1983. Numerical simulations of a case of explosive marine cyclogenesis. Monthly Weather Review, 111: 1174-1188

Bergeron T. 1954. Reviews of modern meteorology-12. The problem of tropical hurricanes. Quarterly Journal of the Royal Meteorological Society, 80: 131-164

Binder H, Boettcher M, Joos H, Wernli H. 2016. The role of warm conveyor belts for the intensification of extratropical cyclones in northern hemisphere winter. Journal of the Atmospheric Sciences, 73: 3997-4020

Bjerknes J. 1919. On the structure of moving cyclones. Monthly Weather Review, 47: 95-99

Bjerknes J, Solberg H. 1922. Life cycle of cyclones and the polar front theory of atmospheric circulation. Geophysiske Publikationer, 3 (1): 1-18

Black M T, Pezza A B. 2013. A universal, broad-environment energy conversion signature of explosive cyclones. Geophysical Research Letters, 40: 452-457

Bleck R. 1974. Short-range prediction in isentropic coordinates with filtered and unfiltered numerical models. Monthly Weather Review, 102 (12): 813-829

Bluestein H B. 1993. Observations and theory of weather systems, Vol. II, Synoptic-dynamic meteorology in midlatitudes. Oxford University Press, 594 pp

Booth J F, Thompson L, Patoux J, Kelly K A. 2012. Sensitivity of midlatitude storm intensification to perturbations in the sea surface temperature near the Gulf Stream. Monthly Weather Review, 140 (4): 1241-1256

Bosart L F. 1981. The Presidents' day snowstorm of 18-19 February 1979: A subsynoptic-scale event. Monthly Weather Review, 109 (7): 1542-1566

Bosart L F, Lin S C. 1984. A diagnostic analysis of the Presidents' Day storm of February 1979. Monthly Weather Review, 112: 2148-2177

Bosart L F, Lai C C, Rogers E. 1995. Incipient explosive marine cyclogenesis: coastal development. Tellus, 47A: 1-29

Browning K A, Golding B W. 1995. Mesoscale aspects of a dry intrusion within a vigorous cyclone. Quarterly Journal of the Royal Meteorological Society, 121: 463-493

Bullock T A, Gyakum J R. 1993. A diagnostic study of cyclogenesis in the western north Pacific ocean. Monthly Weather Review, 121: 65-75

Burt S. 1987. A new north Atlantic low pressure record. Weather, 42: 53-56

Burt S. 1993. Another new north Atlantic low pressure record. Weather, 48: 98-103

Cammas J, Ramond D. 1989. Analysis and diagnosis of the composition of ageostrophic circulations in jet-front systems. Monthly Weather Review, 117 (11): 2447-2462

Čampa J, Wernli H. 2012. A PV perspective on the vertical structure of mature midlatitude cyclones in the northern hemisphere. Journal of the Atmospheric Sciences, 69 (2): 725-740

Carleton A M. 1979. A synoptic climatology of satellite- observed extratropical cyclone activity for the southern hemisphere winter. Archiv für Meteorologie, Geophysik und Bioklimatologie, Serie B, 27: 265-279

Carleton A M. 1981. Monthly variability of satellite-derived cyclonic activity for the Southern hemisphere winter. Journal of Climatology, 1 (1): 21-38

Carleton A M. 1988. Sea ice-atmosphere signal of the southern oscillation in the Weddell sea, Antarctica. Journal of Climate, 1 (4): 379-388

Chadenas C, Creach A, Mercier D. 2014. The impact of storm Xynthia in 2010 on coastal flood prevention policy in France. Journal of Coastal Conservation, 18 (5): 529-538

Charney J G, Ellassen A. 1964. On the growth of the hurricane depression. Journal of the Atmospheric Sciences, 21: 68-75

Chen S, Dellósso L. 1987. A numerical case study of east Asian coastal cyclogenesis. Monthly Weather Review, 115: 477-487

Chen S J, Kuo Y H, Zhang P, Bai Q. 1991. Synoptic climatology of cyclogenesis over East Asia, 1958-1987. Monthly Weather Review, 119 (6): 1407-1418

Chen S J, Kuo Y H, Zhang P, Bai Q. 1992. Climatology of explosive cyclones off the east Asian coast. Monthly Weather Review, 120: 3029-3035

Chen T, Chang C, Perkey D J. 1983. Numerical study of an AMTEX'75 oceanic cyclone. Monthly Weather Review, 111: 1818-1829

Cordeira J M, Bosart L F. 2011. Cyclone interactions and evolutions during the "perfect storms" of late October and early November 1991. Monthly Weather Review, 139: 1683-1707

Cressman G P. 1959. An operational objective analysis system. Monthly Weather Review, 87: 368-375

Dal Piva E, Gan M A, de Lima Moscati M C. 2011. The role of latent and sensible heat fluxes in an explosive cyclogenesis over the south American east coast. Journal of the Meteorological Society of Japan, 89: 637-663

Danielsen E F. 1964. Project springfield report. Washington D C. Defense Atomic Support Agency, 99: 664-668

Davis C A, Emanuel K A. 1988. Observational evidence for the influence of surface heat fluxes on rapid maritime cyclogenesis. Monthly Weather Review, 116 (12): 2649-2659

Dickson R R. 1979. Weather and circulation of February 1979. Monthly Weather Review, 107 (5): 624-630

Dudhia J. 1989. Numerical study of convection observed during the winter monsoon experiment using a mesoscale two-dimensional model. Journal of Atmospheric Sciences, 46 (20): 3077-3107

Fink A H, Pohle S, Pinto J G, Knippertz P. 2012. Diagnosing the influence of diabatic processes on the explosive deepening of extratropical cyclones. Geophysical Research Letter, 39: L07803

Foster J L, Leffler R J. 1979. The extreme weather of February 1979 in the Baltimore-Washington area. National Weather Digest, 4: 16-21

Fu G, Sun Y W, Sun J L, Li P Y. 2020. A 38- year climatology of explosive cyclones over the northern hemisphere. Advances in Atmospheric Sciences, 37 (2): 143-159

Gaztelumendi S, Egaña J, Gelpi I R, Otxoa de Alda K, Hernandez R, Pierna D. 2009. A severe wind storm affecting the Basque country: the Klaus case study. 9th EMS Annual Meeting/9th European Conference on Applications of Meteorology (ECAM) (held from 28 September to 02 October 2009, Toulouse, France).

Abstracts, 6, EMS2009-355

Gyakum J R, Anderson J R, Grumm R H, Gruner E L. 1989. North Pacific cold-season surface cyclone activity: 1975-1983. Monthly Weather Review, 117: 1141-1155

Gyakum J R. 1983a. On the evolution of the QE II storm. I: Synoptic aspects. Monthly Weather Review, 111: 1137-1155

Gyakum J R. 1983b. On the evolution of the QE II storm. II: Dynamic and thermodynamic structure. Monthly Weather Review, 111: 1156-1173

Gyakum J R. 1991. Meteorological precursors to the explosive intensification of the QE II storm. Monthly Weather Review, 119 (5): 1105-1131

Gyakum J R, Roebber P J, Bullock T A. 1992. The role of antecedent surface vorticity development as a conditioning process in explosive cyclone intensification. Monthly Weather Review, 120: 1465-1489

Gyakum J R, Danielson R E. 2000. Analysis of meteorological precursors to ordinary and explosive cyclogenesis in the western north Pacific. Monthly Weather Review, 128: 851-863

Hanson H P, Long B. 1985. Climatology of cyclogenesis over the East China Sea. Monthly Weather Review, 113 (5): 697-707

Hart R E. 2003. A cyclone phase space derived from thermal wind and thermal asymmetry. Monthly Weather Review, 131 (4): 585-616

Hedley M, Yau M K. 1991. Anelastic modeling of explosive cyclogenesis. Journal of the Atmospheric Sciences, 48: 711-727

Hennessy K. 2004. Storms and climate change in Australia. Proceedings of International Conferences on Storms, Brisbane, Australia, Australian Meteorological and Oceanographic Society, 37-44

Hirata H, Kawamura R, Kato M, Shinoda T. 2015. Influential role of moisture supply from the Kuroshio/Kuroshio extension in the rapid development of an extratropical cyclone. Monthly Weather Review, 143 (10): 4126-4144

Holton J R. 2004. An introduction to dynamic meteorology (Fourth Edition). Burlington, Maryland, USA. Elsevier Academic Press, 529 pp

Hong S, Dudhia J, Chen S. 2004. A revised approach to ice microphysical processes for the bulk parameterization of clouds and precipitation. Monthly Weather Review, 132 (1): 103-120

Hong S, Noh Y, Dudhia J. 2006. A new vertical diffusion package with an explicit treatment of entrainment processes. Monthly Weather Review, 134 (9): 2318-2341

Hoskins B J, Mcintyre M E, Robertson A W. 1985. On the use and significance of isentropic potential vorticity maps. Quarterly Journal of the Royal Meteorological Society, 111: 877-946

Hoskins B J. 1997. A potential vorticity view of synoptic development. Meteorological Applications. 4: 325-334

Iwao K, Inatsu M, Kimoto M. 2012. Recent changes in explosively developing extratropical cyclones over the winter northwestern Pacific. Journal of Climate, 25 (20): 7282-7296

Janjić Z I. 1994. The step-mountain eta coordinate model: further developments of the convection, viscous sublayer, and turbulence closure schemes. Monthly Weather Review, 122 (5): 927-945

Kain J S. 2004. The Kain-Fritsch convective parameterization: an update. Journal of Applied Meteorology, 43 (1): 170-181

Kalnay E, Balgovind R, Chao W, Edelmann D, Pfaendtner J, Takacs L, Takano K. 1983. Documentation of the

GLAS fourth-order general circulation model. NASA Tech. Memo. 86064, Vol. 1, NASA Goddard Space Flight Center, Greenbelt, MD, 436 pp

Kelly R W P, Gyakum J R, Zhang D L, Roebber P J. 1994. A diagnostic study of the early phases of sixteen western north-Pacific cyclones. Journal of the Meteorological Society of Japan, 72: 515-530

Konrad C E II, Colucci S J. 1988. Synoptic climatology of 500 mb circulation changes during explosive cyclogenesis. Monthly Weather Review, 116 (7): 1431-1443

Kouroutzoglou J, Flocas H A, Simmonds I, Keay K, Hatzaki M. 2011. Assessing characteristics of Mediterranean explosive cyclones for different data resolution. Theoretical and Applied Climatology, 105: 263-275

Krishnamurti T N, 1968. A diagnostic balance model for studies of weather systems of low and high latitudes, Rossby number less than 1. Monthly Weather Review, 96 (4): 197-207

Kristjánsson J E, Thorsteinsson S, Røsting B. 2009. Phase-locking of a rapidly developing extratropical cyclone by Greenland' s orography. Quarterly Journal of the Royal Meteorological Society, 135: 1986-1998

Kuo Y H, Reed R J. 1988. Numerical simulation of an explosively deepening cyclone in the eastern Pacific. Monthly Weather Review, 116: 2081-2105

Kuo Y H, Low-Nam S. 1990. Prediction of nine explosive cyclones over the western Atlantic Ocean with a regional model. Monthly Weather Review, 118 (1): 3-25

Kuo Y H, Shapiro M A, Donall E G. 1991a. The interaction between baroclinic and diabatic processes in a numerical simulation of a rapidly intensifying extratropical marine cyclone. Monthly Weather Review, 119: 368-384

Kuo Y H, Low-Nam S, Reed R J. 1991b. Effects of surface energy fluxes during the early development and rapid intensification stages of seven explosive cyclones in the western Atlantic. Monthly Weather Review, 119: 457-476

Kuwano-Yoshida A, Asuma Y. 2008. Numerical study of explosively developing extratropical cyclones in the northwestern Pacific region. Monthly Weather Review, 136 (2): 712-740

Kuwano-Yoshida A, Enomoto T. 2013. Predictability of explosive cyclogenesis over the northwestern Pacific region using ensemble reanalysis. Monthly Weather Review, 141 (11): 3769-3785

Lackmann G M, Bosart L F, Keyser D. 1996. Planetary- and synoptic-scale characteristics of explosive wintertime cyclogenesis over the western north Atlantic ocean. Monthly Weather Review, 124: 2672-2702

Lamb H H. 1991. Historic storms of the North Sea, British Isles and Northwest Europe. Cambridge University Press. 204 pp

Li C. 1993. A further inquiry on the mechanism of 30-60 day oscillation in the tropical atmosphere. Advances in Atmospheric Sciences, 10: 41-53

Liberato M L R, Pinto J G, Trigo I F, Trigo R M. 2011. Klaus-an exceptional winter storm over northern Iberia and southern France. Weather, 66: 330-334

Liberato M L R, Pinto J G, Trigo R M, Ludwig P, Ordóñez P, Yuen D, Trigo I F. 2013. Explosive development of winter storm Xynthia over the subtropical North Atlantic Ocean. Natural Hazards and Earth System Sciences, 13: 2239-2251

Lim E P, Simmonds I. 2002. Explosive cyclone development in the southern hemisphere and a comparison with northern hemisphere events. Monthly Weather Review, 130 (9): 2188-2209

Lim E P, Simmonds I. 2007. Southern hemisphere winter extratropical cyclone characteristics and vertical organization observed with the ERA-40 data in 1979-2001. Journal of Climate, 20 (11): 2675-2690

Lin Y, Farley R D, Orville H D. 1983. Bulk parameterization of the snow field in a cloud model. Journal of Applied Meteorology and Climatology, 22 (6): 1065-1092

Liou C S, Elsberry R L. 1987. Heat budgets of analyses and forecasts of an explosively deepening maritime cyclone. Monthly Weather Review, 115: 1809-1824

Ludwig P, Pinto J G, Hoepp S A, Fink A H, Gray S L. 2015. Secondary cyclogenesis along an occluded front leading to damaging wind gusts: windstorm Kyrill, January 2007. Monthly Weather Review, 143 (4): 1417-1437

Lupo A R, Smith P J, Zwack P. 1992. A diagnosis of the explosive development of two extratropical cyclones. Monthly Weather Review, 120: 1490-1523

Manobianco J. 1989. Explosive east coast cyclogenesis over the west-central north Atlantic ocean: A composite study derived from ECMWF operational analyses. Monthly Weather Review, 117: 2365-2383

Martin J E, Otkin J A. 2004. The rapid growth and decay of an extratropical cyclone over the central Pacific Ocean. Weather and Forecasting, 19 (2): 358-376

McCallum E, Grahame N S. 1993. The Braer storm-10 January. Weather, 48 (4): 103-107

Miller D K, Petty G W. 1998. Moisture patterns in deepening maritime extratropical cyclones. Part I: Correlation between precipitation and intensification. Monthly Weather Review, 126 (9): 2352-2368

Mlawer E J, Taubman S J, Brown P D, Iacono M J, Clough S A. 1997. Radiative transfer for inhomogeneous atmospheres: rrtm, a validated correlated-k model for the longwave. Journal of Geophysical Research, 102 (14): 16663-16682

Nakamura H. 1993. Horizontal divergence associated with zonally isolated jet streams. Journal of Atmospheric Sciences, 50 (14): 2310-2313

Neiman P J, Shapiro M A. 1993. The life cycle of an extratropical marine cyclone. Part I: Frontal-cyclone evolution and thermodynamic air-sea interaction. Monthly Weather Review, 121 (8): 2153-2176

Nesterov E S. 2010. Explosive cyclogenesis in the northeastern part of the Atlantic ocean. Russian Meteorology and Hydrology, 35: 680-686

Niu G Y, Yang Z L, Mitchell K E, Chen F, Ek M B, Barlage M, Kumar A, Manning K, Niyogi D, Rosero E, Tewari M, Xia Y. 2011. The community noah land surface model with multiparameterization options (Noah-MP): 1. Model description and evaluation with local-scale measurements. Journal of Geophysical Research, 116, D12109

Nuss W A, Anthes R A. 1987. A numerical investigation of low-level processes in rapid cyclogenesis. Monthly Weather Review, 115: 2728-2743

Odell L, Knippertz P, Pickering S, Parkes B, Roberts A. 2013. The Braer storm revisited. Weather, 68 (4): 105-111

Orlanski I, Katzfey J, Menendez C. Marino M. 1991. Simulation of an Extratropical Cyclone in the Southern Hemisphere: Model Sensitivity, Journal of Atmospheric Sciences, 48 (21): 2293-2312

Petterssen S, Smebye S J. 1971. On the development of extratropical cyclones. Quarterly Journal of the Royal Meteorological Society, 97: 457-482

Petty G W, Miller D K. 1995. Satellite microwave observations of precipitation correlated with intensification rate in extratropical oceanic cyclones. Monthly Weather Review, 123 (6): 1904-1911

Piddington H. 1848. The Sailor' s Horn-Book for the Law of Storms. 1st edition, Smith, Elder and Co., London, 292 pp

Physick W L. 1981. Winter depression tracks and climatological jet streams in the southern hemisphere during FGGE year. Quarterly Journal of the Royal Meteorological Society, 107: 883-898

Rausch R L, Smith P J. 1996. A diagnosis of a model-simulated explosively developing extratropical cyclone. Monthly Weather Review, 124: 875-904

Reader M C, Moore G W K. 1995. Stratosphere-troposphere interactions associated with a case of explosive cyclogenesis in the Labrador Sea. Tellus, 47A: 849-863

Reed R J, Albright M D. 1986. A case study of explosive cyclogenesis in the eastern Pacific. Monthly Weather Review, 114: 2297-2319

Reed R J, Simmons A J. 1991. Numerical simulation of an explosively deepening cyclone over the north Atlantic that was unaffected by concurrent surface energy fluxes. Weather and Forecasting, 6: 117-122

Reed R J, Grell G A, Kuo Y H. 1993. The ERICA IOP 5 Storm. Part II: Sensitivity tests and further diagnosis based on model output. Monthly Weather Review, 121 (6): 1595-1612

Rice R B. 1979. Tracking a killer storm. Sail, 10: 106-107

Rivière G, Arbogast P, Maynard K, Joly A. 2010. The essential ingredients leading to the explosive growth stage of the European wind storm Lothar of Christmas 1999. Quarterly Journal of the Royal Meteorological Society, 136: 638-652

Roebber P J, 1984. Statistical analysis and updated climatology of explosive cyclones. Monthly Weather Review, 112: 1577-1589

Rogers E, Bosart L F. 1986. An investigation of explosively deepening oceanic cyclones. Monthly Weather Review, 114: 702-718

Rogers E, Bosart L F. 1991. A diagnostic study of two intense oceanic cyclones. Monthly Weather Review, 119: 965-996

Ruscher P H, Condo T P. 1996. Development of a rapidly deepening extratropical cyclone over land. Part I: Kinematic aspects. Monthly Weather Review, 124: 1609-1632

Sanders F, Gyakum J R. 1980. Synoptic-dynamic climatology of the "bomb". Monthly Weather Review, 108: 1589-1606

Sanders F, Davis C A. 1988. Patterns of thickness anomaly for explosive cyclogenesis over the west-central north Atlantic Ocean. Monthly Weather Review, 116 (12): 2725-2730

Sanders F, 1986. Explosive cyclogenesis in the west-central north Atlantic ocean, 1981-84. Part I: Composite structure and mean behavior. Monthly Weather Review, 114: 1781-1794

Sarma A K S. 2013. On the word 'Cyclone'. Weather, 68: 323

Shapiro R. 1970. Smoothing, filtering, and boundary effects. Reviews of Geophysics and Space Physics, 8 (2): 359-387

Simmonds I, Murray R J, Leighton R M. 1999. A refinement of cyclone tracking methods with data from FROST. Australian Meteorological Magazine, Special Edition, 35-49

Simmonds I, Murray R J. 1999. Southern extratropical cyclone behavior in ECMWF analyses during the FROST special observing periods, Weather and Forecasting, 14 (6): 878-891

Simmonds I, Keay K. 2000a. Variability of southern hemisphere extratropical cyclone behavior, 1958-97. Journal of Climate, 13 (3): 550-561

Simmonds I, Keay K. 2000b. Mean southern hemisphere extratropical cyclone behavior in the 40-year NCEP-NCAR reanalysis. Journal of Climate, 13 (5): 873-885

Slater T, Schultz D M, Vaughan G. 2017. Near-surface strong winds in a marine extratropical cyclone: Acceleration of the winds and the importance of surface fluxes. Quarterly Journal of the Royal Meteorological Society, 143: 321-332

Strahl J L, Smith P J. 2001. A diagnostic study of an explosively developing extratropical cyclone and an associated 500-hPa trough merger. Monthly Weather Review, 129: 2310-2328

Streten N A, Troup A J. 1973. A synoptic climatology of satellite-observed cloud vortices over the southern hemisphere. Quarterly Journal of the Royal Meteorological Society, 99: 56-72

Streten N A. 1980. Some synoptic indices of the Southern hemisphere mean sea level circulation 1972-77. Monthly Weather Review, 108 (1): 18-36

Takayabu I, Niino H, Yamanaka M D, Fukao S. 1996. An observational study of cyclogenesis in the lee of the Japan central mountains. Meteorology and Atmospheric Physics, 61: 39-53

Uccellini L W, Johnson D R. 1979. The coupling of upper and lower tropospheric jet streaks and implications for the development of severe convective storms. Monthly Weather Review, 107: 682-703

Uccellini L W, Kocin P J, Petersen R A. 1984. The Presidents' Day cyclone of 18-19 February 1979: Synoptic overview and analysis of the subtropical jet streak influencing the pre-cyclogenetic period. Monthly Weather Review, 112: 31-55

Uccellini L W, Keyser D, Brill K F, Wash C H. 1985. The Presidents' Day cyclone of 18-19 February 1979: Influence of upstream trough amplification and associated tropopause folding on rapid cyclogenesis. Monthly Weather Review, 113: 962-988

Uccellini L W. 1986. The possible influence of upstream upper-level baroclinic processes on the development of the QE II Storm. Monthly Weather Review, 114: 1019-1027

Uccellini L W, Kocin P J. 1987. The interaction of jet streak circulations during heavy snow events along the east coast of the United States. Weather and Forecasting, 2 (4): 289-308

Uccellini L W, Petersen R A, Kocin P J, Tuccillo J J. 1987. Synergistic interactions between an upper-level jet streak and diabatic processes that influence the development of a low-level jet and a secondary coastal cyclone. Monthly Weather Review, 115 (10): 2227-2261

Ulbrich U, Fink A H, Klawa M, Pinto J G. 2001. Three extreme storms over Europe in December 1999. Weather, 56 (3): 70-80

van Loon H, Jenne R L. 1972. The zonal harmonic standing waves in the southern hemisphere. Journal of Geophysical Research, 77 (6): 992-1003

Wang C. Rogers J C. 2001. A composite study of explosive cyclogenesis in different sectors of the north Atlantic. Part I. Cyclone structure and evolution. Monthly Weather Review, 129: 1481-1499

Wash C H, Peak J E, Calland W E, Cook W A. 1988. Diagnostic study of explosive cyclogenesis during FGGE. Monthly Weather Review, 116 (2): 431-451

Wernli H, Dirren S, Liniger MA, Zillig M. 2002. Dynamical aspects of the life cycle of the winter storm Lothar (24-26 December 1999). Quarterly Journal of the Royal Meteorological Society, 128: 405-429

Whitaker J S, Uccellini L W, Brill K F. 1988. A model-based diagnostic study of the rapid development phase of the Presidents's Day cyclone. Monthly Weather Review, 116 (11): 2337-2365

Xu Y L, Zhou M Y. 1999. Numerical simulations on the explosive cyclogenesis over the Kuroshio current. Advances in Atmospheric Sciences, 16: 64-76

Yanai M, Esbensen S, Chu J. 1973. Determination of bulk properties of tropical cloud clusters from large-scale heat and moisture budgets. Journal of the Atmospheric Sciences, 30: 611-627

Yoshida A, Asuma Y. 2004. Structures and environment of explosively developing extratropical cyclones in the northwestern Pacific region. Monthly Weather Review, 132: 1121-1142

Yoshiike S, Kawamura R. 2009. Influence of wintertime large-scale circulation on the explosively developing cyclones over the western north Pacific and their downstream effects. Journal of Geophysical Research, 114, D13110

Zehnder J, Keyser D. 1991. The influence of interior gradients of potential vorticity on rapid cyclogenesis. Tellus, 43A: 198-212

Zhang S, Fu G, Lu C, Liu J. 2017. Characteristics of explosive cyclones over the northern Pacific. Journal of Applied Meteorology and Climatology, 56: 3187-3210

Ziv B, Paldor N. 1999. The divergence fields associated with time-dependent jet streams. Journal of the Atmospheric Sciences, 56 (12): 1843-1857

Zwack P, Okossi B. 1986. A new method for solving the quasi-geostrophic omega equation by incorporating surface pressure tendency data. Monthly Weather Review, 114 (4): 655-666

附录　资料来源

本书各章使用的资料汇总如下：

（1）1979 年 1 月 1 日至 2019 年 8 月 31 日的欧洲中期天气预报中心 ECMWF 的 ERA-Interim 再分析数据，时间间隔为 6 h，即在 00、06、12、18 UTC 有资料，空间分辨率为 1°×1°，垂直分为 37 层（1000、975、950、925、900、875、850、825、800、775、750、700、650、600、550、500、450、400、350、300、250、225、200、175、150、125、100、70、50、30、20、10、7、5、3、2、1 hPa），主要物理量包括各气压层上的重力位势高度、气温、东西向风速 U（U component of wind）、南北向风 V（V component of wind）、垂直运动速度、比湿、相对湿度、相对涡度、散度、位势涡度、云量、臭氧质量混合比、云冰含水量、云的液态水含量，还有海平面气压场和 10 m 高度风场资料，下载地址为 http://apps. ecmwf. int/datasets/data/interim-full-daily/levtype=sfc/。

（2）美国国家环境预报中心 NCEP 发布的 FNL（final analyses）全球格点再分析数据，水平分辨率为 1°×1°，垂直分为 26 层（1000、975、950、925、900、850、800、750、700、650、600、550、500、450、400、350、300、250、200、150、100、70、50、30、20、10 hPa），时间间隔为 6 h，即在 00、06、12、18 UTC 有资料。其主要物理量有海平面气压场、10 m 高度风场、位势高度、气温、比湿、水平风场和垂直运动速度等变量，下载地址为 http://rda. ucar. edu/datasets/ds083. 2/。

（3）美国国家环境预报中心 NCEP 的 CFSR（climate forecasts system reanalysis）全球格点再分析资料，水平分辨率为 0. 5°×0. 5°，垂直分为 37 层，包括等压面上的位势高度、气温、经向和纬向风速分量、相对湿度、垂直速度等 50 个变量，每天 00、06、12、18 UTC 有资料，下载地址为 http://rda. ucar. edu/datasets/ds093. 0/。

（4）美国国家海洋和大气管理局 NOAA 的 OI（optimum interpolation）SST 格点资料，水平分辨率为 1°×1°，时间分辨率为周平均或月平均，覆盖范围 89. 5°N ~ 89. 5°S，0. 5°E ~ 359. 5°E，资料下载地址为 https://www. esrl. noaa. gov/psd/data/gridded/data. noaa. oisst. v2. html。

（5）美国国家环境预报中心 NCEP 的全球高空观测资料（ADP global upper air observational weather data），时间间隔为 6 h，包括各等压面上的位势高度、气温、露点温度、风速、风向等物理量，下载地址为 http: //rda. ucar. edu/datasets/ds351. 0/。

（6）美国国家环境预报中心 NCEP 的全球地面观测资料（ADP global surface observational weather data），时间间隔为 3 h，包括：风速、风向、气温、露点温度等变量，下载地址为 http://rda. ucar. edu/datasets/ds461. 0/。

（7）美国国家航空航天局 NASA 提供的 EOSDIS（earth observing system data and information system）极轨卫星云图，卫星云图下载地址为 https://worldview. earthdata. nasa. gov/。

（8）澳大利亚气象局发布的天气图，时间间隔为 12 h（00、12 UTC），下载地址为 http://www. bom. gov. au/australia/charts/。

（9）美国威斯康星大学网站发布的地球静止环境业务卫星 GOES（geostationary operational environmental satellite）-9 红外卫星云图，时间间隔为 3 h，下载地址为 https: www. aos. wisc. edu/weather/wx-obs/Satellite. html。

（10）美国怀俄明大学大气科学学系提供的大气探空资料，时间间隔为 12 h，包括气压、位势高度、温度、露点温度、相对湿度、混合比、风速、风向、位温和假相当位温等物理量，下载地址为 http://weather. uwyo. edu/upperair/sounding. html。

（11）日本气象厅 JMA 提供的 MTSAT-1R（multi-functional Transport Satellites-1R）卫星红外波段反照率资料，时间分辨率为 1 h，下载地址为 http://weather. is. kochi-u. ac. jp。

（12）欧洲中期天气预报中心 ECMWF 提供的 ERA-Interim 日平均 SST 资料，分辨率为 0. 125°×0. 125°，时间间隔为 24 h，下载地址为 http：//apps. ecmwf. int/。

（13）日本高知大学提供的分辨率为 0. 05°×0. 05° 的 MTSAT-1R（Multi-functional Transport Satellites-1R）卫星红外波段反照率资料，覆盖范围为 20°S～70°N，70°～160°E，时间间隔为 1 h，下载地址为 http：//weather. is. kochi-u. ac. jp。

（14）美国怀俄明大学提供的高空历史观测资料，包括：气压、位势高度、气温、露点温度、相对湿度、混合比、风向、风速、位温、假相当位温、虚温 11 个变量，下载地址为 http：//www. weather. uwyo. edu/upperair/sounding. html。

（15）全球电信系统 GTS（Global Telecommunications System）提供的地面历史观测资料，包括区站号、经度、纬度、海拔高度、总云量、风向、风速、海平面气压、露点温度、气温等 26 个变量，下载地址为 http：//222. 195. 136. 24/forecast. html。

（16）韩国历史地面天气图，覆盖范围为 20°～50°N，90°～150°E，时间间隔为 3 h，下载地址为 http：//222. 195. 136. 24/forecast. html。

（17）日本气象厅 JMA 提供的日本历史传真天气图。覆盖范围为 20°～60°N，100°～150°E，时间间隔为 24 h，下载地址为 http：//www. data. jma. go. jp。